U0898446

研究生创新教育系列丛书

微生物资源学

（第二版）

徐丽华
娄　恺　张　华　张利平
薛泉宏　张立新　熊　智　等　著

国家"973"计划
国家科技部重点国际合作计划
国家发展和改革委员会高技术产业化推进计划
国家自然科学基金重点项目计划
国家自然科学基金面上项目计划
云南省重点科技计划
云南省重点国际合作计划
云南大学"211"工程基金
资助

科学出版社
北　京

内 容 简 介

微生物资源学是研究微生物资源的种类和分布、微生物资源与环境的关系、微生物资源合理开发利用的战略和策略、微生物资源有效保护的措施等的科学。本书在第一版的基础上，汇集了最近十多年国内外本领域的新进展、新思想、新技术、新成就，其内容更加丰富。

本书可供微生物学及相关学科的研究人员，大专院校教师、学生、研究生及工程技术人员和管理人员学习参考。

图书在版编目(CIP)数据

微生物资源学/徐丽华等著.—2版.—北京：科学出版社，2010
(研究生创新教育系列丛书)
ISBN 978-7-03-029002-1

Ⅰ.①微… Ⅱ.①徐… Ⅲ.①微生物-生物资源-研究 Ⅳ.①Q938

中国版本图书馆CIP数据核字（2010）第182068号

责任编辑：罗　静　王　静　李晶晶/责任校对：朱光兰
责任印制：徐晓晨/封面设计：陈　敬

科学出版社出版
北京东黄城根北街16号
邮政编码：100717
http://www.sciencep.com
北京虎彩文化传播有限公司印刷
科学出版社发行　各地新华书店经销
*
1997年5月第 一 版　开本：787×1092　1/16
2010年9月第 二 版　印张：29　插页：1
2021年1月第十次印刷　字数：767 000

定价：118.00元
（如有印装质量问题，我社负责调换）

执 笔 人 员

毛培宏　新疆大学理学院 phmao@china. com

李文均　云南大学云南省微生物研究所 liact@hotmail. com

来航线　西北农林科技大学资源环境学院 laihangxian@163. com

赵立兴　云南大学云南省微生物研究所 zlx70@hotmail. com

廖振林　华南农业大学资源环境学院 liaozhenlin2004@126. com

唐蜀昆　云南大学云南省微生物研究所 tangshukun@hotmail. com

姜　怡　云南大学云南省微生物研究所 jiangyikm@hotmail. com

李　洁　云南大学云南省微生物研究所 lijietaren@163. com

田新朋　中国科学院南海海洋研究所 tianxinpeng@hotmail. com

尹　敏　云南大学云南省微生物研究所 ym3612003@163. com

曹艳茹　西北农林科技大学资源环境学院 yanrucao3@yahoo. com. cn
　　　　云南大学云南省微生物研究所

刘　梅　中国科学院微生物研究所 liumeizky@gmail. com

代焕琴　中国科学院微生物研究所 hungqindai@gmail. com

刘向阳　中国科学院微生物研究所 shangdongliu@gmail. com

徐丽华　云南大学云南省微生物研究所 lihxu@ynu. edu. cn

娄　恺　新疆异常环境微生物资源重点实验室 loukai02@mail. tsinghua. edu. cn

张　华　华北制药集团微生物药物国家工程研究中心 zhanghua@ncpc. com

张利平　河北大学生命科学学院 zhlping@mail. hbu. edu. cn

薛泉宏　西北农林科技大学资源环境学院 xuequanhong@163. com

张立新　中国科学院微生物研究所 zhang03@gmail. com

熊　智　西南林学院资源学院 xzhi@public. km. yn. cn

刘志恒　中国科学院微生物研究所 zhliu@sun. im. ac. cn

姜成林　云南大学云南省微生物研究所 lihxu@ynu. edu. cn

自　序

微生物资源学是关于微生物资源的种类、分布规律、产物与物种及环境的关系、开发利用及有效保护的科学。《微生物资源学》第一版（科学出版社，北京，1997 年）已经出版发行 13 年了，不少学校开设了微生物资源学专业及相关的课程，并将其作为教学参考书，这对推动该学科的建设、人才培养和微生物资源的开发利用发挥了一定的作用。

13 年来，微生物资源研究和开发利用都发生了重大变化，新技术不断出现，新领域不断取得进展。

1. 微生物资源研究从土壤扩展到海洋、极端环境、植物内生菌、人和动物肠道菌，甚至太空。最近几年，在 *Cell*、*Nature*、*Science*、*PNAS* 等杂志发表了大量人体微生物多样性的论文，预示着人体微生物的功能研究将会有重要突破。我们研究中国西部盐碱环境放线菌资源，发现了姜氏菌新亚目及阎氏菌属等约 20 多个放线菌新属，展现了极端环境蕴藏着极为丰富的微生物资源。

2. 国内外的研究表明，尽管微生物资源开发利用已经取得了巨大成就，但迄今为止我们能够纯培养的微生物其实还不到实有数的 1%，利用的微生物还不到万分之一。所以焦瑞身先生在 21 世纪初就提出未培养微生物的分离培养是 21 世纪微生物学者的一项重要任务。这十多年研究者在未培养微生物的研究领域取得了许多新成果，展示了微生物资源开发利用的巨大潜力，同时也说明工作的难度越来越大。

3. 人类基因组计划的影响是全方位的，同时也带动了基因测序技术和分析解读的飞速进步，测序成本大幅降低。2009 年，中国启动万种微生物基因组计划，将对有重大利用和开发价值、引起重要疾病的微生物进行测序，并解读这本“天书”，发掘利用这无穷的微生物基因资源。如果这个计划能顺利实施，将对微生物资源的开发利用产生深远的影响，使我国在该领域处于十分有利的地位。

4. 最近十多年，微生物资源开发利用的新技术不断涌现，高通量筛选技术、高通量在线化学分析技术、基因组技术、蛋白质组技术、组合生物合成技术、宏基因组技术、生物信息技术等，这些技术及其理论正在向集成、组合的方向发展，将大大提高微生物资源开发利用的效率。

在这种背景下，第一版《微生物资源学》显得有些陈旧。同时，我们也应该看到，虽然微生物资源的研究、开发利用已经有很长的历史，但微生物资源学作为一门学科却还处在形成过程之中。在《微生物资源学》第一版的基础上，第二版试图尽量吸收国内外近十多年的最新进展和成果，包括作者的最新成果，进一步建立和完善微生物资源学的科学架构，按照资源的产地对微生物资源的种类、分布、用途、开发利用的途径、相关新技术，以及有效保护加以介绍，以期促进该学科的学科建设和人才培养，促进微生物资源的高效开发利用和有效保护，造福社会。

与第一版比较，第二版有如下特点。

1. 扩展了资源生态学的内涵。根据微生物的栖息地，重点对土壤、海洋、湿地、异常环境、动物、植物、太空微生物资源的种类、分布、如何获得未知微生物资源，以及微生物基因资源进行了比较深入的叙述。

2. 由于我们已经有《微生物资源开发利用》（中国轻工业出版社，北京，2001 年）一书出版，所以，对第一版的第二编（各论）的相关内容进行了压缩，仅保留两章。

3. 本书作者都是相关单位相关领域的学术带头人和业务骨干，书中很多内容都是作者本人的研究成果和长期积累的经验，而且在每个部分都有“值得研究的问题”。这对年轻学者和学生都应该有所裨益。

4. 太空微生物资源、微生物基因资源两章是与时俱进的新内容，将帮助研究人员和工程技术人员探索外太空可能存在的奇妙微生物资源，发掘利用微观而浩如烟海的基因资源。

姜成林　徐丽华

2010 年 4 月 10 日于昆明

前　言

《微生物资源学》第一版已经问世13年。在这13年里，一些学校开设了微生物资源专业及相关课程，将其作为主要参考书，这对我们是一种莫大的鼓励和支持。这13年来该学科发生了翻天覆地的变化，取得了长足的进步，有必要重新编写。第二版试图尽量吸收国内外近十多年的最新进展和成果，包括作者的最新成果，进一步建立和完善微生物资源学的科学架构，对其基本原理、学科范围、研究方法及未来发展进行探讨。希望本书的出版能对推动我国微生物资源的合理开发利用和有效保护，对这个学科的建设和发展，对有关的科研人员、教学人员、工程技术人员和学生、有关领导有所裨益。

第二版邀集了全国各地相关领域的许多中青年科学家执笔，总人数达23位，这不但丰富了本书的内容，改善了本书的结构，也促进了微生物资源研究、开发利用队伍的发展壮大。这也是出版第二版的重要目的之一。

本书由赵立兴、李洁、曹艳茹、徐丽华、姜成林集体审订。

我们十分感谢科技部（"973"项目子课题1项，"973"前期项目1项，国际合作重点项目1项）、国家自然科学基金会（资助项目8项，其中重点项目2项）、国家发展和改革委员会和云南省发展和改革委员会（高技术产业化推进项目1项）、云南省应用基础研究基金会（资助项目5项，重点项目1项）、云南省国际合作研究基金会（资助项目3项）、云南大学"211"工程基金会长期而持续的支持和资助，使我们得以对微生物资源进行长达40多年的系统研究。本书的基本内容来源于这些研究的成果及作者的理论创作。

我们特别感谢云南大学云南省微生物研究所、各位作者所在单位行政人员为我们提供的周到服务。

衷心欢迎各界人士对本书的不足提出宝贵意见。

第一版序

微生物资源学是关于微生物资源合理开发、利用和有效保护相结合的科学。它研究微生物资源的种类和分布，研究微生物资源与环境之关系，研究微生物资源合理开发利用的战略和策略，研究微生物资源的有效保护措施等。我国利用微生物（于酿造、食品工业和医药工业等）虽然有悠久的历史和不少成功的经验，但近代化的微生物资源学即使在世界先进国家也还是一门正在形成中的年轻学科，特别需要重视和扶持。

在国家自然科学基金委员会、云南省应用基础研究基金会、云南省国际合作研究基金会、云南省生物多样性委员会和云南大学“211”工程基金会的支持和资助之下，作者对云南的微生物资源进行了长达二十多年的系统研究。该书的基本内容来源于这些研究的结果及作者的理论创作，重点论述什么是微生物资源、有什么特点、如何利用、如何保护，核心是新资源的开发，尤其是关于天然微生物资源需要有效保护的观点是作者从自己的大量实验结果得到的明确结论，可以说是一种新提法。本书还吸收了近些年来微生物资源合理开发利用的新思想、新方法和新成就。

据了解，国内外还没有这样一本著作。

人类大规模、高效率而又合理地开发利用微生物资源最多不过半个世纪。未知微生物资源无穷，开发利用的潜力很大，但保护微生物资源的大众意识远没有形成。对于微生物资源孳生和进化的森林生态系统及微生物对于农林生态系统和热带、亚热带森林天然生态系统形成和发展的极重要的作用尤其认识不到或认识不足。云南省是国际公认的生物多样性最丰富的地区之一，也是微生物资源最丰富的地区之一。目前，开发生物资源已被列入云南省国民经济发展战略。希望该书的出版能对推动我国微生物资源的合理开发利用和保护，对有关的科研人员、教学人员、学生、研究生、工程技术人员和管理人员，对这个学科的形成和发展有所裨益。

吴征镒

1996 年 4 月 27 日

目　　录

概　　论

微生物资源学是关于微生物资源的种类、分布规律、产物与菌种及环境的关系、开发利用及有效保护的科学，它是微生物分类学、生态学、分子生物学、化学、环境科学、医学、农学、工程学等学科的交叉学科。百年来，微生物资源开发利用取得了极其辉煌的成就，并被广泛应用于医药、化工、轻工、食品、矿冶、农业、环保等各个行业，创造了巨大的社会效益和经济效益。可以毫不夸张地说，微生物是国家取之不尽、用之不竭的重大战略资源。但是，微生物资源学作为一门学科却还处在形成过程中。在《微生物资源学》第一版（科学出版社，北京，1997 年）的基础上，第二版试图尽量吸收国内外近十多年的最新进展和成就，包括作者的最新成果，进一步建立微生物资源学的科学架构，以促进该学科的学科建设和人才培养，促进微生物资源的高效开发利用和有效保护。

第一节　微生物是一类资源

动物、植物是资源，这是小学生都知道的事。人天天跟动物、植物打交道。动物、植物是人类食物的主要来源。现代工业和现代农业更是大规模地开发利用动物、植物资源为人类造福。但是，由于过度开发或不合理开发，动物、植物资源急剧减少，造成了长期的甚至是难以弥补的损失，气候变暖就是恶果之一。这已经成为国际性的问题，引起了各国政府的高度重视。这是关系到人类生存的大事，因此人类提出了只有一个地球的口号。许多国家都制定了保护珍稀动物、濒危植物的法规，并采取了相关的措施。

但微生物是一类资源却远远没有被公众所认识。

首先，微生物的发现就很晚，迄今仅三百多年。微生物的发现与显微镜密切相关。早在 17 世纪时，荷兰玻璃透镜磨制者就做成了第一批望远镜和显微镜。今天已经难以考证第一台显微镜的制造者，比较大的可能性是 1590 年 Johannes 和 Jessen 制成的。后来经过改进，科学家用它第一次撞击了微观世界的大门，开启了认识、了解和研究微生物的新时代。相比之下，人类利用动物、植物资源的历史则长很多。

其次，人类不但很晚才发现微生物，而且起初发现的微生物还都是引起疾病的病原微生物。1683 年 Leeuwenhoek 就是从牙垢中第一次发现细菌的。自那以后很长一段时间内，微生物研究的历史实际上是一部与病原体作斗争的历史，人们都把微生物作为敌人看待。1796 年 Jenner 研究天花免疫。1847 年 Semmelweiss 发现产褥热的病因，同时创制了防腐剂。19 世纪 50 年代 Pasteur 研究了炭疽病免疫、狂犬病免疫。1882 年 Koch 发现结核杆菌，1883 年发现霍乱弧菌，1896 年研究考察鼠疫、麻风病、疟疾等。这都是人类与疾病斗争的重要事件。所以，在很长的时期内，人们都把微生物同疾病联系在一起，认为它对人类有害无益，而对微生物有益性的认识则晚得多。

人类有意识地开发和利用微生物的历史大约只有百年的时间。如果 1929 年 Fleming 从真菌中发现青霉素算是人类科学利用微生物的开端，那么人类科学利用微生物的时间到现在已经 80 多年了，为此 Demain 专门写了一篇纪念性评述。只是近些年来人们才明确地认识到，与动物、植物一样，微生物也是一类重要的可再生自然资源。

1992 年联合国环境与发展大会通过了《生物多样性公约》（Convention on Biological Diversity），这是人类对保护生物多样性及其永续利用的共同纲领。我国是该公约的缔约国之一。1993 年我国成立了“中国环境与发展国际合作委员会生物多样性工作组”。1994 年云南省政府第一个率先成立了“云南省生物多样性保护委员会”。

《生物多样性公约》明确指出：“生物资源是指对人类具有实际或潜在用途或价值的遗传资源、生物体或其部分、生物群体或生态系统中任何其他生物组成部分”。“最好在遗传资源原产国建立和维持移地保护及研究植物、动物和微生物的设施”。这是对微生物资源及其保护最具权威性的表述。

杂草是对农作物有害的植物，苍蝇、老鼠传染疾病，是对人有害的动物。微生物中也有病原菌，它们是有害微生物。本书涉及的是“具有实际或潜在用途或价值”的微生物。诚然，有的致病菌也有实际用途。例如，引起水稻恶苗病的赤霉菌就可以用来生产赤霉素等。所以，有益和有害也是相对的。

我们根据《生物多样性公约》的定义，从以下几方面认识微生物这类资源。

从维持生态系统的平衡而言，微生物起的作用是巨大而多方面的，是其他生物不可取代的。很难想象，如果没有微生物地球会变成什么样子。

从“有实际或潜在用途或价值”的观点看。除了传统的酿酒工业、面包工业、奶酪工业所利用的微生物以外，现代发酵工业生产的医药、农药、氨基酸、有机酸、维生素、酶类、有机溶剂类等以及石化工业、冶金工业使用的微生物，其“价值”是难以估量的。2007 年全球仅抗生素的年产值就达 660 亿美元之巨，而抗生素对人类医疗保健事业的贡献无论怎样估计都不为过。

第二节　微生物资源的种类

本书的微生物资源包括已培养和未培养、已利用和未利用的有益微生物。根据当代比较一致的看法，微生物资源包括丝状真菌、细菌及古菌。由于放线菌的利用价值很高，因此我们往往把它从细菌中单独分出来进行叙述。

一、真菌资源

按照比较流行的分类系统，目前的真菌界分为：接合菌门（Zygomycota），含接合菌纲（Zygomycetes）和富有菌纲（Trichomycetes）；子囊菌门（Ascomycota），含半子囊菌纲（Hemiascomycetes）、粒毛盘菌纲（Neolectomycetes）和核菌纲（Pyrenomycetes）；担子菌门（Basidiomycota），含胶质菌纲（Heterobasidiomycetes）、同担子菌纲（Homobasidiomycetes）和腹菌纲；Blastocladiomycota，Blastocladiomycetes；不完全真菌门（Chytridiomycota）。它们当中，有的产生体积很大的子实体，因此也有人将其

看作是植物资源。目前已经定名的真菌大约有 7 万种之多，是各国菌种保藏中心保存量最大的微生物资源。其中有一部分是致病菌。

二、古菌资源

古菌界有：初古菌门（Korarchaeota）；纳古菌门（Nanoarchaeota）；泉古菌门（Crenarchaeota），热变形菌纲（Thermoprotei）；广古菌门（Euryarchaeota），包括古丸菌纲（Archaeoglobi）、盐杆菌纲（Halobacteria）、甲烷杆菌纲（Methanobacteria）、甲烷球菌纲（Methanococci）、甲烷微菌纲（Methanomicrobia）、甲烷火菌纲（Methanopyri）、热球菌纲（Thermococci）和热原体纲（Thermoplasmata）。

三、细菌资源

细菌界有：酸杆菌门（Acidobacteria），酸杆菌纲（Acidobacteria）；高 G＋C 革兰氏阳性菌的放线菌门（Actinobacteria），放线菌纲（Actinobacteria）；产水菌门（Aquificae），产水菌纲（Aquificae）；拟杆菌门（Bacteroidetes），拟杆菌纲（Bacteroidetes）、黄杆菌纲（Flavobacteria）和鞘脂杆菌纲（Sphingobacteria）；衣原体门（Chlamydiae），衣原体纲（Chlamydiae）；绿菌门（Chlorobi），绿菌纲（Chlorobia）；绿弯菌门（Chloroflexi），厌氧绳菌纲（Anaerolineae）、暖绳菌纲（Caldilineae）和绿弯菌纲（Chloroflexi）；产金菌门（Chrysiogenetes），产金菌纲（Chrysiogenetes）；蓝藻门（Cyanobacteria），蓝藻纲（Cyanobacteria）；脱铁杆菌门（Deferribacteres），脱铁杆菌纲（Deferribacteres）；异常球菌-栖热菌门（Deinococcus-Thermus），异常球菌纲（Deinococci）；网团菌门（Dictyoglomi），网团菌纲（Dictyoglomi）；纤维杆菌门（Fibrobacteres），纤维杆菌纲（Fibrobacteres）；低 G＋C 革兰氏阳性菌的厚壁菌门（Firmicutes），芽孢杆菌纲（Bacilli）和梭菌纲（Clostridia）；梭杆菌门（Fusobacteria），梭杆菌纲（Fusobacteria）；芽单胞菌门（Gemmatimonadetes），芽单胞菌纲（Gemmatimonadetes）；黏胶球形菌门（Lentisphaerae），黏胶球形菌纲（Lentisphaerae）；硝化螺旋菌门（Nitrospirae），硝化螺旋菌纲（Nitrospira）；浮霉菌门（Planctomycetes），浮霉菌纲（Planctomycetacia）；海绵杆菌门（Poribacteria）；变形菌门（Proteobacteria），α-变形菌纲（Alphaproteobacteria）、β-变形菌纲（Betaproteobacteria）、δ-变形菌纲（Deltaproteobacteria）、ε-变形菌纲（Epsilonproteobacteria）、γ-变形菌纲（Gammaproteobacteria）；螺旋体门（Spirochaetes），螺旋体纲（Spirochaetes）；柔膜菌门（Tenericutes），柔膜菌纲（Mollicutes）；热脱硫杆菌门（Thermodesulfobacteria），热脱硫杆菌纲（Thermodesulfobacteria）；热微菌门（Thermomicrobia），热微菌纲（Thermomicrobia）；热袍菌门（Thermotogae），热袍菌纲（Thermotogae）；疣微菌门（Verrucomicrobia），丰佑菌纲（Opitutae）和疣微菌纲（Verrucomicrobiae）；未定门的纤线杆菌纲（Ktedonobacteria）。目前已定名的细菌约 1 万种，其中放线菌约 4000 种，其他细菌约 6000 种，有一部分是人、畜和农作物的致病菌。

四、未知微生物资源

近十多年来，很多实验室（包括作者的实验室）从不同生态环境和动植物中取样，用分子生物学方法反复证明，迄今为止我们所认识、定名、保存的微生物不到实有数的10%，甚至不到1%。焦瑞身教授甚至呼吁：未培养微生物的分离培养是21世纪微生物学者的一项重要任务。这里我们想统一一下两个术语。一些学者在描述还未培养的微生物时用“unculturable”。我们觉得，从理论上来说，任何微生物都有可能被人工培养。所以我们建议用已培养微生物（cultured microbe）来描述已经人工培养的微生物；而用“uncultured microbe”来描述至今还未人工培养的微生物。微生物资源的研究和开发利用已经100多年，但绝大部分微生物我们还不认识。可以说认识、研究微生物资源的任务还很重，开发利用的前景十分广阔，潜力十分巨大。但要获得这些未培养的微生物的难度也很大。

第三节 微生物资源的特点

本节讨论作为资源的微生物与动植物资源相比有什么特点，在开发利用方面又有什么特点。

第一，微生物最大的特点是代谢类型极其多样化，生长繁殖速度惊人。在最适条件下，有的细菌20min就能繁殖一代。在动植物不可能生长的地方都有微生物分布。它既可能提供极为多样化的产品，又适于大规模工业化生产。而且微生物的培养完全可以在人工控制的条件下进行，不受天气等因素的影响。

第二，如表0-1所示，微生物物种丰富，未知者众。动物、植物有珍稀、濒危之说，稀者必珍。国家对珍稀濒危动物、植物已有一些保护措施及有关的法规。而微生物并没有珍稀濒危之说，目前也很难用多少属、多少种、“蕴藏量”来估价微生物的资源量。现在人们还不知道微生物的种类究竟有多少。根据Berdy的报道，目前所知道的细菌约6000种，实际可能有150万种，已知菌不到实有数的0.4%；已知放线菌4000多种，实际可能有5万～8万种；已知真菌约7万种，实际可能有150万种，甚至更多。换言之，各国学者已经用分子生物学手段确切地证明，迄今为止仍然有90%～99%的微生物没有被认识。所以微生物是一类种类繁多的可再生的资源，是最丰富的遗传基因库。对微生物资源的开发利用不存在“过度”问题，也不会因开发造成原产地环境的恶化。但这并不是说，微生物种类没有减少的危险。我们在后面将会谈到，很多微生物种类，在人们还不知道它们的存在之前就在地球上灭绝了。这不是由于开发微生物资源本身带来的减少，而是因为天然环境的破坏所造成的结果。

第三，微生物变异性大。相比高等动物、植物而言，微生物的变异性要大得多。这就为人们改造它们提供了更大的可能性。例如，最初从微生物中找到青霉素时，其产率不到万分之一，但经过人们的改造，今天其产率达到8%以上，产率提高上千倍。经验告诉我们，要在短期内将微生物的生产能力提高10倍并不困难。近些年建立的许多微生物的遗传操作系统可以进行理性设计，通过基因操作，产生非天然的天然产物，大幅

表 0-1　生物资源的种类

类群	已知种	估计种	已知种约占百分比/%
病毒	5000	130 000	4
细菌	6000	50万～150万	<1
放线菌	4000	35 000～80 000	2～11
真菌	69 000	150万～几百万	5
藻类	40 000	6万～40万	1～6
Pryophytes	17 000	25 000	68
裸子植物	750	800	94
被子植物	250 000	270 000	93
原生动物	30 800	100 000	31
多孔动物	5000		
腔肠动物	9000		
线虫	15 000	500 000	3
甲壳虫	38 000		
昆虫	800 000	10 000 000	8
其他节肢动物	132 460		
软体动物	50 000		
棘皮动物	6100		
两栖动物	4184		
爬行动物	6380		
鱼类	19 000	21 000	90
鸟类	9198	10 000	～100
哺乳动物	4170	4300	～100

度增加化合物的多样性。

第四，微生物资源的研究与开发比动物、植物晚许多。相对来讲，我国微生物资源的研究还是当代人的事，投入的力量很有限，仅在个别领域工作基础比较好，但整个资源家底还极不清楚。微生物资源的开发利用也还处于较低层次，零星、分散、不成体系，原始创新少，还未闯出一条路来，在国民经济建设中的作用也不明显。

第五，微生物资源的开发利用潜力大，前景广阔。既然未知微生物如此浩繁，且已开发利用的又比较少，那么，微生物资源开发利用的潜力就很大。微生物的种类繁多，生存环境又极为多样化，在高等动物、植物无法生存的地方，微生物都能生长，这就决定了微生物的代谢类型极端多样化。这种极端多样化的代谢类型本身和极其多样化的代谢产物都完全可以被人类利用。例如，我们可以利用一类化能自养菌来氧化含硫砷金矿，以除去有毒的砷，同时回收金。

动物、植物和微生物是生物资源的三个支柱。微生物是一类与动物、植物资源不同的、开发潜力巨大的生物资源。

第四节　资源微生物的分布

一、土壤微生物资源

土壤是微生物的主要栖息地。目前定名、保存和利用的微生物资源主要来源于土壤。每克土壤有 10^5～10^{10}CFU 纯培养的微生物。一般来说，肥沃土壤（如蔬菜地）中的微生物数量最多，而种类则以原始森林及其他原始环境最为丰富。曲霉属（*Aspergillus*）、青霉菌属（*Penicillum*）、链霉菌属（*Streptomyceae*）和芽孢杆菌属（*Bacillus*）是土壤常见的优势微生物。

二、湿地微生物资源

1971 年 2 月 2 日，14 个发起国在伊朗的拉姆萨尔签署拉姆萨尔公约（Ramsar Convention），全称为《关于特别是作为水禽栖息地的国际重要湿地公约》（以下简称《湿地公约》），1975 年 12 月 21 日生效。1982 年 3 月 12 日议定书修正。1999 年 5 月，在哥斯达黎加召开的第 7 届缔约方大会正式确认世界自然基金会（WWF）、国际雀鸟联盟（BirdLife Internation）、世界自然保护联盟（IUCN）和湿地国际（WI）为公约的伙伴组织。到 2004 年 9 月为止该组织已有 141 个成员，并已将 1387 块湿地列入国际重要湿地名录，总面积达 1.23 亿 hm^2。中国于 1992 年加入《湿地公约》。《湿地公约》的宗旨是：通过国家行动和国际合作来保护与合理利用湿地。湿地系指天然或人工、长久或暂时的沼泽地、湿原、泥炭地或水域地带，带有或静止或流动、或为淡水、半咸水或咸水的水体，包括低潮时水深不超过 6m 的水域，陆地上的所有江、河、湖泊都是湿地。这里的湿地微生物包括除海洋以外的所有水生微生物。湿地不但有大量的动植物资源，同时还有大量的微生物资源。湿地微生物有的来源于陆地，有的则是水体土著菌。湿地土著菌的组成与陆地上的有明显区别。例如，已培养的陆地放线菌是以链霉菌为优势菌，而水体中的则以小单孢菌属（*Micromonospora*）占优势。

三、极端环境微生物资源

极端环境系指高低温、酸碱、重盐、重金属、高压、高辐射、太空等环境，也指人为极端环境如污染环境。在动植物和人类无法生存的这些极端环境中确有微生物存在。它们在整个生物进化历程中，扮演了非常重要的角色。为了适应极端环境，微生物产生了许多特殊的机制、特性和产物，这为开发利用提供了可能。最近一二十年来，极端微生物是研究生物进化的极好对象，也是开发利用的极好材料。我国专门将此列入国家基础研究重大计划（“973”计划）。根据我们的研究结果，极端环境存在大量未知微生物，是很值得研究的资源。

四、海洋微生物资源

海洋占了地球表面的 2/3 以上，蕴藏着无穷的微生物资源。与陆地不同，海洋环境以较高盐浓度、高压、低温和稀营养为特征。海洋微生物不但在维持整个海洋生态系统的平衡中起着重要作用，而且在其长期适应海洋环境的过程中形成了独特的生物学特性，这为开发利用提供了可能性。但总体上来说，海洋微生物的研究相对较晚，对其种类、分布和特性知之甚少，开发利用更显不足。最近十多年各国都加强了海洋微生物的研究和开发利用。目前研究得比较多的是海洋真菌，尤其是海绵共生菌。从海洋生物中发现的活性物质，海绵就占 40%左右。海洋微生物的研究和开发利用亟待加强。

五、植物内生菌资源

植物内生菌（endophytic microbe）系指与植物共生的非致病微生物。它们大多分布在植物组织的细胞间隙，与植物形成共生体。内生菌有可能产生与其宿主相同甚至不同的产物，因此有利用价值。我们的研究结果表明，5%以上的内生菌有不同程度的抗菌活性，有抗肿瘤活性的更多。所以，内生菌是一类重要的微生物资源。

内生真菌广泛分布于低等植物和高等植物中。已经从几百种禾本科植物以及上千种双子叶和单子叶植物中分离到了内生真菌。每种植物分离到的内生真菌种类不等，有的植物能分离到几种内生真菌，有的则多达 60 多种。我们从云南 320 种植物中分离到真菌 811 株。比较常见的内生菌是子囊菌类。用一般方法很容易从植物的各种组织中分离到内生真菌，通常植物的叶鞘、种子和根部的内生真菌较多。

大家熟知的内生放线菌是弗兰克氏菌。至少有 14 个科 300 多种非豆科植物能与弗兰克氏菌共生。近些年来，人们从植物中发现了大量的其他内生放线菌。Taechowisan 等从 12 个科的植物叶子中分离到 97 株放线菌，出菌率占样品总数的 1.7%；从茎中分离到 21 株，占 0.3%；从根中分离到 212 株，占 3.9%，可见，从根部分离到的内生放线菌最多；从 *Zingiber officinale* 植物就分离到 33 株放线菌；在分离到的 330 株放线菌中，链霉菌占 90%以上，其余是小双孢菌属（*Microbispora*）、诺卡氏菌属（*Nocardia*）、小单孢菌属（*Micromonospora*）菌株和未鉴定的菌株。从云南 230 多种植物中分离到了 320 株放线菌，其中 90%以上是链霉菌。Coombs 等从小麦根部分离到 57 株放线菌，其中，51 株为链霉菌，4 株为小单孢菌，1 株为类诺卡氏菌属（*Nocarioides*），1 株为链孢囊菌属（*Streptosporangium*）。从大豆（*Glycine max*）中分离到 68 株链霉菌。从卫矛科、茄科等植物中分离到拟诺卡氏菌属（*Nocardiopsis*）菌株、马杜拉放线菌属（*Actinomadura*）菌株、红球菌属（*Rhodococcus*）菌株、黄球菌属（*Luteococcus*）菌株及小月菌属（*Microlunatus*）菌株等。

植物体内也广泛分布着内生细菌。Mundt 等分离过 19 个属植物的内生细菌，结果从 8 个属、31 个种中分离到细菌，主要是芽孢杆菌属（*Bacillus*）、土壤杆菌属（*Agrobacterium*）、肠杆菌属（*Enterobacter*）、节杆菌属（*Arthrobacter*）及纤维单孢菌属（*Cellulomonas*）等。从棉花、番茄、甜菜、瓜类、马铃薯等农作物分离到假单胞菌属（*Pseudomonas*）、沙雷氏菌属（*Serratia*）、产碱菌属（*Alcaligenes*）、志贺氏菌属（*Shigella*）、柠檬酸杆菌属（*Citrobacter*）、*Herbaspedicae*、棒杆菌属（*Clavibacter*）、金杆菌属（*Aureobacterium*）、嗜氢菌属（*Hydrogenophaga*）、黄单胞菌属（*Flavimonas*）等 50 多个属的内生细菌。

六、动物内生菌资源

作为微生物资源的动物内生菌（endogenic microbe of animal）系指与动物共生的非致病微生物。它们主要分布在动物的肠胃及排泄物中。现在市场上出售的微生态制剂（microecological modulator）其主要活菌是双歧杆菌和乳杆菌，其中有些菌株就来源于人类。利用瘤胃微生物分解纤维素或作发酵饲料已经有一些成功的实例。但是过去对人类及动物肠胃微生物的研究主要是从它们对宿主消化、吸收及免疫所起的作用、致病性、微生物与宿主的关系等角度进行的，至于生长在动物细胞或胞间隙的微生物大都是致病菌。将动物内生菌作为资源的研究相对较少。我们对几种动物粪便放线菌的初步研究结果表明：各种动物粪便的放线菌组成各不相同；与陆地、水生环境不同；有大量新物种甚至新属存在；它们具有广泛且强的酶活性，尤其是分解角蛋白和纤维素的能力很强；部分菌株检测到聚酮合酶Ⅰ、Ⅱ型（polyketide synthase，PKS Ⅰ，PKS Ⅱ），非核糖体肽合成酶（nonribosomal peptide synthase，NRPS），多烯类化合物合成酶（CYP）等活性物质合成酶基因的存在，而且有抗菌活性；它们的营养需求与土壤、水生放线菌很不相同。我们认为动物内生菌可能是一类不可缺少的资源。

七、其他微生物资源

目前尚有绝大部分微生物未获得纯培养，更未被利用。发掘利用这些未培养微生物本身及其无穷的基因资源是本书讨论的重要内容。外太空可能存在生物，最大的可能就是微生物。利用这些外太空可能存在的微生物，或将地球微生物作为先锋生物移植到外太空，创造人居环境，也是本书要探讨的内容。

第五节 微生物资源开发利用的过去和现在

在人类还未曾看到或未曾觉察到微生物存在之前就已开始利用微生物了。早在四千多年前，我们的祖先就掌握了酿酒技术，就已经在利用微生物资源了。

人类最早大规模利用微生物的工业要算是酿酒业和面包业。1856 年 Pasteur 开始研究乙醇发酵微生物，这是人类自觉研究利用微生物资源的先声，到现在已有一个半世纪。1995 年，全世界各国的微生物学工作者都以各种形式纪念伟大的微生物学家、化学家、近代微生物学的奠基人 Pasteur 逝世 100 周年，纪念他对近代微生物学的发展和微生物资源开发利用所作的重大贡献。他的巨著《乙醇发酵》和《乳酸发酵》是微生物资源利用的具有历史意义的光辉文献。

微生物资源的大规模开发及发酵工业的真正兴起只有大约 70 年的历史，20 世纪五六十年代进入辉煌期。1928 年 Fleming 发现了青霉菌的抗菌作用，但在很长一段时间内分离青霉素的努力都失败了。直到 1939 年 Florey 和 Chain 才成功分离青霉素。1941 年第一次用它来治疗葡萄球菌感染的患者，几经周折，终于获得成功，这预示了医药史上抗生素时代的来临。但是由于野生菌种的产率太低，价格极为昂贵，难以普及。为此美国和英国组织了 38 个研究小组加紧研究青霉素大量生产的制造方法。1942 年，青霉素才开始小范围地用于临床。1945 年，Fleming、Florey 和 Chain 因发现青霉素的重大贡献获得诺贝尔生理学或医学奖。1944 年 Waksman 从链霉菌中发现了链霉素，1952 年获得诺贝尔生理学或医学奖。青霉素、链霉素的发现和应用是现代微生物资源开发利用的第一批重大成果，它展示了微生物发酵工业的光辉前景和强大的生命力。

1949 年，日本人用发酵法生产细菌 α-淀粉酶，使微生物酶制剂生产进入了工业化时代。20 世纪 50 年代，日本学者开发出霉菌的酸性蛋白酶。60 年代初，荷兰生产出添加碱性蛋白酶的洗涤剂。

20 世纪 50 年代，微生物生产的氨基酸开始进入市场。

1957 年，Kinoshita 等首次报道用微生物发酵法生产谷氨酸。

20 世纪五六十年代，抗生素的开发进入了“黄金时代”。

当代微生物资源的开发利用涉及食品、医药、环保、化工、矿冶、轻纺、农业、牧业等各个生产部门，产生了巨大的社会效益和经济效益。本书主要介绍以下几个方面。

一、微生物菌体利用

菌体利用系指利用微生物的全细胞或代谢主产物，如糖、蛋白质等。一些酵母菌的蛋白质含量高达菌体干重的 50%以上，同时含有其他生物活性物质，如氨基酸、维生素等。现在国内外的一些厂家利用废糖蜜等培养酵母，生产单细胞蛋白（SCP），作为饲料添加剂，可以部分取代鱼粉。美国有充足的饲料来源，主要利用甲醇生产食用酵母和面包酵母。俄罗斯的 SCP 产量最大。我国的产量不过两三万吨，主要是面包酵母。

二、微生物代谢产物的利用

1）氨基酸：谷氨酸（味精）是最早用微生物工业化生产的氨基酸，目前的产酸率已超过 10%。大部分氨基酸几乎都可以用微生物来生产。这比人工合成或用天然蛋白质降解的制造方法来得容易，且效益也大大地得到了提高。用发酵法生产的氨基酸有赖氨酸、丙氨酸、精氨酸、颉氨酸、亮氨酸、异亮氨酸、苯丙氨酸、色氨酸、苏氨酸、脯氨酸、瓜氨酸、鸟氨酸等。用的菌种有 *Corynebacterium pekinense*、*C. crenatum* 等，大多是经过突变育种得到的高产菌种。

2）有机酸：目前用微生物工业化生产的有机酸有柠檬酸、乙酸、葡萄糖酸、丁烯二酸、曲酸、乌头酸、苹果酸、α-酮戊二酸、衣康酸等。它们中的大多数是重要的化工原料。

3）维生素：用微生物生产的维生素有核黄素、β-胡萝卜素、维生素 B_2、维生素 B_6、维生素 B_{12}、维生素 C 等。

4）醇酮类：乙醇、丁醇、丙酮等化工原料都可利用微生物来生产。

5）酶：目前用微生物生产的酶有数百种，其中大部分是水解酶（碳水化合物水解酶、蛋白酶、脂肪酶等）、氧化酶、转化酶、异构酶等，均已大规模生产和应用。例如，长期以来人们就知道果糖比葡萄糖甜很多，而它们的分子结构差别极小；生物体内，在葡萄糖异构酶的作用下，前者容易转化成后者。只因从微生物中找到了热稳定葡萄糖异构酶的高产菌株并大规模生产了固定化酶才使这一梦想变成了现实。与此相关，由微生物工业化生产的淀粉酶、糖化酶，加上葡萄糖异构酶，连续作用，实现了从淀粉到果糖的连续化生产。最近在分子生物学上广泛使用的工具酶（限制性内切核酸酶、聚合酶、连接酶等）大都来源于微生物。例如，从高温菌生产的 *Taq* 酶对于 PCR（聚合酶链式反应）技术的成功和普及都起到了关键作用，而 PCR 技术则推动了核酸分子生物技术的全面革新和基因组时代的到来。可见用微生物生产的 *Taq* 酶对整个分子生物学的贡献之大。

目前，我国已能用发酵法大规模生产工业上需要的酶及少部分工具酶。我们与国外的差距主要是酶的质量和纯度（单位酶活力）及菌种的产率不如国外，且自己生产并拥有自主知识产权的工具酶的品种也严重短缺。

6）微生物药物：就其作用和产值而言，抗生素及相关的生物活性物质（我们用微生物药物来概括）是微生物最重要的产品，也是人类开发利用微生物最成功的领域。迄今从微生物中发现的生物活性物质大约有两万多种，已生产并在临床和农业上应用的抗生素有 160 多种，其中 70%以上是用放线菌发酵生产的。可以说，抗生素在推动人类文明进步中的贡献是极其辉煌的。最近的研究结果表明，1974 年发现的盐霉素（salinomycin）其杀死乳腺癌细胞的活性超过紫杉醇的 100 倍。所以，从老药中发现新的作用机制、开发新的用途也是一条不可忽视的途径。人类基因组计划的完成使得不断发现新的靶点、从老药发现新的作用靶点和新的作用机制及开发新用途成为可能。

三、微生物特性的利用

1）甾体转化：甾体激素广泛分布在动植物体内。甾体激素类药物在调剂人体代谢中起着很重要的作用。这类化合物都含有环戊烷多氢菲核。在核的不同部位由于取代基的不同，药效就不同。甾体药物的工业化生产是通过采用化学方法改造不同的天然甾体化合物来实现的。但这种方法步骤多，副产物多，收率低，成本高。尤其要把含氧基团导入 11 位很困难，而天然产物中类似物又很少，致使这类药物的生产受到限制。用微生物却可以使甾体化合物的特定部位发生转化反应，而且特异性高，效率高，反应条件温和，副反应少，可以羟化、芳香化、脱氢等。这在工（艺）业上具有极大的优越性。现在许多甾体类药物的制造均采用微生物转化来实现。

2）生物湿法冶金（biohydrometallurgy）：自然界有一类靠氧化矿物来获得能量的微生物——化能自养微生物。人们可以利用微生物的这个特性来氧化预处理含硫、砷、铁等的金、银、钴、锰等贵重金属矿物，从而大大提高金属的回收率，降低投资，改善劳动条件，且不污染环境。现在用微生物氧化预处理冶金技术已在铜、金、铀、锰等金属的回收中得到应用。20 世纪 90 年代，南非、澳大利亚等国已采用微生物氧化预处理含硫砷难选金矿代替传统的焙烧法和压力法大规模回收黄金，效益越来越好。与传统方法比较，微生物氧化预处理工艺投资减少约 50%，金的回收率提高 20%，且操作简便又不污染环境。国内早在 60 年代就开始这方面的研究。1995 年，作者实验室与云南省地质研究所、镇沅金矿合作进行微生物氧化预处理含硫砷难选金矿的研究，结果表明，铁的氧化率高达 99%，金的回收率达 90%，完全达到了生产要求。

3）微生物探矿：自然界存在一类以气态烃为唯一碳源的微生物，这些微生物的数量可能与烃的浓度有关。这就使得有可能用微生物来进行石油勘探。各国都在进行这方面的工作，而且通过此法已找到不少油气田。

4）微生物肥料：大量使用化学肥料，一方面极大地增加了农作物的产量，另一方面却破坏了土壤结构，造成土壤肥力下降。人类很早就发现生长在贫瘠土壤上的某些植物不但生长良好，而且还能增强土壤肥力，促进其他植物的生长。人们开始认识到豆科作物如大豆、牧草中的苜蓿、树木中的刺槐等的根部因能结瘤固氮，所以促进了植物自身的生长，增强了土壤肥力。科学工作者随后从这些根瘤中发现了与植物共生固氮的根瘤细菌（rhizobium）。这些能与细菌共生固氮的植物属于豆科植物。固氮菌肥料在全国已经得到了广泛的推广。我国钾矿资源有限，钾肥大部分靠进口。烤烟是云南省的主要经济作物，提高烤烟品质是当前增加效益的主要途径。在氮磷的施肥水平已经较高的今天，钾肥成了改善烤烟品质的关键，因此开发钾细菌肥料具有重要意义。作者实验室开发的钾细菌肥料在云南省几个地区试验的结果表明，每亩①施0.5kg钾细菌肥料和15kg硫酸钾的烤烟田块，比每亩净施30kg硫酸钾的田块增产4.2%，比不施钾肥的对照增产22.3%，净增产值135元，可见效益很好。1993～2007年共推广300万亩。

目前开发的重点是复合型多功能细菌肥料。这种类型的肥料不但有固氮、解磷、解钾效果，还要有抗病（尤其是土传病害）、刺激生长等效果，且所用的菌种也要好几种。

四、其他

1）废物资源的再利用：地球上的三大废物资源——纤维素和木质素、甲壳素、角蛋白产量巨大，已利用的数量甚少。可以利用微生物的降解作用将这些废物降解成葡萄糖和可利用的蛋白质，生产乙醇、饲料等。在能源已经成为国家大计的今天，利用微生物降解废物、生产能源是解决能源问题的途径之一。为此各国政府和公司付出了巨大努力，从目前的情况来看，成本和工艺都已基本过关。

2）工业污染物及其他废物的降解及净化：微生物的代谢类型极为多样化，繁殖极快，在各种环境下都能生长，这就为生物自净提供了可能。现存的许多工业污染物（尤其是一些有机工业废物）都可能被微生物分解或转化成无毒物质。微生物已成为治理“三废”的有力武器。目前仍有许多污染物无法用微生物进行降解，塑料制品就是一项亟待解决的大污染源。

3）黏细菌（myxobacterium）资源：黏细菌属革兰氏阴性细菌，无鞭毛，无坚实的细胞壁，但有黏液层包裹，其生活史包括营养细胞和休眠体（子实体）两个阶段，是原核生物中生活史最复杂的一个类群。依据营养方式的不同将该属分为两个亚群：溶纤亚群，能分解纤维素、蛋白质等大分子复杂物质，以腐生性为主；溶菌亚群，以活的或死的藻类、细菌或真菌为营养，以寄生性为主。最近十多年的研究表明，黏细菌是产生生物活性物质很多的一类原核生物，已从该属发现大环内酯类、芳香类、杂环类、肽类、醌类、甾醇类、生物碱类、聚醚类等700多种活性物质，其中阿维菌素（A1a、A2a、B1a、B2a）是应用很广的杀虫剂。最有名的是埃坡霉素（epothilone），它有很强的抗肿瘤活性，已进入临床试验。黏细菌资源利用最大的障碍是：①分离纯化困难；②生长很慢，培养困难；③有用成分含量很低。例如，埃坡霉素虽然活性非常好，但用黏细菌生产产率很低，导致成本很高，所以从黏细菌发现有用化合物，分离其合成基因组，然后转植到其他宿主进行表达，是一条出路。另一条路径是人工合成。这些方面的研究已经有长足的进展。

① 1亩≈667m^2，后同。

第六节　开发利用微生物资源的新技术

最近10多年来，开发利用微生物资源的各种新思路、新技术和新装备都有非常迅速的发展，本书将用几章专门叙述。

（姜成林）

主要参考文献

姜成林. 1989. 放线菌资源的开发利用. 工业微生物，19：31～35

林永成. 2002. 海洋微生物及其代谢产物. 北京：化学工业出版社

刘志恒. 2002. 现代微生物学. 北京：科学出版社

陶余敏，姜成林. 2008. 生物能源开发的进展和现状. 和谐西部论坛. 北京：中国文联出版社. 581～586

张树政，王修垣. 1988. 工业微生物成就. 北京：科学出版社

Atalan E，Manfio G P，Ward A C et al. 2000. Biosystematic studies on novel *Streptomycetes* from soil. Anntonie Van Leeuwenhok J Microbiol Serol，77：337～353

Bérdy J. 2005. Bioactive microbial metabolites，a personal view. J Antibiot，58（1）：1～26

Bull A T，Ward A C，Goodfellow M. 2000. Search and discovery strategies for biotechnology：the paradigm shift. Microbiol Mol Biol Rev，64：573～606

Butler B J，Kempton A G. 1987. Growth of *Thiobacillus ferrooxidans* on solid media containing heterotrophic bacteria. J Ind Microbiol，2：41～45

Cummins C S，Harris H. 1956. The chemical composition of mycobacteria，corynebacteria and nocardia. Am Rev Res P Dis，92：63～72

Demain A L，Sanchez S. 2009. Microbial drug discovery：80 years of progress. J Antibiotic，62：5～16

Ehrlich H L，Brierley C L. 1990. Microbial Mineral Recovery. New York：McGraw-Hill Publishing Company

Fox G E，Stackebrandt E，Hespell R B et al. 1980. The phylogeny of prokaryotes. Science，209：457～463

Gupta P B，Onder T T，Jiang G Z et al. 2009. Identification of selective inhibitors of cancer stem cells by high-throughput screening. Cell，138：1～15

Haddadin J，Dagot C，Fick M. 1995. Model of bacterial leaching. Enzyme Microb Technol，17：290～305

Harrison A P Jr. 1984. The acidophile thiobacilli and other acidophile bacteria that share their habitat. Ann Rev Microbiol，38：265～292

Hopwood D A. 1997. Genetic contributions to understanding polyketide synthases. Chem Rev，97：2465～2498

Hughes J B，Hellmann J J，Ricketts T H et al. 2001. Counting the uncountable：statistical approaches to estimating microbial diversity. Appl Environ Microbiol，67（10）：4399～4406

Jeffrey D F，Richard E T，Dan L S. 2009. New sources of chemical diversity inspired by biosynthesis：rational design of a potent epothilone analogue. Org Lett，11：3186～3189

Johnson D B，McGinness S. 1991. A highly efficient and universal solid medium for growing mesophilic and moderately thermophilic，iron-oxidizing，acidophilic bacteria. J Microbiol Methods，13：113～122

Joseph S J，Hugenholtz P，Sangwan P et al. 2003. Laboratory cultivation of widespread and previously uncultured soil bacteria. Appl Environ Microbiol，69（12）：7210～7215

Liesack W，Stackebrandt E. 1992. Occurrence of novel groups of the domain bacteria as revealed by analysis of genetic material isolated from an Australian terrestrial environment. J Bacteriol，174：5072～5078

Miyadoh S. 1993. Research on antibiotic screening in Japan over the last decade：a producing microorganism approach. Actinomycetologica, 7: 100～106

Miyazaki Y, Shibuya M, Sugawara H et al. 1974. Salinomycin, a new polyether antibiotic. J Antibiotic, 27 (11): 814～821

Normand P, Orso S, Cournoyer B et al. 1996. Molecular phylogeny of the genus *Frankia* and related genera and emendation of the family Frankiaceae. Int J Syst Bact, 46: 1～9

Pachter L. 2007. Interpreting the unculturable majority. Nature Methods, 4, 479, 480

Rheims H, Spröer C, Rainey F A et al. 1996a. Molecular biological evidence for the occurrence of uncultured members of the actinomycete line of descent in different environments and geographical locations. Microbiology, 142: 2863～2870

Rheims H, Rainey F A, Stackebrandt E. 1996b. A molecular approach to search for bacteria in the environment. J Ind Microbiol, 17: 159～169

Rheims H, Spröer C, Rainey F A et al. 1996c. Molecular biological evidence for the occurrence of uncultured members of the actinomycete line of descent in different environments and geographical locations. Microbiology, 142: 2863～2870

Ruishen J. 2004. An important mission for microbiologists in the new century-cultivation of the unculturable microorganisms. Chinese J Biotechnology, 2: 641～645

Schloss P D, Handelsman J. 2005. Metagenomics for studying unculturable microorganisms: cutting the Gordian knot. Genome Biology 6: 229～302

Schwinstzer C R, Tiepkema J D. 1990. The Biology of Frankia and Plant. San Diego: Academic Press. 1～5

Stackebrandt E, Liesack W, Goebel B M. 1993. Bacterial diversity in a soil sample from a subtropical Australian environment as determined by 16S rDNA analysis. FASEB J, 7: 232～236

Stackebrandt E, Rainey F A, Ward-Rainey N L. 1997. Proposal for a new hierarchic classification system, *Actinobacteria* classis nov. Int J Syst Bacteriol, 47: 479～491

Stackebrandt E, Woese C R. 1981. Towards a phylogeny of the actinomycetes and related organisms. Current Microbiology, 5: 197～202

Swensen S M, Mullin B C. 1997. Phylogenetic relationships among actinorhizal plants, the impact of molecular systematics and implications for the evolution of actinorhizal symbioses. Physiol Plant, 99: 565～573

Vandamme P, Pot B, Gillis M et al. 1996. Polyphasic taxonomy, a consensus approach to bacterial systematics. Microbiol Rev, 60: 407～438

Wang Y, Zhang Z. 2000. Comparative sequence analyses reveal frequent occurrence of short segments containing an abnormally high number of non-random base variation in bacterial rRNA genes. Microbiol, 146: 2845～2854

Woese C R. 1987. Bacterial evolution. Microbiol Rev, 51: 221～271

Woese C R, Kandler O, Wheelis M. 1990. Towards a natural system of organisms: proposal of the domains Archea, Bacteria, and Eucarya. Proc Natl Acad Sci USA, 87: 4576～4579

Woese C R, Stackebrandt E, Macke T et al. 1985. Definition of the eubacterial "division". Syst Appl Microbiol, 6: 143～151

Zengler K, Toledo G, Rappé M et al. 2002. Cultivating the uncultured. PNAS, 99 (24): 15681～15686

第一章　土壤微生物资源

土壤是人类赖以生存的物质基础，也是微生物生活的最主要的场所，是微生物生活的大本营。土壤微生物资源是研究历史最悠久、研究成果最多、开发利用成效最大的资源。早在19世纪后期，农业化学和细菌学的形成和发展为土壤微生物资源的发现和利用奠定了基础。1877年，施勒辛和明茨最早发现了硝化细菌，证实了土壤中的硝化作用是通过微生物进行的。1885～1888年，维诺格拉茨基分离到亚硝化细菌、硝化细菌和硫细菌，论证了土壤微生物的氨氧化作用。1888年，黑尔里格尔和维尔法特发现了根瘤菌的固氮作用。同年，拜耶林克从根瘤中分离并获得了根瘤菌的纯培养。1899年维诺格拉茨基发现了厌气性的固氮梭菌。1901年，拜耶林克发现了好气性的固氮菌，开辟了探讨微生物固氮作用的研究领域。1904年，奥梅良斯基分离得到了纤维分解细菌，揭示了土壤微生物分解有机物质的重要作用。

20世纪瓦克斯曼的《土壤微生物学原理》、弗雷德等的《根瘤菌和豆科植物》以及维诺格拉茨基的论文集《土壤微生物学——问题与方法》等著作极大地推动了土壤微生物资源的研究。特别是瓦克斯曼对土壤微生物间拮抗关系的研究，尤其是通过对拮抗性放线菌所产生的各种抗菌性物质的研究使得人们后来发现了链霉素，从而带来了抗生素发酵工业的“黄金时代”，推动了微生物药物开发在全世界的兴起。

据统计，1g沃土中含微生物的数量高达几亿甚至几十亿个。1亩耕作层土壤中，微生物的重量有几百斤[①]到上千斤。土壤越肥沃，微生物越多。土壤中的微生物不仅数量巨大，而且分布广泛、种类繁多、功能多样，是土壤生态系统中最活跃的部分。它们生活在地表、土壤颗粒间隙和颗粒表面，在土壤有机质分解、腐殖质合成、养分转化，以及土壤的形成和演化等方面发挥着极其重要的作用，主要表现在以下几个方面。

1）分解有机质。作物的残根败叶和施入土壤中的有机肥料只有经过土壤微生物的作用才能腐烂分解，释放出营养元素，供植物利用；并且形成腐殖质，改善土壤的理化性质和耕作性能。

2）分解矿物质。例如，解磷细菌能分解出磷矿石中的磷，解钾细菌能分解出钾矿石中的钾，使其转化为有利于植物吸收的可溶性磷和钾等营养元素。

3）固定氮素。氮气在空气组成中占4/5，数量巨大，但植物不能直接利用。土壤中的固氮微生物能固定空气中的分子氮，使其成为可被植物直接吸收的氮源。

4）形成土壤结构。活性土壤是由固态的土壤、液态的水和气态的空气共同组成的。土壤中的微生物通过代谢活动进行的氧气和二氧化碳的交换以及分泌的有机酸等有助于土壤粒子形成大的团粒结构，最终形成真正意义上的土壤。

虽然土壤微生物资源的开发利用已经取得了丰硕的成果，但在农业、医学、环境等

---

① 1斤＝500g，后同。

方面应用的微生物种类不到土壤微生物实际总数的10%。因此，土壤微生物资源是个有待发掘的巨大宝库。

第一节　土壤微生物的分离

土壤中的微生物分布广泛、种类繁多、数量巨大、功能多样、资源极其丰富。现代分子生物学的研究结果表明，在过去的100多年间，只有极少一部分微生物得到了纯培养。迄今为止人们所认识的微生物仅是实际存在量的1%～10%，90%～99%的微生物尚不能被纯培养。正如表1-1所示，目前已经描述的放线菌约有4000种，检测到的约有3.5万种，据推测自然界至少有5万～8万种。

表1-1　现已描述的物种和推测可能存在的物种的数量

类群	描述/种	保存/种	检测/种	推测/种
细菌	6000	3500	50万	150万
放线菌	4000	3000	3.5万	5万～8万
真菌	8000	70 000	150万	几百万

一、土壤微生物的分离

目前普遍认为，用现行的分离方法从土壤中获得纯培养的微生物，大多数均是已经过了一轮以上活性筛选的常见菌，很难再分离到新物种。为此，我们一方面要千方百计地获得更多的未知菌，另一方面又要尽早地排除已知菌和常见菌。我们所面临的挑战是：不患无新菌，只患拿不到。为此，微生物分离方法的研究是微生物资源学研究的重要内容之一，也是资源利用的首要前提和重大困难。长期以来，微生物工作者一直致力于探索有效的微生物分离方法，从不同角度、不同层次建立分离微生物的新方法。由于微生物的类群繁多，且环境条件复杂多变，这就要求我们根据分离目的不断探索新的分离方法，以期发现微生物的新物种，进而研究其应用价值。

国外一些公司和科研单位把分离程序作为技术关键，严加保密，泄露者将受到惩处。外人只能从生态学文献中才能偶见微生物分离方法的报道，且作者一般都隐其要害，文献发表时间一般要晚2～3年。在这方面日本学者做的工作比较多，而且比较深入。例如，日本的野野村和早川正幸等设计的HV培养基对分离小单孢菌属（*Micromonospora*）、小双孢菌属（*Microbispora*）等稀有放线菌都具有很高的选择性，他们还据此设计了选择性分离小单孢菌属、小双孢菌属、小四孢菌属（*Microtetraspora*）、链孢囊菌属（*Streptosporangium*）、指孢囊菌属（*Dactylosporangium*）、游动放线菌属（*Actinoplanes*）等菌属的特异性分离方法，并分离到不少的新种新属。日本的Suzuki等建立了选择性分离双孢放线菌属（*Actinobispora*）的方法；Hasegawa等建立了选择性分离束丝放线菌属（*Actinosynnema*）、游动短孢链菌属（*Catenuloplanes*）的方法等。Nonomura、Goodfellow及我们实验室都对放线菌分离技术的改进和发展作出了重要的贡献。

（一）选择试验样品的原则

开发利用微生物资源的第一步是获得所需要的菌种。而要获得理想的目的菌，就必须考虑如何选择好试验样品，分析自然界或人工环境有没有目的菌存在的可能性。这主要可以从以下诸方面来考察。

1. 温度、酸碱度等环境因素

微生物在特定的环境下生息繁衍，由于长期适应这种环境，它必然具有与之适应的代谢类型并产生相应的代谢产物。

现在已经发现，有的微生物能在100℃以上（目前比较可信的微生物存活的“极限”温度是140℃）高温环境中生长。为了适应高温环境，微生物细胞膜的高熔点脂、糖脂增加，DNA的G+C含量增加、碱基顺序改变，蛋白质和酶的氢键、硫键增加，一级结构改变，亲水性增加。这些改变都使高温菌的耐热性增加。这也为我们从高温菌中开发高温酶提供了可能。工业上广泛应用的α-淀粉酶及PCR中广泛使用的*Taq*酶都是从高温菌开发出来的。与此相关，工业上需要开发“低温酶”，例如，洗涤剂就需要添加20℃左右具有高活性的蛋白酶、脂肪酶。分离可能产生“低温酶”的微生物，则可以从寒冷地带或肉油冷冻库中采集样品。

对于酸、碱等环境因素也可以作类似的考虑。可以从这些环境采集样品中筛选酸性酶和碱性酶产生菌。

在极端环境条件（极端高低温、极端酸碱、高辐射等）下生存的微生物必然有特殊的代谢类型，也必然产生特殊的产物。这是不可忽视的微生物资源。

2. 天然基质

天然基质是微生物长期赖以生存的物质基础。

1）腐生型微生物。大多数微生物是以有机物作为能源。地球上的三大废物资源（纤维素和木质素、甲壳素、角蛋白）在自然界中大量存在，许多微生物长期靠分解它们生活。这就为我们从这些环境中筛选分解纤维素、木质素、甲壳素和角蛋白的微生物或酶的产生菌提供了可能性。

2）化能自养菌。为了利用微生物来回收金属，我们就要从硫磺矿、磺铁矿等天然环境中采集样品，寻找所需的菌种。还有一类既具有固氮能力又能转化土壤磷、钾元素的细菌，它们不需要氮源，可以从长石矿和一般土壤中找到这类微生物。

3. 综合因素

资源开发的目标常常不是单一因素，而是许多因素的结合。例如，开发高（低）温碱性脂肪酶时，我们就得从长期炼油或长期储油的地方采集样品，从中找到目的菌的可能性就会大一些。又如，要筛选*Thiobacillus thiooxidans*最好选择酸性硫磺温泉取样。

（二）样品采集

植物根际是土壤与植物生态系统物质交换的活跃界面，也是土壤微生物代谢活动特别旺盛的最活跃场所。Piutti 等在研究玉米根际微生物群体的季节性变化时，发现在营养生长阶段，根际微生物活性和细菌丰度明显高于根外土壤。Zolotilina 等观察到沙漠野生植物的根际细菌种类比根外土壤多 1.5～3 倍，根际微生物数量在不同植物间有明显差异。Prosser 等应用分子生物学的方法证明根际微生物不仅具有丰富的多样性，而且含有大量未培养的微生物类群。因此，根际土壤是获得微生物资源最重要的来源。

土壤的表层或耕作层（10～40cm）中微生物数量最多，种类也最复杂，而且变化也较小。为了分离得到更新颖的微生物菌种，应当选择不同地域、不同生态环境以及不同季节采集样品。在云南大部分地区四季不分，而旱、雨季分明，因此采样最好在每年旱雨季之交，即 3～5 月采集土样为佳。

通常采集植物根际 20cm 左右深处的土样，取 5～10 个样点混合为一份样品，装入无菌自封袋中，带回实验室后于 4℃保存至菌种分离。

许多研究表明，放线菌比细菌更耐旱。因此，土样风干有利于减少细菌的干扰，便于真菌、放线菌的分离。为了分离细菌，甚至需要把冰箱带到现场，采样后立即保存于低温下。但最好是采样后立即分离。

（三）样品预处理

目前微生物分离方法的研究通常建立在对微生物生理学研究的基础上，经过对样品进行预处理、培养基设计以及选择性抑制剂等的因素考察，建立有效的微生物分离方法。

生活于土壤中的微生物通常与土壤颗粒密切结合，一方面土壤颗粒的集结会把微生物包裹在里面，分离时接触不到培养基表面，不能生长，难以分离出来；另一方面，有些微生物如部分放线菌和真菌通常具有发育良好的菌丝体，它们又增加了土壤颗粒集结的力度，使土壤颗粒不易分散。因此，只有打破土壤团粒，将颗粒内的菌丝体释放出来，才能使土壤和菌体均匀地分散到溶液中去。通常采用物理振荡、化学趋散、超声波处理等不同方式使微生物与土壤颗粒彻底分离。

预处理的主要目的在于利用目标菌的某些特性，在土壤等样品中加入一些特殊物质，并创造有利于分离对象生长的条件、活化微生物细胞和休眠的孢子以及杀灭非目的菌，增加目的菌的出菌率，尽可能减少其他菌的干扰。可以从以下几方面考虑。

1）高温处理：土壤样品自然风干后，120℃干热处理 60min，可大大降低真菌、细菌的数量，增加产孢放线菌和高温细菌的数量。如果为了分离高温菌，也可以在样品中加入适当成分，在特定高温（如 60℃或 70℃）下振荡培养若干时间，可减少非耐热菌的干扰。

高温处理又包括干热处理和湿热处理，其中干热处理是普遍使用的预处理方法。干热处理的合适温度根据目的菌孢子的耐受温度范围来确定。例如，将自然风干土壤样品用 100℃或 120℃干热处理 60min，可有效分离链孢囊菌属、小双孢菌属、小四孢菌属、马杜拉放线菌属、小单孢菌属、游动放线菌属等稀有放线菌；用 60～65℃处理 120min，可有效分离小单孢菌属。建议在分离放线菌时可采取以下方法：①土样自然风干 5～30 天，可大大减少细菌的数量，增加放线菌的出菌率。②风干土样在 120℃干热处理

60min（潮湿的土样不能如此处理），可减少真菌、细菌的数量，增加产孢放线菌的出菌率。

2）富集培养：有一些物质可以促进放线菌的增殖，例如，钙离子可以刺激放线菌菌丝的形成，利用 $CaCO_3$ 能富集分离动孢放线菌属（*Actinokineospora*）。将土样（5g）风干后，把土样和 $CaCO_3$ 按 10∶1（m/m）的比例均匀混合，补充少量无菌水保持样品湿润，26℃放置 14 天；再风干后加入 50ml 磷酸缓冲液（10mmol/L，pH7.0），30℃振荡 120min；随后 1500g 离心 20min；进行稀释涂布平板。Tsao 等报道用 $CaCO_3$ 富集过的土壤分离平板上的放线菌出菌率（CFU）要比未处理过的高 100 倍。日本的 Suzuki 采用在 HV 培养基里添加 $CaCl_2$ 的方法可有效地对双孢放线菌进行选择性分离。

酵母膏、脱脂牛奶、角蛋白等物质对产丝放线菌的孢子有诱导萌发作用。Suzuki 等的研究发现，脱脂牛奶能刺激鱼孢菌属（*Sporichthya*）的孢子运动，在 pH8.0 的溶液中孢子运动频率最大，加脱脂牛奶结合离心是分离动孢菌的有效方法。将风干土样 80℃干热处理 1h 后，加入含吗啉丙磺酸的 0.1%脱脂牛奶（过滤灭菌）27℃振荡 60min，1000g 离心 10min，用无菌生理盐水梯度稀释，涂布平板。研究发现高温会破坏脱脂牛奶中的刺激因子。脱脂牛奶经高温灭菌后失去刺激效果。由于鱼孢菌属对大多数抗生素敏感，所以培养基中尽量少用抗生素抑制剂。

选用诱孢溶液 6%酵母膏（YE）+0.05%十二烷基硫酸钠（SDS）+9mL PBS（pH7.4）有助于分离稀有放线菌，用 1%角蛋白（CK）+10mmol/L 3-（N-吗啉代）丙磺酸（MOPS，pH8.5）诱孢溶液有助于分离游动放线菌属及游动四孢菌属（*Planotetraspora*）等（表 1-2）。

表 1-2　不同的诱孢溶液分离到的稀有放线菌的类群比较

属＼诱孢溶液	海藻糖-无机盐培养基					改良 HVG 培养基				
	(1)	(2)	(3)	(4)	对照	(1)	(2)	(3)	(4)	对照
Rhodococcus	−	+	−	−	+	+	−	−	+	−
Nocardia	+	+	−	+	+	+	+	+	+	+
Streptosporangium	+	+	+	+	−	+	+	+	+	+
Micromonospora	+	+	+	+	+	+	+	+	+	+
Actinoplanes	−	−	+	−	−	−	−	+	+	−
Catellatospora	+	−	−	−	−	+	−	−	−	−
Microbispora	+	−	−	+	−	+	+	+	−	−
Stackebrandtia	+	+	−	−	−	−	−	−	−	−
Actinomadura	+	+	+	−	−	+	−	−	−	−
Kribbia	+	−	−	−	−	−	−	−	−	−
Actinopolymorpha	+	+	−	+	−	+	−	+	−	−
Dactylosporangium	−	−	−	−	−	−	−	+	−	−
Planotetraspora	−	−	−	−	−	−	−	+	+	−

注：“+”表示分离到，“−”表示未分离到。将土壤样品分别加入下述溶液，在 40℃处理 20min。

诱导剂：（1）6%酵母膏（YE）+0.05%十二烷基硫酸钠（SDS）+9mL PBS（pH7.4）；

（2）1%腐殖酸（HA）+0.05%十二烷基硫酸钠（SDS）+9mL PBS（pH7.4）；

（3）0.1%脱脂牛奶（SM）+10mmol/L 3-（N-吗啉代）丙磺酸（MOPS，pH8.5）；

（4）1%角蛋白（CK）+10mmol/L 3-（N-吗啉代）丙磺酸（MOPS，pH8.5）。

用葡萄糖酸氯己定（chlorhexidine gluconate）和苯酚分离小双孢菌属，苄索氯铵（benzethonium chloride）用于分离链孢囊菌属和小四孢菌属，Hayakawa 等用氯胺-T 分离小双孢菌属、小四孢菌属和链孢囊菌属出菌率达到 40%～56%。用吗啉丙磺酸、丙烯酰胺、海藻糖、乙二胺四乙酸（EDTA）等处理样品，稀有放线菌的出菌率可超过 50%。

3）分散差速离心技术（dispersion and differential centrifugation，DDC）：1991 年 Hopkins 等发现土壤悬液经 DDC 处理有助于分散土壤聚集体，使被包裹的微生物从土壤中释放出来，可有效地分离到珊瑚放线菌属（*Actinocorallia*）、马杜拉放线菌属（*Actinomadura*）、原小单孢菌属（*Promicromonospora*）、野野村氏菌属（*Nonomuraea*）和拟孢囊菌属（*Kibdelosporangium*）等，出菌率提高了 10%～20%。

4）极高频辐射（extremely high frequencies，EHF）：2002 年 Li 等研究发现，用 3.8～5.8mm 或 8～11.5mm 波长的高频辐射处理土壤悬液，分离到的稀有放线菌属数比用常规方法分别提高了 2 或 7 倍，通过这种方法可分离到马杜拉放线菌属、小四孢菌属、野野村菌属、小单孢菌属、拟无枝菌酸菌属（*Amycolatopsis*）、假诺卡氏菌属（*Pseudonocardia*）、糖丝菌属（*Saccharotrix*）和链孢囊菌属，而用 5.6mm 和 7.1mm 的波长处理样品无选择性。

5）微波处理：1997 年 Bulina 等用 80W、2460MHz 的微波对土壤悬液处理 30s，分离到的稀有放线菌属数比用常规方法提高了 1 倍。通过这种方法可分离到以下菌属的放线菌：糖丝菌属、拟无枝菌酸菌属、无枝菌酸菌属（*Amycolata*）、拟诺卡氏菌属（*Nocardiopsis*）、小单孢菌属、马杜拉放线菌属、小四孢菌属、游动放线菌属、原小单孢菌属、糖多孢菌属（*Saccharopolyspora*）、链孢囊菌属和小链孢菌属（*Catellatospora*）。

分别采用焦磷酸钠或胆酸钠和 50W 超声波处理土壤悬液 40s，也有利于微生物脱离土壤颗粒，可促使微生物均匀地分布于土壤悬液中，放线菌的种类会明显地增多。

6）电子脉冲：1998 年 Bulina 用 12kV/cm^2 的电子脉冲强度处理土壤 3s，发现对分离游动放线菌属、小单孢菌属、马杜拉放线菌属、小四孢菌属、链孢囊菌属和糖丝菌属的选择性很好，而 3s、16kV/cm^2 的电子脉冲强度对类诺卡氏菌属有高选择性。

（四）培养基的设计

专门针对某一类资源微生物的分离与特定环境微生物“本底”调查是有一定区别的，尽管两种情况分离的都是资源菌。前者是只要目的菌，尽量避免非目的菌的干扰。但是我们很难断定某个微生物肯定没有用。一般而言，除了部分已经肯定属于人、畜致病菌（如 *Mycobacterium tuberculosis*、*Bacillus leprae* 等）的微生物之外，一般的微生物都应该视为具有“潜在用途或价值”的资源。因此，培养基成分的设计就应该考虑两种情况。一种情况是为了分离特定的菌种，要求培养基尽可能只长目的菌，而不长其他菌；另一种情况是分离所有的资源菌，这就需要设计不同类型的培养基，分门别类尽可能把实际存在的微生物都分离出来。

迄今为止，没有哪一种培养基能同时分离所有微生物，大概这是永远也做不到的事。因此，设计培养基时要尽量将开发意图放在分离过程中。例如，在分离稀有放线菌时，若以常用的甘油、淀粉、葡萄糖作为碳源，以精氨酸、天冬氨酸、酪氨酸或硝酸盐作为氮源，分离得到的均为常见的放线菌。因此探索“稀有”碳氮源，用于稀有微生物的分离，应该是一条有效途径。吉兰糖胶（gellan gum）是一种由 *Pseudomonas elodea* 产生的多糖，是一种很好的凝固剂，可用它替代琼脂。吉兰糖胶常用作植物组织培养的凝固基质，有促进植物细胞生长的作用。它能促进很多放线菌气生菌丝的生长及气生孢子的形成。采用 HV 培养基作为基础培养基，用 1g/L 的 $CaCl_2$ 代替 $CaCO_3$，可有效地分离到鱼孢菌属、双孢放线菌属、游动放线菌属、北里孢菌属（*Kitasatospora*）、长孢菌属（*Longispora*）、游动单孢菌属（*Planomonospora*）、游动双孢菌属等，因此可以用吉兰糖胶作稀有放线菌分离培养基的凝固基质。

用海藻糖、棉子糖、甘露醇、腐殖酸等碳源分离放线菌不仅细菌干扰少，而且稀有放线菌的出菌率也很高。如表 1-3 所示的结果显示：用 0.6%的海藻糖作碳源的海藻糖-无机盐培养基，分离得到放线菌 229 株，其中稀有放线菌 195 株，占总数的 85.2%。0.2%丙酸钠作碳源的丙酸钠-无机盐培养基，分离得到放线菌 203 株，其中稀有放线菌 153 株，占总数的 75.4%。用 0.5%的棉子糖作碳源，分离得到放线菌 58 株，其中稀有放线菌 46 株，占总数的 79.3%。稀有放线菌的出菌率均超过 60%，且类群很丰富。分离得到指孢囊菌属、链孢囊菌属、马杜拉放线菌属、小四孢菌属、小双孢菌、双孢放线菌属、糖单孢菌属、假诺卡氏菌属、诺卡氏菌属等类群。

表 1-3　不同培养基分离效果的比较　　（单位：CFU/皿）

培养基 \ 土壤	S 1 R/A	S 2 R/A	S 3 R/A	S 4 R/A	S 5 R/A	S 6 R/A	总数 R/A （R/A %）
A	45/63	31/36	28/32	14/18	12/26	23/28	153/203（75.4%）
B	49/53	39/44	29/34	6/11	33/39	39/48	195/229（85.2%）
C	41/71	33/63	42/73	4/6	25/40	28/41	173/224（77.2%）
D	70/75	80/102	90/105	8/9	55/71	51/62	354/424（83.4%）
E	11/15	10/12	5/7	0/0	7/9	13/15	46/58（79.3%）
F	36/65	38/81	37/59	1/2	18/32	43/67	173/306（56.5%）

注：R/A 稀有放线菌/放线菌。

A. 丙酸钠-无机盐培养基；B. 海藻糖-无机盐培养基；C. 改良 HVG 培养基；D. 改良高氏Ⅰ号培养基；E. 棉子糖-组氨酸培养基；F. HV 培养基。

（五）抑制剂的选择

在微生物的分离过程中选择适当的抑制剂是一个极为重要的因素。一般来说，放线菌酮、制霉菌素可抑制真菌；青霉素、链霉素可抑制细菌；萘啶酸和甲氧苄氨嘧啶能够抑制革兰氏阴性细菌。

我们多年的试验经验证明，为了分离放线菌，使用重铬酸钾可以抑制细菌和真菌，而几乎不抑制放线菌。同时为了尽可能多地分离出稀有放线菌，不仅要抑制细菌和真菌的生长，而且还要抑制常见的链霉菌，甚至常见稀有放线菌的生长。

有报道表明，选用新霉素和卡那霉素有助于动孢放线菌属的分离，可抑制其他放线菌的生长。Hayakawa 等用卡那霉素、交沙霉素、利福平、新生霉素和溶菌酶有效地获得了马杜拉放线菌属。Suzuki 等的结果显示，链霉菌属对利福平、氨基羟丁基卡那霉素 A、白霉素、二甲胺四环素、新生霉素、衣霉素和万古霉素 7 种抗生素敏感。用白霉素、新生霉素和衣霉素可选择性分离双孢放线菌属。

硫酸庆大霉素为氨基糖苷类广谱抗生素，对多种革兰氏阴性菌及阳性菌都具有抑菌和杀菌作用。它对多数放线菌也有抑制作用，所以其分离效果不理想。同样，柱晶白霉素对放线菌也有较强的抑制作用，对真菌和细菌的抑制作用反而很小。因此，分离放线菌时不宜使用硫酸庆大霉素和柱晶白霉素。

现代分子生物学的研究结果表明，未知放线菌仍然无穷无尽。因此，不断设计新的、简便、有效的分离程序分离未知菌是微生物资源开发的关键之一。为此：①需要不断改变培养基的成分（尤其是碳源的种类和量），设计新的培养基。②不断选用专一性的选择性抑制剂。③更新平板稀释法，创造完全新型的分离方法。

二、各类微生物的分离程序

微生物的分离是一项专门的技术和艺术。各类微生物的分离方法也各不相同。应该说，无论是细菌、放线菌还是真菌，要分离其中的新菌种并非易事，都各有诀窍，也都有很多未解决的问题。未知微生物分离技术是当今微生物学的基本问题之一。资源微生物既包括已知微生物，也包括未知微生物。一般来说，常见真菌和细菌的分离比放线菌容易一些，这主要是因为前两者生长较快。但是要分离完全新的稀有的真菌、细菌也很困难。对未知微生物的分离，本章将主要讨论放线菌的分离方法，以此为案例。

（一）放线菌

为了研究不同环境条件下放线菌资源的分布及它们的数量和组成，必须进行放线菌的分离。为此，总的要求是尽可能让试样中的全部放线菌都长出来，而其他微生物（细菌和真菌）尽可能不长。为了达到这个要求，可以从以下几方面来考虑。

1. 样品的预处理

预处理的目的在于减少真菌、细菌的数量，增加放线菌（尤其是目的放线菌）的数量，目前采用的方法有：①土样自然风干 5～30 天。可大大减少细菌的数量，增加放线菌的出菌率。②风干土样在 120℃ 干热处理 60min（潮湿的土样不能如此处理），可减少真菌、细菌的数量，增加孢子放线菌的出现率。③综合处理。将处理好的土样加入 1% 的 $Na_4P_2O_7$ 无菌溶液振荡 30min 后，再用 50W 超声波处理 40s。

2. 选择性试剂

在放线菌分离过程中，为了增加目的放线菌的数量，减少真菌和细菌及不需要的放线菌的数量，许多学者根据数值分类的大量资料发现，不同类群放线菌之间对某类物质的抗性具有显著差异，提出在分离培养基中加入目的菌能忍耐而其他菌敏感的物质，以选择性分离目的菌。例如，在培养基中加入 bruneomycin，可以选择性分离马杜拉放线菌属。

3. 稀有放线菌的分离

为了寻找某个特殊类群的菌株，要求分离方法有很高的选择性。这不仅要抑制细菌和真菌的生长，而且还要抑制常见的链霉菌，甚至其他稀有放线菌的生长。现就几类有重要价值的资源放线菌的分离方法分述如下。

1）鱼孢菌属。含脱脂牛奶的缓冲液能促进游动孢子的游动性，牛奶＋丙磺酸溶液在 pH8.0～10.0 时最适合孢子的萌发，通过离心可提高游动孢子的获得率。另外 Ca^{2+} 和吉兰糖胶的联合使用能够促进菌株生长。微碱性的富集和培养条件更适合鱼孢菌的生长。

自然风干的土样 80℃加热 60min 后冷却至室温，放入含 10mmol/L MOPS 和 0.1%脱脂牛奶的溶液（pH8.0～10.0）中 28℃振荡 60min，室温 1000*g* 离心 10min，选用添加 $CaCl_2$ 0.2g 和 7%吉兰糖胶的 HVA（腐殖酸-维生素）培养基稀释涂布平板，28℃培养。

2）动孢菌属（*Kineosporia*）。将风干土样加入 10mmol/L 磷酸缓冲液和 10%土壤抽提液中 30°C 振荡 90min，然后 1500*g* 离心 20min，用添加萘啶酸和甲氧苄氨嘧啶的 HVA 培养基稀释涂布平板，28℃培养。

3）游动放线菌属。游动放线菌属、指孢囊菌属、发仙菌属（*Pilimelia*），杆状孢囊菌属（*Virgisporangium*）、游动螺孢菌属（*Spirilliplanes*）都属于小单孢菌科，在形态上除了螺孢菌属有气丝不产生孢囊外，其他 4 个属均无气丝，都能产生孢囊。在有水的条件下，这 5 个属都能产生游动孢子。

Hayakawa 和 Nonomura 等将土样 120℃干热处理 60min 后，通过头发、花粉、角蛋白等诱饵法或用 6%酵母浸膏和 0.05% SDS 40℃处理土壤悬液 20min，利用 HVA 培养基从土壤中分离到上述菌属。Tamura 和 Hayakawa 等采用香兰素作为趋化剂处理土样，通过毛细管法，利用 HVA 培养基分离到杆状孢囊菌属。

4）游动单孢菌属（*Planomonospora*）。将土样 100℃处理 60min，放入含 0.1%脱脂牛奶的 5mmol/L CHES 缓冲液（pH9.0）32℃振荡 90min，1000*g* 离心 10min，32℃振荡 60min，最后用盐水稀释涂布，选用萘啶酸、甲氧苄氨嘧啶、氨苄青霉素和依诺沙星作抑制剂，利用 HSG（腐殖酸-微量盐-吉兰胶）（pH9.0）培养基 28℃培养。

5）游动双孢菌属（*Planobiospora*）。将土样 90℃处理 60min，加入 0.1%脱脂牛奶、0.01% Tween80，100μg/mL 萘啶酸，甲氧苄氨嘧啶和 5mmol/L CHES 缓冲液（pH9.0），35℃振荡 60min，1000*g* 离心 10min，最后用 0.9%的盐水稀释，利用添加了萘啶酸、甲氧苄氨嘧啶、链霉素、氨苄青霉素和依诺沙星抑制剂的 HSG 或者 HG7（腐殖酸-吉兰胶）（pH9.0）的培养基，于 28℃培养。

还可以用毛发和花粉等诱饵法分离游动双孢菌属。

6）动孢放线菌属。将土壤和植物落叶分别研磨混合铺在玻璃纤维滤器上，弄湿，放入培养皿（保持一定湿度），26℃放置 14 天后拿出样品室温风干。将样品和 $CaCO_3$ 混合，风干后加入 50mL 含 10%土壤浸汁的 10mmol/L 磷酸缓冲液，在 30℃振荡 2h，

1500*g* 离心 20min，上清液稀释，用添加新霉素、卡那霉素、萘啶酸和甲氧苄氨嘧啶的HVA 培养基，30℃培养 14～21 天。

四种抗生素的联合使用对动孢放线菌有较好的选择性。以上方法都是以复水-离心法为基础的，用不同物质的缓冲液促使孢子萌发，增加孢子游动性，再通过离心收集孢子，提高分离效率。通过离心法还可富集其他非游动放线菌，例如，用蔗糖梯度离心（240*g*）可以选择分离诺卡氏菌。

7）以腐殖酸为主要成分分离稀有放线菌，请参考本书第十章。

8）链轮丝菌的分离，请参考本书第十章。

9）稀有链霉菌的分离，请参考本书第十章。

（二）细菌

与其他微生物比较，细菌的生长更快，因此在通常情况下不必担心真菌和放线菌的污染。除了掌握土壤微生物分离的原则外，分离资源细菌还应注意以下几点。

1）培养基成分以肉汤（膏）和蛋白胨为主。

2）pH 控制在中性。

3）如需抑制其他微生物的生长，可用 50～100U 的放线菌酮或制霉菌素。

（三）真菌

分离一般真菌并不困难。分离资源真菌应注意的问题有以下几方面。

1）以 Martin 琼脂和 Czapek 琼脂为基本培养基。

2）pH 一般在 5 左右。如果为了使培养基的 pH 在 4 或以下，务必在中性 pH 灭菌，倒平板时调 pH 至 4 以下。

3）真菌菌落扩展很快，务必及时挑菌。

第二节　土壤微生物资源的种类及分布

微生物资源学是指导微生物资源开发利用的理论基础之一。要开发利用微生物资源，就需要知道什么地方、什么环境有什么微生物，它们可能有什么用途。

土壤中蕴藏的微生物种类最丰富，迄今为止人们认识的微生物绝大多数都是从土壤中分离到的。为此，我们有必要了解土壤微生物资源在各种生态环境中的分布以及它们的种类、数量和组成，生物学特性，微生物种类与产物、产物与环境之间的关系。

迄今为止，所发现的放线菌，除了极少数有轻度致病性之外，绝大部分都是有用菌或具有潜在的应用价值。

一、资源放线菌的分布①

放线菌资源分布的研究工作已有约 100 年的历史，最早是从土壤放线菌研究开始

① 这一节多次使用“区系”、“生态分布”、“区系组成”，从资源生态学的角度使用这些术语都是指特定环境内资源菌的种类及组成。

的，且大多是从纯生态学的角度进行研究。美国著名微生物学家 Waksman 的早期著作对土壤放线菌的分布规律作了下面的描述。

1）春天放线菌占土壤微生物总数的 20%，秋天上升为 30%，冬天下降到 15%左右。

2）黏土的放线菌比沙土的多，荒地的比耕地的多，年久的杂草地放线菌最为丰富，占 40%，耕地只占 20%左右。

3）随着土层深度的加深，放线菌占的比例增加。

4）酸性土壤中的放线菌少，碱性土壤中的放线菌比例增加，pH6.8～8.0 时，放线菌数量最多。

5）从对新泽西州及加利福尼亚州等地的 25 种土壤研究的结果表明，每克土壤的放线菌数量为 7500～2 400 000CFU，平均为 870 500CFU；放线菌占的比例为 5.1%～46%，平均为 17%。

Waksman 认为，放线菌的数量取决于土壤的性质及土壤处理（如施有机肥、石灰、硫酸铵等）以及分离的培养基及培养条件。必须指出，Waksman 研究的放线菌仅包括链霉菌等少数几个属。与此同时，苏联科学家克拉西尔尼柯夫等对苏联的土壤放线菌也做了大量研究工作。

随着链霉素的发现和应用，在 20 世纪五六十年代，放线菌研究工作达到了高潮。研究者相继发现了大量的新属，从而推动了放线菌资源的研究。1967 年，Lechevalier 夫妇从 16 份土壤样品中分离到 5000 个菌株，其中链霉菌属占 95%（表 1-4）。

表 1-4　5000 株土壤放线菌的种群组成

属　名	占分离菌株的比例/%
链霉菌属（*Streptomyces*）	95.34
诺卡氏菌属（*Nocardia*）	1.98
马杜拉放线菌属（*Actinomadura*）	0.10
小单孢菌属（*Micromonspora*）	1.40
高温放线菌属（*Thermactinomyces*）	0.14
小双孢菌属（*Microbispora*）	0.18
高温单孢菌（*Thermmomonospora*）	0.22
小耳孢囊菌属（*Microellosporia*）	0.04
游动放线菌属（*Actinoplanes*）	0.20
链孢囊菌属（*Streptosporangium*）	0.10
拟诺卡氏菌属（*Nocaediopsis*）	0.06
小多孢菌属（*Micropolyspora*）	0.10
分枝杆菌属（*Mycobacterium*）	0.14

Nononura 等对日本土壤放线菌的分布做了研究，但主要是从分类研究出发的。20 世纪 70 年代初，Williams 等研究了英国部分土壤及海滨放线菌的分布、喜酸放线菌的生物学特性，特别是对土壤放线菌的存在方式、生长、传播等研究得比较深入。他们发现，放线菌在土壤中主要以分生孢子的形式存在，它们随水流和节肢动物带菌而传播。

在海滨，小单孢菌占优势，而在沙丘则是链霉菌占优势。喜酸放线菌在土壤中广泛分布。兰道生研究过日本和泰国的土壤放线菌，发现日本和泰国的非火山灰土壤及稻土的放线菌数差别并不大。泰国各类土壤的放线菌数量受土壤持水量的影响也各不相同。例如，褐色森林土在最大持水量为干土的 20%时，每克土有 3880×10^3CFU，40%时有 4650×10^3CFU，60%时降为 3080×10^3CFU。分析了 7 种土壤，放线菌有 1750×10^3～$11\,430\times10^3$CFU/g 干土。研究的 10 种泰国土壤中，链霉菌属平均占 75.4%，链孢囊菌属占 3.2%，诺卡氏菌属占 4.8%，小单孢菌属占 1.5%，未鉴定者占 15.1%。

丁鉴研究过古巴不同土壤的放线菌，发现各类热带土壤的放线菌有 540×10^3～1556×10^3CFU/g 干土，随着海拔从 650m 升高到 1994m，放线菌占微生物总数的比例从 5.1%降到 0.8%。胡承彪等研究过广西龙胜县 1000m 海拔的里骆常绿阔叶林土壤的微生物区系，发现随着土层的加深，放线菌数量逐渐减少；A 层（0～20cm）的放线菌 4 月为 38.25×10^3CFU/g 干土，7 月为 21.09×10^3CFU/g 干土，10 月为 81.60×10^3CFU/g 干土，翌年 1 月为 103.50×10^3CFU/g 干土。而枯枝落叶层则从 4 月到翌年 1 月，放线菌由 3.23×10^3CFU/g 逐渐增加到 399.50×10^3CFU/g。从这些简单的回顾我们可以看出以下几点。

1）过去土壤放线菌的研究工作主要集中在链霉菌属，而对稀有放线菌的研究相当不够，对各种生态环境下放线菌各属的定量研究为数甚少。

2）研究的地域不广，缺乏系统性，对不同气候、生态环境下放线菌的分布规律缺乏系统研究。

3）由于使用的方法不同，且使用的分离培养基比较单调，使得所得到的资料带有一定的片面性，而且很难加以比较。

（一）云南放线菌资源

从 1972 年起，我们重点对云南省的土壤、湖泊及特殊环境的放线菌资源进行了长达 20 多年的系统考察，涉及国家自然科学基金重大项目 1 项，面上项目 3 项，云南省基金、国际合作基金 3 项，云南大学“211”工程重大项目 1 项，所走的路程达 50 000km以上。本章报告一部分研究结果。

1. 自然概貌

云南地处我国西南边陲，位于北纬 20°9′～29°15′，东经 97°39′～106°12′，总面积 383 080km²。东连贵州高原及桂西中山丘陵，西北接青藏高原，东北与四川盆地相邻，西接伊洛瓦底江平原，南邻中印半岛的北部低缓丘陵地区。

云南属云贵高原，由西北向东南呈阶梯状递降，地形高差悬殊。西北部的梅里雪山主峰卡里博峰海拔 6740m，东南部的河口仅 67.4m。以元江河谷为界，以东是滇东高原，为石灰岩广泛分布的地区，平均海拔 2000m 左右，除南盘江河谷外，高原大部比较完整。中部为滇中高原，海拔 2000m 左右，高原地形保存最为完整，大部由紫色砂页岩构成，现已发育成丘陵和低山，广泛分布大小山间盆地（坝子），是云南农业最发达的地区。以西为横断山脉纵谷区，以近南北走向的高黎贡山、碧罗雪山、云岭等山脉为主体，伊洛瓦底江、怒江、澜沧江、金沙江等大川奔流其间，高山深谷，地势雄伟，成为世界著名的巨大深谷区。

云南是我国构造湖和溶蚀湖特别发达的地区，传有“千湖之国”而闻名全国。目前尚有大小湖泊 40 余个，湖面积达 1000 多平方千米，蓄水量约为 300 亿 m^3。其中滇池、洱海最大。我国第二深水湖——抚仙湖就在云南。湖泊周围大多是农业和文化发达的地区。

云南位于北回归线两侧，属亚热带和热带高原季风气候类型，以亚热带气候地区较广，仅西双版纳南部及德宏西南部属热带气候。从海陆位置看，云南位于欧亚大陆东南部，西北是世界最大的高原——青藏高原，南近印度洋，季风气候极为明显。冬季受寒潮势力影响不大。影响气候最主要的因素是热带大陆气团和赤道季风气团。这两种气团在季节上的交替，加上高低悬殊、错综复杂的高原地形，就形成了干湿分明、变化多样的高原型季风气候。其特点是年温差小，日温差大；冬干夏雨，雨量丰富而不均。

云南省大部分地区夏季温度不高，7 月平均气温为 19～22℃。冬季日照充足，气温高，最冷月（1 月）的平均气温一般为 5～7℃。日温差比较大，11～翌年 4 月可达12～20℃。由于地形的影响，区域性气候差异十分显著。同一座山，寒、温、热皆备。全省几乎包括了我国从黑龙江到海南岛的气候类型。西北部为气候最冷的地区，年平均气温在 10℃以下，有 3～7 个月的平均温度低于 0℃，年降雨量仅为 400～800mm。中部高原气候温和，年平均气温为 15～20℃，四季温度变化不大。南部的西双版纳、德宏等地，除 1 月、2 月平均气温低于 18℃以外，全年都在 18℃以上，雨量充沛，年降雨量为 1600～2000mm，终年无霜，干季多雾，湿度大。值得一提的是干热河谷地区。省内几条大川（元江、澜沧江、怒江、金沙江）的河谷地区，海拔低，年平均气温大多在 21℃以上，最冷月也高于 15℃，但雨量较少，金沙江河谷仅 800mm，元江河谷为 1000mm。

云南土壤以红壤分布较广，蒙自、思茅、澜沧一线以南以铁质红色砖红壤为主，北面以赤红壤为主，中部地区多为山地红壤。滇东部分地区分布着黄壤。滇东石灰岩地区有燥红土。全省地质、地形、气候、植被复杂，造成了土壤类型的多样性。在云南，土壤与海拔的关系极大。在海拔 1000m 以下地区为红褐土；1500m 以下地区为砖红壤；1500～2100m 地区为山地红壤、红棕壤；2300～3200m 地区为山地黄棕壤、山地棕壤；3200～3800m 地区为暗棕壤；3800～4200m 地区为棕色暗针叶林土、高山草甸土；4500m 以上为荒漠土。

云南是我国动植物资源最丰富的地区，被誉为动物王国、植物王国。云南的种子植物有 240 科（占全国同类科的 80%），1984 个属（占全国的 65%），13 000 种（占 52%）。属热带分布的有 1171 个属，占云南总属数的 62%；属温带分布的有 609 个属，占 32%；属古地中海和泛地中海分布的有 29 个属，占 1.5%；属中国特有的有 83 个属，占 4.4%。云南植物区系的热带成分与热带亚洲和泛热带最为密切。云南植物区系的亚热带和温带成分与北温带和东亚联系最密切。云南植被与地中海、西亚、中亚和泛地中海的联系较少。云南的森林面积约占总面积的 20%。南部季节性雨林（砖红壤地带），中南部亚热带季风常绿阔叶林（赤红壤地带），中北部亚热带针阔叶混交林（红壤地带），西北青藏高原东南缘高山针叶林与草地（棕壤与高山草甸土地带），部分干热河谷地区还分布有稀疏灌木草地（燥红土地带）。根据“中国植被”的区划，全国植被分成4个地带10个植被区，云南的植被区划如下。

1）北热带季节雨林、半常绿季雨林地带，包括：①滇东南峡谷中山半常绿阔叶林、湿阔雨林区。云南龙脑香、毛坡垒为代表性植物。②西双版纳山间盆地季节性雨林、季雨林区。大药树、龙果、番龙眼、望天树为代表性植物。③滇西南河谷山地半常绿阔叶林区。高棕、麻楝为代表性植物。

2）南亚热带季风常绿阔叶林带，包括：①滇黔桂石灰岩峰林润楠、青冈、细叶云南松林区。罗浮栲、润楠、云南松为代表性植物。②滇中南中山峡谷栲类、红木荷、思茅松林区。刺栲、红木荷、思茅松等为代表性植物。

3）中亚热带常绿阔叶林地带，包括：①滇中高原盆谷滇青冈、栲类、云南松林区。滇青冈、高山栲、元江栲、云南松为代表性植物。②川滇金沙江峡谷云南松、干热河谷区。滇青冈、滇石栎、黄毛青冈、云南松为代表性植物。③滇西高山纵谷铁杉、冷杉垂直分布区。高山栲、喀西木荷、杜黄、曼青冈、云南松为代表性植物。④川滇黔山丘栲类木荷区。峨嵋栲、包石栎、元齿木荷为代表植物。

4）青藏高原东部山地寒温性针叶林带，包括横断山脉南部峡谷云杉、冷杉林、硬叶栎林区。丽江云杉、长苞冷杉、红杉、高山松、川滇高山栎、黄背栎、高山杜鹃为代表性植物。

在这样的地区，微生物资源的分布也一定错综复杂。但由于种种原因，在这片辽阔的土地上微生物学家的足迹还寥寥无几，在某种意义上说还是一块处女地。微生物在自然界不仅极为活跃地参与物质的大循环，对维系生态平衡起着巨大的作用，而且微生物的各种产物在人类生活的每个领域都有极大的用途。弄清云南极为丰富的微生物资源的分布，进而有计划地加以利用，为人类造福，这是一项需要付出许多代人巨大劳动的光荣事业。我们从放线菌资源的开发利用出发，根据云南的地质、地理、土壤、气候、植被的特点，在比较广的范围内，对不同植被区的土壤放线菌资源、主要湖泊的放线菌资源和异常环境的放线菌资源做了系统研究，取得了大量第一手材料，为放线菌资源开发提供了必要的参考材料。

2. 西双版纳热带季节性雨林地区

西双版纳位于云南省最南端，采样的勐腊、勐仑两个自然保护区位于北纬21.5°及东经101°附近。两地相距约80km，均系低山丘陵地区。海拔550～900m。年平均气温21℃左右，18℃以上积温达6000h以上，约260天。雨量丰富，年降雨量1500mm左右。旱季（11～4月）降雨量约为280mm，早晨多雾。雨季（5～11月）约为1250mm。年蒸发量在1700mm左右。日照2000h。土壤类型为砖红壤。

西双版纳是云南省热带作物的主要产区之一，也是我国动植物资源最丰富的地区。勐腊自然保护区属热带湿性季节性雨林，面积约10万亩，以无患子科、香龙眼科、楝科、番荔枝科、大戟科、桑科为代表性植物，周围的次生林以桑科、樟科、山毛榉科为代表性植物。勐仑自然保护区属热带干性季节性雨林，面积约9.3万亩，以四薮木科、大戟科、茜草科、紫葳科、千屈菜科为代表性植物。周围的次生林以山毛榉科、樟科、兰科、茜草科为代表性植物。两个自然保护区均具备多藤本植物、板根和老茎生花等热带雨林的典型特征。勐腊自然保护区的人为干扰更少。云南是植物王国，西双版纳是王冠，两个自然保护区是王冠上两颗璀璨的明珠。

1985 年 3 月上、中旬以及 1990 年 1 月从两个自然保护区及周围不同植被、不同生态环境中采集土样（表 1-5），对其放线菌区系组成做了研究。

表 1-5 西双版纳地区土样记录

样区	植被类型	样品数	海拔/m	土壤			枯枝落叶/(t/hm²)	植被
				类型	pH	有机质/%		
勐腊	原始林	15	700～800	砖红壤	5.3	3.22	3.52	Sapindaceae, Meliaceae, Combretaceae, Annonaceae, Euphobiaceae
	次生林	15	760～890	砖红壤	5.3	3.33	3.39	Moraceae, Fagaceae, Lauraceae
	荒地	10	710～820	砖红壤	5.3	3.51	—	Compositae, Gramineae, Musaceae
	旱地	10	690～813	砖红壤	5.3	3.59	—	Corn
	水田	5	765～805	水稻土	5.3	3.85	—	Rice
勐仑	原始林	15	550～925	砖红壤	5.3～5.5	4.06	2.62	Datiscaceae, Euphorbiaceae, Rubiaceae, Bignoniaceae
	次生林	15	550～890	砖红壤	5.3～5.5	5.63	5.49	Fagaceae, Orchidaceae, Rubiaceae, Lauraceae
	荒地	5	550～780	砖红壤	5.3	3.04	—	Compositae, Gramineae, Musaceae
	旱地	5	550～620	砖红壤	5.3	3.26	—	Corn
	水田	5	580	水稻土	5.3	3.08	—	Rice

勐腊地区土壤放线菌区系较为复杂一些，分离到 11 个属。其中原始森林（季节性雨林，下同）分离到 9 个属。勐仑地区分离到 10 个属，未发现指孢囊菌属。两个地区均分离到大量糖多孢菌属，这在有关的文献中是很少见的。

这两个地区均以旱地和荒地的放线菌数量最多，水田次之，原始森林和次生林最少。水田中存在大量的红球菌属（占总数 7%左右）以及诺卡氏菌属、糖多孢菌属、小单孢菌属，而链霉菌属仅占 70%左右。除水田之外，勐腊地区其他土壤的链霉菌属占总数的 83%～91%，勐仑地区则为 91%～99%。两个地区，链霉菌属中各类群所占的比例几乎差不多，都是灰褐类群最多（50%左右），金色类群次之（30%左右），其余各类群均较少。原始森林和次生林的链霉菌类群比其他土壤略为丰富。勐腊地区未分离到蓝、绿两个类群，勐仑地区未分离到吸水类群，两地都未分离到烬灰类群（表 1-6）。

由表 1-7 可以看出，两个地区的土壤高温放线菌数量以勐仑地区略多。两地都是旱地、荒地最多，水田、次生林次之。原始森林最少（仅 13%的土样发现高温放线菌）。值得一提的是，两地的高温放线菌有 99%是链霉菌，而其他各种高温放线菌极少。

原始森林的高温放线菌为什么反而很少？这可能是由于它的森林郁闭度高，温度恒定，极端高温出现少所致。荒地、旱地、水田等的温差变化大，极端高温出现的频率大，因此高温放线菌也就多一些。

表 1-6　西双版纳两样区链霉菌属的组成(10^3CFU/g 干土)

样区	植被类型	白孢类群	黄色类群	球孢类群	粉红孢类群	淡紫灰类群	青色类群	绿色类群	蓝色类群	灰红紫类群	灰褐类群	金色类群	吸水类群	总数
勐腊	原始林	7.80	5.70	2.80	12.10	8.50	8.50	—	—	14.90	174.20	90.70	0.70	325.90
	次生林	6.50	20.60	2.10	4.40	23.60	31.40	—	—	9.30	129.20	82.10	0.70	309.90
	荒地	4.00	15.00	1.00	7.00	8.00	25.00	—	—	1.00	221.00	121.00	—	403.00
	旱地	3.30	14.40	5.50	1.10	3.30	35.50	—	—	—	179.00	206.60	1.10	449.80
	水田	6.00	14.00	4.00	—	—	2.00	—	—	2.00	176.00	92.00	—	296.00
	平均	5.52	13.94	3.08	4.92	8.68	20.48	—	—	5.44	175.88	118.48	0.50	356.92
	%	1.60	3.90	1.00	1.40	2.40	5.80	—	—	1.50	49.30	33.40	0.10	100.00
勐仑	原始林	16.40	23.60	2.10	0.80	14.20	3.00	—	0.80	19.40	252.10	223.50	—	555.90
	次生林	12.30	10.70	17.70	0.80	3.80	14.60	1.70	3.10	4.80	172.30	128.40	—	370.20
	荒地	12.00	20.00	8.00	6.00	2.00	10.00	—	—	2.00	728.00	90.00	—	878.00
	旱地	32.00	50.00	14.00	2.00	2.00	46.00	—	—	62.00	990.00	360.00	—	1558.00
	水田	—	154.00	2.00	6.00	—	2.00	—	—	2.00	148.00	416.00	—	730.00
	平均	14.54	51.66	8.76	3.12	4.40	15.12	0.34	0.78	18.04	458.08	243.58	—	818.42
	%	1.80	6.30	1.10	0.40	0.50	1.90	0.04	0.10	2.20	56.00	29.80	—	100.00

表 1-7 西双版纳的高温放线菌（10^3CFU/g 干土）

样区	植被类型	总数	链霉菌属		高温放线菌属	
			数量	样品出现频率	数量	样品出现频率
勐腊	原始林	23.3	20	13	3.3	6
	次生林	46.6	46.6	26	—	—
	荒地	3650	3650	100	—	—
	旱地	11 030	11 015	90	15	13
	水田	340	340	100	—	—
勐仑	原始林	226.6	6.6	13	220	27
	次生林	768.9	768.9	73	—	—
	荒地	5290	5290	100	—	—
	旱地	18 480	18 450	100	30	4
	水田	2280	2240	100	40	4

最近，我们用超声波处理采自西双版纳原始热带雨林土样，使用改进的分离技术分离纯培养，并进行 16S rRNA 基因序列分析，所获得的放线菌纯培养多达到 25 个属（具体见第十章），可见西双版纳的放线菌区系是非常复杂的。

3. 哀牢山亚热带湿性常绿阔叶林地区

哀牢山属横断山脉的东南缘，北起云南的弥渡，南达金平，位于澜沧江与元江之间，是滇东高原与滇西高原的分界线，也是云南省东西两半部气候带的分界线。徐家坝地区位于哀牢山北段，在云南省景东县境内，北纬 24°31′～24°35′，东经 101°00′～101°33′，海拔为 2400～2700m。年雨量为 1840mm，年平均气温为 11.1℃。旱季(11～4 月）雨量仅为 238mm，平均气温为 7.5℃。雨季（5～10 月）雨量为 1594mm，平均气温为 14.7℃。该地有 4 万余亩保存比较好的亚热带湿性常绿阔叶林，基本上是原始植被，人为干扰比较少，以壳斗科、剑竹、沙草为代表性植物。1982～1983 年从哀牢山徐家坝及其附近地区的不同植被、不同海拔（表 1-8）采集土样进行了放线菌区系的研究。

表 1-8 哀牢山不同植被的土样记录

样区		海拔/m	土壤		
编号	植被		类　型	pH	有机质/%
Ⅰ	温性常绿阔叶林	2450～2600	黄棕壤	3.6～5.1	4.56～7.56
Ⅱ	次生松栎混交林	2000～2260	黄红壤	5.36	4.4
Ⅲ	云南松林	1550～1660	红　壤	5.78	1.47

（1）徐家坝地区湿性常绿阔叶林的放线菌区系

从徐家坝的三棵树（Ⅰ区）、山门口（Ⅱ区）、小新厂（Ⅲ区）及菠基坝（Ⅳ区）4 个样区采集 AO 层（枯枝落叶层）、A 层（熟土层，10～15cm）、B 层（心土层，30～40cm）及 C 层（母质层，70～100cm）的土样，分离放线菌的结果示于表 1-9。由表可以看出，所有样区的土壤放线菌分布呈现明显的分层现象，都是从熟土层到心土层依次递减；在雨季，放线菌数量比旱季略有减少，枯枝落叶层的数量比熟土层多；而在旱季，熟土层的数量则多于枯枝落叶层。

表 1-9　湿性常绿阔叶林不同土壤层次的放线菌

土层			放线菌/（10^3CFU/g 干土）		
代号	名称	深度	总数	链霉菌	
				数量	%
AO	枯枝落叶层		235.0	163.8	69.7
A	熟土层	10～15cm	269.5	86.7	32.2
B	心土层	30～40cm	41.8	2.8	6.7
C	母质层	70～100cm	1.3	0	0

为了进一步弄清放线菌区系的季节性变化，在不同季节从上述 4 个样区的相同地点采集土样，所得结果如表 1-10 所示。旱季中期（3 月）放线菌数量最多，由 7 个属组成。在旱雨季之交（6 月），放线菌数量略为减少，由 5 个属组成。在雨季末（10 月），放线菌数量最少，但区系组成却最复杂，分离到 11 个属。用甘油-天冬酰胺琼脂分离，放线菌数量略少，而放线菌的属则比较丰富。

表 1-10　哀牢山常绿阔叶林的土壤放线菌的组成（10^3CFU/g 干土）

属名	1982.3	1982.10		1983.6
	1*	1	2*	1
链霉菌属	245.2	69.5	56.1	170.5
小单孢菌属	0.7	2.3	1.7	6.5
小双孢菌属	0.1	0.6	—	—
小四孢菌属	—	—	0.6	—
小多孢菌属	0.2	—	0.7	2.0
游动放线菌属	0.1	0.6	1.1	—
链孢囊菌属	—	—	0.6	—
马杜拉放线菌属	—	0.6	0.8	—
链轮丝菌属	—	—	—	3.0
诺卡氏菌属	5.6	4.6	1.2	5.0
假诺卡氏菌属	—	0.6	1.9	—
分枝杆菌属	0.3	—	—	—
高温放线菌属	—	—	0.6	—
未鉴定	0.1	—	0.8	2.5
总数	252.3	78.8	66.1	189.5

*1：高氏合成Ⅰ号琼脂；2：甘油-天冬酰胺琼脂。

用 pH4.5 的培养基从徐家坝土样分离喜酸放线菌。它们主要分布在枯枝落叶层和熟土层，约占放线菌总数的 7%左右。心土层以下没有分离到这类放线菌。所有的喜酸放线菌只有一株是小四孢菌属，其余都是链霉菌属。对这部分菌株在不同 pH 的生长进行了试验，结果发现 70%的菌株属Ⅰ型。它们的最适生长在 pH4.5，这是真正的喜酸放线菌；第Ⅱ型菌株在 pH4.5 也能生长，但最适生长在 pH6.5，这是耐酸放线菌；第Ⅲ型仅一株，它在 pH3～8 都能生长，最适生长在 pH4.5～6.5，这是一种适应广泛的放线菌。

（2）不同植被的土壤放线菌区系

表 1-11 是三种不同植被下土壤放线菌的区系组成。海拔 1550～1650m 云南松林土壤的放线菌数量最多，有 7 个属，链霉菌属占 96%。海拔 2000～2600m 的次生松栎混交林土壤为 18 555CFU/g 干土，有 6 个属，链霉菌占 82%。从这两种植被的土壤中都分离到罕见的指孢囊放线菌属，其中有一个新种和一个新变种。原始常绿阔叶林土壤的放线菌数量少，但组成最为复杂，有 11 个属之多。由此可见，随着海拔的升高，温度、湿度、土壤有机质都发生了变化。山下是松林，山腰是混交林，山顶是常绿阔叶林，放线菌的数量和区系组成也随之变化。随着海拔的升高，放线菌数量逐渐减少，链霉菌所占比例也逐渐减少。

表 1-11　哀牢山不同植被土壤放线菌的组成（10^3CFU/g 干土）

属	Ⅰ样区	Ⅱ样区	Ⅲ样区
链霉菌属	188.5（91%）	153.0（82%）	521.0（96%）
链轮丝菌属	3.0	—	—
小单孢菌属	1.7	4.5	5.0
小双孢菌属	0.6	—	—
小四孢菌属	0.6	—	—
小多孢菌属	0.6	4.0	—
游动放线菌属	1.1	—	5.0
指孢囊菌属	—	1.0	1.2
链孢囊菌属	0.6	—	1.2
马杜拉放线菌属	0.8	1.1	0.6
诺卡氏菌属	5.6	17.0	1.2
假诺卡氏菌属	1.9	—	—
分枝杆菌属	0.3	—	—
未鉴定	2.5	5.0	8.4
总数	207.8	185.6	543.6

就链霉菌属内各类群的组成而言，云南松林土壤有 9 个类群，灰褐类群占一半，金色类群占 30%。松栎混交林土壤有 7 个类群，灰褐类群占 55%，金色类群占 15%。常绿阔叶林土壤有 7 个类群，灰褐类群占 45%，淡紫灰类群占 14%，其余均较少（表 1-12）。

从常绿阔叶林土壤中分离到的高温放线菌菌株有高温放线菌属（23CFU/g 干土）和高温单孢菌属（2000CFU/g 干土）。从次生松栎混交林土壤分离到高温放线菌属（76.4CFU/g 干土）和链霉菌属（10.4CFU/g 干土）。从云南松林土壤只分离到高温放线菌属（280CFU/g 干土）。

表 1-12　哀牢山不同植被土壤链霉菌的组成（10^3 CFU/g 干土）

属	Ⅰ 样区	Ⅱ样区	Ⅲ样区
白孢类群	13.0	11.0	19.0
黄色类群	9.5	12.0	14.0
球孢类群	22.0	12.5	27.0
粉红孢类群	—	—	3.0
淡紫灰类群	27.0	5.0	9.0
蓝色类群	—	—	14.0
灰红紫类群	21.5	5.0	15.0
灰褐类群	84.0（45%）	84.0（55.0%）	264.0（51%）
金色类群	11.5	22.5	156.0（30%）
总数	188.5	152	521.0

从哀牢山徐家坝地区不同植被的土壤共分离到 13 个属的放线菌，可见其放线菌区系是相当复杂的。

（3）放线菌的生物活性

从表 1-13 可以看出，链霉菌中有 80%的菌株能分解甲壳素，85%的菌株能分解纤维素。其他属的菌株也有这种分解能力。高温放线菌属的菌株几乎都还原硝酸盐。放线菌（尤其是链霉菌）还广泛产生抗菌活性。可见，放线菌在土壤难分解物质的分解及调节土壤微生物区系的平衡中都起着重要的作用。值得一提的是来自不同土壤层次的放线菌，它们的各类生物学活性并没有显著的差异（表 1-14）。

表 1-13　哀牢山地区各类放线菌的生物学活性

属 名	试验菌株数	分解甲壳素	分解纤维素	硝酸盐还原	抗菌活性		
					枯草杆菌	大肠杆菌	黑曲霉
链霉菌属	160	129	138	25	39	63	43
诺卡氏菌属	59	48	33	36	4	14	3
假诺卡氏菌属	5	2	5	1	0	0	1
小单孢菌属	10	5	6	5	0	2	0
小双孢菌属	2	1	1	1	0	1	0
小四孢菌属	1	0	1	0	0	0	0
小多孢菌属	5	3	4	3	1	2	1
游动放线菌属	2	2	1	1	0	0	0
链孢囊菌属	1	1	1	0	0	0	0
马杜拉放线菌属	2	1	2	1	0	0	0
高温放线菌属	17	10	5	17	8	0	0

表 1-14　不同土壤层次的放线菌的生物活性

项目		AO		A		B		C	
		株数	%	株数	%	株数	%	株数	%
测定菌株数		47		35		40		19	
硝酸盐还原		20	43	17	49	16	40	13	68
分解甲壳素		29	83	31	89	32	80	18	95
分解纤维素		35	75	23	66	16	40	16	84
抗菌活性	枯草杆菌	6	13	6	17	8	20	4	21
	大肠杆菌	9	19	12	34	13	32	4	21
	黑曲霉	6	13	2	6	5	13	2	11

注：A0（枯枝落叶层），A（熟土层），B（根系层），C（母质层）

4. 滇中高原

滇中高原系指元江以北，南盘江以西，金沙江以南的广大地区。高原面比较完整，大多为高原丘陵、低山和坝子所组成，海拔为 2000m 左右，是云南省农业比较发达的地区。滇中高原森林覆盖面积不到 10%，大多为次生性云南松林，基本上没有原始森林（表 1-15）。

表 1-15　滇中高原各样区的土样记录

样区号	地区	海拔/m	植被类型	土壤类型	pH	有机质/%
Ⅰ	剑川	2000～2100	松树林	红壤	5.5	14.2
Ⅱ	禄丰	1800～2000	松树林	黄壤	5.5	3.8
Ⅲ	昆明	1900～2200	常绿阔叶林	红壤	5.5	12.9
Ⅳ	楚雄	1800～2500	常绿阔叶林	红壤	6.0	10.9
Ⅴ	刁岭山	2000～2700	常绿阔叶林	红壤	6.5	12.0

（1）刁岭山常绿阔叶林

刁岭山位于云南省禄丰县，面积约 1 万亩，海拔为 2400m 左右，黄棕壤，以壳斗科、禾本科（竹）为代表性植物，山脚为云南松林。这是滇中高原保存比较好的次生性松栎混交林，海拔为 2000～2700m，土壤是红壤。附近的磨盘山为次生林。

从刁岭山土样仅分离到 3 个属的放线菌，其中链霉菌属为 164×10^3CFU/g 干土，占总数的 97%；小单孢菌属为 5.0×10^3CFU/g 干土；分枝杆菌属为 0.03×10^3CFU/g 干土。这是我们曾经研究过的放线菌组成最为单调的地区。从磨盘山次生混交林分离到 6 个属，链霉菌属为 259.2×10^3CFU/g 干土，链轮丝菌属为 0.03×10^3CFU/g 干土，游动放线菌属为 2.0×10^3CFU/g 干土，小单孢菌属为 12.0×10^3CFU/g 干土，马杜拉放线菌属为 0.02×10^3CFU/g 干土，诺卡氏菌属为 2.0×10^3CFU/g 干土，所有稀有放线菌约占 5%。

(2) 昆明西山及黑龙潭森林

昆明西山位于昆明西郊 15km 处，屹立在滇池之西，是昆明著名的森林公园。采样地段的海拔为 2000～2200m，红壤，以壳斗科、云南松、油杉为代表性植物，森林保护较好。黑龙潭位于昆明北郊 10km 处，是昆明的风景区之一，各种自然条件与西山大致一样。

1979 年 6 月、10 月及 1984 年 4 月从西山、黑龙潭及昆明郊区不同植被的土壤采集样品，研究了其中的放线菌区系组成（表 1-16）。在雨季初期（6 月 15 日）从黑龙潭土样分离到链霉菌属、小单孢菌属、游动放线菌属、链孢囊菌属、诺卡氏菌属 5 个属，链霉菌属占 98%；在旱季初期（11 月 15 日），多分离出小瓶菌属，而且稀有放线菌的数量都增加了，链霉菌属占的比例下降到 97%。

表 1-16　昆明地区土壤放线菌的组成（10^3 CFU/g 干土）

属	常绿阔叶林	次生林	荒地	菜地	水田	平均
链霉菌属	544	1185	369	13 883	487	3293.6
钦氏菌属	12	—	—	—	—	2.4
小单孢菌属	59	70	36	667	94	185.2
游动放线菌属	12	23	12	113	—	32.0
小瓶菌属	24	7	—	—	—	6.2
链孢囊菌属	29	—	—	—	—	5.8
马杜拉放线菌属	71	23	36	451	—	116.2
原小单孢菌属	12	—	—	113	—	25.0
诺卡氏菌属	118	12	—	564	110	160.8
糖多孢菌属	—	—	—	120	34	30.8
总数	881	1320	453	15 991	725	3874.0

在旱季末期（4 月 4 日），昆明西山土壤放线菌为 120×10^3CFU/g 克干土。稀有放线菌占 13%。昆明郊区的水稻田为稻麦（蚕豆、油菜等）轮作区，采样田块为全年淹水的秧田，1984 年 4 月 4 日采样，当日分离。分离结果如下：链霉菌属为 487×10^3CFU/g 干土，小单孢菌属为 94×10^3CFU/g 干土，诺卡氏菌属为 110×10^3CFU/g 干土，糖多孢菌属为 34×10^3CFU/g 干土。稀有放线菌占 33%。

从这些材料可以看出，西山常绿叶林土壤有机质含量比较丰富，放线菌区系比较复杂。次生林土壤肥力稍次，放线菌区系略为单纯。而土壤贫瘠的荒地放线菌区系更为单调。从常绿阔叶林到次生灌木林到荒地，稀有放线菌占的比例逐渐减少。菜园土肥力最高，放线菌达 13 663×10^3CFU/g 干土。处于淹水条件下的水田土，放线菌区系比较单纯，除链霉菌属外，主要是小单孢菌属和诺卡氏类放线菌，链霉菌属仅占 67%，分离到的链霉菌属为 544×10^3CFU/g 干土，小单孢菌属为 59×10^3CFU/g 干土，游动放线菌属为 12×10^3CFU/g 干土，马杜拉放线菌属为 71×10^3CFU/g 干土，链孢囊菌属为 29×10^3CFU/g 干土，小瓶菌属为 24×10^3CFU/g 干土，原小单孢菌属为 12×10^3CFU/g 干土，诺卡氏菌属为118×10^3CFU/g 干土，还有 12×10^3CFU/g 干土的钦氏菌属，稀有放线菌达 38%。西山周围的次生林、次生灌丛、竹林土壤分离到 6 个属，其中链霉

菌属为 1185×10^{3} CFU/g 干土，小单孢菌属为 70×10^{3} CFU/g 干土，游动放线菌属为 23×10^{3} CFU/g 干土，小瓶菌属为 7×10^{3} CFU/g 干土，马杜拉放线菌属为 23×10^{3} CFU/g 干土，诺卡氏菌属为 12×10^{3} CFU/g 干土，稀有放线菌占 10%。西山周围的荒地，水土流失比较严重，土壤贫瘠、土燥，放线菌数量较少，区系比较单调，只分离到 4 个属，其中链霉菌属为 369×10^{3} CFU/g 干土，小单孢菌属为 36×10^{3} CFU/g 干土，游动放线菌属为 12×10^{3} CFU/g 干土，马杜拉放线菌属为 36×10^{3} CFU/g 干土，稀有放线菌占 6%。

(3) 昆明郊区耕作土壤

昆明郊区的蔬菜地施肥水平高，土地肥沃，放线菌总数达 $15\,911\times10^{3}$ CFU/g 干土。链霉菌属为 $13\,883\times10^{3}$ CFU/g 干土，占总数的 87%，小单孢菌属为 677×10^{3} CFU/g 干土，游动放线菌属为 113×10^{3} CFU/g 干土，马杜拉放线菌属为 451×10^{3} CFU/g 干土，原小单孢菌属为 113×10^{3} CFU/g 干土，诺卡氏菌属为 564×10^{3} CFU/g 干土，糖多孢菌属为 30.8×10^{3} CFU/g 干土。

(4) 安宁地区

安宁距昆明 40km，次生林以云南松和壳斗科植物为主。从次生林分离到 7 个属，荒地 6 个属，蔬菜地 5 个属，水田 4 个属（表 1-17）。与昆明地区比较，安宁地区有小双孢菌的分布，但未分离到游动放线菌属和小瓶菌属；两地均以蔬菜地的数量最多；水田的种类较少，但安宁地区的水田放线菌数量很多，几乎与蔬菜地接近，这是由于安宁的水田正值育秧时期，土壤肥力极高，且秧田经“干湿”交替处理，增加了土壤通气所致，故放线菌数量远比昆明的淹水田多。

表 1-17 安宁地区土壤放线菌的组成（10^{3} CFU/g 干土）

属名	次生林	荒地	蔬菜地	水田
链霉菌属	1529.6	1467.2	14 160	12 976
钦氏菌属	3.5	—	—	—
小单孢菌属	3.5	3.4	—	466
小双孢菌属	—	—	36.3	—
链孢囊菌属	3.5	3.4	—	—
马杜拉放线菌属	7.2	10.4	36.3	—
诺卡氏菌属	10.7	10.4	396.2	266
糖多孢菌属	10.7	17.4	737	466
总数	1568.7	1512.2	15 365.8	14 174

(5) 鸡足山

鸡足山位于滇中高原的宾川县境内，背靠洱海，东经 100°30′，北纬 25°45′。森林保护较好，以云南松和壳斗科植物为主。土壤为酸性红壤，棕红壤。

从表 1-18 可以看出，放线菌的数量从山脚往上逐渐减少。3000m 以下分离到 4 个属，其中在 2500～2800m 地段分离到 5 个属。山顶上只分离到 2 个属。所有分离的 5 个属都是常见属。

表 1-18　鸡足山不同海拔土壤放线菌的组成（10^3 CFU/g 干土）

属名	2000～2400m	2500～2800m	3000m	3150～3170m
链霉菌属	3409.4	2620	1362.5	1597.8
小单孢菌属	14.2	28.6	14.2	17.9
游动放线菌属		3.5		
马杜拉放线菌属	7.1	3.5	10.7	
诺卡氏菌类	24.9	10.7	10.7	
总数	3455.6	2666.3	1398.1	1615.7

（6）大理

大理距昆明 400km，是著名的旅游区。该地附近无保存完好的森林。海拔为 1900m 左右。

用甘油-天冬酰胺琼脂、HV 琼脂分离了大理土样的放线菌（表 1-19），发现蔬菜地的放线菌数量多，而且组成复杂，至少有 8 个属，其中有小双孢菌属、小四孢菌属和双孢放线菌属等属。荒地和玉米地的放线菌组成几乎相同，唯在荒地土样分离到指孢囊菌，这是一个不同之处。

表 1-19　大理不同植被土壤的放线菌组成（10^3 CFU/g 干土）

属 名	玉米地	蔬菜地	荒地
链霉菌属	3400	6920	1580
小单孢菌属	15.7	3.6	11.1
指孢囊菌属	—	—	0.3
链孢囊菌属	6.1	0.7	1.2
小双孢菌属	—	0.2	—
小四孢菌属	—	0.2	—
马杜拉放线菌属	1.8	3.1	0.8
双孢放线菌属	—	0.1	—
诺卡氏菌属	0.1	0.2	0.1
未鉴定	0.1	0.6	0.3
总 数	3423.8	6928.7	1593.8

（7）剑川、楚雄和禄丰

剑川位于金沙江第一个转弯处，楚雄位于昆明和大理之间，禄丰位于昆明以西 100km 处。三个地区海拔为 1700～2000m，均以松栎混交林为主，土壤均为酸性红壤。

从剑川和禄丰分离到 5 个属的放线菌，从楚雄分离到 7 个属。总体上 3 个地区土壤放线菌区系组成很相似（表 1-20）。

表 1-20 剑川、楚雄和禄丰次生林土壤放线菌的组成（10^3 CFU/g 干土）

属名	剑川	楚雄	禄丰
链霉菌属	2500	3000	1900
钦氏菌属	—	10	—
小单孢菌属	21	270	434
链孢囊菌属	44	70	9
小双孢菌属	—	20	—
小四孢菌属	1	30	—
马杜拉放线菌属	0.5	60	3
诺卡氏菌类	—	—	40
未鉴定	3	—	—
总数	2569.5	3460	2386

5. 干热河谷地区

在云南省境内金沙江、元江河谷，焚风和局部环流的影响形成了特殊的干热气候。这些地区高温少雨，空气干燥，森林稀少，土地贫瘠，水土流失严重。研究这种特殊环境下的放线菌区系及其利用均具有特殊的意义。

（1）元江地区的放线菌

元江地区位于元江河谷中段，东经 102°，北纬 23°40′，是云南省最干热的地区之一，年平均气温为 23.8℃，极端高温为 42.3℃，10℃以上积温 8700h，达 365 天，18℃以上积温 7200h，约 280 天。全年降雨量为 800mm 左右。土壤为燥红土，有机质较少（表 1-21）。由于长期不合理的开发，该地残留的森林极为稀少，主要为稀树灌草丛植被，代表植物有：扭黄毛（*Heteropogon contortus*）、枯草（*Cymbopogon goeringil*）、小石积（*Osteomeles schwerinae*）、余甘子（*Phyllanthus emblica*）、黄荆（*Vitex negundo*）、豆腐果（*Buchanania latifolia*）、仙人掌（*Opuntia manacanthe*）、落地生根（*Kalanchoe pinnata*）、霸王鞭（*Euphorbia royleana*）。

表 1-21 元江地区土样记录

样区		海拔/m	植被类型	土壤		
				类型	pH	有机质/%
元江	Ⅰ	450	—	—	5.6	5.1
	Ⅱ	600	次生灌丛	燥红土	5.4	2.4
	Ⅲ	800	—	—	5.4	2.6
	Ⅳ	450	荒地	燥红土	5.4	4.1
	Ⅴ	450	旱地	—	5.4	3.6
	Ⅵ	450	蔬菜地	耕作土	5.4	4.7
	Ⅶ	450	水田	水稻土	5.4	5.3
奔子栏	Ⅷ	2080	干旱小叶灌丛	燥红土	5.5	2.25
	Ⅸ	2150	—	—	5.5	4.25

元江沿岸（海拔450m）的次生稀树灌草丛的土壤放线菌有861.7×10^3CFU/g干土，有6个属。在600～800m的山上，水土流失严重，空气和土壤都十分干燥，土壤有机质含量低，放线菌的数量有所减少，组成也变得简单，仅分离到3个属。取样的荒地是河岸附近的低丘零星牧场，地势较平，有机质含量略高，主要是一些低矮禾本科杂草。虽然放线菌数量较少，但组成却比较复杂，有8个属。元江地区的蔬菜地耕作水平高，土地肥沃，放线菌达3053.5×10^3CFU/g干土。在采样的时候，元江的大部分水田正值淹水冬闲时期，放线菌的数量最少，有6个属，没有分离到比较常见的小单孢菌属（表1-22）。

表1-22 元江、奔子栏土样中放线菌的组成（10^3CFU/g干土）

属名	元江							奔子栏	
	Ⅰ	Ⅱ	Ⅲ	Ⅳ	Ⅴ	Ⅵ	Ⅶ	Ⅷ	Ⅸ
链霉菌属									
白孢类群	53.4	28.0	22.1	12.0	32.2	213.6	—	3.9	5.9
黄色类群	23.7	17.0	61.4	6.0	18.7	117.5	60.4	1.9	2.0
球孢类群	12.3	21.0	23.1	—	—	85.5	16.9	4.0	—
粉红孢类群	20.6	12.0	—	13.0	43.7	96.2	—	115.6	27.4
淡紫灰类群	2.1	53.0	—	—	—	128.2	—	13.7	15.7
青色类群	20.6	20.0	—	10.0	11.4	—	—	13.7	7
绿色类群	—	—	—	8.0	20.8	—	—	2.0	—
蓝色类群	30.9	10.0	20.1	—	2.1	—	106.8	—	—
灰红紫类群	61.7	48.0	52.3	41.0	34.3	224.4	—	31.5	33.3
灰褐类群	236.6	140.0	60.4	260.0	228.7	747.9	18.9	192.1	274.4
金色类群	318.9	200.0	327.2	120.0	197.5	641.0	283.0	742.8	772.2
吸水类群	2.1	0.8	—	18.0	—	—	39.6	—	—
小计	782.9	549.8	566.6	488.0	589.4	2254.3	525.6	1121.2	1137.9
其他属									
链轮丝菌属	—	—	—	10.0	—	—	—	—	—
孢囊放线菌属	2.1	—	—	—	—	—	—	—	—
小单孢菌属	16.5	—	58.4	25.0	44.7	160.3	—	7.8	5.9
小多孢菌属	—	—	—	2.0	—	—	—	—	—
马杜拉放线菌属	18.5	—	—	12.0	27.0	106.8	—	32.1	5.9
链孢菌属	—	—	—	2.0	—	—	—	—	—
糖多孢菌属	6.2	2.0	—	—	9.4	202.9	94.3	1.9	3.9
诺卡氏菌属	10.3	—	—	20.0	10.4	213.6	18.9	—	—
红球菌属	—	—	—	1.0	—	107.0	22.0	—	—
未鉴定	20.6	—	—	—	10	—	—	3.9	5.9
高温菌									
链霉菌属	4.3	6.5	4.8	74.5	0.2	0.1	0.1	0.98	0.98
小单孢菌属	0.3	—	—	—	—	—	—	0.005	0.05
高温放线菌属	—	—	—	—	—	8.5	5.0	0.09*	0.09*
小 计	4.6	6.5	4.8	74.5	0.2	8.6	5.1	1.08	1.08
总 数	861.7	558.3	629.8	634.5	691.1	3053.5	665.9	1168.0	1160.58

*马杜拉放线菌属。

次生灌丛的土壤放线菌中，链霉菌属占 90%以上，尤其是水土流失严重、有机质含量很低的山腰 600m 处，链霉菌属占了 98%。相反在耕作水平高、有机质较丰富的水田、蔬菜地和旱地中稀有放线菌分别占 30%、25%和 15%。

次生稀树灌草丛土壤的链霉菌属，金色类群占 36%～61%，灰褐类群占 10%～30%，这两个类群占 71%～81%。荒地、旱地和蔬菜地则是灰褐类群（32%～53%）多于金色类群（25%～34%），两者共占 59%～78%。水田的链霉菌属组成最为单调，只有 6 个类群，占 10%。

元江的高温放线菌平均占放线菌总数的 1.5%。荒地的高温菌最多，占 12%。唯有蔬菜地和水田分离到高温放线菌属。除在河床附近的土样中分离到高温小单孢菌外，各种土样中的高温放线菌几乎都是链霉菌属。

在元江干热河谷地区未分离到游动放线菌属等常见孢囊放线菌属。

（2）奔子栏地区的放线菌

奔子栏位于金沙江北段，云南省德钦县境内，与四川省隔水相望，东经99°17′，北纬 28°07′，海拔 2100m 左右。该地区年平均温度为 16.2℃。年降雨量仅 300mm 左右，7 月和 8 月的降雨量就占全年的 2/3 左右，而蒸发量达 2000mm，是云南省最干旱的地区。采样的奔子栏附近约 30km 的河谷地段，山高坡陡，土地贫瘠，水土流失严重，树木极少，只有一些典型的干旱小叶灌木，总覆盖率不到 30%。主要植物有苦刺（*Sophora vicifolia*）、小叶羊蹄甲（*Bauhinia faberi* var. *microphylla*）、薄皮木（*Leptodermis oblonga*）、久死还魂草（*Selaginella doederleinii* Hieron）等。

奔子栏地区的土壤放线菌为 $1141.8\times10^3\sim1155.5\times10^3$CFU/g 干土，有 5 个属，链霉菌属占 98%，稀有放线菌仅占 2%，且均没有分离到游动放线菌属。链霉菌属中，金色类群占 67%，灰褐类群占 20%，没有分离到蓝色类群和吸水类群。两个样区放线菌的数量和组成都很相似。

奔子栏地区的高温放线菌很少，还不到 0.2%。

元江地区气温高而雨水较多，奔子栏地区则气温较低而极端干旱。元江河谷次生灌丛的土壤放线菌略少而组成略为复杂，且高温放线菌较多。两地次生灌丛的链霉菌属都是金色类群多于灰褐类群，这两个类群占链霉菌属总数的 80%左右。

6. 滇西北高寒山区

云南西北部属横断山脉南部地段，高山林立，大川奔流，气势雄伟。怒江、澜沧江、金沙江三大峡谷自北向南，梅里雪山、太子雪山、白芒雪山、哈巴雪山耸立其间。在石鼓地区，玉龙雪山挡住了金沙江的去路，造成了金沙江的第一次“V”字形大转弯。在这个“V”字形的两岸是高耸入云的哈巴雪山和玉龙雪山，其下就是举世闻名的虎跳峡。在“V”字形之内是中甸高原，海拔为 3100～3400m，是我国青藏高寒植被区与亚热带常绿阔叶林区的交接地带。

横断山地区具有特殊的生物气候条件。我国曾组织过横断山生物考察，但对放线菌的考察还没有进行过。我们选择了在玉龙雪山、中甸高原和白芒雪山对放线菌区系及资源进行研究。

(1) 自然概貌

第Ⅰ、Ⅱ样区选在玉龙雪山东坡、海拔 2600～3000m 的地段，坡度为 30°～50°，森林保护较好，有机质丰富。该区的主要植物有华山松（*Pinus armandii*）、丽江云杉（*Picea likangensis*）、黄背栎（*Quercus pannosa*）、高山杜鹃（*Rhododendrou* sp.）等。

第Ⅲ～Ⅵ样区选在中甸高原中部，中甸县城周围地区。在这片广阔的高原上，地势平缓，海拔为 3100～3300m。该地年平均气温为 5.4℃，12 月至次年 2 月在零度以下，极端最低温为－25℃。6 月、7 月、8 月和 9 月的月平均温度分别为 12.6℃、13.2℃、12.5℃和 11.1℃，极端最高温度仅为 25.1℃。日最低温气温低于 0℃的日数达 190 天，霜期 165 天。10℃积温仅 110 天。年降雨量约 600mm，多雾，蒸发量为 1706mm。该地区属冬天寒冷、夏日凉爽湿润的高寒气候。第Ⅲ样区在中甸高原 30 000 多 m 的地段，为次生性灌木林，主要植物有高山松、华山松、黄背栎、白杨（*Populus sgechuanica*）及杜鹃等。第Ⅳ样区是荒地，即非耕种高山牧场，日光比较充足，土壤有机质比较丰富，植被主要是低矮禾本科杂草，有少数高山杜鹃散布其间。第Ⅴ、Ⅵ样区为蔬菜地和旱地，耕作水平低，主要生长有高寒作物，如十字花科蔬菜、马铃薯、青稞等，产量很低。

第Ⅶ～Ⅺ样区选在白芒雪山自然保护区。白芒雪山位于云南省德钦县境内，顶峰海拔 5137m。西面是澜沧江，与海拔 6740m 的梅里雪山及 6054m 的太子雪山隔水相望。东面山脚（Ⅶ样区）是金沙江，河谷下切至海拔 2100m 左右，年平均气温为 16.2℃，年降雨量仅为 300mm，而蒸发量达此数的 6.8 倍，是云南境内最干旱的地区，水土流失严重、土壤贫瘠，仅分布少量低矮耐旱植物，如小叶荆（*Vitex microphylla*）、小叶羊蹄甲、小叶野丁香（*Leptodermis microphylla*）及岷谷木蓝（*Indigofera lenticellata*）等。海拔 3000～4000m 地段的自然景观与山脚完全不同。这里气候寒冷、空气湿度大，土壤有机质极为丰富，森林植被保护较好，垂直分布明显。3000～3300m（第Ⅷ区）为高山松、华山松林带。3300～3550m（第Ⅸ样区）为云杉林带。4000m（第Ⅹ样区）是冷杉林带与杜鹃矮林带的交界处。4200～4400m（第Ⅺ样区）为高寒灌丛、草甸带（表 1-23）。

表 1-23　云南高寒山区土样记录

样区	植被类型	样品数	海拔/m	土壤类型	pH	有机质/%	植被
玉龙雪山	Ⅰ温性常绿针叶林	10	2600	棕壤	5.4	11.5	*Pinus armandii*
	Ⅱ	10	3000		5.4	22.9	*Pinus armandii*, *P. densata*, *Picea likangensis*, *Quercus pannosa*

续表

样区	植被类型	样品数	海拔/m	土壤类型	pH	有机质/%	植被
中甸	Ⅲ 次生灌丛	10	3100～3320	暗棕壤	5.3	6.25	*Pinus densata*, *P. armandii*, *Quercus pannosa*, *Rhododendron* sp.
	Ⅳ 荒地	10	3250～3330		5.2	7.5	*Pooideae* sp., *Rhododendron* sp.
	Ⅴ菜地	5	3200		5.5	9.9	*Allium fistulosum*, *Brassica integrifolia*, *B. oleracea* var. *capiata*, *Lactuca* sp.
	Ⅵ旱地	5	3200		5.5	7.5	*Avena sativa*, *Hordeum vulgare*, *Solanum tuberosum*
	Ⅶ干旱小叶灌丛	10	2100	燥红土	5.5	3.25	*Bauhinia faberi* var. *microphylla*, *Leptodermis microphylla*, *Sophora* sp.
白芒雪山	Ⅷ 松林	10	3000～3100	棕壤	5.5	13.94	*Pinus armandii*, *P. densata*, *Picea likangensis*, *Quercus pannosa*, *Tsuga* sp.
	Ⅸ云杉林	10	3400～3500	暗棕壤	5.3	24.0	*Abies ferreana*, *A. forestii*, *Picea brachytyla* var. *complanata*, *Quercus* sp.
	Ⅹ冷杉林	10	4000	暗棕色针叶林土	5.2	21.0	*Alies georgei*, *Rhododendron* sp.
	Ⅺ 高寒灌草丛	10	4200～4400		5.2	23.5	*Corydaris* sp., *Mecolopsis lancifolia*, *Rhododendron primulaeflorum*, *Rh. nivale*

(2) 放线菌区系组成

该样区土壤放线菌区系的实验结果示于表 1-24 和表 1-25 中。

表 1-24 云南高寒山区土壤放线菌的组成

属名	中温菌/(10^3CFU/g 干土)										
	Ⅰ	Ⅱ	Ⅲ	Ⅳ	Ⅴ	Ⅵ	Ⅶ	Ⅷ	Ⅸ	Ⅹ	Ⅺ
链霉菌属											
白孢类群	26.2	21.0	4.6	1.0	6.2	—	4.9	85.7	—	—	—
黄色类群	58.0	6.3	—	1.0	—	16.5	2.0	17.0	2.4	—	—
球孢类群	33.1	1.5	1.1	2.1	135.2	123.0	2.0	1.1	—	—	2.2
粉红孢类群	13.6	2.9	2.3	9.3	2.1	4.1	71.5	2.1	—	—	—
淡紫色类群	24.0	—	12.7	1.1	25.1	2.1	14.7	55.0	—	—	—
青色类群	1.2	—	1.2	—	—	2.1	10.8	2.5	—	—	—
蓝色类群	—	—	2.3	—	—	—	—	—	—	—	—
绿色类群	—	—	1.1	—	—	—	1.0	—	—	—	—
烬灰类群	3.3	—	1.2	—	—	—	—	—	—	—	—
灰红紫类群	2.4	—	5.8	6.3	31.7	66.5	32.4	17.6	—	—	2.1
灰褐类群	816.4	339.6	199.6	678.8	452.0	973.7	233.3	486.1	17.5	3.1	8.3
金色类群	765.2	117.4	331.3	339.0	209.3	437.5	757.5	861.7	2.3	2.6	7.6
吸水类群	—	—	—	—	—	—	—	2.3	—	—	—
总数	1743.4	488.7	563.2	1038.6	861.6	1625.5	1130.1	1531.1	22.2	5.7	20.2
%	99.9	97.5	98.0	98.0	99.8	98.9	98.4	99.2	77.9	64.0	90.6

续表

属名	中温菌/（10^3CFU/g 干土）										
	Ⅰ	Ⅱ	Ⅲ	Ⅳ	Ⅴ	Ⅵ	Ⅶ	Ⅷ	Ⅸ	Ⅹ	Ⅺ
其他属											
孢囊放线菌属	1.2	1.2	—	—	—	—	—	—	—	—	—
小单孢菌属	—	4.4	1.2	7.2	2.1	—	6.9	9.5	1.1	1.0	2.1
小孢链菌	1.2	—	—	—	—	—	—	—	—	—	—
马杜拉放线菌属	—	—	1.1	2.1	—	4.1	19.0	2.1	1.3	1.1	—
链孢囊菌属	—	—	2.3	—	—	—	—	—	—	—	—
糖多孢菌属	—	4.2	5.8	2.1	—	10.4	2.9	1.0	2.6	—	—
诺卡氏菌属	1.1	—	—	1.1	—	4.2	—	—	1.3	1.1	—
未鉴定	—	4.0	—	—	—	—	—	—	—	—	—
总数	1746.9	502.5	573.6	1051.1	863.7	1644.2	1158.9	1543.7	28.5	8.9	22.3
属名	高温菌/（10^2CFU/g 干土）										
	Ⅰ	Ⅱ	Ⅲ	Ⅳ	Ⅴ	Ⅵ	Ⅶ	Ⅷ	Ⅸ	Ⅹ	Ⅺ
链霉菌属	1.7	—	0.1	6.8	14.20	9.7	9.8	0.4	—	—	—
小单孢菌属	1.1	0.1	0.6	2.9	—	—	0.1	—	—	—	—
马杜拉放线菌属	—	—	—	0.6	—	—	1.8	—	—	—	—
高温放线菌属	0.1	0.2	0.1	0.1	2.0	0.2	—	1.8	—	—	—
总数	2.9	0.3	0.8	10.4	16.2	9.9	11.7	2.2	0	0	0

表 1-25　玉龙雪山、白芒雪山的低温菌（10^2CFU/g 干土）

属　名	8℃ 分离						12～14℃ 分 离		
	Ⅰ	Ⅱ	Ⅷ	Ⅸ	Ⅹ	Ⅺ	Ⅸ	Ⅹ	Ⅺ
链霉菌属									
白孢类群	16.7	—	—	—	—	2.3	26.8	50.3	11.0
黄色类群	3.6	—	—	—	—	—	2.8	—	—
球孢类群	63.5	—	—	—	—	—	—	—	4.0
淡紫灰类群	1.2	—	—	—	—	—	—	—	—
灰红紫类群	—	1.2	—	—	—	—	2.8	—	—
灰褐类群	26.9	13.2	2.0		35.8	5.6	81.3	86.3	32.8
金色类群	7.2	8.7	—	5.5	11.8	3.3	147.3	8.3	181.6
吸水类群	1.2	—	—	—	—	—	—	—	—
总数	120.3	23.1	2.0	5.5	47.6	11.2	261.0	144.9	229.4
其他属									
小单孢菌属	4.7	—	—	—	1.0	2.2	—	—	2.2
马杜拉放线菌属	—	—	—	—	—	—	3.3	—	—
糖多孢类属	—	—	—	—	—	5.6	14.8	—	50.8
诺卡氏菌属	—	—	—	—	—	—	10.5	—	2.2
总数	125.0	23.1	2.0	5.5	48.6	19.0	289.6	144.9	284.6
细　菌	1080	1170	1185	970	750	1130	—	—	—
真　菌	1620	930	530	310	180	400	—	—	—

A. 中温放线菌（mesophilic actinomycetes）

玉龙雪山 2600m 处（Ⅰ样区）的放线菌多于 3000m 处（Ⅱ样区）的放线菌，组成都比较简单，只分离到 3 个属。

中甸高原的次生林（Ⅲ样区）中放线菌数量较少，但组成比较复杂，分离到 6 个属。荒地（Ⅳ样区）分离到 5 个属，旱地（Ⅵ样区）4 个属。蔬菜地（Ⅴ样区）只分离到 2 个属，而且数量也不多。

白芒雪山的土壤放线菌则是山脚（Ⅶ样区）的较少。3000m 处（Ⅷ样区）最多，达 43.7×10^3CFU/g 干土（下同）。海拔升高到 3500m（Ⅸ样区）时，放线菌数量急剧减少，仅 28.5×10^3CFU/g 干土。山脚气温高而过于旱燥，山顶湿度大而气温太低，3000m 处则是冬冷夏凉、湿度较大、有机质丰富、植物种类最为复杂的地带。因此放线菌从山脚至山顶呈现“低高低”的分布现象。从山脚到 4000m 处分离到的几乎都是链霉菌属、小单孢菌属、马杜拉放线菌属、糖多孢菌属及诺卡氏菌属，尽管它们的数量很不相同。因此白芒雪山的放线菌区系可能是同源的。

除白芒雪山 3500m 以上地段之外，其余样区的链霉菌属均占中温菌的 98％以上。这是高寒山区放线菌区系的一个显著特点。

B. 高温放线菌（thermophilic actinomycetes）

就整体而言，高寒山区高温放线菌的数量均比西双版纳热带季节性雨林地区及元江干热河谷地区少得多，而白芒雪山 3500m 以上地段没有分离到高温放线菌。所分离到的高温放线菌主要是链霉菌属、高温放线菌属及小单孢菌属。因此，我们初步认为，在北纬 23°附近，高温放线菌分布的上限可能在 3500m 以下。

C. 低温放线菌（psychrophilic actinomcetes）

在 8℃分离时，玉龙雪山的低温放线菌分布情况为 2600m 处多于 3000m 处，而白芒雪山则是山脚到顶 4000m 处逐渐增多，到 4400m 有所减少。所分离到的低温放线菌主要是链霉菌属和小单孢菌属，只有在第Ⅺ样区分离到少量糖多孢菌属。链霉菌属中的低温菌以灰褐、金色类群较为常见。

在 14℃分离时，所得结果与中温菌差不多。而且还略超过中温菌，增加的主要是链霉菌属和糖多孢菌属，这可能包括了部分中温菌和兼性低温菌。

总体来说，白芒雪山随海拔的升高，高温放线菌逐渐减少，3500m 以上无高温放线菌；中温放线菌则是 3000m 处最多，3500m 以上很少；低温放线菌随海拔升高而逐渐增加，到 4400m 处又有所降低。

就整体而言，高寒山区的放线菌区系组成比较单一。

D. 低温放线菌的生物学特性

目前，许多学者都同意把微生物分为高温菌、中温菌和低温菌。早在 1887 年，Foster 就分离到可能在 0℃生长的细菌。1941 年，Dasling 等就调查过南极土壤的细菌区系。20 世纪 50 年代以后，各国学者相继开展了低温菌的研究工作，但对什么是低温菌的看法并不一致。Morita 把生长温度在0～20℃、最适生长温度为 15℃（或更低）的微生物称为嗜低温菌（psychrophiles）。另一些学者则把最低生长温度在 0℃，最高生长温度在 30℃，最适生长温度在 15℃的微生物称之为低温菌。目前已发现陆生低温菌

有 *Bacillus*、*Psychrophilus*、*Pseudomonas*、*Cytophaga*、*Flavobacterium*、*Arthrobacter glacialis*、*Micrococcus cryophilus*、*Cryptococcus*、*Leucosporidium* 等，海洋低温菌有 *Pseudomonas*、*Vibrio* 和 *Spirillum*。同时还对低温菌的生态分布、生长动力学、细胞结构的改变、脂类组成和膜的透性蛋白质合成、酶的特性、不饱和脂肪酸含量、RNA 含量等做了研究。相比之下，对低温放线菌的研究却少得多。

我们对 108 株于 8℃和 14℃分离的放线菌在各种温度下的生长情况做了试验。根据这些结果，我们把它们分为 3 种类型。

第Ⅰ类型：这一类型的菌株在 0℃能生长，最适生长为 10～28℃，37℃生长差。这是低温放线菌与中温放线菌的过渡类型，它们占总试验菌株的 15%，其中的 2/3 来自玉龙雪山海拔 2600～3000m 的地段，1/3 来自白芒雪山 4000m 以上的高山草甸。我们称这个类型的菌株为兼性低温菌放线菌（facultative psychrophilic actinomycetes）。

第Ⅱ类型：这个类型的菌株的最适生长温度为 10～28℃，0℃能生长，37℃不能生长。它们占总试验菌株数的 73%，来自玉龙雪山 2600～3000m 的地段及白芒雪山 3500～4400m 的地段。我们称这部分菌株为中等低温放线菌（moderate psychrophilic actinomycetes）。

第Ⅲ类型：这个类型的菌株的最适生长温度为 10～14℃，28℃不能生长，0℃能生长，有的菌株生长情况中等。它们占总试验菌株的 12%，都是来源于白芒雪山 4000m 以上的高山草甸，在白芒雪山 4000m 以下及玉龙雪山 3000m 以下未分离到这类菌株。它们之中有 12 株是链霉菌，1 株是诺卡氏菌。我们称之为真正的低温放线菌（true psychropilic actinomycetes）。

从这些结果还可以看出，来自两座雪山的这些低温放线菌的生长温度范围和最适生长温度均比较宽，这与一些学者发现海洋低温菌的生长温度范围较窄的现象不同。这可能是因为海洋底部的温差小（通常稳定在 5℃左右），而雪山的温差显然大得多。

鉴于上述试验，我们把最适生长温度在 15℃以下，最低生长温度在 0℃以下的放线菌称之为低温放线菌。高寒山区低温放线菌的生物学特性如表 1-26 所示。

表 1-26 云南高寒山区低温放线菌的生物学特性

属名	试验菌株数	溶菌酶	淀粉水解	利用纤维素	水解果胶	凝乳酶	明胶		水解酪素	抗菌活性	
							生长	液化		枯草杆菌	毛霉
链霉菌属	89	10	17	70	5	11	77	34	47	8	1
小单孢菌属	1	—	—	1	—	—	1	—	1	—	—
糖多孢菌属	16	—	—	11	—	—	16	—	—	—	—
诺卡氏菌属	2	—	—	1	—	—	2	—	—	—	—
总数	108	10	17	83	5	11	96	34	48	8	1

从测定结果中可以看出，分别有 80%和 90%的低温菌能利用纤维素和明胶，有 40%的菌株能水解酪素。这些放线菌水解淀粉、果胶的能力较低，溶菌作用、抗菌作用也低。从这些结果看来，高寒山区的放线菌也积极参与动植物残体的降解，但从低温细菌、真菌和放线菌的数量对比（表 1-25）来看，前两者都比放线菌高出 1 或 2 个数量

级。因此高寒山区有机物的分解可能主要是细菌和真菌的作用，而放线菌的作用要小一些。

有关低温放线菌的研究较少，对它们的生物学特性、生态作用以及利用的可能性都知之不多，因此低温放线菌值得进一步研究。

7. 滇西、滇东北地区

(1) 自然概貌

滇西保山、德宏地区位于北纬 24°～25°、东经 97°～100°。我们的样区选在东起保山、西至瑞丽一段，属横断山脉南缘。在该地区东部以高黎贡山为主体的高山峡谷地貌到此已逐渐平缓，属于中山山地盆地，主要包括保山、腾冲、瑞丽等地；该地区西部则属中山宽谷盆地，山体不高，河谷较宽，并有宽广的河谷盆地形成。值得一提的是，该样点处于腾冲地震带区间，故温泉群星罗棋布。仅腾冲火山口的温泉就达 50 余处。该区内气候四季温和、干湿季分明，雨量较多，年降雨量为 1400～1700mm，为省内的多雨区之一。该区全年≥10℃的积温为 6500℃，土壤类型为赤红壤和黄壤，森林植被类型为山地半常绿季雨林，主要代表性植物为麻楝（*Chukrasia* sp.）、石栎（*Lithocarpus* sp.）、柚木（*Tectona grandis*）、云南松（*Pinus yunnanensis*），经济植物有橡胶、咖啡、油茶等。荒地主要植被以禾本科为主，兼有蕨类；旱地生长有禾本科及某些杂草；蔬菜地种植十字花科和豆类植物；水田种植有小麦、蚕豆等旱季作物。

滇东北处于云贵高原的北缘，四川盆地的南缘山地，乌蒙山系向北伸延的末端，北纬 27°25′～28°27′，东经 103°35′～105°03′。东南面与贵州相连，北面与四川隔江相望。我们选定样点的威信县系有“鸡鸣三省”之称。该地区地势崎岖，起伏较大，地貌复杂。这里四季分明，冬季湿冷，气候独特，有别于云南省大部分地区。年降雨量 800～1000mm，全年≥10℃的积温为 3200～3800℃。土壤类型为黄壤或棕壤。

由于它所处的地理位置所致，其植被类型更接近于四川盆地边缘山地类型，属亚热带山地湿性常绿阔叶林。该区主要代表性植物有峨眉栲（*Castanopsis platyacantha*）、包石砾（*Lithocarpus cleistocarpus*）、杉木（*Cunninghamia lanceolata*）、杜仲（*Eucommia ulmoides*）、七叶树（*Aesculus*）、水青树（*Tetracentron sinense*）和松（*Pinus* sp.）。荒地植被为茅、蕨类；菜地种植有十字花科、石蒜科等植物；旱地种有玉米、马铃薯、麦、草烟等；水田为水稻秧田。在该地区采集样品的情况见表 1-27。

(2) 滇西、滇东北地区的放线菌区系组成

表 1-28 是滇西、滇东北地区的放线菌区系组成。

表 1-27　滇西、滇东北地区土样记录

样区		植被类型	采样地点	样品数	海拔/m	土壤		
						类型	pH	有机质/%
滇西	Ⅰ	原始森林	高黎贡 腾冲 瑞丽 盈江	40	2250～2340	赤红壤	5.5	18.4
	Ⅱ	次生林	高黎贡	20	1530～2310	赤红壤	5.5	16.6
	Ⅲ	荒地	腾冲	10	2000～2300	黄壤	5.5	12.95
	Ⅳ	蔬菜地	潞江坝 保山 梁河 芒市	10	620～1650	耕作土	5.6	8.7
	Ⅴ	旱地	保山 腾冲 瑞丽	10	700～2000	黄壤	5.6	7.4
	Ⅵ	水田	保山	10	1600～1650	稻田	5.7	9.9
滇东北	Ⅶ	原始森林	威信 天星	30	1100～1300	棕壤	5.0	14.5
	Ⅷ	次生林	威信 天星 两合岩	30	550～1400	棕壤	5.1	15.3
	Ⅸ	荒地	威信	10	1300～1400	黄壤	5.1	10.5
	Ⅹ	蔬菜地	威信	10	1200	耕作	5.6	7.6
	Ⅺ	旱地	威信	10	1200	黄壤	5.6	7.1
	Ⅻ	水田	威信	10	1200	稻田	5.5	8.07

1）滇西地区：从该地区共分离到 12 个属的放线菌。中温菌以次生林最多，分离到 10 个属。水田最少仅分到 6 个属。链霉菌属平均占放线菌总数的 92%。小单孢菌属、马杜拉放线菌属和诺卡氏菌属在各种植被土壤中均普遍存在。放线菌的数量是原始森林最少，次生林、旱地、荒地相似，菜地和水田最多。取样的水田不是永久性水淹田，而是稻麦（稻、蚕豆）轮作田，肥力水平高，通气好，采样时正值小春作物生长期，因此放线菌数量甚至高于菜地。高温菌的数量按次生林、荒地、菜地、旱地、水田的顺序逐渐增加，原始林未分离到高温菌。最常见的高温菌是高温放线菌属，其次是链霉菌属和糖单孢菌属。

2）滇东北地区：该地区土壤放线菌的组成较复杂，分离到了 13 个属，是我们以往考察过的地区中放线菌组成最丰富的地区之一。中温菌以原始森林、荒地、菜地中的组成较复杂，均分离到了 9 个属，旱地和水田较少。就其数量上看，蔬菜地最多，荒地次之，原始林最少。最为突出的是，尽管该地区冬季十分寒冷，但土壤中的高温菌却极为丰富，在各植被类型中则以旱地最多，蔬菜地次之，这与该地区极端最高温在 40℃以上

表 1-28　滇西、滇东北地区的土壤放线菌(10^3CFU/g 干土)

属　名		滇　西							滇　东　北						
		Ⅰ	Ⅱ	Ⅲ	Ⅳ	Ⅴ	Ⅵ	平均	Ⅶ	Ⅷ	Ⅸ	Ⅹ	Ⅺ	Ⅻ	平均
链霉菌属		353.8 81%	566.4 82%	669.3 86%	2179.3 95%	692.8 90%	3322.4 94%	1297.3 92%	84.4 59%	363.2 78%	952.5 83%	1161.9 82%	854.1 93%	828.9 81%	707.5 85%
孢囊放线菌属		—	—	—	—	—	—	—	—	—	3.6	3.4	—	—	1.2
钦氏菌属		—	—	—	—	—	—	—	3.8	—	—	3.5	—	—	1.2
链轮丝菌属		—	—	—	3.4	—	—	0.6	—	—	—	—	—	—	—
小单孢菌属		32.0	35.5	46.1	46.0	20.4	65.9	41.0	11.7	28.8	98.8	57.9	13.3	98.0	51.4
游动放线菌属		—	3.5	—	—	—	—	0.6	—	—	—	—	—	—	—
指孢囊菌属		—	—	—	—	—	—	—	—	—	6.9	—	—	—	1.2
马杜拉放线菌属		7.2	10.7	25.9	24.6	17.0	27.7	18.9	7.8	17.6	8.0	34.2	3.3	—	11.8
小双孢菌属		10.6	17.8	3.6	3.4	—	—	5.9	3.8	—	—	—	—	5.2	1.5
小四孢菌属		10.6	18.0	11.5	6.9	6.9	—	9.0	7.2	7.2	3.4	6.8	—	10.4	5.8
链孢囊菌属		3.6	10.5	7.2	—	3.4	—	4.1	3.8	7.2	3.5	—	3.3	—	3.0
双孢放线菌属		20.0	—	—	—	—	—	3.3	1.2	—	—	—	—	—	—
糖单孢菌属		—	3. 6	—	3.4	—	10.3	2.9	—	3.6	3.5	—	—	—	1.2
糖多孢菌属		7.1	10.5	—	10.6	6.8	86.8	20.3	3.8	3.4	—	3.4	3.3	5.2	3.2
诺卡氏菌属		10.7	17.6	17.9	10.7	17.1	10.3	14.1	19.1	21.0	59.3	47.7	40.3	66.9	42.3
未鉴定		—	—	—	3.4	3.4	—	1.1	—	7.0	10.4	3.4**	10.1	5.2	6.0
总　数		455.6	694.1	781.5	2291.7	767.8	3523.4	1419.0	146.6	459.0	1149.9	1322.2	927.7	1019.8	837.5
高温菌*	链霉菌属	—	—	—	64	24	858.3	157.8	—	10.8	1.7	185.3	72.3	31.0	50.2
	糖单孢菌属	—	—	—	40.3	474	3.3	86.3	—	5.4	—	—	—	—	0.9
	高温放线菌属	—	3.7	21.7	384.7	124.7	949.5	247.4	—	19.4	45.1	1079.6	3613.8	243.8	833.6
总数		0	3.7	21.7	489.0	622.7	1811.1	491.4	0	35.6	46.8	1264.9	3686.1	274.8	884.7

* 10CFU/g 干土；** 原小单孢菌属 *Promicromonospoa*。

有关。该地区的原始林土样中也没有分离到高温菌。这一现象在其他地区也发现过。

通过以上结果可以看出，滇西与滇东北两个地区的土壤放线菌存在着一些异同。滇西地区的土壤放线菌数量明显多于滇东北地区。除滇东北地区的旱地和荒地外，滇西其他各种植被类型中的放线菌数量均较滇东北地区多 1.5～3 倍。这可能与滇西地区的气候温和、农业生产水平较高等因素有关。但从放线菌的组成上看，滇东北地区较滇西地区略复杂些。

尽管两个地区直线距离相隔大约 800 多千米，纬度差距也较大，地貌、植被、气候十分不同，而且在放线菌的数量上存在着明显差异，但放线菌的组成比较相似。在两个地区的各种植被类型中，链霉菌属均为绝对优势菌。滇西地区的链霉菌占放线菌总数的 81%～95%，滇东北地区占 59%～93%，这与我们以往的研究结果相同。很显然这是土壤放线菌的一个明显特征。此外，这两个地区的原始森林中的链霉菌属所占比例均为最低，其次是次生林，这一点与西双版纳地区的情况有所不同。

在滇西、滇东北地区的各种植被类型土壤中均分离到了小单孢菌属、马杜拉放线菌属和诺卡氏菌属。两个地区除荒地外，均分离到糖多孢菌属。这一现象再一次说明，这些菌属在土壤中的数量虽不太多，但它们都是土壤中的常见放线菌。

此外，从试验结果还可以看出，两个地区的蔬菜地中放线菌组成均较复杂，数量也较多。在原始林的土壤中，放线菌的数量明显少于其他各类型植被。因此我们认为土壤放线菌的数量与土壤耕作的熟化程度有密切关系。

8. 滇东南地区

(1) 自然概貌

滇东南地区系指文山、红河两个专区。该区位于东经 102°～106°，北纬22°30′～24°附近，在红河和哀牢山以东的南缘地带，北回归线正贯穿其间，为石灰岩广泛分布的高原地区。除南盘江河谷呈峡谷形态外，高原面大都保持得较完整，多呈起伏和缓的宽谷丘陵低山状，属石灰岩溶高原地貌。海拔一般为1000～1500m。

受东南热带暖湿季风的影响，该地区夏热冬凉，干湿明显，干季多雾，夏季多雨。热量丰富，全年≥10℃的积温为 5000～6500℃，霜期短而无冰冻。大气终年湿润，年降雨量为 1000～1700mm。该区大多属于岩溶山原峡谷季风常绿阔叶林植被区，主要代表种属有桢楠（*Phoebe zhennan*）、罗浮栲（*Castanopsis fabrii*）、炭栎（*Quercus utilis*）等。

地处该地区最南端的河口县是全省海拔最低点，仅为 67.4m，属中山峡谷地貌、湿热河谷地区。该县因处于东南季风坡前低海拔地区，故常年高温多湿，干湿季节不明显，年降雨量为 1777mm，全年≥10℃的积温为 8249℃，为全省最热的地区之一。这里树木高大，终年常绿，板状根、茎花、大木质藤本、附生植物等典型的热带雨林植被发达，属峡谷中山湿润雨林植被区。该县代表植物有云南龙脑香（*Dipterocarpus tonkinensis*）、毛坡垒（*Hopea mollissima*）、隐翼（*Crypteronia paniculata*）、四数木（*Tetrameles mudiflora*）等，是云南种植橡胶的基地之一。

我们的样区选自西畴、河口、建水一线（表 1-29）。西畴县内有保存较好的石灰岩原始林，其间森林高大茂密，地表石芽林立。马关和屏边位于季风常绿阔叶林和湿润季雨林两种植被区的交界处，森林树种中有许多过渡交叉类型。各样区均具不同的代表性。

表 1-29 滇东南地区的土样记录

样区号	采样地点	植被类型	样品数	海拔/m	土壤		10℃以上积温	年雨量/mm
					类型	pH		
Ⅰ	西畴	原始林	45	1480～1630	黑色石灰土	5.5	4831	1276
Ⅱ	西畴	次生林	11	1480～1630	黑色石灰土	5.5	4831	1276
Ⅲ	西畴	荒地	11	1500～1530	黑色石灰土	5.5	4831	1276
Ⅳ	建水	蔬菜地	22	1200～1400	砖红壤	6.7	6249	828
Ⅴ	屏边	原始林	65	1500～1550	砖红壤	6.5	5105	1649
Ⅵ	马关	次生林	72	1210～1650	砖红壤	5.5	5307	1318
Ⅶ	河口	耕作地	40	80～270	黄色砖红壤	6.0	8249	1777
Ⅷ	蒙自	次生林	20	1520～1850	砖红壤	6.6	6271	827

（2）滇东南地区的放线菌组成

该地区土壤放线菌组成复杂，共分离到了 14 个属。从表 1-30 中可以看出，原始林中的种类最丰富，分离到了 12 个属，次生林略为简单些。这与相邻的西双版纳地区类似。土壤放线菌的数量则是蔬菜地最多的，为 2942.8×10^3CFU/g 干土，在其他地区的考察中我们也获得了相同的结果，其原因在于土壤耕作水平高、土地肥沃、人为影响大。次生林中的高温菌数量较多，荒地次之，原始林、蔬菜地中最少。

表 1-30 滇东南地区的土壤放线菌区系分布（10^3CFU/g 干土）

样区号	Ⅰ	Ⅱ	Ⅲ	Ⅳ	Ⅴ	Ⅵ	Ⅶ	Ⅷ
常温菌								
链霉菌	479	276	203.3	2070	1130	1560	1610	2803.3
%	78	67	61	72	80	74	83	73
小单孢菌	26	24	63.3	350	114	433.4	202	773
指孢囊菌	6	6	—	—	24	—	—	—
马杜拉放线菌	40	10	10	295	32	46.7	62	108.5
链孢囊菌	8	14	20	55	24	—	—	20
小四孢菌	4	—	—	—	2	—	4	6.7
小双孢菌	2	2	—	—	—	3.3	2	—
双孢放线菌	2	—	—	—	—	6.7	2	—
诺卡氏菌	14	8	6.6	85	86	56.6	54	128
糖多孢菌	24	38	—	15	1	13.3	7	6.6
高温菌								
链霉菌	—	0.25	0.2	0.65	0.14	0.7	0.34	1.8
糖单孢菌	6.0	—	—	—	2.0	—	—	—
高温单孢菌	6.0	2.0	3.3	—	—	—	—	—
高温放线菌	0.02	32.0	13.3	0.15	0.04	0.07	2.14	—
未鉴定	—	2.5	13.3	—	—	—	2.0	—
总数	695.02	481.75	394.3	2942.8	1495.18	2120.68	2030.48	3920.9
属数	12	10	7	7	10	8	9	7

在不同的样区间，放线菌的组成存在着一定的差异。其中样区的土壤放线菌数量最多，为 3920.9×10^3CFU/g 干土。西畴样区的放线菌数量最少，而同为原始林的屏边大围山样区，其放线菌的数量要比西畴原始林多得多。但是西畴样区中的放线菌种属最丰富，共分离到 13 个菌属。我们认为，这主要是由于西畴属于典型的石灰岩地区、地表土层薄、石芽裸露地面、土壤较贫瘠、人为干扰少等原因所致。

尽管河口样区处于低纬度、低海拔的湿热地区，但放线菌的数量与组成均没有明显的差异。放线菌的数量为 2030.48×10^3CFU/g 干土，分离到了 9 个菌属，其中链霉菌属占 82.67%，为滇东南地区比例最高的样区。这可能是因为我们采样点均为橡胶林、菠萝地等人工耕作地，故土壤肥沃、人为影响较大所致。

全地区内，链霉菌属所占比例均较低，一般为 60%～70%。稀有放线菌的数量较多，种类丰富。除马杜拉放线菌属、小单孢菌属、诺卡氏菌属和高温放线菌普遍存在外，在许多样区内还都分离到了链孢囊菌属、小双孢菌属等。值得指出的是，我们在滇东北地区分离并建立了双孢放线菌属，在西畴、马关、河口等地理条件和植被类型差异较大的样区中，也同样分离到了该属。

综上所述，滇东南地区土壤放线菌具有如下特点。

1）稀有放线菌的数量比例较高，放线菌区系组成复杂，种属多样丰富，为全省所分离到的放线菌种属最多的地区。

2）原始林中的放线菌数量少，但种类最丰富；蔬菜地中的放线菌的数量多，而种属较少。这表明土地的熟化程度和人为的活动均影响着放线菌的区系组成。

3）石灰岩地区土壤放线菌的数量虽少，但种属仍很丰富。

9. 云南土壤放线菌资源分布的特点

根据上述结果，我们把云南的土壤放线菌区系分为 4 种类型（表 1-31）。

（1）热带类型

这个类型包括西双版纳的勐仑、勐腊、河口和元江河谷地区，其特点如下：

1）放线菌的数量平均在 1×10^6CFU/g 干土左右。除勐腊的旱地土壤和元江的菜地土壤外，这几个地区土壤放线菌的数量差别并不大。

2）根据 Goodfellow 等的建议，孢囊放线菌属、钦氏菌属等应并到链霉菌属内，因此这几个地方土壤放线菌的组分也很相近，以链霉菌属（胞壁Ⅰ型）、诺卡氏菌属（Ⅳ型）、马杜拉放线菌属（Ⅲ型）及游动放线菌属（Ⅱ型）4 个类群均匀分布为特征。

3）这几个地区的放线菌区系比起邻近的泰国土壤要复杂得多。兰道生从泰国耕作土分离到的仅有链霉菌属，尚有 15%的菌株未鉴定。上述地区至少分布有 25 个属。

从气候条件来看，西双版纳高温多雨，旱季有雾，元江则是高温少雨，气候干燥；从现存的植被看，前者为热带季节性雨林，后者为稀疏灌草丛。为什么放线菌区系比较相近？根据许再富等的调查，17 世纪元江的森林覆盖率在 75%以上，18 世纪和 19 世纪仍在 70%左右，1958 年也还有 61.5%，到 1982 年仅有 19.3%。在 19 世纪以前这个地区的植被主要是热带季雨林和热带季节性雨林。目前个别沟谷还有残存的季节雨林存

表 1-31 云南若干地区土壤放线菌的组成(10^3 CFU/g 干土)

属名	勐腊	元江	哀牢山	鸡足山	昆明	大理	剑川	楚雄	金沙江	中甸	玉龙雪山	白芒雪山	滇西	滇东北	滇东南
链霉菌	335	830	288	2620	3294	3430	2500	3000	1130	1022	1116	395	1297	708	1750.5
%	83	83	92	98	86	98	97	85	97	99	99	98	92	85	79
孢囊放线菌属	0.8	0.3	—	—	—	—	—	10	—	0.3	0.2	—	—	1.2	—
钦氏菌属	0.4	—	—	—	3	—	—	—	—	—	—	—	—	1.2	—
小链孢菌属	—	—	—	—	—	—	—	—	—	—	—	—	—	—	1.1
链轮丝菌属	—	—	—	1	—	—	—	—	—	—	—	—	0.6	—	—
小单孢菌属	30	44	4	29	187	1.6	21	270	6.9	2.6	2.2	3.4	41	51	270.7
游动放线菌属	1.7	—	2	3.5	32	—	—	—	—	—	—	—	0.6	1.2	—
小瓶菌属	—	—	—	—	6.2	—	—	—	—	—	—	—	—	—	—
指孢囊菌属	1.6	—	0.8	—	—	0.3	—	—	—	—	—	—	—	1.2	4.3
小孢链菌属	—	—	—	—	—	—	—	—	—	—	0.1	—	—	—	—
链孢囊菌属	0.1	0.3	0.6	—	5.8	6.1	44	70	—	0.6	—	—	4.1	3.0	16.2
马杜拉放线菌属	1.2	28.1	0.8	3.5	116.2	1.8	0.5	60	19	1.8	—	1.4	18.9	11.8	83.5
小双孢菌属	—	—	0.2	—	—	0.2	—	20	—	—	—	—	5.9	1.5	2.4
小四孢菌属	—	—	0.2	—	—	0.2	1	30	—	—	—	—	9	5.3	3.5
小多孢菌属	—	0.3	1.5	—	—	—	—	—	—	—	—	—	—	—	—
假诺卡氏菌属	—	—	0.6	—	—	—	—	—	—	—	—	—	—	—	—
糖单孢菌属	—	—	—	—	—	—	—	—	—	—	—	—	2.9	1.2	0.9
双孢放线菌属	—	—	—	—	—	0.1	—	—	—	0.5	—	4.0	20	1.2	1.2
糖多孢菌属	9.5	45	—	30.8	4.6	—	—	—	2.1	0.4	—	—	20.3	3.2	15.5
诺卡氏菌属	13.1	39	7.9	10.7	138.8	2.0	—	—	—	1.3	0.6	0.6	14.1	42.4	48.8
红球菌属	11.9	15.4	—	—	—	—	—	—	—	—	—	—	—	—	0.3
原小单孢菌属	—	—	—	—	25	—	—	—	—	—	—	—	—	—	—
高温放线菌属	0.1	2	1.1	—	—	—	—	—	0.1	0.1	0.1	0.1	24.8	83.4	5.6
未鉴定	1.8	4.4	5.3	—	—	0.3	3	—	2.9	—	2	—	1.1	5.5	4.5
总数	407.2	1008.8	313	2698.5	3812.6	2442.6	2570	3460	1161	1029.6	1121.2	404.5	1460.3	922.3	2209
属数	12	10	12	7	10	9	5	7	5	9	5	6	12	14	15

在。这就是说 80 年前这个地区的植被和西双版纳是相似的，那时元江的气候也不像现在这样干燥。因此我们认为放线菌区系的这种相似性反映了过去两地气候和植被的相似性。

（2）亚热带高原类型

这个类型包括云南高原广大地区，西到滇西，东至曲靖，金沙江与红河之间海拔为 1600～2600m。气候特点是冬暖夏凉，年平均气温为 15～20℃。

从总体上看，亚热带高原的放线菌区系与热带类型比较接近，主要差别如下：

1）亚热带高原有小瓶菌属及链轮丝菌属的分布，而热带类型未发现，或不常见。

2）胞壁Ⅲ型的小双孢菌属、小四孢菌属、链孢囊菌属等比较常见。

（3）滇西北高山类型

这个类型包括金沙江海拔 1800m 以上的河谷地区及滇西北海拔 3000～3500m 的高原，系我国横断山脉南缘地段、金沙江第一个“V”字形大转弯周围地区。金沙江河谷气温高而雨量极少，仅 300mm 左右，是云南极干旱地区；中甸高原、玉龙雪山及白芒雪山海拔 3500m 以下地段气温低，年平均气温仅为 5℃左右，冬天寒冷，夏日凉爽湿润。尽管两者的气候、植被完全不同，但放线菌区系分布却很相似，这可能表明它们的微生物区系是同源的。这个类型有两个共同的特点。

1）主要有链霉菌属、小单孢菌属、马杜拉放线菌属、糖多孢菌属和诺卡氏菌属分布，区系组成比较单调。

2）链霉菌属占 97%以上，放线菌的数量约为 1×10^6CFU/g 干土。

（4）雪山区系

此类型包括海拔 3500m 以上的高山。我们研究了白芒雪山。主要特点如下。

1）放线菌数量少，大约为 6×10^4CFU/g 干土。

2）放线菌组成比较单调，只有链霉菌属、小单孢菌属、马杜拉放线菌属及诺卡氏菌属分布。稀有放线菌占 10%～35%。

3）低温放线菌约占放线菌总数的一半。

总体来讲，热带类型与亚热带高原类型之间的差别较小，这两种类型与滇西北高山类型及雪山类型之间的差别明显。

不同植被类型中的云南土壤放线菌类群组成存在明显的差异。

1）原始森林。所研究的 8 个地区的原始林分布于全省热带雨林、亚热带和高寒地带。8 个原始林的放线菌平均数量仅为 486.8×10^3CFU/g 干土，最多是大围山的 1413×10^3CFU/g 干土，最少是白马雪山，仅为 32.6×10^3CFU/g 干土。

在这 8 个原始林的土壤中平均分离到 9.0 个属。除白马雪山以外都分离到 7 个属以上。链霉菌属仅占 79%。

原始林土壤放线菌区系的显著特点是数量不多而组成复杂；链霉菌类群、游动放线菌类群、马杜拉放线菌类群和诺卡氏类群分布比较均匀；链霉菌属占的比例较小（表

1-32)。

表 1-32　云南若干地区原始森林的放线菌组成（10^3CFU/g 干土）

属　名	勐腊	勐仑	哀牢山	白芒雪山	高黎贡山	滇东北	大围山	西畴
链霉菌属	325.9	555.9	188.5	22.2	353.8	84.4	1130	499
%	84	93	91	69	81	59	80	78
钦氏菌属	0.7	0.1	—	—	—	3.8	—	—
链轮丝菌属	—	—	3.0	—	—	—	—	—
小单孢菌属	12.7	20.6	1.7	1.1	32.0	11.7	114	26
游动放线菌属	5.3	—	1.1	—	—	—	—	—
指孢囊菌属	—	—	22.5	—	—	—	24	6
链孢囊菌属	0.5	—	0.6	—	3.6	3.8	24	8
马杜拉放线菌属	1.4	7.3	0.8	1.3	7.2	7.8	32	40
小双孢菌属	—	—	0.6	—	10.6	3.8	—	2
小四孢菌属	—	—	0.6	—	10.6	3.8	2	4
小多孢菌属	—	—	0.6	—	—	—	—	—
假诺卡氏菌属	—	—	1.9	—	—	—	—	—
双孢放线菌属	—	—	—	4.0	20.0	1.2	—	2
糖多孢菌属	19.0	3.6	—	2.6	7.1	3.8	1	24
诺卡氏菌属	16.0	7.1	5.6	1.3	10.7	19.1	86	14
红球菌属	7.3	5.7	—	—	—	—	—	—
分枝杆菌属	—	—	0.3	—	—	—	—	—
未鉴定	1.4	4.4	2.5	—	—	—	—	—
总数	390.2	604.7	230.3	32.6	455.6	143.2	1413	625
属数	9	7	13	6	9	10	8	10

2）次生林。由于气候和树种、人工砍伐程度以及森林覆盖率、土壤和水分的不同，次生林之间水、热、气、有机质等均有很大差异。所研究的 16 个地区（表 1-33）遍布全省，地处寒温热带，放线菌的数量差异达一个数量级，从 275.4×10^3CFU/g 干土到 3460×10^3CFU/g 干土，平均为 1217.68×10^3CFU/g 干土。平均分离到 6.7 个属，比原始林少得多，链霉菌属占 88%。链霉菌属、小单孢菌属、马杜拉放线菌属及诺卡氏菌属广为分布，在 70%的样区发现了链孢囊菌属。

3）荒地和旱地。荒地主要指森林砍伐以后未更新、未耕种或耕种后放荒多年的土地。该类地中通常土壤水分较少，主要植被为草丛。云南的旱地多数耕作水平低，采样时正值旱季，水分少，主要作物为玉米、小麦、大麦、马铃薯等。

旱地的放线菌略多于荒地，链霉菌所占比例亦高于荒地。从它们中分离到的放线菌的平均属数很相近。从荒地平均分离到 5.9 个属，从旱地平均分离到 5.4 个属，且小双孢菌属、糖单孢菌属和指孢囊菌属均未发现。荒地的放线菌区系大体属于次生林和旱地的过渡类型（表 1-34，表 1-35）。

表 1-33　云南若干地区次生林的放线菌组成(10^3 CFU/g 干土)

属名	勐腊	勐仑	元江	哀牢山	刁岭山	禄丰	安宁	西山	剑川	鸡足山	楚雄	中甸	玉龙雪山	滇西南	滇东北	滇东南
链霉菌	309.8	370.2	782.9	521.2	259.2	1900	1529.6	544.0	2500	3409	3000	563.2	488.7	566.4	363.2	276
%	85	91	91	96	94	80	97	62	98	98	87	98	98	82	78	67
孢囊放线菌属	—	—	2.1	—	0.1	—	—	—	—	—	—	1.2	1.2	—	—	—
钦氏菌属	—	—	—	—	—	—	3.5	12.0	—	—	10	—	—	—	—	—
小单孢菌属	12.7	12.1	16.5	5.0	12.0	434	3.5	59.0	21.0	14.2	270	1.2	4.4	35.5	28.8	24
游动放线菌属	4.0	—	—	5.0	2.0	—	—	12.0	—	3.5	—	—	—	3.5	—	—
小瓶菌属	—	—	—	—	—	—	—	24.0	—	—	—	—	—	—	—	—
指孢囊菌属	—	—	—	1.2	—	—	—	—	—	—	—	—	—	—	—	6
小孢链菌属	—	—	—	—	—	—	—	—	—	—	—	—	—	1.2	—	—
链孢囊菌属	0.1	—	—	1.2		9.0	3.5	29.0	44.0		70	2.3	—	10.5	7.2	14
马杜拉放线菌属	1.5	5.0	18.5	0.6	0.1	3.0	7.2	71.0	0.5	7.1	60.0	1.1	—	10.7	17.6	10
小双孢菌属	—	—	—	—	—	—	—	—	—	—	20.0	—	—	17.8	—	2
小四孢菌属	—	—	—	—	—	—	—	—	1.0	—	30.0	—	—	18.0	7.2	—
糖单孢菌属	—	—	—	—	—	—	—	—	—	—	—	—	—	3.6	3.6	—
糖多孢菌属	5.3	—	6.2	—	—	—	10.7	—	—	—	—	5.8	4.2	10.5	3.4	38
诺卡氏菌属	12.7	12.1	10.3	1.2	2.0	40.0	10.7	118.0	—	24.9	—	—	1.1	17.6	21.0	8
原小单孢菌属	—	—	—	—	—	—	—	12.0	—	—	—	—	—	—	—	—
红球菌属	17.3	9.3	—	—	—	—	—	—	—	—	—	—	—	—	—	—
未鉴定	2.7	—	20.6	8.4	—	—	—	—	3.0	—	—	—	4.0	—	7.0	2.5
总数	366.1	408.7	857.1	543.8	275.4	2386	1569	881.0	2569.5	3459	3460	574.8	503.6	695.3	459	474.5
属数	8	5	6	7	6	5	7	9	5	5	7	6	5	10	8	8

表 1-34　云南若干地区荒地的放线菌组成（10^3 CFU/g 干土）

菌名	勐腊	勐仑	安宁	昆明	大理	元江	奔子栏	中甸	滇西南	滇东北	滇东南
链霉菌属	403.0	860.0	1467.2	369.0	1580.0	488.0	1121.2	1038.6	669.3	952.5	203.3
%	83	98	93	80	99	87	98	99	86	83	61
孢囊放线菌属	—	—	—	—	—	—	—	—	—	3.6	—
链轮丝菌属	—	—	—	—	—	10.0	—	—	—	—	—
小单孢菌属	38.0	4.0	3.4	36.0	11.0	25.0	7.8	7.2	46.1	98.8	63.3
游动放线菌属	—	4.0	—	12.0	—	—	—	—	—	—	—
指孢囊菌属	8.0	—	—	—	0.3	—	—	—	—	6.9	—
链孢囊菌属	—	—	3.4	—	1.2	2.0	—	—	7.2	3.5	20
马杜拉放线菌属	2.0	2.0	10.4	36.0	0.8	12.0	32.1	2.1	25.9	8.0	10
小双孢菌属	—	—	—	—	—	—	—	—	3.6	—	—
小四孢菌属	—	—	—	—	—	—	—	—	11.5	3.4	—
小多孢菌属	—	—	—	—	—	2.0	—	—	—	—	—
糖单孢菌属	—	—	—	—	—	—	—	—	—	3.5	—
糖多孢菌属	12.0	—	17.4	—	—	—	1.9	2.1	—	—	—
诺卡氏菌属	14.0	—	10.4	—	0.3	20.0	—	1.1	17.9	59.3	6.6
红球菌属	—	6.0	—	—	—	1.0	—	—	—	—	—
未鉴定	5.0	—	—	—	0.1	—	—	—	—	10.4	13.3
总数	482.0	876.0	1512.2	455.0	1512.8	560.0	1140.0	1051.1	781.5	1149.9	303.2
属数	6	5	6	4	6	8	4	5	7	9	5

表 1-35　云南若干地区旱地的放线菌组成（10^3 CFU/g 干土）

属名	勐腊	勐仑	元江	中甸	大理	滇西南	滇东北
链霉菌属	439.8	1560.0	589.4	1625.4	3430.0	629.8	854.1
%	92	99	85	99	99	90	93
小单孢菌属	21.0	8.0	44.7	—	15.7	20.4	13.3
游动放线菌属	1.0	—	—	—	—	—	—
链孢囊菌属	—	0.2	—	—	6.1	3.4	3.3
小四孢菌属	—	—	—	—	—	6.9	—
马杜拉放线菌属	1.0	4.0	27.0	4.1	1.8	17.0	3.3
糖多孢菌属	2.0	—	9.4	10.4	—	6.8	3.3
诺卡氏菌属	13.0	—	10.4	4.2	0.1	17.1	40.3
红球菌属	1.0	—	—	—	—	—	—
未鉴定	—	—	—	—	0.1	3.4	10.1
总数	478.8	1572.2	680.9	1644.1	3453.8	704.8	927.7
属数	7	4	5	4	5	7	6

4）蔬菜地。一般来说蔬菜地耕作水平高，土壤肥沃，水分充足。从云南省 8 个地区的蔬菜地中平均分离到 6.5 个属的放线菌，以链霉菌属（88%）、小单孢菌属、马杜

拉放线菌属、糖多孢菌属和诺卡氏菌属的分布较广泛。中甸高原的蔬菜地在低洼处，地下水位高，通气较差，更重要的是气候寒冷，因此放线菌数量较少（863.7CFU/g 干土），且仅分离到链霉菌属和小单孢菌属。蔬菜地中分离到的放线菌平均达 5.964×10^6CFU/g 干土，比其他植被地高 5～10 倍（表 1-36）。

表 1-36　云南若干地区蔬菜地的放线菌组成（10^3CFU/g 干土）

属名	大理	安宁	昆明	元江	中甸	滇西南	滇东北	滇东南
链霉菌属	6920	14 160	13 883	2361.1	861.6	2179.3	1161.9	2070
%	99	92	86	75	99	95	82	72
孢囊放线菌属	—	—	—	—	—	—	3.4	—
钦氏菌属	—	—	—	—	—	—	3.5	—
链轮丝菌属	—	—	—	—	—	3.4	—	—
小单孢菌属	3.6	—	677.0	160.3	2.1	46.0	57.9	350
游动放线菌属	—	—	113.0	—	—	—	—	—
链孢囊菌属	0.7	—	—	—	—	—	—	55
小双孢菌属	0.2	36.3	—	—	—	3.4	—	—
小四孢菌属	0.2	—	—	—	—	6.9	6.8	—
马杜拉放线菌属	3.1	36.3	451.0	106.8	—	24.6	34.2	295
双孢放线菌属	0.1	—	—	—	—	—	—	—
糖单孢菌属	—	—	—	—	—	3.4	—	—
糖多孢菌属	—	737.0	120.0	202.0	—	10.6	3.4	15
诺卡氏菌属	0.2	396.2	564.0	213.6	—	10.7	47.7	85
原小单孢菌属	—	—	113.0	—	—	—	3.4	—
红球菌属	—	—	—	107.0	—	—	—	—
未鉴定	0.6	—	—	—	—	3.4	—	—
总数	6928.7	15 365.8	15 921	2150.8	863.7	2291.7	1322.2	2870
属数	8	5	7	6	2	9	9	6

5）水田。水田的水、热、气条件与上述各种植被的土壤均不相同。从 6 个地区的水田中仅分离到 11 个属（表 1-37）。其他植被土壤中经常见到的游动放线菌属、链孢囊菌属等均较少。链霉菌属占 76%，小单孢菌属和诺卡氏菌属占的比例较大。

表 1-37　云南若干地区水田的放线菌组成（10^3CFU/g 干土）

属　名	勐腊	勐仑	昆明	元江	滇西南	滇东北
链霉菌属	296.0	732.0	487.0	418.8	3322.4	828.9
%	71	73	67	71	94	81
孢囊放线菌属	4.0	0.2	—	—	—	—
小单孢菌属	64.0	12.6	94.0	—	65.9	98.0
链孢囊菌属	—	0.3	—	—	—	—
小双孢菌属	—	—	—	—	—	5.2
小四孢菌属	—	—	—	—	—	10.4
马杜拉放线菌属	—	59.3	—	—	27.7	—

续表

属　名	勐腊	勐仑	昆明	元江	滇西南	滇东北
糖单孢菌属	—	—	—	—	10.3	—
糖多孢菌属	10.0	50.0	34.0	94.3	86.8	5.2
诺卡氏菌属	10.0	72.0	110.0	18.9	10.3	66.9
红球菌属	34.0	71.8	—	22.0	—	—
未鉴定	—	—	—	—	—	5.2
总数	418.0	998.2	725.0	554.0	3523.4	1019.8
属数	6	8	4	4	6	6

根据以上研究结果，我们认为云南土壤放线菌资源分布有如下特点。

1）我们先后从云南全省不同植被类型、不同气候、不同土壤中采集的4200多份土样中共分离到39个属的放线菌。从微生物多样性的角度，我们用实证说明了云南的确是生物王国。可以肯定，随着分离方法的改进和研究工作的深入，还会有更多的属被发现。

2）根据气候带划分，云南的土壤放线菌区系可划分为热带区系、亚热带高原区系、滇西北高山区系和雪山区系。前两者的放线菌区系比较复杂，也比较相近，没有明显的界线。这与植物区系不同。滇西北高山的区系较单调。前两类区系与后两类区系之间的差异比较显著。显然这种划分与植物区系的划分并不完全吻合。

3）除了雪山极冷地区外，放线菌区系分布与植被、土壤的关系密切。依原始森林、次生林、旱地、荒地、蔬菜地的顺序，放线菌的数量逐渐增加。放线菌的区系则呈“V”字形分布，原始林放线菌区系最复杂，平均分离到9.0个属；旱地最少，才5.4个属；荒地和蔬菜地分离的属数又上升（表1-38）。蔬菜地肥力高，放线菌的数量最多，种类也比较复杂。水田的放线菌区系的特点是链霉菌属较少（76%），而诺卡氏菌类放线菌占的比例大。

表1-38　云南不同植被土壤放线菌的组成（10^3CFU/g干土）

植被	放线菌平均数量	链霉菌/%	平均属数
原始林（8个地区） Primeval forest	482.8	79	9.0
次生林（16个地区） Secondary forest	1199.6	88	6.7
荒地（11个地区） Wasteland	893.2	88	5.9
旱地（7个地区） Nonirrigated farmland	1359.4	94	5.4
蔬菜地（8个地区） Vegetable farmland	5963.1	88	6.5
水田（6个地区） Paddy farmland	1211.9	76	5.7

我们用实验证明，原始森林是放线菌最丰富的宝库，是人类巨大而宝贵的基因库。因此我们从放线菌分布的角度也证明保护原始森林的极端重要性，这也为微生物资源的保护提供了依据。

4）越是干旱、贫瘠的土壤，放线菌的数量越少、种类也少，链霉菌属占的比例也越大。这可能是由于链霉菌的孢子化程度高、对营养的要求比稀有放线菌低、抗旱能力高所致。土壤耕作水平高、水分适中、通气好，放线菌的数量就多，稀有放线菌的数量也多。

5）从资源生态学的角度来看，链霉菌属、小单孢菌属、马杜拉放线菌属和诺卡氏菌属是常见的放线菌，它们的出现率在70%以上。

6）链霉菌是分布最广、经济价值最大的放线菌，它们占土壤放线菌的90%左右；这是土壤放线菌生态区系的一个显著特点。就大部分土壤而言，链霉菌又以灰褐类群和金色类群最多，约占70%左右；烬灰类群、吸水类群最少；其他类群的数量也不多。

7）土壤中广泛分布着高温放线菌，其分布的上限在云南亚热带地区为海拔3500m，主要有链霉菌属、高温放线菌属、小单孢菌属和马杜拉放线菌属。

（二）大香格里拉地区的土壤放线菌资源

该地区属横断山脉，地处川滇藏交界的大三角地区，西至西藏林芝，东至四川泸定，北至若尔盖，南到云南丽江。该地区位于东经94°～102°，北纬26°～34°。梅里雪山、白芒雪山、哈巴雪山、玉龙雪山、贡嘎山、年保玉则雪峰、南迦巴瓦峰等组成了庞大的雪山群。怒江、澜沧江、金沙江、雅砻江、大渡河、岷江自北向南穿流其间，从江底到山顶，高差达6000m以上。采样地区海拔最高处为5259m，最低处为1950m，大部分都在3000m以上；绝大部分土壤属于暗棕壤和草甸土（黑黏土），腐殖质层超过25cm。该地区植被保护较好，基本上属于原始植被，是我国生物多样性最丰富的地区之一。1950～3000m为常绿阔叶林带，以栎树及松柏科植物为主；3000～4000m为高山针叶林；4000～5250m为高山草甸及低矮灌丛和高山流石滩。从该地区不同海拔的21个样点采集了高山针叶林、高山草甸、原始常绿阔叶林等不同植被的土样220份。

2008年曹艳茹等研究了大香格里拉地区的土壤放线菌资源分布。研究结果表明该地区土壤放线菌的多样性十分丰富。

1）纯培养放线菌的组成：用4种培养基共分离到的2433株放线菌。根据不同培养基上的菌落形态、颜色的差异以及代表菌株的16S rRNA基因序列分析等研究结果得知，大香格里拉地区分离到的放线菌至少属于7个亚目13个科17个属。

Micrococcineae：

　　Micrococcaceae：*Kocuria*，*Arthrobacter*

　　Microbacteriaceae：*Agromyces*，*Mycetocola*

　　Cellulomonadaceae：*Oerskovia*

　　Promicromonosporaceae：*Promicromonospora*

Corynebacterineae：

　　Nocardiaceae：*Nocardia*，*Rhodococcus*

Tsukamurellaceae：*Tsukamurella*

Pseudonocardineae：

Pseudonocardiaceae：*Pseudonocardia*，*Saccharomonospora*

Actinosynnemataceae：*Lentzea*

Streptosporangineae：

Thermomonosporaceae：*Actinomadura*

Streptosporangiaceae：*Streptosporangium*

Propionibacterineae：

Nocardioidaceae：*Nocardioides*

Streptomycineae：

Strepomycetaceae：*Streptomyces*

Micromonosporineae：

Micromonosporaceae：*Micromonospora*

2）不同海拔的放线菌数量：从1950～3000m采集的80份土样中共分离到放线菌1461株，平均每个土样分离到约18株；从3000～4000m的80份土样中分离到693株放线菌，平均每份土样分离到放线菌约9株；从4000～5250m的60份土样分离到279株菌，平均每份约5株（表1-39）。海拔对放线菌分布的影响是多方面的，主要因素是温度。随着海拔的升高，温度逐渐降低。3700m以上的地区终年积雪，而4300m以上的高山主要是流石滩，有机质少。因此放线菌的数量随海拔的升高而逐渐降低。

表1-39　大香格里拉地区不同海拔高度土样分离到的放线菌数量

海拔/m	YIM 7		YIM 17		YIM 37		YIM 212		总数
	Streptomyces	Other	*Streptomyces*	Other	*Streptomyces*	Other	*Streptomyces*	Other	
1950～3000	164	187	172	69	178	105	228	358	1461
3000～4000	94	90	67	55	98	58	105	126	693
4000～5250	41	59	54	16	29	30	22	28	279
总数	299	336	293	140	305	193	355	512	2433
链霉菌和其他菌各自所占的比例/%	47	53	68	32	61	39	41	59	

注：YIM 7（改良HV培养基，加1g KCl/L，制霉菌素100mg/L、萘啶酸25mg/L）；YIM 17（改良甘油-天冬酰胺培养基，加K_2CrO_5 50mg/L）；YIM 37（棉子糖-组氨酸培养基，加利福平25mg/L、制霉菌素100mg/L、放线菌酮50mg/L、萘啶酸25mg/L）；YIM 212（海藻糖-脯氨培养基，加制霉菌素100mg/L、放线菌酮50mg/L、萘啶酸25mg/L）。

3）低温放线菌：在海拔3700m以上的地区采集土样，4℃培养30天后共获得43株放线菌，其中包括38株链霉菌，3株小单孢菌，2株假诺卡氏菌；8℃培养后获得68株放线菌，其中包括52株链霉菌，6株假诺卡氏菌，5株小单孢菌，3株诺卡氏菌，2株马杜拉放线菌。该结果表明，在低温环境中链霉菌数量仍是优势类群。这111株菌在0℃都能生长。其中有17株在37℃能生长，最适生长温度为28℃；有81株不能在37℃生长，最适生长温度为14～28℃。上述97株均属于耐冷放线菌。另外有13株（12株链霉菌、1株诺卡氏菌）的最适生长温度为10～14℃，在28℃不生长，0℃生长中等，这些属于嗜冷放线菌。

（三）武陵山地区的土壤放线菌资源

武陵山地区位于渝、鄂、湘、黔4省（直辖市）交界处，面积约10万km^2，长度420km，海拔1000m以上，最高峰为凤凰山，海拔2570m。山脉为东西走向，呈岩溶地貌发育。采样区之一的梵净山生物圈保护区位于贵州省东北部（东经108°77′～108°82′，北纬27°83′～28°03′），是武陵山的主体，主峰海拔2570m，长宽各约20km，是一片保护完好的亚热带原始常绿阔叶林。另一样区位于湖南省西北部的张家界国家森林公园、索溪峪自然保护区、天子山自然保护区（东经110°5′，北纬29°3′），面积达264km^2，地貌集峰、林、洞、湖、瀑于一身，属亚热带高原型季风湿润气候，年均气温16℃。

2007年曹艳茹等用4种培养基从280份土壤样品中共分离到2017株放线菌，根据不同培养基上的菌落形态、颜色的差异以及代表菌株的16S rRNA基因序列分析等方法研究了武陵山地区可培养放线菌资源的分布。结果，从武陵山地区分离到的放线菌至少属于6亚目9科15属。

Corynebacterineae：

Mycobacteriaceae：*Mycobacterium*

Nocardiaceae：*Nocardia*，*Rhodococcus*

Micrococcineae：

Micrococcaceae：*Arthrobacter*

Microbacteriaceae：*Microbacterium*

Pseudonocardineae：

Pseudonocardiaceae：*Pseudonocardia*，*Actinobispora*

Streptomycineae：

Streptomycetaceae：*Streptomyces*

Streptosporangineae：

Streptosporangiaceae：*Streptosporangium*，*Sphaerisporangium*，*Nonomuraea*

Thermomonosporaceae：*Actinomadura*

Micromonosporineae：

Micromonosporaceae：*Micromonospora*，*Dactylosporangium*，*Catellatospora*

（四）藏东南地区土壤放线菌资源

藏东南地区西起米拉山—加查一线，东至伯舒拉岭，北临念青唐古拉山，南与缅甸、印度接壤，位于雅鲁藏布江中下游的广阔地带。该区气候宜人，资源丰富，素有“西藏的江南”、“天然的自然博物馆”、“雪山和森林的世界”之美誉。藏东南地势北高南低，平均海拔3100m。受印度洋暖流北上、与北方寒流汇合等气候的影响，该区形成了热带、亚热带、温带和寒带并存的特殊气候。该区年降雨量650mm左右，为西藏自治区内的多雨区，年均温度5.9℃左右，年均日照3.0×10^3h，夏无酷暑，冬无严寒，雨量充沛，气候湿润，日照长，霜期短。

何建清等于2005年4～7月从西藏的色季拉山、林芝县、米林县、工布江达县、米拉山等地，根据不同植被从2970～4590m不同海拔采集了土样50份。

各样区的中温菌数量明显多于低温菌。对中温菌来说，高氏Ⅰ号培养基所测数量高于甘油-精氨酸培养基，中温放线菌数量以粮田≥荒地≥次生林≥保护地≥原始森林≥耕作草甸≥亚高山草甸≥沼泽≥高山草甸依次排列，其数量依次为1553.1×10^3CFU/g干土、1479.3×10^3CFU/g干土、1473.3×10^3CFU/g干土、820.0×10^3CFU/g干土、536.7×10^3CFU/g干土、184.3×10^3CFU/g干土、19.5×10^3CFU/g干土、9.0×10^3CFU/g干土和4.8×10^3CFU/g干土。粮田放线菌数量和种类最多，这可能与肥力水平高、通气好、采样时正值小麦、青稞收获季节等因素有关。

中温放线菌的组成：在9个样区土样中共分离到链霉菌属、诺卡氏菌属、游动放线菌属、间孢囊菌属、束丝放线菌属、小多孢菌属、糖多孢菌属、链孢囊菌属和小单孢菌属。其中粮田样品类群最多，分离到7个属；耕作草甸土最少。在9个样区中的链霉菌均以灰褐类群和白孢类群占优势，蓝色类群很少，仅在荒地中分离到。该区链霉菌平均占放线菌总数的90.5%，表明链霉菌属是藏东南土壤放线菌的主要属之一。

低温放线菌：在9个样区中，低温放线菌共分离到4个属。所分离到的低温放线菌主要是链霉菌、小单孢菌属、诺卡氏菌属和小多孢菌属，且数量很少，只在部分土样中分离到。低温菌中的链霉菌以灰褐类群、白色类群为常见菌。

拮抗放线菌：在564株供试放线菌中，66.1%的菌株具有抗菌活性。在9个样区中均有拮抗放线菌分布。原始森林土壤中的拮抗性放线菌百分率最高，为84.0%；亚高山草甸及保护地次之，分别达78.6%和77.5%；粮田、荒地、高山草甸、次生林、耕作草甸的拮抗菌百分率为47%～68%。原始森林放线菌总数虽少，但拮抗性放线菌的百分率却较高，这不仅对原始森林中土传病害的防治有重要意义，而且我们可从原始森林土壤中获得更多拮抗性放线菌的宝贵资源。在藏东南土壤放线菌中，抗革兰氏阳性细菌的放线菌菌株数较抗革兰氏阴性细菌的多，拮抗真菌的放线菌菌株数比拮抗细菌的多，这为获得抗真菌放线菌提供了重要的资源。

（五）酸性土壤放线菌资源

丁芸、崔庆峰等研究了江西、云南、北京等地的冷杉林、松林、阔叶林和茶林等不同植被土壤中的嗜酸放线菌资源。通过表型特征、细胞壁化学特征、代表菌株的16S rRNA基因扩增后限制酶分析（amplified rDNA restriction analysis，ARDRA）和16S rRNA基因序列分析，从17份酸性土样中分离出嗜酸放线菌620株，它们至少属于17个菌属。其中绝大部分为链霉菌，其他菌株分属诺卡氏菌属、小单孢菌属、野野村菌属、韩国生工菌属、小双孢菌属、马杜拉菌属、拟无枝菌酸菌属、指孢囊菌属、伦茨氏菌属、游动四孢菌属、嗜酸链霉菌属、壤球菌属、节杆菌属、北里孢菌属和考克斯菌属以及尚未定名的一个新科成员。这说明酸性土壤中的嗜酸稀有放线菌具有较丰富的种属多样性，其中诺卡氏菌属和小单孢菌属是除链霉菌之外的优势菌群。

pH 梯度生长试验结果显示，在 76 株代表菌中，有 16 株在 pH7.5 时生长旺盛，而在 pH4.5～5.5 时生长微弱，在 pH3.5 时不长，它们是耐酸放线菌，占 21.0%。有 5 株在 pH7.5 时不长，而在 pH3.5 时明显生长，最适 pH 为 4.5，为严格嗜酸放线菌，占 6.6%。其余的 55 株在 pH7.5 时生长，在 pH3.5 时也长，有 15 株在 pH7.5 时不长或弱生长，在 pH3.5 时也不生长，但在 pH5.0～5.5 时生长最好，属于中度嗜酸放线菌，占 72.4%。

该研究结果表明，土壤中存在着链霉菌属之外的多个属的嗜酸放线菌，其中诺卡氏菌属和小单孢菌属的数量占明显优势。绝大多数是中度嗜酸放线菌，有少量的严格嗜酸放线菌。

丁芸等的研究还发现，相同表观颜色的链霉菌类群往往处于不同的 16S rRNA 基因类群中。例如，17 株白色类群代表菌株分布于 8 个进化类群；7 株烬灰类群、5 株黄色类群和 2 株灰褐类群的菌株均分别处于 2 个进化类群。而同一进化类群包括不同颜色类群。例如，在进化类群Ⅰ中就包括了白色和黄色两种颜色类群，在进化类群Ⅶ中也包括有白色和灰褐两种颜色类群。为此他们提出，由于在表观颜色分群和 16S rRNA 基因的进化类群间存在很多的差异，因此不能仅凭单一的菌落颜色分群进行简单的分类去重复，还应结合其他特征综合判别。

（六）青海高寒草甸的放线菌资源

位于青藏高原东北隅的祁连山谷（37°29′～37°45′N，101°12′～101°12′E）的中国科学院高寒草甸生态系统开放实验站，山地海拔 4000m，谷地为 3900～3500m，属典型的高原大陆性气候，夏季受东南季风气候而冬季受西伯利亚寒流的影响，一年中无明显的四季之分，暖季短暂而凉爽，冷季寒冷而漫长。年平均气温 1.7℃，年降水量 426～860mm，其中 80%集中于植物生长季的 5～9 月。年均日照 2462.7h。该区土壤主要类型是高山草甸土、高山灌丛草甸土和沼泽土，土壤呈有机质及全量养分丰富而速效养分贫乏的特点。该区植被类型为青藏高原典型的地带性植被，以金露梅（*Potentilla fruticosa*）为建群种（constructive species，即指在植物群落中数量最多、高度最大、群落学作用最明显的物种）的高寒灌丛草甸分布于山地阴坡、山麓及河谷低地；以嵩草（*Kobresia tibetica*）为建群种的沼泽草甸分布于河滩地。群落结构简单，植物生长期短，生物生产力较低。

王启兰等曾于 2001～2002 年从该地区采集土样，共分离到放线菌 300 余株，其中 230 株为中温菌，有 110 株属于低温菌。根据其形态和分类特征，它们被鉴定至少属于链霉菌属、小单孢菌属、诺卡氏菌属、糖多孢菌属（*Saccharopolyspora*）和原小单孢菌属 5 个属。在青海高寒草甸土壤中链霉菌属是优势类群。链霉菌分属为 7 个表型类群，以灰褐类群和黄色类群为主；另外 5 个类群只在部分土样中分离到，数量较少。稀有放线菌只分离到 4 个属，即小单孢菌属、诺卡氏菌属、糖多孢菌属和原小单孢菌属。只在金露梅灌丛土壤中分到原小单孢菌属。高山灌丛草甸土、高山草甸土壤的放线菌组成较复杂，分离到的放线菌种群较丰富；高山冻漠土、藏嵩草沼泽草甸土和小嵩草高山草甸土壤的放线菌组成较为简单。

受植被类型的影响，青海高寒草甸的土壤放线菌数量存在明显的差异，最低为 12.34×10^3CFU/g 干土，最高为 82.17×10^3CFU/g 干土（表 1-40）。中温菌的数量以无名滩的矮嵩草草甸、垂穗坡碱草草甸、鱼儿山的金露梅灌丛最多，甘柴滩金露梅灌丛和口门子小嵩草草甸次之，乱海子藏嵩草沼泽草甸居三，冷龙岭垫状植被土壤的放线菌数量最少。

表 1-40 青海高寒草甸不同植被的放线菌数量

样区号	pH	海拔/m	中温放线菌 /（10^3CFU/g 干土）		低冷放线菌 /（10^3CFU/g 干土）		属数	链霉菌的类群数
			Gauze No. 1	YIM-2	Gauze No. 1	YIM-2		
Ⅰ	7.4	3420	36.21	59.60	22.45	23.04	4	6
Ⅱ	8.1	3270	44.06	56.23	23.29	24.33	4	4
Ⅲ	8.2	3800	8.23	12.34	8.63	7.78	2	2
Ⅳ	7.5	3200	61.31	82.17	22.72	24.53	4	7
Ⅴ	7.4	3300	59.28	76.20	21.39	23.91	5	6
Ⅵ	7.9	3200	32.67	38.50	13.24	13.82	4	2
Ⅶ	7.5	3200	60.69	72.28	21.62	22.64	4	6

注：Ⅰ：甘柴滩金露梅灌丛；Ⅱ：口门子小嵩草草甸；Ⅲ：冷龙岭垫状植被；Ⅳ：无名滩的矮嵩草草甸；Ⅴ：鱼儿山金露梅灌丛；Ⅵ：乱海子藏嵩草沼泽草甸；Ⅶ：垂穗坡碱草草甸。

低温菌只分离到 4 个属。其中链霉菌以灰褐类群和金色类群为优势，白孢类群只在部分土样中分离到，数量也较少。稀有放线菌中，小单孢菌的数量相对较高，分布也较广；诺卡氏菌和糖多孢菌数量较少。低温菌的数量在冷龙岭垫状植被和藏嵩草沼泽草甸中较少，其他样区的放线菌数量差异不明显（$p>0.5$）。各样区的中温菌数量均明显高于低温菌数量（$p<0.05$）。

随着海拔的升高，放线菌的总数量迅速下降。当海拔为 3800m 时，放线菌数量明显低于其他样区。另外，土壤类型、植被类型、植被状况等是影响放线菌数量的关键因素。青海地区的高寒草甸可能由于地处高海拔地区，长期低温、强紫外线辐射、土壤偏碱性、干旱等缘故，导致该地区与国内其他高寒山区相比（如云南）放线菌区系组成非常简单，数量也明显少。

（七）三江源地区草地的放线菌资源

三江源位于青藏高原腹地的青海省南部，是长江、黄河和澜沧江的发源地，素有“中华水塔”之美誉。其间草地资源丰富（表 1-41），是发展高原草地畜牧业的物质基础。位于青海省果洛藏族自治州玛多县的鄂陵湖处于巴颜喀拉山东北部，海拔 4275～4310m，具有典型的高原大陆性气候，是较典型的高山丘陵地貌，土壤质地为砂质壤土，质地粗，砂性强。青海省玉树藏族自治州称多县珍秦乡位于东昆仑褶皱带的南部，海拔 4275m，高寒冷湿，为高山地貌类型，土壤质地为粉壤土，表层土壤中根系盘结交错，坚韧而有弹性。

表 1-41 三江源地区草地采样地自然状况

土样编号	采样地点	海拔/m	草地类	草地型	退化程度
Ⅰ	果洛藏族自治州鄂陵湖	4275	高寒草原	紫花针茅	轻度
Ⅱ	果洛藏族自治州鄂陵湖	4275	高寒草原	紫花针茅	重度[a]
Ⅲ	果洛藏族自治州鄂陵湖	4310	高寒草原	紫花针茅	轻度
Ⅳ	果洛藏族自治州鄂陵湖	4290	高寒草原	紫花针茅	重度[b]
Ⅴ	玉树藏族自治州称多县	4255	高寒草甸	高山蒿草	轻度

a：退化后优势植物为二裂委陵菜、阿尔泰狗娃花、西伯利亚蓼等；

b：退化后优势植物为西藏微孔草、披针叶黄华、西伯利亚蓼等。

马腾等于2005年从鄂陵湖北岸的高寒草原紫花针茅草地和玉树藏族自治州称多县珍秦乡的高寒草甸的小嵩草草地采集土样，共分离到了178株菌株。根据表型特征和16S rRNA基因序列分析，这些菌株至少属于小单孢菌属、原小单孢菌属、诺卡氏菌属、假诺卡氏菌属、游动放线菌属、韩国生工菌属和链霉菌属7个属。链霉菌共分离到133株，占总菌数的74.7%，它们可分归入7个表型类群，其中灰褐类群、烬灰类群和黄色类群占明显优势，分别为链霉菌属总菌株数的32.33%、21.05%和18.05%；其他类群的比例较低，只在部分样地中分离到。稀有放线菌中以小单孢菌属、原小单孢菌属和诺卡氏菌属为主，分别占总菌属的9.6%、3.9%和2.2%；假诺卡氏菌属、游动放线菌属和韩国生工菌属的菌株总和仅占总数的4.0%。另有5.6%的菌株为未知菌（表1-42)。

表 1-42 三江源地区草地各土样的放线菌种群组成

属名	各土样菌株数					菌株数合计	所占比例/%
	Ⅰ	Ⅱ	Ⅲ	Ⅳ	Ⅴ		
链霉菌属	11	6	29	23	64	133	74.7
小单孢菌属	3	1	8	2	3	17	9.6
原小单孢菌属	3	2	1	1	—	7	3.9
诺卡氏菌属	—	1	3	—	—	4	2.2
假诺卡氏菌属	—	—	1	—	—	1	0.6
游动放线菌属	—	—	3	—	—	3	1.7
韩国生工菌属	1	—	2	—	—	3	1.7
未知属	1	—	6	1	2	10	5.6
总属数（>）	4	4	7	3	2		

Ⅰ、Ⅲ号样地的土壤放线菌数量最高，为 $18.13\times10^4\sim19.88\times10^4$ CFU/g 干土；Ⅳ、Ⅴ号样地次之；Ⅱ号样地的放线菌数量最低。Ⅲ号样地的放线菌种类丰富，其多样性是所有样地中最高的，分离到了7个菌属。Ⅴ号样地只分离到了2个菌属。

草地退化状况和草地类型是影响其中土壤放线菌区系的重要因素。研究结果显示：轻度退化的高寒草原（样地Ⅰ、Ⅲ）土壤营养状况较好，放线菌数量和物种多样性均高于重度退化高寒草原（样地Ⅱ、Ⅳ）。紫花针茅高寒草原的土壤放线菌数量和多样性高于小蒿草高寒草甸（样地Ⅴ）。链霉菌的类群多样性与高寒草原的退化程度则没有这样的相关性。Ⅱ样地土壤放线菌的数量和多样性都是最差的。

研究表明：①该地区具有丰富多样的土壤放线菌资源。②轻度退化的高寒草原土壤放线菌的数量和多样性明显高于重度退化草原；针茅高寒草原高于蒿草高寒草甸。③蒿草高寒草甸土壤中链霉菌的种类高于针茅高寒草原。可见，土壤放线菌的数量和群落多样性与三江源地区草地的退化程度呈负相关；保持和恢复土壤放线菌的数量和群落多样性，对该地区生态系统的保护和修复以及生物资源的可持续利用具有积极意义。

二、真菌资源的分布

（一）云南哀牢山地区的真菌资源

真菌是一类巨大的资源，其种类估计达 1 500 000 种以上，是种类最多的一类微生物。估计云南已发现的真菌有 6500～7000 种。根据周应葵、许坤一等在云南省哀牢山地区的考察结果得知，在该地常绿阔叶林土壤分离到的真菌、藻菌纲等共有：*Moritierella*、*Spiromyces*、*Cunninghamella*、*Circinella*、*Neurospora*、*Eidamella*、*Histoplasma*、*Halodendron*、*Haplotrichum*、*Rhopalomyces*、*Hormiactis*、*Acontium*、*Selenotila*、*Monilia*、*Nematogonum*、*Geotrichum*、*Corethropsis*、*Spicularia*、*Botryosporium*、*Sephalosporium*、*Umbelopsis*、*Oedocephalum*、*Aspergillus*、*Hormodendrum*、*Catenularia*、*Stemphylium*、*Nigrospora*、*Haplographium*、*Helminthosporium*、*Dematium*、*Prophytroma*、*Periconia*、*Dactylosporium*、*Sporoschisma*、*Phacodium*、*Ozonium*、*Acinula*、*Rhodotorula*、*Torulopsis*、*Candida*、*Paecilomyces*、*Penicillium*、*Verticillium*、*Botrytis*、*Trichoderma*、*Aureobasidium*、*Mammaria*、*Gonytrichum*、*Cladosporium*、*Memnoniella*、*Alternaria*、*Fusarium*、*Doratomyces*、*Streptothrix*、*Papularia*、*Gliocladium*、*Staphylotrichum*、*Gliocephalis*、*Gliomastix*、*Sepedonium*、*Sckrotium*、*Rhizoctonia*、*Schizosaccharomyces* 等 63 个属，而以 *Penicillium*、*Paecilomyces*、*Aspergillus*、*Hormodendrom*、*Haplographium*、*Phacodium*、*Gliomastix* 等为优势菌。姜成林等从该地发现 *Scopulariopsis yunnanensis* 新种，有趣的是刘若等在陕西下侏罗世地层发现的一种丝孢类分生孢子化石，与这个种的形态很相近，定名为 *Palaeo scopulariopsis sinensis*（中华古帚霉）新种。

（二）安徽大别山的虫生真菌资源

安徽大别山位于安徽、湖北、河南三省交界处，是长江、淮河水系的分水岭。大别山山势高峻、山体宽厚、森林茂密，一般海拔在 800m 以上，相对高差为 400～1000m。其中的鹞落坪自然保护区地处最高峰，位于安徽省岳西县西北部，年均降水量 1600mm，属大别山的降水高值区。年日照为 1580～1900h，年均气温 13.6℃。天堂寨自然保护区地处第二座高峰，位于安徽省金寨县西南部，海拔均在 1720m 以上。年降水量 1480mm，年日照约为 2225.5h，年均气温 13.3℃。该地区属我国北亚热带长江中下游的湿润季风气候类型，位于南暖温带向北亚热带的过渡地带。该区植被属亚热带常绿阔叶林向暖温带落叶阔叶林过渡类型，是华东与华北两大植物区系的交界处。

虫生真菌是害虫的自然控制因子和重要的生物防治材料，在害虫综合治理和环境保护方面发挥着重要的作用，同时也是药物和保健食品开发的重要资源。

王四宝等自 1997 年起，按早春、晚春、夏季、秋季不同季节对鹞落坪和天堂寨两个保护区内的虫生真菌资源进行了物种多样性的考察，共采集样品 278 份，经分离鉴定共获真菌 50 个种，隶属于 4 目 4 科 16 属。其中麦角菌科（Clavicipitaceae）有 27 个种，占 54%；丝孢科（Hyphomycetaceae）有 15 个种，占 30%；虫霉科（Entomophthoraceae）有 5 个种，占 10%；束梗孢科（Stibellaceae）有 3 种，占 6%。优势菌属有 3 个，共计 35 种，占总种数的 70%，它们是：虫草属（*Cordyceps*）有 26 个种，占 52%；拟青霉属（*Paecilomyces*）有 6 个种，占 12%；白僵菌属（*Beauveria*）有 3 个种，占 6%。含 2 个种的属为刺束梗孢属（*Akanthomyces*）和虫瘟霉属（*Zoophthora*）；其余 11 个属皆为单种属。优势种依次为粉拟青霉（*Paecilomyces farinosus*）、细脚拟青霉（*P. tenuipes*）、下垂虫草（*Cordyceps nutans*）、球孢白僵菌（*Beauveria bassiana*）、金龟子绿僵菌小孢变种（*Metarhizium anisopliar* var. *anisopliae*）。其中的中国特有种和大别山区特有种共 9 个，占总种数的 23.68%。中国特有种是：戴氏虫草（*C. taii*）、斜链拟青霉（*Paecilomyces cateniobliquus*）、环链拟青霉（*P. cateniannulatus*）、粉被玛利娅霉（*Mariannaea pruinosa*）、安徽虫瘟霉（*Zoophthora anhuiensis*）和毛蚊虫疠霉（*Pandora bibionis*）。安徽大别山特有种是：大别山虫壳（*Torrubiella dabieshanensis*）、长孢刺束梗孢（*Akanthomyces longisporus*）和大别山虫草（*Cordyceps dabieshanensis*）（表 1-43）。

表 1-43　安徽大别山区虫生真菌资源

属名	种数	占总数/%
虫草属（*Cordyceps*）	26	52
拟青霉属（*paecilomyces*）	6	12
白僵菌属（*Beauveria*）	3	6
刺束梗孢属（*Akanthomyces*）	2	4
虫瘟霉属（*Zoophthora*）	2	4
野村菌属（*Nomuraea*）	1	2
绿僵菌属（*Metarhizium*）	1	2
轮枝孢属（*Verticillum*）	1	2
玛利娅霉属（*Mariannara*）	1	2
枝孢属（*Cladosporium*）	1	2
顶孢霉属（*Acremonium*）	1	2
球束梗孢属（*Gibellula*）	1	2
虫壳属（*Torrubiella*）	1	2
虫疠霉属（*Pandora*）	1	2
噬虫霉属（*Entomophaga*）	1	2
虫疫霉属（*Erynia*）	1	2

区系地理分布型为七大类型：世界分布种（42.11%）、欧亚大陆分布种（10.53%）、亚热带-热带分布种（5.26%）、东亚分布种（7.89%）、东亚-新几内亚分

布种（5.26%）、中国-日本分布种（5.26%）和特有成分（23.68%）。区系地理分布型表现出明显的东亚区系特征，而且该区及中国特有种明显。

（三）西北干旱区 AM 真菌资源

新疆和甘肃的河西走廊以西地区是我国西北干旱区，年降水量不足 150mm。该区地质地貌有山地、平原、丘陵、盆地等多种类型，主要植被有森林、草甸、典型草地、荒漠、绿洲等，其间还分布有砂质荒漠和盐渍荒漠。

AM 真菌是连接地上生态系统和地下生态系统物质传输的桥梁，它们在调节植物群落结构、植物的生物多样性以及植物生态系统等过程中发挥着重要的作用。

冀春花等于 2003 年 7～8 月采集了新疆和甘肃境内的荒漠、草原、针阔叶混交林、草甸和绿洲农田 5 种植被类型的 26 科 60 种植物根区土壤，共分离鉴定出 AM 真菌 6 属 45 个种，其中球囊霉属（*Glomus*）在 5 种生态类型样品中均有分布，表明其生态适应性强，是优势菌属。该属共获 21 个种，其中的 *G. claroideum* 为优势菌种。无梗囊霉属（*Acaulospora*）有 12 个种；盾巨孢囊霉属（*Scutellospora*）有 3 个种；原囊霉属（*Archaeospora*）有 2 个种；内养囊霉属（*Entrophospora*）、类球囊霉属（*Paraglomus*）各有 1 种；其中尚有 5 个未知种。

不同植被类型中 AM 真菌的分布明显不同：在荒漠中只分离到内养囊霉属；绿洲农田和荒漠样品中均有类球囊霉属；草原、荒漠和绿洲农田样品中有原囊霉属；在草甸、针阔叶混交林和草原样品中均有盾巨孢囊霉属。无梗囊霉属和球囊霉属在 5 种植被类型样品中均有分布。*G. claroideum* 和 *G. intraradices* 为各植被类型中的常见种。

研究发现，AM 真菌物种的丰度和孢子密度与植被类型密切相关。在荒漠样品中的物种丰度较高，达到 4.2 个/土样，孢子密度则最低（23.8 个/土样）；在针阔叶混交林中较低，为 1.9 个/土样；在其他植被类型中都相差不多，为 2.3～2.7 个/土样；在草原（66.9 个/土样）和草甸（72.3 个/土样）样品中的孢子密度明显高于其他 3 种植被类型。绿洲农田中 AM 真菌的多样性最丰富，分布也较为均匀；针阔叶混交林中 AM 真菌的多样性较低，而在其他 3 个植被类型中差异不明显。

（四）青海东部土壤酵母资源

青海东部紧邻青藏高原东北部，东接黄土高原西缘，北临新疆塔克拉玛干沙漠，内有柴达木盆地，西高东低，海拔梯度急剧变化，是中国黄土高原与青藏高原的地质过渡带。区域内气候、地貌、土壤类型变化多样，以干旱寒冷地区居多，年降雨量少，日照强，日温差大。该地区生态类型复杂，是西北生态特征的缩影。有多条重要的江河发源于此。其独特的气候和地理生态环境孕育了许多独特的动植物，因此也蕴藏着独特的微生物资源。

2007 年 6～8 月，徐美鑫等从青海西宁、互助、民和、门源、循化、玉树、青海湖、果洛和大通等 10 个州县收集了 35 份土样，分离到 98 株酵母菌，共鉴定了 10 个属 13 个种，分别为假似酵母属（*Candida*）、隐球酵母属（*Cryptococcus*）（3 个种）、德巴利酵母属（*Debaryomyces*）、地霉属（*Galactomyces*）、有孢汉逊酵母属（*Hanseniaspo-*

ra）伊萨酵母属（*Issatchenkia*）、毕赤酵母属（*Pichia*）、有孢圆酵母属（*Torulaspora*）、红酵母属（*Rhodotorula*）和接合魏氏酵母属（*Zygowilliopsis*），还有两个疑似新种。其中 *Galactomyces geotrichuma* 和 *Rhodotorula mucilaginosa* 为该地区的优势种，分别占总菌数的 20.4%和 13.3%。隐球酵母属和有孢汉逊酵母属在 10 个地区均广泛分布。

他们的研究发现：在青海东部的互助土族自治县、民和回族土族自治县等土壤颜色较深的黑色肥沃土中，酵母菌种类丰富且分布广泛，而在土壤颜色为较浅的黄色土壤的大通回族土族自治县等地，酵母菌种群则分布较少。

三、红树林土壤微生物资源

红树林土壤由于受到周期性海水浸淹的潮间带环境的影响，兼有海洋和陆地的性质却又与二者不同，具有沼泽化、盐渍化、强酸性、有机质含量高等独特性的生境，因此这些特征也决定了其中微生物的多样性及其资源的珍稀性。

红树林土壤中芽孢杆菌属是细菌的主要类群。小单孢菌属和链霉菌属是红树林土壤放线菌的主要类群，此外还能分离到链轮丝菌属、链孢囊菌属、小多孢菌属、红球菌属、诺卡氏菌属和游动放线菌属等菌属。土壤中丝状真菌中最常见的属为木霉、青霉、曲霉和镰孢菌。红树林土壤中细菌数量在三大类群土壤微生物中占有绝对优势，达 1×10^6～1×10^7CFU/g 干土；放线菌数量为 0.7×10^3～19.0×10^3CFU/g 干土，真菌数量为 0.5×10^2～5.2×10^2CFU/g 干土。

四、华西雨屏区土壤微生物资源

“华西雨屏带”为四川盆地西缘独特的自然地理区域，地处川西平原向川西高山峡谷至青藏高原的过渡地带，是我国西南山地生态系统的重要组成部分。该地带是我国西部以阴湿为主要气候特征的、罕见的气候地理单元，湿性常绿阔叶林十分发达；区域内常绿阔叶林既是长江流域的重要生态屏障，也是长江和成都平原的水源区，又是许多江河的源头和分布地段，如岷江、青衣江、涪江等江河或其支流的发源地，对于保持水土与涵养水源都具有十分重要的意义。

该地区的鞍子河自然保护区位于四川省崇州市西北部，东经 103°07′～103°27′，北纬 30°41′～30°52′，属邛崃山脉东南支脉龙门山中段，盆地西缘峡谷地带，境内山高谷深，海拔 960～3868m。该区属中亚热带湿润季风气候，具有云雾多、日照少、湿度大、风速小等气候特点。该区年均气温 7.3～12℃，极端最低气温－8℃，极端最高气温 32.7℃；年均降水量 1300～1450mm，降水集中于 6～9 月，约占全年降水量的 70%；全年降雨天数为 180 天左右，无显著干旱季节；年均相对湿度为 86%；年均日照 641.6h，无霜期 200～230 天。土壤以山地黄壤为主。该区原系常绿阔叶林带，目前植被表现出强烈的次生性，主要为次生常绿阔叶林以及杉木（*Cunninghamia lanceolata*）、柳杉（*Cryptomeria fortunei*）、水杉（*Metasequoia glyptostrobiodes*）、杨树（*Populus cathayana*）等人工林。

研究区位于海拔 1100～1700m 的次生湿性常绿阔叶林带，组成树种以壳斗科的粗穗石栎（*Lithocarpus oblanceolate*）、硬斗石栎（*L. hancei*）、全包石栎（*L. cleistocarpus*）、瓦山栲（*Castanopsis ceratacantha*）、青冈（*Cyclobalanopsis glanca*）、曼青冈（*C. oxyodon*）和樟科的西南赛楠（*Nothaphoebe cavaleriei*）、山楠（*Phoebe chinensis*）等湿性常绿树种为主。

朱万泽等于2002～2003年研究了鞍子河自然保护区常绿阔叶林自然恢复过程中土壤微生物的区系组成，其结果如下。

1）不同恢复时期土壤微生物数量存在显著性差异。在植被恢复5～40年时，土壤细菌和放线菌的数量呈增加趋势，以恢复到40年的植被，土壤微生物总数、细菌和放线菌的数量较高，分别为1.06×10^6CFU/g干土、9.81×10^5CFU/g干土和6.8×10^4CFU/g干土；真菌以100年次生林较高，为9.01×10^4CFU/g干土；植被恢复中细菌占土壤微生物总数的79.06%～93.78%；真菌和放线菌数量分别占4.61%～11.24%和0.52%～15.38%。

2）经鉴定细菌至少有无色细菌属（*Achromobater*）、黄杆菌属（*Plavobacterium*）、假单孢菌属（*Pseudomonas*）、色杆菌属（*Chromobacterium*）和芽孢杆菌属（*Bacillus*）5个属，此外还有19.73%的未定菌属。其中以无色细菌属和芽孢杆菌属出现的概率较高。

真菌至少有7个属，主要为半知菌类和接合菌类：青霉属（*Penicillium*）、木霉属（*Trichoderma*）、地霉属（*Geotrichum*）、地舌菌霉（*Geoglossum*）、毛霉属（*Mucor*）、犁头霉属（*Absidia*）、腐霉属（*Pythium*）和7.1%的未定菌属。以木霉属、腐霉属、青霉属和犁头霉属分布较为普遍。

放线菌至少有链霉菌属、小单孢菌属、棒状杆菌属（*Corynebacterium*）、短杆菌属（*Brevibacterium*）、纤维单孢菌属（*Cellulomonas*）、微球菌属（*Micrococcus*）和节杆菌属（*Arthrobacterium*）7个属，以链霉菌属、棒状杆菌属和短杆菌属出现的概率较高。链霉菌属中的白孢类群（Albosporus）、金色类群（Aureus）和灰红紫类群（Griseorubroviolaceus）出现的概率较高。

3）不同恢复阶段土壤细菌和真菌数量大体上以夏季高，春季、秋季较低；放线菌数量为春季、秋季较夏季高。

4）细菌的Shannon-Wiener指数和Simpson指数以恢复初期、30年生次生林和较原始植被为较高。在植被恢复5～50年，真菌和放线菌属的多样性呈波动性增加趋势，到50年达到最高；50年以后，呈下降趋势，这表明植被恢复的30～50年土壤环境更适合真菌和放线菌的生长。

第三节　土壤微生物资源的利用

一、在医药产业中的利用

据统计，目前临床上使用的药物有近一半都是直接来源于土壤微生物或是利用微生物产物进行半合成的产品，其中有至今为止效果最强的抗癌药物埃坡霉素（epothilones），这是由黏细菌（*Sorangium cellulosum*）产生的，其作用机理与紫杉醇相似，并且在水溶性及生物活性方面均较紫杉醇更好。目前的抗生素最后王牌药物万古霉素（vancomycin）是由拟无枝菌酸菌产生的。最有效的抗真菌药物是芬净类药物，其中棘白霉素（echinocandin）、卡泊芬净（caspofungin）、米卡芬净（micafungin）、阿尼芬净（anidulafungin）、阿巴芬净（abafungin）、巴西芬净（basifungin）等是一类新型抗真菌药，对许多种致病性曲霉菌属和念珠菌属等真菌具有抗菌活性。此外还有目前应用于临床的放线菌源抗肿瘤药物阿霉素（adriamycin）、丝裂霉素（mitomycin）、多柔比星（doxorubicin）、柔红霉素（daunorubicin）、平阳霉素（pingyangmycin）、放线菌素 D（actinomycin D）、红比霉素（rubidomycin）、博来霉素（bleomycin）、达霉素（lidamycin）以及由马杜拉放线菌属产生的马杜拉霉素（maduromycin）、洋红霉素（carminomycin）等。从 *Amycolatopsis mediterranei* 中发现了利福平；从 *Saccharopolyspora erythraea* 发现了红霉素；从 *Micromonospora purpurea* 发现了庆大霉素。

此外，放线菌目中的小单孢菌科和假诺卡氏菌科的许多成员能产生重要的生物活性物质，包括抗生素、酶类、维生素、促生长因子、纤维素降解促进因子等。指孢囊菌属（*Dactylosporangium*）的某些种能产生胃促胰酶抑制剂和四环素衍生物；游动放线菌属（*Actinoplanes*）能产生抗真菌和抗肿瘤抗生素等活性物质；棘孢小单孢菌的一个亚种 *Micromonospora echinosporass* subsp. *calichensis* 产生的 Calicheamicineγ1 用于治疗急性骨髓性白血病。由真菌产生的环孢菌素 A（cyclosporin A）、由链霉菌产生的藤霉素（tacrolimus）和雷帕霉素（rapamycin）以及由短密青霉产生的霉酚酸（mycophenolic acid）经半合成得到的衍生物霉酚酸酯等免疫抑制剂被用于器官移植中的抗排异治疗，取得了巨大的成功。微生物产生的各种免疫激活剂受到了人们的广泛青睐，如普通裂皱菌（*Schizophyllum commune*）产生的裂皱菌素（sizofilan）。这些均已成为临床治疗中常用药物，在疾病治疗中发挥着重要作用。

姜怡等对 2600 个放线菌的提取物进行了生物活性筛选，其中具有抗氧化作用的菌株近 11 株，占总菌株数的 0.4%。它们对氧化酶的抑制率为 50%～73%。其中有 1 株是束丝放线菌，2 株是马杜拉放线菌，其余都是链霉菌。有 1 株真菌的抗氧化活性为 50.3%。有 73 株具有乙酰胆碱酶抑制作用，占总菌株数的 2.7%。其中 6 株的抑制活性为 75.3%～108.3%，占菌株总数的 0.19%；菌株 YIM 32766 的抑制活性为 108.3%；其余的抑制活性在 50%以上。有 1 株真菌的抑制活性为 70%。有 9 株具有一氧化氮合酶（NOS）抑制活性，占菌株总数的 0.34%。其中 YIM 30243 的抑制活性为 195%。其余菌株的抑制活性在 53%以上。有 1 株真菌的抑制活性超过 70%。

岳秀娟等对 52 株放线菌和 17 株真菌的发酵物进行了活性检测，其中绿脓杆菌外排泵模型的阳性率为 4.3%；结核杆菌 DNA 回旋酶模型阳性率为 5.8%；抗黑曲霉 Niger 阳性率为 2.9%；抗掷宝酵母 SO_4 阳性率为 4.3%。

二、在生物防治中的利用

土壤微生物在其生命活动的过程中，直接或间接地促进作物生长，抑制病虫害，改善作物品质，最终达到农作物增收的目的。尤其是土传病害，例如，线虫病害、全蚀病、青枯病、枯萎病等。

土壤微生物资源在生物防治中的作用主要有以下 3 方面。

1）增加土壤肥力，这是土壤微生物的主要功效之一。例如，各种自生、联合、共生的固氮微生物肥料可以增加土壤中的氮素来源。多种解磷、解钾微生物的应用可以活化土壤中被固定的磷、钾矿物，使之被植物吸收，例如，由磷细菌、钾细菌、固氮菌和有机肥复合制成的生物肥料可作基肥施用。所用的菌种大多为圆褐固氮菌和巨大芽孢杆菌。这类细菌除具有固氮作用外，还能分泌生长物质和一种抗真菌的抗生素并促进种子发芽和根的生长，在不同作物和农业条件下，可增产 15%～35%。用 AM 真菌制成的微生物肥料可与多种植物根系共生，其菌丝可以吸收更多的营养供给植物吸收利用，尤其是对磷的吸收最明显。

2）产生植物激素类物质刺激作物生长。有一类土壤微生物产生的植物激素类物质能刺激和调节作物生长，使植物生长健壮，促进植物对营养元素的吸收和利用。

3）防治病虫害。通过在作物根部接种微生物肥料，使微生物在作物根部大量生长繁殖，成为作物根际的优势菌，限制了其他病原微生物的繁殖机会，并对病原微生物具有拮抗作用，起到了减轻作物病害的功效。目前发现的微生物杀虫剂种类有 2000 多种，按照微生物的分类可分为细菌、真菌、病毒、原生动物和线虫等。在国内应用并形成商品化产品的主要有细菌类杀虫剂、真菌类杀虫剂和病毒类杀虫剂。

细菌杀虫剂是国内研究开发较早的、生产量最大的、应用最广的微生物杀虫剂，主要有苏云金芽孢杆菌、青虫菌、日本金龟子芽孢杆菌和球形芽孢杆菌等菌剂。其中苏云金芽孢杆菌是最具有代表性的品种。

苏云金芽孢杆菌是一种能产生伴胞晶体毒素，昆虫寄主谱较广的重要昆虫病原菌，是一种胃毒性杀虫剂。在国内已有近 70 家生产厂家通过了国家农药行政主管部门注册，年产苏云金芽孢杆菌超过 3 万 t。苏云金芽孢杆菌是目前应用最为广泛的品种，约占到全部生物农药使用量的 90%，产品剂型以液剂、乳剂为主，还有可湿粉、悬浮剂。苏云金芽孢杆菌对多种农业害虫有不同程度的毒杀作用，这些害虫包括棉铃虫、菜青虫烟青虫、银纹夜蛾、斜纹夜蛾、甜菜夜蛾、苹果巢蛾、小地老虎、稻苞虫、稻纵卷叶螟、玉米螟、小菜蛾、枣尺蠖、茶尺蠖、茶毛虫和天幕毛虫等多种鳞翅目害虫，且对森林害虫松毛虫也有较好的效果。另外，苏云金芽孢杆菌还可用于防治蚊类幼虫和储粮蛾类害虫。

此外，还有多黏类芽孢杆菌可用于防治番茄、烟草、辣椒、茄子青枯病。放射土壤杆菌可用于防治桃树根癌病。枯草芽孢杆菌可用于防治黄瓜白粉病、草莓白粉病和灰霉病、水稻纹枯病和稻曲病、三七根腐病和烟草黑胫病等，还可用于水稻调节生长和增产。蜡质芽孢杆菌可用于油菜抗病、壮苗和增产，还可用于防治水稻纹枯病、稻曲病和稻瘟病、小麦纹枯病和赤霉病、姜瘟病等。荧光假单胞杆菌可用于防治番茄青枯病、烟草青枯病和小麦全蚀病。类产碱假单孢菌可用于防治草场牧草草地蝗虫。

真菌杀虫剂是一类寄生谱较广的昆虫病原真菌，是一种触杀性微生物杀虫剂。目前应用的主要种类有白僵菌、绿僵菌、拟青霉、座壳孢菌和轮枝菌。

白僵菌的寄主很多，可防治的对象有玉米螟、松毛虫、多种金龟子、水稻叶蝉、飞虱、白粉虱、烟粉虱、桑天牛、茶小叶蝉、茶毛虫、大豆食心虫、蚜虫和蛴螬等多种害虫。目前白僵菌在防治林业害虫松毛虫和农业害虫玉米螟方面发挥了很好的作用。

绿僵菌是一种广谱的昆虫病原菌，在国外的应用面积超过了白僵菌，防治效果可与白僵菌媲美，可用于防治滩涂飞蝗和一些鳞翅目害虫。目前，重庆大学基因研究中心完成了杀蝗绿僵菌生物农药的研制，生产的产品已在国内多个省份示范试验。

除白僵菌、绿僵菌外，其他真菌也表现出了很好的杀虫潜力。例如，淡紫拟青霉能有效地防治柑橘、柠檬、番茄和马铃薯等多种作物根结线虫，对大豆孢囊线虫也有较好的防治效果。粉拟青霉、玫烟色拟青霉在防治松毛虫和温室白粉虱方面均取得了明显的效果。双座壳孢菌可防治刺棉蚜；蜡蚧轮枝孢可防治蚜虫、蓟马和白粉虱；耳霉菌可用于防治小麦蚜虫；木霉菌可用于防治黄瓜灰霉病和霜霉病、大白菜霜霉病和小麦纹枯病等；厚孢轮枝菌可用于防治烟草报结线虫病。

放线菌是人们研究最早并应用到农业生产中的生防微生物。从放线菌中已经筛选到10多种有生防价值的链霉菌。由多种放线菌组成的复合菌剂不易产生抗药性，它们除具有抑制病原微生物的生长和繁殖或者能改变病原菌的形态而达到保护作物的效果外，还对植物有明显的促进愈创和提高作物产量的作用。

链霉菌还产生多种可分解蛋白质、木质素、几丁质及纤维素的酶类，有助于分解自然界中不易被其他微生物分解的物质，加速废弃物的分解，可以生产有机肥，解决环境污染问题，提高废弃物的利用价值，达到绿色环保的目的。

除链霉菌之外，放线菌中的许多物种也能产生多种农用抗生素（表 1-44）。例如，由刺糖多胞菌（*Saccharopolyspora spinosa*）产生的多杀霉素（spinosad）是一种新型大环内酯类化合物，具有广谱杀虫的作用。诺卡氏菌所产生的多种抗生素，如间型霉素对引起植物白叶枯病的细菌，以及原虫、病毒有作用；瑞斯托菌素对革兰氏阳性细菌有抑制作用。

表 1-44　放线菌产生的主要农用抗生素

名称	产生菌	主要作用
多氧菌素（polyoxin）	链霉菌	产生几丁质合成酶，杀真菌剂、杀虫剂
华光霉素（nikkomycin）	可可链霉菌	防治苹果、橘柑树红蜘蛛
井冈霉素（jinggangmycin）	吸水链霉菌井冈变种	防治水稻纹枯病
春雷霉素（kasugamycin）	金色链霉菌	防治水稻稻瘟病
灭瘟素（blasticidin）	灰色产色链霉菌	防治水稻稻瘟病
公主岭霉素（gongzhulingmycin）	不吸水链霉菌公主岭变种	防治小麦黑穗病
宁南霉素（ningnanmycin）	诺尔斯链霉菌西县变种	防治烟草花叶病毒
浏阳霉素（polynactin）	灰色链霉菌浏阳变种	防治棉花、苹果树、蔬菜红蜘蛛
阿维霉素（或齐螨素 avermectin）	阿维链霉菌	防治红蜘蛛、青菜虫、梨飞虱、斑潜蝇

由此可见，众多的土壤微生物资源在生物防治中发挥着重要的作用。

三、在环境污染的治理与修复中的利用

随着环境污染程度的加剧，对环境和生态系统的保护以及对污染环境的治理与修复正日益受到人们的高度重视。土壤微生物资源在污染环境的治理与修复中发挥重要的作

用，主要集中在以下 3 个方面。

1）对重金属污染的转化。环境中的重金属主要来源于有色金属矿业废弃地以及工业“三废”、汽车尾气、生活污水和农药化肥等。汞、铅、铜和镉等重金属因此进入环境。有一些土壤微生物通过自身生长过程中的氧化、还原、甲基化和脱甲基化等作用，对重金属进行生物转化，减少其毒性。例如，一些假单胞菌和大肠杆菌能吸收甲基汞、乙基汞、疑似汞等水溶性汞，将它们还原成单质汞。1972 年 Furukawa 等从土壤中分离到的假单胞杆菌 K-62 能够分解无机汞和有机汞而形成单质汞。枯草芽孢杆菌的细胞壁可结合大量的重金属，降低植物对金属离子的吸收。在污水处理中，活性污泥中的多种细菌如生枝胶团杆菌产生的胞外聚合糖对镉、镍、铜、铀有很强的亲和力，通过絮凝物的沉淀将其从废水中除去。此外，有许多的酵母菌产生的一些多肽如仅由 L-谷氨酸、L-半胱氨酸和 L-甘氨酸 3 种氨基酸组成的螯合素能结合镉、铜、锌、汞、铅等重金属，达到解毒的目的。

2）对有机物的降解。有些土壤微生物可以降解甲基叔丁基醚（MTBE）、石油长链组分、三氯乙烯（TCE）等难降解的有机物。白腐真菌对许多有机污染物都有很好的降解作用。2001 年 Kalyuzhnyi 报道了添加红球菌 *Rhodococcus rubber* 和 *R. erythropolis* 组成的“Roder”微生物制剂强化修复石油污染河水和湖水，石油分解率达到 96% 以上。常见的能降解石油的微生物有假单胞菌属、有色杆菌属、节杆菌属、微球菌属、诺卡氏菌属、不动杆菌属、短杆菌属、棒杆菌属、黄杆菌属、分枝杆菌属、小单孢菌属、放线菌属、芽孢杆菌属、肠杆菌属、克雷伯菌属、球衣菌属、节丝酵母菌属、红酵母菌属、掷孢酵母菌属、青霉属、轮枝孢属、白僵菌属、被孢霉属、红冬孢酵母菌属、假丝酵母菌属、丝孢酵母菌属等。美国 BGI 公司已利用混合菌群来促进石油烃类的生物降解。

3）农药的降解。对除草剂、杀虫剂、杀菌剂、灭鼠剂等农药有降解作用的微生物，主要有假单胞菌属、芽孢杆菌属、气杆菌属、黄杆菌属、节杆菌属、诺卡氏菌属、曲霉、木霉等。对许多农药降解需要多种微生物的协同作用来完成。例如，DDT 在环境中持续时间较长，其半衰期一般在一年以上，至今尚未分离到一株能单独以 DDT 为唯一碳源和能源生长的微生物。产气气杆菌（*Aerobacter aerogenes*）和氢单胞菌（*Hydrogenomonas* sp.）的共同作用可以将 DDT 转变为氯苯乙酸，后者可被其他微生物继续降解。

（徐丽华　娄　恺）

主要参考文献

曹艳茹，姜怡，徐丽华等. 2008. 武陵山放线菌多样性. 微生物学报，48：952～958

曹艳茹，姜怡，徐丽华等. 2009. 大香格里拉土壤放线菌组成分析及生物活性测定. 微生物学报，49（1）：105～109

崔庆锋，王黎明，黄英等. 2004. 酸性土壤中嗜酸稀有放线菌的多样性研究. 微生物学报，44：571～575

丁芸，黄英，阮继生等. 2009. 嗜酸丝状放线菌的选择性分离与多样性. 微生物学报，49：710～717

郭斌，吴晓磊，钱易. 2006. 提高微生物可培养性的方法和措施. 微生物学报，46（3）：504～507

何建清，吴云锋，张格杰．2006．藏东南地区土壤放线菌的生态分布及活性研究．微生物学报，46：773～777

冀春花，张淑彬，盖京苹等．2007．西北干旱区 AM 真菌多样性研究．生物多样性，15：77～83

姜成林，徐丽华．1998．放线菌研究．昆明：云南大学出版社

姜怡，杜冠华．2004．放线菌生物活性物质的高通量筛选．云南大学学报，26（4）：364～366

姜怡，段淑蓉，唐蜀昆等．2006．稀有放线菌分离方法．微生物学通报，33（1）：181～183

蒋云霞，郑天凌，田蕴．2006．红树林土壤微生物的研究．微生物学报，46：848～851

马腾，王雪薇，黄英等．2008．三江源地区不同退化程度草地的土壤放线菌区系．微生物学通报，35：1879～1883

彭云霞，姜怡，段淑蓉等．2007．稀有放线菌的选择性分离方法．云南大学学报，29（1）：86～89

丘秀娟，余利岩，张月琴等．2006．自然界中难分离培养微生物的分离和应用．微生物学通报，33：77～81

王启兰，曹广民，姜文波等．2004．青海高寒草甸土壤放线菌区系研究．微生物学报，44：733～736

王四宝，黄勇平，樊美珍等．2003．安徽大别山区虫生真菌区系的物种多样性研究．生物多样性，11（6）：475～479

徐丽华，杨宇容，姜成林．1996．云南土壤放线菌生态分布的研究．微生物学报，36（3）：220～226

徐美鑫，刘天明，相茂功等．2009．青海东部土壤中酵母物种多样性研究．微生物学通报，36：360～364

姚槐应，黄昌勇．2006．土壤微生物生态学及其实验技术．北京：科学出版社

张华，姜成林，徐丽华等．2004．药用微生物资源．微生物学通报，31：152～154

朱万泽，王金锡，张秀艳等．2007．华西雨屏区不同恢复阶段湿性常绿阔叶林的土壤微生物多样性．生态学报，24：1386～1396

Broeckling C D，Broz A K，Bergelson J et al. 2008. Root exudates regulate soil fungal community composition and diversity. Appl Environ Microbiol，74：738～744

Bulina T I，Terekhova L P，Tyurin M V. 1998. The use of electric pulses for the selective isolation of actinomycetes from soil. Mikrobiologiya，67：556～560

Hayakawa M，Nonomura H. 1987. Humic acid-vitamin agar，a new medium for the selective isolation of soil actinomycetes. J Ferment Bio，65：501～509.

Hayakawa M，Sadakata T，Kajiura T et al. 1991. New methods for the highly selective isolation of *Micromonospora* and *Microbispora* from soil. J Ferment Bio，72：320～326

Manteca A，Sanchez J. 2009. *Streptomyces* development in colonies and soils. Appl Environ Microbiol，75：2920～2924

Monard C，Binet F，Vandenkoornhuyse P. 2008. Short-term response of soil bacteria to carbon enrichment in different soil microsites. Appl Environ Microbiol，74（17）：5589～5592

Nonomura H，Ohara Y. 1971. Distribution of actinomycetes in soil. VIII. Green-spore group of *Microtetraspora*，its preferential isolation and taxonomic characteristics. J Ferment Technol，49：1～7

Nonomura H，Ohara Y. 1971. Distribution of actinomycetes in soil. XI. Some new species of the genus *Actinomadura* Lechevalier et al. J Ferment Technol，49：904～912

Pett-Ridge J，Firestone M K. 2005. Redox fluctuation structures microbial communities in a wet tropical soil. Appl Environ Microbiol，71（11）：6998～7007

Rinnan R，Bååth E. 2009. Differential utilization of carbon substrates by bacteria and fungi in tundra soil. Appl Environ Microbiol，75（11）：3611～3620

Suzuki S，Takahashi K，Okuda T et al. 1999. Selective isolation and distribution of *Sporichthya* strains in soil. Appl Environ Microbiol，65：1930～1935

第二章 海洋微生物资源

第一节 海 洋 环 境

一、海和洋的概念

地球，是一个蓝色的星球，3/4 的面积被海洋覆盖。海洋总面积大约为 361 059 000km^2，约占地球表面积的 71%。海洋中含有 137 000 万 km^3 的水，约占地球上总水量的 97%，平均深度 3800m，最深处为太平洋的马里亚纳大海沟，达 11 034m。海洋是“海”和“洋”的总称。一般将大陆边缘的水域称为“海”，距离陆地较远的广阔水域称为“洋”。洋，是海洋的主体，约占海洋面积的 89%，深度一般在 3000m 以上。世界共有 4 个洋，即太平洋、印度洋、大西洋和北冰洋。海在洋的边缘，是大洋的附属部分，约占海洋的 11%。海的水深比较浅，平均深度从几米到二三千米。海临近大陆，受大陆、气候和季节的影响，有明显的季节性变化周期。海可以分为边缘海、内陆海和地中海。

二、海水的理化性质

（一）海水的组分

海水是一种成分复杂的混合液体，所含的物质有两类：第一类是溶解物质，它包括各种盐类、有机化合物和溶解气体、气泡；第二类是固体物质，包括有机固体、无机固体和胶体颗粒。在海洋总体积中，96%～97%是水，3%～4%是溶解于水中的各种化学元素和其他物质。目前所知，海水中有 80 多种元素，但含量差别很大。组成海水的主要化学元素有氯、钠、镁、硫、钙、钾、溴、碳、锶、硼、氟 11 种，其含量占海水全部元素含量的 99.8%～99.9%。其他元素在海水中含量极少，被称为海水的微量元素。海水中盐类物质中氯化物含量最高，占 88.6%，其中氯化钠占 77.7%，氯化镁占 10.9%，这正是海水既咸又苦的原因。海水盐度的最高值与最低值多出现在一些大洋边缘的海盆中，例如，红海北部高达 42.8%；波斯湾和地中海在 39%以上。这些海区由于蒸发量很大而降水量与径流量却很小，同时与大洋水的交换又不畅通，故其盐度较高。而在一些降水量和径流量远远超过蒸发量的海区，其盐度又很低，例如，黑海为 15‰～23‰；波罗的海北部盐度为 2‰。

海水中的气体主要由氮、氧和二氧化碳组成。氮占 64%，二氧化碳约占 2%，海水中的氧在 0℃时约占 40%，随水温增高而减少。

（二）海水的主要盐类组成

每千克海水中的盐成分克数及百分比如下：氯化钠 27.2g（77.7%），氯化镁 3.8g

(10.9%)，硫酸镁 1.7g (4.9%)，硫酸钙 1.2g (3.6%)，硫酸钾 0.9g (2.5%)，碳酸钙 0.1g (0.3%)，溴化镁及其他 0.1g (0.3%)，总计 35g/1000mL 左右。

(三) 海水温度和 pH

对整个世界的大洋而言，约 75%的水体温度为 0～6℃，50%的水体温度为1.3～3.8℃，整体水温平均为 3.8℃。受太阳辐射、大气运动与海水的热量交换和蒸发等因素的影响，海水温度有较大差异。大洋中水温为 2～30℃；深层水温低，大致为－1～4℃。大洋表层年平均水温中，太平洋最高为 19.1℃；印度洋次之，为 17.0℃；大西洋最低，为 16.9℃。三大洋平均表层水温为 17.4℃。北冰洋和南极海域最冷，表层水温为－1.7～3℃。受太阳辐射和洋流性质的影响，大洋表层水温的等温线大体与纬线平行，低纬水温高，高纬水温低。纬度平均每增高 1°，水温下降 0.3℃。北半球大洋的年平均水温均高于同纬的南半球。海洋水温在垂直方向上，上层和下层变化非常明显。一般在大洋表层 100m 以内，由于对流和风浪引起海水的强烈混合，水温均匀，垂直梯度小，通常在 20℃以上。表层 100～500m 水深中，水温从表层向下层降低很快，每 100m 下降 2～3℃，此层的水温大概为 10～20℃。500～1000m 的水层，每加深 100m 水温下降 1～1.5℃，此层水温大概为5～10℃；在 1000～2000m 的水层内，水温的变化更小，整体水温大概为 4℃。而 2000m 以下直到海底则水温几乎没有变化，常为2～6℃，尤其在 2000～6000m 的深度区，水温为 2℃左右（图 2-1）。天然海水的 pH 经常稳定为 7.9～8.4，未受污染的海水 pH 为 8.0～8.3，也就是说，天然的海洋有些偏碱。

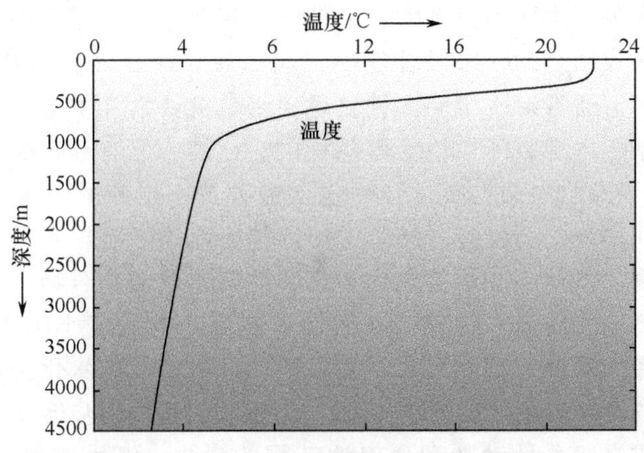

图 2-1 海水温度随深度的变化关系

海洋中的海水是运动着的，它通过海流、波浪、潮汐等方式运动。海水运动的主要形式是海流，又称洋流，它是海洋中的水团在天文、水文、气象等因素或重力的作用下，沿一定方向稳定地流动的现象。海流是海水的一种重要运动形式，同海底泥沙运动、鱼类洄游、天气变化和气候形成等因素密切相关。一般从赤道向两极流动的海水温度较高，而从两极向赤道方向流动的海水温度较低。海水的流动带动了能量和营养物的转移和再分配，这对一些海底营养贫瘠区域的生态非常重要。我们常见的波浪、潮汐也是海水运动的重要形式，但波浪所造成的海水的运动主要是水质点在其平衡位置附近做周期性振动，因此只起加强海水紊动混合的作用。潮汐是海水在太阳、月球起潮力的作用下形成的一种周期性涨落运动。在潮汐升降的每一周期中，上升过程叫涨潮，海面上涨到最高位置时叫高潮；下降过程叫落潮，海面下降到最低位置时叫低潮。沿海地区在高潮时被海水淹没，低潮时露出水面的地带叫潮间带。潮间带兼有水、陆两种环境特点。潮汐波还可沿入海河口上溯，而在河流下游或河口区形成感潮河段。潮间带和河口区域都是近海或近岸特殊的生态系统。

三、海水有机物

存在于海水中的有机物主要为海水中海洋生物的代谢物、分解物、残骸和碎屑等和通过大气或河流带入海洋的陆地上的生物有机物。大洋中的有机物一般用有机碳表示。整个海洋中的有机碳平均含量约为1mg/L。海水中的有机碳含量通常较低，但高时可达1.3mg/L；深度越大，含量越小，有些海区低至0.2mg/L，而在海洋沉积物间隙水中溶解有机碳的浓度可达100～150mg/L。总量达1.5×10^{12}t，与陆地上的煤、泥炭和表层土壤（0～30m深）中的有机碳总量属同一个数量级，而且种类丰富多样。一般根据存在状态可将其分为3类：溶解有机物（DOM）、颗粒有机物（POM）和挥发性有机物（VOM）。

（一）溶解有机物

溶解有机物主要包括从低分子到高分子的、种类繁多和结构复杂的有机化合物，其中已被分析确定的很少，主要为氨基酸类、糖类、脂肪酸类、尿素等。海水中氨基酸类化合物，无论游离的或结合的，都以甘氨酸、丝氨酸、丙氨酸、鸟氨酸等的含量居多。糖类包括单糖和多糖，通常海水中的多糖含量高于单糖。大洋中的糖类有葡萄糖、半乳糖、甘露糖、鼠李糖、木糖、阿拉伯糖等各种戊、己糖，还有糖醛酸等。糖的总含量为200～600mg/L。溶于海水中的类脂化合物包括饱和及不饱和的游离脂肪酸、烃类、甘油酯、磷脂、蜡酯和甾族化合物等。海水中的溶解有机物还有尿素、核苷酸、三磷酸腺苷和其他含氮化合物，以及一些难被氧化和降解的腐殖质类化合物。它们不同于陆地土壤中的腐殖质。后者的木质素含量较多，而且多在海水的盐度小于10%的水域中即发生沉淀。近岸大量底栖褐藻分泌到海水中的多酚化合物能与碳水化合物和蛋白质等聚合成腐殖质，使近岸的溶解有机碳的含量增高。此外它们还能逐步转变成大分子有机聚合物，进入食物链，成为滤食性动物和食碎性动物的食物。海水腐殖质和土壤腐殖质相似，可分离为溶于酸的富里酸（FA）和不溶于酸的腐殖酸（HA）两类化合物。

（二）颗粒有机物

在大洋的颗粒有机物中，通常结合着40%～70%的硅、铁、铅、钙等无机物，水解之后可生成各种氨基酸、叶绿素、糖类、类脂化合物和三磷酸腺苷等。根据三磷酸腺苷的分析值可推测颗粒有机碳中约有3%属于活的生物体。颗粒有机物为食物链重要的一环，它从浅层逐渐下沉，直至海底，为底栖动物所捕食。

（三）挥发性有机物

挥发性有机物是指蒸气压高、分子质量小和溶解度小的有机化合物，包括一些低分子烃、氯代低分子烃、氟代低分子烃、DDT 的残留物和一氧化碳等。其中以甲烷的含量最高；其次是 C2～C7 的烃类，如乙烷、乙烯、丙烯等。它们能在风力、波浪等动力条件下蒸发，逸入海洋上空的大气中。

上述 3 类海洋有机物，在海洋中经历着错综复杂的相互转变，大部分有机物最终被氧化成二氧化碳，后者又经浮游植物吸收，通过光合作用而重新变成有机碳，形成了有机碳在海洋中的循环。此外，在海水有机物的储存、输入和损失之间，有一定的比例关系。在这 3 类有机物中，溶解有机物对海水的性质和海洋生物的影响最为突出。

四、海洋环境

海底地形如陆地一样，同样存在着平原、高山等地形地貌。根据水深和海底坡度等因素，将其分为大陆架、大陆坡、大洋盆地和海沟。大陆架紧接陆地，水深一般在 200m 以内，坡度为 1°～2°。大陆架上的沉积物主要是河流带来的泥沙，可分为 3 类：碎屑沉积物、生物沉积物和化学沉积物。碎屑沉积物主要是砂质级的，粒径一般是从浅水往深水变小；生物沉积物主要是生物遗体形成碳酸钙质的砂和泥；化学沉积物主要是来自大陆的金属和金属氧化物与海水电解质相遇絮凝成鲕状或豆状的沉积物。浅海区域的海水中含有大量营养盐和丰富的有机质，是良好的渔场。大陆坡区倾斜度一般为4°～7°，水深一般为 200～2500m。大陆坡上的沉积物也主要来自大陆，泥约占 60%，细砂占 25%，贝壳和软泥占 5%。大洋盆地又称海盆，倾斜度为 0°20′～0°40′，地形平坦开阔，是海洋的主要部分，占海洋总面积的 77.7%，深度为 2500～6000m。大洋盆地的沉积物主要是大洋软泥。大洋软泥主要是各种生物软泥，如硅藻、放射虫、有孔虫软泥以及深海褐色黏土等。大洋盆地中深度超过 6000m 的地方称为海沟，多分布在大洋边缘。海沟中最深的地方叫海渊，深海海底沉积物颗粒非常小，沉降速率很小，大部分为上层海水中生物的残留物和非生源沉积物。

海底还有一些特殊的沉积区：海底矿产区，包括海滨、浅海、深海、大洋盆地和洋中脊底部的各类矿产资源。按矿床成因和赋存状况可分为三类：①砂矿，如砂金、砂铂、金刚石、砂锡与砂铁矿及钛铁石与锆石、金红石与独居石等共生复合型砂矿；②海底自生矿产，由化学、生物和热液作用等在海洋内生成的自然矿物，如磷灰石、海绿石、重晶石、海底锰结核及海底多金属热液矿（以锌、铜为主）；③海底固结岩中的矿产，大多属于陆上矿床向海下的延伸，如海底油气资源、硫矿及煤矿等。海底的矿产资源非常丰富，富含迄今发现的所有物质元素。每个海底矿区沉积物都有其独特的资源，并孕育其特殊的生态环境。每个特殊的生态环境都有与其相适应的生态系统和独特的海洋生物类群。

五、海洋生态环境

对于浩瀚的海洋来说，水体、沉积环境、各种动植物体内共生环境等都是特殊的微生物生长环境。不同海域的海水因其底部沉积环境的不同，海水的离子组分差异较大，特别是一些对生命活动影响较大的重金属离子等；海洋水体中上部 0～200m 是对应的真光层，也称为光合作用带，随着深度的增加，依次分为中间带、深海带、深渊带、超深渊带和深海海沟带。每个带区的理化性质包括光、温度、离子、压力、营养物等都存在较大的差异，形成不同的环境特性。海底沉积环境复杂多样，横向移动或向深处移动一定距离，其环境差异很大。对于沉积物特别是在深海沉积物的沉积速率很小，例如，太平洋的沉积速率为 4.5mm/千年，大西洋的沉积速率约为 10mm/千年，其中又以褐色黏土的沉积速率为最小，每千年的沉积厚度仅为 2～3mm。海洋环境特别是深海环境有很多特殊的生态系统如海雪、海冰、热液渗漏区、冷泉渗漏区、油气田储藏区、海底火山口、海底各种矿区、多金属结核区以及极端深海深沟生境等，在这些生态区中大型生物的生物量很少，而微生物却繁茂多样；浅海的岛礁生态、珊瑚礁生态、河口生态、海草床生态等，近岸的红树林生态、湿地生态、海滩生态等，对于微生物来讲都是特殊的生境。环境，特别是微环境对微生物影响很大。在非常宽广的海底沉积环境中，移动很小的距离，可能微生物类群都会呈现巨大的差异。

六、海洋生物资源

海洋中生物种类很多，生物量巨大，仅在 2005 年世界海洋渔获量就达 8372 万 t。在动物界里 62 个纲的动物中有 31 个纲的动物生活在海洋中，从单细胞的原生动物到最高等的哺乳类，几乎所有门类都有代表。植物界里海洋中的种类远少于陆地，主要是各种藻类，也有少数种子植物。海洋中生物分布的范围很广，从海水表面到超过万米的深层，潮间带到超深渊带的海沟底，到处都有生物存在，但种类最多、数量最大的是沿岸带和大陆架浅海区。海洋生物根据栖息场所和活动方式，可分为 3 个基本生态类型，即浮游生物、底栖生物和游泳动物。世界物种目录的专家估计，目前科学界已知的海洋生物（主要是动植物）约有 23 万种，估计地球上海洋物种超过 100 万种。中国科学院海洋研究所的刘瑞玉院士主编的《中国海洋生物名录》中记录了我国海域海洋生物的种类已达 46 个门 22 629 种，但其中海洋微生物物种记录非常有限，显示出海洋微生物学在整个海洋生物科学研究中一直未受到充分的重视。从海洋中进化出最原始的生命到现在，几十亿年的生命演化过程中，生命现象从形态到功能，从简单到复杂，生物逐步实现了对各种环境的适应和再进化，创造出丰富多彩的海洋生物世界。但是目前由于“下海”技术发展远远跟不上人们对海洋奥秘探索的追求，因此我们对它的了解仅仅是冰山一角。相信随着海洋探测技术和生物技术的发展与结合，海洋生物资源将得到充分的挖掘，并实现可持续的发展与利用。

七、海洋微生物研究的发展

从海洋微生物学的设立发展到微生物海洋学是一个非常漫长的过程。海洋微生物学是研究海洋环境中微生物特性的学科；而微生物海洋学是研究海洋环境中微生物是怎样发挥其作用并影响海洋的科学。前期人们对海洋微生物的研究是基于兴趣，中期主要受到活性天然产物的驱动，目前对海洋微生物的研究主要定位在海洋生态中的作用。海洋微生物的研究始于19世纪中叶，而真正较为详细的描述开始于19世纪末期。1838年Ehrenberg第一次分离并详细描述了海洋细菌折叠螺旋体（*Spirochaeta plicatilis*），随后Cohn和Warming等先后报道了海洋微生物的研究情况。1884年Certes从Talisman海洋考查远征队采集到的一些深海（有些达5100m）沉积物中首次分离到深海细菌，随后美国的Russell、德国的Fischer、前苏联科学家Issatchenko等都从深海分离到细菌菌株，并首先推测深海细菌在海洋物质循环、能量流动中可能扮演着重要的角色。值得一提的是，1914年Issatchenko长达300页的卓越专著《北冰洋细菌的研究》首次提出并阐明了微生物在全球海洋环境中的物质转化作用。但是由于当时的战争，人们对海洋微生物的认识以及采样条件和培养方法的限制，海洋微生物的研究在长达几十年的时间里进展都很缓慢。早期对于海洋特别是深海微生物的研究非常少，并且海洋微生物学家的研究工作也并没有得到当时海洋研究者和陆生微生物研究者的广泛认可。1939年出版的《伯杰氏鉴定细菌学手册》中记录的1335种细菌中，从海洋分离到的仅有86种。1946年，美国佐贝尔《海洋微生物学》一书的问世，促使海洋微生物的研究进入以生理、生态为基础的研究阶段。1959年以后，苏联学者A. E. 克里斯连续出版了研究深海微生物的著作，提出微生物海洋学的研究设想。到20世纪60年代，由于当时对环境恶化认识的加深，社会活动者们提出了强烈的保护环境的倡议，特别提出重视海洋环境。这一活动激发了当时海洋微生物学者极大的研究兴趣和对海洋微生物的高度重视，并开展了相关海洋微生物学研究方法的一些工作。1961年国际海洋微生物学讨论会的召开标志着以海洋细菌为主要内容的海洋微生物学成为一门独立的学科。20世纪60年代后，代表性的专著有美国学者E. J. F. 伍德于1965年出版的《海洋微生物生态学》、1974年由日本多贺信夫编写的《海洋微生物学》、J. M. 西伯斯于1979年出版的《海洋微生物》等，这些专著为后来海洋微生物学的发展奠定了基础。日本、美国等国家先后实施了海洋生物资源的探测计划，它们是海洋微生物学研究走在最前列的国家。早在20世纪中期，日本就通过深海测量技术发现深海各大洋底绵延着数万多千米的山脊，使人们认识到海洋环境与陆地环境的统一性。1977年美国的“阿尔文”号深潜器最早在太平洋上的加拉帕戈斯群岛附近2500m的深海热液区发现了完全不依赖于光合作用而独立生存的完整的生命体系。这一海底生物群落的发现改变了人们早期对海洋生物的认识，进一步丰富和加深了对整个地球生物圈的认识，激起了人们对地球生物的生理分布、生命的起源、生物进化等生命科学领域重大问题的探索兴趣。海洋微生物的研究也从形态生理学逐步转向分子水平和基因水平的时代迈进。

在此期间美国先后实施了1968～1983年的深海钻探（DSDP）、1985～2003年的大洋钻探（ODP）以及2003年至今的综合大洋钻探（IODP）；日本启动了深海环境调查科技高级研究计划（DEEP STAR）；欧洲科学基金会（ESF）发起由John Parkes主持的深海生物圈探测计划等。这些计划都极大地促进了全球海洋微生物的研究。

20世纪末，世界经济高速发展，温室气体的大量排放导致了全球气温升高、极地原始冰层消融、海平面上升等一系列环境问题的出现。全球陆地生物的净化能力已经负担不起世界经济发展的碳排放，地球环境可持续发展面临严重的问题。海洋占地球面积的70%，在物质循环、能量流动等方面担负着极其重要的角色，是维持全球生态稳定和良性循环的基础。2005 年 Arrigo 在 *Nature* 上发表文章，指出海洋微生物负责将近一半的地球初级产物的降解，是全球营养物质循环的重要组成部分；日本学者从深海沉积物中分离到许多耐苯的石油分解微生物。海洋微生物在海洋生态环境中的功能和作用随着研究的深入逐渐凸现出来。加上目前对陆生微生物 100 多年的研究开发，其独特新资源的发现已经趋于艰难，因此海洋微生物正逐渐成为微生物学科发展的重点和热点。

进入 21 世纪后，对海洋微生物资源的开发引起各个临海国家的高度关注。美国、日本、英国、澳大利亚等国家先后成立了区域性海洋科学学术交流组织，如亚太海洋生物技术学会（APSMB）、欧洲海洋生物技术学会和泛美海洋生物技术协会、国际海洋生物技术大会（IMBC）等。各临海国家纷纷组建海洋生物研究中心，如美国马里兰大学海洋生物技术中心、J. Craig Venter Institute、德国马克斯·普朗克海洋微生物研究所、加利福尼亚州大学圣地亚哥分校海洋生物技术和环境中心、康涅狄格州大学海洋生物技术中心、挪威贝尔根大学海洋分子生物学国际研究中心和日本海洋生物技术研究所等，加上一些老牌的海洋研究所如美国的 Scripps 海洋研究所和海洋微生物研究所、欧洲的马克斯·普朗克海洋微生物学研究所（不来梅）、法国 Ifremer 海洋研究所、英国普利茅斯海洋实验室（Plymouth Marine Laboratory）、德国蒂宾根大学（Tuebingen University）等，这些研究机构的成立为向全球海洋科学研究全面进军提供了坚实的基础。2006 年，美国科学基金会投入 7600 万美元资助 4 个新的跨学科的科技中心之一的微生物海洋学研究与教育科技中心（C-MORE），主要开展海洋学、微生物学、生态学和基因方面的研究。该中心汇集了美国包括麻省理工学院、伍兹霍尔海洋研究所、蒙特利海湾研究所、加州大学圣地亚哥分校等海洋研究实力派单位。2007 年，德国马普学会、丹麦 Aarhus 大学和丹麦国家研究基金合作成立了地质微生物研究中心，开展海床表面下微生物活动驱动的元素循环以及该种微生物作用对全球气候变化影响的研究。美国于 2000 年成立的著名的 Gordon and Betty Moore Foundation 基金组织在 2004 年、2005 年和 2008 年 3 年时间内投入 6000 多万美元用于资助 19 个海洋微生物研究项目。随着海洋研究机构的建立，美国、日本、欧盟（德国、法国、英国、荷兰等）等科技发达的国家和地区推出了“海洋取样计划”、“国际海洋微生物普查”（International Census of Marine Microbes，ICoMM）、“海洋生物技术计划”、“海洋蓝宝石计划”、“海洋生物开发计划”等与海洋微生物相关的一系列研究计划，投入巨资发展海洋药物及海洋生物技术、海洋微生物的活性物质和功能基因开发等方面的研究。海洋微生物基因组研究全面展开。

随后一系列有关深海微生物的研究工作相继展开，并取得了良好的成绩。1994 年深海微生物高温/高压培养系统建立完成，该系统和深潜、采样系统相关技术的联用极大地推动了深海微生物的研究。1999 年 Nogi 等从 11 000m 深处的马里亚纳海沟分离出了极端嗜压微生物 *Moritella yayanosii*。2006 年 Pathom-aree 等同样在马里亚纳海沟深海沉积物中发现丰富的放线菌，在海底沉积软泥的 800m 深处也发现有微生物的生命活动。有资料显示，仅海底软泥中原核生物的生物量估计占地球总生物量的 10%～30% 之多。2003 年开始了深海嗜压菌的全基因组测序工作；2005 年完成第一个深海菌（*Photobacterium profundum* SS9）的全基因组测序工作；2007 年第一个海洋专属的放

线菌菌株 *Salinispora tropica* CNB-440 完成了测序，其序列已经公开发表（http://genome.Jgi-psf.org/finished_microbes/saltr/saltr.download.html）。

2004 年美国海洋微生物研究计划（Marine Microbiology Initiative）中一项海洋微生物基因组测序计划，准备对超过 155 株海洋微生物进行基因组测序，截至 2007 年，其中的 133 株菌的测序工作已经在进行中，大部分资金由 Gordon and Betty Moore Foundation 基金组织提供，由美国 J. Craig Venter Institute 的专家负责完成。另外在海洋生态基因组（MEGX）网站（http://www.Megx.net/）上公布了大量的全基因组测序的海洋微生物，两者加起来共有 278 株（表 2-1）。已完成基因组测序的部分海洋微生物系统进化地位及在全球的分布见图 2-2 和图 2-3。

表 2-1 已经或正在进行基因组测序的 278 个海洋微生物名录

菌种学名	菌种学名
1. *Acaryochloris marina* MBIC11017	30. *Chlorobium phaeovibrioides* DSM 265
2. *Acaryochloris* sp. CCMEE 5410	31. *Citreicella* sp. SE45
3. *Aciduliprofundum boonei* T469	32. *Congregibacter litoralis* KT71
4. *Ahrensia* sp. R2A130	33. *Croceibacter atlanticus* HTCC 2559
5. *Alcanivorax borkumensis* SK2	34. *Crocosphaera watsonii* WH8501
6. *Alcanivorax* sp. DG881	35. *Crocosphaera watsonii* WH0002
7. *Algoriphagus* sp. PR1	36. *Cyanobium* sp. PCC 7001
8. Alpha proteobacterium bal199 BAL199	37. *Cyanothece* BH68，ATCC 51142
9. *Alteromonas macleodii* ATCC 27126	38. *Cyanothece* sp. CCY 0110
10. *Alteromonas macleodii* Deep ecotype，DSM 17117	39. *Dehalobium chlorocoercia* DF-1
11. *Alteromonas* sp. BB2AT2	40. *Denitrovibrio acetiphilus* N2460，DSM 12809
12. *Aurantimonas* SI85-9A1	41. *Dermocarpa* sp. 0006
13. *Bacillus* sp. SG-1	42. *Desulfonema limicola* Jadebusen DSM 2076
14. *Bacillus* sp. B14905	43. *Desulfonema magnum* Montpellier DSM 2077
15. *Bacillus* sp. NRRL B-14911	44. *Desulfosarcina variabilis* Montpellier DSM 2060
16. *Bacteriovorax marinus* SJ	45. *Desulfovibrio vulgaris* Miyazaki F
17. *Beggiatoa* sp. "orange Guaymas"	46. *Dethiosulfovibrio peptidovorans* SEBR 4207,DSM 11002
18. Beta proteobacterium kb13 KB13	
19. Blastopirellula marina SH 106T，DSM 3645	47. *Dinoroseobacter shibae* DFL-12
20. *Brevundimonas* sp. BAL3	48. *Dokdonia donghaensis* MED134
21. *Calothrix* sp. SC01	49. *Erythrobacter litoralis* HTCC 2594
22. *Caminibacter mediatlanticus* TB-2 DSM 16658	50. *Erythrobacter* sp. SD-21
23. *Candidatus pelagibacter* ubique HTCC 1002	51. *Erythrobacter* sp. NAP1
24. *Candidatus pelagibacter* ubique HTCC 1062	52. Flavobacteria bacterium ms024-2a MS024-2A
25. *Candidatus pelagibacter* HTCC 7211	53. Flavobacteria bacterium MS024-3C
26. *Carboxydibrachium pacificum* JM，DSM 12653	54. Flavobacteriales bacterium alc-1 ALC-1
27. *Carnobacterium* sp. AT7	55. *Fulvimarina pelagi* HTCC 2506
28. *Chlorobaculum parvum* NCIB 8327	56. *Geobacillus kaustophilus* HTA426
29. *Chlorobium phaeobacteroides* BS1	

续表

菌种学名	菌种学名
57. *Glaciecola* sp. HTCC 2999	96. *Methylophilales bacterium* HTCC 2181(OM43 clade)
58. *Gloeothece* sp. PCC6909/1	97. *Microcoleus chthonoplastes* PCC 7420
59. *Gramella forsetii* KT0803	98. *Microcystis aeruginosa* NIES-843
60. *Haliangium* SMP-2, DSM 14365	99. *Microscilla marina* ATCC 23134
61. *Haloarcula marismortui* ATCC 43049	100. *Moritella* sp. PE36
62. *Halobaculum gomorrense*	101. *Myxococcus fulvus* HW-1
63. *Haloferax volcanii* DS2	102. *Neptuniibacter caesariensis* MED92
64. *Hoeflea phototrophica* DFL-43	103. *Nitrobacter* Nb-311A
65. *Hydrogenivirga* sp. 128-5-R1-1	104. *Nitrococcus mobilis* Nb-231
66. *Hyphomonas neptunium* ATCC 15444	105. *Nitrosococcus oceani* AFC-27 (= Nc9)
67. *Idiomarina baltica* OS145	106. *Nitrosococcus oceani* C-107
68. *Janibacter* sp. HTCC 2649	107. *Nitrosomonas* sp. 17
69. *Jannaschia* sp. CCS1	108. *Nitrospina gracilis* Nb-211
70. *Kangiella koreensis* SW-125, DSM 16069	109. *Nitrospira marina* Nb-295
71. *Kordia algicida* OT-1	110. *Nodularia spumigena* CCY9414
72. *Kytococcus sedentarius* DSM 20547	111. *Oceanibulbus indolifex* HEL-45
73. *Labrenzia aggregata* IAM 12614	112. *Oceanicaulis alexandrii* HTCC 2633
74. *Labrenzia alexandrii* DFL-11	113. *Oceanicola batsensis* HTCC 2597
75. *Leeuwenhoekiella blandensis* MED217	114. *Oceanicola granulosus* HTCC 2516
76. *Lentisphaera araneosa* HTCC 2155	115. *Oceanobacter* sp. RED65
77. *Leptolyngbya valderiana* BDU 20041	116. *Octadecabacter antarcticus* 307
78. *Limnobacter* sp. MED105	117. *Octadecabacter arcticus* 238
79. *Loktanella* sp. SE62	118. *Parvularcula bermudensis* HTCC 2503
80. *Loktanella vestfoldensis* SKA53	119. *Pedobacter* sp. BAL39
81. *Lyngbya* sp. CCY9616	120. *Petrotoga mobilis* SJ95t
82. *Magnetococcus* sp. MC-1	121. *Phaeobacter gallaeciensis* 2.10
83. *Maricaulis maris* MCS10	122. *Phaeobacter gallaeciensis* BS107
84. *Marinitoga piezophila* KA3T	123. *Photobacterium profundum* 3TCK
85. *Marinobacter algicola* DG893	124. *Photobacterium profundum* SS9
86. *Marinobacter hydrocarbonoclasticus* VT8	125. *Photobacterium* sp. SKA34
87. *Marinobacter* sp. ELB17	126. *Planctomyces limnophilus* DSM 3776
88. *Marinobacter* sp. FO2	127. *Planctomyces maris* DSM 8797
89. *Marinomonas* sp. MED121	128. *Plesiocystis pacifica* SIR-1
90. *Marinomonas* sp. MWYL1	129. *Polaribacter dokdonensis* MED152
91. *Mariprofundus ferrooxydans* PV-1	130. *Polaribacter filamentus*
92. *Methanococcus voltae* A3	131. *Polaribacter irgensii* 23-P
93. *Methanogenium frigidum* Ace-2(=SMCC459W)	132. *Prochlorococcus marinus* AS9601
94. *Methylophaga* sp. DMS010	133. *Prochlorococcus marinus* CCMP1375 (SS120)
95. *Methylophaga thalassica* S1	134. *Prochlorococcus marinus* CCMP1986 (MED4)

续表

菌种学名	菌种学名
135. *Prochlorococcus marinus* MIT9202	174. *Roseovarius* sp. 217
136. *Prochlorococcus marinus* MIT9211	175. *Roseovarius* sp. HTCC 2601
137. *Prochlorococcus marinus* MIT9215	176. *Roseovarius* sp. TM1035
138. *Prochlorococcus marinus* MIT9301	177. *Ruegeria* sp. R11
139. *Prochlorococcus marinus* MIT9303	178. *Saccharophagus degradans* 2-40
140. *Prochlorococcus marinus* MIT9312	179. *Sagittula stellata* E-37
141. *Prochlorococcus marinus* MIT9313	180. *Shewanella baltica* OS155
142. *Prochlorococcus marinus* MIT9515	181. *Shewanella baltica* OS185
143. *Prochlorococcus marinus* NATL1A	182. *Shewanella baltica* OS195
144. *Prochlorococcus marinus* NATL2A	183. *Shewanella baltica* OS223
145. *Prochlorococcus* sp. UH18301	184. *Shewanella benthica* KT99，PT99
146. *Prosthecochloris aestuarii* SK413	185. *Shewanella denitrificans* OS217
147. *Pseudoalteromonas flavipulchra* 2ta6	186. *Shewanella frigidimarina* NCIMB 400
148. *Pseudoalteromonas haloplanktis* TAC125	187. *Shewanella loihica* PV-4
149. *Pseudoalteromonas luteoviolacea* 2ta16	188. *Shewanella putrefaciens* 200
150. *Pseudoalteromonas* sp. Tw2	189. *Shewanella* sp. MR-4
151. *Pseudoalteromonas tunicata* D2	190. *Shewanella* sp. MR-7
152. *Pseudovibrio* sp. JE062	191. *Shewanella woodyi* MS32
153. *Psychroflexus torquis* ATCC 700755	192. *Silicibacter lacuscaerulensis* ITI-1157
154. *Psychromonas ingrahamii* 37	193. *Silicibacter pomeroyi* DSS-3
155. *Psychromonas* sp. CNPT3	194. *Silicibacter* sp. TM1040
156. *Reinekea* sp. MED297	195. *Silicibacter* sp. TrichCH4B
157. *Rhodoferax* sp. BAL47	196. *Sphingomonas* sp. SKA58
158. *Rhodopirellula baltica* SH 1	197. *Sphingopyxis alaskensis* RB2256
159. *Rhodopseudomonas palustris* TIE-1	198. *Stenotrophomonas* sp. SKA14
160. *Robiginitalea biformata* HTCC 2501	199. *Sulfitobacter* sp. EE-36
161. *Roseibium* sp. TrichSKD4	200. *Sulfitobacter* sp. GAI-109
162. *Roseobacter denitrificans* OCh 114	201. *Sulfitobacter* sp. NAS-14. 1
163. *Roseobacter litoralis* Och 149	202. *Sulfurospirillum* sp. Am-N
164. *Roseobacter* sp. GAI-101	203. *Synechococcus elongatus* PCC7942
165. *Roseobacter* sp. R2A57	204. *Synechococcus* sp. BL107
166. *Roseobacter* sp. AzwK-3b	205. *Synechococcus* sp. CC9311
167. *Roseobacter* sp. CCS2	206. *Synechococcus* sp. CC9605
168. *Roseobacter* sp. MED193	207. *Synechococcus* sp. CC9902
169. *Roseobacter* sp. SIO67	208. *Synechococcus* sp. M11. 1
170. *Roseobacter* sp. SK209-2-6	209. *Synechococcus* sp. M16. 17
171. *Roseobacter* sp. GAI-101	210. *Synechococcus* sp. MITS9220
172. *Roseobacter* sp. R2A57	211. *Synechococcus* sp. PCC 7335
173. *Roseovarius nubinhibens* ISM	212. *Synechococcus* sp. RCC307

续表

菌种学名	菌种学名
213. *Synechococcus* sp. RS9916 (= RCC555)	246. Unclassified Rhodobacterales bacterium HTCC 2177
214. *Synechococcus* sp. RS9917 (= RCC556)	247. Unclassified Rhodobacterales bacterium HTCC 2654
215. *Synechococcus* sp. WH5701	248. Unclassified unidentified eubacterium SCB49
216. *Synechococcus* sp. WH7805	249. Unclassified Vibrionales bacterium SWAT-3
217. *Synechococcus* sp. CB0101	250. Unnamed Actinobacterium PHSC20C1
218. *Synechococcus* sp. CB0205	251. Unnamed Alphaproteobacterium HIMB59
219. *Synechococcus* sp. WH 8109	252. Unnamed Alteromonadales bacterium TW-7
220. *Synechococcus* WH 7803	253. Unnamed Deltaproteobacterium anaconda
221. *Synechococcus* WH8102	254. Unnamed Gammaproteobacterium HTCC 2148
222. *Thalassiobium* sp. R2A62	255. Unnamed Gammaproteobacterium NOR51-B
223. *Thalassospira* sp. TrichSKD10	256. Unnamed Gammaproteobacterium NOR5-3
224. *Thauera aromatica* 3CB2	257. Unnamed OM252 Gammaproteobacterium HIMB30
225. *Thermithiobacillus tepidarius* HTCC 5015	258. Unnamed OM60 Gammaproteobacterium HIMB55
226. *Thermococcus barophilus* MP (DSMZ 11836)	259. Unnamed Rhodobacteraceae bacterium KLH11
227. *Thermococcus* sp. AM4	260. Unnamed Rhodobacterales bacterium HTCC 2255
228. *Thermosipho africanus* TCF52B	261. Unnamed SAR11 Alphaproteobacterium HIMB114
229. *Thermotoga* sp. RQ2	262. Unnamed SAR11 Alphaproteobacterium HIMB5
230. *Thioploca araucae* Tha-CCL	263. Unnamed Thermoprotei BD31
231. *Thiovulum majus* Tm_Nivab2	264. Unnamed Thermoprotei BG20
232. *Trichodesmium erythraeum* IMS101	265. Unnamed Verrucomicrobiae bacterium DG1235
233. *Trichodesmium thiebautii* II-3	266. *Vibrio alginolyticus* 12G01
234. Unclassified Campylobacterales bacterium gd 1 GD 1	267. *Vibrio angustum* S14
235. Unclassified candidatus *Thioturbo danicus* Td_Nivab1	268. *Vibrio campbellii* AND4
236. Unclassified *Flavobacteria* bacterium BAL38	269. *Vibrio cholerae* RC385
237. Unclassified *Flavobacteria* bacterium BBFL7	270. *Vibrio fischeri* MJ11
238. Unclassified *Flavobacteriales* bacterium HTCC 2170	271. *Vibrio harveyi* ATCC BAA-1116
239. Unclassified gamma Proteobacterium HTCC 2207	272. *Vibrio harveyi* BB120, ATCC BAA-1116
240. Unclassified marine alpha Proteobacterium Y4I	273. *Vibrio harveyi* HY01
241. Unclassified gamma Proteobacterium HTCC 2080	274. *Vibrio parahaemolyticus* 16
242. Unclassified gamma Proteobacterium HTCC 2143	275. *Vibrio shilonii* AK1
243. Unclassified *Oligobacter* sp. SKA48	276. *Vibrio* sp. MED222
244. Unclassified Rhodobacterales bacterium HTCC 2083	277. *Vibrio splendidus* 12B01
245. Unclassified Rhodobacterales bacterium HTCC 2150 (RCA clade)	278. *Zobellia galactanivorans* DsijT

资料来源:Gordon and Betty Moore Foundation-Microbial Genome Sequencing Project.
[http://www.moore.org/microgenome/和海洋生态基因组(MEGX)网站 http://www.megx.net/]。

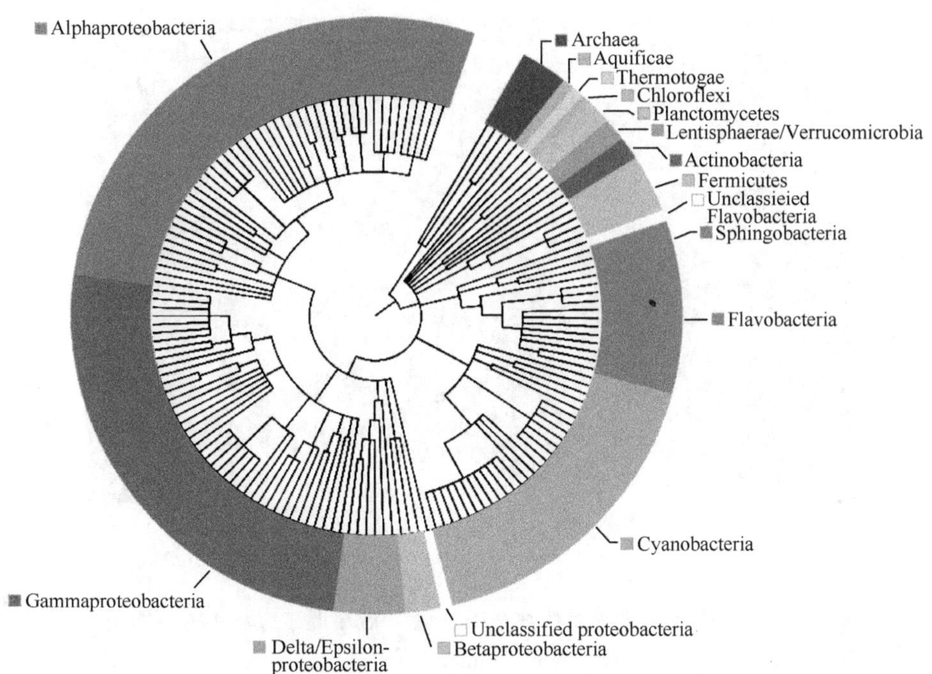

图 2-2 已经进行基因组测序的部分海洋微生物系统发育关系图（引自 Gordon and Betty，Moore Foundation-Microbial Genome Sequencing Project，http://www.moore.org/microgenome/）

Alpha Proteobacteria＝α-变形菌门；Archaea＝古菌；Aquificae＝产水菌门；Thermotogae＝热袍菌门；Chloroflexi＝绿弯菌门；Planctomycetes＝浮霉菌门；Lentisphaerae＝黏胶球形菌门；Verrucomicrobia＝疣微菌门；Actinobacteria＝放线菌门；Fermicutes＝厚壁菌门；Unclassified＝未分类；Flavobacteria＝黄杆菌门；Sphingobacteria＝鞘脂杆菌门；Cyanobacteria＝蓝藻门；Beta Proteobacteria＝β-变形菌门；Delta Proteobacteria＝δ-变形菌门；Gamma Proteobacteria＝γ-变形菌门

至今最为彻底的海洋微生物普查应属 2003 年实施的“全球海洋取样计划”（GOS），它由 J. Craig Venter Institute 的专家负责搭乘魔法师 II（Sorcerer II）采样船，2003 年 8 月从加拿大东部起航，驶过巴拿马运河、加勒比海，考察了加拉帕戈斯群岛、法属波利尼西亚、澳大利亚附近海域、印度洋、非洲之角以及美国的太平洋海岸及其附近水域，2006 年回到美国，历时近 3 年，航程 8000 多千米。此次环球采样主要采集的是表层海水环境样品，用鸟枪法进行环境基因组测序，共测得 770 万条新序列，编码 612 万个新基因和相应的蛋白质，包括一些具有重要生态功能的新基因。这些数据使得目前全球基因数据库的总量增加了 1 倍，所发现的大量蛋白质数据不但囊括了现有在原核微生物发现的蛋白质家族的几乎所有成员，而且发现了 1700 个独一无二的新的蛋白家族。目前所发现的新蛋白家族仍呈直线增长趋势，显示出他们这次发现的数据远远没有达到饱和状态。他们共获得的约 2500 万条 DNA 序列的巨大原始数据储存在 NCBI（http://www.ncbi.nlm.nih.gov/Traces）中，相关的蛋白质信息存放在 GenBank（http://www.ncbi.nlm.nih.gov/Genbank）、UniMES［The UniProt Metagenomic and Environmental Sequences database（http://www.Uniprot.org/downloads）］和 CAMERA（CAMERA-Cyberinfrastructure for Advanced Marine Microbial Ecology Research and

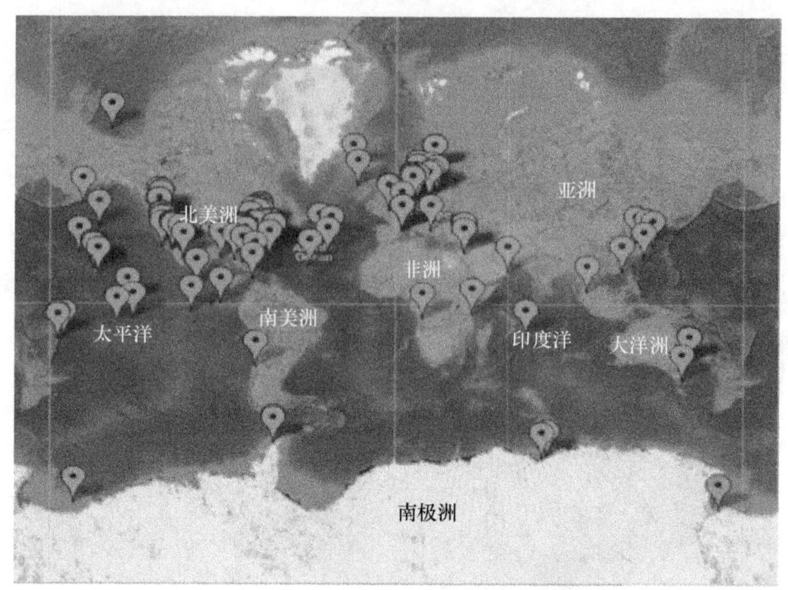

图 2-3　已完成基因组测序的部分海洋微生物在世界海洋中的分布情况
(引自 Gordon and Betty Moore Foundation-Microbial Genome Sequencing Project http://www.moore.org/microgenome/)

Analysis，由 Gordon and Betty Moore Foundation 基金组织资助建设；http://camera.calit2.net）等数据库内，所有这些数据免费向全球开放。

海洋环境复杂多样，理化性质独特，蕴藏着不同的微生物群落结构。初步的研究结果显示海洋微生物种类多样，包括细菌域、古菌域和真核生物域以及病毒等各个类群，估计物种超过 2 亿种，生物碳总量达 9000 万 t，仅沉积环境原核微生物就达 1×10^{30} 个（表 2-2）。海洋微生物一般都具有喜盐、耐冷、耐压、贫营养需求等独特的海洋生物特性。丰富多样的微生物资源是发现新物种、新功能、新基因和新机制的理想场所。大量海洋微生物基因组序列和海洋环境宏基因组测序的完成并开放，初步展示了海洋微生物物种、分布、功能、生态作用以及遗传进化等特性，为利用海洋微生物资源展开的药物研发、新能源开发、环境污染治理和防止气候变暖等方面，以及海洋微生物在海洋环境生态中的功能和作用、海洋微生物与陆源微生物的演化机制、生命起源与进化研究提供了非常宝贵的材料。相信在不久的将来，海洋微生物的研究将在海洋生态、地球物质能量循环以及生命进化等重要生命科学领域掀开新的篇章，并预示着继陆生微生物时代后，海洋微生物时代即将到来！

八、海洋微生物概念的争论

目前对海洋微生物的概念有不同的理解和争议。张晓华主编的《海洋微生物学》一书第一章节中描述得较为清晰，主要有两种概念：一是有些学者强调海洋微生物，必须

表 2-2　海洋环境原核微生物的数量分布表

深度/m	个细胞/cm^3，$\times10^6$	细胞数（$\times10^{28}$）		
		深海	大陆架	海底平原
0.1	220.0	66.0	14.5	4.4
10	45.0	121.5	26.6	8.1
100	6.2	18.6	4.1	1.2
200	19.0	57.0	12.5	3.8
300	4.0	12.0	2.6	0.8
400	7.8		10.1	3.2
600	0.95		3.7	1.2
1200	0.61		3.2	1.0
2000	0.44		2.6	0.9
3000	0.34			0.7
总数		275.1	79.9	25.3

资料来源：Whitman 等（1998）。

是海洋环境的“土著”类群，这确实是一个不争的事实，但海洋是一个完全开放的环境，风尘、雨水、河流等都无法避免受到陆源的“污染”，因此“海洋土著”对微生物来讲没有明确的界限和标准；二是部分学者强调海洋微生物“适应性”的特点，认为只要能够适应海洋环境并能稳定存活、繁衍，占有一定生态位置的微生物都是海洋微生物。陆生普通环境的微生物一般对盐的耐受性为0～3%，与海水盐浓度相当，另外红树林生态区、高原低盐湖泊、盐矿周边环境等微生物对盐都有一定程度的耐受性，在海水存在时也可存活生长。还有些微生物“到达”海洋环境后一直“幸存”于休眠状态，在海洋环境中没有生长，但也没有死亡，偶尔研究者还能将其分离出来，这些类群又如何归属呢？

对于地球这个生命星球来讲，微生物存在于所有开放的环境中。由于微生物个体微小，可随风或各种流体移动，使得各种环境中微生物都存在着一定程度的交叉。对于微生物来讲，整个地球只是一个完整的生存环境，各个环境之间早已失去了严格的界限，每个原始或极端环境，都会有其土著居群。就某一环境来讲，早期外源污染的微生物，大部分因为不能适应新的环境而死亡、裂解、消失，极少数类群可能幸存下来，并经过长期的适应与进化使其自身能够耐受所在的新环境，逐渐稳定生存和繁衍，甚至演替为优势类群，今天我们仍旧将其称为该环境的“土著”类群。

还有些学者认为把海洋微生物理解为“海洋来源的微生物”，笔者认为这个观点非常合适，不过这也只能是一个“过渡词”而已，随着对海洋微生物的研究深入，最终还是要过渡到海洋微生物的阶段。不过从微生物资源学的立场看，只要是从海洋获得的微生物都算海洋微生物，而不要太计较它是海洋土著菌还是从其他地方而来。

九、我国海洋微生物研究的发展

相对于国外的研究，国内在海洋微生物研究领域起步较晚。20 世纪 60 年代薛廷耀等率先在青岛开展了胶州湾海洋微生物的研究。1962 年他依据 ZoBell 所著的海洋微生物学专著 *Marine Microbiology* 和国内外一些研究文献编译出版了我国第一部内容详尽的《海洋细菌学》一书。90 年代初期福建海洋研究所方金瑞、黄维真等对我国福建沿海海洋放线菌资源进行了研究。中国科学院沈阳应用生态研究所王书锦科研团队对我国黄海、渤海及辽宁近海海域开展了微生物资源考查，发现了大量微生物。上海第二军医大学焦炳华研究组从 2000 年起，开展了我国东海海域海洋微生物的研究，取得了显著的成果。早期的研究主要是从生物多样性的角度开展，调查微生物类群、分布以及对所发现的个别活性菌种进行次生代谢产物方面的研究。上述工作为我国海洋微生物的研究与利用奠定了坚实的基础。

国际海洋钻探、深海调查等重大成果的发现以及对海洋微生物在全球生态中的作用研究的不断深入，驱动着我国发展战略向海洋生物方面倾斜。我国在“九五”期间启动了“‘863’计划海洋生物技术领域”，项目中增列海洋监测和海洋生物技术，内容涉及海洋微生物应用，吸引了更多学者进入该研究领域。“十一五”启动“‘863’计划资源与环境技术领域”项目规划，涉及深海极端环境微生物的资源研究开发。国家自然科技资源平台、自然科学基金、大洋专项、国家“973”计划、我国近海海洋综合调查与评价项目（简称“908”专项）等多个专项研究计划，强烈支持和影响着我国海洋微生物学研究，促使我们在海洋微生物资源及其多样性、微生物次生代谢产物、海洋特殊功能基因、特殊（热液、冷泉、动植物内共生）环境微生物资源、海底沉积环境微生物过程、海洋微生物地球化学循环、深海取样及保压系统等多个方面取得了丰硕的成果。

1997 年我国首台 6000m 自制水下机器人“CR-01”号诞生，7000m 载人潜水器正在研制，并自主研发了深海沉积物捕获器。2000 年，我国组织实施了西北太平洋海洋环境考察与研究专项，提高了对该海区海洋环境、地质资源、海洋生物资源等的认知水平。2002 年我国第一颗海洋卫星 HY-1 发射升空，这是我国海洋科学技术发展历史上的一个重大事件。2003 年 9 月，国务院正式批准“我国近海海洋综合调查与评价”专项，进一步查清中国海的“家底”，为海洋资源开发和环境评价提供基础数据。2009 年在其资助下完成了海洋生物巨著《中华海洋本草》，其中一个篇章《海洋药源微生物》收载了 314 株海洋药源微生物及其次级代谢产物的生物学、化学、药理学等信息，为未来海洋药物研究开发拓展了新的资源领域。2004 年国家海洋局依托国家海洋局第三海洋研究所建立海洋微生物资源保藏中心，为收集、保藏我国海洋微生物物种资源和基因资源打下了良好基础；2005 年 4 月至 2006 年 1 月，我国首次开展了环球综合海洋科学考察，获得了大量的硫化物、微生物、大型生物、沉积物和热液样品，在我国大洋科考史上具有里程碑意义。《国家中长期科学和技术发展规划纲要（2006～2020 年）》对我国未来 15 年科学技术发展做出了全面规划与部署，把海洋科技发展提到了新的历史高度，海洋成为国家超前部署的五大战略领域之一。

海洋基础科学研究，一直得到国家自然科学基金委和科技部的大力支持，已有 10 多项海洋基础研究项目得到“国家重点基础研究计划”（“973”计划）的资助，获得了一批高水平成果，开创了我国海洋科学发展的新纪元。特别是 2009 年启动的重大前沿项目“海洋微生物次生代谢的生理生态效应及其生物合成机制”，是首次支持以海洋微生物为主要研究对象的重大项目。同年 7 月，国家“863”计划海洋技术领域办公室在北京组织召开了“海洋先导化合物和海洋创新药物暨海洋微生物开发利用技术”专题战略研讨会，重点对我国海洋微生物在特色资源、高通量筛选、天然产物、医药开发等海洋微生物开发利用以及海洋微生物研究平台建设等方面进行了深入探讨，并重点部署了“十二五”我国海洋药物和微生物开发利用技术发展方向和重点任务。中国科学院也启动了“应用微生物研究网络”（Research Network for Applied Microbes，RNAM）。海洋微生物研究中心是先期启动的工业、农业、环境和海洋 4 个微生物研究中心之一。

目前，涉海科研机构和院校约有 130 多个，拥有一批以中国科学院院士和中国工程院院士为核心的 13 000 余人的海洋科技队伍和一批国家与省部级重点实验室、海洋信息共享平台和数据库、海洋微生物资源保藏中心；装备了一批设备先进的海洋综合考察船和专业考察船。这些科技能力和装备将为我国海洋科技事业未来的创新发展和进一步腾飞创造条件。

海洋微生物是优良的、可持续利用的重要战略资源，它将为我国工农业生产、卫生健康、环境保护、科研教育提供宝贵的海洋微生物物种资源、天然产物资源和基因资源，并将其作为“工具”、“化学工厂”、“净化机器”、“生产者”等加以利用，实现微生物为人类生产必需的化工、能源、材料和医药等产品服务。利用海洋微生物学与其他学科的交叉融合解决人类目前面临的资源、能源和环境危机等重大问题，实现人与自然的和谐发展，最终发挥“微生物、高科技、大产业”的优势，更好地实现海洋微生物在支撑我国海洋生物产业发展和解决国家需求方面的重要作用。

总体来讲，我国海洋微生物研究工作目前还处于打基础阶段，我国海洋微生物的基础研究和微生物应用技术研究等仍落后于发达国家。特别是在海洋微生物资源发掘和利用方面，国家科学研究资金的投入力度还需要加强，对海洋微生物资源需要提出明确的、长远的发展利用规划，提供稳定的资金支持，联合我国微生物资源研究的优势力量，充分挖掘我国海洋微生物巨大的资源宝库，打好坚实的基础，为我国海洋微生物及海洋生物技术的研究向更高水平发展积聚力量、积累资源。

第二节　海洋真菌资源

一、海洋真菌研究简况

海洋真菌不是一个分类学概念词语，而是一个生态群的总称，它是指从海洋环境或海洋相关环境分离到的真菌的总称。海洋真菌如同海洋微生物一样很难在概念上界定其范围。Moore 和 Meyers 曾经提出将海洋来源的真菌归为一个海菌纲——Thalassiomycetes，但这种提法明显与传统分类的宗旨不相符。海洋真菌的研究历史比较久远，1840 年以后就有关于海洋真菌的报道。1864 年法国的 Monzonneuvo 和 Montagne 报道了从海草中分离的第一个海洋真菌 *Spaeha posidoniae*，此后近 80 年的时间里，海洋真菌研究少有报道。直到 20 世纪中叶，Barghoorn 和 Linder 发现大量海洋木生真菌，海洋真菌才逐步受到重视并发展起来。1961 年美国的 Johnson 和 Sparrow 出版关于海洋真菌研究的专著——*Fungi in Oceans and Estuaries*，从分类学、生理学和生态学的角度详细阐述了海洋真菌的研究情况，从此拉开了海洋真菌研究的序幕。1966 年在德国举行了第一届国际海洋真菌生物学大会，以后每 6 年举行一次的国际海洋真菌学大会对海洋真菌的研究产生着深远的影响。1979 年德国的 Kohlmeyer 等出版了 *Marine Mycology：The Higher Fungi*；1986 年 Moss 组织编写了 *The Biology of Marine Fungi*，此书由 42 位当时一线著名的海洋真菌生物学家共同编著，涉及海洋真菌的生理生化、分类、鉴定及系统学、生长、进化、生态分布、病原真菌以及生物地理学等多个方面，为后来海洋真菌的研究提供了详尽的科学资料。这个时期为海洋真菌研究作出突出贡献的科学家有美国的 Meyers、Moore、Johnson 等；英国的 Wilson、Hughes、Jones、Hyde 等；德国的 Hohnk、Kohlmeyer 等。20 世纪 90 年代后，海洋真菌的研究进入到生理、生态和次生代谢产物化学方面的研究，对海洋真菌的海洋适应性、耐盐性、海洋物质循环和能量流动、生物地球化学循环、海洋真菌代谢产物（工业酶、天然次生代谢产物等）等方面开展了大量研究。随着近代分子生物学的发展，海洋真菌也进入了分子水平的研究时代。

根据海洋真菌的特性或分离环境等因素可将海洋真菌分成不同的类群。如根据海洋真菌生长对海水理化性质的适应和需求，可将其分为专性海洋真菌和兼性海洋真菌。专性海洋真菌是指在海洋环境中能够完成其产孢、生长等完整生活史的真菌。第一个描述的专性海洋真菌是 *Posidonia oceanica*，另外 *Arenariomyces*、*Corollospora*、*Halosphaeriales* 等类群都是专性海洋真菌。兼性海洋真菌是指通过外源污染进入海洋，能够在海洋环境中生活，但不能产孢，无完整生活史的真菌。第一个描述的兼性海洋真菌是 *Phaeosphaeria typharum*。根据营养方式的不同可以将海洋真菌分为寄生真菌、共生真菌和腐生真菌；根据海洋真菌生长环境的不同可以将其分为木生真菌、寄生藻体真菌、红树林真菌、沙栖真菌、海草真菌和动物寄生真菌。1974 年 Hughes 根据真菌在海洋中的分布区域不同将其分为 5 个生物地理分布区：寒带、温带、亚热带、热带和南极带。也有些学者根据海水的深度把真菌分为不同层次，或直接分为浅海真菌和深海真菌。上述根据不同的理化或环境性质将海洋真菌分成不同的单元，主要是为了方便研究，人为地对其进行归纳整理，这些概念如专性和兼性，寄生、共生与腐生，各气候带等都没有明显的界线，因此这与系统进化的分类研究有较大的差异，不属于系统分类学范畴。

二、样品采集

海洋样品的采集与获得一直是海洋微生物研究的最大限制因素。浅海或近岸样品采集难度相对较小，例如，红树林生态区，可以在退潮的情况下，采集红树林根部沉积物、植物的残体、活植物的根、茎、叶、种等以及植物病灶区样品；海滩的沉积物、漂浮物等；浅海的海洋动植物如海绵、珊瑚、海草、海藻等以及河口、湿地、浅滩等生态区样品。海洋样品的采集，特别是深海样品的采集，如深海的底层海水、沉积物、深海的腐木以及深海热液区、冷泉区、金属结核区等特殊生态系统的沉积物及鱼、蠕虫、虾、蟹等动植物样品以及深海样品等都需要特殊的采样设备如深海沉积物抓斗、可视沉积物捕获器、高保真采样器、水下机器人、深潜器等。目前这些设备非常昂贵，大多数国家的研究单位尚不具备这些条件，因此对于获得深海样品非常不易，加上欠缺保真培养设备等，严重限制了海洋微生物的研究。对于海洋微生物特别是深海微生物的研究基本处于初始状态。

三、分离方法

海洋真菌的分离有很多的方法，而针对不同类群真菌的分离方法不同，下面仅介绍几种常用的分离方法。

（一）稀释涂布平板法

将海洋沉积物样品，用无菌海水 10 倍梯度稀释，取各不同稀释度下的样品悬液 0.2mL 涂布于不同的分离培养基平板。对于海洋动植物样品，如海绵、珊瑚可以通过表面消毒后用无菌海水混合，无菌条件下搅碎成糊状，梯度稀释后进行涂布，也可以通过在无菌条件下进行切片，然后贴到分离培养基上进行分离培养。

（二）单孢（或多孢）直接分离法

部分样品如海滨或海底采集到的木质样品，可以在实验室通过合适的条件培养后或者不经培养直接在显微镜的帮助下，观察表面的菌落，通过无菌的工具如接种针、毛细吸管、圆锥形吸嘴等获取单个（或多个）孢子，再接种到分离培养基上，进行分离。

（三）诱培法

采集到的木质或其他样品，在实验室特定的条件下直接进行培养、孵化，进行真菌的分离（原始材料诱培）；通过一些特殊的材料作为培养基质，如木头或部分植物的提取液等作为诱导培养基质，进行选择性分离培养。

（四）常用培养基

真菌的分离有很多培养基，根据不同的分离目的自行设计或改良现有培养基以达到分离的目的。通常采用经典真菌分离培养基中添加 0～100%的海水，同时加入一些抗生素，如青霉素 30～50μg/mL、链霉素 30～50μg/mL、氯霉素30～50μg/mL、孟加拉红 10～30μg/mL 等可以抑制非目的菌生长。培养温度10～30℃，pH 酸性至中性。下面是几种常用的真菌分离培养基。

1）PDA 培养基：葡萄糖 20g，马铃薯 200g，琼脂 20g，琼脂 15g，陈海水 1000mL。

2）GPY 培养基：葡萄糖 1.0g，酵母浸膏 0.1g，蛋白胨 0.5g，琼脂 15g，海水 1000mL，pH8.0。

3）马丁氏培养基：KH_2PO_4 1g，MgSO4 · $7H_2O$ 0.5g，蛋白胨 5g，葡萄糖 10g，琼脂 20g，海水 1000mL，pH 自然；此培养液 1000mL 加 1%孟加拉红水溶液 3.3mL。临用时每 100mL 培养基中加 1%链霉素液 0.3mL。

4）查氏培养基：硝酸钠 3g，K_2HPO_4 1g，$MgSO_4 \cdot 7H_2O$ 0.5g，氯化钾 0.5g，$FeSO_4$ 0.01g，蔗糖 30g，琼脂 20g，陈海水 1000mL。

5）沙堡弱培养基（SDA）：葡萄糖 40g，蛋白胨 10g，琼脂 15g，蒸馏水 1000mL。

6）麦芽浸膏培养基：麦芽浸膏 30g，大豆蛋白胨 3g，琼脂 15g，陈海水 1000mL。

7）改良 Leonian 培养基：麦芽糖 6.25g，麦芽浸膏 6.25g，KH_2PO_4 1.25g，酵母浸膏 1.0g，$MgSO_4 \cdot 7H_2O$ 0.625g，蛋白胨 0.625g，琼脂 20g，海水 1000mL。

四、海洋真菌资源

真菌在海洋中广泛分布，特别是在表层海水中或海滨漂浮的木头、海岸沙砾、红树林生态区、海绵等海洋动植物内共生等环境中；深海沉积环境真菌数量和种类相对较少，但在深海腐木、热液或冷泉区等特殊环境中真菌较丰富。温度是影响海洋真菌分布的关键因素，例如，在典型热带海洋区域广泛分布着 *Antennospora quadricornuta* 和 *Halosarpheia ratnagiriensis*；在温带常见的是 *Ceriosporopsis trullifera* 和 *Ondiniella torquata*；而在寒带常见的是 *Spathulospora antartica* 和 *Thraustochytrium antarticum*；有些类群如 *Ceriosporopsis halima* 和 *Lignincola laevis* 等是全球广泛分布的。第二个影响因素是盐度，一些红树林真菌能够耐受宽范围的盐浓度，而有些海洋真菌更适宜于海水环境，如 *Lindra inflata*、*Ondiniella torquata* 等。总体看来，海洋环境中的真菌以子囊菌纲类群最多，从浅海到深海、从表层到深层均有分布；在数量和种类上呈减少的趋势。一般情况下在海岸、潮间带、红树林生态区、浅海动植物共生等环境中海洋真菌分布广泛，且数量、种类较多；在深海环境中，如一些热液口、冷泉区、石油埋藏区等营养基质比较丰富的特殊区域，海洋真菌的数量较多；但在深海普通沉积区，由于营养贫瘠且静水压较高，真菌数量很少。目前人们对海洋真菌资源研究主要集中在海洋漂浮木、潮间带红树林真菌、海绵和海草共附生真菌资源方面。

20 世纪 90 年代以前对海洋真菌的研究主要集中在木生海洋真菌上。对海洋漂浮木真菌的研究始于 1944 年，Barghoorn 和 Linder 发现海里漂流木是海洋真菌特殊的栖息地，并发现了 10 个新属和海洋子囊菌和半知菌的 25 个新种，引起海洋真菌学家的兴趣，同时他们研究了 pH、温度和盐度对一些特殊海洋真菌生长的影响，开海洋真菌生态的先河。1985 年 Grassoe 等用特殊的木材做诱培，分离到 13 个属的海洋木生真菌 254 株。此后在海滨、潮间带等木质生物或漂浮物上分离到大量的海洋真菌菌株，并发现了海洋真菌如 *Corollospora maritima*、*Zalerion maritimum*、*Lulworthia floridana* 等，有很强的分解木材能力。Gold 和 Hughes 等报道了不同海洋环境中木生真菌的群落以及温度、盐度、pH、溶解氧和离子等对海洋真菌生长的影响，并发现了一些特殊生理需求的海洋真菌类群。通过大量的研究发现 *Halosphaeriales* 为木生海洋真菌的常见类群，而潮间带红树林木生真菌的常见类群为 *Loculoascomycetes*。1979 年的资料显示，海洋木生真菌已经有 107 个种，其中子囊菌类 76 种，半知菌 29 种，担子菌类有 2 种。2001 年印度的 Prasannarai 从印度海滨木生样品中分离到 47 个属的 88 个种，其中 *Torpedospora radiata* 广泛分布在各种采集环境的样品中。

红树林主要生长于热带和亚热带海岸潮间带，分布在 112 个国家，占据世界 1/4 的海岸带，周期性地被盐度较低的海水覆盖和暴露于太阳下，并富含大量的树叶、木头残片和植物花等营养基质，其生态环境特殊，是真菌良好的栖息环境。同时真菌也是“红树林生态”食物链的重要环节，一直受海洋真菌研究者的高度关注。早在 1920 年 Stevens 就报道了红树林生态区海洋真菌的研究情况。1988 年 Hyde 等记录了文莱红树林区域发现的 100 个海洋真菌种。1990 年 Hyde 等又在泰国一个国家红树林区域发现了 67 个红树林海洋真菌物种，显示出海洋红树林真菌丰富的多样性。1994 年 Alias 等在马来西亚发现了 125 个海洋真菌物种。1995 年 Hyde 和 Lee 详细阐述了海洋真菌在红树林生态区扮演着重要的角色，指出海洋红树林真菌的多样性受红树林生态区演化年龄、红树林植物的多样性、红树林生态区陆源植物的多样性以及红树林生态区微环境等因素的影响；综述了全球海洋真菌的地理分布，指出部分菌种区域分布、垂直分布、寄主特异性等特性以及红树海洋真菌在营养物质循环中扮演的角色。Jones 和 Alias 在 1997 年估计来自于红树林环境中的高等海洋真菌有 269 种。Schmit 和 Shearer 在 2003 年报道了 625 种来自于红树林环境中的真菌，包括 278 个子囊菌（ascomycetes）、277 个有丝分裂孢子真菌（mitosporic fungus）、30 个担子菌（basidiomycetes）、14 个卵菌（oomycetes）、12 个接合菌（zygomycetes）、9 个破囊壶菌（thraustochytrids）、3 个壶菌（chitridiomycetes）和 2 个黏菌（myxomycetes），大约有 200 个种是海洋专性真菌。

海绵约有 15 000 个种，是滤食性海洋动物。1kg 海绵每天可以过滤海水 2 万多升，由于其通体密布小孔因此是微生物栖居的良好环境。每毫升海绵含微生物达 1×10^{9} 个，海绵全重的 30%～70%都是微生物。对海绵共附生微生物研究较多，但海绵共附生真菌的研究报道较少，目前对它的研究尚未引起特别的重视，大量海绵相关的真菌尚未知晓。最近的资料显示出在美国夏威夷海绵中分离到 8 目 26 属的 235 株真菌，其中 17% 与海栖类群亲缘关系相近。这些菌株被分为海绵关联菌（sponge-generalists）、海绵共栖菌（sponge-associates）和海绵专有菌（sponge-specialists）三大类，所有这些菌中子囊菌占 25 个属，为优势类群。一些分子生物学方法也被用于海绵免培养真菌多样性方面的研究。但是目前对海洋中珊瑚共附生真菌罕见报道。

对于深海环境真菌的研究报道不多。1977 年，Kohlmeyer 从水深大于 1600m 的海底获得 *Bathyascus vermisporus*、*Oceanitis scuticella*、*Allescheriella bathygena* 和 *Periconia abyssa*（深度 3975～5315m）4 个新物种，此后鲜有深海真菌方面的报道。2003 年 Stoeck 和 Epstein 用分子方法检测到深海环境中具有全新的真菌高级类群。2009 年 Dupont 等描述了深海发现的海洋真菌新属 *Alisea*；通过对部分海洋真菌和陆生真菌的生长和代谢活性实验研究，发现静水压是其主要的限制因素，这或许是深海环境真菌数量少的一个原因。也许正因为如此才导致目前发现的可培养深海真菌的数量较少，但也可能是因为样品采集难度大等条件限制所致。因此可以认为，真正的深海沉积特殊环境的真菌资源还仍深埋在海底。

五、海洋真菌的多样性

目前人们估计真菌有 150 万种，但所发现和描述的不足 10 万种，其中海洋真菌的数量和种类更少，所描述的海洋真菌大部分是在浅海、表层海水或海岸带发现的。Jones 等于 2009 年统计了 1840～1940 年的 100 年间，海洋真菌共发现描述了 51 个种；1940～1980 年 40 年间共发表了 166 个种；1980～1989 年发表了 135 个；1990～1999

年发表了 156 个；2000～2009 年共发表了 43 个（图 2-4）。迄今共发现海洋真菌 321 个属级类群的 551 种，或许更多。表 2-3 是真菌学家们在不同年代发现海洋真菌物种的数量。从表中可以看出，海洋环境中 Ascomycetes 有 1190 个种，占总数的 78%，是绝对的优势类群，其中的海壳目（Halosphaeriales）53 个属 126 个种是海洋真菌中最大目级类群，在海洋环境中广泛分布。

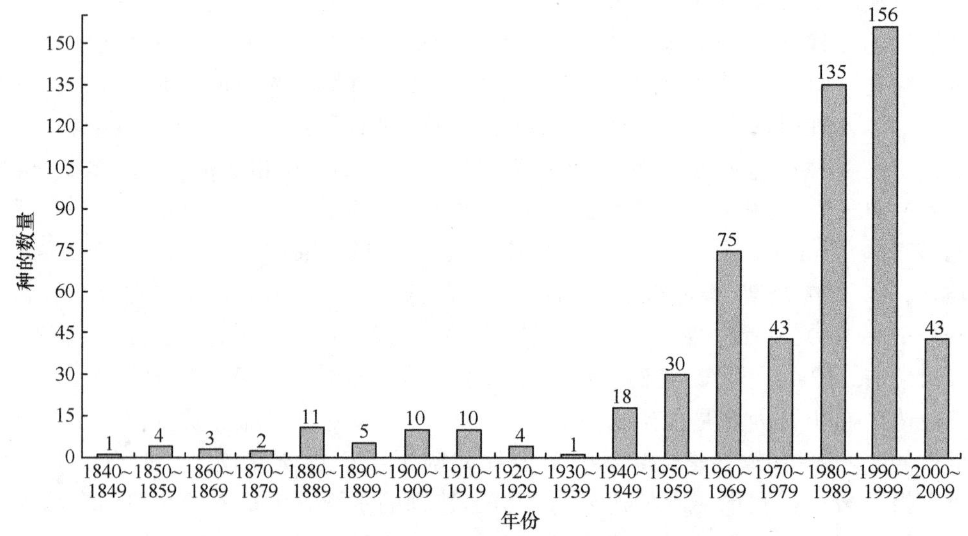

图 2-4 每 10 年海洋真菌发现数量柱状图（引自 Jones et al.，2009）

表 2-3 不同时期描述的海洋真菌的种属数量

类群	1979 年		1991 年		2000 年		2009 年	
	属	种	属	种	属	种	属	种
Ascomycetes	62	149	115	255	177	360	251	426
Basidiomycetes	4	4	5	6	7	10	9	12
Ceolomycetes	15	22	16	21	23	28	23	34
Hyphomycetes	25	34	25	39	28	46	42	79
总数	106	209	161	321	235	444	325	551

1996 年，Jones 和 Mitchell 估计海洋真菌有 1500 个种，但是由于对复杂的海洋环境特别是深海真菌资源的了解非常有限，因此对海洋真菌物种资源的估计都停留在推测的基础上。不过随着各临海国家对海洋科学的探求渴望及资金的强力资助，相信海洋微生物的研究能够真正地扩展开，从而逐步揭开海洋微生物在海洋生态中的作用及其开发应用价值。

山东农业大学的金静博士等对我国的海洋真菌资源开展了较系统的研究。他们于 2001～2009 年在我国沿海沿岸区域采集了 1000 余份海洋漂流木、潮间带附着木等木质样品，共发现了海洋木生真菌 42 个属，52 个种，其中子囊菌 30 多种，半知菌 17 种，共有中国新纪录属 10 个，新纪录种 18 个，新种 12 个。其中的 7 个种是首次在海洋环境中发现的报道。对于我国海洋真菌的记录，不同的时期也有相应的记录。表 2-4 分别记录了在1994年、2000年和2009年统计的我国海洋真菌的部分情况。从统计的结果看，到2009年我国真菌仅有151个种，这种统计结果应该是相当保守的。

表 2-4　不同时期记录的我国海洋真菌的物种数量

类群	1994年	2000年	2009年
	种	种	种
Ascomycetes	72	80	94
Basidiomycetes	2	1	2
半知菌	53	58	55
总数	127	139	151

六、海洋真菌次生代谢产物

国内外对海洋或深海真菌次生代谢产物的研究开展得比较迟。早在1945年7月，Brotzu就在地中海撒丁岛海域海水样品中分离得到抗菌活性的海洋真菌 *Cephalosporium acremonium*（后命名为 *Acremonium chrysogenum*），从中发现了优良的抗生素头孢菌素C（cephalosporin C）以及P1-5等一系列化合物。也有学者认为1981年从真正的海洋真菌 *Halocyphina villosa* 分离到的西卡宁（siccayne）是第一个海洋真菌中发现的抗生素。目前头孢类抗生素在临床上仍在广泛使用。通过结构的改造，目前其新产品达200多种，占世界上抗生素总产量的60%以上。据报道，1970～1993年从海洋真菌中发现的新化合物不到35个；海洋真菌由于较其他海洋微生物在次生代谢产物产生方面具有易培养、产量大等优点，因此逐步受到天然产物化学家的青睐。1994年后发现新化合物的速率不断增加，到2002年海洋真菌中发现的新化合物达272个。目前已从海洋真菌中分离到近300个具有抗菌、抗肿瘤、抗病毒及免疫调节剂、抑制剂等生物活性的新化合物，表明海洋真菌中蕴藏着许多具有应用潜力的活性物质，它们是开发新抗菌、抗病毒、抗肿瘤药物及其他新药的重要资源。海洋真菌中不但发现了新的次生代谢产物，同时也发现了很多陆生真菌中发现的已知代谢产物。海洋真菌代谢产物中有90%以上是来源于从海绵、海藻等海洋动植物中分离的菌株，来源于海洋沉积物真菌的仅占3%。虽然目前对海洋沉积物尤其是深海沉积物真菌活性物质的研究较少，但已从中发现了一些结构新颖的抗菌、抗肿瘤活性物质，显示出良好的开发前景。从海洋真菌分离出的次级代谢物中70%～80%具有生物活性。表2-5显示的是从海洋真菌来源的活性次生代谢产物及其活性情况。

表 2-5　来自海洋真菌的活性化合物

化合物	来源	活性
Brocaenols A～C	*Penicillium brocae*	Anticancer
Microsphaerones A	*Microsphaeropsis* sp.	Antiproliferative
Himeic acid A	*Aspergillus* sp.	Ubiquitin inhibitor
Guangomides A and B	Sponge-derived fungus	Antibacteria
Citrinadin A	*Penicillium citrinum*	Cytotoxicity

续表

化合物	来源	活性
3-chloro-2,5-dihydroxybenzyl alcohol	*Ampelomyces* sp.	Antimicrobial
Benzyl alcohol		
Sculezonone-B	*Penicillium* sp.	
Perinadine A	*Penicillium citrinum*	Antibacteria
Tryprostatin B	*Aspergillus fumigatus*	Cell cycle inhibitor
Scalusamide A	*Penicillium citrinum*	Antifungus
Chlorogentlsylquinone	Fungal stain FOM-8108	Neutral sphingomyelinase inhibitor
Shimalactone A	*Emericella variecolor* GF10	Inducing neuritogenesis against neurobiastoma Neuro 2A cells
Aspermytin A	*Aspergillus* sp.	Inducing neurite outgrowth
Halovir A	*Scytalidium*	Antiviral activity
Halorosellinic acid	*Halorosellinia oceanica* BCC5149	Antimalarial activity
Aspergillamide A	*Aspergillus*	Cytotoxicity
Aspergiolide A	*Aspergillus glaucus*	Selective cytotoxicities

虽然发现活性天然产物驱动了海洋真菌的研究，但海洋真菌的生物修复功能、遗传进化机制、特殊环境的适应机制、生态功能、与高等动植物的内共生关系、致病的机理与防治以及其分子生物学遗传操作等方面也是目前研究的重点。

第三节　海洋放线菌资源

一、海洋放线菌的分离

（一）样品采集及处理

为了排除陆地微生物，最好选择远离人类干扰的所谓“原始天然海域”作为研究对象。一般用斯库巴自携式水下取样器采集底泥或水样。样品置于塑料瓶，4℃保存，4h以内用如下两种方法处理：①1mL 底泥，加 4mL 无菌海水，55℃，6min，立即进行分离。②10mL 底泥样品铺于无菌培养皿内，真空干燥约 24h，磨细成粉末，稀释后进行分离。也可以将底泥样品铺于无菌培养皿内，25～28℃自然干燥 5～7 天，磨碎，80℃或 120℃干热处理 60min，建议用无菌天然海水稀释，涂布于平板。在取样的同时，要采集足够量的海水。

（二）盐、海水对放线菌生长和分离的影响

许多实验证明，海洋放线菌需要在天然海水或人工海水配制的培养基上才能良好生长。这是设计分离方法及培养基必须考虑的重要因素。

（三）微囊化分离难培养放线菌

海水样品或底泥经上述处理的稀释液，用 PBS 缓冲液（pH7.2）将土样稀释到终浓度为 10^7 个细胞/mL。取 0.1mL 细胞悬液与 0.5mL 预热（40℃）的琼脂糖混合，然

后将细胞-琼脂糖混合物也加到15mL细胞乳化剂中，室温下2200r/min乳化1min，随后再在低温下以2200r/min乳化1min，最后取油-菌悬液在低温下1100r/min边搅拌边冷却6min。这个过程可获得大约1×10^7个凝胶微粒，其中大约10%的凝胶微粒含有单个囊化的菌体细胞。单细胞囊化可通过显微镜监测。将凝胶微粒注入含有25mL培养基的无菌层析柱中，层析柱中有两层过滤膜。过滤器可以截流凝胶微粒而使未被囊化的细胞被洗脱，从而防止自由细胞污染柱中的培养池。培养基按13mL/h速度泵入层析柱中，凝胶微粒在柱中至少培养5周，将微菌落喷洒到96孔培养盘中（培养基见下面）。通过流式细胞仪可将含有菌落的凝胶微粒与自由细胞分开。分检的准确性可以通过显微镜方法证实。为了确定流式细胞仪可以检测到的囊化的最小量的细胞，以从液体培养基中获得的大肠杆菌的一系列梯度——1000、100、10为例，细胞按上述的方法分别囊化，稀释培养液中的细胞通过流式细胞仪可直接计数。囊化的细胞在凝胶微粒中培养3h就形成菌落，凝胶微粒可用流式细胞仪进行分析（图2-5）。用这种方法可以分离到大量未知菌。

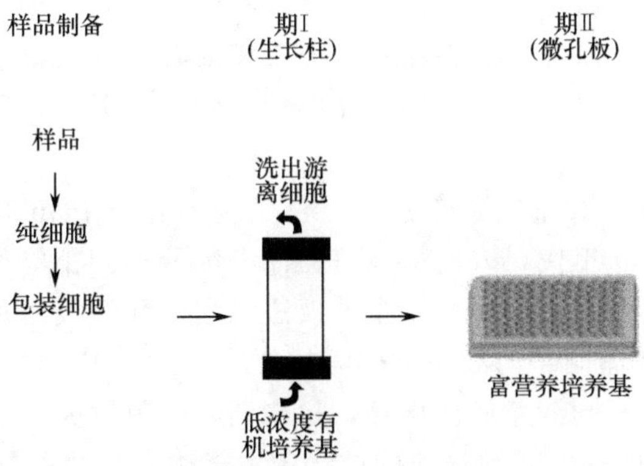

图2-5　微囊化分离难培养放线菌流程图

（四）培养基

1）M1培养基：淀粉10g，酵母膏4g，蛋白胨2g，琼脂18g，天然海水1000mL。

2）M2培养基：甘油6mL，精氨酸1g，K_2HPO_4 0.5g，$MgSO_4$ 0.5g，琼脂18g，天然海水1000mL。

3）M3培养基：葡萄糖6g，几丁质2g，琼脂18g，天然海水1000mL。

4）M4培养基：几丁质2g，琼脂18g，天然海水1000mL。

5）M5培养基：琼脂18g，天然海水1000mL。

6）几丁质培养基：几丁质2g，K_2HPO_4 0.7g，KH_2PO_4 0.3g，$MgSO_4$ 0.5g，琼脂20g，天然海水1000mL。

7）海藻糖-脯氨酸培养基：海藻糖5g，脯氨酸1g，$(NH_4)_2SO_4$ 1g，NaCl 1g，$CaCl_2$ 2g，K_2HPO_4 1g，$MgSO_4\cdot7H_2O$ 1g，复合维生素（维生素B_1、核黄素、烟酸、维生素B_6、泛酸钙、肌醇、p-氨基苯甲酸各0.5mg，生物素0.25mg），琼脂20g，天然海水1000mL。

HV 培养基的分离效果也较好。

（五）抑制剂

分离海洋放线菌一般都需要添加抑制剂，建议用放线菌酮（100mg/L 或 50mg/L）或制霉菌素（100mg/L）加萘啶酸（20～25mg/L）。也可以用放线菌酮（100mg/L 或 50mg/L）或制霉菌加利福平 5～10mg/L。

二、放线菌资源

早在 1984 年，Attwell 和 Colwell 等就认为高温放线菌属是陆地放线菌的指示微生物。如果从海洋样品没有分离到高温放线菌属，而分离到其他放线菌，就说明这些放线菌是海洋土著菌。从近海样品容易分离到高温放线菌属和其他一些陆地放线菌，说明它们可能是来自大陆。至于什么是海洋土著菌，什么是外来菌，现在均无法明确区分，尤其是大陆架浅海的微生物，它们从大陆被冲刷到海洋，逐步适应了海洋环境。那些离大陆最远的海底微生物是否就一定是海洋土著微生物？这涉及微生物的起源及陆地微生物被冲刷到海洋、微生物在海洋中的存活和沧海桑田海陆变迁等复杂问题。对于研究微生物资源而言，这些问题可以忽略，我们只需要知道它们的分布、种类、生物学特性以及可能的利用价值。

1980 年以前，海洋放线菌的研究进展比较缓慢。Waksman 和 Cross 及其同事有过一些研究。在 20 世纪 80 年代，人们从浅海、深海都分离到小单孢菌属、红球菌属、放线菌属、链霉菌属等放线菌。用稀释涂布平板法测定，北海浅海每克湿重底泥的放线菌有 5000～8000CFU。在墨西哥湾红树林底泥的放线菌达4×10^6CFU/g。1992 年 Deming 和 Yager 等采集太平洋不同深度底泥样品，检测到放线菌数量为 1×10^7～1×10^{12}CFU/g 湿重，在 200～6000m 的深度，纯培养的放线菌占微生物总数的 0.06%～17%。

1997 年，Takami 等从太平洋最深处的 Challenger Deep 取样，分离到 *Aureobacterium* 属。Colquhoun 等从西北太平洋深海分离到诺卡氏菌属、红球菌属、冢村氏菌属（*Tsukamurella*）、棒杆菌属、迪茨氏菌属（*Dietzia*）、哥登氏菌属（*Gordona*）和分枝杆菌属。2002 年，Mincer 等从海洋分离到盐生孢菌属（*Salinispora*）。2004 年 Jensen 分离到 *Marimomyces*。Bruns 分离到 *Aeromicrobium marinum*。Riedlinger 等分离到疣孢菌属（*Verrucosispora*）。它们都需要天然海水才能生长。

Ward 等从 Mariana 海沟 10 898m 处收集底泥样品，用 20 种选择性培养基分离到 38 株放线菌，其中 4 种培养基的效果较好，而以棉子糖-组氨酸培养基的分离效果最好，分离到 58%的菌株。依据这 38 株放线菌的 16S rRNA 基因序列将它们鉴定为皮生球菌属（*Dermacoccus*）、考克氏菌属（*Kocuria*）、小单孢菌属、链霉菌属、冢村氏菌属和威廉姆斯氏菌属（*Williamsia*）。截至 2007 年，从海洋中分离报道的放线菌有 18 个属。

我们从波罗的海基尔湾采集底泥样品，用 4 种培养基分离放线菌，分离到放线菌 15 个属。它们是：马杜拉放线菌属、农杆菌属（*Agrobacterium*）、农球菌属（*Agrococcus*）、拟无枝菌酸菌属、纤维单孢菌属（*Cellulomonas*）、*Devosia* 属、*Exiguobacte-*

rium 属、栖白蚁菌属（*Isoptericola*）、考克氏菌属、微杆菌属（*Microbacterium*）、产丝菌属（*Myceligeneran*）、拟诺卡氏菌属、原小单孢菌属、链霉菌属和 *Zobellia* 属。还发现了黄色原小单孢菌新种（*Promicromonospora flava*）。除考克氏菌属和链霉菌属以外，有 13 个属都是过去没有从海洋中分离到的。可见海洋是一个放线菌资源的巨大宝库。

三、海洋放线菌产生的生物活性物质

（一）酶抑制剂

酶抑制剂是药物开发的重要组成部分，已经从各地海洋样品中分离到一些酶抑制剂。

（二）α-淀粉酶抑制剂

近些年来，淀粉酶抑制剂很受重视。糖尿病、肥胖、高脂血等许多与糖代谢有关的疾病都与淀粉酶有关，淀粉酶抑制剂是测定淀粉同工酶的有力工具。大多数淀粉酶抑制剂都来自陆地微生物。2005 年 Imada 从各种海洋样品中分离到 5000 多株放线菌，其中 1 株分离自神奈川辖区的 Aburatsubo 海湾 5m 深处的底泥样品的菌株具有抑制淀粉酶活性，它在 25%的海水培养基内抑制淀粉酶的活性最高。该菌株被鉴定为黄麻链霉菌海红亚种（*S. corchorusii* subsp. *rhodomarinus*）。这是第一个有关海洋放线菌产生淀粉酶抑制剂的报道。

（三）N-乙酰-β-D-葡萄糖胺酶抑制剂（N-acetyl-β-D-glucosaminidase inhibitor）

N-乙酰-β-D-葡萄糖氨酶作为外切糖苷酶催化糖苷键的水解，从糖蛋白释放 *N*-乙酰葡萄糖胺。糖尿病、白血病和肿瘤患者体内这种酶的活性显著增高，因此该酶活性的鉴定是判断病因的重要手段之一。已有一些工作试图从海洋微生物中开发这种酶抑制剂。有学者从 Iwate 附近的 Otsuchi 海湾 100m 深处采集底泥，分离放线菌，其中 1 株链霉菌产生两个新化合物——pyrostatins A 和 B，在浓度为 100μg/mL 时，对 *N*-乙酰-β-D-葡萄糖胺酶有特异性抑制活性，而抗菌活性不强；在 100mg/mL 浓度下，对小鼠无毒。

（四）β-葡萄糖胺酶抑制剂（β-glucosidase inhibitor）

β-葡萄糖胺酶对肿瘤转移及免疫缺陷病毒起作用，因而是重要的药物靶标。已经有很多这种酶的抑制剂从陆地微生物中开发出来。Jensen 从 1500m 深海分离到的浅黄链霉菌（*S. galbus*）要在海水培养基中才能产生 β-葡萄糖胺酶抑制剂。经分析鉴定获得两个新化合物，D-gluconolactam 和 D-mannonolactam。该菌株产生的 β-葡萄糖胺酶抑制剂活性、生长温度范围、对盐的耐性等特性均与陆地来源的相同种显著不同。

（五）焦谷氨酸肽酶抑制剂（pyroglutamyl peptidase inhibitor）

焦谷氨酸肽酶催化焦谷氨酸残基的释放，而焦谷氨酸能阻断很多蛋白质和肽的末端

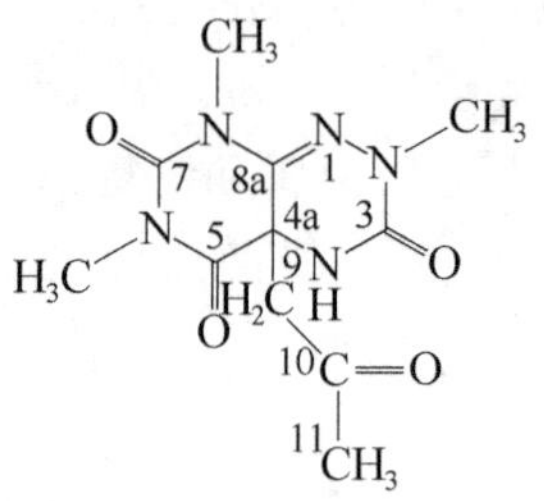

氨基酸的释放。该酶广泛分布于植物、动物和微生物中，目前其生理作用仍旧不很清楚。为了探明相关疾病与这种酶的关系，科学家开展了该酶的抑制剂筛选研究。从上海外海底泥收集样品分离到1株具有焦谷氨酸肽酶抑制活性的链霉菌。从这株链霉菌中分离到一种新的抑制剂 pyrizinostatin（图 2-6），它对焦谷酸肽酶具有非竞争性抑制作用，其 IC_{50} 为 1.81 g/mL；在这个剂量下无抗菌活性，对小鼠无毒。这种化合物有可能用于研究焦谷氨酸肽酶引起的疾病的发病机制。

图 2-6　pyrizinostatin 的结构

（六）抗肿瘤活性物质

Jensen 等报道从海洋底泥样品分离到一些需要海水才能生长的特殊放线菌，他们认为这是发现需要海水才能生长的微生物的第一个证据。随后的研究表明，这些放线菌是一个新属，定名为盐孢菌属（*Salinospora*）。2005 年，Maldonado 将其定名为 *S. arenicola* 和亚热带盐孢菌（*S. tropica*），并有效发表。后来发现，这个属在加勒比海、红海、关岛、热带太平洋都有分布。从这些菌中发现了双环 *b*-内酯 *c*-内酰胺，命名为盐孢胺 A（salinosporamide A）。这个化合物对哺乳动物 20S 蛋白酶体具有很高的糜蛋白酶样水解活性，其 IC_{50} 为 1.3nmol/L。20S 蛋白酶体是一个重要的肿瘤治疗靶点。该化合物对 NCI（National Cancer Institute）的 60 个肿瘤细胞株有很显著的选择性细胞毒性，其 IC_{50} 最低与最高敏感性浓度＜10nmol/L。圣地亚哥的 Nereus Pharmaceuticals 公司正在做这个化合物的前期开发。Trioxacarcin A、B、C、D 是从海洋链霉菌获得的抗肿瘤化合物。它们的结构类似，都具有抗肿瘤活性。Trioxacarcin D3 还有抗凝活性。从 Sao Sebastiao 海域底泥样品分离到的 *Steptomyces acrimycini* 产生的二肽衍生物［*amino*-（1,4）-diazonane-2.5-dione 和 leucyl-4-hydroxyproline］也具有很高的抗肿瘤活性。从海洋底泥样品分离到的金色轮丝链霉菌（*S. aureoverticillatus*）产生的大环内酰胺和金色轮丝内酰胺对人肿瘤细胞株有中等抑制活性。从 Papua New Guinea 红树林底泥样品分离到的链霉菌产生两种己酸内酯，具有抑制人肿瘤细胞的活性。来自海洋的嗜盐小单孢菌新物种 *M. lomaivitiensis* 的发酵提取物对肿瘤细胞有抑制活性，从中分离到 3 个化合物，其中 lomaiviticins A 和 B 是二偶氮苯芴葡萄糖苷的二聚体（dimeric diazobenzofluorene glycosides）。与已知 DNA 损伤药物比较，从这株小单孢菌分离的 lomaiviticins A 和 B 对肿瘤细胞具有独特的毒性，对金黄色葡萄球菌、尿肠球菌有抑菌活性。从印度尼西亚 Comodo 岛附近海域底泥分离到的一株链霉菌产生安沙类抗生素 komodoquinone A，对一些肿瘤细胞也具有抑制活性。

（七）抗生素

从 Otsuchi 海湾分离到 100 株放线菌，其中 41 株如果没有用海水培养，就没有任何抗菌活性，这说明它们是海洋居住菌。选择其中活性最高的 1 株（No.18）进行系统进化分析，发现其与金球小单孢菌（*M. globosa*）极为相似。然而，金球小单孢菌在海水培养基培养并无抗菌活性。作者研究了海水对 No. 18 生长和抗菌活性的影响，发现这株菌的生长范围为海水浓度 0～140%（浓缩），其最适生长海水浓度为 10%～30%（浓缩），但是抗生素的产生却为 60%～110%，可见抗生素的产生与海水有关。从日本海鞘获得的 1 株小单孢菌中分离到一种二苯并二氮卓生物碱（图 2-7）对革兰氏阳性细菌有中等抑制活性。从墨西哥附近海域分离到的链霉菌代谢产物中获得 gutingimycin（图 2-8）。这是一种三氧大极性化合物，同时也获得 trioxacarcin D～F（图 2-9），这些抗生素对很多试验菌都有很强的抗菌活性。从利文斯敦岛附近浅海底泥分离的一株链霉菌产生 2-氨基-9,13-二甲基-十七（烷）酸，该化合物有选择性抗菌活性。从韩国海域分离的一株链霉菌，能产生 6 种内酯抗生素。从夏威夷浅海分离的一株达松维尔拟诺卡氏菌（*N. dassonvillei*）的代谢产物中获得 kahakamides A 和 B，它们是吲哚核苷类抗生素。

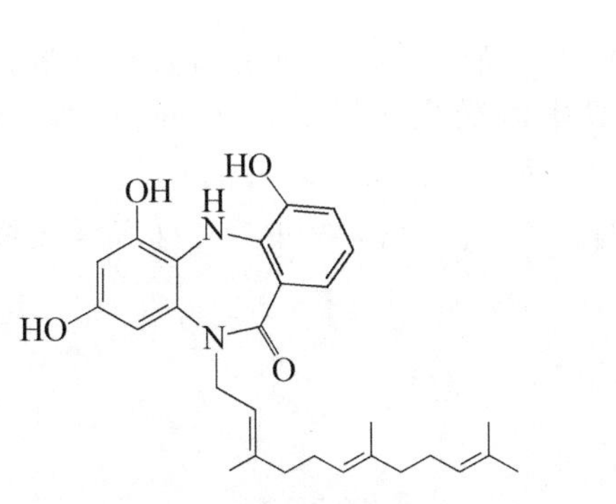

图 2-7　二苯并二氮卓

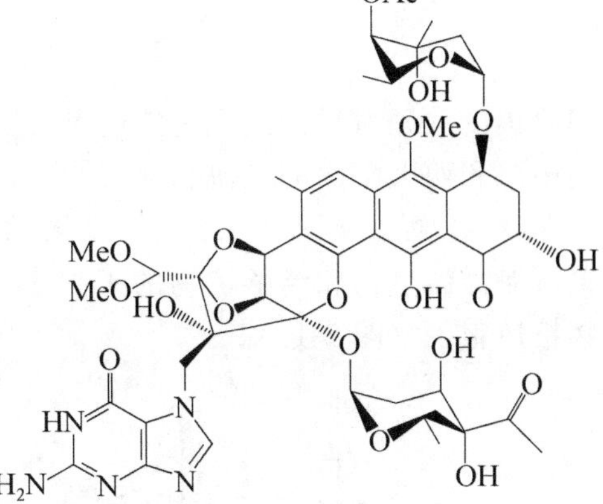

图 2-8　gutingimycin

（八）其他生物活性物质

疣孢菌属（*Verrucosispora*）属于小单孢菌科。这是一个典型的陆生菌。1998 年 Rheims 等报道了该属的第一个成员——菌株 *V. gifhornensis* DSM44337^{T}。2004 年，Riedlinger 等报道了这个属的新成员——菌株 AB-18-032，它分离自日本海 289m 深的海底泥。根据化学特征、生理特征以及 16S rRNA 基因序列分析结果，他们认为它是这个属的第二个成员。这株菌产生独特的多环聚酮类化合物 abyssomicin。abyssomicin C 是对氨基苯甲酸生物合成的有效抑制剂，因此能有效抑制叶酸的生物合成，其作用超过合成磺胺药物。abyssomicin C 对临床上分离的万古霉素耐药菌和复合耐药菌（如耐药性金黄色葡萄球菌）有很强的抑制作用。abyssomi-

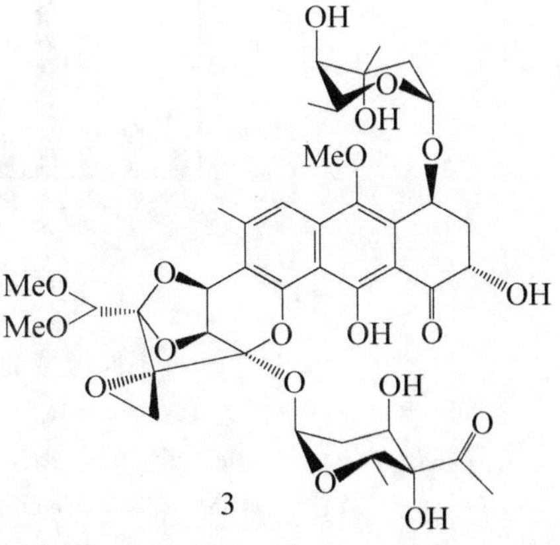

3

图 2-9　trioxacarcin

cin 的结构如图 2-10 所示。小单孢内酯（micromonospolides）A～C 属 16 元环内酯，从一株未定名的海洋小单孢菌中获得。这种化合物能抑制海星（*Asterina pectinifera*）原肠胚的形成。从夏威夷海域分离的一株链霉菌产生的化合物 bonactin 具有抗细菌和真菌的作用。从墨西哥海湾海泥分离到一株链霉菌，该菌产生一种新的蒽醌类化合物 parimycin，具有抗肿瘤、抗菌活性。

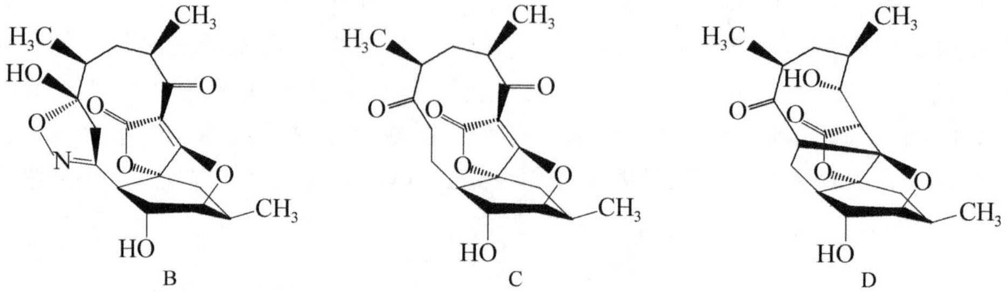

图 2-10　abyssomicin 的结构

我们收集的关于海洋天然产物的资料表明，来自澳大利亚、加勒比海、印度洋、日本海、地中海和西太平洋的文献占了 2/3，以日本海最多。但是 2004 年以后，有关中国海的文献大量增加（图 2-11）。从海绵动物获得的天然产物占的比重最大，达到 38%，来自海洋微生物和浮游植物的天然产物占 15%。总体来讲，来自海洋放线菌的天然产物报道很少（图 2-12）。

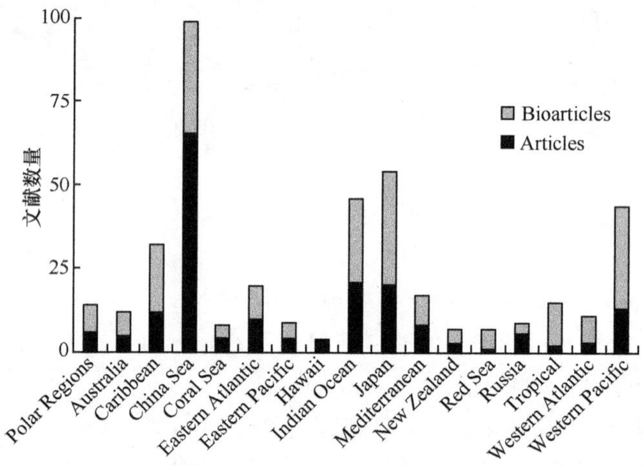

图 2-11　来自不同海域的天然产物报道量（引自 Blunt et al.，2006）

Polar Regions＝极地；Australia＝澳大利亚；Caribbean＝加勒比；China Sea＝中国海；Coral Sea＝珊瑚海；Eastern Atlantic＝东大西洋；Eastern Pacific＝东太平洋；Hawaii＝夏威夷；Indian Ocean＝印度洋；Japan＝日本；Mediterranean＝地中海；New Zealand＝新西兰；Red Sea＝红海；Russia＝俄罗斯；Tropical＝热带；Western Atlantic＝西大西洋；Western Pacific＝西太平洋

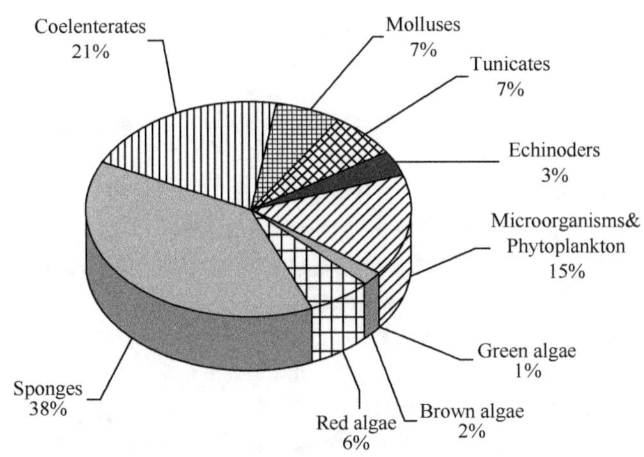

图 2-12　已获得海洋天然产物的分布（引自 Blunt et al.，2006）
Coelenterates＝腔肠动物；Molluses＝软体动物；Tunicates ＝被囊类；Echinoderms＝棘皮动物；Microorganisms & Phytoplankton＝微生物和浮游植物；Green algae＝绿藻；Brown algae＝褐藻；Red algae＝红藻；Sponges＝海绵动物

第四节　值得研究的问题

目前就陆生微生物而言，获得纯培养的比例不到1％。海洋环境的营养贫瘠、黑暗、低温、高盐、高静水压等特点使得海洋微生物获得纯培养的比例更低，因此对于微生物学家来说，海洋环境仍旧是一个“科学的荒漠”。众所周知，获得纯培养是深入研究微生物生理、生态功能、适应机制、遗传进化的先决条件，也是收集、保藏、保护海洋微生物资源的主要手段。因此，对于海洋微生物的研究，发掘海洋微生物的物种资源仍将是微生物学家、海洋生物学和海洋生态学家们研究的首要方向。

较早从事海洋微生物研究的实验室，目前已经保藏了大量的菌株。由于大部分实验室仅对次生代谢产物化学或其他生物学方面感兴趣，忽视了对菌株的分类鉴定，以至于很多实验室不知道自己保藏的菌种的分类地位和种属名称，或是仅知道某编号的菌株有很好的生物活性或其他特殊的生物学功能。事实上如果菌种进行了分类鉴定，分类鉴定的信息能指导研究者更好地开展工作，会让他们更好地有的放矢。

目前大量的海洋微生物基因组信息和环境基因组信息正在爆发式增加，其实真正的研究还未开始。怎样利用生物信息学知识解析这巨大的生物密码，才是我们国家能否在新的海洋科学研究中异军突起、走在世界前列的关键。

与陆地微生物比较，海洋微生物资源的研究、开发利用起步要晚得多，可供应用的成果也少得多，成果的应用规模也小得多。但从另一个侧面则提示我们，未知的海洋微生物资源无穷，基本上还属于待开发状态，开发利用的潜力巨大。为此，海洋微生物资源的开发利用力度应当加强。

（姜　怡　田新朋）

主要参考文献

陈皓文，陈颖稚. 2009. 我国深海地微生物学研究状况分析. 海洋地质动态，25 (7)：20～25

刁立功. 2009. 中国部分海域海洋木生海壳目真菌多样性研究. 青岛农业大学硕士学位论文

杜希萍. 2007. 七株海洋真菌次生代谢产物的研究. 博士学位论文

方金瑞，黄维真. 1995. 深海微生物的研究进展. 海洋通报，14 (2)：65～69

冯士筰，李凤岐，李少菁等. 1999. 海洋科学导论. 北京：高等教育出版社

国家海洋局海洋发展战略研究所课题组. 2009. 中国海洋发展报告 2009. 北京：海洋出版社

黄宗国. 1994. 中国海洋生物种类与分布. 北京：海洋出版社

金静. 2004. 渤海、黄海海域山东沿岸海洋木生真菌的分类研究. 山东农业大学博士学位论文

林永成，周世宁. 2003. 海洋微生物及其代谢产物. 北京：化学工业出版社

刘瑞玉. 2000. 中国海洋生物名目. 北京：科学出版社

王宾，刘大有，刘永宏. 2007. 蜂海绵属动物生物碱类化合物及生物活性研究进展. 中国药师，10 (12)：1205～1207

夏伟琦，夏铁骑. 2009. 海洋（水生）真菌应用开发研究现状与前景. 科技信息（学术版），27：311～312

熊枫，郑忠辉，黄耀坚等. 2006. 从深海沉积物中筛选具有抗菌、抗肿瘤活性的海洋真菌. 厦门大学学报（自然科学版），45 (3)：419～423

张浩. 2006. 海绵及其放线菌天然产物提取、活性诱导研究. 中国科学院大连化学物理研究所硕士学位论文

Aoyagi T，Hatsu M，Imada C et al. 1992. Pyrizinostatin，a new inhibitor of pyroglutamyl peptidase. J Antibiotics，45：1795～1796

Arrigo K R. 2005. Marine microorganisms and global nutrient cycles. Nature，437：349～355

Attwell R W，Colwell R R. 1984. Thermoactinomycetes as terrestrial indicators for marine and estuarine waters. *In*：Ortiz L，Bojalil L F，Yakoleff V. Biological，Biochemical and Biomedical Aspects of Actinomycetes. Orlando：Academic Press. 441～452

Berdy J. 2005. Bioactive microbial metabolites，a personal view. J Antibiotics，58：1～26

Blunt J W，Copp B R，Murray H G M et al. 2003. Marine natural products. Nat Prod Rep，20：1～48

Blunt J W，Copp B R，Munro M H G et al. 2004. Marine natural products. Nat Prod Rep，21：1～49

Blunt J W，Copp B R，Murray H G M et al. 2005. Marine natural products. Nat Prod Rep，22：15～61

Blunt J W，Copp B R，Munro M H G et al. 2006. Marine natural products. Nat Prod Rep，23：26～78

Bradley S M. 2005. Biosynthesis of marine natural products：microorganisms (Part A). Nat Prod Rep，22：580～593

Bradley S M. 2006. Biosynthesis of marine natural products：macroorganisms (Part B). Nat Prod Rep，23：615～629

Brandäo F F B，Bull A T. 2003. Nitrile hydrolyzing activities of deep-sea and terrestrial mycolate actinomycetes. Antonie van Leeuwenhoek，84：89～98

Brown J H，Lomolino M V. 1998. Biogeography. 2nd ed. Sunderland：Sinauer Associates，Inc. xii+692

Bruns A，Philipp H，Cypionka H et al. 2003. *Aeromicrobium marinum* sp nov.，an abundant pelagic bacterium isolated from the German Wadden Sea. Int J Syst Evol Microbiol，53：1917～1923

Bull A T，Stach J E M，Ward A C et al. 2005. Marine actinobacteria：perspectives，challenges and future directions. Antonie van Leeuwenhoek，87：65～79

Bull A T，Stach J E M. 2007. Marine actinobacteria：new opportunities for natural produce search and discovery. Trends Microbiol，15：491～499

Burnett J. 2003. Fungal Populations and Species. New York：Oxford University Press

Colquhoun J A，Mexson J，Goodfellow M et al. 1998. Novel rhodococci and other mycolate actinomycetes from the deep sea. Antonie van Leuwenhoek，74：27～40

Colquhoun J A，Zulu J，Goodfellow M et al. 2000. Rapid characterisation of deep-sea actinomycetes for biotechnology screening programmes. Antonie van Leeuwenhoek，77：359～367

Courtois S，Cappellano C M，Ball M et al. 2003. Recombinant environmental libraries provide access to microbial diversity for drug discovery from natural products. Appl Environ Microbiol，69：49～55

Deming J W，Yager P L. 1992. Natural bacterial assemblages in deep-sea sediments：towards a global view. *In*：Rowe G T，Pariente V. Deep-sea Food Chains and the Global Carbon Cycle. Dordrecht：Kluwer Academic Publishers. 11～27

Dupont J，Magnin S，Rousseau F et al. 2009. Molecular and ultrastructural characterization of two ascomycetes found on sunken wood off Vanuatu Islands in the deep Pacific Ocean. Mycol Res，113 (12)：1351～1364

Feling R H，Buchanan G O，Mincer T et al. 2003. A highly cytotoxic proteasome inhibitor from a novel microbial source，a marine bacterium of the new genus Salinospora. Angew Chem Int Ed，42：355～357

Fiedler H P，Bruntner C，Bull A T et al. 2005. Marine actinomycetes as a source of novel secondary metabolites. Antonie van Leeuwenhoek，87：37～42

Gillian M N，Andrew J P. 2006. Marine natural products：synthetic aspects. Nat Prod Rep，23：79～99

Gontang E A，Fenical W，Jensen P R. 2007. Phylogenetic diversity of Gram-positive bacteria cultured from marine sediments. Appl Environ Microbiol，73：3272～3282

Goodfellow M，Haynes J A. 1984. Actinomycetes in marine sediments. *In*：Ortiz L，Bojalil L F，Yakoleff V. Biological，Biochemical and Biomedical Aspects of Actinomycetes. Orlando：Academic Press. 453～472

Gordon N. 2006. The natural products gordon conference. 1951～2006. Chemical & Engineering News，84 (29)：39

Hammond P M. 1995. The current magnitude of biodiversity. *In*：Heywood V H. Global Biodiversity Assessment. Cambridge：Cambridge University Press. 113～138

Han S K，Nadashkovskaya O I，Mikhailov V V et al. 2003. *Amurskyense* gen. nov.，sp nov.，a novel genus of the family *Microbacteriaceae* from the marine environment. Int J Syst Evol Microbiol，53：2061～2066

Hawksworth D L，Mueller G M. 2005. Fungal communities：their diversity and distribution. *In*：Dighton J，White J，Oudemans P. The Fungal Community：Its Organization and Role in the Ecosystem. Boca Raton：Taylor and Francis

Hawksworth D L. 1991. The fungal dimension of biodiversity：magnitude，significance，and conservation. Mycol Res，95：641～655

Hayakawa M，Nonomura H. 1987. Humic acid vitamin agar，a new medium for the selective isolation of soil actinomycetes. J Ferment Technol，65：501～509

Hill R T. 2004. Microbes from marine sponges：a treasure trove of biodiversity for natural products discovery. *In*：Bull A T. Microbial Diversity and Bioprospecting. Washington，DC：ASM Press. 177～190

Hohmann C，Schneider K，Bruntner C. 2009. Albidopyrone，a new-pyrone-containing metabolite from marine-derived *Streptomyces* sp. NTK 227. J Antibiot，62：75～79

Hyde K D，Lee S Y. 1995. Ecology of mangrove fungi and their role in nutrient cycling：what gaps occur in our knowledge? Hydrobiologia，295：107～118.

Hyde K D，Pointing S B. 2000. Marine Mycology-A Practical Approach. Hong Kong：Fungal Diversity Press. 1～377

Hywel-Jones N L. 1993. A systematic survey of insect fungi from natural，tropical forest in Thailand. *In*：Isaac S，Frankland J C，Watling R et al. Aspects of Tropical Mycology. Cambridge：Cambridge University Press. 300～301

Imada C，Simidu U. 1988. Isolation and characterization of an a-amylase inhibitor producing actinomycete from marine environment. Nippon Suisan Gakkaishi，54：1839～1845

Imada C，Simidu U. 1992. Culture conditions for an a-amylase inhibitor-producing marine actinomycete and production of the inhibitor "amylostreptin". Nippon Suisan Gakkaishi, 58: 2169～2174

Imada C. 2005. Enzyme inhibitors and other bioactive compounds from marine actinomycetes. Antonie van Leeuwenhoek, 87: 59～63

Imhoff J F, Stoehr R. 2003. Sponge-associated bacteria: general overview and special aspects of bacteria associated with *Halichondria panicea*. *In*: Muller W E G. Sponges (Porifera). Berlin: Springer-Verlag Heidelberger. 35～57

Jensen P R, Dwight R, Fenical W. 1991. Distribution of actinomycetes in near-shore tropical marine sediments. Appl Environ Microbiol, 57: 1102～1108

Jensen P R, Fenical W. 2003. Salinosporamide A: a highly cytotoxic proteasome inhibitor from a novel microbial source, a marine bacterium of the new genus Salinospora. Angew Chem Int Ed, 42: 355～357

Jensen P R, Gontang E, Mafnas C. 2005. Culturable marine actinomycete diversity from tropical Pacific Ocean sediments. Environ Microbial, 7: 1039～1048

Jensen P R, Mincer T J, Williams P G. 2004. Marine actinomycete diversity and natural product discovery. Antonie van Leeuwenhoek, 87: 43～48

Jensen P R. Lauro F M. 2008. An assessment of actinobacterial diversity in the marine environment. Antonie van Leeuwenhoek, 94: 51～62

Jiang Y, Jutta W, Cao Y R. 2009. *Promicromonospora flava* sp. nov., isolated from sediment of the Baltic Sea. Int J Syst Evol Microbiol, 59: 1599～1602

Jiang Y, Wiese J, Xu L H. 2007. Marine actinobacteris, an important source of novel secondary metabolites with bioactivities. Chinese J Antibiotics, 32: 705～722

Jones E B G, Alias S A. 1997. Biodiversity of mangrove fungi. *In*: Hyde K D. Biodiversity of Tropical Microfungi. Hong Kong: Hong Kong University Press. 71～92

Jones E B G, Mitchell J I. 1996. Biodiversity of marine fungi. *In*: Cimerman A, Gunde-Cimmerman N. Biodiversity: International Biodiversity Seminar. Ljubljana. National Institute of Chemistry and Slovenia National Commission for UNESCO. 31～42

Jones E B G, Sakayaroj J, Suetrong S et al. 2009. Classification of marine Ascomycota, anamorphic taxa and Basidiomycota. Fungal Diversity, 35: 1～187

Jones E B G. 2000. Marine fungi: some factors influencing biodiversity. Fungal Diversity, 4: 53～73

Kohlmeyer J, Volkmann-Kohlmeyer B. 1991. Illustrated key to the filamentous higher marine fungi. Bot Mar, 34: 1～61

Kohlmeyer J. 1977. New genera and species of higher fungi from the deep sea (1615～5315m). Rev Mycol, 41: 189～206

Kohlmeyer J. 1979. Marine Mycology-the Higher Fungi. New York, London: Academic Press. 1～690

Li Q Z, Wang G Y. 2009. Diversity of fungal isolates from three Hawaiian marine sponges. Microbiol Res, 164: 233～241

Lipp J S, Morono Y, Inagaki F et al. 2008. Significant contribution of Archaea to extant biomass in marine subsurface sediments. Nature, 454 (7207): 991～994

Maldonado L A, Dulce F Y, Adriana P G et al. 2009. Actinobacterial diversity from marine sediments collected in Mexico. Antonie van Leeuwenhoek, 95: 111～120

Maldonado L A, Fenical W, Jensen P R et al. 2005. *Salinispora arenicola* gen. nov., sp. nov. and *Salinispora tropica* sp. nov., obligate marine actinomycetes belonging to the family *Micromonosporaceae*. Int J Syst Evol Microbiol, 55: 1759～1766

Maldonado L A, Stach J E M, Pathom-aree W. 2005. Diversity of cultivable actinobacteria in geographically widespread marine sediments. Antonie van Leeuwenhoek, 87: 11～18

Mincer J, Kauffman C A, Paul R et al. 1964. A taxonomic approach to selective isolation of streptomycetes from soil. (1984). *In*: Lechevalier M, Heukelekian H et al. The Actinomycetes. In Principles and Application in Aquatic Microbiology. New York: John Wiley & Sons, Inc

Mincer T J, Jensen P R, Kauffmann C A et al. 2002. Widespread and persistent populations of a major new marine actinomycete taxon in ocean sediments. Appl Environ Microbiol, 68: 5005～5011

Mitchell R, Wirsen C. 1968. Lysis of non-marine fungi by marine micro-organisms. J Gen Microbiol, 52: 335～345

Mueller G M, Schmit J P. 2007. Fungal biodiversity: what do we know? What can we predict? Biodivers Conserv, 16: 1～5

Newman D J, Cragg G M, Snader K M. 2003. Natural products as sources of new drugs over the period 1981～2002. J Nat Prod, 66: 1022～1037

Ortiz L, Bojalil L F, Yakoleff V. 1984. Biological, Biochemical and Biomedical Aspects of Actinomycetes. Orlando: Academic Press. 553～561

Parkes R J, Cragg B A, Bale S J et al. 1994. Deep bacterial biosphere in Pacific Ocean sediments. Nature, 371: 410～413

Pathom-aree W, Stach J E M, Ward A C et al. 2006. Diversity of actinomycetes isolated from Challenger Deep sediment (10, 898m) from the Mariana Trench. Extremophiles, 10: 181～189

Rheims H, Schumann P, Rohde M et al. 1998. *Verrucosispora gifhornensis* gen. nov., sp. nov., a new member of the actinobacterial family Micromonosporaceae. Int J Syst Bacteriol, 48: 1119～1127

Riedlinger J, Reicke A, Krismer B et al. 2004. Abyssomicins, inhibitors of para-aminobenzoic acid pathway produced by the marine *Verrucosispora* strain AB-18-032. J Antibiot, 57: 271～279

Rusch D B, Halpern A L, Sutton G et al. 2007. The Sorcerer II Global Ocean Sampling expedition: Northwest Atlantic through eastern tropical Pacific. PLoS Biol, 5 (3): e77

Schmidt J P, Shearer C A. 2003. A checklist of mangrove associated fungi, their geographical distribution and known plants. Mycotaxon, 423～477

Shearer C A, Descals E, Kohlmeyer B et al. 2007. Fungal biodiversity in aquatic habitats. Biodivers Conserv, 16: 49～67

Shiomi K, Iinuma H, Naganawa H et al. 1990. New antibiotic produced by *Micromonospora globosa*. J Antibiot, 43: 1000～1005

Stach J E M, Bull A T. 2004. Estimating and comparing the diversity of marine actinobacteria. Antonie van Leeuwenhoek, 87: 3～9

Stach J E M, Maldonado L A, Masson D G. 2003. Statistical approaches for estimating actinobacterial diversity in marine sediments. Appl Environ Microbiol, 69: 6189～6200

Stoeck T, Epstein S. 2003. Novel eukaryotic lineages inferred from small-subunit rRNA analyses of oxygen-depleted marine environments. Appl Environ Microbiol, 69: 2657～2663

Takami H, Inoue A, Fuji F et al. 1997. Microbial flora in the deepest sea mud of the Mariana Trench. FEMS Microbiol Lett, 152: 279～285

Udwary D W, Zeigler L, Asolkar R N et al. 2007. Genome sequencing reveals complex secondary metabolome in the marine actinomycete *Salinispora tropica*. Proc Natl Acad Sci, 104 (25): 10376～10381

Vacelet J. 1975. Electron microscope study of the association between bacteria and sponges of the genus *Verongia Dictyoceratida*. J Exp Mar Biol Ecol, 23: 271～288

Waksman S A. 1950. The Actinomycetes-Their Nature, Occurrence, Activities, and Importances. Waltham: Chronica Botanica Co

Wang G Y, Li Q Z, Zhu P. 2008. Phylogenetic diversity of culturable fungi associated with the Hawaiian Sponges *Suberites zeteki* and *Gelliodes fibrosa*. Antonie van Leeuwenhoek, 93: 163～174

Ward A C, Horikoshi K, Bull A T. 2006. Diversity of actinomycetes isolated from challenger deep sediment (10

898m) from the Mariana Trench. Extremophiles，10：181～189

Wellsbury P，Mather I，Parkes R J. 2002. Geomicrobiology of deep，low organic carbon sediments in the Woodlark Basin，Pacific Ocean. FEMS Microbiol Ecol，42：59～70

Whitman W B，Coleman D C，Wiebe W J. 1998. Prokaryotes：the unseen majority. Proc Nat Acad Sci，95：6578～6583

第三章　湿地微生物资源

1971年2月2日，14个发起国在伊朗拉姆萨尔签署拉姆萨尔公约（Ramsar Convention），全称为《关于特别是作为水禽栖息地的国际重要湿地公约》（以下简称《湿地公约》），1975年12月21日生效。1982年3月12日议定书修正。1999年5月，在哥斯达黎加召开的第7届缔约方大会上，正式确认世界自然基金会（WWF）、国际雀鸟联盟（Bird Life International）、世界自然保护联盟（IUCN）和湿地国际（WI）为公约的伙伴组织。到2004年9月止已有141个成员、1387块湿地列入国际重要湿地名录，总面积达到1.23亿hm^2。中国于1992年加入《湿地公约》组织。《湿地公约》的宗旨是：通过国家行动和国际合作来保护与合理利用湿地。湿地不但具有大量的动植物资源，同时也蕴藏着丰富的微生物资源。湿地微生物有的是水体土著类群，有的则来源于陆地。湿地土著菌的组成与陆地有明显区别。例如，纯培养的陆地放线菌是以链霉菌为优势菌，而水体则以小单孢菌占优势。

第一节　湿 地 概 述

一般人以为湿地不过是一团一无是处的烂泥滩或杂草丛生的沼泽地而已。其实它的功能与作用超过了人们的预想，它与人类的生存和发展有着密切的关系。它可以提供人类直接利用的持续高产的粮食作物和植物。它既是陆地上的天然蓄水库又是众多野生动植物特别是珍稀水禽的繁殖越冬地，在蓄洪防旱、调节气候、控制土壤侵蚀、促淤造陆、降解环境污染等方面都发挥着极其重要的作用。

湿地生态系统是陆地与水域之间水陆相互作用形成的特殊自然综合体。湿地不仅包括了所有的陆地淡水生态系统，如河流、湖泊、沼泽以及陆地和海洋过渡地带的滨海湿地生态系统，同时还包括了海洋边缘部分的咸水和半咸水水域。全球湿地面积约有570万km^2，约占地球陆地面积的6%。湿地与陆地、海洋相比面积相对小些，但湿地生态系统支持了全部淡水生物群落和部分盐生生物群落，它兼有水域和陆地生态系统的特点，具有极其特殊的生态功能，是地球上最重要的生命支持系统之一。因此，国际上通常把森林、海洋和湿地并称为全球三大生态系统。

一、湿地的概念

1971年在伊朗拉姆萨尔签订的《湿地公约》规定，“湿地系统指，不问其为天然或人工、长久或暂时性沼泽地、湿原、泥炭地或水域地带，带有或静止或流动、或为淡水、或为半成水体者，包括低潮时不超过6m的海水水域”。所有的湿地都有一个共同点，那就是，它们都至少偶尔被水覆盖或充满了水。这些水资源通常来自海洋、降雨及河流，是一种真正需要一个国际性条约对其进行保护、防止污染的国际性资源。

二、湿地的分类

根据湿地的形状、地理位置和海拔等因素，可以将其划分成若干类型及亚类型。湿地是一个具有高度多样性的综合体。水流入或流出湿地系统受天气条件和集水区的构造影响，湿地系统的水容量则取决于其景观和地理条件。水循环本身影响其水体的含盐度及水体放出气体的比率。降低或氧化营养物质的溶解性等因子都影响湿地的植物区系和动物区系的组成成分。物种的多样性和组成又反过来影响营养物质和污染物质在自然生态系统中的循环。因此全部或部分溪流、河流、淡水湖、盐水湖、河口、海岸带、近海岛屿、沼泽地、泥炭地、池塘、水库和稻田等均属于湿地的范畴。

根据中国的湿地现状以及《湿地公约》分类系统，初步确定了全国湿地分类框架，共分为五大类 28 个类型（《湿地公约》将海床也列为湿地）。各湿地类型及其划分标准如表 3-1 所示。

表 3-1　湿地的分类

大类	湿地类型
沼泽湿地	1. 藓类沼泽：以藓类植物为主，植被盖度 100％的泥炭沼泽
	2. 草本沼泽：植被盖度≥30％、以草本植物为主的沼泽
	3. 沼泽化草甸：包括分布在平原地区的沼泽化草甸以及高山和高原地区具有高寒性质的沼泽化草甸、冻原池塘、融雪形成的临时水域
	4. 灌丛沼泽：以灌木为主的沼泽，植被盖度≥30％
	5. 森林沼泽：有明显主干、高于 6m、郁闭度≥0.2 的木本植物群落沼泽
	6. 内陆盐沼：分布于我国北方干旱和半干旱地区的盐沼。由一年生和多年生盐生植物群落组成，水含盐量达 0.6％以上，植被盖度≥30％
	7. 地热湿地：由温泉水补给的沼泽湿地
	8. 淡水泉或绿洲湿地
湖泊湿地	1. 永久性淡水湖：常年积水的海岸带范围以外的淡水湖泊
	2. 季节性淡水湖：季节性或临时性的泛洪平原湖
	3. 永久性咸水湖：常年积水的咸水湖
	4. 季节性咸水湖：季节性或临时性积水的咸水湖
河流湿地	1. 永久性河流：不仅包括河床，同时也包括河流中面积小于 100hm² 的水库（塘）
	2. 季节性或间歇性河流
	3. 泛洪平原湿地：河水泛滥淹没（以多年平均洪水位为准）的河流两岸地势平坦地区，包括河滩、泛滥的河谷、季节性泛滥的草地
滨海湿地	1. 浅海水域：低潮时水深不超过 6m 的永久水域，植被盖度＜30％，包括海湾、海峡
	2. 潮下水生层：海洋低潮线以下，植被盖度≥30％，包括海草层、海洋草地
	3. 珊瑚礁：由珊瑚聚集生长而成的湿地。包括珊瑚岛及有珊瑚生长的海域
	4. 岩石性海岸：底部基质 75％以上是岩石，植被盖度＜30％的植被覆盖的硬质海岸，包括岩石性沿海岛屿和海岩峭壁。低潮水线至高潮浪花所及地带
	5. 潮间沙石海滩：潮间植被盖度＜30％，底质以砂、砾石为主
	6. 潮间淤泥海滩：植被盖度＜30％，底质以淤泥为主
	7. 潮间盐水沼泽：植被盖度≥30％的盐沼
	8. 红树林沼泽：以红树植物群落为主的潮间沼泽
	9. 海岸性咸水湖：海岸带范围内的咸水湖泊

续表

大类	湿地类型
滨海湿地	10. 海岸性淡水湖：海岸带范围内的淡水湖泊 11. 河口水域：从近口段的潮区界（潮差为零）至口外海滨段的淡水舌锋缘之间的永久性水域 12. 三角洲湿地：河口区由沙岛、沙洲、沙嘴等发育而成的低冲积平原
人工湿地	1. 水产池塘：如鱼、虾养殖池 2. 水塘：包括农用池塘、储水池塘，一般面积小于 8hm^2 3. 灌溉地：包括灌溉渠系和稻田 4. 农用泛洪湿地：季节性泛滥的农用地，包括集约管理或放牧的草地 5. 盐田：晒盐池、采盐场等 6. 蓄水区：水库、拦河坝、堤坝形成的一般大于 8hm^2 的储水区 7. 采掘区：积水取土坑、采矿地 8. 废水处理场所：污水场、处理池、氧化池等 9. 运河、排水渠：输水渠系 10. 地下输水系统：人工管护的岩溶洞穴水系等

三、湿地价值

要给湿地估算出一个用货币来衡量的价值是相当困难的。根据其净初级产量，咸水性沼泽是世界上生产力最高的生态系统之一，其次是淡水性湿地和热带雨林。密集种植土地的产量最多时也达不到湿地生产力的一半，而且这种生产力会更多地直接为人们所利用，如鱼类、虾类、贝壳类、水禽、毛皮动物、芦苇和其他植物产品。湿地还有一些间接的价值，包括一些娱乐性活动所带来的地方性经济效益。湿地还具有一定的环境效益，如改进水质、防止洪水和风暴的侵害、控制水土流失、提供水源和充实地下水等。另外，湿地还具有诸如美学、教育和科学（主要在动物、植物、微生物、地理、环境等）方面的价值，这些价值都是难以用金钱来衡量的。

四、中国湿地的现状

中国湿地面积广阔，类型繁多。天然湿地类型主要包括沼泽、泥炭地、湿草甸、浅水湖泊、高原咸水湖泊、盐沼以及海岸滩涂等。从寒温带到热带、沿海到内陆、平原到高原山区都广泛分布着湿地。总面积约 2500 万 hm^2，占国土面积的 2.6%。人工湿地主要以潜育化和沼泽化水稻田为主，还有水库池塘等，总面积约 7000 万 hm^2。目前全国已建立 132 个湿地自然保护区。这些自然保护区在保护湿地和生物多样性等方面发挥了巨大的作用。1992 年中国政府正式加入《湿地公约》组织，并指定黑龙江省扎龙国家级自然保护区、吉林省向海国家级自然保护区、江西省鄱阳湖国家级自然保护区、湖南省洞庭湖国家级自然保护区、海南省东寨港国家级自然保护区、青海省鸟岛自然保护区列入国际重要湿地名录。

第二节　湿地微生物的分离

由于湿地微生物独特的自然生境和自身独一无二的特性，研究它们是比较困难的。分离湿地微生物也是一件困难的事情，很多湿地微生物很难在普通的营养培养基和营养肉汤培养基中生长。大多数湿地微生物有附着生长的特性，它们喜欢附着在固体表面、颗粒性物体或者其他一些大的有机体上。在样品运往实验室的过程中，也有大量的微生物失去了活性，因此，需要有便携式的微生物培养设备，甚至在车船上装备实验室。为此，开展湿地微生物分离方法的研究是开展湿地微生物研究及利用亟待解决的首要问题。

一、样品的采集

在湿地微生物的研究中，无论是试图了解湿地环境中微生物的数量及其变化规律，还是调查其种群组成或分离纯化某种微生物，首先遇到的问题是何时何地用何装备与方法进行科学合理的取样。

湿地微生物栖息的场所大致可分为水与沉积物（底泥）两种。由于水和沉积物的物理化学及生物学的环境条件各不相同，在其中生存的微生物种类、数量和活性等也有很大的差异。例如，同样是海水，有外洋水、沿岸水和不受海流影响的水域等区别，由于有机物含量、潮汐变化和水深等因素不同，受污染的程度也不同，导致了所含的微生物的种群组成及其功能特性存在明显的差异。底泥中的微生物也存在类似的情况。所以，无论是考察微生物种群的生态分布，还是推测环境中微生物的生态学功能，或是探索其生物学特性，都必须全面掌握现场的各种因素。一般需要了解水的温度、透明度、pH、盐度、深度、溶解氧、可溶性有机碳、铵态氮、亚硝态氮、硝态氮、磷酸、悬浮有机物、藻类及其光合作用活性和其他浮游生物等状况。而对水底沉积物中微生物的调查还要增加底质、泥温、硫化氢、各种金属的浓度以及氧化还原电位等项目的检测。这些环境因素的调查方法在水质调查方法的著作中都有详细介绍。

（一）取样前的准备

1. 地理信息准备和仪器准备

采样之前充分做好目的地的地理信息及气象信息资料的收集与整理，做到有的放矢。特别需要注意的是，目前我国绝大部分能保存下来的湿地基本上已经是各个级别的自然保护区，所以要提前做好沟通。

在取样前必须根据调查计划所制订的调查站数及采样数量做好采泥器、采样瓶、采水球、移液管、培养皿、水样引出管、水样储存瓶、过滤器等器具的消毒和灭菌准备工作。

2. 性能检查

采样出发前要对各种采集仪器、设备进行一次全面的性能检查。

3. 底泥或沉积物取样地点的选择

水底沉积物中微生物的数量较大而稳定，可以按照不同的调查目的及地质、地形的特征设点取样。

1）按底质结构类型设点，如泥质、沙质、合底质等分别设点。

2）按地形结构设点，如平面和斜面、海沟与海滩、航道及岸边以及受潮汐影响的不同深处都应该取代表性的地形沉积物。

3）按不同层位设点，如氧化层、还原层、冲刷层、沉积层、有机物层、矿质层等均可以按不同深度分别取样。

4. 取样时做好现场记录

到达采集地点时，首先要核实地理信息内容的准确性，同时将各种现场环境因素（物理化学因素和周围情况）、经纬度、海拔、日期、时间、水层、pH、采泥深度等记录在案，并签上采集者姓名，随同样品带回实验室。

（二）水样采集

采集供微生物检验的水样必须按无菌操作技术进行，并保证在送检过程中不受外界污染，尽量保证反映原地的微生物真实情况。

采集深水样品较复杂，要有专门的取样设备和熟练的取样技术。采水器种类很多，文献记载的已有一百多种。目前常用的有：击开式采水器，即 J-Z 式采水器；复背式采水器；尼斯金（Niskin）采水器；颠倒采水器，即南森（Nansen）式采水器；深水细菌取样器；无菌取样瓶等。

（三）沉积物的采集

对海洋、港湾、河口、湖泊等湿地微生物进行研究，首先要借助采泥器获取样品。采泥器的种类很多，如曙光（HNM-1-2 型）采泥器、柱状采样管、弹簧采泥器等。

（四）样品的暂时保存和运输

所采集的水样应用无菌操作方法装入已预备的棕色磨口无菌玻璃储存瓶中。泥样用无菌小铲刀铲去表面泥样后，挖出表面下 2～3cm 处的泥样放入无菌培养皿中，加盖密闭，立即送至实验室处理，若需要运输，应放入冰桶密闭储存。样品存放时间一般不超过 2h，否则样品中的一些菌数会大量增加，某些菌的种类则不断减少（甚至从几十种减少到十几种）。

二、湿地微生物分离培养新技术

（一）添加生长所需的特殊成分

在分离培养基中加入某些微生物相互作用的信号分子就可简单地模拟微生物间的相

互作用，满足微生物生长繁殖的要求。例如，Burns 等发现，如果向培养基中加入酰基高丝氨酸内酯、cAMP 或 ATP 等信号分子便能促使细菌得到培养。其中与革兰氏阴性菌多种基因调控有关的 cAMP 是最有效的信号分子。10μmol/L cAMP 可使 10％的微生物细胞（用显微镜直接计数法计算微生物细胞的总数）培养出来。然而，用加有 cAMP 的培养基培养出来的细菌如果不继续添加信号分子，则不能生长。

（二）降低培养过程中的毒害作用

为了降低培养过程中优势菌株代谢所产生的过氧化物、自由基和一些拮抗物质的毒害作用，可以在培养基中添加对这些毒性成分具有降解能力的物质，如丙酮酸钠、甜菜碱、超氧化物歧化酶（SOD）和过氧化氢酶等。

（三）稀释培养法

目前获得纯培养的概率不到 10％，这是由于某些环境中，如海洋环境等，主要是寡营养微生物，而在实验室培养时，培养基的营养物浓度远远高于微生物生长的自然环境。为了克服该缺陷，Button 等从概率论的角度提出一个崭新的方法，即稀释培养法（dilution culture）。Janssen 等用稀释的液体培养基研究土壤中微生物的可培养性，并将培养时间延长到至少 10 周，培养出以前未被培养的新物种，即酸杆菌门（Acidobacteria）和疣微菌门（Verrucomicrobia）的一些新成员。

（四）高通量培养法

Connon 等在稀释培养法的基础上提出了高通量培养法（high through put culturing，HTC）。他们将样品密度稀释至 10^3 个细胞/mL 后，采用 48 孔细胞培养板分离培养微生物。通过这种方法可使样品中 14％的细胞培养出来，远远高于传统微生物培养技术所培养的微生物数量。在培养出的微生物中，有 4 种独特的种类属于以前未被培养的海洋变形菌门（Proteobacteria）进化分支。Cho 等采用高通量培养法从太平洋的近岸和深海中培养出 γ-变形菌纲（Gammaproteobacteria）中的 44 株新菌。因此，这种方法能有效地提高微生物的可培养性。

（五）扩散盒培养法

Kaeberlein 等设计了一种培养装置名为扩散盒（diffusion chamber）。该扩散盒由一个环状的不锈钢垫圈和两侧胶连 0.1μm 滤膜组成，将海洋环境样品加至封闭的扩散盒中，在模拟采样点环境条件的玻璃缸中进行培养。通过这种方法获得的菌株在人工合成的固体培养基中不能生长，但是在有其他微生物存在的条件下却能形成菌落。这种培养方法能较大程度地模拟微生物所处的自然环境，由于化学物质可以自由穿过薄膜，故可保证微生物群落间作用的存在，与第一种方法用人工添加的信号分子来提高微生物的可培养性有异曲同工之妙。

（六）微囊包埋法

Zengler 等将海水和土壤样品中的微生物先进行类似稀释培养法的稀释过程，然后将稀释到一定浓度的菌液与融化的琼脂糖混合，制成包埋单个微生物细胞的琼脂糖微囊，然后将微囊装入凝胶柱内，使培养液连续通过凝胶柱进行流态培养。凝胶柱进口端用 0.1μm 滤膜封住，防止细菌的进入而污染凝胶柱；出口端用 8μm 滤膜封住，防止微囊随培养液流出。培养过程中结合以流式细胞仪检测，这样就可以增加细胞检测的灵敏度，缩短低生长率细胞的培养时间。但是该法在技术上还存在一些问题，例如，所用的包埋基质是琼脂糖，机械强度低、透性差，而且在包埋时需加热熔解，而许多微生物对热敏感。

（七）针对放线菌的培养法

为了更有效地从环境中获得更多种类的放线菌，Gavrish 等根据放线菌独特的长菌丝以及能穿透固体培养基的特性提出了一种专门筛选放线菌的新方法。Gavrish 等将两片具有半透性的膜分别上下封在中间装有灭菌琼脂的塑料容器上，下层膜的孔径是 0.2～0.6μm，上层膜的孔径是 0.03pm，将装置置于土壤中，细丝状的微生物就会选择性地刺入装置并长成菌落（图 3-1）。将下层膜的孔径减少至 0.2μm 就能限制真菌菌丝的刺入生长。将该装置在室温黑暗条件下培养 14～21 天，再将中间的琼脂在显微镜下观察就可将长出的单菌落挑出、纯化。与常规的平板培养法相比，这种方法可培养出大量细丝状的放线菌，多样性也大大提高。最重要的是，这种培养方法使一些非常罕见的放线菌类群得到了纯培养。对湿地放线菌的分离，也同样可以借鉴。

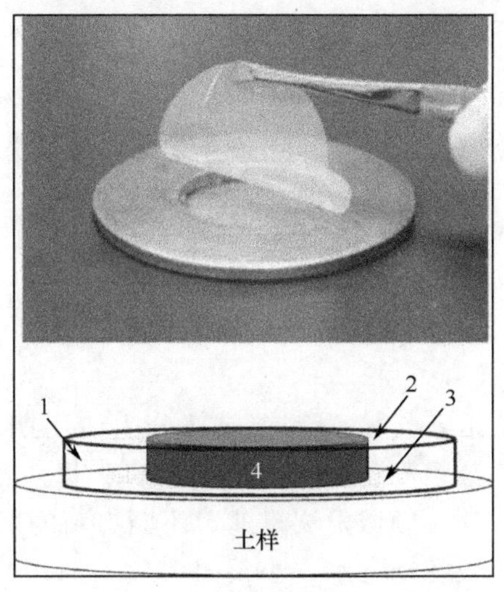

图 3-1　扩散盒照片与图示

1. 塑料或者金属外圈；2. 顶层滤膜（孔径 0.03pm）；3. 底层滤膜（孔径 0.2～0.6μm）；4. 琼脂或吉兰糖胶

（八）依据微生物自身特性的培养方法

可以根据微生物自身独特的代谢方式设计培养方案，从而获得目标微生物的纯培养。例如，Konneke 等发现海洋泉古菌门（Crenarchaeota）的古菌可以氧化铵来产生能量，从而采取了通过抗生素排除其他海洋微生物并在培养基中添加铵的培养策略，最终获得了海岸亚硝化侏儒菌（*Nitrosopumilus maritimus*）SCM21 的纯培养，这是海洋泉古菌门Ⅰ组（Group Ⅰ Marine Crenarchaeota）的古菌第一次获得纯培养。

第三节　湿地微生物资源

一、湿地微生物研究现状

我国尚处于湿地研究的起始阶段。作为湿地生态系统中极为重要的微生物，由于诸多因素的影响其研究进展还很缓慢。目前，有关淡水湿地微生物方面的研究报道不多，国家林业局野生动植物保护司编撰的《湿地管理与研究方法》中有关湿地微生物的内容仅 1000 余字，且都是关于土壤方面的。在中国湿地植被编辑委员会编著的《中国湿地植被》一书中，关于湿地微生物方面的研究内容也都是土壤方面的，而关于湿地中水体微生物只粗略地介绍了沼泽、池塘、湖水微生物的数量变化，缺少湿地微生物在动物、植物、空气等诸多生态环境中的分布、种类等相关内容。从现有的研究中不难看出，我国目前尚没有针对具体的湿地类型所特有的土壤、植被、水文等环境因素以及对湿地微生物加以研究的成果。姜成林、徐丽华等在 1983～1990 年进行的云南高原湖泊水生放线菌资源研究是迄今最为系统的研究报道。本节主要简述湖泊和红树林湿地中的真菌、细菌、古菌、放线菌的主要类群。

二、淡水湿地中的主要微生物类群

湿地微生物主要包括真菌、细菌、放线菌、古菌等微生物。在淡水湿地中，它们的分布和数量变化与湿地水文状况、土壤 pH 以及水体的富营养程度等诸多因素有关，但主要类群并无较大差异。

（一）真菌

1. 淡水真菌的定义

淡水真菌（aquatic fungus）定义为整个或部分生活周期依赖于淡水的真菌，包括生长在完全浸没在水中或部分浸没在水中的基质上的真菌。自 Ingold 于 1942 年发现并报道了第一个淡水真菌后，这一领域发展迅速，不断有新的属种被报道。淡水真菌分布广泛、种类多样，大部分生长在动态水（小溪、河流、河川）或静态水（湖泊、池塘、湿地、水库）中。淡水子囊菌和丝孢纲是主要的类群，淡水丝孢纲特别是因笱尔德真菌（Ingoldian fungus）比其他的种群研究得更系统全面。

2. 淡水真菌的生活环境

水为淡水真菌提供生长环境和营养，同时也提供了淡水真菌的孢子传播的环境。淡水真菌生活环境可分为三种类型。

（1）静态水

淡水真菌的典型静态水环境是湖泊、池塘、湿地、水库等，水流速小。静态水（特别是湖泊和池塘）为真菌的生长提供了安静的环境，虽然静态水含氧量低，但是真菌生长受到的干扰少。已报道的淡水真菌中约有 1/3 是在静态水中发现的。它们大部分腐生在水里的木头和叶子上。1929 年 Weston 报道了第一个发现于静态水中的子囊菌 *Loramyces juncicola*。此后，静态水中淡水真菌被陆续报道，如 *Aniptodera linmetica*、*Cercospora cudasuis*、*Coleosperma lacustre*、*Debaryella gracilis*、*Nais inornata*、*Physalospora aquatica*、*Pseudohalonectria lignicola* 和 *Savoryella verrucosa*，以及丝孢纲的一些属，如 *Aegerita*、*Beverwykella*、*Candelabrum*、*Helicodendron*、*Helicoon* 和 *Spirosphaera* 等。这些类群在不同区域已有报道，如澳大利亚、中国和美国。

（2）动态水

动态水环境是指水流速度比较快的，如河流、溪流等。动态水中淡水真菌的研究相对较晚，但是在近十年，大部分的淡水真菌是在动态水中发现的。在动态水环境中，一半以上的淡水真菌属于核菌纲（Pyrenomycetes）。常见的动态水淡水真菌有 *Aniptodera lignatilis*、*Annulatascus velatispora*、*Jahn bipolaris*、*Massarina australiensis*、*Nais aquatica*、*Savoryella aquatica* 和 *Savoryella lignicola*。大量的盘菌纲（Discomycetes）以及大部分因笱尔德真菌也可以生活在动态水环境下。

（3）其他环境

淡水真菌还可以在瀑布、污水、软泥、冷水塔等环境下生活。1971 年，Eaton 和 Jonea 最先报道了生活在冷水塔大约 23℃环境下的 *Savoryella lignicola*。已经报道生长在冷水塔环境下的淡水真菌还有 *Natis inornata*、*Zopfiella latipes*、*Phaeosphaeria eustoma* 和 *Trematosphaeria pertusa*。

3. 淡水真菌的生物多样性

Hawksworth 估计世界上约有 1.5 亿的真菌，这个观点已被大部分的分类学家所接受。这个估计值是以英国本土的植物总数与英格兰已描述的真菌总数的比例为基础的，是按照全球内每一树种有 6 种真菌得到的，但是这个数据只适应于温带。现在发现的真菌只有 7 万种，多数为陆地真菌。淡水真菌的研究已经发现了许多新种。淡水真菌分布广泛、种类繁多，它包括接合菌、子囊菌、担子菌和半知菌，其中包括半知菌中的丝孢纲和腔孢纲，淡水真菌的多样性研究多集中在高等淡水真菌中，主要是子囊菌和半知菌，而对其他的低等淡水真菌的研究仍然很少。

（1）淡水子囊菌

1993 年 Shearer 统计了发现的淡水子囊菌数量共 288 种，这些物种分别属于不同的分类群，涉及盘菌纲、核菌纲和腔菌纲。它们大部分发现于温带，只有 11 个种发现于热带。1996 年 Goh 统计的淡水子囊菌大约有 340 种，其中有 50 个种来自于热带地区；16 个种发现于冷水塔；2 个种发现于高海拔水塘；32 个种发现于热带溪流；这些热带淡水子囊菌主要发现于昆士兰南部和印度的冷水塔。蔡磊等在对淡水子囊菌的综述中统计了 511 种淡水子囊菌，并提供 169 个属的检索表。相比于 1993 年 Shearer 的统计，在近十年内新记录的淡水子囊菌有约 75%报道于热带或亚热带地区。截至 2003 年的报道，在热带地区发现了 174 种淡水子囊菌。淡水子囊菌不是一个单一的进化类群。据报道，淡水子囊菌中的盘菌是一个大的类群，包括 112 种。这些物种绝大部分来自温带地区，仅 1 种来自热带。据初步统计，淡水真菌以核菌纲为最多，有 105 种。最常见的是海壳目（Halosphaeriales），包括 5 属 23 种；粪壳目（Sordariales）包括 18 属 47 种；间座壳目（Diaporthales）包括 6 属 8 种。属于腔菌纲中的多个科在淡水环境中也较多见，它们涉及 85 种。常见的淡水子囊菌一般是广布种，在热带和温带都有发现，但是有一定的差别。在温带地区常见的属是 *Aniptodera*、*Halosarpheia*、*Ophioceras*、*Pseudohalonectria*、*Phaeosphaeria* 等。在热带地区的常见属是 *Aniptodera*、*Halosarpheia*、*Annulatascus*、*Savoryella* 等。开展淡水真菌研究的热带地区如澳大利亚、文莱、厄瓜多尔、马来西亚群岛和菲律宾的最常见属是 *Annulatascus*、*Massarina*、*Ophiocera*、*Savoryella* 和 *Aniptodera*。从总体上看，淡水子囊菌的地理分布是有一定规律的。有些属是从温带到热带广泛分布的，但有些属只分布于热带或温带。例如，*Annulatascus* 在热带是常见属，但其他地区还未见报道。

（2）淡水半知菌

淡水半知菌可分为 3 个类群：Ingoldian 淡水丝孢菌、好氧淡水真菌（aero-aquatic fungus）和木生淡水真菌（lignicolous fungus）。Ingoldian 淡水丝孢菌主要生长于含氧量丰富的小溪和湖泊水中，生长在沉入水中的树叶、树枝上，在水中可以形成孢子，孢子容易被水里的气泡捕获。除这 3 类淡水丝孢真菌外，还有一些腐生或寄生在淡水植物上的淡水半知菌。

从 1942 年 Ingold 发表第一篇相关文章算起，淡水半知菌的研究已有 60 多年了。到 2007 年，已经发现了 785 种淡水半知菌，而且这一数目随着研究工作的不断开展正快速增加。现在仍然有大量的未知种等待人们去发现和认识。热带地区真菌多样性非常丰富，相应的淡水半知菌也应非常丰富。现已证明多数淡水半知菌是广泛分布的。热带发现的种与在温带和寒带发现的种有部分是重叠的。有些种广泛分布于各地而没有明显的地域性，如 *Alatospora acuminata*、*Articulospora tetracladia*、*Clavariopsis aquatica* 和 *Condylospora spumigena*。严格地只生长于热带的种很少，如 *Brachiosphaera tropocalis*。大多数被认为是温带种的半知菌在热带出现频率很低，但并不是没有分布，如 *Clavatospora tentacula*、*Lunulospora curvula*、*Flagellospora penicillioide*、*Triscelophorus monosporus* 等。

4. 淡水真菌与陆生真菌的关系

淡水真菌包括的种类很多，主要是子囊菌和半知菌。在水中发现的真菌并不一定是淡水“土著”真菌。这是因为一个种出现在水中可能是偶然的。但是，如果在水中发现的大量子囊菌和丝状真菌在陆地上是没有发现的，那么可以确定这些是淡水真菌。某些属，如 *Jahnula* 和 *Proboscispora* 是典型的淡水真菌，但是有些属既有淡水种又有陆生种，如 *Annulatascus*、*Savoryella* 和 *Ascotaiwania*。对于一个物种来说如何确定它是淡水种还是陆生种？一般同一属中的淡水种和陆生种的孢子是有区别的。淡水种通常具有外鞘或附属物以及一些其他特征，反之亦然。Kohlmeyer 等认为陆生真菌是由淡水真菌进化而来的。

5. 我国淡水真菌的研究现状

在中国大陆，对淡水真菌可能引起水田作物和产品的病害已有详细的报道。在 Dick、Seymour 和余永年描述的基础上，北京开展了淡水卵菌的分类和多样性研究，有 11 个种，如 *Achlya oblongata* 已从淡水和湿土中分离得到，并探索了它们的季节变化。在同一区域，刘杏忠在 1988 年开展了进一步的研究，包括污水中真菌的垂直分布、季节变化以及每日的波动。虽然早在 1894 年就有淡水真菌的报道，如 *Lemonnier aquatica*，但是 Ingold 在 1942 年才开始仔细地研究这些菌，当时报道了 16 种淡水真菌。直到 1997 年研究人员才对淡水真菌的研究投入了极大的关注，大约报道了 300 种。在中国大陆，淡水真菌的研究开始于 20 世纪 80 年代。1986 年云南大学的研究人员最早报道了淡水真菌 *Tetracladium setigerum*，他们的工作重点在于从水样、浸泡腐烂的叶子和木头、鱼和泥的标本中分离的真菌。在北京、四川省和安徽省，余永年和朱旭东开展了类似的工作。他们从小溪、河流、池塘、湖泊和水库中采集的标本中分离得到真菌，并报道了 50 个中国新纪录种，如 *Alatospora acuminata*、*Campylospora chaetocladia* 和 *Lemmonniera aquatica*。张克勤和蔡磊从云南浸没的木头上分离淡水真菌（淡水子囊菌和半知菌），并报道了一些新种，如 *Pseudohalonectria fuxianii*、*Dictyosporium lakefuxianensis* 和 *Dyrithiopsis lakefuxianensis*。到 2007 年在中国已报道了 151 种子囊菌和半知菌。基于云南复杂的气候和地理环境，云南大学的研究人员围绕温度、季节、地理、污染和着生基质与淡水真菌关系等方面，开展了云南不同的地区和不同的气候带淡水真菌生态学和淡水真菌群落多样性的研究。研究发现在宝香河上游比下游的淡水真菌的种类多。在河北和湖北有不同于云南地区淡水真菌的报道，如 *Rhodotorula rubra*、*Rhodotorula glutinis* 和 *Rhodotorula minuta*。然而我们对担子菌的研究很少，这可能是因为它们的数量相对较少。姜敏等在浙江省杭州市天目山、九溪、浙江丽水、浙江松阳等地区，采集了在水中长期浸没的腐木，共检查标本约 300 余份，采用直接检查法和湿室诱培法进行检测，得到了淡水真菌 18 属 26 种，其中子囊菌 3 种，半知菌 23 种。中国已报道的种有 17 个，中国新记录种 5 个：*Sporoschisma nigroseptatum*、*Brachydesmiella biseptata*、*Dictyosporium digitatum*、*Xylomyces giganteus* 和 *Nakata eacur vularioides*。新种 4 个：*Sporoschisma zhejiangensis*、*Dictyosporium zhejiangensis*、*Vanakripa breviscatena* 和 *Seiridium tainmunensis*。

（二）淡水细菌

1. 城市河流中的细菌

赵荫薇等行程 12 000km，对中国城市河流中的细菌进行了较全面的考察。由于各种污染物的存在，城市河流一般情况下都是高度富营养化的状态。从轻度污染到重度污染的河流，基本上都是芽孢杆菌属（*Bacillus*）、假单胞菌属（*Pseudomonas*）、无色杆菌属（*Achromobacter*）、棒状杆菌属（*Corynebacterium*）、微球菌属（*Micrococcus*）、微杆菌属（*Microbacterium*）、变形杆菌属（*Proteus*）、气单胞菌属（*Aeromonas*）、欧文氏菌属（*Erwinia*）、沙门氏菌属（*salmonella*）等的化能异养菌居多。

2. 沼泽湿地中的主要细菌

根据彭丽杰等的研究，通过常规的纯培养分离鉴定，松北新区湿地的细菌主要可以分离到以下 15 个属：芽孢杆菌属、巴斯德菌属（*Pasteurella*）、发酵杆菌属（*Zymobacterium*）、短杆菌属（*Brevibacterium*）、节细菌属（*Arthrobacter*）、双球菌属（*Diplococcus*）、乳酸杆菌属（*Lactobacillus*）、勒克氏菌属（*leclercia*）、明串珠菌属（*Leuconostoc*）、黄杆菌属（*Flavobacterium*）、克雷伯氏菌属（*Klebsiella*）、梭菌属（*Fusobacterium*）、弧菌属（*Vibrio*）、无色杆菌属和埃希氏菌属（*Escherichia*）。

3. 湖泊湿地中的主要细菌

李蒙英等对浙江金鸡湖和尚湖纯培养细菌的研究表明，在淡水湖中，种属类别也主要是弧菌属、气单胞菌属、不动杆菌属（*Acinetobacter*）、芽孢杆菌属、假单胞菌属、黄单胞菌属（*Xanthomonas*）、色杆菌属（*Chromobacter*）、无色杆菌属、葡萄球菌属（*Staphylococcus*）和微球菌属。

从以上 3 种湿地中分离的主要细菌种属来看，在淡水湿地环境中，由于湿地生态系统的相似性，大部分细菌类群是相似的。

湿地能为细菌提供生存所必需的营养物质和生理生化反应所必需的 C、N 等无机物及有机大分子物质。由于湿地土壤处于缺氧状态，因此细菌对动物残体的分解作用慢，有机质的生成作用超过了其分解作用，使有机物质的积累增强，土壤肥沃。细菌具有极强的还原性，可以使湿地土壤具有很强的还原性，因此决定着湿地中各营养物质的形态和转化形式。细菌可以在有氧条件下将有毒的过氧化氢分解成无毒的水，具有分解湿地中有毒物质的作用。

除此之外，还有其他一些参与元素循环的细菌，例如，①硫酸盐还原细菌。其中的代表菌为硫酸还原弧菌（*Vibrio desulfuricans*），其还原作用强烈地发生在排水不良的瘠薄土壤中，特别是在泥炭土或湖沼腐泥中。②氨化细菌。其中的变形杆菌（*Bacterium vulgare*）是污水中蛋白质分解的主要细菌种群。③碳水化合物分解细菌。分解纤维素的微生物以细菌最为广泛，多为好气性，不适于通气不良和酸性土壤条件，是湿地泥炭植物形成泥炭的根本原因。④铁细菌。主要有铁柄杆菌属（*Gallionella*）、纤毛菌属

(*Leptothrix*)及铁细菌属(*Crenothrix*)，分布于湖沼及沼泽土的表面。⑤固氮细菌。在湿地土壤中主要是厌氧性固氮菌，如巴氏梭菌(*Clostridium baratii*)。

(三) 淡水湿地中的放线菌

关于淡水湿地中的放线菌的大量研究工作都集中在土壤放线菌方面，对水生放线菌的研究起步较晚。20 世纪 40 年代初，Erikson 等就对 Wisconsin 湖群中的小单孢菌做过研究。50 年代以后，英国、美国及苏联等国学者开始对湖泊放线菌的区系及季节变化、生理、生态各方面开展了相应的研究。迄今为止，淡水湖泊中分离到的最多的稀有放线菌是小单孢菌属、糖多孢菌属、诺卡氏菌属和马杜拉放线菌属，其次是孢囊放线菌属、双歧放线菌属、小四孢菌属、小多孢菌属、糖单孢菌属和红球菌属，最少的是游动放线菌属、小双孢菌属、链孢囊菌属和分枝杆菌属。有关云南淡水湖泊放线菌的研究结果将在本章第四节中专门介绍。

何建清等考察了西藏拉鲁湿地自然保护区的放线菌组成及其抑菌和酶活性。他们从拉鲁湿地自然保护区不同土壤类型、不同优势植被采集了 25 份土样，用分散差速离心法分离了拉鲁湿地中温放线菌和低温放线菌。结果表明：①拉鲁湿地放线菌数量从水生环境向陆地生态系统递增，中温放线菌数量显著多于低温放线菌。②拉鲁湿地土壤中分离到链霉菌属、小单孢菌属、诺卡氏菌属、马杜拉菌属和小链孢菌属 5 个放线菌属，其中以链霉菌属和小单孢菌属为优势属。链霉菌属以金色类群、白孢类群和粉红孢类群为主，小单孢菌分离到的是黄橙类群和黑褐类群。③供试菌株分解纤维素能力较强，分解蛋白质活性较低，具有抗菌活性的菌株很少，且抗菌活性较弱。④供试菌株耐毒性物质的能力较强，这些菌可用于毒害有机物污染物的处理。

(四) 湖泊湿地中未培养原核微生物资源

湖泊的生境类型各不相同。有的富营养，有的贫营养，有的含盐含碱量高，有的海拔高，等等。正是湖泊生境类型的各不相同使得湖泊微生物的多样性异常丰富。近年来，随着分子生物学技术的应用，湖泊微生物多样性逐渐被人们所认识。众多学者做了单个或多个湖泊的微生物多样性研究，大大地推动了湖泊微生物多样性研究的发展。这些成果对研究微生物在湖泊生态循环中的作用和开发湖泊微生物资源具有导向作用。

1. 古菌

古菌一直被认为只能生存于极端生境(高盐、高温、厌氧等)中。随着生物技术特别是分子生物学技术的发展，人们开始认识到古菌同样也存在于非极端环境之中。它们在湖泊浮游生物中占有相当大的比例，在湖泊生态系统的生物地球化学循环中具有举足轻重的作用。

大量的研究表明，古菌在不同的湖泊中的数量和种类分布极不平衡。首先，在湖泊水体中，古菌的数量较多，是湖泊浮游生物的主要的细胞组成，而在湖泊沉积物中(极端环境除外)，古菌仅约占沉积物原核生物的 1%。其次，不同类型的湖泊中湖泊古菌类群会出现不同的分布，例如，Aijaz Ahmad Wani 等构建了印度 Lonar Crater 湖古菌的16S rRNA基因文库，发现该湖的古菌主要属于泉古菌门（Crenarchaeota）中的硫化叶菌属（*Sulfolobus*）和广古菌门（Euryarchaeota）中的甲烷烁菌属（*Methanocalculus*）；Julia等报道在以色列一个富营养湖泊Kinneret湖内，古菌主要属于甲烷微菌目（Methanomicrobiales）和甲烷八叠球菌目（Methanosarcinales）等。由上可以看出，湖泊中大多数的古菌都属于Euryarchaeota和Crenarchaeota，但是在目或属的水平上，在不同的湖泊中微生物的种类却各不相同，这说明在湖泊生态系统中，古菌的种类分布是不平衡的。此外，同一类群的古菌在许多不同的湖泊中也都能够鉴定得到。例如，从上述以色列Kinneret湖中鉴定得到的甲烷毛菌科（Methanosaetaceae）和Methanomicrobiales在其他的富营养和中等营养的湖泊中也存在，而且在瑞士的Rotsee湖中，Methanosaetaceae克隆的数量更是占该湖古菌克隆的91%，进一步说明了Methanosaetaceae和Methanomicrobiales这两类古菌在湖泊生态系统中是广泛存在的。湖水以及湖泊沉积物中的新属种古菌不断地被发现。以前人们一直认为绝大多数的古菌都属于Crenarchaeota和Euryarchaeota，但是随着许多新属种的古菌从各种环境中被发现，人们对于古菌分类的认识也发生了根本的改变。例如，初古菌门（Korarchaeota）因为一直未得到纯培养而不受重视，但Thomas和Auchtung等发现在美国黄石国家公园的热泉、河流、湖泊、土壤等环境中Korarchaeota的多样性非常丰富，这表明Korarchaeota在古生菌中也占有重要的地位。

2. 细菌

目前在美国国家菌种保藏中心（ATCC）保藏的从湖泊中分离得到的主要细菌类群大多数都属于Proteobacteria（朊细菌门），它包括了α-、β-、γ-、δ-、ε-Proteobacteria（α-、β-、γ-、δ-、ε-朊细菌纲），Bacteroidetes（拟杆菌门），Cyanobacteria（蓝细菌门），Actinobacteria（放线菌门），Verrucomicrobia（疣微菌门），Chlorobi（绿菌门），Planctomycetes（浮霉菌门），Firmicutes（厚壁菌门）等。Zwart等研究了北美、亚洲、欧洲等不同湖泊和河流的细菌多样性，主要的湖泊微生物有以下几类：α-、β-、γ-、δ-、ε-Proteobacteria，Bacteroidetes，Cyanobacteria，Actinobacteria，Verrucomicrobia，Chlorobi，它们之中的大多数目前都未获得纯培养。

湖泊细菌的多样性随着湖泊深度的变化会表现出显著的不同。一般来说，下层水样的细菌多样性更为丰富，这可能是由于湖底的特定环境所造成的。随着湖泊营养类型的不同，湖泊细菌类群的多样性也不尽相同。Hideyuki Tamaki等发现富营养湖泊中主要细菌是Proteobacteria（47%），且在Proteobacteria中，δ-、β-和γ-Proteobacteria分别占23.2%、12.5%和9.8%。而Nitrospira则占全部克隆的13.4%。文库中其他的已鉴定的克隆还有Acidobacteria、Chloroflexi、Bacteroidetes和Chlorobi等。另外，季节的变化也会在很大程度上影响富营养湖泊、腐殖质湖泊和贫营养湖泊中细菌的多样性。

由此可以看出，湖泊细菌的多样性是非常丰富的，而且随着湖泊生境类型的不同，它们的群落组成存在显著的差异。

三、咸水、碱水湿地中的微生物

大多数咸水、碱水湿地属于滨海湿地类型，许多都处于海岸线水域的边缘地带。其环境的特殊性导致咸水、碱水湿地中的微生物与海洋微生物交融在一起。1979 年 Kohlmeyer 提出海洋微生物可分为专性海洋微生物和兼性海洋微生物。专性海洋微生物是只能在大洋和河口地区生长并生成特征性结构的微生物；兼性海洋微生物是指那些来自淡水和陆地环境，又能在海洋环境中生长和形成特征性结构的微生物。与厌氧菌和兼性厌氧菌的分类相似，兼性海洋微生物适应了海水的酸碱度，耐高渗透压能力较强，一般寄生于海藻和海生动物或者腐生于浸沉在海水中的木材上，也可生长在含盐的湿地和栲树沼泽中。我们认为这类兼性海洋微生物应属于咸水、碱水湿地微生物。

本章主要介绍淡水湿地的相关内容，有关咸水、碱水湿地中的微生物类群的分布特征在第二章、第四章具体介绍。

第四节　云南高原湖泊的放线菌资源

过去对放线菌的研究主要集中在土壤放线菌方面，对水生放线菌的研究报道较少，起步也较晚。随着工作的不断深入，湖泊放线菌区系及资源开发逐渐引起人们的重视。20 世纪 40 年代初，Erikson、McCoy 等就对 Wisconsin 湖群中的小单孢菌做过研究。50 年代以后，英国、美国及苏联等国学者对湖泊放线菌的区系及季节变化、优势菌种群、水生放线菌的生物学特性、生态作用以及有关的研究方法作了不少研究。到目前为止，国内有关湖泊放线菌生态区系及资源开发的系统研究鲜见报道。80 年代，云南大学的姜成林等于 1983～1990 年对云南高原湖泊水生放线菌资源进行了系统的考察。

在云南辽阔的高原上分布着大小湖泊数十个，总面积约 160 万亩。它们像璀璨的明珠一样镶嵌在群山之中。十几个最大的湖泊分别属于金沙江水系（滇池、程海、泸沽湖）、澜沧江水系（洱海、剑湖、茈碧湖）、南盘江水系（抚仙湖、杞麓湖、星云湖）及红河水系（异龙湖）。这些湖泊为云南省的农业灌溉、水产养殖、航运、发电、工业用水、气候调节、旅游业的发展都提供了良好的条件。

云南高原湖泊的分布与云南弧构造密切相关，主要分布在云南弧的顶、两翼和脊柱部分的断带上，湖泊长轴方向与断裂构造方向一致。因此它们的形成深受断裂构造控制，主要由地壳裂陷而成，但河流侵蚀、泥沙淤积等也起重要作用。

他们研究的 12 个湖泊（表 3-2）海拔为 1280～2700m，均属高原湖泊。抚仙湖、泸沽湖、阳宗海的平均水深都在 20m 以上，系贫营养湖泊。大部分为浅水湖，平均水深 10m 以下，湖盆倾斜度平缓，湖弯曲度大，其中异龙湖、大屯海和杞麓湖在 1981 年曾一度干涸过，湖底有机质丰富，水生植物多。洱海和程海介于两者之间，水深平均为 10～15m，营养状况中等。程海的水已盐碱化，pH 达到 9。其余都是淡水湖，尽管水质净化程度不一。

表 3-2　云南高原 12 个湖泊的自然概况

自然概况	滇池	洱海	剑湖	茈碧湖	程海	抚仙湖	杞麓湖	星云湖	异龙湖	大屯海	阳宗海	泸沽湖
海拔/m	1885.0	1970.0	2015.0	2150.0	1503.0	1721.0	1731.0	1723.0	1411.0	1280.0	1770.0	2700.0
长/km	32.0	42			20	32	15.5	10.5	13.8	7.8	12.7	9.4
宽/km	10.5	5.8			4	6.7	3.1	3.8	3.0	2.9	2.5	5.2
面积/km^2	300	250.0	20.0	15.0	79.0	211.0	42.0	39.0	42.0	12.0	31.0	49.0
最深水深/m	8.0	20.7	7.0	21.0	37.0	155.0	15.0	12.0	7.0	2.7	30.0	93.6
平均水深/m	5.0	10.2	3.5	5.0	15.0	89.6	4.0	9.0	3.5	1.3	20.0	40.6
蓄水量/($10^6 m^3$)	157	254			270	1890	1.9	2.3	1.2	0.34	6.0	19.5
水 pH	5.5	6.0～6.7	6.4～7.0	6.4～6.7	9.0	7.0	6.5～7.0	6.0～6.8	6.8～7.0	6.0～7.0	6.0～6.5	7.0
营养状况	中	中	富	中	中	贫	富	富	富	富极	贫	贫
水生植物	中	中	丰富	中	少	少	丰富	少	丰富	丰富	少	少
底泥	30	42	6	6	70	41	6	6	6	6	6	15
水	30	42	6	6	30	20	6	6	6	6	6	9

在这些湖泊中，泸沽湖位于川滇交界处，交通极不方便，所受现代社会的影响最少，基本保持了天然状态。滇池受工业“三废”的污染非常重；星云湖、杞麓湖和洱海已受到不同程度的污染。

他们分别从12个湖泊中采集了湖底泥和水样，进行放线菌生态区系及资源研究。

一、滇池

滇池位于云南中部，坐落在昆明西南面，东经102°40′，北纬24°50′，海拔1885m。南北长32km，东西宽14km，面积330km^2，是云南最大的湖泊。流入滇池的水系有南盘江、北沙河、梁王河等，湖的南出口河（螳螂川）入金沙江。滇池分为南北两部分：北面为草海，约3万亩，水草丛生，已沼泽化，有机质极为丰富，水深1.5～2m；南面叫外海，约44万亩，西部是泥底，东面是砂底，湖中心水草较少。滇池近些年来已受到严重的工农业废物污染。

（一）放线菌区系组成

在有机质含量较为丰富的浅水区、底泥和水中的放线菌数量最多，昆阳磷矿附近的水域放线菌最少。在深水区，水样中的放线菌有明显的分层现象，上中下水层的放线菌呈现高、低、高的现象。在底泥和水中共分离到链霉菌属、小单孢菌属、小多孢菌属、马杜拉放线菌属、双歧放线菌属、游动放线菌属、诺卡氏菌属、分枝杆菌属共8个属的放线菌。

在雨季，放线菌数量均比旱季减少，底泥的放线菌减少为原来的1/2，水样减少为原来的5/14；旱季分离到8个属，而雨季只分离到4个属。

在雨季，底泥的红球菌属大为增加，占了总数的37%，而旱季仅占0.6%；同样，水中的链霉菌属也是雨季多（69%）。红球菌属是一类所谓的嗜粪菌，在雨季雨水的冲刷把它们带到湖里。雨水还把大量的土壤链霉菌的孢子带到湖内，从而增加了湖水中的链霉菌量。

与陆生放线菌区系大为不同的是，滇池底泥放线菌以小单孢菌属为优势类群，占菌总数的51%～76%，水样中的放线菌则以诺卡氏类细菌（Nocardioform bacteria）最多，其余各属均较少。根据小单孢菌属在察氏琼脂、酵母膏麦芽膏琼脂的培养特征，可将它们分为以下4个类群。

1）黄橙类群菌丝体黄、暗黄、橙色，占小单菌总数的69%。

2）黑褐类群菌丝体黑色、褐色，占19%。

3）紫色类群菌丝体紫色、紫红色、褐紫色，占3%。

4）蓝绿类群菌丝体暗绿、绿色、蓝绿色，占9%，而且都是一个种，即暗绿小单孢菌（*M. phaeovirida*）。

（二）放线菌的生物学活性及生态作用

研究表明，除少数诺卡氏菌属外，几乎所有的放线菌都不同程度地分解甲壳素。甲壳类动物在湖里的含量是很大的，其残体极为丰富。因此，放线菌可能活跃地参与湖内甲壳动物残体的分解，对维系湖体生态的平衡发挥着很大作用。同样，放线菌也积极参与纤维素的分解。对这两类难分解物质的分解以链霉菌属最强，小单孢菌属次之，诺卡氏类细菌较弱。

有77%的放线菌菌株能在含5mg/L的苯酚、51%的菌株能在含5000mg/L的氢氟酸、69%的菌株能在含3mg/L的氯化汞中良好生长。进一步将37株耐酚能力强的菌株在含500mg/L、1000mg/L、2000mg/L及3000mg/L苯酚的培养基内摇瓶培养4天，其中有11株能在高达3000mg/L的苯酚中生长。这表明随着有毒物质的污染，放线菌对毒性物质逐渐产生了耐性。换言之放线菌也参与了湖体的自净作用。

二、洱海

洱海位于云南西部，东经100°10′，北纬25°45′，是云南高原最大的淡水湖泊之一，面积250km，海拔1972m，西面是气势雄伟的苍山，东北面是鸡足山，东面是辽阔的滇中高原。

洱海属构造型断陷湖，南北长42.6km，平均宽5.8km，平均水深10.2m，最深处20.7m，蓄水量23.8亿m^3。苍山有九溪十八涧流入洱海，主要的入湖河还有弥苴河、罗时江、永安江、菠萝河等，出水河仅洱西河流入澜沧江。湖水透明度2.5～4m，pH6～6.7，有机耗氧量1.39～2.20L，矿化度170μL/L，底泥有机质含量3%左右，营养中等。

洱海地处北亚热带，年平均气温15℃，日照时间总数约2300h，年雨量1000mm左右。历史名城大理坐落在洱海之滨。洱海周围是滇西农业最发达的地区之一，田肥美，民殷富。

（一）底泥中的放线菌区系分布

有人分别于1983年4月（旱季）、10月（雨季末）在洱海7个样区采集了底泥和水样共84份，对放线菌区系进行了研究。

在旱季，从洱海分离到5个属的放线菌，其中小单孢菌属占55.3%，链霉菌属占38.4%，其余都是诺卡氏菌属和红球菌属，放线菌总数为822.6×10^3CFU/g干土。在雨季，放线菌总数大为减少，而链霉菌属占的比例有所增加。这与滇池水中见到的情况类似，主要分离到的放线菌属有链霉菌属、小单孢菌属、两歧放线菌属、诺卡氏菌属、红球菌属和分枝杆菌属，还分离到少量高温单孢菌属和链孢囊菌属。

就不同区域放线菌的分布而言，南湖湖心暗滩区，泛舟其上，初望去清水一片，俯视之，却如水下森林一般，水生植物随波荡样，微眼子菜、金鱼藻非常繁茂，底质为黑色草渣性淤泥。在堆积性浅水湖湾，人为活动最多，是水生植物最密集的区域，植物种类也最多，底质为黑色淤泥。这两个样区的放线菌最多。在深水区，湖心几乎没有水生植物，底部是细砂，放线菌最少。放线菌的数量分布与水生植物的分布呈平等关系。

（二）湖水中的放线菌

从旱季的水样中分离到各属菌株数目如下：链霉菌属（4.7CFU/mL）、诺卡氏菌属

(147CFU/mL)、红球菌属(4007.6CFU/mL)和分枝杆菌属(94.3CFU/mL)。红球菌属占94%，链霉菌属还不到1%。在雨季分离到的链霉菌为1833CFU/mL，小单孢菌为333CFU/mL，红球菌为167CFU/mL，链霉菌占了78.5%。物种组成与滇池很相似。

三、抚仙湖

抚仙湖地跨云南省澄江、江川和华宁县，东经102°54′，北纬24°30′，系断裂陷落湖，湖面海拔1721m。该湖南面有2.5km的隔河与星云湖相通，南北长31.5km，东西宽3.2～11.5km，面积211km²。水源有地表水和地下水，入口河有梁王河、东大河、西大河、尖山大河及西龙潭，汇水面积1045km²。海口河为出口河，注入南盘江，多年平均出水量为1.14亿m³。湖水平均深度89.6m，最深155m，蓄水量189亿m³，是云南省容积最大的淡水湖泊，也是我国有名的第二深水湖泊。

抚仙湖属贫营养湖泊，水质良好，pH7左右，溶氧7.6～10.3mg/L，透明度5.5～9.6m，受到的污染比较小。但由于周围森林覆盖率不到10%，水土流失比较严重，泥沙淤积。1985年4月从抚仙湖9个样区采集了样品61份，研究了其中的放线菌区系分布。

分离结果表明，在出水口，水深21m，湖底为沙子，放线菌最少，仅22.3×10^3CFU/g干土。在浅水区(水深1～7m)放线菌较少。中深水区(水深15～22m)放线菌较多。最深水区(水深62～80m)放线菌最多。

从抚仙湖底泥中分离到9个属的放线菌。小单孢菌属占52.2%(黄橙类群占其中的76%)，链霉菌属占45.6%，糖多孢菌属占0.1%。没有发现游动放线菌属和红球菌属。从抚仙湖底泥样品也分离到高温放线菌属，它们主要是链霉菌属菌株(233.3CFU/g干土)，平均菌株总数为300CFU/g干土。

从20个水样中都未分离到任何放线菌。

四、星云湖

星云湖位于云南省江川县城东北，东经103°00′，北纬24°35′，海拔1723m，面积39km²。湖长10.5km，宽平均为3.8km，平均水深9m，总容水量2.3亿m³。星云湖水呈微浑的绿色，透明度1m左右，pH6.5～7.0。该湖湖底平坦，除河口带为砂质外，其余均为褐黄色泥质底，腐殖质厚达1.5m。由于水质较肥，湖内浮游动物丰富，主要以支角类、桡足类占优势。但湖中浮游植物较少，仅湖边水草较多，主要是小叶眼子菜和渲草等。星云湖的放线菌数量与抚仙湖的相近，为324×10^3CFU/g干土，但各样区的数量差异较小，这可能与整个湖底地势平坦，肥力较均匀有关。但该湖的放线菌组成比抚仙湖单调，仅分离到4个属：链霉菌属、糖多孢菌属、诺卡氏菌属和小单孢菌属，其中小单孢菌属占84%，而这之中橙黄类群就占了56%。从星云湖分离到的高温放线菌有链霉菌属菌株100CFU/g干土，高温放线菌属菌株50CFU/g干土。

在星云湖的水样中未分离到放线菌。

五、杞麓湖

杞麓湖位于云南省通海县境内，东经102°45′，北纬24°10′。湖面海拔1795m。湖宽平均 3.1km，长 15.5km。该湖平均水深 4m，最深处 15m，容水量约 1 亿 m^3。杞麓湖是封闭型湖泊，有一暗河经华宁大龙潭汇入曲江，属南盘江水系。湖四周森林覆盖率低于 10%，水土流失严重，目前湖底较 20 世纪 50 年代淤高0.2～0.3m，湖西区已沼泽化。1981 年大旱，浅湖区完全干涸。由于工业及生活用水进入湖内，经蒸发浓缩，大量重金属沉于湖内，汞的含量为 0.001mg/L，检出率达 70%。通海氮肥厂每天放入的污水达 4000t，氨态氮高达 69mg/L。杞麓湖的放线菌数量相当大，达 3524×10^3CFU/g 干土，尤其是 E、F 样区，高达 3355×10^3～$12\,666\times10^3$CFU/g 干土，这正是 1981 年干涸过的浅水区，人为干扰最大，水生植物特别丰茂。尽管放线菌数量多，但区系组成并不复杂，只有 4 个属。小单孢菌属占 78%，其中黑褐类群最多（40%）。糖多孢菌属占 6%，这也是很少见的现象。分离自杞麓湖样品的高温放线菌分别属于链霉菌属（菌株数目 100CFU/g 干土）、小单孢菌属（100CFU/g 干土）、诺卡氏菌属（50CFU/g 干土）及高温放线菌属（50CFU/g 干土）。

仅在一个样区的水样分离到 3 株红球菌。

六、阳宗海

阳宗海位于云南省呈贡、宜良、澄江三县交界处，群山环绕，面积 $31km^2$，海拔 1660m。该湖为狭长形，长 10.5km，宽 2.5km，平均水深 20m，最深 30m，北面汤池河流进南盘江。由于农业用水大幅度增加，水源又有限，水位逐年下降，1961～1983 年平均每年下降了 0.13m。阳宗海四周森林稀少，土地贫瘠，水生植物极为稀少，是云南境内有名的“穷湖”，几乎没有养鱼业。仅北部有一火电站的部分废渣倾入湖内，整个湖泊基本上保持了自然状态。阳宗海的中温放线菌组成比较单调，只有 3 个属：链霉菌属、小单孢菌属和诺卡氏菌属，这其中以链霉菌属为主，占 60%，小单孢菌属占 39%，没有分离到绿色类群的菌株。靠近电厂的水域，30 多年来，部分煤渣和生活用水流入，湖底泥黑色，放线菌数量也最多。

七、异龙湖

异龙湖在云南省石屏县城东南 3km 处，属红河水系，面积 $42km^2$，海拔 1411m。在 1698 年，水位达 1418m，淹过县城东门。1953 年以后就无水流出，成为封闭湖。由于围海造田，农业用水又急剧增加，水位进一步下降。1981 年大旱，湖水全部干涸 20 余天，现在水位也完全恢复，水深仅 2.5～5m。湖内水生植物丰富，主要是眼子菜和芦苇。

异龙湖的放线菌平均为 3367×10^3CFU/g 干土，砂质底的水域达 8500×10^3CFU/g 干土。共分离到 5 个属的放线菌：链霉菌属、马杜拉放线菌属、糖多孢菌属、诺卡氏菌属和小单孢菌属，链霉菌属占 51%，小单孢菌属占 46%。

八、大屯海

大屯海属云南省个旧市管辖，面积仅 $18km^2$，海拔 1284m。该湖完全是一个封闭湖，目前湖周围 2/3 的地段已筑起湖堤，故此入水量很少，主要靠雨水补充。1981 年大旱，整个湖全部干涸，目前水深仅 1.5～2.7m。整个湖一片草海，水生植物极为丰富，眼子菜、黑藻等遍布满湖，有机质极为丰富。

大屯海的放线菌平均有 2991×10^3CFU/g 干土。在大村落附近水域，生活用水注入，放线菌达 8455×10^3CFU/g 干土。在 1981 年人工挖的"航道"，取了相当于心土层的土样，样品中放线菌要少一些。大屯海的放线菌只有 3 个属，小单孢菌属占 86%，链霉菌属占 14%，诺卡氏菌属仅占 0.2%。小单孢菌属的橙黄类群占多数。

九、茈碧湖

茈碧湖位于云南省洱源县境内，海拔 2150m。面积约 9000 亩。平均水深 5m 左右，最深处 21m。该湖出口河流入洱海，是洱海的上游湖。该湖的污染小，湖水 pH6.4～6.7，水生植物以苦草、眼子菜为主。该湖已有近 1/3 的面积为人工养鱼水面。

茈碧湖的放线菌平均为 419×10^3CFU/g 干土，在黄褐色砂泥水域，放线菌较多。小单孢菌属占放线菌总数的 63%，其中又以黄橙类群最多。链霉菌属占 28%，诺卡氏菌属占 8%，马杜拉放线菌属和糖多孢菌属均很少。

茈碧湖的高温放线菌比较少，仅分离到链霉菌属 50CFU/g 干土，高温放线菌属 50CFU/g 干土。

十、剑湖

剑湖位于云南省剑川县，海拔 2015m，面积近 1 万亩。平均水深仅 3.5m，最深处仅 7m。湖水流入澜沧江。湖水污染小，pH6.4～7.0。该湖水生植物很丰富，以苦草、眼子菜为主。

剑湖是一个受人干扰较大的浅水湖，放线菌比较丰富，有 1131×10^3CFU/g 干土。放线菌区系组成比较复杂，共分离到 6 个属：链霉菌属、马杜拉放线菌属、糖多孢菌属、糖单孢菌属、诺卡氏菌属和小单孢菌属，其中小单孢菌属占 46%，链霉菌属占 44%。值得一提的是糖单孢菌属比较多，在一半以上的样区分离到该属的菌株。

剑湖的高温放线菌以链霉菌属最多，达 4150CFU/g 干土，还分离到高温放线菌属（300CFU/g 干土）、小四孢菌属（300CFU/g 干土）及两歧放线菌属。

在水样中未分离到放线菌。

十一、泸沽湖

泸沽湖位于云南省宁蒗县和四川省盐源县交界处，属金沙江水系，海拔高达 2685m。面积 $48.5km^2$，平均水深 40m，最深处 37m，是云南第二深湖。该湖地处边远山区，交通极不发达，现代社会还未触及到它。湖周森林密布，青山环抱，风景秀美，湖水清澈，是云南省自然面貌保存最好的较大湖泊。泸沽湖底泥的放线菌数量较少，为 269.8×10^3CFU/g 干土。湖底为清洁的砂石区域，放线菌仅为 9.2×10^3CFU/g 干土。放线菌的区系组成也比较单调，仅分离到 4 个属，为链霉菌属、红球菌属、诺卡氏菌属和小单孢菌属；其中小单孢菌属占 77.7%，链霉菌属占 20.3%。

该湖水样的放线菌很少，仅在一个样区的水样中分离到少量红球菌属。

十二、程海

程海地处云南省永胜县境内，东经 100°40′，北纬 26°34′，海拔 1503m，系断裂侵蚀湖。湖面积 79km^2，长 20km，宽 4.3km，汇水面积 318km^2，平均水深 15m，最深处 37m，蓄水量 27 亿 m^3。该地最高气温 29.4℃，最低 7.1℃，年降雨量 1200mm，属金沙江干热河谷气候类型。由于周围森林遭受破坏，水量不足，年蒸发量又大于入水量，湖水本来流入金沙江，已于 300 年前开始无水流出，现在的湖面比原出水口已下降了约 40m，湖面积大为缩小。1960～1965 年观测结果表明，每年水位下降 0.23m。湖水已盐碱化，pH 达到 9。这是云南境内因森林破坏造成的较大“死湖”。

研究这种湖泊的放线菌区系、它们的生物学特性以及如何利用它们均具有特殊的理论意义和实用价值。有人于 1984 年旱季（4 月）和雨季（10 月）各采集 50 份样品进行了研究。

（一）放线菌分布

1. 底泥中的放线菌

在旱季，放线菌的总数为 438×10^{3}CFU/g 干土，雨季增加到 520×10^{3}CFU/g 干土，各样区的增加幅度大体一致。这种现象与滇池、洱海大不相同。旱季分离到 10 个属，雨季只分离到 6 个属。

小单孢菌属占了极大优势，旱季占 88.3%，其中黄橙类群占一半左右，黑褐类群占 33.1%，紫色类群占 4.5%，绿色类群不到 1%。雨季小单孢菌属占 72.9%。旱季链霉菌属占 7.3%，雨季增至 19.7%。其他稀有放线菌均很少。深水区的放线菌数量稍多一些。浅水区人为干扰比较大，放线菌区系组成比较复杂，分离到 8 个属的菌株：链霉菌属、马杜拉放线菌属、诺卡氏菌属、小单孢菌属、孢囊放线菌属、原小单孢菌属、红球菌属和高温多孢菌属。C 区还分到分枝杆菌属。

程海的高温放线菌以高温放线菌属为主，占 65.2%，链霉菌属仅占 32.6%，还有极少数糖单孢菌属和小单孢菌属。这些情况也与其他湖泊不同。

2. 湖水中的放线菌

在旱季样品中未分离到放线菌。雨季样品中的放线菌也很少，只有 6.6CFU/mL，仅有链霉菌属和小单孢菌属两属。无论在水样还是底泥样品中都未分离到游动放线菌。

（二）放线菌的生物学特性

从对旱季分离的 246 株放线菌进行研究的结果可以看出，由于 300 年来湖水的逐渐盐碱化，两种属的放线菌对盐的耐受性也提高了，分别有 90.2%和 71%都属于所谓耐碱放线菌（alkaline-resistant actinomycete），其最适生长为pH7～9。真正的嗜碱放线菌（alkalophilic actinomycete）仅占 0.8%，其最适生长为 pH9～10。这类菌在 pH11 时也能生长，pH7 以下不生长。值得一提的是，小单孢菌的耐碱性几乎与其他放线菌相同，这在有关的文献中还没有报道过。

对雨季分离的87株链霉菌在pH下的生长进行了试验，发现大部分菌株的最适生长为pH7，在pH9以上生长很差或不生长，这可能就是一些外来菌或陆生菌。另外有15株的最适生长pH为9～10，在pH7以下不生长或生长很差。在培养7天以后，培养液的pH分别从原始的8、9、10、11下降到pH7～7.5、7.2～8.0、8.0～9.0、9.0～10.0，这些菌可能就是一些土著菌（或水生菌）。随着湖水的逐渐盐碱化，来自陆地的链霉菌在湖内定居下来，适者生存，它们的耐碱能力逐渐增加，变成了湖体生态的一部分，而这种耐碱特性可能是通过产酸降低微环境的pH来实现的。换言之，链霉菌有两部分，一部分是外来菌，不耐碱，雨季多而旱季少；另一部分是水生菌，耐碱或嗜碱，数量比较稳定。

（三）细胞壁化学组成

对30株耐碱小单孢菌的细胞壁组分进行分析，有11株含L-二氨基庚二酸（L-DAP）和内消旋二氨基庚二酸（*meso*-DAP）及甘氨酸，其中有两株还是优势菌，可见这种异常现象在程海的小单孢菌中广泛存在。另外，分析了32株耐碱链霉菌，有11株的细胞壁含*meso*-DAP和甘氨酸（Ⅱ型），有的菌株的全细胞水解物含阿拉伯糖和半乳糖。因此，我们认为碱性环境对小单孢菌和链霉菌的胞壁化学组分及糖组分有明显的影响，这种影响的机制有待进一步研究。

十三、放线菌产生的各种有用物质

从12个湖泊中共分离到的1561株放线菌中，有23%产生纤维蛋白溶酶，其中有50%的高温链霉菌、45%的中温链霉菌和13%的小单孢菌产生这种酶。这几个属均有高活力菌株，相当于100mg/L链激酶对纤维蛋白的水解能力。在908株放线菌中，有27%产生凝乳酶，有74%的高温链霉菌产生这种酶，有2%的菌株的酶活力为100U/mL左右，其中1株达400U/mL。

有12%的菌株产生甘露聚糖酶，主要是中温链霉菌属和小单孢菌属。高温链霉菌的产酶菌株很少。产生溶菌酶的菌株很少，仅2%，而且酶活力都不到10U/mL。1741株放线菌中仅有7%具有抗毛霉活性，主要是高温链霉菌，但活力远不如土壤放线菌的高。从所有几千株放线菌中都未找到产生凝血酶的菌株，也没有找到产生α-淀粉酶抑制剂的菌株。

十四、云南高原湖泊放线菌区系分布的特点

通过对云南12个湖泊的研究，发现云南这些湖泊的放线菌区系组成很复杂，共分离到17个菌属。我们将这些湖泊分成4个类群。

第一类群包括滇池、星云湖、洱海、茈碧湖及剑湖。这几个湖泊的平均水深3.5～10.2m。剑湖的水生植物丰富，其余均属中等。这几个湖的放线菌总数为324×10^3～1126.15×10^3CFU/g干土，平均为683×10^3CFU/g干土。从洱海和茈碧湖分离到5个菌属，星云湖分离到4个菌属，链霉菌属平均占放线菌总数的24%，小单孢菌属占

66%，诺卡氏菌属占 6%。滇池、洱海分离到红球菌属，另外 3 个湖分离到糖多孢菌属。滇池、洱海和剑湖都分离到两歧放线菌属（McCarthy 等认为这个属应放在高温单孢菌属内）。仅在滇池分离到游动放线菌属。

第二类群包括杞麓湖、异龙湖和大屯海。它们都是平均水深 4m 左右的浅水湖，有机质含量高，水生植物很丰富，1981 年大旱曾一度部分或全部干涸过。这几个湖的特点是放线菌数量多（$2991\times10^{3}\sim3542\times10^{3}$CFU/g 干土），而组成比较单调，只分离到 3 或 4 个属。其中链霉菌属占 24%，小单孢菌属占 69%，诺卡氏菌属占 2.7%，糖多孢菌属占 2.6%，异龙湖分离到少量马杜拉放线菌属。

第三类群只有程海一个湖。该湖是因森林破坏、水源不足造成的“死湖”，湖水盐碱化，pH 达到 9。这个湖的放线菌数量比第二类群湖泊少了近两个数量级，仅为 43.8×10^{3}CFU/g 干土，但放线菌区系组成却比较复杂，共有 10 个属。其中小单孢菌属占 88.3%，链霉菌占 7.3%，其余各属的数量均较少。从程海发现了以下新种：黄玫瑰小四孢菌（*Microtetraspora flavorosea*）、云南糖单孢菌（*Saccharomonospora yunnanesis*）、程海马杜拉放线菌（*Actinomadura chenghaiensis*）和绿黄马杜拉放线菌（*Actinomadura viridoflava*）。

第四类群包括抚仙湖、阳宗海和泸沽湖。这 3 个湖的特点是贫营养，水生植物少，平均水深 20～90m，污染小，基本保持自然状态。

这 3 个湖的放线菌为 $269.8\times10^{3}\sim1221\times10^{3}$CFU/g 干土。抚仙湖分离到 8 个属，阳宗海为 4 个属，泸沽湖仅有 3 个属。其中链霉菌属占 52%，小单孢菌属占 47%，其余各属均少。分析过 16 株抚仙湖的链霉菌，它们的胞壁类型都是Ⅰ型。

研究了 9 个湖泊的高温放线菌。发现它们均有广泛分布，其中主要是链霉菌属和高温放线菌属。有的小单孢属菌株的最适生长温度在 45℃以上，52℃也能生长，因此也应属于高温放线菌类。从这些高温菌中发现了 4 个新种：剑湖糖单孢菌（*Saccharomonospora janensis*）、热白色马杜拉放线菌（*Actinomadura thermoalba*）、热黄褐小单孢菌（*Micromonospora thermoflavobrunnea*）和热橙黄小单孢菌（*Micromonospora thermo aurantiaca*）。

云南高原的湖泊大多是断裂陷落湖。由于沧海桑田的变迁，长期以来雨水的不断冲刷不停地把陆生放线菌冲到湖内。在长期的自然选择过程中，它们的一部分保留了下来并生息、繁衍、变化，成了湖泊生态系统的一部分。我们的研究仅仅是这个历尽沧桑而仍在不断变化的动态过程的一个瞬间片段而已。根据这些资料，我们初步形成了以下看法。

1）云南高原 12 个湖泊放线菌区系的显著特点是小单孢菌属占了明显优势，从 39%到 89%，这是与陆生放线菌区系的主要区别。我们曾经研究过昆明、哀牢山、西双版纳、元江等地的土壤放线菌区系，其中链霉菌属占绝对优势，小单孢菌属仅占 2%左右。尽管杞麓湖等 3 个湖泊曾一度干涸过，但水生环境始终占统治地位。由于本身有机质含量高，暂时干涸改善了通气和温度等利于放线菌生长的条件，所以只是增加了放线菌的数量，基本上没有改变小单孢菌属占优势这个事实，但是放线菌的组成变得单调了。在小单孢菌属中，又以黄橙类群和黑褐类群的数量多。在营养贫乏的阳宗海和砂质底的泸沽湖和抚仙湖的部分水域，小单孢菌属的比例较小。因此，可以认为小单孢菌属对营养的要求可能比链霉菌属更为复杂，而对氧的要求较低，抗压能力更强。小单孢菌属是一类水生放线菌。

2）链霉菌属是次优势菌。它们的数量在雨季往往会增加，这与雨水的冲刷有关。因此，链霉菌属中有一部分是水生菌，它们的数量比较稳定，另一部分则是外来菌。

3）仅在滇池等 3 个湖的水样中分离到放线菌，以诺卡氏菌属和红球菌属为主，其余湖泊的水样均未分离到放线菌。这个结果与国外一些学者的报道有些不同。他们在许多湖泊的水样中均分离到放线菌，而且小单孢菌属还占优势。

4）在这些湖泊中，我们分离到了小多孢菌属、小四孢菌属、糖单孢菌属和糖多孢菌属。这些菌属在国外水生放线菌的研究中尚未见报道。12 个湖泊共分离到 17 个属的放线菌，可见云南高原湖泊的放线菌区系确实很复杂。

5）链霉菌在适应碱性水生环境的过程中，逐渐增加了对碱的耐性，同时细胞壁化学组分也发生了变化，它们的遗传性也发生了变化，且与普通链霉菌的数值表观群相似性也降低了。小单孢菌的细胞壁组成比较多变，不仅含有 L-甘氨酸和 *meso*-DAP，而且往往含有 L-DAP 和 3-OH-二氨基庚二酸（3-OH-DAP），这种变化在程海的小单孢菌中很常见。

6）对 522 株放线菌的研究结果表明，93%的菌株能分解甲壳素，38%的菌株能分解纤维素，一半以上的菌株能在 5000mg/L 的氟、3mg/L 的汞和 5mg/L 的酚中生长。可见它们在湖体动植物残体的分解和湖体自净过程中发挥着重要的作用。

7）放线菌不但对维系湖泊生态系统的平衡发挥重要作用，它们还是各种有用物质的一个重要来源。从湖生放线菌筛选纤维蛋白溶酶、凝乳酶等蛋白酶类产生菌具有很大的潜力。

第五节　湿地微生物资源的利用

（一）湿地放线菌的产物及利用

肖静等从红树林环境中分离到了小单孢菌属、马杜拉放线菌属及拟诺卡氏菌属等稀有放线菌共 163 株，其中有 8 株对 4 种以上的指示菌有抑制作用，26 株对 3 种肿瘤细胞具有强抑制作用，尤其是菌株 MGR133 具有抑制 5 种指示菌的抗菌活性和抑制 3 种肿瘤细胞的细胞毒活性。潜在的链霉菌新种菌株 MGR035 发酵液对肿瘤细胞有抑制作用，暗示了对这些菌株的次级代谢产物都具有深入研究的价值。

（二）真菌的产物及利用

自 1929 年英国学者 Fleming 发现真菌产青霉素以来，人们从真菌中不断发现了许多结构新颖、具有显著生物活性的物质。据不完全统计，真菌产生的活性物质已达 8600 多种。在总数约为 2125 万种的微生物活性代谢产物中，真菌来源的代谢产物约占 38%。当前研究的活性物质主要包括萜类、生物碱、苯丙素类、黄酮类、甾体、醌类、糖类、有机酸类、脂类、肽类物质等。

1,3-葡聚糖最近已被鉴定为抗肿瘤、抗艾滋病或免疫刺激性化合物。从红树内生真菌 *Stysanus like* sp. 发酵培养液中分离到 hypoxylinA、hypoxylinB 和具有强生理活性的生物胺类次级代谢产物。

在海滨湿地分离到的担子菌能产生血小板活化因子（PAF）拮抗剂。真菌 *Microassns longirostris* SF273 发酵后得到 3 个发酵代谢产物：cathestatinsA、cathestatinsB 和 cathestatinsC。其中 cathestatinsA 和 cathestatinsB 显示不可逆的体外抑制半胱氨酸木瓜蛋白酶活性。Konig 等发现 *Ascochytasalicorniae* 产生的活性物质可抑制酪氨酸激酶活性。从盐沼草表面的耐盐子囊菌 *Leptosphaeriaobiones* 中分离到一种新物质 obioninA，该物质对中央神经系统有抑制活性。

（三）细菌的产物及利用

人们发现海滨湿地细菌具有拮抗和溶菌作用，这致使陆源致病菌迅速死亡；它们可直接用作海洋经济动物的饵料；细菌参与对各种海洋物质的腐蚀、变性、污秽和破坏过程；可以利用细菌的代谢活动来改善被毒化的养殖环境，如氨的氧化等。

（廖振林　徐丽华）

主要参考文献

陈绍铭，郑福寿．1985．水生微生物学实验法．北京：海洋出版社

姜成林，徐丽华．1997．微生物资源学．北京：科学出版社

姜成林，徐丽华．1998．放线菌研究．昆明：云南大学出版社

姜怡，唐蜀昆，王永霞等．2006．海洋放线菌分离方法．微生物通报，33（6）：153～155

李越中，陈琦．2000．海洋微生物资源及其产物生物活性代谢产物的研究．生物工程进展，20（5）：28～31

林永成，周世宁．2003．海洋微生物及其代谢产物．北京：化学工业出版社

刘厚田．1995．湿地定义和类型划分．生态学杂志，4：73～77

倪晋仁，殷康前，赵智杰．1998．湿地综合分类研究：Ⅰ．分类．自然资源学报，13（3）：214～221

叶丽娟．2006．微生物生物活性代谢物．国外医药抗生素分册，27（3）：126～130

张晓华．2007．海洋微生物学．青岛：中国海洋大学出版社

赵荫薇．1986．城市河流的微生物生态．微生物学报，26（3）：200～205

周长林．2003．微生物学．北京：中国医药科技出版社

Bruns A，Heribert C，Jörg O．2002．Cyclic AMP and acyl homoserine lactones increase the cultivation efficiency of heterotrophic bacteria from the central baltic sea．Appl Environ Microbiol，68：3978～3987

Bruns A，Nübel U，Cypionka H et al．2003．Effect of signal compounds and incubation conditions on the culturability of freshwater bacterioplankton．Appl Environ Microbiol，69：1980～1989

Cai L，Pipob L，Zhang K Q et al．2002．New species of *Annulatascus* and *Saccardoella* from the Philippines．Mycotaxon，84：255～263

Cho J C，Giovannoni S J．2004．Cultivation and growth characteristics of a diverse group of oligotrophic marine Gammaproteobacteria．Appl Environ Microbiol，70：432～440

Connon S A，Giovannoni S J．2002．High through put methods for culturing microorganisms in very low nutrient media yield diverse new marine isolates．Appl Environ Microbiol，68：3878～3885

Finlayson C M，van der Valk A G．1995．Classification and Inventory of the World's Wetlands．Netherlands：Kluwer Academic Publishers

Goh T K, Hyde K D. 1996. Biodiversity of freshwater fungi. Journal of Industrial Microbiology, 17: 328～345

Hyde K D, Sarma V V, Jones E B G. 2000. Morphology and taxonomy of higher marine fungi. *In*: Hyde K D, Pointing S B. Marine Mycology——A Practical Approach. Hong Kong: Fugal Diversity Press

Janssen P H, Yates P S, Grinton B E et al. 2002. Improved culturability of soil bacteria and isolation in pure culture of novel members of the divisions *Acidobacteria*, *Actinobacteria* , *Proteobacteria*, and *Verrucomicrobia*. Appl Environ Microbiol, 68: 2391～2396

Kaeberlein T, Lewis K, Epstein S S. 2002. Isolating uncultivable microorganisms in pure culture in a simulated natural environment. Science, 296: 1127～1129

Kohlmeyer J, Kohlmeyer E. 1979. Marine Mycology. New York: Academic Press

Konneke M, Bernhard A E, de la Torre J R et al. 2005. Isolation of an autotrophic ammonia oxidizing marine archaeon. Nature, 437: 543～546

Magnes M, Hafellner J. 1991. Ascomyceten auf Ge-fasspflanzen an ufern von gebirgsseen in den ostalpen. Bibliotheca Mycologia, 139: 1～182

Maldonado L A, Stach J E M, Patho-aree W et al. 2005. Diversity of cultivable actinobacteria in geographically widespread marine sediments. Antonie van Leeuwenhoek, 87: 11～18

Oki T, Konishi M, Tomatsu K et al. 1988. Pradimicin, a novel class of potent antifungal antibiotics. The Journal of Antibiotics, 41: 1701～1704

Revay A, Gonczol J. 1990. Longitudinal distribution and colonization patterns of wood-in-habiting fungi in a mountain stream in Hungary. Nova Hedwigia, 51: 505～520

Shearer C A. 1972. Fungi of the chesapeake bay and its tributaries Ⅲ. The distribution of wood-inhabiting ascomycetes and fungi imperfecti in the Patuxent River. American Journal of Botany, 59: 961～969

Shearer C A. 1993. The freshwater ascomycetes. Nova Hedwigia, 56: 1～33

Shearer C A, Crane J L. 1986. Illinois fungi Ⅶ. Fungi and Myxomycetes from wood and leaves submerged in Southern Illinois swamps. Mycotaxon, 25: 527～538

Shearer C A, Descals E, Kohlmeyer B et al. 2007. Fungal diversity in aquatic habitats. Biodiversity and Conservation, 16: 49～67

Sugano M, Sato A, Lijima Y et al. 1995. Phomactin E, F, and G: New Phomactin-group PAF antagonists from a marine fungus *Phoma* sp. J Antibiot, 48 (10): 1188～1190

Thomas K. 1996. Freshwater fungi. *In*: Grgurinovic C A. Introductory Volume to the Fungi (Part 2C). Fungi of Australia Vol 1B. Australia Biological.

Tsui C K M, Hyde K D, Hodgkiss I J. 2000. Biodiversity of fungi on submerged wood in Hong Kong streams. Aquat Microb Ecol, 21: 289～298

Wildman H G. 1997. Potential of tropical microfungi within the pharmaceutical industry. *In*: Hyde K D. Biodiversity of Tropical Microfungi. Hong Kong: Hong Kong University Press. 29～46

Wong S W, Goh T K, Hodgkiss I J et al. 1998. The role of fungi in freshwater ecosystems. Biodiversity and Conservation, 7: 1187～1206

Yannarell A C, Kent A D, Lauster G H et al. 2003. Temporal patterns in bacterial communities in three Temperate lakes of different trophic status. Microbial Ecology 46: 391～405

Zengler K, Toledo G, Rappé M S et al. 2002. Cultivating the uncultured. Pro Nat Aca Sci, 26: 15681～15686

Zepp F K, Holliger C, Grosskopf R et al. 1999. Vertical distribution of methanogens in the anoxic sediment of Rotsee (Switzerland). Appl Environ Microbiol, 65: 2402～2408

Zwart G, Crump B C, Agterveld M P et al. 2002. Typical freshwater bacteria analysis of available 16S rRNA gene sequences from Plankton of lakes and rivers. Aqua Microbiol Eco, 28: 141～155

第四章　极端环境微生物资源

1965年，美国科学家在美国黄石国家公园的热泉中首次分离到一株极端嗜热细菌——水生栖热菌（*Thermus aquaticus*），它可在高于80℃的热泉水中生长。这个发现极大地促进了极端环境微生物的研究。目前，已经发现的极端环境微生物能在高温、低温、高酸、高碱、高盐、高渗透压、高压、高辐射、重金属、干热、贫营养等极端环境中生活（图4-1）。这些微生物由于适应了极端环境，形成了独特的形态、结构、遗传特性和适应机制，因而得以生存下来。人们把这些能在极端环境下生存的微生物称为极端环境微生物（extreme environmental microorganism），简称为极端微生物（extremophiles或extreme microorganism）。极端环境微生物的类型根据其生境和生理特性划分为嗜酸微生物（acidophile）、嗜碱微生物（alkaliphile）、超嗜热微生物（hyperthermophile）、嗜热微生物（thermophile）、嗜冷微生物（psychrophile/cryophile）、嗜盐微生物（halophile）、嗜二氧化碳微生物（capnophile）、嗜高渗微生物（osmophile）、抗辐射微生物（radioresistant）、耐金属微生物（metalotolerant）、抗旱微生物（xerophile）、喜油微生物（lipophile）、亲岩微生物（lithophile）、寡营养微生物（oligotroph）、嗜热嗜酸微生物（thermoacidophile）、嗜压微生物（piezophile）、石内微生物（endolith）、嗜化能微生物（lithoautotroph）、多嗜极微生物（polyextremophile）等。目前所发现

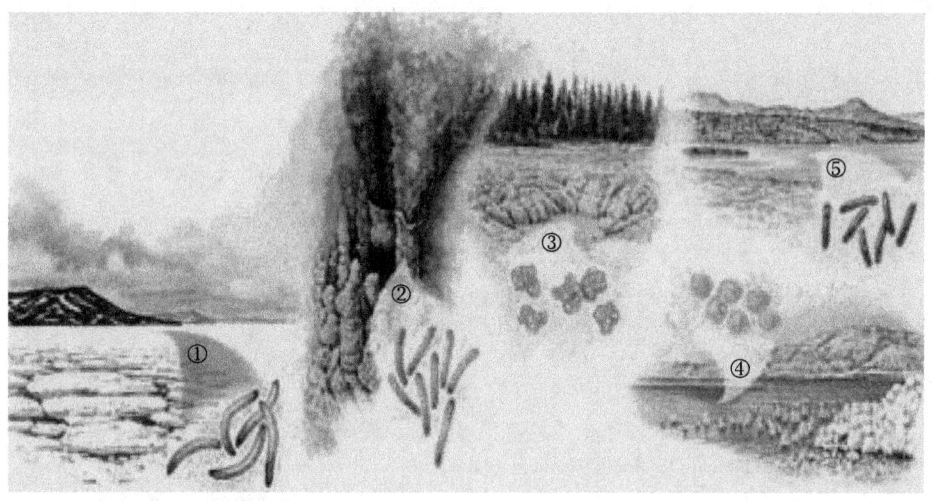

图4-1　恶劣的环境对嗜极微生物来说是“家园，甜蜜的家园”，图中所示的微生物是在所述栖地发现的多种微生物的例子（引自Madigan et al.，2002）

①海洋、冰川喜冷微生物（嗜冷微生物），*Polaromonas vacuolata*；②深海、火山口喜热微生物（嗜热微生物和嗜高热微生物），*Methanopyrus kandleri*；③硫磺泉喜酸微生物（嗜酸微生物），*Sulfolobus acidocaldarius*；④盐湖喜盐微生物（嗜盐微生物）*Haloferax volcanii*；⑤碱湖喜碱微生物（嗜碱微生物），*Natronobacterium gregoryi*

的极端环境微生物分布于三域，主要包括了古菌（archea）、细菌（bacteria，包括放线菌 actinomycetes）和真菌（fungus）。

近几十年来，极端环境微生物的概念已经被越来越多的微生物学家接受，其研究受到广泛的重视。极端环境微生物具有独特的基因类型、特殊的生理机制及特殊的代谢产物，是一类极具开发潜力的生物资源。自 1982 年起，欧洲极端微生物开放实验室（European Laboratory Without Walls on Extremophiles）就开展了极端环境微生物的广泛合作研究。1993 年在德国召开了第一届极端微生物生物技术会议（First Meeting on Biotechnology of Extremophiles）。与此同时，一个投入更多、规模更广、涉及人员更多的关于极端环境微生物的研究计划在欧盟各国开始实施，这进一步推动了国际上对极端环境微生物的研究。目前，已经举办了 7 次国际会议：Estoril，Portugal，1996；Yokohama，Japan，1998；Hamburg，Germany，2000；Naples，Italy，2002；Baltimore，USA，2004；Brest，France，2006；Cape Town，Southern Africa，2008。1997 年，在极端微生物杂志（*Extremphililes*）的发刊词中，K. Horikoshi 把极端微生物称作一个新的微生物世界（a new microbial world-extremophiles）。2002 年 1 月，极端环境微生物国际协会（the International Society for Extremophiles，ISE）在日本东京成立，首任主席是 Prof. Koki Horikoshi（JAMSTEC，Japan）；2004 年迁到德国汉堡，2004 年至今的主席是 Prof. Garabed Antranikian（Hamburg University of Technology，Germany），它的官方国际期刊是 *Extremophiles*。

极端环境微生物之所以受到重视，主要原因有以下几个方面。

1）探索生命起源。关于生命起源的争论，无论宇宙胚种论（panspermia）还是外原论（exogenesis）一直争无定论。科学家们都认同早期的生命形式一定是极端环境微生物。太空生物学家（astrobiologist）对地球外生命的探索，也更关注极端环境微生物，因为只要有液态水和能量源就可能存在生物，这些生物不可能是嗜温微生物（mesophiles）或嗜中性微生物（neutrophiles），只可能是极端环境微生物。目前，科技界认为，38 亿年以前，海底热泉孔附近产生的第一个细菌是地球生命的祖先。木卫二之所以引起太空生物学家的广泛兴趣也是因为其具有和地球海底热泉类似的极端环境，可能存在地球外的生物。所有争论最终都能得出一个相同的观点，即无论是地球上的还是地球外的早期生命形式只能是极端环境微生物。

2）研究生物进化。1990 年，Woese 等根据高温嗜盐菌（包括极端环境微生物材料）分子生物学研究的结果，通过对 16S（18S）rRNA 及 RNA 聚合酶分子结构特征和序列的比较，发现核苷酸分子的结构和序列比表型更能揭示生命的进化关系，从而建立并完善了生命三域学说：古菌域（Archaea）、细菌域（Bacteria）和真核生物域（Eucarya），极大地推动了生物进化的研究。

3）研究适应机制。微生物为了适应所栖息的极端环境，其生长特性、营养需求、繁殖规律、细胞结构、膜结构、蛋白质及酶的结构、核酸结构、基因表达、基因调控和修复等均与正常环境中的微生物有很大的差异。它们是如何适应极端环境的？对极端环境微生物适应机制的研究有助于探索生物进化中的重大科学问题。

4）应用极端酶（extremozyme）。极端环境微生物为适应特殊的环境，可产生具有独特性质的极端酶，因而在化学、食品和制药等工业领域上具有极大的应用潜力。例如，来自嗜酸微生物的淀粉酶和纤维素酶用于洗涤剂、食品和动物饲料以及淀粉的加工；来自嗜热微生物的木聚糖酶可用于纸浆的漂白，葡萄糖水解酶用于食物加工（食物热杀菌），几丁质酶用于食品和保健品中几丁质的修饰；来自嗜盐微生物的蛋白酶用于蛋白质合成。

5）开发和利用特殊的代谢产物。由于适应极端环境的结果，极端环境微生物必然具有特殊的代谢类型，并产生特殊的极其多样化的代谢产物，这些代谢类型和代谢产物又完全可以被人类利用。

6）促进生物工程的发展。极端环境微生物是一个极为丰富的基因库，人们可以从中寻找到有用的基因，将其转植到其他生物中，获得目的产物或性状。

7）发掘特殊微生物新资源。目前所知道的微生物资源的种类不过占实有总数的1%～10%，有人认为不到0.1%。对极端环境的微生物资源更是知之甚少。因此，极端环境是发现未知微生物资源的理想之地。

8）促进特殊环境的保护。许多天然环境的不合理开发，如十几年前还保持着其自然面貌的云南腾冲温泉群和火山口现已被开发成旅游区等（图 4-2），不但使其原貌遭到破坏，而且危及那里的微生物资源，使后者面临毁灭的危险。因此，在抓紧研究这些环境下的微生物资源的同时，促进对这些特殊环境的保护也刻不容缓。

A.遍布大理洱源各地的热泉泉水

B.云南腾冲大小空山(火山名称)鸟瞰图

C.云南腾冲热海大滚锅

D.云南腾冲蛤蟆嘴

图 4-2　云南存在的各种各样的极端环境（部分引自刘志恒和姜成林，2004）

第一节　极端环境和极端环境微生物

自然界中分布着极其丰富的各类极端环境，在这些极端环境中蕴藏着类型多样的极端环境微生物资源。本章根据极端环境微生物的生理学特性，主要介绍以下类群（表 4-1）。

表 4-1 极端微生物类型

类型	对氧气的需求	微生物主要类群	其他可能的嗜极性
嗜热微生物	好氧，厌氧	古菌，细菌，真菌	嗜压，嗜酸
嗜冷微生物	好氧，厌氧	古菌，细菌，真菌	嗜压
嗜酸微生物	好氧	古菌，细菌，真菌	嗜热，嗜压
嗜碱微生物	好氧	古菌，细菌，真菌	嗜盐
嗜盐微生物	好氧，厌氧	古菌，细菌，真菌	嗜碱
嗜压微生物	好氧，厌氧	古菌，细菌	嗜热，嗜冷

注：这里的细菌包含放线菌。

一、嗜热微生物

地球上存在着各种各样天然或人工的高温环境。天然的高温环境主要包括喷发的火山（岩浆熔化温度高达 1000℃）、干热-蒸气喷气孔（达到 500℃）、沸腾或过热的温泉（90℃以上）、热区土壤、干草和岩石等太阳热基质（根据色彩对阳光的吸收能力，温度可升到 60～70℃，甚至更高）；人工高温环境包括堆肥、城市垃圾堆、人工堆放的干草和煤渣堆等自然有机物丰富的地方以及热水供应循环系统等。

微生物学家根据微生物的生长温度将它们分成低温菌、中温菌和高温菌。低温菌的最低生长温度在 0℃以下，最适生长温度为 10～15℃，生长的最高温度为 30℃；中温菌的最低生长温度为 5～25℃，最适生长温度为 18～45℃，最高生长温度为 30～50℃；高温菌最低生长温度为 25～50℃，最适生长温度为 55℃，最高生长温度为 60～70℃。

又可将高温菌进一步分为极端嗜热菌（最适生长温度在 65～80℃）、中度嗜热菌（最适生长温度在 50～60℃）、兼性高温菌（最适生长温度为 40～50℃）以及超嗜热菌（该类微生物能在 90℃以上的高温中生长，最适生长温度高于 80℃）。

嗜热微生物在高温条件下有生长发育速度快、对数生长期短、代谢分解快、酶促反应温度高、热稳定性好等特征。目前，发现的超嗜热微生物的最高生长温度高达 100℃或更高（140℃）。迄今发现的微生物大多数属于中度嗜热微生物，主要有古菌、细菌、真菌、链霉菌、蓝细菌、梭菌等。

嗜热微生物的生物学特性与中温微生物存在着明显的差异，例如，在温泉和土壤里的嗜热链霉菌的孢子链大多为直或波曲形，产生螺旋孢子链的菌株比中温链霉菌少，尚未发现一株高温放线菌产生红色或绿色气生菌丝。土壤和温泉嗜热放线菌的碳源利用谱比中温菌的窄，但利用半乳糖的菌株比中温菌的多。多数酶活性的产生菌株少于中温菌，但产生角蛋白酶、几丁质酶的菌株却多于中温菌。

土壤嗜热放线菌中具有硝酸盐还原、硫化氢产生、角蛋白酶活性、几丁质酶的活性及对抗生素具有抗性的菌株比温泉嗜热菌多，而温泉嗜热放线菌的生长温度范围要比土壤嗜热放线菌宽（表 4-2）。

一般认为嗜热微生物之所以耐高温，主要与其特殊的细胞结构、各种酶的耐热性、核酸结构中的高 G+C 含量、热激蛋白的产生、膜脂质中的不饱和脂肪酸组成的变化等有密切的关系。有学者认为特定的金属离子或低分子物质的结合也对细胞形成耐热结构有很大影响，例如，Ca^{2+} 能对嗜热菌蛋白酶与淀粉酶有保护作用。嗜热蛋白酶是一种胞外酶，分子内有 Ca^{2+} 是这种酶的重要特征。Ca^{2+} 对稳定酶的结构和耐高温都起着重要的作用。Mg^{2+} 能使核酸稳定，而多胺对蛋白质合成有保护作用。高温放线菌能产生耐热的内生孢子，这也许是其适应高温环境的另一个重要机制。

表 4-2 不同环境下嗜热放线菌与中温放线菌的生物学特征

来源	高温放线菌		中温放线菌	来源	高温放线菌		中温放线菌
	土壤	温泉	ATCC		土壤	温泉	ATCC
菌株数	33	37	10	菌株数	33	37	10
形态				L-苯丙氨酸	70	81	100
孢子链直	9	11	33	L-缬氨酸	85	89	100
孢子链钩环	67	62	22	KNO_3	85	84	100
孢子链螺旋	12	27	77	降解活性			
色素				纤维素	55	45	66
气丝红色	0	0	11	尿素	82	92	89
气丝黄色	9	22	11	淀粉	15	24	66
气丝灰白色	55	70	55	酶活性			
气丝绿色	0	0	11	卵磷脂酶	40	54	77
气丝蓝色	6	3	11	血纤维蛋白酶	0	0	55
气丝白色	15	3	11	角蛋白酶	39	19	11
基丝红色	3	0	11	几丁质酶	46	35	11
基丝黄/橙色	52	59	55	产 H_2S	12	0	22
基丝褐色	45	41	22	产 NO_3	58	35	55
可溶性色素				抗菌活性			
红/橙色	6	3	33	枯草杆菌	3	3	0
黄/褐色	55	42	11	大肠杆菌	12	5	0
产黑色素	36	41	33	抗生素抗性			
碳源利用				新霉素 50μg/ml	36	16	44
七叶苷	52	49	100	利福平 50μg/ml	39	24	89
纤维二糖	61	78	100	青霉素 10μg/ml	76	70	100
D-果糖	73	73	89	生长试验			
蔗糖	27	24	55	65℃	18	16	0
乳糖	58	76	89	60℃	55	76	0
D-甘露糖	70	78	89	55℃	88	84	0
棉子糖	12	22	55	50℃	97	89	0
L-鼠李糖	18	16	66	45℃	97	89	40
D-木糖	70	78	89	37℃	100	100	90
肌醇	51	59	66	28℃	58	76	100
阿拉伯糖	67	70	89	20℃	18	24	100
半乳糖	61	76	100	15℃	15	24	100
D-甘露醇	70	76	100	10℃	0	8	40
糊精	70	84	100	5℃	0	3	10
乙酸钠	12	11	55	0℃	0	0	0
氮源利用				NaCl			
L-组氨酸	67	76	100	4%	79	89	77
L-羟脯氨酸	70	43	100	7%	39	38	55
				10%	15	11	0

二、嗜冷微生物

地球上大部分面积温度低于5℃，占地球表面积14%的两极地区常年结冰，南极年平均气温为−60℃，最高温度仅5℃，近3/4的面积被海洋覆盖，深海水温一般在3℃左右，另外，还有终年积雪的高山、冰川及人造的冰库（图4-3）。在这些低温区域中繁衍生息的微生物被称为嗜冷微生物。

图4-3　西藏来古冰川（引自西藏特色旅游网）

根据Morita的定义，低温微生物可细分为两类。一类是必须在低温条件下才能生活，且生长最高温度不超过20℃，最适生长温度在15℃以下，在0℃附近可生长繁殖的微生物，这类微生物称为嗜冷菌。另一类是最高生长温度高于20℃，最适温度高于15℃，在0～5℃可生长繁殖的微生物，这类微生物称为耐冷菌（psychrotroph）。

嗜冷微生物在长期的进化过程中形成了一系列适应低温的生理机制，主要包括营养物质的吸收和转运、DNA的复制合成、蛋白质的合成、合成代谢和分解代谢以及能量代谢的正常进行和细胞分裂等方面的特殊形式。Männistö等在研究两株低温放线菌 *Subtercola boreus*（$K300^T$ = $DSM13056^T$）和 *Subtercola frigoramans*（$K265^T$ = $DSM13057^T$）时发现，随着培养温度的改变，其脂肪酸和二甲基乙缩醛的组成会发生明显的变化，其中菌株$K300^T$和$K265^T$的脂肪酸组分anteiso15∶1的含量明显增加。Suzuki和Kämpfer等在研究嗜冷放线菌（*C. psychrophilum*）和干草放线菌（*F. faeni*）时也得出了同样的结论。

三、嗜酸微生物

自然界中存在着许多强酸环境，如废煤堆及排出水，酸性温泉及周围土壤，废铜矿、金矿及排出水等。此外，还有一些偏酸性环境，如森林里的腐烂枯枝落叶、腐殖土及许多地方的耕作土地等。在这些酸性环境中存在着大量的嗜酸微生物。表4-3中列出了嗜酸微生物的类型。

表 4-3　嗜酸微生物类型

微生物	生长类型	生境
古菌		
硫化叶菌（*Sulfolobus*）	极端嗜热菌	热泉
嗜热支原体（*Thermoplasma*）	极端嗜热菌	
细菌		
化能自养菌		
Fe（Ⅱ）氧化菌		
氧化亚铁硫杆菌（*T. ferrooxidans*）	嗜中温菌	黄铁矿环境
Fe（Ⅱ）和 S^0 氧化菌		
氧化亚铁硫杆菌（*T. ferrooxidans*）	嗜中温菌	黄铁矿环境
嗜酸热硫化叶菌（*S. acidocaldarius*）	嗜热菌	地热地区
S^0 氧化菌		
硫杆菌（*Thiobacillus* sp.）	嗜中温菌	
硫微螺菌（*Thiomicrospira*）		
异养菌		
嗜酸硫杆菌（*T. acidophilum*）	嗜中温菌	煤排出物
酸热脂环杆菌（*B. acidocaldarius*）	嗜热菌	含 S^0 的温泉

嗜酸微生物根据其对 pH 的适应范围可分为嗜酸型（acidophiles）和耐酸型（acidplis）。嗜酸型微生物生长的 pH 上限为 3.0，最适生长为 pH1.0～2.5，这类微生物也称为极端嗜酸微生物或专性嗜酸微生物，如古细菌中的硫化叶菌和嗜热支原体，细菌中的氧化硫硫杆菌以及氧化亚铁硫杆菌。耐酸型微生物生长的 pH 上限为 5.0，最适生长 pH 为 3.0～4.5，大多数真菌属于此类型。

嗜酸微生物必须在酸性环境中生长，若在中性条件下其细胞质膜和细胞会溶解，而高浓度的 H^+ 能维持其细胞质膜的稳定。研究已证实，尽管嗜酸菌的生长介质是酸性，但细胞内的 pH 则近于中性，细胞的酶和代谢过程通常与中性细菌一样。有关嗜酸菌维护细胞内中性、适应外部酸性环境机制的解释主要有三种，即泵说、屏蔽说和柯南平衡说，其中以屏蔽说为主。屏蔽说认为细胞质膜是两种环境的渗透屏蔽物，使外部 H^+ 和 OH^- 都不能进入细胞内，进而维持胞内 pH 近中性。另外，在常温型革兰氏嗜酸菌（如 *Thiobacillus ferroxidans*）的周质空间定位的高含量酶蛋白对其适应酸性环境也发挥着重要的作用。

根据嗜酸微生物对营养需求的方式不同，可将其分为化能自养菌和化能异养菌两种类型。自养菌类型的氧化硫硫杆菌和氧化亚铁硫杆菌能将硫氧化为硫酸，从中获取能量，同时使环境 pH 下降到 1～1.5，但是菌体内的 H^+ 浓度呈中性或近于中性，体内酶并不嗜酸。嗜热嗜酸的硫化叶菌，在脱除煤炭里的硫化物的过程中，不仅对无机硫化物去除率高，还可以去除有机硫化物。

四、嗜碱微生物

地球上存在许多碱性很强的自然环境，如天然碱湖、碱性沙漠、热泉、南极、马里亚纳海沟、肯尼亚的玛格达湖、埃及的 Wadi Natrun 湖、东非大裂谷的一些碱湖、中亚地区以及我国的青海湖和西藏、内蒙古、新疆等地的碱湖。此外，人类生活和生产活动也造成了一些人工碱性区域，如水泥制造、染料制备、印染、造纸以及食品加工等工业生产排出的碱性废水和废渣的堆积、扩散、渗漏等。还有一些是由于生物活动特别是微生物群体活动而形成的局部或短暂的碱性环境，如氨化作用、硫酸盐还原以及氧的光化合成等。这些稳定的或局部、短暂的碱性环境都是嗜碱微生物生长繁衍的理想场所。

嗜碱微生物是指那些最适生长在 pH8.0 以上，通常在 pH9～10 的微生物。能在高 pH 下生长，但最适值并不在碱性 pH 范围的微生物则称为耐碱微生物（alkalitolerant）。在 pH 中性或以下不能生长的微生物称为专性嗜碱菌（obligate alkaliphiles），而有些微生物在高 pH 中生长，在 pH 中性或以下也可以生长，这类微生物称为兼性嗜碱菌（facultive alkaliphiles）。

研究发现嗜碱微生物的体外酶具有耐碱性或嗜碱性，但它们的胞内酶既不嗜碱也不耐碱。嗜碱微生物为适应其细胞内与环境间 pH 的差异，形成了特殊的离子和物质的跨膜运输方式，从而使嗜碱微生物产生了适应碱性环境的能力，同时也引起了它们自身周围的微环境 pH 的改变。姜成林等研究发现，嗜碱或耐碱放线菌在碱性条件下培养一周后，培养基的 pH 从 8.0、9.0、10.0 和 11.0 分别下降到 7.0～7.5、7.2～8.0、8.0～9.0 和 9.0～10.0，逐渐趋向于 pH 中性，使之达到适合其自身生长的 pH。日本的 Mikami 也曾报道过类似的结果。姜成林等还发现，耐碱放线菌与普通菌在形态上没有什么差异，但其细胞壁化学组分变化显著，许多菌株的细胞壁既有含 *meso*-DAP 又同时含有 L-DAP。

五、嗜盐微生物

自然界广泛分布着含有高浓度盐的自然环境，主要是盐湖、盐矿、盐场、盐碱地和海洋，如美国的犹他大盐湖（盐度为 2.2%）、著名的死海（盐度为 2.5%）和里海（盐度为 1.7%）等。

我国西北部的青海、新疆、内蒙古等地均分布着大面积的盐湖和高盐碱地，而且各具特色。例如，青海的柴达木盆地是我国内陆大型的山间盆地之一，全盆地年蒸发量为 2000～3000mm，最高可达 3700mm，是世界上蒸发量最大的地区之一。在盆地中部和西部广阔的区域内蒸发量和降水量之比可达 100 倍。我国主要的咸水-半咸水湖泊有 7 个，盐湖有 25 个，此外还有一些无表面湖水的“干盐湖”，如大浪滩、一里平、察尔汗等。新疆是我国范围最大的干旱-半干旱盐湖成盐区，其间盐湖星罗棋布，特别是天山山系中间夹有许多山间盆地，如达坂城盆地、吐鲁番盆地、七角井盆地、巴里坤盆地等，分布着众多盐湖盆地和盐湖的良好自然地理环境。新疆盐湖种类繁多、类型全，遍布全疆且露出地表。内蒙古高原是我国现代内陆盐湖的主要分布区之一。该区盐湖以数量多、面积小、分布广和盐碱硝资源丰富为特点，尤其是以碳酸盐湖居多，天然碱资源丰富，系我国北方天然碱、食盐化工生产基地。新疆、青海、内蒙古和西藏等地的盐湖，其盐含量多高达 15%～20%，盐碱地的地表含盐量可达 50%以上。

地球上盐湖和盐碱地大都位于亚热带和热带地区，这类地区的气温较高，光照强度大，水分蒸发速率快。有些盐湖含有与浓缩海水相似的离子组成，即以 Na^+ 占优势，如美国的大盐湖属于这一类；有些盐湖的离子组成以 Mg^{2+} 占优势，死海属于这一类。

除了天然的高盐环境外，还有许多人工造成的含高浓度盐的环境，如生产盐的蒸发池或制盐场、盐腌食品等。这些环境通常称为高盐环境（hypersaline soil or water），它们的盐浓度一般是海水的 5～10 倍。在这些天然或人工的高盐环境中栖息着大量的嗜盐微生物。

根据微生物在不同盐浓度下的生长情况，可将其分为非嗜盐菌、轻度嗜盐菌、中度嗜盐菌、极端嗜盐菌以及耐盐菌五大类（表 4-4）。迄今为止，国内外基本遵循这个划分标准。

表 4-4　嗜盐菌的分类标准

嗜盐菌	最适生长盐浓度（NaCl）
非嗜盐菌（nonhalophiles）	＜1% NaCl
轻度嗜盐菌（slight halophiles）	1%～3% NaCl
中度嗜盐菌（moderate halophiles）	3%～15% NaCl
极端嗜盐菌（extreme halophiles）	15%～25% NaCl
耐盐菌（halotolerant）	耐受范围 0～25% NaCl

嗜盐微生物又可按其生长所需求的 pH 不同分为两大类群：一类是中性嗜盐微生物（neutrophilic halophilic microorganism），它们的最适生长 pH 在 7.0 左右；另一类是碱性嗜盐微生物（alkaliphilic halophilic microorganism），它们一般需要在 pH9 或 9 以上的碱性环境中才能生长较好，而且还需要＞10% NaCl 的高盐环境。中性嗜盐微生物主要栖息于碱性环境或中性环境，有时甚至是酸性环境中。而嗜盐碱放线菌主要生活在极端的盐碱环境中。

有报道认为大多数嗜盐细菌能利用氨基酸或有机酸作能源，并需要复杂的生长因子（主要是维生素）才能生长良好。而有的报道则认为嗜盐细菌对营养的要求不高，L-氨基酸和糖对生长有刺激作用，D-氨基酸则有抑制作用。不同的物种对盐的需求和耐受程度不同，而且也并非恒定，受培养基营养成分和生长温度的影响。当培养基中加入高浓度的复合物，如葡萄糖、甘油等时，可降低对盐的需求。研究表明嗜盐菌生长的最低和最适盐浓度，随着培养温度的升高而升高。

唐蜀昆等的研究发现嗜盐放线菌对阳离子的耐受具有专一性，生长所需的 Na^+ 不能被 K^+、Mg^{2+} 所替代；而耐盐放线菌对阳离子的耐受具有广谱性，对 Na^+ 的耐受可以被 K^+、Mg^{2+} 所替代，但是不能被 Ca^{2+} 所代替。盐环境中的优势类群拟诺卡氏菌属对营养物质利用范围比较宽，而稀有嗜盐放线菌对营养物质利用范围比较窄。

虽然许多细菌和放线菌能耐受较高浓度的盐，但大多数在高盐环境栖息、营有机化能生长的菌都是极端嗜盐古菌。

六、嗜压微生物

地球的 3/4 面积被海洋覆盖。海洋深处的平均压力超过 4×10^7 Pa，在油井深部其

压力也可超过 1×10^7Pa。在辽阔的海洋深处和海底沉积物处以及众多的油井底部蕴藏着丰富的嗜压微生物。

在高压环境中栖息的微生物可分为嗜压型（barophiles）和耐压型（barotolerant）。嗜压微生物大多生活在深海底部或油井深处，一般生长在 0.7～0.8MPa 环境中，有些物种能耐受的压力可高达 1104MPa 以上，能耐普通微生物不能忍耐的高压；它们在低于 0.14～0.15MPa 压力的环境中则不能生长。通常嗜压微生物是指那些达到最大生长速度时所需压力大于 0.1MPa 的微生物，即 $pK_{max}>0.1$MPa。耐压微生物虽能耐受一定高压，但也可在低压环境中正常生长。

由于研究条件所限，对嗜压微生物的研究鲜见报道。有研究表明，此类菌在高压下表达一类调节胞内压力的基因，并通过它们减少一些其他蛋白质的产出率，降低膜的通透性，从而阻止体内的糖和其他营养成分扩散到胞外。有关嗜压微生物的具体耐压机制目前尚不清楚。有人认为这与细菌在高压下所产生的高分子质量的外壁蛋白有关；也有人认为，海底微生物的孢子是嗜压微生物生存的基础。

科学家们相信，极端环境微生物是这个星球留给人类独特的生物资源和极其珍贵的科研素材。开展极端环境微生物的研究，对于揭示生物圈起源的奥秘，阐明生物多样性形成的机制，认识生命的极限及其与环境的相互作用的规律等，都具有极为重要的科学意义。从极端环境微生物中发现的适应机制还将成为人类在太空中寻找地外生命的理论依据。极端环境微生物研究的成果将会极大地促进微生物在环境保护、人类健康和生物技术等领域的利用。

第二节　极端环境微生物的分离

极端环境微生物的分离要根据其环境特征、研究目的以及不同类型微生物资源的生物学特性，选择适当的分离条件，设计分离程序。通过样品预处理、培养基设计和抑制剂选择等预实验，最终依据极端环境微生物的出菌率、物种多样性和新物种数量确定合适的分离方法。

一、环境样品的采集和分离

由于极端环境的多样性，样品的采集必须根据不同的环境特点，选择适当的采样方式。

土壤样品通常在 20cm 左右深处采集，取 3～5 个样点装入自封式塑料袋中，带回实验室后于 4℃保存至菌种分离。

水样或沉积物的采集必须借助采水器和采泥器，取样品装于无菌取样瓶中，尽量存放在与采样环境相当的条件下（如保持低温、负压等）至菌种分离。

对于深海、极地等环境的采样，必须依靠极地考察船、海底潜艇等特殊装备。1997 年我国成功研制了 6000m 水下机器人“CR-01”号。日本海洋科学和技术中心的 Shinkai2000 和 6000 潜艇，内部配置有先进的装备，可以模拟采样点的压强、温度等原生态条件，进行菌种的分离和培养。

为提高分离效果，样品在分离前通常需进行预处理。预处理的方法有很多，物理法有湿热、干热、差速离心法等；化学法有苯酚、SDS、趋化法等，具体请参照本书第十章。特别要强调的是，由于极端环境中的微生物数量一般都比较少，为保证成功分离，通常需要预先进行富集培养后，再进行菌种分离。

唐蜀昆等在分离嗜盐放线菌时采取了以下程序：取 2g 土样放入含 20mL 一定浓度 NaCl 的无菌水的三角瓶中，37℃振荡（150r/min）30min，使土样分散。混匀后，取 0.1mL 土样溶液滴入分离培养基（湿土多稀释一个梯度），涂匀，37℃倒置培养 3～4 周。根据形态特征，在同一分离平板内去重复，挑单菌落于添加了 10%～15%（*m*/*V*）NaCl 的 ISP4 琼脂上划线纯化，于 37℃倒置培养2～3 周，最后挑单菌落于添加了 10%～15%（*m*/*V*）NaCl 的 ISP4 斜面，37℃培养 2～3 周。

唐蜀昆等的研究发现：风干土样分离到嗜盐生孢放线菌属（*Haloactinomyce*）、链单孢菌属、糖单孢菌属等，说明风干土样对这 3 个属的放线菌分离没有太大的影响；普氏菌属只能在未风干土样中分离到，说明土样的风干预处理方法不适合用于普氏菌属的分离。

二、环境因子对分离效果的影响

为了分离不同类型的极端环境微生物，毫无疑问它们所处的极端环境因素是决定分离效果的关键，如温度、pH、压力、渗透压、盐浓度甚至是盐类型等。

我们可以从唐蜀昆等对嗜盐放线菌分离方法的研究中获得启示。他们在开展嗜盐放线菌研究的过程中，通过对嗜盐放线菌营养生理学的研究［包括主要阳离子（Na^+、K^+、Mg^{2+}、Ca^{2+}）和阴离子（Cl^-、SO_4^{2-}、HCO_3^{2-}、CO_4^{2-}）对嗜盐放线菌生长的影响］分析了盐浓度、盐类型、温度和 pH 等环境因素对分离效果的作用，得出了以下结论。

1）盐环境放线菌具有特殊的生理特性。研究发现，不同菌株对 NaOH、Na_2CO_3、KOH、K_2CO_3、NaCl 以及 KCl 的耐受程度存在明显的差异。它们可分为 Na^+ 依赖型、CO_3^{2-} 敏感型和广谱型，有个别的菌是专性嗜 Na^+ 型；耐盐放线菌对 Na^+、K^+ 和 Mg^{2+} 具有广泛的耐受性，只有少数菌株能在低浓度的 $CaCl_2$ 中生长，而在 15%以上 $CaCl_2$ 中生长的放线菌极少；嗜盐放线菌生长所需的 Na^+ 可以被一定浓度的 K^+ 和 Mg^{2+} 所替代，而不能被 Ca^{2+} 替代。这些结果不仅揭示了嗜盐放线菌的一些生理学特性，也为设计分离嗜盐放线菌提供了实验依据和指导。

2）盐浓度是分离盐环境嗜盐放线菌的主要限制性因素。不同的盐浓度条件下，分离到的嗜盐放线菌的类群有明显的不同。用 5% NaCl（*m*/*V*）分离到的大多是耐盐链霉菌属以及少数的耐盐诺卡氏菌属、小单孢菌属、原小单孢菌属和拟诺卡氏菌属等类群。用 10% NaCl 分离的菌株以耐盐拟诺卡氏菌属占优势，还有少量嗜盐拟诺卡氏菌属和糖单孢菌属。在 15%或≥15% NaCl 中分离到的多数为嗜盐放线菌，而且种类丰富，主要有多孢放线菌属、糖单孢菌属、糖多孢菌属、链单孢菌属以及少数普氏菌属类群等。可见，盐浓度是提高嗜盐放线菌出菌率的重要影响因素。不同的盐浓度不仅影响嗜盐菌的出菌率，而且影响分离菌株类群的多样性。

3）采用复合盐可极大地提高嗜盐放线菌的出菌率。实验证明，单独选用15%或≥15% NaCl时并不能提高嗜盐放线菌的出菌率。只有添加一定比例的复合盐才能大幅提高嗜盐放线菌的出菌率。为此，用高浓度KCl或$MgCl_2 \cdot 6H_2O$替代NaCl分离嗜盐放线菌，使其出菌率从10%提高到90%以上。

盐环境中的离子类型是多种多样的，主要有8种：Na^+、K^+、Mg^{2+}、Ca^{2+}、Cl^-、SO_4^{2-}、CO_3^{2-}和HCO_3^-，但是不同盐环境中，这8种离子的组成和比例有较大的差异。因此，在设计分离程序时，应尽可能充分考虑复合盐这个环境因素。

4）温度是影响分离嗜盐放线菌效果的重要因素。嗜盐放线菌的分离不仅受到盐浓度和成分的影响，而且培养温度也是重要的影响因子。唐蜀昆等的研究表明，在4℃条件下，未分离到嗜盐放线菌；28℃分离到的嗜盐放线菌，以拟诺卡氏菌属为主要类群，还有小部分链单孢菌属、普氏菌属等；37℃分离到的嗜盐放线菌，以糖单孢菌属和多孢放线菌属为主，也能分离到部分链单孢菌属和糖多孢菌属等类群。可见，嗜盐放线菌的分离存在明显的温度效应。

5）不同pH和碱类型对分离效果影响显著。唐蜀昆等利用新疆艾丁湖的7个土样比较了pH4.5～9.0不同条件下的分离效果，发现在不同的pH条件下，嗜盐放线菌的出菌率和类群组成均表现出明显的差异。在pH4.5的条件下分离到放线菌22株，其中的多孢放线菌属与链单孢菌属的比例为7∶15；在pH7.5时分离到225株，其中的多孢放线菌属、糖单孢菌属、糖多孢菌属和链单孢菌属的比例为4∶81∶1∶139；在pH8.5时分离到429株，其中的糖单孢菌属、链单孢菌属的比例为171∶258；在pH9.0时分离到44株，其中的糖单孢菌属和链单孢菌属的比例为3∶41。虽然在pH8.5的条件下嗜盐放线菌的出菌率最高，但是种类较单一，只分离到糖单孢菌属和链单孢菌属2个菌属。相比之下，pH7.5时分离到的嗜盐放线菌的出菌率和多样性都比较高，是分离嗜盐放线菌的最适分离pH。

不同种类的碱对嗜盐放线菌分离效果也存在明显的差异。$NaHCO_3$和Na_2CO_3对分离嗜盐放线菌具有明显的抑制作用，用它们调至pH8.0～9.0时，没有分离到放线菌；用$NaHCO_3$调至pH6.8时，只能分离到少量的嗜盐放线菌（3株）；KOH和NaOH对嗜盐放线菌的分离效果较好，用它们调到pH8.0～9.0时，分离到大量的嗜盐放线菌。

综合上述研究结果，他们提出分离嗜盐放线菌的最适条件是选用15% NaCl，添加一定比例的复合盐，用KOH和NaOH调至pH7～8，培养温度为37℃。

三、分离培养基的设计

在极端环境中，通常营养成分都比较贫乏。为此，分离极端环境微生物时，特别要注意避免采用营养成分丰富的分离培养基。实验证明，大多数用于分离普通环境微生物的培养基并不适用于分离极端环境微生物，例如，添加10% NaCl的腐殖酸培养基、添加10% NaCl的几丁质培养基等，这些分离普通环境放线菌的有效物质，几乎不能或很少能分离到盐环境中的嗜盐放线菌。这说明盐环境微生物同普通环境微生物的营养代谢类型、营养生理需求存在比较大的差异。用于选择性分离极端环境微生物的培养基设计必须满足极端环境微生物的特殊需求。

唐蜀昆等利用新疆艾丁湖的7个土样比较了8种培养基的分离效果（表4-5）。

表 4-5　8种分离培养基的嗜盐放线菌的出菌率

培养基＼分离土样	1	2	3	4	5	6	7	总计
CCMS（复合盐）	0	4/4*	24/24	135/135	17/17	19/19	6/6	225/225
CCMS（单一盐）	0	0	2/4	34/34	2/4	14/18	1/1	53/61
ISP2：								
不稀释	0	0	0	0	0	0	0	0
稀释 10^{-2}	0	0	0	0	0	0	0	0
淀粉酪素	0	0	2/3	0	6/8	0	1/1	3/12
改良 ISP5	0	3/6	2/9	4/26	3/22	2/9	0	14/72
几丁质	0	0	0	3/3	0	0	0	3/3
腐殖酸	0	0	0	0	0	0	0	0

* m/n，表示嗜盐菌/总菌数。

研究结果表明，放线菌出菌率和嗜盐放线菌出菌率最高的是CCMS（复合盐）培养基，其次是CCMS（单一盐）培养基。改良ISP5培养基的放线菌出菌率虽然不低，但是分离到的嗜盐放线菌太少，而淀粉酪素培养基和几丁质培养基的出菌率太低。其中CCMS培养基的分离效果最好，嗜盐放线菌的类群最丰富。

唐蜀昆等推荐以下培养基适宜分离嗜盐放线菌，供参考使用。

1）CCMS培养基：纤维素10g，干酪素0.3g，KNO_3 0.2g，$MgSO_4 \cdot 7H_2O$ 0.05g，K_2HPO_4 0.2g，$CaCO_3$ 0.02g，$FeSO_4$ 0.01g，NaCl 150g，一定比例的复合盐，琼脂20g，pH7.5（用6mol/L NaOH调节）。

2）改良ISP5培养基：酵母膏5g，L-天冬酰胺1g，甘油10g，K_2HPO_4 1g，KNO_3 5g，微量盐1mL，$MgCl_2 \cdot 6H_2O$ 200g，琼脂20g。可选择性分离嗜盐或耐盐拟诺卡氏菌属类群及放线细菌类群。

3）淀粉酪素培养基：淀粉10g，水解酪素0.3g，KNO_3 2g，$MgSO_4 \cdot 7H_2O$ 0.05g，K_2HPO_4 2g，$CaCO_3$ 0.02g，$FeSO_4$ 10mg，NaCl 150g，琼脂20g。可分离嗜盐或耐盐拟诺卡氏菌属类群及嗜盐链单孢菌属。

4）改良淀粉酪素培养基：葡萄糖10g，水解酪素0.3g，KON_3 2g，$MgSO_4 \cdot 7H_2O$ 0.05g，K_2HPO_4 2g，$CaCl_2$ 1g，$FeSO_4$ 10mg，不同比例的复合盐150g，琼脂20g。可高选择性分离糖单孢菌属、多孢放线菌属、链单孢菌属和糖多孢菌属等类群，出菌率达90%以上。

唐蜀昆等通过嗜盐放线菌分离方法的研究，不仅提高了嗜盐放线菌的出菌率和物种多样性，同时发现了大量新物种，其中嗜盐放线菌有8个新属[链单孢菌属、阎氏菌属、产丝菌属、嗜盐产孢菌属（*Haloactinospora*）、嗜盐糖霉菌属（*Haloglycomyces*）、嗜盐刺丝菌属（*Haloechinothrix*）、嗜盐杆菌属（*Haloactinobacterium*）和嗜盐多孢菌属（*Haloactinopolyspora*）]，50多个新种。

此外，在分离极端环境微生物时还要特别注意以下方面的问题。

1）嗜热微生物：①琼脂在温度高于65～70℃时凝固性下降，为此，在分离嗜热微生物时可以用吉兰糖胶（gellan gum）或聚硅胶盐做凝固剂替代琼脂。②培养温度的升高会加速培养基的蒸发，导致固体培养基表面开裂，应注意保持培养器皿的密闭性和培养箱内的湿度。③避免有氧条件和高浓度磷酸存在的情况下糖的焦化。④大多数热环境是厌氧状态，为此，样品应快速冷却或降低氧含量，以避免细胞失活。

2）嗜冷微生物：①用18%的二氯硝基苯胺甘油琼脂（DG18）可以有效地分离嗜冷和耐冷真菌。②对嗜冷菌和耐冷菌一般选用0℃培养4周；4℃培养10周；2～5℃培养45天或15℃条件下培养。③对嗜冷青霉采用DG18琼脂，15℃黑暗培养4周分离效果较好。

3）嗜压微生物：①在分离嗜压微生物要特别注意保持原环境的压力或等压。②保持原环境的温度或等温。③保持黑暗分离和培养。

由于极端环境的特殊性和极端环境微生物营养生理的特殊需求较之普通环境有很大的差异，因此分离极端环境微生物时，不仅要考虑极端环境的大环境因素，而且还应该充分考虑其微环境因子，尽可能地模拟原环境的条件。必须综合分析特殊的分离条件和特殊的营养需求等多种因素，设计有效的分离程序。同时还要不断地完善和更新分离程序，才能提高分离的出菌率和发掘极端环境微生物新类群。

第三节　极端环境微生物资源的分布

一、嗜热微生物资源

嗜热微生物主要分布于火山口及其周围区域、温泉、工厂高温废水、垃圾堆肥等环境中。此外，在湖泊甚至高寒山区的土壤中也有高温菌被分离。

自1965年分离到第一株极端嗜热细菌——水生栖热菌（*Thermus aquaticus*）以来，现已报道了30多个属、80多个种的高温菌，近400次被分离和描述。近年来分离到的大多是古菌，包括泉古菌界嗜热菌和广古菌界嗜热菌。它们主要生活在深海火山喷口附近或周围区域。

李安明等从四川康定热泉中分离到一株厌氧嗜热菌，它可发酵木聚糖。龚革等从生活废水的厌氧污泥床中分离到9株嗜热甲酸盐产甲烷菌（*Methanobacterium thormoformicicum*）。

陆地和海底的热泉是一个相对还原性高的地热环境，其中分布着丰富的嗜热厌氧菌。从美国的黄石公园、意大利、冰岛、非洲、新西兰、法国、印度尼西亚以及中国腾冲等地的温泉中均分离到了嗜热厌氧菌。大多数的嗜热厌氧菌属于嗜热厌氧杆菌科（Thermoanaerobiaceae），其中包括了热厌氧杆菌属（*Thermoanaerobacter*）和嗜热厌氧杆菌属（*Thermoanaerobacterium*）。

早在19世纪下半叶放线菌刚刚被发现不久，人们就分离到一些嗜热的高温放线菌和链霉菌的嗜热菌群。Gadkari等从燃烧的木炭堆里分离出一株嗜热的并能氧化CO_2和H_2的专性化能无机营养型的嗜热放线菌——热自养链霉菌（*S. thermoautotrophicus*）。

相比其他极端环境而言，国内外对嗜热放线菌的报道要比对其他极端环境下的放线菌要多一些。研究结果表明嗜热放线菌的分布有以下几个特点。

1）嗜热放线菌不仅广泛分布于地热性土壤、堆肥、火山口、沙漠、湖泊和温泉等高温性地区，而且也普遍存在于一般的常温土壤、湖泊及湖泊底泥甚至高寒山区的土壤中，即嗜热微生物的分布不仅局限于热源环境中。

2）在高温温泉和湖泊里的放线菌群落中，有一部分并非土著菌（non-habitant），它们来自周围的土壤，属于耐高温放线菌类型，有的甚至就是中温菌。

3）从各种生态环境分离到的嗜热放线菌中，来自于堆肥中的数量最多。火山口和堆肥样品中高温放线菌的种类较多，而沙漠土样及高温温泉水样里的高温放线菌的种类和数量均较少。至今未分离到70℃以上能生长的嗜热放线菌。嗜热放线菌存在的海拔上限为3500m。

4）嗜热放线菌主要以链霉菌属、高温放线菌属、小单孢菌属，以及高温单孢菌属中的种群为主。在此，简要介绍主要菌属中的嗜热类群。

a. 链霉菌属（*Streptomyces*）

大多数嗜热链霉菌的最适生长温度是45～55℃，其生长温度一般为25～70℃。目前发现的嗜热链霉菌有大孢链霉菌（*S. macrosporus*）、巨孢链霉菌（*S. megasporus*）、自养高温链霉菌（*S. thermoautotrophicus*）、嗜热一氧化碳链霉菌（*S. thermocarboxydus*）、热淀粉酶链霉菌（*S. thermodiastaticus*）、热线链霉菌（*S. thermolineatus*）、热硝化链霉菌（*S. thermonitrificans*）、热紫链霉菌（*S. thermoviolaceus*）、热普通链霉菌（*S. thermovulgaris*）、高温灰色链霉菌（*S. thermogriseus*）、高温嗜铜链霉菌（*S. thermocoprophilus*）、高温耐碱链霉菌（*S. thermoalkalitolerans*）等。

b. 高温单孢菌属（*Thermonospora*）

高温单孢菌属大多能在40～48℃生长，有的菌株能在60℃生长。高温单孢菌属现报道的有3个种，即弯曲高温单孢菌（*T. curvata*）、产色高温单孢菌（*T. chromogena*）和中温簇性高温单孢菌（*T. mesouviformis*）。

原先的褐色高温单孢菌（*Thermomonospora fusca*）和白色高温单孢菌（*T. alba*）已被归入高温双歧菌属（*Thermobifida*）新属；台湾高温单孢菌（*Thermomonospora formosensis*）被归入马杜拉菌属。

c. 高温放线菌属（*Thermoactinomyces*）

高温放线菌属是一个古老的属，它们具有细菌型的内生孢子，能抗高温。该属经再分类后，现仅有2个种：普通高温放线菌（*T. vulgaris*）和中间高温放线菌（*T. intermedius*）。

d. 小单孢菌属（*Micromonospora*）

小单孢菌属是抗生素的重要产生菌。临床上应用的许多氨基糖抗生素，如庆大霉素等都是小单孢菌产生的。据统计，目前从该属发现的抗生素种类仅次于链霉菌。该属在土壤及水生环境和高、低温环境以及碱性环境中均为分布。迄今为止该属报道的嗜热小单孢菌有4个种：热茄孢小单孢菌（*M. thermoaubergInospora*）、热黄褐小单孢菌

(*M. thermoflavobrunnea*)、热橙黄小单孢菌 (*M. thermoaurantiaca*)，以及原有的中温高温单孢菌 (*Thermomonospora mesophila*)。

e. 热密卷属 (*Thermocrispum*)

热密卷属目前报道的仅有 2 个种：城市热密卷菌 (*T. municipale*) 和乡村热密卷菌 (*T. agresta*)，它们的最适生长温度为 45～55℃。

f. 高温双孢菌属 (*Thermobispora*)

高温双孢菌属的最适生长温度为 45～55℃，其代表种为双孢高温双孢菌 (*T. bispora*)。

g. 假诺卡氏菌属 (*Pseuconocardia*)

假诺卡氏菌属的嗜热代表种为嗜热假诺卡氏菌 (*P. thermophila*) 和我国学者发表的热螺旋假诺卡氏菌 (*P. thermospinosa*)。

h. 拟无枝菌酸菌属 (*Amycolatopsis*)

拟无枝菌酸菌属有 4 个嗜热种：苛求拟无枝菌酸菌 (*A. fastidiosa*)、嗜甲基拟无枝菌酸菌 (*A. methanolica*)、热黄拟无枝菌酸菌 (*A. thermoflava*) 和糖拟无枝菌酸菌 (*A. sacchari*)。糖拟无枝菌酸菌能在 50～60℃时生长良好，另外 3 个种均不能在 45℃以上生长。

i. 糖多孢菌属 (*Saccharopolyspora*)

目前报道的糖多孢菌属只有嗜热糖多孢菌 (*S. thermophila*) 一个种，最适生长温度为 45～55℃。

有没有能在 80℃以上生长的放线菌？如何分离嗜热放线菌？嗜热放线菌与中温放线菌在生理、遗传及适应机制上有什么不同？如何利用嗜热放线菌？对这些课题的深入研究具有非常重要的理论意义和很高的实用价值。

二、嗜冷微生物资源

嗜冷微生物广泛分布于常冷环境，如南北极、高山、深海和低温土壤中。已发现的嗜冷微生物有细菌、酵母菌、真菌和古细菌。Ray 从南极土壤中获得一株分泌酸性蛋白酶的耐冷菌 (*Candida humicola*)；Feller 从海水中分离到 4 株分泌脂酶的嗜冷莫拉氏菌，该菌在 4℃生长良好，在 18℃细胞繁殖和酶分泌都受到影响。

早在 1887 年，Foster 就分离到能在 0℃生长的细菌。自 20 世纪 50 年代以后，各国学者相继展开了低温微生物的研究，在不同的低温环境中分离到许多不同的微生物种类。过去的研究认为低温放线菌的主要类群为链霉菌属和诺卡氏菌属，但最近国内外的报道大多数属于放线杆菌 (*Actinobacteria*)。

20 世纪 90 年代初，姜成林等对云南省西北部的白芒雪山和中甸自然保护区的低温放线菌进行了考察，发现在 8℃培养条件下分离时，白芒雪山的低温放线菌数量随海拔的升高逐渐增多，到 4400m 有所减少，所分离到的耐低温放线菌比较单调，主要是链霉菌属和小单孢菌属，只在一个样区中分离到少量糖多孢菌属。链霉菌属中的耐低温菌以灰褐、金色类群较为常见。有 77%的菌株分解纤维素，有 4%和 5%的菌株分解果胶和淀粉，分别有 8%和 9%的菌株产生抗菌活性和溶菌酶。他们的研究结果表明，低温放线菌与高温放线菌除生长温度有明显的不同外，它们在形态和生理生化等特征上也存在明显的差异。前者的孢子链多以直链为主，气丝白色、灰色的比例差不多，尚未见蓝色；高温放线菌的孢子链则以钩形为主，气丝以灰白色为多，尚未见红色。低温放线菌碳源利用谱较窄，耐盐性低，耐抗生素的能力较弱，pH 适应范围也较窄。

（一）嗜冷放线菌的主要类群

目前已发现的嗜冷放线菌主要有以下 6 个属。

1. 节杆菌属（*Arthrobacter*）

节杆菌属是一类分布比较广泛的革兰氏阳性放线杆菌，现报道的嗜冷节杆菌属主要来自于洞穴、冰河淤泥以及南极的土壤，主要有 4 个种：产晶节杆菌（*A. crygenae*）、红节杆菌（*A. rhombi*）、喜乳嗜冷节杆菌（*A. psychrolactophilus*）和黄色节杆菌（*A. flavus*）。

此外，原有的简单节杆菌（*Arthrobacter simplex*）和肿大节杆菌（*A. tumescens*）已被重新归入脂肪杆菌属（*Pimelobacter*）。

2. 低温杆菌属（*Cryobacterium*）

Inoue 和 Komagata 从南极土壤中分离到该菌属，其最适生长温度为 9～12℃，高于 18℃不生长。目前仅报道了 1 个嗜冷种：嗜冷低温杆菌（*C. psychrophilum*）。

3. 弗莱德门菌属（*Friedmanniella*）

目前该属报道的嗜冷菌仅有南极弗莱德门菌（*F. antarctica*）1 个种。

4. 冷杆菌属（*Frigoribacterium*）

该菌属的生长温度为 2～25℃，最适生长温度为 4～10℃。目前发表的仅有粉尼冷杆菌（*F. faeni*）1 个种。

5. *Subtercola* 菌属

该菌属的生长温度为 2～28℃，最适生长温度是 15～17℃。现发表的仅有 *S. boreus* 和 *S. frigoramans* 2 个嗜冷种。

6. *Modestobacter* 菌属

该菌属生长温度在 0～5℃到 20～28℃之间。生长 pH 为 3～4 到 11～12。目前发表的仅有 *M. multiseptatus* 1 个嗜冷种。

（二）低温环境中的真菌分布

1. 永久冻土中的真菌

据报道南极土壤中的真菌多样性要低于北极和高山区域。从永久冻土中分离出许多真菌，但很难判断这些真菌是当代的污染体，还是生存几千年的繁殖体。研究人员在永久冻土中发现了一些真菌和酵母；从永久冻土中提取到真菌、细菌、古菌的DNA，但需要严格的对照实验，避免将现今污染物误认为是古代物种。

2. 洞穴及岩石中的真菌

许多洞穴为5～7℃恒定低温，在寒冷洞穴中已分离到耐冷的洞青霉及小囊菌属。

有些真菌生长于沙漠和寒冷环境的岩石表面。低营养、极端温度及紫外辐射使这些岩石成为极端环境。

3. 植物、苔藓和地衣中的真菌

在极地和高山环境中广泛分布着与地衣共生的真菌，尤其是丝状小真菌。南极植物如南极发草和维管束植物较丰富，从这些植物中分离出许多真菌。北极和高山地区植物种类较多，各种植物的根际土壤中都栖息着许多真菌。从苔藓中也分离到许多真菌。

4. 冰川、冰和淡水中的真菌

从南极的冰川、南极淡水环境和北极地区冰川中发现了许多真菌，其中有耐冷真菌和嗜中温的青霉，包括皮落青霉、离生青霉以及意大利青霉这些食品中的常见菌。在斯瓦尔巴群岛的冰川和冷水中发现了大量真菌的分生孢子，表明在这种环境中有真菌生活。

5. 冷冻食品中的真菌

在馅饼和水果以及其他冷冻食物中发现了一些嗜冷真菌，包括紧密支顶孢霉、褐节菱孢属、出芽短梗霉菌、芽枝状枝孢霉、腊叶枝孢、毡状金孢、伞形霉、易脆毛霉、冻土毛霉、密丛毛霉、青霉、疱霉属等，但仅有嗜冷支顶孢属、柱孢属、地衣孢属、单链孢属、毁丝霉属是真正从南极分离到的嗜冷菌；一些支顶孢霉属、镰孢霉、毡状金孢、瓶霉菌属、束梗孢霉为耐冷菌。

青霉和枝孢霉在冷冻食物中为最常见类群。沙门氏柏干酪青霉、徘徊青霉和乳酪青霉通常在发霉的奶酪中发现，而菲尔氏青霉和圆弧青霉可以在冷冻谷物中生长，扩展青霉可在冷冻水果中生长。在冻肉中常发现枝孢霉，这两个属中许多种都是耐冷菌和嗜中温菌。

6. 嗜冷真菌的主要类群

（1）嗜冷丝状真菌类群

在寒冷低温的环境中广泛分布着丝状真菌，从南极发现的子囊菌分属于9个目12个科，包括了曲霉菌目、肉座菌目、锤舌菌目、甲瓜团囊菌目、盘菌目、酵母菌目、粪壳菌目等。主要的菌科有节皮菌科、毛壳霉科、肉座菌科、小囊菌科、圆盘菌科、酵母菌科、核盘菌科、发菌科等。嗜冷或耐冷菌的子囊菌有支顶孢属、嗜冷支顶孢属、丛孢属、嗜冷丛孢属、线虫捕捉菌属、柱孢属、小孢侧齿霉、地霉及腐质霉等。

从南极分离到的青霉菌如离生青霉、棒青霉、平滑青霉等以及新种南极青霉都是食品中的常见菌。在南极分离到的娄格法尔特氏青霉在木材中或奶酪中较常见，它与北极的红色青霉在形态学上十分相似。在北极分离到的结痂青霉在全球均有分布，其次级代谢产物较为独特。食品中的青霉在5℃生长较好。在冰川中分离到的产黄青霉也是食品中的常见菌。

芽枝状枝孢和腊叶枝孢能在低于－6℃甚至是－10℃的温度下生长，但在18℃和28℃生长最佳，最高可达32℃，因此被鉴定为耐冷菌。大多数枝孢属都是耐冷菌，在很低的温度下也能生长。

在链格孢属、金孢子菌属、分枝孢子菌属、隐球菌属、异分生孢属、腐质霉属、细丝菌属、白冬孢酵母属、被孢霉属、毛霉属、多齿菌属、青霉属、瓶霉属、疱霉属及酒曲霉属中均有少量的耐冷菌或嗜冷菌。

(2) 嗜冷酵母类群

在南北极都分离到酵母和黏菌，尤其是假丝酵母。嗜冷酵母类群主要有冻胶假丝酵母、产朊假丝酵母和嗜冷假丝酵母，此外还有许多担子酵母，包括浅白色隐球酵母、罗仑氏隐球酵母、南极隐球酵母、苏格兰白冬孢酵母、红酵母及嗜冷红酵母等。

(3) 担子菌

南极发现的嗜冷担子菌属于浅黑粉菌科、锁掷酵母，多数是嗜冷菌和耐冷菌。在北极和高寒山区发现了多种担子菌。研究人员发现在阿拉斯加冻土中有柔弱帽伞属、杯伞属、沿丝伞属、花褶花属、红菇属等。Lepiotaceous 真菌在北极和热带地区较罕见，而在温带则较丰富。格陵兰的牛肝菌属和其他担子菌能产生菌根，但在南极高等植物中则尚未发现菌根。

三、嗜酸微生物资源

在硫矿和金属硫化矿酸性矿水、煤矿排出水、含硫的酸性土壤等酸性环境中分布着丰富的嗜酸微生物资源。目前化能自养菌已报道了7个属5个种，化能异养菌报道的有5个属10个种。曾焕泰等从污泥中分离得到一株嗜酸光合细菌（*Rhodopseudomcmas acidoplila*）。

近年来，对嗜酸放线菌分布的研究报道较多。Williams 等研究了森林土的嗜酸放线菌。用pH4.5的培养基分离pH7.0以下的心土层样品，未分离到嗜酸放线菌，分离pH3.5～4.2的表土层土样，分离到0.006×10^6～2.0×10^6CFU/g干土的嗜酸放线菌，且都是链霉菌。用pH7.0的培养基分离到的放线菌在pH4.5以下不能生长。姜成林等用pH4.5的高氏Ⅰ号琼脂分离了云南哀牢山不同土壤层的放线菌，发现嗜酸放线菌主要分布在枯枝落叶层（pH3.6～4.6）和表土层（pH4.0～5.1），分别含有7400CFU/g干土和2170 CFU/g干土，而在pH4.5以上的心土层和母质层没有分离到嗜酸菌。所有的嗜酸放线菌都是链霉菌，仅在1个样品中分离到小四孢菌属。嗜酸放线菌占放线菌总数的7%左右。所有这些用酸性培养基分离的放线菌有70%的菌株最适生长为pH4.5，在pH6.5以上不生长，这是真正的嗜酸放线菌。有近30%的菌株在pH4.5能生长，但最适生长为pH6.5，这是耐酸放线菌。有一株链霉菌的最适生长为pH4.5～6.5，在pH3.0～8.0也能生长，这是一种适应广泛的放线菌。Williams等最近还报道他们曾从两份酸性土壤中分离到数株中度嗜酸的高温放线菌属菌株。Kim利用离心扩散（DDC）方法从酸性土壤中分离到嗜酸链霉菌类群，并预期有可能从中发现抗真菌的抗生素及其他新的生物活性物质。

中国科学院微生物研究所的黄英研究团队在土壤嗜酸放线菌方面也做了不少的工作。他们研究了江西、云南、北京等地的冷杉林、松林、阔叶林和茶林等不同植被土壤中的嗜酸放线菌资源。从17份酸性土样中分离到嗜酸放线菌620株，它们至少属于17个菌属。其中有5株在pH7.5不长，而在pH3.5明显生长，最适pH为4.5，是严格嗜酸放线菌，占6.6%。有55株在pH7.5生长，在pH3.5也长。有15株在pH7.5不长或弱生长，在pH3.5也不生长，但在pH5.0～5.5生长最好，属于中度嗜酸放线菌，占72.4%。具体介绍详见本书第一章中的第二节，在此不赘述。

四、嗜碱微生物资源

自从1923年Johnson发现了几种能够耐盐碱的霉菌、1928年Downie发现第一个嗜碱菌粪链球菌（*Streptococcus faecalis*）以来，大量不同类型的嗜碱微生物已经从土壤、碱湖、碱性泉水甚至海洋中被分离到，包括细菌、真菌和古菌。在中性或酸性环境中也有嗜碱微生物的分布。已分离到的嗜碱微生物包括芽孢杆菌属（*Bacillus*）、微球菌属（*Micrococcus*）、链霉菌属（*Streptomyces*）、假单胞菌属（*Pseudomonas*）、黄杆菌属（*Flavobacterium*）和无色杆菌属（*Achromobacter*）等的一些种。

目前国外有关嗜碱放线菌的研究不多，在研究范围和水平以及开发利用的深度和广度上，国内与他们没有太大差距。云南有许多碱性温泉、碱性湖泊和盐碱土壤。新疆盐碱土的面积达7330万hm^2，且吐鲁番盆地的艾丁湖、盐山、沙山等地有pH10.0的湖泊和土壤。这些天然环境为我们研究嗜碱放线菌提供了得天独厚的资源。采用分子生态学研究方法，通过设计分子探针的手段，建立嗜碱类群和菌属的特异性分子探针，直接检测碱性环境中的未知菌，并从rRNA基因入手，研究碱性环境中放线菌的种类组成。

Mikami等研究了日本的森林土、耕作土和菜园土中的嗜碱放线菌，发现在pH11.0生长的放线菌有0.35×10^3～2.5×10^3 CFU/g干土。这表明在土壤中广泛分布着碱性放线菌。王来福等从云南省祥云县采集的盐碱土样研究了嗜碱放线菌的分离方法，并对所分离出的39株嗜碱放线菌进行了分类学研究，将其归入拟诺卡氏菌、糖丝菌（*Saccharothrix*）、小单孢菌和链霉菌等属。姜成林等从云南程海采集湖底泥和水样，用pH10.0的培养基分离到246株放线菌，发现几乎所有的菌株都能在pH9.0的条件下生长，有近一半的菌株能在pH10.0的条件下生长，但最适生长都为pH7.0～9.0，是所谓的耐碱放线菌（alkaline-resistant actinomycetes）。真正的嗜碱放线菌只有0.8%，它们的最适生长为pH9.0～10.0。其中的小单孢菌有47%能在pH10.5中生长。

Hori Koshu 发现可产生碱性纤维素酶的嗜碱芽孢杆菌 N-4；陈濑硕从内蒙古碱湖中分离出来一株嗜碱菌 No. 1021，其生长 pH 为 8～13，最适 pH 为 10～11，可生产碱性淀粉酶。

五、嗜盐微生物资源

近年的研究表明，嗜盐微生物包括细菌、古菌、真菌等。Gochnauer 等在研究红皮盐杆菌的类脂过程中，从污染的平板中首次分离到一株嗜盐放线菌，后来经分类学研究将其定名为嗜盐多孢放线菌（*Actinopolyspora halophila*）。随着极端微生物研究工作的深入开展，20 世纪 90 年代以后又陆续发现了一些其他的新的嗜盐放线菌。中国科学院微生物研究所的阮继生先后发现了嗜盐多孢放线菌（*Actinopolyspora iraqiensis*）和嗜盐拟诺卡氏菌（*N. halophila*）两个新种。李文均、唐蜀昆等先后对我国的新疆、青海及甘肃部分地区的高盐环境的放线菌资源进行了系统的研究工作，并从中分离到不少的嗜盐及嗜盐碱放线菌。崔晓龙等人从青海湖土样中发现了一个嗜盐放线菌新属——链单孢菌属（*Streptomonospora salina*）。2007 年后，通过嗜盐放线菌分离方法的研究，云南大学云南省微生物研究所放线菌研究团队从新疆盐湖分离到了 3000 多株嗜盐放线菌，从中发现嗜盐放线菌新亚目 1 个、1 个新科、8 个新属、50 多个新种。

（一）嗜盐放线菌的主要类群

目前分离到的嗜盐放线菌类群非常丰富，有 12 科 16 属。

（1）多孢放线菌属（*Actinopolyspora*）

该属最适生长盐浓度是 15%～20%，能在 30%的食盐中生长，在低于 5%的 NaCl 中不长。其典型种为嗜盐放线多孢菌（*A. halophilia*）。目前报道的种还有死亡谷放线多孢菌（*A. mortivalli*）。

（2）拟诺卡氏菌属（*Nocardiopsis*）

目前该属报道的生效种或亚种有 38 个，但仅有 6 个是中度嗜盐种，即新疆拟诺卡氏菌（*N. xinjiangensis*）、昆山拟诺卡氏菌（*N. kunsanensis*）、嗜盐拟诺卡氏菌（*N. halophila*）、海滨拟诺卡氏菌（*N. litoralis*）、盐生拟诺卡氏菌（*N. salina*）和卢森坦拟诺卡氏菌（*N. lucentensis*），它们的最适生长盐浓度为 5%～15%。

（3）链单孢菌属（*Streptomonospora*）

该属是崔晓龙等从青海盐湖土样中发现的嗜盐放线菌新属，其典型种是盐生链单孢菌（*S. salina*），最适生长盐浓度为 10%～15%。目前报道的还有白色链单孢菌（*S. alba*）、嗜盐链单孢菌（*S. halophila*）、黄白链单孢菌（*S. flavalba*）和解淀粉链单孢菌（*S. amylolytica*）。

（4）涅斯捷连科氏菌属（*Nesterenkonia*）

该属是中温菌，中度嗜盐。其典型种为嗜盐涅斯捷连科氏菌（*N. halobia*），此外还有嗜盐涅斯捷连科氏菌（*N. halophila*），迄今为止发现的都是中度嗜盐放线菌。

（5）糖单孢菌属（*Saccharomonospora*）

目前该属报道的生效种或亚种有 8 个，仅有嗜盐糖单孢菌（*S. halophila*）、弱代谢糖单孢菌（*S. paurometabolica*）和嗜盐糖单孢菌（*S. saliphila*）3 个种为中度嗜盐放线菌，它们的最适生长盐浓度为 10%～15%。

（6）糖多孢菌属（*Saccharopolyspora*）

迄今为止该属的生效种或亚种有 18 个，只有嗜盐糖多孢菌（*S. halophila*）和七角井糖多孢菌（*S. qijiaojingensis*）2 个种是中度嗜盐放线菌，它们的最适生长盐浓度为 10%～15%。

（7）拟无枝菌酸菌属（*Amycolatopsis*）

该属现有 41 个种，只有嗜盐拟无枝菌酸菌（*A. halophila*）1 个种是中度嗜盐放线菌，其 NaCl 耐受范围为 1%～15%，最适生长 NaCl 浓度为 5%。

（8）普氏菌属（*Prauserella*）

该属现有 7 个种，其中艾丁普氏菌（*P. aidingensis*）、黄色普氏菌（*P. flava*）、嗜盐普氏菌（*P. halophila*）、盐水普氏菌（*P. salsuginis*）、沉积普氏菌（*P. sediminis*）5 个种为中度嗜盐放线菌，它们的最适生长盐浓度为5%～10%。

（9）嗜盐生孢放线菌属（*Haloactinospora*）

该属是唐蜀昆等从新疆盐湖中发现的嗜盐放线菌新属，典型种白色嗜盐生孢放线菌（*H. alba*）为中度嗜盐放线菌，NaCl 耐受范围为 9%～21%，最适生长 NaCl 浓度为 15%。

（10）嗜盐糖霉菌属（*Haloglycomyces*）

该属是关统伟等从新疆盐土样品中发现的嗜盐放线菌新属，典型种是白色嗜盐糖霉菌（*H. albus*），为中度嗜盐放线菌，NaCl 耐受范围为 3%～18%，最适生长 NaCl 浓度为 8%～12%。

（11）嗜盐刺丝菌属（*Haloechinothrix*）

该属是唐蜀昆等从新疆盐湖中发现的嗜盐放线菌新属，典型种白色嗜盐刺丝菌（*H. alba*）为中度嗜盐放线菌，NaCl 耐受范围为 9%～23%，最适生长 NaCl 浓度为 15%。

（12）嗜盐放线杆菌属（*Haloactinobactium*）

该属是唐蜀昆等从新疆盐湖中发现的嗜盐放线菌新属，目前该属只有 1 个生效种，白色嗜盐放线杆菌（*H. album*），为中度嗜盐放线菌，NaCl 耐受范围为 2%～16%，最适生长 NaCl 浓度为 7%～10%。

(13) 乔治菌属 (*Georgenia*)

目前该属有 4 个生效种，只有嗜盐乔治菌 (*G. halophila*) 为中度嗜盐放线菌，NaCl 耐受范围为 1%～15%，最适生长 NaCl 浓度为 5%～10%。

(14) 阎氏菌属 (*Yaniella*)

该属是李文均等从新疆盐湖土样中发现的嗜盐放线菌新属，现有 2 个生效种，为耐盐阎氏菌 (*Y. halotolerans*) 和黄色阎氏菌 (*Y. flava*)，为中度嗜盐放线菌，最适生长盐浓度为 5%～10%。

(15) 库克菌属 (*Kocuria*)

目前该属有 16 个生效种，其中埃及库克菌 (*K. aegyptia*) 为轻度嗜盐放线菌，最适盐浓度为 3%。

(16) 嗜盐多孢放线菌属 (*Haloactinopolyspora*)

该属是唐蜀昆等从新疆盐湖中发现的嗜盐放线菌新属，目前有 1 个生效种，为白色嗜盐多孢放线菌 (*H. alba*)，是中度嗜盐放线菌，NaCl 耐受范围为 7%～23%，最适生长 NaCl 浓度为 10%～15%。

(二) 嗜盐古菌的主要类群

目前所发现的嗜盐古菌 (halophilic archaea) 均分布于广古菌门 (Euryarchaeota)、盐杆菌纲 (Halobacteria)、盐杆菌目 (Halobacteriales)、盐杆菌科 (Halobacteriaceae)，其典型属是盐杆菌属 (*Halobacterium*)，目前一共发现有 31 个属：适盐菌属 (*Haladaptatus*)、盐碱球菌属 (*Halalkalicoccus*)、盐盒菌属 (*Haloarcula*)、盐杆菌属 (*Halobacterium*)、盐棒菌属 (*Halobaculum*)、盐二型菌属 (*Halobiforma*)、盐球菌属 (*Halococcus*)、富盐菌属 (*Haloferax*)、盐几何菌属 (*Halogeometricum*)、盐微菌属 (*Halomicrobium*)、盐惰菌属 (*Halopiger*)、盐盘菌属 (*Haloplanus*)、盐方菌属 (*Haloquadratum*)、盐棍菌属 (*Halorhabdus*)、盐红菌属 (*Halorubrum*)、盐简菌属 (*Halosimplex*)、盐池栖菌属 (*Halostagnicola*)、盐陆生菌属 (*Haloterrigena*)、盐长命菌属 (*Halovivax*)、钠白菌属 (*Natrialba*)、钠线菌属 (*Natrinema*)、盐碱杆菌属 (*Natronobacterium*)、盐碱球菌属 (*Natronococcus*)、盐碱湖菌属 (*Natronolimnobius*)、盐碱单胞菌属 (*Natronomonas*)、盐碱红菌属 (*Natronorubrum*)、*Halopelagius*、*Halosarcina*、*Halovivax* 等。该类群普遍生长在高盐环境，如盐湖、碱湖、盐场、盐碱地和用盐腌渍的食物中，最低生长 NaCl 浓度不低于 9%、最适为 20%～25%，部分能在低于 2.5%的 NaCl 浓度下生长。

(三) 嗜盐细菌的主要类群

高盐环境中的嗜盐细菌包括革兰氏阳性和阴性菌，它们大多是嗜盐细菌和耐盐细菌，主要为 *Halomonadaceae*。常见的嗜盐和耐盐革兰氏阴性和阳性菌见表 4-6 和表 4-7。

表 4-6　常见于高盐环境中的中度嗜盐革兰氏阴性细菌

物种名称	分离源	耐受 NaCl 浓度及最适生长浓度/%
Halanaerobacter salinarius	Salt ponds in Camargue，France	5～30 (14～15)
Halanaerobium alcaliphilum	Sediment from Great Salt Lake，Utah，USA	2.5～25 (10)
Halanaerobium lacusrosei	Sediment of Retba Lake，Senegal	7.5～34 (18～20)
Halanaerobium praevalens	Sediment of Great Salt Lake. Utah，USA	2～30 (20)
Halanaerobium saccharolytica subsp. *senegalensis*	Sediments of Retba Lake，Senegal	5～25 (7.5～12.5)
Halomonas anticariensis	Soil from Fuente de Piedra. Malaga，Spain	0.5～15 (7.5)
Halomonas boliviensis	Soil around the lake Laguna Colorada，Bolivia	0～25 (5)
Halomonas campisalis	Soil sample collected from a dry salt flat south of Alkali Lake，USA	1～25 (8.7)
Halomonas eurihalina	Hypersaline soil in Alicante，Spain	0.5～30 (7.5)
Halomonas halophila	Hypersaline soil located near Alicante，Spain	2～30 (7.5)
Halomonas maura	Soil from a solar saltern at Asilah，Morocco	1～15 (7.5～10)
Halomonas organivorans	Saline soil from Isla Cristina，Huelva，Spain	1.5～30 (7.5～10)
Halomonas salina	Saline soils located near Alicante，Spain	2.5～20 (5)
Halothermotrix orenii	Sediment of a Tunisian salt lake	4～20 (5～10)
Marinobacter excellens	Sediment collected from Chazhman Bay，Sea of Japan	1～15
Marinobacter koreensis	Sea sand in Pohang，Korea	0.5～20
Marinobacter lipolyticus	Saline soil from Cadiz，Spain	1～15 (7.5)
Marinobacter sediminum	Marine coastal sediment from Peter the Great Bay，Sea of Japan	0.5～18
Natroniella acetigena	Mud from the soda Lake Magadi，Kenya	10～26 (12～15)
Orenia salinaria	Salt ponds in salterns in Camargue，France	2～25 (5～10)
Palleronia marisminoris	Hypersaline soil bordering a solar saltern in Murcia，Spain	0.5～15 (5)
Salipiger mucosus	Hypersaline soil from a solar saltern in Calblanche，Murcia，Spain	0.5～20 (3～6)

表 4-7　常见于高盐环境中的中度嗜盐革兰氏阳性细菌

物种名称	分离源	耐受 NaCl 浓度及最适生长浓度/%
Actinopolyspora mortivallis	Soil sample obtained from Death Valley，CA，USA	5～30 (10～15)
Alkalibacillus haloalkaliphiles	Alkaline，highly saline mud from Wadi Natrun，Egypt	5～20 (10)

续表

物种名称	分离源	耐受 NaCl 浓度及最适生长浓度/%
Alkalibacillus salilacus	Soil sediment from a salt lake in Xinjiang Province, China	5～20 (10～12)
Bacillus krulwichiae	Soil from Tsukuba, Ibaraki, Japan	0～14
Bacillus oshimensis	Soil from Oshymanbe, Oshima, Hokkaido, Japan	0～20 (7)
Bacillus patagoniensis	Rhizosphere of the perennial shrub *Atriplex lampa* in north-eastern Patagonia, Argentina	0～15
Desulfobacter halotolerans	Sediment of Great Salt Lake, Utah, USA	0.5～13 (1.2)
Filobacillus milosensis	Beach sediment from Palaeochori Bay, Milos, Greece	2～23 (8～14)
Halobacillus halophilus	Salt marsh and saline soils	2～15 (3～5)
Halobacillus karajensis	Saline soil of the Karaj region, Iran	1～24 (10)
Lentibacillus salarius	Saline sediment of Xinjiang, China	1～20 (12～14)
Lentibacillus salicampi	Salt field in Korea	2～23 (4～8)
Marinococcus halophilus	Saline soil from Alicante and Cadiz, Spain	1～20 (15)
Marinococcus halotolerans	Saline soil in Qinghai, north-west China	0～25 (10)
Microbacterium halotolerans	Soil sediment of Qinghai, China	0～15 (5)
Nesterenkonia halotolerans	Hypersaline soil from Xinjiang, China	0～25
Nesterenkonia xinjiangensis	Hypersaline soil from Xinjiang, China	0～25
Nocardiopsis baichengensis	Saline sediment from Xinjiang, China	0～18 (5～8)
Nocardiopsis chromatogenes	Saline sediment from Xinjiang, China	0～18 (5～8)
Nocardiopsis gilva	Saline sediment from Xinjiang, China	0～18 (5～8)
Nocardiopsis halophila	Saline soil from Iraq	3～20 (5～15)
Nocardiopsis halotolerans	Salt marsh soil from Kuwait	0～15 (10)
Nocardiopsis rhodophaea	Saline sediment from Xinjiang, China	0～18 (5～8)
Nocardiopsis rosea	Saline soil from Xinjiang, China	0～18 (5～8)
Nocardiopsis salina	Saline soil from Xinjiang, China	3～20 (10)
Nocardiopsis xinjiangensis	Saline soil from Xinjiang, China	10
Prauserella alba	Saline soil from Xinjiang, China	0～25 (10～15)
Prauserella halophila	Saline soil from Xinjiang, China	5～25 (10～15)
Saccharomonospora halophila	Marsh soil in Kuwait	10～30 (10)
Saccharomonospora	Soil from Xinjiang, China	5～20 (10)
Salinicoccus hispanicus	Saline soil from Alicante and Cadiz, Spain	0.5～25 (10)
Sporohalobacter lortetii	Dead Sea sediment	6～12 (8.7)
Streptomonospora alba	Soil from Xinjiang, China	5～25 (10～15)
Streptomonospora salina	Soil from Xinjiang, China	15
Tenuibacillus multivorans	Soil from Xinjiang, China	1～20 (5～8)
Thalassobacillus devorans	Saline soil in South Spain	0.5～20 (7.5～10)
Virgibacillus koreensis	Salt field near Taean-Gun on the Yellow Sea in Korea	0.5～20 (5～10)
Virgibacillus salexigens	Soil from Huelva, Cadiz, Sevilla, and Mallorca, Spain	7～20 (8～10)

六、嗜压微生物资源

在深海底部和油井深处生存着丰富的嗜压微生物。已从深海底部 10^8Pa 处分离到嗜压菌（*Pseudomonas bathycetes*）。在太平洋水深 4000m 处发现了 4 个属的酵母菌；在 6000m 的深海中分离到微球菌属（*Micrococcus*）、芽孢杆菌属（*Bacillus*）、弧菌属（*Vibrio*）和螺菌属（*Spirillum*）等细菌。Takami 等在日本南海的 1050～10 897m 处均分离到了嗜压微生物。

有人曾经在太平洋靠近菲律宾的 10 897m 深的海底分离到了嗜压细菌。从海底取样并分离出的一株假单胞菌（*P. bathycetes*），在 1.013×10^8Pa、3℃下培养，经四个月的休眠期后开始繁殖，又经过 33 天后菌量倍增，一年后达到静止期。已知嗜压的细菌还有微球菌属、芽孢杆菌属、弧菌属以及螺菌属等的成员。从井深 3500m、压强约为 4.05×10^7Pa、温度为 60～105℃的油井深处分离到一株嗜压并嗜热的硫酸盐还原菌。耐高温和厌氧生长的嗜压菌有望用于油井下产气增压和降低原油黏度，借以提高采油率。

第四节　极端环境微生物的开发利用及展望

极端环境微生物具有与普通环境微生物截然不同的、极其特殊的生物学特性。一些极端环境微生物已被工农业生产广泛应用。利用嗜热菌的代谢快、代时短、酶的热稳定性高等特点，可将其用于减少工业发酵生产中的污染、节约能量、降低成本、提高产量。嗜盐菌的紫质膜具有特殊的光能转化作用，可用作生物芯片和生物电池；嗜碱菌的胞外酶具耐高碱特性，可用于工业酶制剂生产以及处理碱性工业污水；嗜酸菌已被广泛应用于金属矿物的溶浸，目前已将这种方法用于铜、铀等金属尾矿处理，被称为“细菌冶金”。

分离自超嗜热微生物——水生栖热菌（*Thermus aquaticus*）和激烈热球菌（*Pyrococcus furiosus*）中的 *Taq* 酶，已被广泛应用于分子生物学、临床医学、食品分析以及法医学等方面，它不仅创造了巨大的商业价值，而且带来了生命科学的重大革命，促进了现代生物学的飞速发展。最近的研究表明，分离自极端环境微生物的高分子降解酶，如淀粉酶、支链淀粉酶、木聚糖酶和蛋白酶等将在食品、洗涤、造纸和纸浆等工业领域发挥着重要作用。此外，来自极端环境微生物的独特稳定性的表面活性剂膜可应用于药品制造工业。来自于极端环境微生物的一些新产品，如环化糊精、可溶解物、多聚不饱和脂肪酸等，均将成为重要的医药和化工原料。

表 4-8 展示了极端环境微生物在应用方面的一些典型实例。

表 4-8　极端环境微生物生产的产品及应用

极端微生物	酶或代谢产物	应用及产品
嗜热微生物（50～110℃）	淀粉酶	葡萄糖、果糖等甜味剂
	木聚糖酶	纸浆漂白剂
	蛋白酶	用角蛋白生产氨基酸，食品加工，烘烤，酿制，洗涤剂

续表

极端微生物	酶或代谢产物	应用及产品
嗜热微生物 （50～110℃）	DNA 聚合酶	基因工程
	脂肪酶，支链淀粉酶和蛋白酶	洗涤剂
	蘑菇香精	药品制造
	超嗜热微生物	污水处理和沼气生产
嗜冷微生物 （5～20℃）	中性蛋白酶和脂肪酶	奶酪熟化
	碱性磷脂酶	分子生物学
	蛋白酶	乳制品生产
	各种酶制剂	调味品
	蛋白酶，脂肪酶，纤维素酶和淀粉酶	洗涤剂
	多聚不饱和脂肪酸	食品添加剂和减肥食品
	β-半乳糖苷酶	牛奶制品的乳糖水解
	冰成核蛋白	人造雪、冰淇淋及其他冰冻食品的生产
	脱氢酶	生物转化
	氧化酶	生物治理，环境生物传感器
	产烷生物	沼气生产
	除冰微生物	用于过敏植物的防霜防冻
嗜酸微生物 （pH<2）	硫的氧化	金属的回收及碳的脱硫
嗜碱微生物 （pH>9）	蛋白酶，淀粉酶，木聚糖酶 纤维素酶和脂肪酶	洗涤剂
	蛋白酶	除去 X 射线胶卷上的明胶
	弹性蛋白酶	防止脱发
	环式糊精	稳定易挥发的物质，用于食品，化工生产，药品制造
	木聚糖酶和蛋白酶	纸浆漂白
	果胶酶	精细纸的制作，污水处理及脱胶
	抗生素	药品制造
嗜盐微生物 （3%～20% NaCl）	β-胡萝卜素	食品染色
	甘油	药品制造
	细菌视紫红质	光能转化和光电产生
	流变多聚物	石油回收
	真核状态的类似物（如 *myc* 致癌基因产品）	肿瘤检测，抗肿瘤药的筛选等
	多羟链烷酸盐	医用塑料制品

续表

极端微生物	酶或代谢产物	应用及产品
嗜盐微生物（3%～20% NaCl）	生物活性物质（抗生素等）	药品制造
	酶类，如核酸酶，淀粉酶及蛋白酶等	各种工业用制品，如芳香剂等
	脂肪酶	用于药品运输的脂质体和化妆品包装等
	γ-亚油酸及细胞提取物	保健及减肥食品的生产
	表面活化剂膜	药品制造方面的表面活化剂

一、嗜热微生物资源的应用

（一）嗜热微生物产生的耐热酶

分离自嗜热微生物中的耐热酶具有化学催化剂所无法比拟的优点，它们具有高度的特异性，尤其是在高温条件下可保持极好的稳定性，克服了中温酶及低温酶在应用过程中存在的化学性质不稳定的现象，从而使很多高温化学反应得以实现，因而在工业生产的许多方面都具有很大的应用潜力。现已从嗜热微生物中分离得到多种嗜热酶，其中从嗜热真菌中分离和纯化的有 20 多种，主要有蛋白酶、脂肪酶、淀粉酶、纤维素酶、木聚糖酶、糖苷酶、植酸酶、磷酸酶、脱氢酶、转移酶、漆酶、转化酶及硫酸化酶等。此外，对嗜热酶的结构与功能、基因克隆及表达和蛋白质工程的应用等方面的研究正在进行中。

（二）耐热木聚糖酶

木聚糖（xylan）是一种多聚五碳糖，是植物半纤维素的重要组分，它占植物碳水化合物总量的 1/3，在自然界中是继纤维素之后含量第二丰富的可再生生物资源。广义的木聚糖酶（xylanase）是指能够降解半纤维素木聚糖的一组酶的总称，主要包括两类：①内切-β-1,4-木聚糖酶（1,4-β-D-木聚糖水解酶，EC 3.2.1.8），它从 β-1,4-木聚糖主链的内部切割木糖苷链，其水解产物主要为木二糖及木二糖以上的寡聚木糖，此外还有少量的木糖和阿拉伯糖。②外切酶 β-木糖苷酶（1,4-β-D-木聚糖木糖水解酶，EC 3.2.1.37），该酶通过切割木寡糖末端而释放木糖残基。狭义的木聚糖酶仅限于内切-β-1,4-木聚糖酶，它是木聚糖降解酶系中最关键的酶。本节所指的木聚糖酶即为内切木聚糖酶（EC 3.2.1.8），它在制浆造纸工业、饲料工业、食品工业等领域具有很大的应用潜力和价值。

1. 产耐高温木聚糖酶的嗜热菌

迄今为止，已报道能产耐热木聚糖酶的细菌有 20 余种，真菌约 10 种。嗜热真菌较嗜热细菌产生的木聚糖酶耐热性差些。在嗜热真菌中只有 *Gloephyllum trabeum* 产生的木聚糖酶最适温度高达 80℃；而嗜热细菌（栖热孢菌属）产生的木聚糖酶最适温度高达100℃以上。野生型嗜热菌需要在高温厌氧条件下培养，酶产量低且酶系复杂，在实际应用中主要存在3个普遍性问题：①野生型栖热孢菌产酶所要求的培养条件苛刻（要求高温厌氧条件）。②野生型菌株产酶水平非常低（是普通细菌和真菌的千分之一以下，用mU/mL或U/L表示酶活）且酶系复杂（相关酶8种以上）。③野生型菌株所产的酶属于诱导酶，分泌能力很差（低于10%）。普通木聚糖酶的生产可以通过筛选高产菌株、诱变育种等传统方法解决。目前认为，嗜热菌的这些问题只有通过分子生物学的手段来解决，这样才能使耐热木聚糖酶的应用变为现实。

2. 产耐热木聚糖酶基因的克隆和表达

许多嗜热菌的产耐热木聚糖酶基因已成功地克隆到大肠杆菌中，并得到表达。新阿波罗栖热孢菌的 *xynA* 和 *xynB* 基因都分别在大肠杆菌中被克隆和表达，表达出的XynA和XynB最适温度分别为102℃和90℃。但大多数基因工程菌株产酶量低，且表达产物存在于细胞质内，商业价值不大。主要原因是大肠杆菌中缺少修饰作用和基因重组酶在胞内的蓄积。近年来，通过构建合适的表达载体及采用适宜的宿主等手段成功地实现了某些木聚糖酶基因的高效表达，并将表达产物分泌到了胞外。迄今为止，对木聚糖酶基因的高效表达及胞外分泌的研究仍处于基础研究阶段。

1997年首次将嗜热网球菌（*Dictyoglomus thermophilum*）Rt46B.1的 *xynA* 基因在乳酸克鲁维酵母中高效表达，并分泌到胞外，其产量达130μg/mL，是大肠杆菌表达系统的300倍，为目前报道的最高值。1998年又将栖热孢菌中菌株FjSS3B.1的 *xynA* 基因在乳酸克鲁维酵母中高效表达，且产物能够分泌到胞外，但产量为60μg/mL。有些学者研究了枯草芽孢杆菌、链霉菌、里氏木霉等分泌表达产耐热木聚糖酶基因，并进行了简并密码子的优化、信号肽的选择等表达策略研究，但尚未见到比较成功的报道。

（三）耐热纤维素酶

纤维素酶是一类将纤维素降解为葡萄糖的多组分酶系总称。它们协同作用，分解纤维素产生寡糖和纤维二糖，最终水解为葡萄糖，现广泛应用于纺织、能源、食品及饲料等工业。提高纤维素酶的热稳定性可提高反应温度，加快降解速度，因此研究耐热纤维素具有重要的实用价值。近年这方面的研究已成为一个研究热点。

从西双版纳土壤样品中分离到18株产纤维素酶的细菌菌株。经过复筛，得到纤维素酶活性较高的产酶菌株YN5，初步鉴定为枯草芽孢杆菌。对其酶学性质的研究表明，其最适pH为5.0，最适温度为60℃，在pH4.0～7.0具有良好的稳定性。

从东海温泉热源地区泥水样中筛选到一株在60℃生长的纤维素酶产生菌——热葡萄糖苷酶地芽孢杆菌（*Geobacillus thermoglucosidasius*）SH2。该菌株兼性好氧，在45～60℃能较好地生长。该纤维素酶的最适pH为6.0，在pH4.0～10.0具有较好的稳定性；在45～65℃时，酶活差异仅在5%之内，显示出很好的温度稳定性。

嗜热梭菌内切纤维素酶基因工程菌 *Escherichia coli* ECE1的内切纤维素酶的最适温度为60℃，在70℃处理2min，酶的活性基本不受影响；发酵液中羧甲基纤维素酶活性可达33.2U/ml。优化发酵条件后，产酶量达69.42U/ml，为耐热纤维素酶基因工程菌的规模化生产奠定了基础。

从 *Thermotoga maritima* MSB8 中分离的纤维素酶，在 95℃、pH6.0～7.0 活性最高。来自于 *Thermotoga neapolitana* 的 CelA，在 95℃、pH6.0 中活性最高；分离自超级嗜热细菌地衣芽孢杆菌的 CelA 可以水解微晶纤维素，在pH5.0～6.0、85～95℃时，其酶活最高。

（四）耐热几丁质酶

几丁质是由 *N*-乙酰葡萄糖胺通过 β-1，4 糖苷键连接而成。几丁质酶（EC 3.2.1.14）可催化其产生 *N*-乙酰氨基葡萄糖单体或低分子质量的几丁寡糖。高降解活性、耐热及耐酸碱的几丁质酶对于几丁质废弃资源的再生利用及生产高附加值产品有着重要意义。目前已有一些分离热稳定性几丁质酶的报道，例如，从极端耐热古菌及细菌中分离到热稳定几丁质酶，但这些微生物来源的几丁质酶偏碱性，在低 pH 环境下较不稳定。疏绵状嗜热丝孢菌 SY2 在以胶状几丁质为唯一碳源的诱导培养基中可产生胞外几丁质酶，该酶在 50℃保温 1h，酶活稳定；65℃时半衰期为 25min；酶液在室温下保存 12 周，残余酶活性为 45%左右。该酶 pH 范围较宽，在 pH3.0～9.0 保持稳定，pH2.5 时，仍有 70%的剩余酶活性；高浓度变性剂对酶有抑制作用。结果表明该酶是一种热稳定性高且耐酸碱的新型几丁质酶，有望在酸性和高温环境中应用。

（五）耐热蛋白酶

蛋白酶是主要工业酶之一，它有两种类型：一种是外切蛋白酶，即从蛋白质末端切下氨基酸；另一种是内切蛋白酶；它从蛋白质内部切割肽键。目前，蛋白酶占世界市场的 65%以上，广泛应用于食品、制药、皮革和纺织工业，其应用领域还在不断扩大。耐热蛋白酶是一类在高温条件下仍能保持活性的蛋白酶总称，它来源于高温微生物及嗜热微生物。由于它具有良好的热稳定性以及对有机溶剂、去垢剂和变性剂等具有较强的抗性，因而在各个领域中显示出极大的应用潜力。

从内蒙古传统发酵乳样品和酸菜汤中分离到 105 株乳酸菌，从中筛选到一株耐热蛋白酶产生菌 WH29-3-1，初步鉴定为粪肠球菌（*Enterococcus faecium*），它的耐热蛋白酶活力最高可达 13.13U/mL，最适作用 pH7.0，温度为 50℃。

据报道一株产蛋白酶的耐热芽孢杆菌所产的蛋白酶最适 pH7.5，在pH4.0～9.0 时较稳定，最适温度为 70℃，80℃以下时热稳定性较好，在最适 pH 和温度下保持 1h 以上活性不变，金属 Li 离子可显著提高该酶活性。

从一些嗜热芽孢杆菌中也分离到了蛋白酶，最高活性温度为 60℃；另一株嗜热脂肪芽孢杆菌产生的碱性耐热蛋白酶，最适温度为 85℃。

（六）热稳定脂肪酶

脂肪酶（lipase，EC3.1.1.3）是一类特殊酯键水解酶，它能催化天然底物油脂（三酰甘油）的水解，在轻工、化工、医药、食品、洗涤剂等行业有广泛的用途。近年来，随着非水酶学和界面酶学研究的不断深入，脂肪酶应用也不断地扩展，现已广泛应用于酯合成、手性化合物的拆分、化工合成中间体的选择性基团保护、高聚物的合成、肽合成等方面。耐热脂肪酶具有耐热、高效催化、不受其他物质干扰的优越性，应用前景和开发潜力巨大。

从福州温泉等地取样品若干，筛选耐热脂肪酶产生菌，获得了一株产脂肪酶细菌Wi-2。该脂肪酶最适反应pH为8.2，最适反应温度为45℃。在40℃下处理100min，酶活基本不损失；在60℃下处理100min，残余酶活为40%以上。

（七）嗜热放线菌资源的应用前景

高温菌有两个显著的特点，一是生长极快，二是会自溶，加之在高温条件下发酵，不易受污染，因此这些特点使其具有重要的应用优势。最典型的实例就是发现了能在70℃发酵纤维素产生乙醇的细菌。70℃正好是乙醇的蒸发温度，这样就可以一边发酵，一边蒸馏出乙醇，在工艺上具有良好的优越性。因此高温菌的研究与应用是当今研究的热点之一。

高温菌是开发各种热稳定酶的菌种资源。为此，首先必须加强对高温微生物分离方法的研究，建立行之有效的分离方法，方能为高温酶的开发提供丰富的物种资源。其次，从高温菌中筛选热稳定的降解聚合物的酶类，使之利用这些聚合物降解酶的联合增效剂作用，对复杂的化学物质进行生物降解。另外，将高温微生物用于快速堆制堆肥的生物技术中，使之在生物转化、有毒化合物的生物降解、固体基质发酵、发现新的脱氢酶等方面开辟更加广阔的应用新途径。

二、嗜冷微生物资源的应用

（一）洗涤剂中的低温酶

在洗涤剂工业中，有多种水解酶，包括蛋白酶、淀粉酶和脂肪酶都被广泛应用。使用低温酶比中温酶更经济，使用量少，有利于减少能源消耗和保护环境。如果能在洗衣粉中添加最适酶活温度在30℃以下的低温蛋白酶，就可以直接用自来水洗涤，既避免了由于目前通用的碱性中温蛋白酶的最适酶活温度在50℃以上必须采用50～60℃的水温洗涤所造成的洗涤麻烦和能源的浪费，同时又可减少衣服在热水洗涤过程中的面料降解、收缩及渗色。鉴于降低洗涤温度的趋势，尤其是在欧洲和日本，许多工业酶公司正在研发含有低温酶的洗涤剂。例如，Novozymes（诺维信）公司的蛋白酶洗涤剂能在10～20℃有效去除污渍；celluzyme是能在低至15℃下有效水解的纤维素酶；savinase是在中等温度(45～55℃）下能够消除污渍的碱性蛋白酶。已有多项用于洗涤剂行业的低温蛋白酶申请了专利，这些低温蛋白酶都来自于嗜冷、耐冷细菌以及南极磷虾。

（二）在食品和制药中的应用

低温酶能在减少食物腐败及保持营养价值的温度下具有较高催化活性，因而在食品加工行业中被广泛地应用。利用低温微生物进行低温发酵可以生产许多风味食品，同时还可以节约能源和减少中温菌污染。

低温脂肪酶和蛋白酶已作为凝乳代用品并可加速慢熟奶酪（这些奶酪需要特定的低温和低湿条件）的成熟。低温蛋白酶也可用于冷冻肉类产品的嫩化和口味的改善，并从海鲜中消除不良的组织，如去除鱼鳞。果胶解聚酶类如多聚半乳糖醛酸酶和果胶裂解酶在水果和蔬菜加工行业中可用于低温降解果胶化合物。

低温β-半乳糖酶可帮助乳糖不耐食用者提高奶制品的消化率。富含葡萄糖和半乳糖的糖浆可在各种食品中作为甜味剂，但很容易由产乙醇的微生物发酵，而低温β-半乳糖酶能减少此类污染。低温β-牛乳糖酶具有转糖基活性，其水解牛奶或乳清所获得的半乳糖寡糖可作为食品添加剂在大肠中促进双歧杆菌的生长。

加工生面团通常在低于35℃下进行。许多酶如木聚糖酶、蛋白酶、淀粉酶、脂肪酶和葡萄糖氧化酶可以分别修饰半纤维素、麸质、淀粉和自由巯基。这些酶的联合作用可提高面团的弹性和可加工性。

低温酶也可用于制药业。对光学纯药品和医药中间体的需求已导致用生物催化有机合成的迅速扩大。低水活度条件有利于水解酶的合成和酯交换反应，并提高许多参与生物催化转换底物的溶解度。用于有机合成中的酶必须能够在水/有机和非水相中有效运作。从低温和高盐生境中发现的微生物酶有利于水/有机和非水媒界催化有机合成反应，因为耐盐酶可以很好地适应低水活度条件。来自南极假丝酵母的不耐热脂肪酶已经得到了广泛的应用，包括多糖的修饰、复杂药物中间体的不对称合成、醇类及胺类的分解。

（三）生物燃料生产中的应用

生物燃料，如由植物产生的碳水化合物发酵制成的乙醇，代表了一种可再生能源，能增加能源安全性，减少温室气体排放量，为农村带来经济效益，减少农业及工业残余物的处理。尽管有这些优势，但目前必须降低传统生物质生产乙醇的成本。传统的乙醇的生产过程限制了生物炼制的生产能力，其需要的能源相当于燃料乙醇产能的10%～20%。为了解决这个问题，工业酶公司一直在努力与合作伙伴共同开发低能耗的乙醇生产过程。此过程涉及生淀粉水解，也称为冷水解。这一过程基本上消除了能源和设备密集型液化加工步骤。Genencor公司已开发了STARGEN真菌酶，包括α-淀粉酶和葡萄糖淀粉酶。它们能够在32℃水解生淀粉使糖化及发酵同时进行，由此产生了一个精简的乙醇生产过程。

Novozymes公司与Broin（布鲁安）公司合作开发了冷水解技术，它能有效地将淀粉转化为可发酵糖。除了显著地节约能源，生淀粉水解与乙醇生产的集成优势也很明显，包括乙醇产量的提高、废物排放量及副产物的减少以及支出的节省。由于低温酶的高活性和特异性可与发酵温度（28～35℃）兼容，故低温α-淀粉酶和葡萄糖淀粉酶是目前经济可行的中温真菌酶替代品。

目前虽然几乎所有的燃料乙醇都是由淀粉发酵生产的，但工业酶制剂公司还在寻求从低成本木质纤维生物质生产乙醇的廉价方法，包括农业废弃物、林业废弃物、能源作物和城市固体废物。在低温下与发酵兼容且水解纤维素的酶已申请了专利。低温纤维素酶、木聚糖酶和葡萄糖能实现木质纤维素转化，从而可促进可再生燃料的发展，满足全球日益增长的能源需求。

三、嗜酸微生物资源的应用

有关嗜酸放线菌的应用研究报道较少。1984 年 Bok 等曾用 pH4.0 的培养基分离农耕土壤中的嗜酸放线菌，从中获得了高产葡萄糖异构酶的链霉菌。另外，Williams 等还从分离到的中度嗜酸的高温放线菌属菌株中，找到了一些能产生具有热稳定性的蛋白酶、淀粉酶和酯酶的菌株。由于酸性环境是大多数真菌的栖息地，因此酸性环境中的嗜酸放线菌有可能成为发现新的抗真菌活性物质的资源。嗜酸菌（尤其是无机自养型细菌）在低品位矿生物沥滤回收贵重金属、原煤脱硫及环保等方面有巨大的应用价值。例如，嗜热嗜酸菌（硫化菌）既能脱除煤中无机硫也能脱除有机硫。此外，嗜酸硫杆菌还可以用来处理含硫废气及改良土壤。

四、嗜碱微生物资源的应用

嗜碱微生物的应用历史悠久。古代的中国和日本就已经利用碱性条件从靛青叶得到靛青还原，这个过程即是嗜碱微生物作用的结果。

嗜碱微生物作为一类新型微生物资源，近年来颇受人们的关注。最引人关注的是碱性细菌产生的碱稳定性胞内酶。碱性酶在洗涤剂工业领域独占鳌头。作为洗涤添加剂的蛋白酶，要求酶在碱性条件下保持稳定和高活性，并且其活性不受表面活性剂和助剂的影响。在环境保护方面，选用碱性菌处理碱性废液不仅经济、简便，而且可变废为宝。因此，嗜碱菌有望用于化工、纺织工业中碱性废液的处理。

目前有关嗜碱放线菌的应用研究主要集中在以下 3 个方面：碱性酶制剂、抗生素和酶抑制剂。

（一）碱性酶制剂

在嗜碱菌开发利用方面，日本、美国和欧盟走在世界前列。仅 Horikoshi 实验室到 1999 年 11 月为止，就已经从嗜碱细菌和嗜碱放线菌中分离和纯化了 35 种新酶，其中有些酶已经实现了产业化。包括嗜碱放线菌在内的嗜碱菌最重要的应用价值在于，它们能产生各种各样的碱性酶。自 1971 年 Horikoshi 等报道了嗜碱芽孢菌的胞内嗜碱丝氨酸蛋白酶之后，人们又陆续发现了许多嗜碱菌产生的酶。下面简要介绍由嗜碱放线菌产生的几种重要的碱性酶。

1）碱性蛋白酶：Tsuchiya 等从嗜碱高温放线菌 HS682 中分离到耐热的碱性蛋白酶，并在 *E. coli* 中克隆表达成功；Yum 等纯化了链霉菌 YSA-130 产生的胞外碱性丝氨酸蛋白酶（最适条件为 60℃、pH11.5），而另一丝氨酸蛋白酶是从角蛋白降解菌密旋链霉菌（*S. pactum*）DSM 40530 中纯化得到；达松维尔拟诺卡氏菌（*N. dassonvillei*）OPC-210 可以产生两种丝氨酸蛋白酶。碱性蛋白酶主要应用在去污剂工业中。去污剂用酶总量约占世界总酶生产量的 30%左右。碱性蛋白酶还用作高级皮料的脱毛剂等。

2）淀粉降解酶类：微球菌（*Micrococcus* sp.）的有些种如喜盐微球菌（*Micrococcus halobius*）OR-1 可产生胞外淀粉酶和热稳定的支链淀粉酶。

3）碱性纤维素酶：Park 等和 Damude 等从嗜碱链霉菌 KSM-9 中分离到碱性半纤

维素酶。Dasilva 等从嗜碱链霉菌菌株 S36-2 中分离到纤维素酶。嗜碱放线菌产生的纤维素酶可以作为洗涤添加剂。

4）木聚糖酶和几丁质酶：嗜碱放线菌高温紫色链霉菌产生的木聚糖酶在造纸工业上已开始应用，其对纸浆有漂白作用，且在 65℃稳定。葱绿拟诺卡氏菌 OPC-131 产生的几丁质酶有两类，即几丁质酶 A 和 B，它们的最适 pH 分别是 5.0 和 7.0。

（二）抗生素和酶抑制剂

嗜碱放线菌的另一个重要用途是它们能产生许多有药用价值的抗生素。自从嗜碱微生物发现以来，世界各国，尤其是日本许多制药公司一直努力用碱性培养基去分离产生新抗生素的嗜碱放线菌。例如，达松维尔拟诺卡氏菌 OPC-15 在碱性培养基和不同培养温度下产生两种吩嗪类抗生素Ⅰ和Ⅲ，而葱绿拟诺卡氏菌 OPC-553 可产生抗真菌抗生素卡拉真菌素。

1998 年 Bahn 等分离到一株可产生醛糖还原酶抑制剂 YUA001 的嗜碱棒状杆菌（*Corynebacterium* sp.）YUA25-1 菌株。

五、嗜盐微生物资源的应用

目前所发现的嗜或耐盐古菌、细菌和放线菌具有丰富的新陈代谢多样性，有巨大的生物技术潜能。

在嗜盐酶（halophilic enzyme）的研究方面，从高盐环境的嗜盐或耐盐菌中发现的极端酶具有在高盐条件下的稳定性和一些独特的分子特性。从 *Nesterenkonia halobia* 中分离到的嗜盐淀粉酶在没有 NaCl 或 KCl 的条件下就会丧失活性；从 *Acinetobacter* sp. 中分离到的 2 个嗜盐淀粉酶必须在一定盐浓度下（0.2～0.6mol/L NaCl 或 KCl）、pH7.0、温度 50～55°C 时才能表现最大的酶活。从 *Halobacillus karajensis* 中分离到的嗜盐淀粉酶也有类似的特性，最高酶活条件为 5%NaCl、pH7.5～8.5、温度为 50°C。从嗜盐菌分离到的嗜盐水解酶具有高盐条件下的稳定性和分散不同聚合体的特性。从嗜盐 *Bacillus* sp. No. 21-1 菌株中分离到的蛋白酶最高酶活条件为 5mol/L NaCl 和 0.75mol/L KCl。目前已经有大量的极端酶从嗜盐或耐盐菌中分离到的报道，如淀粉酶（amylase，269 株）、脂肪酶（lipase，207 株）、蛋白酶（protease，201 株）、核酸酶（DNase，118 株）和支链淀粉酶（pullulanase，97 株）。

在相容性小分子物质（compotible solutes）方面。由于要平衡胞内渗透压，嗜盐菌要大量积累相容性小分子物质，如多羟基化合物（polyol）、氨基酸、糖和甜菜碱（betaine）等，这些物质作为稳定剂已应用于高温、干燥和冻结等工业化生产过程中。

嗜盐菌还能产生大量的胞外多糖（exopolysaccharide）。*Halomonas eurihalina* 产生的胞外多糖具有在低 pH 条件下增加溶液黏度的作用；*Halomonas ventosae* 和 *Halomonas anticariensis* 产生的胞外多糖具有较好的乳化作用。

在类胡萝卜素研究方面，许多嗜盐古菌都能产生粉红色到红色的类胡萝卜素，它们作为食物色素已在食物、制药和动物食物中广泛应用。

在有毒物质的生物降解研究方面。人类在杀虫剂、除草剂、制药产品、造纸厂和石油化工等生产应用中带来的有毒物质往往具有不同浓度的盐，极大地限制了微生物对这些有毒物质的生物降解作用。嗜盐菌在这一领域表现出了其独特的优势。*Haloferax* sp. D1227 能降解含高盐的石油卤水中的芳香化合物；*Arhodomonas aquaeoli* 能在增氧条件下降解石油；Hayes 等发现类似 *Chromohalobacter marismortui* 的嗜盐菌可以降解有机磷。一些嗜盐菌由于可以在含盐、含高浓度重金属，如 Co、Ni、Cd 或 Cr 等的环境中生长，故已经被用作该类污染环境的指示菌。

在抗生素研究方面。由于过去几十年发现的可培养嗜盐放线菌资源有限，故未见从嗜盐放线菌中获得抗生素的报道。直到 2009 年，基于纯培养技术的发展，云南大学云南省微生物研究所放线菌研究团队分离到了大量的嗜盐产丝放线菌，并从一株嗜盐多孢放线菌 YIM 90600 中分离到了红霉素类似物 6,18-环氧 14 羟基红霉素内酯 B。

六、嗜压微生物资源的应用

压力可引起蛋白质变性，例如，大肠杆菌的蛋白质合成系统在 6.89×10^{7} Pa 下即会失活。耐高温和厌氧生长的嗜压菌有望用于油井下产气增压和降低原油黏度，借以提高采油率。

加强对高压生物反应器的研制、对耐压酶以及嗜压微生物基因调控和相关的蛋白质功能及压力调控的基因表达、压力对蛋白质结构和稳定性的影响、分子识别等方面的研究，有助于促进嗜压微生物资源的应用。

七、基因工程技术改良

利用基因工程技术将极端微生物特异功能基因片段转入一般微生物体内或将一般微生物特异基因片段导入极端微生物中，从而改造受体的生理功能，甚至创造新的物种。例如，利用大肠杆菌产生嗜盐性芽孢杆菌的胞外木聚糖。又如，将嗜碱菌的纤维素酶、淀粉酶、β-甘露聚糖酶等在中性细菌中加以克隆和表达。再如，Rawling 用遗传工程手段获得氧化亚铁硫杆菌抗砷菌株，用于金精矿的浸出可提高金属的回收率。再如，Feller 将一株耐冷菌（*Moraxella* sp.）的脂酶基因在嗜温型大肠杆菌中克隆并表达。总之，采用基因工程技术对极端微生物性状、功能进行有益的改良进而为人类服务是一条崭新的道路。

综上所述，极端微生物是一类古老而崭新的生命群体，它的进一步研究，为揭示极端生命形式的奥秘甚至对人类向外层空间的探索都有重大意义。

（李文均　唐蜀昆　娄　恺　郑留强）

主要参考文献

曹军卫，沈萍，李朝阳. 2004. 嗜极微生物. 武汉：武汉大学出版社

陈玉珍，俞越，施碧红. 2008. 耐热脂肪酶产生菌的筛选及其产酶条件和酶学特性的研究. 科技创新导报，(8)：122～122

池振明. 1999. 微生物生态学. 济南：山东大学出版社

大岛太郎. 1983. 好热性细菌. 北京：科学出版社

姜成林，徐丽华. 1997. 微生物资源学. 北京：科学出版社

姜成林，徐丽华. 1998. 放线菌研究. 昆明：云南大学出版社

姜成林，徐丽华. 2001. 微生物资源开发利用. 北京：中国轻工业出版社

李子东，臧立华，孟双. 2004. 极端微生物：一种新型的酶资源. 微生物学杂志，24 (5)：89～91

刘志恒. 2002. 现代微生物学. 北京：科学出版社

刘志恒，姜成林. 2004. 放线菌现代生物学与生物技术. 北京：科学出版社

刘秩汉，周培瑾. 1999. 嗜盐微生物. 微生物学通报，26：232

马延和. 1999. 嗜碱微生物. 微生物学通报，26：309

马延和. 1999. 新的生命形式——极端微生物. 微生物学通报，26：80

阮继生，刘志恒，梁丽糯等. 1990. 放线菌研究及应用. 北京：科学出版社

宋兆齐. 2008. 高温热泉环境放线菌门与泉古菌门免培养多样性研究. 云南大学硕士学位论文

唐兵，唐晓峰，彭珍荣. 2002. 嗜冷菌研究进展. 微生物学杂志，22 (1)：51～53

唐蜀昆，姜怡，职晓阳等. 2007. 嗜盐放线菌分离方法. 微生物学通报，34 (2)：390～392

徐丽华，姜成林. 1985. 云南高原湖泊水生放线菌的研究 VI. 耐碱小单孢菌的形态和细胞壁组成. 微生物学报，25：204～207

郑良玉. 1986. 柴达木盆地盐湖. 北京：科学出版社

郑良玉. 1992. 内蒙古盐湖. 北京：科学出版社

郑良玉. 1995. 新疆盐湖. 北京：科学出版社

Adams R, Bygraves J, Kogut M et al. 1987. The role of osmotic effects in haloadaptation of *Vibrio costicola*. J Gen Micorbiol, 133: 1861～1870

Aguilar A. 1989. European laboratories without walls on extremophiles. *In*: Da Costa M S, Duarte J C, Williams R A D. Microbiology of Extreme Environments and its Potential for Biotechnology. London: Elsevier. 1～5

Aguilar A. 1995. Exploring the last frontier of life: R&D initiatives of the European Union. World J Microbiol Biotechnol, 11: 7～8

Aguilar A. 1995. Special topic review: biotechnology of extremephilic microorganisms. World J Microbiol Biotechnol, 11: 131

Ahren D, Faedo M, Rajashekar B et al. 2004. Low genetic diversity among isolates of the nematode trapping fungus *Duddingtonia flagrans*: Evidence for recent worldwide dispersion from a single common ancestor. Mycol Res, 108: 1205～1214

Antranikian G. 1993. First Meeting on Biotechnology of Extremophiles. Hamburg: Technical University Hamburg-Harburg

Antranikian G. 1995. Biotechnology of extremophilies. *In*: Hoeveler A. Biotechnology (1992～1994). Progress Report Brusseis: European Commission

Antranikian G, Aguilar A, Leuschner C. 1996. Biotechnology of Extremophiles in the Framework of the Biotechnology Programme of the European Union. Brusseis: European Commission

Bahn Y S, Park J M, Bai D H et al. 1998. YUA001, a novel aldose reductase inhibitor isolated from alkalophilic *Corynebacterium* sp. YUA25, I. Taxonomy, fermentation, isolation and characterization. J Antibio, 51: 902～907

Berrin J G, Williamson G, Puigserver A et al. 2000. High-level production of recombinant fungal endo-beta-1, 4-xylanase in the methylotrophic yeast *Pichia pastoris*. Protein Expr Purif, 19 (1): 179～187

Bockle B, Galunsky B, Muller R. 1995. Characterization of a keratinolytic serine proteinase from *Streptomyces pactum* DSM 40530. Appl Environ Microbiol, 61: 3705～3710

Brock T D. 1986. Thermophilic Microorganisms and Life at High Temperature. New York: Springer Verlag

Bronnenmeier K, Kern A, Liebl W et al. 1995. Purification of *Thermotoga maritima* enzymes for the degradation of cellulosic materials. Appl Environ Microbiol, 61 (4): 1399～1407

Cross T. 1968. Thermophilic actinomycetes. J Appl Bacteriol，31：36～53

Dahlberg L，Holst O，Kristjansson J K. 1993. Thermostable xylanolytic enzymes from *Rhodothermus marinus* grown on xylan. Appl Microbio Biotechnol，40：63～68

Damude H G，Gilkes N R，Kilburn D G et al. 1993. Endoglucanase DasA from alkalophilic *Streptomyces* strain KSM-9 is a typical member of family B of β-1，4-glucanases. Gene，123：105～107

Darling C A，Siple P A. 1941. Bacteria of Antarctica. J Bacteriol，42：83

Dasilva R，Yim D K，Asquieri E R et al. 1993. Production of microbial alkaline cellulase and studies of their characteristics. Rev Microbiol，24：269～274

Day M J，Cibas C F，Fujimura K E et al. 2006. Monodictys arctica，a new hyphomycete from the roots of *Saxifraga oppositifolia* collected in the Canadian high Arctic. Mycotaxon，98：261～272

Edwards C. 1993. Reviews in biotechnology：isolation properties and potential applications of thermophilic actinomycetes. Appl Biochem Biotech. 42：161～179

Gibbs M D，Reeves R A，Bergquist P L. 1995. Cloning，sequencing，and expression of a xylanase gene from the extreme thermophile *Dictyoglomus thermophilum* Rt46B. 1 and activity of the enzyme on fiber-bound substrate. Appl Environ Microbiol，61 (12)：4403～4408

Glasby G P. 2006. Abiogenic origin of hydrocarbons：an historical overview. Resource Geology，56 (1)：83～96

Gocheva Y G，Krumova E T，Slokoska L S et al. 2006. Cell response of antarctic and temperate strains of *Penicillium* spp. to different growth temperature. Mycol Res，110：1347～1354

Grag A P，Mccarthy A J，Roberts J C. 1996. Biobleaching effect of *Streptomyces thermoviolaceus* xylanse preparations on birchwood kraft pulp. Enzyme Microbiol Technol，18：261～267

Grag A P，Roberts J C，Mccarthy A J. 2000. Bleach boosting effect of cellulose-free xylase of *Streptomyces thermoviolaceus* and its comparision with two commercial enzyme preparations on birchwood kraft pulp. Enzyme Microbiol Technol，22：594～598

Hagedorn C. 1976. Influences of soil acidity on *Streptomyces* populations inhabiting forest soils. Appl Environ Microbiol，32：368～375

Hernandez M，Rodriguez J，Soliveri J et al. 1994. Paper mill effluent decolorization by fifty *Streptomyces* strains. Appl Environ Microbiol，60：3909～3913

Horikoshi K. 1997. A new microbial world—extremophiles. Extremophiles，1：1

Horikoshi K. 1999. Alkaliphilies：some applications of their products for biotechnology. Microbiol Mol Biol Rev，63：735～750

Jiang C L，Xu L H，Yang Y R et al. 1993. A study on alkaliphilic actinomycetes in Yunnan. Actinomycetologica，7：58～64

Kim B，Sahin N，Minnikin D E et al. 1999. Classification of thermophilic *Streptomyces* including the description of *Streptomyces thermoalkalitolerans*. Int J Syst Bacteriol，49：7～17

Kim C H，Choi H I，Lee D S. 1993. Pullulanases of alkaline and broad pH range from a newly isolated alkalophilic *Bacillus* sp. S-1 and a *Micrococcus* sp. Y-1. J Ind Microbiol，12：48～57

Kimura T，Horikoshi K. 1990. Characterization of pullulan-hydrolyzing enzyme from an alkalopsychrotrophic *Micrococcus* sp. Appl Microbiol Biotech，34：52～56

Kohli U，Nigam P，Singh S et al. 2001. Thermostable，alkalophilic and cellulase free xylanase produced by *Thermoactinomyces thalophilus* subgroup. Enzyme Microbiol Technol，28：606～610

Kristjansson J K，Stetter K O. 1992. Thermophilic bacteria. *In*：Kristjansson J K. Thermophilic Bacteria. Boca Raton：CRC Press

Kroll R G. 1990. Alkalophiles. *In*：Edward C. Microbiology of Extreme Environments. New York：McGraw-Hill. 55～92

Krulwich T A，Ito M，Hicks D B et al. 1998. pH Homeostasis and ATP synthesis ：studies of two processes that necessitate inward proton translocation in extremely alkaliphilic *Bacillus* species. Extremophiles, 2: 217～222

Kurup V P, Hollick G E, Pagan E F. 1980. *Thermoactinomyces intermedius*, a new species of amylase negative thermophilic actinomycetes. Science-Ciencia, 7: 104～108

Kushner D J. 1978. Life in high salt and solute concentrations: halophilic bacteria. *In*: Kushner D J. Microbial Life in Extreme Environments. London: Academic Press, Ltd

Kushner D J. 1993. Growth and nutrition of halophilic bacteria. *In*: Vreeland R H, Hochstein L I. The Biology of Halophilic Bacteria. Boca Raton, Florida: CRC Press, Inc

Kushner D J, Kamekura M. 1988. Physiology of halophilic eubacteria. *In*: Rodriguez-Valera F. Halophilic Bacteria, vol. 1. Boca Raton: CRC Press

Lacey J, Cross T. 1989. Genus *Thermoactinomyces* Tsiklinsky 1899, 501AL. *In*: Williams S T, Sharpe M E, Holt J G. Bergey's Manual of Systematic Bacteriology. Vol. 4. Baltimore: Williams & Wilkins. 2574～2585

Loveland-Curtze J, Sheridan P P, Gutshall K et al. 1999. Biochemical and phylogenetic analyses of psychrophilic isolates belonging to the *Arthrobacter* subgroup and description of *Arthrobacter psychrolactophilus*, sp. nov. Arch Microbiol, 171: 355～363

Magnien E, Aguilar A, Wragg P et al. 1989. European laboratories without walls: a new tool for biotechnology R&D in the community. Biofutur, 84: 17～30

Maltseva O, Oriel P. 1997. Monitoring of an alkaline 2, 4, 6-trichlor-ophenol-degrading enrichment culture by DNA fingerprinting methods and isolation of the responsible organism, *Haloalkaliphilic Nocardioides* sp. Strain M6. Appl Environ Microbiol, 63: 4145～4149

Morita R Y. 1975. Psychrophilic bacteria. Bacteriol Rev, 39: 144～167

Nashimbene J, Caniglia G, Dalle V M et al. 2006. Lichen diversity and ecology in five EU habitats of interest of the Sexten Dolomiten National Park (S Tyrol-NE Italy). Crypt Mycol, 27: 185～193

Nioh I, Osada M, Yamamura T et al. 1995. Acidophilic and acid-tolerant actinomycetes in a acid tea field soil. J Gen Appl Microbiol, 41: 175～180

Nyyss A, Kerovuo J, Kaukinen P et al. 2000. Extreme halophiles synthesize betaine from glycine by methylation. J Bio Chem, 275 (29): 22196～22201

Onishi H, Sonoda K. 1979. Purification and some properties of an extracellular amylase from a moderate halophile, *Micrococcus halobius*. Appl Environ Microbiol, 38: 616～620

Park J S, Horinouchi S, Beppu T. 1991. Characterization of leader peptide of and endotype cellulase produced by an alkalophilic *Streptomyces* strain. Agric Biol Chem, 55: 1745～1750

Park Y H, Yim D G, Kim E et al. 1991. Classification of acidophilic, neutrotolerant and neutrophilic *streptomyces* by nucleotide sequencing of 5S ribosomal RNA. J Gen Microbiol, 137: 2265～2269

Ruisi S, Barreca D, Selbmann L et al. 2007. Fungi in Antarctica. Rev Environ Sci Biotechnol, 6: 127～141

Shinjro K, Takashi K. 1996. Preparation of pH 3, 0 agar plate enumeration of acid-tolerant and Al-resistant microorganism in acid soils. Soil Biol and Plant Nutrition V, 42: 165～173

Singh S M, Puja G, Bhat D J. 2006. Psychrophilic fungi from Schirmacher Oasis, East Antarctica. Curr Sci, 90: 1388～1392

Sonjak S, Frisvad J C, Gunde-Cimerman N. 2006. Penicillium mycobiota in Arctic subglacial ice. Microbial Ecol, 52: 207～216

Sunna A, Antranikian G. 1996. Growth and production of xylanolytic enzymes by the extreme thermophilic anaerobic bacterium *Thermotoga thermarum*. Appl Microbiol Biotechnol, 45: 671～676

Taber W A. 1960. Evidence for the existence of acid sensitive actinomycetes in soil. Can J Microbiol, 6: 503～509

Tsuchiya K, Ikeda I, Tsuchiya T et al. 1997. Cloning and expression of an intracellular alkaline protease gene from alkalophilic *Thermoactinomyces* sp. HS682. Biosci Biotechnol Biochem, 61: 298～303

Tsuchiya K, Nakamura Y, Sakashita H. 1992. Purification and characterization of a thermostable alkaline protease from alkalophilic *Thermoactinomyces* sp. HS682. Biosci Biotechnol Biochem，56：246～250

Tsuchiya K，Sakashita H，Nakamura Y et al. 1991. Production of thermostable alkaline protease by alkalophilic *Thermoactinomyces* sp. HS682. Agric Biol Chem，55：3125～3127

Tsuijibo H，Sato T，Inui M et al. 1998. Intracellular accumulation of phenazine antibiotics production by an alkalophilic actinomycete. Agric Biol chem，52：301～306

Tsuijibo H，Yoshida Y，Miyamoto K et al. 1992. Purification and properties of two types of chitinases produced by an alkalophilic actinomycete. Biosci Biotechnol Biochem，56：1304，1305

Tsujibo H，Miyamoto K，Hasagawa T et al. 1990. Purification and characterization of two types of alkaline serine protease produced by an alkalophilic actinomycete. J Appl Bacteriol，69：520～529

Vasil'eva L V，Savel'eva N D，Omel'chenko M V et al. 1998. *Arthrobacter crygenae* sp. nov. and *Acidovorax sychrofacillis* sp. nov.，psychrophilic hydrogen bacteria from tundra soil. Microbiology，64：195～200

Vreeland R H. 1987. Mechanisms of halotolerance in microorganisms. Crit Rev Microbiol，14：311～356

Walsh D J，Bergquist P L. 1997. Expression and secretion of a thermostable bacterial xylanase in *Kluyveromyces lactis*. Appl Environ Microbiol，63：3297～3300

Walsh D J，Gibbs M D，Bergquist P L. 1998. Expression and secretion of a xylanase from the extreme thermophile *Thermotoga* strain FjSS3B. 1 in *Kluyveromyces lactis*. Extremophiles，2：9～14

Weber B，Scherr C，Reichenbacher H. 2007. Fast reactivation by high air humidity and photosynthetic performance of alpine lichens growing endolithically in limestone. Arc Antarc Alp Res，39：309～317

Williams S T，Davies F L，Mayfield C I et al. 1997. Studies on the ecology of actinomyces in soils. II. The pH-equirenments of *streptomyces* from two acid soils. Soil Biology and Biochemistry，V. 3：187～199

Yallop C A，Edwards C，Williams S T. 1997. Isolation and growth physiology of novel *Thermoactinomyces*. J Appl Microbiol，83：685～692

Yoon J H，Park Y H. 2000. Phylogenetic analysis of the genus *Thermoactinomyces* based on 16S rDNA sequences. Int J Syst Evol Microbiol，50：1081～1086

Yum D Y，Chung H C，Bai D H et al. 1994. Purification and characterization of alkaline serine protease from an alkalophilic *Streptomyces* sp. Biosci Biotechnol Biochem，58：470～474

第五章　固氮放线菌资源

第一节　固氮菌 Frankiae 在自然界中的作用

放线菌弗兰克氏菌（*Frankia*）是能够诱导大范围的放线菌根植物（actinorhizal plant）产生根瘤的丝状放线菌；放线菌根植物是受 *Frankia* 侵染后能够形成根瘤的植物。固氮菌 Frankiae 能够将大气中的氮气转化为可以被植物吸收利用的氨，这个过程就是生物固氮（biological nitrogen fixation，BNF)。氮元素是生物体合成蛋白质、核酸和其他细胞成分的重要元素，是生物生长和生物量的限制性因素。生物固氮是微生物把大气中丰富的氮气资源转化为有机氨的过程，它不仅满足自身需要，同时也是自然界中最为有效的氮转化形式，在地球氮循环中起着非常重要的作用。

除了闪电形成的少量的氨和哈伯·博施（Haber Bosch）法人工合成氮肥外，生物能够利用的氨绝大部分是生物固氮作用形成的。生物固氮形成的氨是非生物固氮的两倍（表 5-1)。

表 5-1　生物固氮和非生物固氮的比较

固氮类型	固氮能力/(10^{12}g/a)	固氮类型	固氮能力/(10^{12}g/a)
非生物固氮：		生物固氮：	
工业合成	≈50	农田	≈90
燃烧	≈20	森林和其他非农地	≈50
闪电	≈10	海洋	≈35
总计	80	总计	175

资料来源：Bezdicek 和 Kennedy（1998)。

目前所知，有两类亲缘关系差异很大的细菌能在被子植物上形成固氮根瘤。一类是革兰氏阴性细菌变形菌门的几个不同科能形成固氮根瘤；另一类是高(G+C)mol%的革兰氏阳性细菌中放线菌目的一个科，即弗兰克氏菌科（Frankiaceae）能形成根瘤。结瘤的变形菌门细菌有共生基因（结瘤基因）能够在 α-变形菌中和部分 β-变形菌中横向转移，而所有的 Frankiae 菌株关系紧密，没有发现结瘤能力散布到相近的放线菌中。变形菌门的固氮细菌能与豆科植物、榆科的糙叶山麻黄（*Parasponia* sp.）形成共生固氮体系，弗兰克氏菌可以与 8 个科的放线菌根植物形成共生固氮体系。此外，自然界的苏铁和蓝藻也能形成共生固氮体系。这些固氮菌与宿主的共生体系在氮循环中发挥中心作用（图 5-1)。

固氮放线菌 Frankiae 能使 8 个科 25 个属的双子叶植物结瘤，形成共生关系（表 5-2)，这个共生体主要作用是固氮。据 Dixon 和 Wheeler 估计，陆地生物固氮的 25%是 Frankiae 菌共生固氮贡献的。林木的结瘤量能直观地反映林木的固氮能力。据作者调

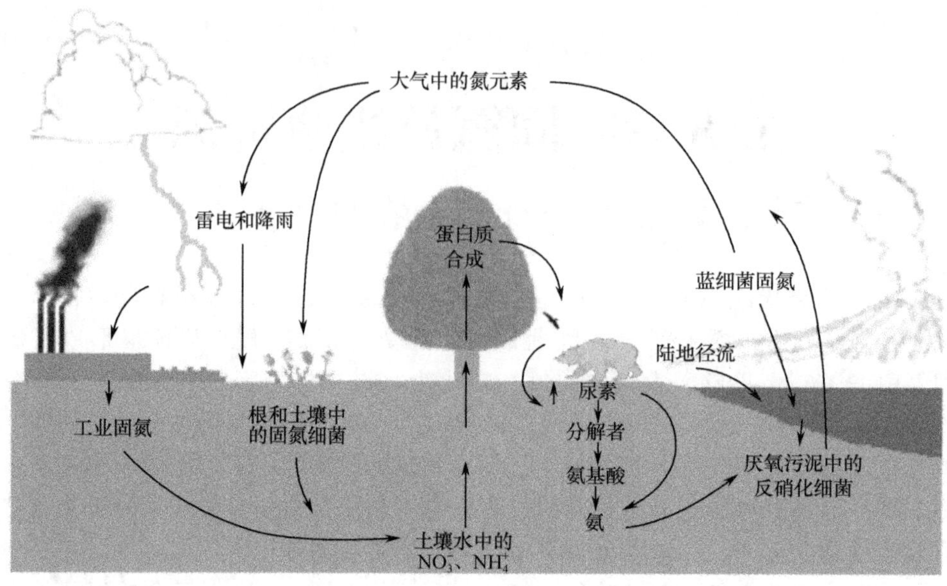

图 5-1 氮循环示意图（引自 Vitousek et al.，1997）

查，尼泊尔桤木（*Alnus nepalensis*）是云南造林的先锋树种，常被用于改善造林地的氮素供应。林间调查表明，尼泊尔桤木能形成根瘤束，每个根瘤的直径为 6～7cm，根瘤束有时形成网球大小（图 5-2）。资料表明，每公顷的根瘤干重可以达到 444kg。潘燕等对退耕还林地台湾桤木（*Alnus formosana*）的结瘤研究结果显示，根瘤直径为 2～30mm，根瘤生物量变化范围为 2.59～132.14g/株。

表 5-2 放线菌根植物和结瘤属种频率

亚纲	科	能接瘤的属/总属数	属名	接瘤种数/已知接瘤种数
金缕梅亚纲 Hamamelidae	桦木科 Betulaceae	1/6	桤木属 *Alnus*	47/47
	木麻黄科 Casuarinaceae	4/4	异木麻黄属 *Allocasuarina*	52/57
			木麻黄属 *Casuarina*	18/18
			隐孔木麻黄属 *Ceuthostoma*	2/2
			裸孔木麻黄属 *Gymnostoma*	18/18
	杨梅科 Myricaceae	2/3	香蕨木属 *Comptonia*	1/1
			杨梅属 *Myrica*	28/60
蔷薇亚纲 Rosidae	胡颓子科 Elaeagnaceae	3/3	胡颓子属 *Elaeagnus*	35/45
			沙棘属 *Hippophae*	2/3
			水牛果属 *Shepherdia*	2/3

续表

亚纲	科	能接瘤的属/总属数	属名	接瘤种数/已知接瘤种数
	鼠李科 Rhamnaceae	8/55	刺灌属 *Adolphia* *	1/1
			美洲茶属 *Ceanothus*	31/55
			蜡质果属 *Colletia*	4/17
			圆番木瓜属 *Discaria*	5/10
			Kentrothamnus	2/2
			Retanilla	2/3
			Talguenea	1/1
			Trevoa	2/6
	蔷薇科 Rosaceae	5/100	针果树属 *Cercocarpus*	4/20
			蕨叶属 *Chamaebatia*	1/2
			岩崖玫瑰属 *Cowania*	1/25
			仙女木属 *Dryas*	1/3
			珀雪属 *Purshia*	2/4
木兰亚纲 Magnoliidae	马桑科 Coriariaceae	1/1	马桑属 *Coriaria*	16/16
五桠果亚纲 Dilleniidae	五桠果科 Datiscaceae	1/3	野麻属 *Datisca*	2/2

* 为智利特有属于鼠李科植物属，根据英文俗名翻译。

资料来源：Dawson（2008）。

图 5-2　尼泊尔桤木形成的根瘤

Frankiae 菌与放线菌根植物共生的固氮效率差距非常大。田间测试数据表明，桤木（*Alnus sp.*）固氮量约为 314kg/(hm^2 · a)，可以增加土壤氮含量高达 61.5～157kg/(hm^2 · a)；而木麻黄（*Casuarina* sp.）可以向土壤释放 60kg/(hm^2 · a) 的氮；颤毛美洲茶（*Ceanothus velutinus*）固氮量为 24～101kg/(hm^2 · a)；生长在夏威夷的维奥杨梅（*Myrica faya*）固氮量为 18kg/(hm^2 · a)。桤木的固氮能力与苜蓿相当，但高于大豆的固氮量［98kg/(hm^2 · a)］和豌豆的固氮量［74kg/(hm^2 · a)］。而非共生土壤原核生物 1kg/(hm^2 · a) 的固氮能力，相比之下比与木本植物共生的 Frankiae 菌固氮能力要低得多。联合固氮作用提供针叶树根区 50kg/(hm^2 · a) 的氮，而共生固氮的 Frankiae 菌固氮能力也很高。Frankiae 菌固氮提高了土壤氮元素的供应，但这只是地球氮循环的一部分，土壤中微生物的硝化作用和反硝化作用也在氮循环中发挥着重要作用。但对 Frankiae 菌固氮利用和管理不善很可能导致产生温室气体 N_2O。国家对此高度重视，科技部设立了温室气体减排支撑课题（国家科技支撑计划“亚热带森林区营林固碳技术研究与示范”），其中之一就是要建立评价不同类型的农田和森林生态系统的固氮和 N_2O 排放模型，并且在这些生态系统中找到固氮和 N_2O 排放的最佳管理措施。

从 1995 年开始，科学家已将与细菌形成固氮根瘤的植物限制在被子植物的单个世系中——公认的“固氮进化分支”（N_2-fixing clade）。在Ⅰ类真蔷薇分支（Eurosids Ⅰ）中有 10 个科成员能结瘤。在这 10 个科中有两个科的成员与结瘤变形菌相关，其他 8 个科成员与 Frankiae 菌形成放线菌共生体（图 5-3）。

与固氮放线菌 Frankiae 结瘤共生的放线菌根植物广泛分布于陆地生态系统中。森林、沼泽、湿地、海岸沙丘、滑坡、冰川渍地、河岸区、灌丛、大草原和荒漠是贫瘠土壤和干扰地区再生的很好甚至具有侵略性的“殖民者”。在云南，尼泊尔桤木常常是贫瘠荒地造林的先锋树种；马桑（*Coriaria nepalensis*）可以生长在贫瘠的滑坡、侵蚀陡坡和采矿地。据 Dawson 研究，从温暖气候地区到更寒冷气候的地区，放线菌根植物呈增加的趋势，这似乎填补了热带地区生长木本豆科植物的生态位。

放线菌根植物都是木本多年生植物，除野麻属外都是乔木和灌木。放线菌根植物固定的氮通过落叶、枯枝和细小根的分解进入养分循环，但相对于农田系统来说，该过程要缓慢得多。Frankiae 菌与放线菌根植物共生的固氮对于野生生态系统和森林生态系统的贡献不可估量。

Frankiae 菌与放线菌根植物形成共生关系除为植物生长提供氮元素外，同时也是一些植物健康和幸存的重要因素。Frankiae 菌可形成一定的根部激素，为控制病原菌和线虫、促进植物根系的扩展、水分保持、矿质元素的吸收、资源共享等方面发挥着重要的作用。

研究表明 *Frankia* sp. 菌株 Avc I1 可以产生植物生长必需的吲哚-3-乙酸（IAA）；在特定的培养基上 *Frankia* sp. HFPArI3 菌株可以产生细胞分裂素；*Frankia* sp. CgI4 既可以产生生长激素又可以产生细胞分裂素。

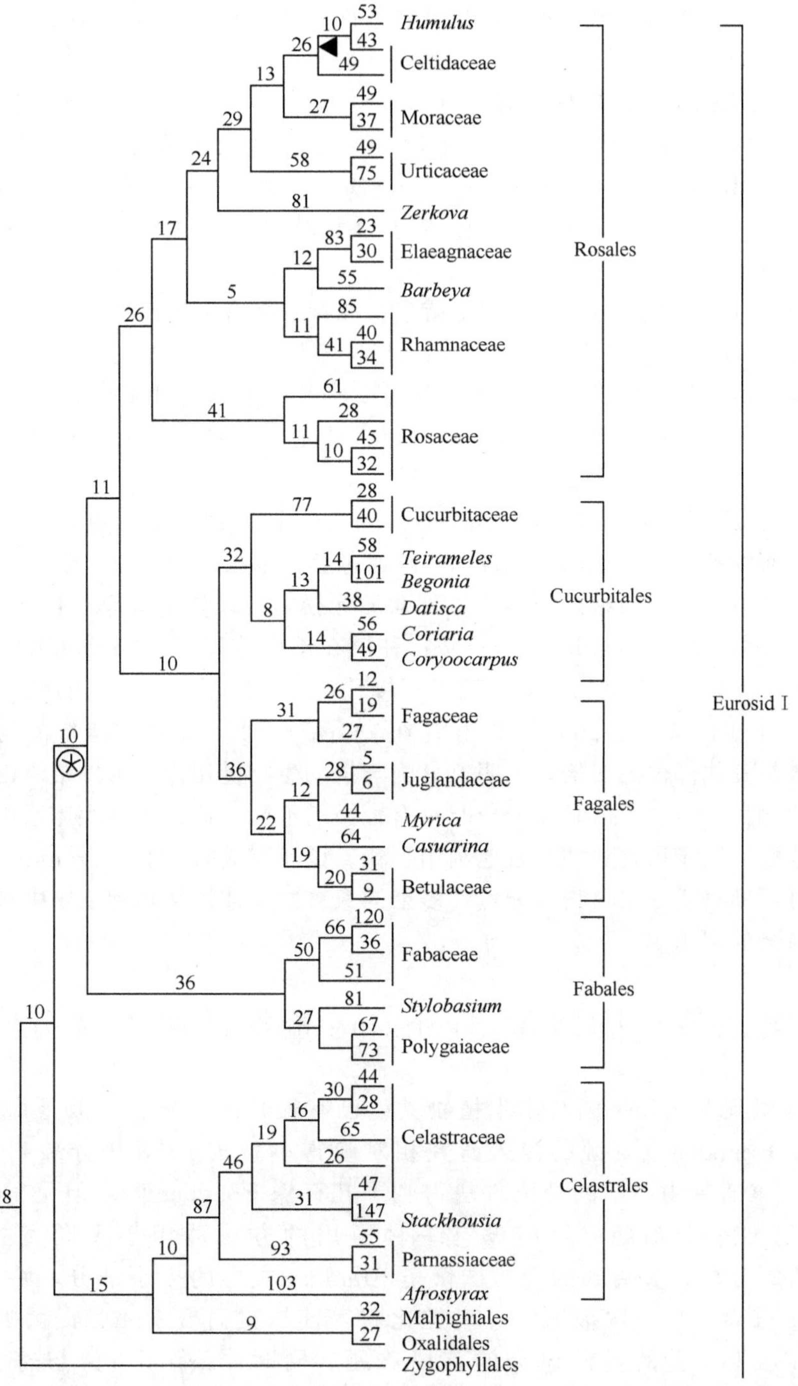

图 5-3 根据一套三个基因数据（18S rDNA，*rbc*L，*atp*B）用最大简约法构建的被子植物系统发育树（Soltis et al. 2000）

⊛显示固氮分支位置

早在 1989 年，A. D. L. Akkermans 等就发表了一篇关于放线菌与植物根部病原菌关系的论文。文中提出，*Frankia* 菌在厌氧条件下可能产生抗病原细菌和真菌的物质，只是限于当时的条件，并没有弄清这些是什么物质以及它们的生态角色。S. Gopinathan 用 Frankiae 菌细胞悬浮液接种木麻黄（*Casuarina equisetifolia*）种子，发现接种过的种子可以有效抵抗立枯丝核菌（*Rhizoctonia solani*）造成的根腐。J. P. Haansuu 从 *Frankia* sp. AiPs1 菌株中分离提纯了一种物质——弗兰克氏菌素［frankiamide，demethyl（C-11）cezomycin］。弗兰克氏菌素对 14 种革兰氏阳性测试菌和 6 种病原真菌有抗菌活性。

欧洲桤木（*Alnus glutinosa*）实生苗生长在预先接有丛枝菌根真菌玫瑰红巨孢囊霉（*Gigaspora rosea*）的花盆中，然后用 Frankiae 菌株接种，立即或者间隔一定时间再移栽到含玫瑰红巨孢囊霉的土壤中。结果发现玫瑰红巨孢囊霉和 Frankiae 菌都可以显著地增加根毛的数量。这说明 Frankiae 菌可以扩展植物根系，有利于植物对水分和营养的吸收。

A. Ekblad 发现灰赤杨（*Alnus incana*）与 Frankiae 菌共生固氮，增加了土壤中的氮素供应，而欧洲赤松（*Pinus sylvestris*）通过丛枝菌根真菌吸收土壤中的氮素。灰赤杨通过共生固氮和共生菌根系统转移氮到欧洲赤松，实现资源共享。J. H. Markham 将山地赤杨（*Alnus viridis* subsp. *crispa*）种植在不同浓度(0～2mmol/L) NH_4^+ 态氮和 NO_3^- 态氮的土壤中，接种 Frankiae 菌或不接种，结果发现没有根瘤的植物生物量减少了 25%；除了在含氮量为 2mmol/L 土壤中的样品外，其余的实验组样品均显示出分配在根上的氮是其他部位的 2 倍，说明氮分配与植物生物量相关。虽然结瘤植物的生物量随氮浓度的增加而增加，但是氮的分配只有轻微的不同，这说明共生体系更加有效地实现了氮的分配，结瘤植物更加有效地利用了氮。该研究成果表明，Frankiae 菌不但能固氮，而且可帮助放线菌根植物分配氮，多余的氮被共生体系转移到土壤中被其他生物利用，以提高氮的利用率。

第二节　固氮菌 Frankiae 资源的种类及分布

人们认识到 Frankiae 菌与木本植物共生已有很长的历史了，但是由于没有分离到纯菌株，Frankiae 菌资源的深入研究相对晚得多。从 1978 年分离到第一个纯菌株后，科学家随后用不同的分离方法得到了几百株 Frankiae 菌，但是 Frankiae 菌的分离至今仍然是个难题。目前没有一种通用的方法适用于不同寄主和土壤中 Frankiae 菌的分离。分离到的纯菌株仅是 Frankiae 类群的极小部分，特别是土壤中的 Frankiae 分离仅见一次报道。分离纯化获得菌株是研究 Frankiae 菌的先决条件，这是目前 Frankiae 菌的资源研究的首要难题。同时，Frankiae 菌与寄主植物共进化，建立了极为复杂的共生关系，所以研究 Frankiae 菌的资源必须建立在它们与寄主植物共生关系的基础上。一些 Frankiae 菌类群与某些寄主植物建立了紧密的共生关系，表现为寄主的偏好性；有一些 Frankiae 菌类群与寄主植物长期共进化过程中，共生关系淡化，表现为能与多种寄主植物类群共生的特性；有的 Frankiae 菌类群（atypical isolate）失去了与寄主植物的共生关系的核心，即失去了固氮能力，结瘤能力也被寄主植物限制。近来的研究表明，在同一个根瘤中可能存在多个类群的Frankiae菌，这使本来极为困难的Frankiae菌资源研究变得更为错综复杂。显然，要阐明Frankiae菌资源类群不能仅依靠传统分类和分子的方法，更要结合它们与寄主植物的共生关系。

Frankiae菌的属名*Frankia*是Brunchorst为纪念瑞典微生物学家A. B. Frank（1839～1900年）而提出的。1970年，Becking确定该属名，并且根据寄主类型建立了6个新种。但是交叉接种的结果表明，一种菌株可与多种寄主植物结瘤固氮。基于寄主的命名可能造成误导，所以除了*F. alni*外，Frankiae菌的其他种和亚种的命名在文献中未被普遍采用。目前一些Frankiae菌的纯培养菌株和根瘤内的Frankiae菌通过多相分类取得了大量的成果，Frankiae菌在种水平上的命名已经成熟，但是还没有人来完成修订、再次确认、补遗等工作，所以该属只有*F. alni*一个公认的种名。

在Frankiae菌资源的实际应用中，Frankiae菌株的命名仍然采用首字母缩写法。首字母缩写法是Lechevalier在1983年提出的，即Frankiae菌株名称就是菌株寄主植物属名和种名的第一个字母加上菌株的编号。例如，第一个被分离到的菌株*F. alni* CpI1的名字中的Cp就是该菌株的寄主植物香蕨木（*Comptonia peregrina*）属名和种名的第一个字母，I1代表第一个分离物（Isolate No. 1）。该方法也可能造成误导，例如，PtI1分离自北美三齿苦树（*Purshia tridentate*），但是它不能再次侵染珀雪属植物；从寄主植物木麻黄属分离到的CcI2、R43、CeI5不能再与原来的植物结瘤，却与胡颓子科和杨梅科植物结瘤。在目前没有更好的方法的情况下，首字母缩写法仍然被广泛的接受。

1983年，还提出了一种编目系统，但是该系统在文献中出现很少，仅用于某些菌株保存机构，如ARS-NRRL（http://nrrl.ncaur.usda.gov）。

根据《伯杰氏系统细菌学手册》（2001，第二版 http://www.cme.msu.edu/Bergeys/taxonomyinfo.html）的分类大纲，Frankiae菌的分类地位如下。

门 BXIV	Actinobacteria 放线菌门
纲 I	Actinobacteria 放线菌纲
亚纲 V	Actinobacteridae 放线菌亚纲
亚目 XIII	Frankineae 弗兰克氏菌亚目
科 I	Frankiaceae 弗兰克氏菌科
属	*Frankia* 弗兰克氏菌属

Frankiae菌产生三种细胞形态：菌丝体、泡囊（vesicle）和孢子。三种细胞形态可以在一些共生体里同时出现。菌丝体0.5～1.5mm宽，细胞壁似乎双层，在基层产生横隔（图5-4）。

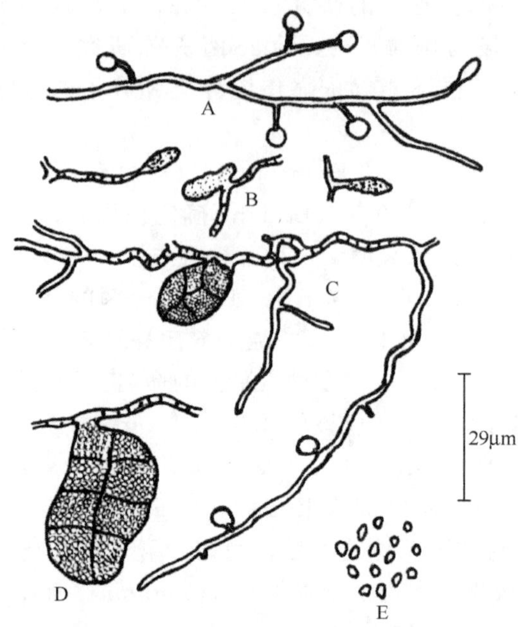

Abb. 1. Der Wurzelknöllchen-Endophyt von *Alnus glutinosa* auf Glukose-Asparagin-Agar. Erläuterungen im Text.

Ernst-Heinrich Pommer (1959)

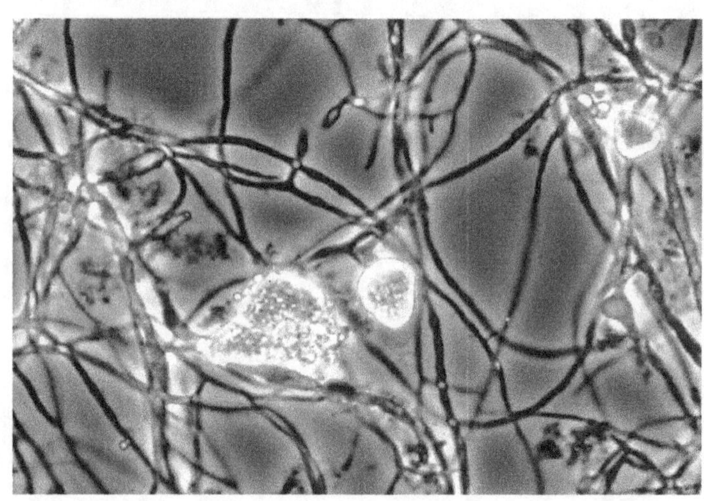

图 5-4 Frankiae 菌株细胞形态（引自 *Frankia* and Actinorhizal plant Website：http：//web. uconn. edu/mcbstaff/benson/Frankia/FrankiaHome. htm）

上图为 Ernst-Heinrich Pommer 在 1959 报道的第一株 *Frankia* 分离菌株（该菌株后来在一场大火中丢失，未得到承认）；下图为康涅狄格大学的 Benson 拍摄的 CpI1 菌株的孢子和菌丝体

培养的 Frankiae 菌株都产生多隔孢子囊。孢子囊产生在菌丝体末端或中间。孢子囊中含有不动孢子。孢子形态从不规则形到椭圆形或卵形，大小为 1～5μm（图 5-5）。Frankiae 菌在一些放线菌根植物的根瘤内形成孢子囊和孢子，但是根瘤内产孢的 Frankiae 菌的 spore（＋）仍然未能得到纯培养菌株，所以目前得到的 Frankiae 菌都是

根瘤内不产孢类型 spore（—）。

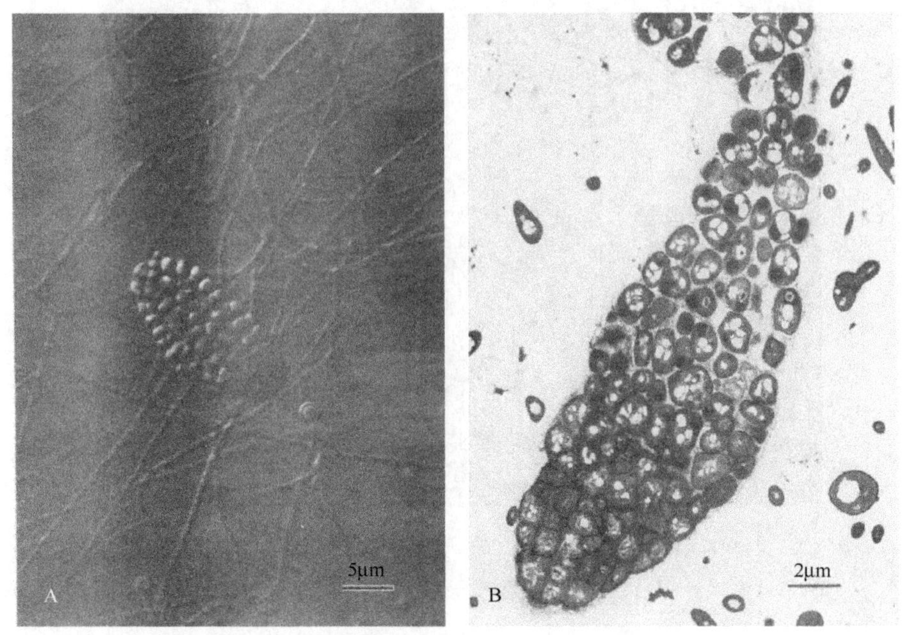

图 5-5 Frankia CcI3 菌株（引自 Benson and Silvester，1993）

A. 分离自滨海沙地木麻黄（*C. equisetifolia*）菌株的多隔孢子囊；B. 成熟的孢子在顶部，未成熟的孢子在底部

目前报道的 Frankiae 菌株在 N-缺乏的培养基上产生所谓的“泡囊”。在有固定氮的情况下有时也形成泡囊，但是没有活性。在共生体内也发现泡囊。泡囊被包在脂类荚膜内，形成粗糙的椭圆细胞结构，直径 2～6μm，它们通过被包裹的泡囊柄连接在菌丝体上（图 5-6）。泡囊中含有固氮酶和固氮相关的辅助酶。研究表明根瘤中分离得到的不能固氮的非典型 Frankiae 菌株能产生菌丝体和孢囊，但是不能产生泡囊（图 5-7）。

Frankiae 菌细胞化学特性为细胞壁 III 型，磷脂属于 PI 类型，含 2-*O*-甲基-D-甘露糖特征糖，（G+C）mol%含量为（66～75）mol%。该菌最典型的生理特征是固氮和与一定的寄主植物形成根瘤。

近年来，分子手段被广泛用于 Frankiae 菌的资源分析，这消除了传统方法必须得到 Frankiae 菌纯培养的限制。全质粒、*nif* 基因、基因间隔区 IGS、*gln* 谷氨酸合成酶基因、*recA* 基因、rRNA 基因等方法不仅被用于研究 Frankiae 菌的纯培养，而且也成功地用于研究未培养的 Frankiae 菌。这些方法的应用不但揭示了 Frankiae 菌的遗传信息和分布，而且更新和扩展了植物内生菌生物学特性的知识。与此同时，不同分辨力的技术也被广泛用于揭示 Frankiae 菌的表型特征。这些技术包括化学分类技术、基于底物利用的 API 或 BIOLOG 筛选、细胞壁结构分析、脂肪酸甲酯分析（FAME）、多位点酶和同工酶电泳（MLEE，IEE）揭示全细胞蛋白特性技术、血清学和噬菌体分型技术等，它们均是用于 Frankiae 菌的资源研究的手段和技术（图 5-8）。

由于核糖体 RNA 序列的普遍性和遗传稳定性，rRNA 序列被广泛应用于细菌进化

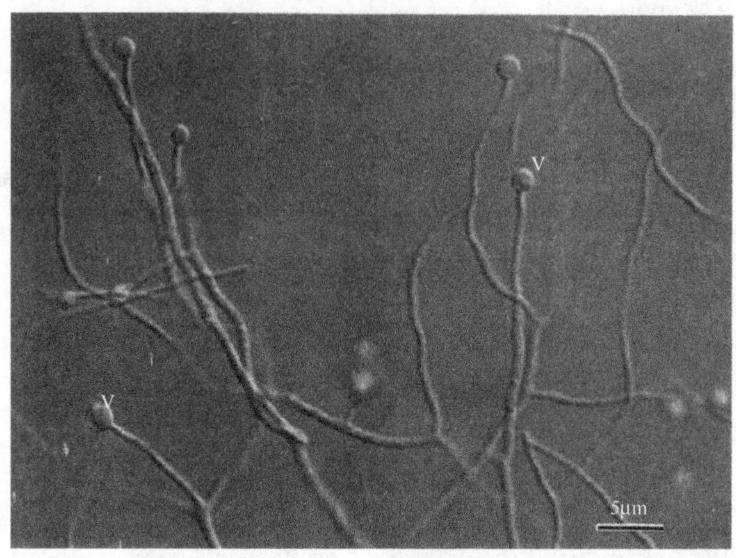

图 5-6　Frankia CcI3 菌株在固氮过程中形成泡囊，泡囊形成在菌丝体顶部
（引自 Benson and Silvester，1993）

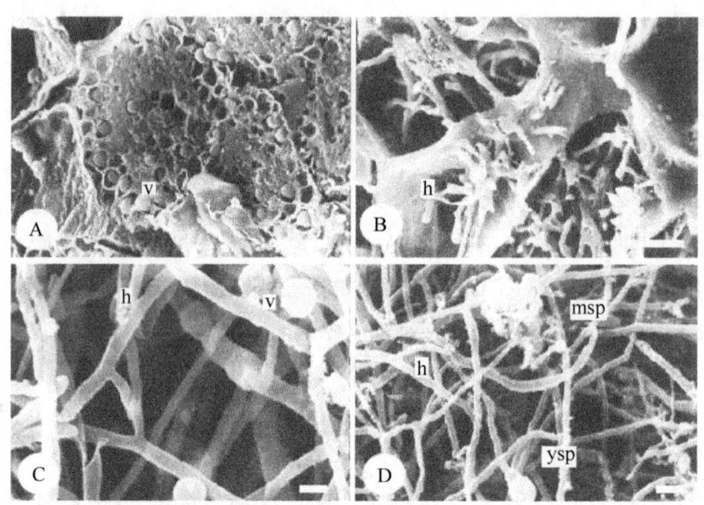

图 5-7　典型 Frankiae 菌株 Ag45/Mut15 和非典型 Frankia 菌株 AgB1．9 电镜照片
（引自 Hahn et al.，1988）

A. 典型 Frankiae 菌株在植物细胞内形成泡囊束；B. 非典型 Frankiae 菌株不形成泡囊，只有菌丝体；C. 典型 Frankiae 菌株在纯培养条件下不形成孢子囊；D. 非典型 Frankiae 菌株形成孢子囊，但没有泡囊。V. 泡囊；h. 菌丝体；ysp. 孢子囊；msp. 孢囊孢子

关系的分析中。在 rRNA 一级结构信息大分子数据库中，数据库最翔实的是 16S rRNA 数据库。基于 16S rRNA 数据对 Frankiae 菌研究的成果被普遍接受。1997 年，Stackebrandt 等基于 16S rRNA 基因序列的数据提出了新的分类系统。*Frankia* 属为 Frankiaceae 科唯一的一个属。Frankiaceae 科被置于 Frankineae 亚目，成为放线菌目（Acti-

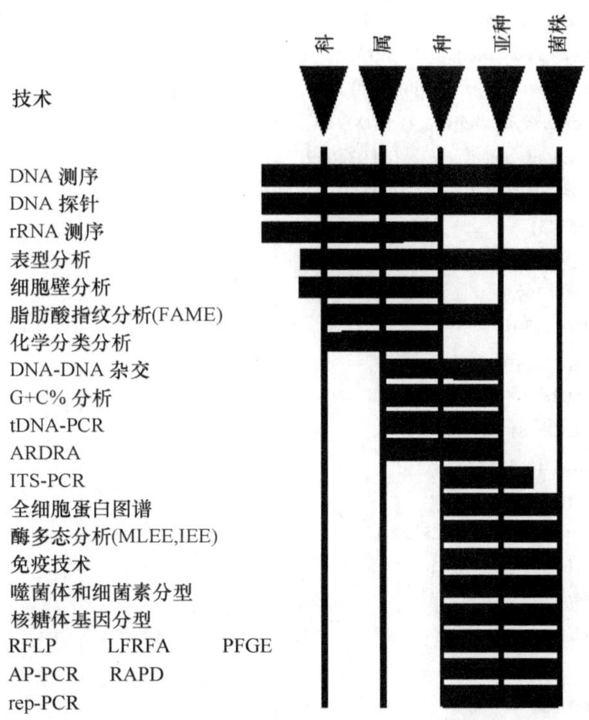

图 5-8　目前用于 Frankiae 菌的表型特征和菌遗传特征的技术和手段
（引自 Vandamme et al.，1996）

tDNA-PCR. tRNA 基因间长度多态性-多菌酶链反应；ARDRA. 核糖体 DNA 扩增片段限制性内切核酸酶分析；RFLP. 限制性片段长度多态性；LFRFA（low-frequency restriction fragment analysis）. 低频率限制片段分析；PFGE. 脉冲场凝胶电泳；AP-PCR（arbitrarily primed PCR）. 随机引物 PCR；RAPD. 随机扩增多态分析；rep-PCR. 基因组重复序列

nomycetales）10 个亚目中的成员之一。Frankineae 亚目有弗兰克氏菌科、热酸菌科（Acidothermaceae）、嗜地皮菌科（Geodermatophilaceae），中村氏菌科（Nakamurellaceae）和鱼孢菌科（Sporichthyaceae）。目前嗜地皮菌科内有 3 个属：嗜地皮菌属（*Geodermatophilus*）、芽球菌属（*Blastococcus*）和贫养杆菌属（*Modestobacter*）；其余各科现都只有一个属，它们分别是中村氏菌属（*Nakamurella*）、热酸菌属（*Acidothermus*）、鱼孢菌属（*Sporichthya*）和弗兰克氏菌属（*Frankia*）（图 5-9）。

基于 17 条近全长的 16S rRNA 基因序列的分析，1996 年 Normand 等提出 *Frankia* 属的基本构架：Frankiae 菌之间的差异与特定寄主侵染相关。*Frankia* 属由 4 组构成。这个基本构架被纯培养菌株的 DNA-DNA 相关性研究所证实，得到了学术界的公认（图 5-10）。这 4 个组是：侵染桤木属（*Alnus*）和木麻黄属植物的典型固氮的 Frankiae 菌；不能培养的侵染仙女木属（*Dryas*）、马桑属（*Coriaria*）和野麻属（*Datisca*）植物的 Frankiae 菌；侵染胡颓子属（*Elaeagnus*）植物的Frankiae菌；非典型不固氮的Frankiae菌。Normand 等的研究结果引起对 *F. alni* 的修订，同时揭示出 Frankiae 菌存在丰富的多样性。对于 Frankiae 菌，利用 16S rRNA 基因序列进行分析对于该资源属

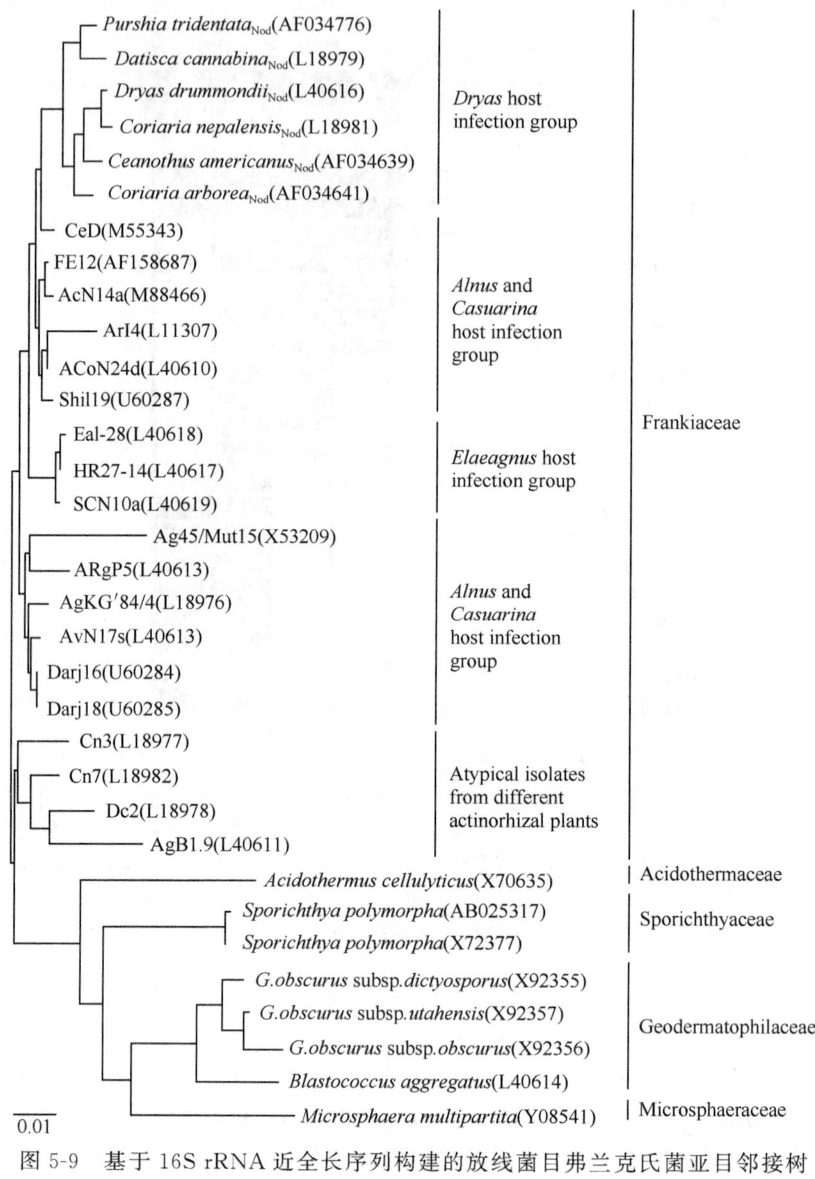

图 5-9 基于 16S rRNA 近全长序列构建的放线菌目弗兰克氏菌亚目邻接树
（引自 Hahn，2008）

级水平的区分以及研究其进化关系是最佳的选择，但是对于进一步分析属内差异其价值有一定的局限性。

相对于 16S rRNA 而言，23S rRNA 通常在碱基组成和长度上表现出更大的变异。革兰氏阳性高 G+C 含量的细菌在 23S rRNA 的 III 结构域中有一特异的插入片段，而不同属的细菌在这一 DNA 片段序列上显示出极大的变异。这一差异同样出现在 Frankiae 菌上。基于 23S rRNA 的 III 结构域的基因序列构建邻接树显示出该区域在 *Frankia* 属内的巨大差异，同时基于 23S rRNA 的 III 结构域基因序列分析的结果证实了 Normand 等基于 16S rRNA 基因序列分析的结果（图 5-11）。23S rRNA 的 III 结构

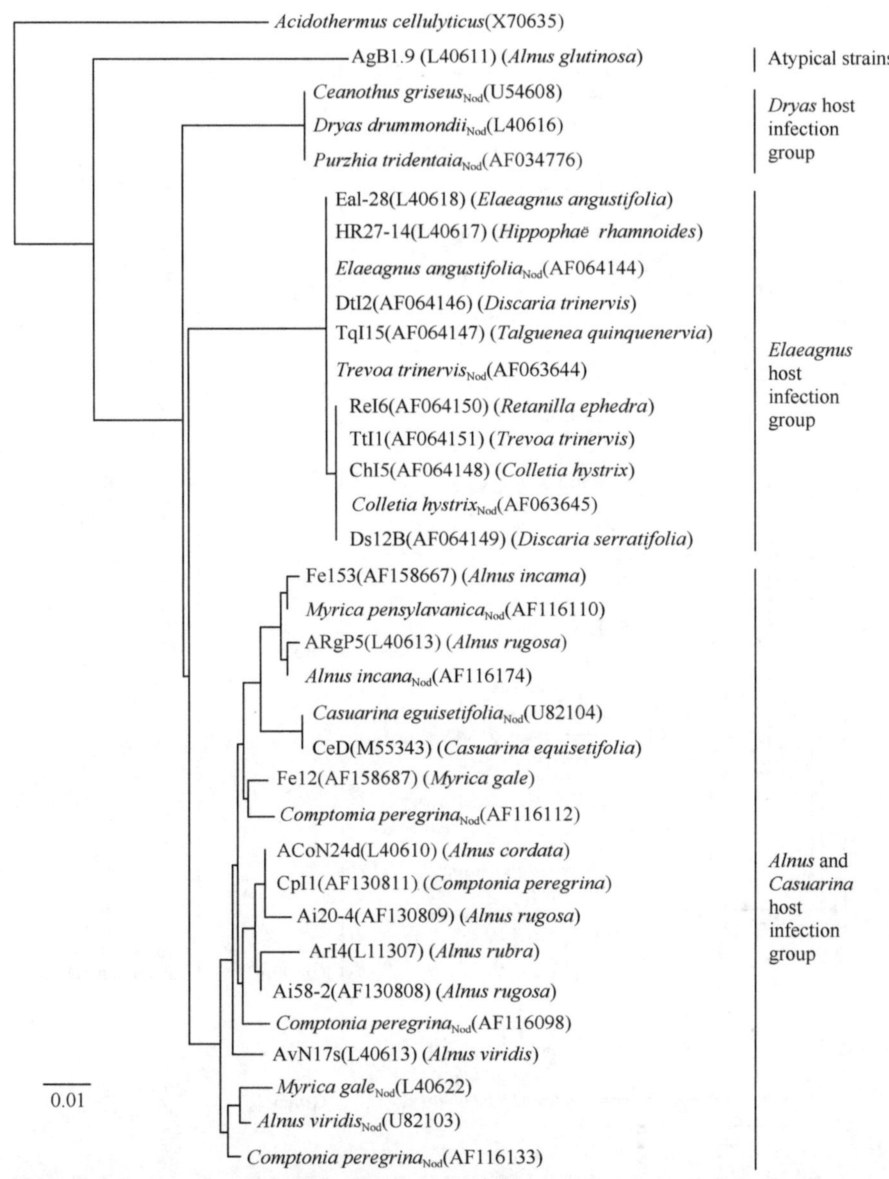

图 5-10　基于 16S rRNA 序列构建 Frankiae 邻接树（引自 Normand et al.，1996）

括号内为最先分离到 Frankiae 的寄主，*host plant*$_{\text{Nod}}$为不能培养接瘤类群

域基因序列分析和 16S rRNA 序列分析结果都十分清晰地显示出，*Frankia* 属的成员可以按寄主植物分组。

图 5-10 和图 5-11 描绘两个进化树基本上是吻合的。但是最终的分类单元的分支顺序是不稳定的，这取决于用于分析的信息分子的区域，也取决于分析所采用的方法。因此，有必要做进一步的确认研究，以便得到更全面的系统发育关系并排除分类中的意外。Benson 和 Clawson 后续开展的工作最为全面，他们不但分析了更多的 16S rRNA 基因序列，并且结合 *nif* 基因和 *gln* 基因等序列分析，在 Norman 的研究基础上，提出

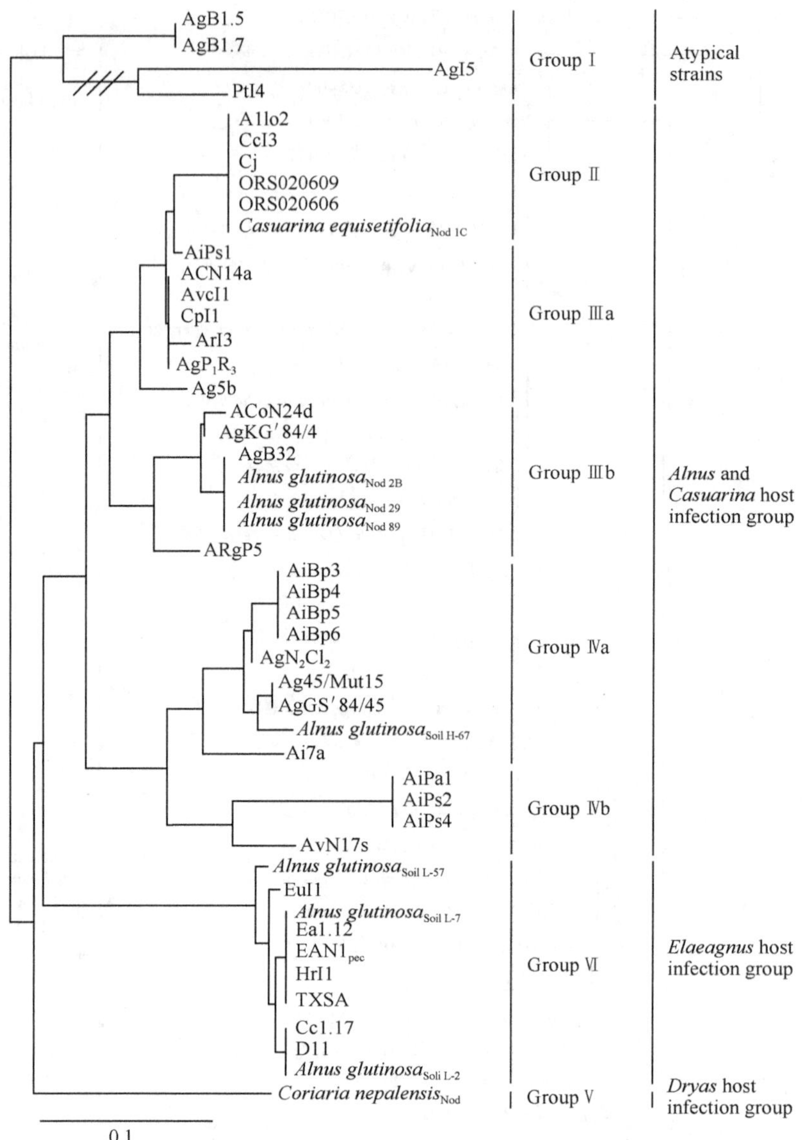

图 5-11　基于 23S rRNA III 结构域序列构建的 Frankiae 邻接树，包括纯培养菌株和免培养接瘤类群（引自 Hahn，2008）

Frankiae 可分为 3 个组（图 5-12）：第一组为与高等的金缕梅亚纲植物（现被分类为山毛榉目）形成根瘤，包括桦木科、杨梅科和木麻黄科，其中主要侵染木麻黄科植物的“木麻黄菌株”在该组中形成一个亚组，其他菌株通常称为“桤木菌株”，它们既可以侵染杨梅科植物，又可以侵染桦木科和木麻黄科植物。第二组的菌株寄主限制在胡颓子科、五桠果科、蔷薇科和鼠李科的美洲茶属，被称为“蔷薇菌株”。各国学者虽经艰辛的研究，至今尚未得到该组的纯培养菌株，它们可能是专性共生菌。用磨碎的根瘤进行交叉接种试验，结果表明仙女木属、五桠果属、美洲茶属和马桑属处于相同交叉接种组。第三组的菌株可以与杨梅科、鼠李科、胡颓子科和木麻黄科中的裸孔木麻黄属植物形成有效根瘤，被称为“胡颓子菌株”。有时可从桦木科、蔷薇科、木麻黄科的其他属和鼠李科的美洲茶属植物根瘤中分离到低固氮效率或无固氮能力的该组菌株。

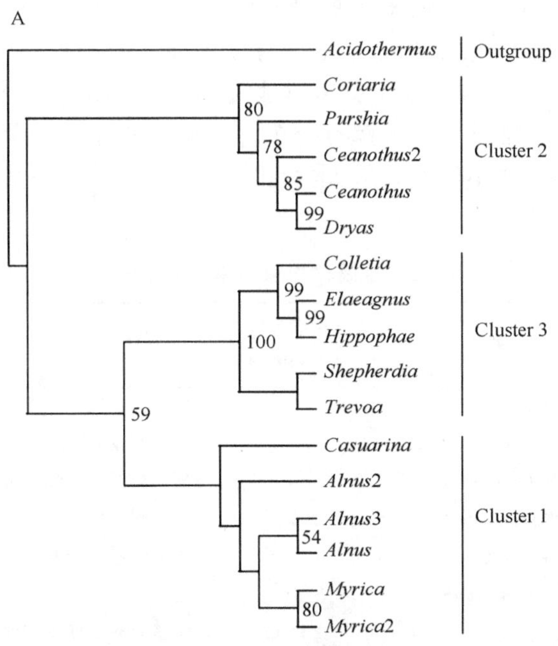

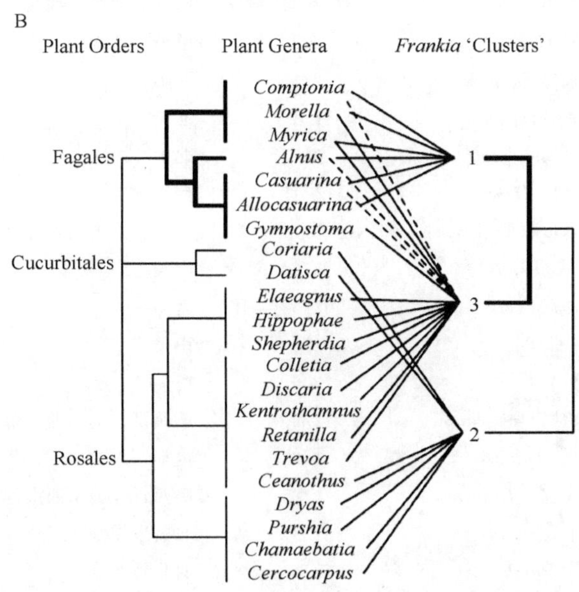

图 5-12　Frankiae 菌分子系统进化和放线菌根植物关系（引自 Benson and Dawson，2007）

B 图中实线表示侵染，虚线表示偶尔侵染

Frankiae 是土壤栖息菌，但是从土壤中分离培养到的 Frankiae 菌株仅见一次报道。绝大多数研究都是采用 Paschke 和 Dawson 在 1993 提出的“诱饵植物”的间接方式进行分离纯培养，即采集土壤样品接种寄主植物，观察结瘤固氮或从形成的根瘤中再进行分离培养，例如，Huguet 等对密歇根湖岸沙丘土壤 Frankiae 的研究；Gtari 等用三种放线菌根植物捕捉突尼斯土壤中 Frankiae 的研究等。因此，目前土壤中的 Frankiae 类型、数量和分布等研究仍是一个尚未解决的难题。

迄今为止研究 Frankiae 的分布都是基于有侵染能力的菌株，即放线菌根植物分布区域就是有侵染能力的 Frankiae 分布范围（表 5-3，图 5-13）。有侵染能力的 Frankiae 除南极洲外，在所有大洲陆地和岛屿都有分布，但是菌株的发生随空间和时间的不同呈现差异。一种放线菌根植物不结瘤，最大的可能是土壤没有让寄主接种上特异的菌株，或者土壤条件限制了结瘤。

表 5-3　放线菌根植物原产分布地

科	属名	接瘤种数/已知接瘤种数	原生分布地
桦木科 Betulaceae	桤木属 *Alnus*	47/47	欧洲、亚洲、北美、安第斯山
木麻黄科	异木麻黄属 *Allocasuarina*	52/57	澳大利亚
Casuarinaceae	木麻黄属 *Casuarina*	18/18	澳大利亚、亚洲热带、西南太平洋
	隐孔木麻黄属 *Ceuthostoma*	2/2	大洋洲
	裸孔木麻黄属 *Gymnostoma*	18/18	澳大利亚、新西兰、苏门答腊岛
杨梅科	香蕨木属 *Comptonia*	1/1	北美
Myricaceae	杨梅属 *Myrica*	28/60	除澳大利亚外所有洲
胡颓子科	胡颓子属 *Elaeagnus*	35/45	欧洲、亚洲、北美
Elaeagnaceae	沙棘属 *Hippophae*	2/3	欧洲、亚洲
	水牛果属 *Shepherdia*	2/3	北美
鼠李科	刺灌属 *Adolphia*	1/1	北美
Rhamnaceae	美洲茶属 *Ceanothus*	31/55	北美
	蜡质果属 *Colletia*	4/17	南美
	圆番木瓜属 *Discaria*	5/10	南美、澳大利亚、新西兰
	Kentrothamnus	2/2	南美
	Retanilla	2/3	南美
	Talguenea	1/1	南美
	Trevoa	2/6	南美
蔷薇科	针果树属 *Cercocarpus*	2/20	墨西哥、美国西南部
Rosaceae	蕨叶属 *Chamaebatia*	1/2	内华达山脉
	岩崖玫瑰属 *Cowania*	1/25	墨西哥、美国西南部
	仙女木属 *Dryas*	1/3	北极地带
	珀雪属 *Purshia*	2/4	西北美
马桑科 Coriariaceae	马桑属 *Coriaria*	16/16	地中海、亚洲、新西兰、北美
野麻科 Datiscaceae	野麻属 *Datisca*	2/2	亚洲、北美、欧洲

资料来源：Normand 等（2007）。

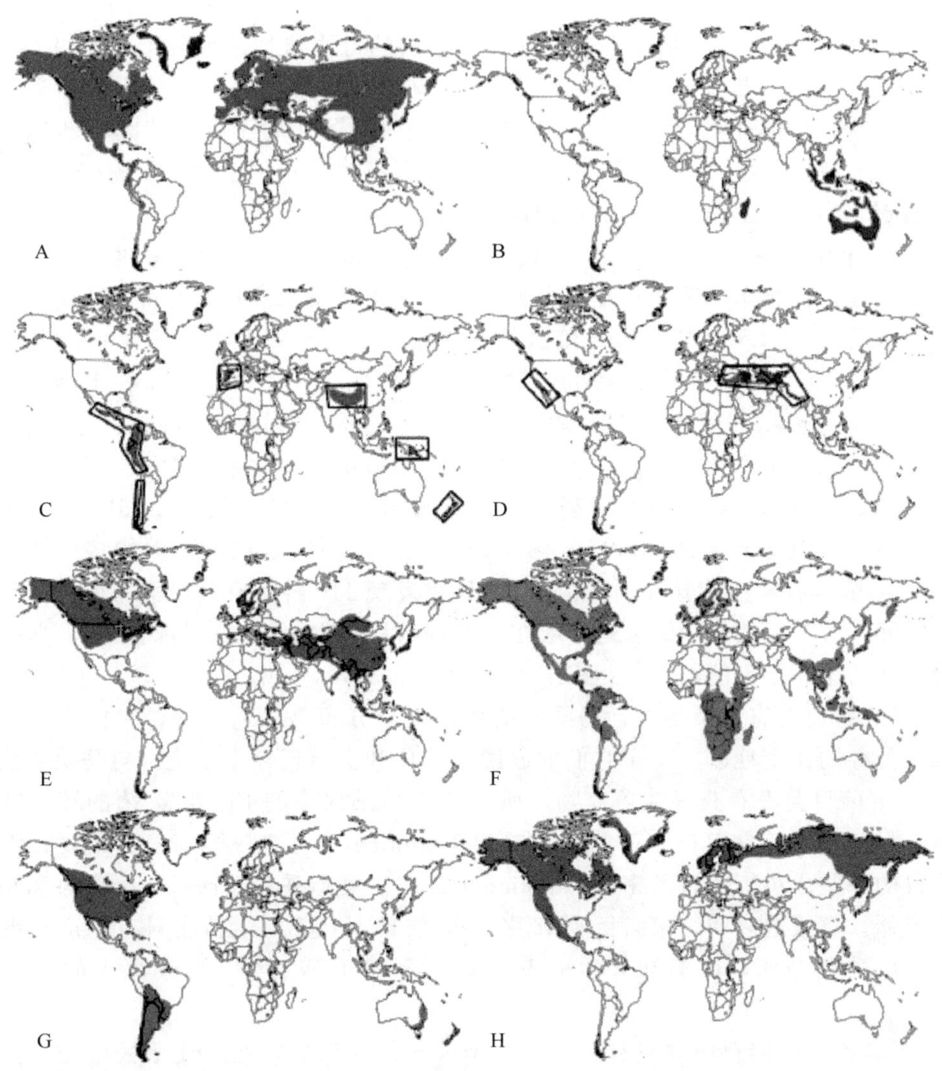

图 5-13　放线菌根植物植物科的分布（引自 Benson and Dawson，2007）

A. 桦木科；B. 木麻黄科；C. 马桑科；D. 野麻科；E. 胡颓子科；F. 杨梅科；G. 鼠李科；H. 蔷薇科

在原生地范围，绝大多数放线菌根植物都能与有共生固氮能力的 Frankiae 菌共生结瘤，而失去固氮特征的 Frankiae 菌也能形成根瘤。用放线菌根植物根际土壤接种寄主植物后，寄主植物的结瘤能力强于周围土壤接种，这说明 Frankiae 菌分布与寄主植物原生地紧密相关。有侵染能力的 Frankiae 菌可以在寄主植物根际范围内的土壤中发现，也可以在寄主植物周边土壤中发现，甚至在寄主植物原生范围外的土壤中被发现，这说明虽然我们知道 Frankiae 菌分布与寄主植物原生地紧密相关，但是关联的范围却难以确定。能够使桤木属、杨梅属、仙女木属和胡颓子属植物结瘤的 Frankiae 菌广泛分布于超出寄主植物的原生地区域，这些 Frankiae 菌维持了其腐生特性，因此它们应该是一类广布性菌株。根据与寄主植物形成共生结瘤的特征，可将 Frankiae 菌分为以下几种类型。

1）桦木科。桤木 Frankiae 菌普遍存在于它们的寄主植物地理分布范围内外。基于核糖体 rRNA 基因分析，桤木 Frankiae 菌是全球性分布的，而且明显表示出丰富的多样性。所有这一切都说明桤木 Frankiae 菌属土壤微生物，并不需要持续不断地维持共生状态。它们的广布性可能与它们的寄主生长范围有关，特别是桤木和杨梅植物，这两类植物遍布北半球到南美和非洲的广阔地域。

2）木麻黄科。木麻黄 Frankiae 菌的寄主植物分布在澳大利亚温暖地区。木麻黄占据草原和海岸，而异木麻黄生长在干旱地区。一些木麻黄和裸孔木麻黄是西南太平洋热带森林的特有种。木麻黄 Frankiae 菌虽然属于第一组，但是它们在土壤中的分布并不普遍。Zimpfer 等对牙买加的放线菌根植物的研究表明，杨梅 Frankiae 在土壤中普遍存在，但木麻黄 Frankiae 菌并未捕捉到，这说明 Frankiae 菌虽然随木麻黄引进但并没在土壤中扩散。超出木麻黄原生地，木麻黄必须用 Frankiae 菌接种才能结瘤固氮。大量的研究表明，超出木麻黄分布的地理区域，与木麻黄形成结瘤的 Frankiae 菌亲缘关系很近或者单一，但是木麻黄 Frankiae 菌在寄主原生范围内表现出更大的多样性。木麻黄 Frankiae 菌具有寄主特异性。Simonet 等研究发现 110 种木麻黄科植物根瘤样品通过 IGS 分析可分为 7 组，每一组总是局限在一种到两种寄主植物中。与此相反，裸孔木麻黄植物不能与第一组而能与第三组 Frankiae 菌接瘤。

3）马桑科。在有花植物中，马桑属植物的间断分布是最显著的，它们分布在赤道两侧彼此分离的 4 个地区。对于它们的起源、分化和扩散现存在争论。与马桑接瘤共生的 Frankiae 菌目前没有获得纯培养物，所以关于马桑根瘤的 Frankiae 菌的基本特性至今未知。目前只知道它们和未培养的第二组 Frankiae 菌（这一组和美洲茶属、野麻属及蔷薇科的一些成员）关系紧密。Frankiae 菌的丰富度似乎在蔷薇科、野麻科和马桑科植物中较低。有报道表明，来自伊利诺伊 Lisle 的日本马桑实生苗在只有原产美洲茶的地区种植后才能结瘤，而美洲共生的 Frankiae 菌属于第二组，后续深入的研究未见报道。

4）野麻科。野麻科植物只有 1 个属 2 个种，都有根瘤，在放线菌根植物中是唯一没有木质化茎的多年生植物。野麻科植物适应地中海气候，和马桑一样是间断分布的。系统发育研究表明，现在野麻科的分布是因为地理分支造成的而不是长距离扩散引起的。对于 Frankiae 菌，目前仅知道它们和未培养的第二组 Frankiae 菌关系紧密。

5）胡颓子科。胡颓子科的分类单元是广泛分布的。目前研究证实它们和第三组 Frankiae 菌形成共生关系并结瘤。在第三组 Frankiae 中存在丰富的多样性。研究表明胡颓子 Frankiae 菌的某些亚组是全球性分布的。Nalin 等用胡颓子作为“诱饵植物”种植在没有胡颓子植物的土壤中，可以“捕获”到土壤 Frankiae 菌（结瘤）。这说明，与胡颓子共生结瘤的 Frankiae 菌多样性较高。同时胡颓子的 6 种 PCR-RFLP 模式与已知的 Frankiae 菌模式相同，这表明能与胡颓子植物结瘤的 Frankiae 菌有一定的广布性。在欧洲、北美的大部分地区、澳大利亚以及新西兰，引种的胡颓子都能在当地的土壤中接瘤。胡颓子 Frankiae 菌的腐生能力强，可以在非放线菌根植物根区中存留，其他放线菌根植物的保存都造就了胡颓子 Frankiae 菌的广布性。加拿大水牛果广泛地原生在北半球，可以与第三组不同的 Frankiae 菌侵染，对引种胡颓子的侵染可能性极大。南半球的鼠李科放线菌根植物也见有被第三组 Frankiae 菌侵染。Huguet 等的研究表明，侵染水牛果的 Frankiae 菌在干旱和早期的演替地十分丰富，而且结瘤能力更强。与水牛果共生结瘤的 Frankiae 菌与同区域的灰桤木和杨梅根瘤中的 Frankiae 菌显著不同，而且具有更高的多样性。这都表明了胡颓子 Frankiae 菌是广布的土壤栖息菌。

6）杨梅科。杨梅科植物可能是放线菌根植物家族中的祖先。研究者对北美东北部与原生杨梅植物共生结瘤的 Frankiae 菌的多样性进行了深入研究，结果表明，侵染杨梅科植物的 Frankiae 菌是全球分布的。虽然基于温室试验杨梅被认为是“混乱寄主”，但是田间试验表明在自然界中却不那么混乱。这种现象可能与杨梅偏好生长在湿度较大的湖边、湿地和沼泽的环境有关。这种酸性和缺氧环境使很多 Frankiae 菌不能耐受，但滨州杨梅和香蕨木既可以与第一组“桤木菌株”共生结瘤又可以与第三组“胡颓子菌株”结瘤。总之，与杨梅结瘤的 Frankiae 菌分布的环境非常宽。

7）鼠李科。鼠李科的近 50 个属中只有 6 个属形成根瘤。其中 5 个属（*Colletia*、*Discaria*、*Kentrothamnus*、*Retanilla* 和 *Trevoa*）属于南半球土著部落腊质果科，只有美洲茶属限制在北半球，主要分布于加拿大到墨西哥的北美地区。美洲茶属植物和其他鼠李科植物存在着地理分离（隔离）。土著部落腊质果科和美洲茶属都属于枣（*ziziphoid*）分支。枣分支绝大多数分布在南半球。南半球放线菌根原始植物腊质果科和第三组 Frankiae 菌形成根瘤。很多菌株已经从南美分离到，但是这些菌株的生态多样性模式仍然不清楚。与北半球美洲茶属植物共生结瘤的 Frankiae 菌和第二组相近，不同美洲茶根瘤中核糖体 RNA 基因序列之间的相似性可以达到 99%～100%，同时与蔷薇科、野麻科和马桑科植物根瘤中的核糖体 RNA 基因序列相似性也较高，多样性较低。造成这种相似性的可能的原因是第二组 Frankiae 菌是全球主要类型。美洲茶属植物和其他鼠李科植物出现地理隔离，导致其特异地与第二组接瘤。

但是很多的研究都揭示了与美洲茶共生结瘤的 Frankiae 菌存在丰富的多样性。在美洲茶 Frankiae 菌的 16S rRNA 基因序列中检测到第三组 Frankiae 菌株的存在。美洲茶根瘤中分离到的部分 Frankiae 菌可以与胡颓子属植物共生结瘤，但不与美洲茶形成根瘤。将美洲茶根瘤的外表皮剥去作为 DNA 模板进行 PCR 实验，仅检测到第二组 Frankiae 菌，这说明第三组 Frankiae 菌可能是外表定居者。和其他放线菌根植物的关系也许存在于菌株和根瘤发展的土壤条件中。“捕获实验”发现美洲茶 Frankiae 菌在美洲茶林地样品中被扩增，在没有寄主植物的地方种群限制性很小。在寄主植物生长的土壤下，美洲茶 Frankiae 菌单位结瘤率也很低，估计为 3.6～5.2NUs/g 土壤。如此低的种群密度似乎表明，美洲茶属植物的典型菌株在温室具有较难结瘤的特性。

8）蔷薇科。蔷薇科有约 122 个属，3000 种，世界范围分布，特别是在北温带，其中有 4 个属是放线菌根植物。系统发育研究表明这 4 个属处在同一分支上，说明当蔷薇科植物开始分化时，蔷薇科结瘤特性曾经发展过一次，或者说它们有同一祖先；但当蔷薇科植物分化后，结瘤特性第二次出现丢失。直到 2004 年，极少量的蔷薇状根瘤的 16S rRNA 基因被 PCR 扩增。序列分析表明，这 4 个属的所有 Frankiae 菌都属于第二组。与蔷薇科相关的 Frankiae 菌可以与美洲茶属、马桑属和野麻属植物共生结瘤，它们共同分布于北美西部。对珀雪属的两个种（*Purshia tridentata* 和 *Purshia glandulosa*）、马桑属的 1 个种（*Cowania stansburiana*）、蕨叶属的 1 个种（*Chamaebatia foliosa*）、美洲茶的 3 个种（*Ceanothus velutinus*，*Ceanothus griseus*，*Ceanothus coeruleus*）和野麻属的 1 个种（*Dryas drummondii*）的根瘤 Frankiae 菌的部分 16S rRNA 基因序列、*glnA* 基因序列和 16S～23S rRNA 基因间隔区序列分析的结果发现，这 3 个基因序列的相似程度极高，多样性很低。此外，从这些寄主植物生长的土壤中提取 DNA 后进行 PCR 扩增后的结果也显示多样性较低。这说明现在与这些植物共生的第二组 Frankiae 菌可能在早期古大陆分离时是地理重叠的。

Kohls 等发现，在阿拉斯加的冰河湾（Glacier Bay）生长着仙女木属植物。用采自加利福尼亚山地桃心木（*Cercocarpus betuloides*）根际土壤接种时，不能使仙女木结瘤，但是可以使黄花仙女木（*D. drummondii*）和三齿珀雪（*P. Tridentata*）结瘤。用 Frankiae 菌株 CcI3、Cms13 和 EuI1b 接种曲叶桃心木（*Cercocarpus ledifolius*）形成了无效根瘤（不固氮）。这些菌株分别来自细枝木麻黄（*C. cunninghamiana*）、墨西哥珀雪（*Purshia mexicana*）和胡颓子（*Elaeagnus umbellata*）。这说明这些菌株在野外可能也参与形成无效根瘤。

第三节　固氮菌资源的利用

一、生物固氮

放线菌根植物的 Frankiae 根瘤主要功能是固氮。Frankiae 菌提供植物氮源，而放线菌根植物提供 Frankiae 菌的碳源。不同的 Frankiae 菌其固氮效率显示出高度的差异性，这与微生物共生菌-放线菌根植物的组合、土壤和其他环境因素等密切相关。放线菌根植物-Frankiae 菌的固氮体系对生态系统的贡献在第一节中已经作了详细介绍，这里不再赘述。

Frankiae 菌似乎存在于绝大多数生态系统中。Frankiae 菌的自然种群通常都能诱导结瘤。在没有原生放线菌根植物的不毛之地或被严重扰乱的地区，接种 Frankiae 菌是非常有必要的。生产和利用 Frankiae 菌的接种剂是取代施用无机肥并改善由此所带来的经济和生态负面影响的一项重要技术。在未分离到 Frankiae 菌以前，对寄主植物的接种通常是采用磨碎根瘤制剂。然而，目前使用这样的接种剂出现了很多困难，例如，在根瘤表面存在不能侵染的 Frankiae 菌或病原菌；植物次生代谢物抑制接种等。用纯培养的 Frankiae 菌是较好的选择。大规模的造林需要数量巨大、质量优良、成本低廉的接种产品，所以选择优良 Frankiae 菌株是开发有效接种的重要环节。这需要掌握有关菌株的共生特性信息，如诱导结瘤能力、固氮效率等。成功建立共生关系还取决于寄主植物与 Frankiae 菌的兼容特性、接种体在土壤中的存活能力、接种的菌株和土壤中原生微生物的竞争性等。虽然原生的 Frankiae 菌可能比引入的 Frankiae 菌与寄主植物共生结瘤的效率高，但有可能固氮效率低下，它们可能占据结瘤区，成为引入菌株的强劲竞争者。除菌株的共生特性外，一个接种体的侵染能力还取决于细胞的形态特征、培养时间、细胞浓度、保存方法等因素。用孢子接种剂接种细枝木麻黄（*Casuarina cun-*

ninghamiana），不论是新鲜菌剂或是干粉制剂，结果都显示出近 100%的结瘤率。然而，有极少的菌株显示产孢。Selim 和 Schwencke 用指数生长的 *Frankia* BR 细胞接种异种木麻黄（*Casuarina equisetifolia*）（接种量为每棵植物接种 5μg）达到了 100%的结瘤率，并且达到了最大的结瘤数量（每棵植物 2.5mg Frankiae 菌蛋白）、最大的植物生长量和最大的乙烯还原能力（固氮能力）的良好效果。统计分析表明，结瘤效率、植物干重、植物总生物量和乙烯还原能力呈现线性相关性。该结果被成功地应用到鼠李科植物和桤木实生苗的栽培中。在田间条件下，选择最好的放线菌根植物-Frankiae 菌组合能改善田间状况，但没有单一的 Frankiae 分离物或者混合物能对所有的寄主植物都是最佳匹配的。

即使在田间土壤中存在原生的 Frankiae 菌，在植物移栽前进行接种仍可以提高植物成活率和在田间的生长率，因此苗圃接种似乎是较好的方法。

成功进行微生物接种，需要有良好的接种制剂配方和有效保持 Frankiae 菌种固氮能力及侵染效率的保存技术。研究表明，采取冻干、冰冻甘油或复杂培养基等方法，经过长期保存后，对 Frankiae 共生的特性并没有明显的影响。相关实验表明，干燥的 Frankiae 菌剂接种田间效果很好。常用的接种方法就是利用培养基作为接种制剂。然而，将 Frankiae 菌包载于高分子聚合基质（如褐藻酸）中是一种简单有效且重复性好的制备接种制剂的技术。结果表明，这种制剂的田间实验效果很好，并且能在室温下保存较长时间。

来自于放线菌根植物根区的土壤样品也是一种 Frankiae 菌的接种剂，甚至在样地里没有寄主植物的情况下也可以获得良好的效果。有研究表明，将土壤样品在 4℃保存 5 个月，或室温干燥 18～30 个月，土壤中的 Frankiae 菌仍能诱导有效结瘤，这说明 Frankiae 菌可以在干燥土壤中长期存活。在苗木出圃前有效地进行 Frankiae 菌的人工接种，可以增强树木的生长率，特别是在低化合氮和土壤中没有原生 Frankiae 菌的林地中效果更明显。

二、放线菌根植物的利用

目前，放线菌根植物的主要用途是作为营造木材和纸浆材的树种（桤木属和木麻黄属）；作为更有经济价值植物的套种植物（胡颓子属和木麻黄属）；营造荒漠或海岸线的防护林带（木麻黄属）；用于环境保护造林、土壤改良和风景林营造（胡颓子属、沙棘属和珀雪属）；营造农田防风林带、果树、园艺作物等。

在混农林系统中桤木属、胡颓子属和木麻黄属植物起到特别重要的作用。所谓混农林是指以动态的和生态学为基础的自然资源管理系统。在该系统中，通过整合农田和农业用地上的各种树木，为社会、经济和环境效益和不同层次的用户进行多种经营和可持续利用。在喜马拉雅东部地区，桤木-小豆蔻混农林系统就是典型的实例。无毛砂仁（*Amomum subulatum*）是当地的主要收入来源，它们通常生长在固氮的尼泊尔桤木树阴下。通过对该系统的分析证明，越年轻的种植园无毛砂仁产量越高，这种效益至少可以持续 20 年或更长，但前提是应该持续不断地营造尼泊尔桤木。费世民等对四川盆地丘陵地区坡地混农林系统进行了评价，提出了几种林带类型，其中桤木-柏树混交、栎-

柏树混交和桤木-草地林组合为最佳。

木麻黄是热带和亚热带地区重要的经济和生态树种。据保守统计，世界上木麻黄的种植面积达到 7.87×10^5 hm^2。世界各国对木麻黄在林业和混农林业中的作用都非常重视。国际三次木麻黄研讨会分别在澳大利亚（1981 年）、埃及（1990 年）和越南（1996 年）召开。细枝木麻黄在中国南部海岸大量营造，既可作为用材林也可以作为固沙林。

放线菌根植物除了在林业和混农林业中发挥着重要作用外，一些放线菌根植物还具有豆科植物不可替代的优势。这些特性已经引起了关注，并且开始得到应用。

一些放线菌根植物能够适应较宽的环境条件，即使环境条件与它们的原产地有很大的差异都无关紧要，如粗枝木麻黄（*Casuarina glauca*）、细枝木麻黄、山地木麻黄（*C. junghuhniana*）和欧洲赤杨（*Alnus glutinosa*）。Richardson 则认为沙枣（*Elaeagnus angustifolia*）、牛奶子（*E. umbellata*）、胡颓子（*E. pungens*）和火树（*Myrica faya*）都是典型的与当地植物互惠的入侵植物类型。在第二节我们已经讨论过，列出的这些放线菌根植物都可以与广布的 Frankiae 菌共生结瘤，所以它们的适生范围很广泛。固氮树种火树引种到夏威夷岛上后对当地的氮循环产生了重大的影响，入侵处土壤中的氮在数量上大大增加，改善了当地土壤，但同时也带来了一些负面的效应，例如，由于土壤中氮的增加造成喜氮杂草的蔓延。这是放线菌根植物在应用中值得注意的问题。

营造放线菌根植物和其他植物混交林是放线菌根植物造林的很好实践。研究表明，将黑胡桃（*Juglans nigra*）和胡颓子（*Elaeagnus pungens*）混交后，黑胡桃生长显著提高，林下胡颓子不但抑制胡桃林下的杂草生长，而且阻碍了胡桃炭疽病的孢子传播。在红桤木（*Alnus rubra*）和花旗松（*Pseudotsuga menziesii*）的混交林中，红桤木不但提供了花旗松生长所需的氮素，而且阻止了花旗松根腐病原菌的传播。在大叶桉（*Eucalyptus robusta*）和豆科固氮植物银合欢（*Leucaena leucocephala*）的混交林中，总生物量提高了 146%，而与木麻黄混交林总生物量也提高了 109%。

三、改进寄主-Frankiae 菌共生关系的效能

大规模造林前，改善寄主-Frankiae 菌共生关系的效能是个重要的问题。我们知道最佳的固氮效率依赖于寄主植物的基因类型、共生 Frankiae 菌株以及它们之间的相互作用。所以在大规模应用前，寄主植物和 Frankiae 菌都应该做田间测试，这样才有助于在一个特定的土壤条件和环境条件下筛选出最佳的搭配。另外，还有一个限制应用的问题值得注意，那就是土壤的化合态氮限制结瘤和固氮，这个问题在成熟林地造林时显得特别重要，这一点在第一节中已经阐述过。一些放线菌根植物对成熟林地更加敏感。桤木属植物、木麻黄属和异木麻黄属植物对土壤中的氮耐受能力最高，但是沙棘结瘤数量随林地年代增加显著减少。某些放线菌根植物对盐敏感，木麻黄植物易受虫害，沙棘易感线虫，这些不利因素也应引起足够的重视。寻找耐酸碱、耐盐、耐旱和抗病虫的寄主-Frankiae 菌共生体系值得研究。Franche 等建立了木麻黄和异木麻黄属植物的农杆菌转化系统，成功地将外源基因导入了受体植物，并且用 Frankiae 菌株接种后成功结瘤，这给放线菌根植物获得抗（耐）逆性状带来了希望。

四、Frankiae 共生体系与菌根真菌的三重关系

早在 1986 年 Gardner 就发现 Frankiae 共生体系与菌根真菌的三重关系。菌根真菌使土壤中不溶磷元素变为可溶性，提高了土壤中可溶磷元素的供应，从而提高了 Frankiae 共生体系的固氮效率。可溶性磷和接瘤、固氮的关系在 1992 年就被 Jha 等对桤木-Frankiae 和球囊霉属（*Glomus*）菌根真菌三重关系的研究所证实。Gentili 等的研究表明，可溶性磷可以激活植物皮层细胞分裂，促进根瘤原基和根瘤的形成。研究 Frankiae 菌与桤木假块菌（桤木林下特有的一种光黑腹菌属的外生菌根真菌 *Alpova diplophloeus*）和山地桤木（*Alnus tenuifolia*）三重关系的结果发现，双重接种的桤木的芽和根瘤的干重最大，乙炔还原能力最强，同时 Frankiae 菌可以增加桤木假块菌的形成。种苗内的元素测定结果显示可溶性的 P、K、Ca、Fe、Mg、Mn、Na、Si 和 Al 增加。Frankiae 菌共生体系和菌根真菌之间相互作用的三重关系还可以提高植物的抗逆性，这在放线菌根植物的利用部分已有讨论，这里不再赘述。Frankiae 菌共生体系与菌根真菌的三重关系以及 Frankiae 菌共生体系、其他共生体系和菌根真菌的四重关系等，近年来成为了一个研究热点。感兴趣的读者可参考本书第六章或 Zaki Anwar Siddiqui 等的专著 *Mycorrhizae*：*Sustainable Agriculture and Forestry*（2008 年 Springer 出版）以及 Smith 和 Read 编著的 *Mycorrhizal Symbiosis*（2008 年 Academic Press 出版）。

五、修复重金属污染环境

近来的研究成果表明 Frankiae 菌除了具有共生固氮的作用外，还具有改善重金属污染的功能。Wheeler 等发现一些 Frankiae 菌在以酪蛋白为氮源的培养基上可以耐受 2.25mmol/L 镍，而另一些 Frankiae 菌在无氮培养基上有相似的耐受力。其机理可能是 Frankiae 菌的吸收氢酶需要镍。Richards 等研究了 12 株 Frankiae 菌，发现它们对低浓度的 Ag^{+}、AsO_2^{-}、Cd^{2+}、SbO_2^{-} 和 Ni^{2+} 敏感（$<$0.5mmol/L），但是对高浓度的 Pb^{2+}（6～8mmol/L）、CrO_4^{2-}（1.0～1.75mmol/L）、AsO_4^{3-}（$>$50mmol/L）和 SeO_2^{2-}（1.5～3.5mmol/L）不敏感。其中有 4 个菌株对高浓度 Cu^{2+}（20mmol/L）显示耐受性，但是耐受机理尚需进一步的研究。Pawlowski 等将 *Frankia* sp. *ag*Nt84 和 *ag*164 接种在甘氨酸-组氨酸培养基上培养，发现接种桤木后根瘤素基因在桤木侵染区表达。Gupta 等将这些基因转移到大肠杆菌中进行表达，发现这些表达蛋白可以结合 Ni^{2+}、Zn^{2+}、Co^{2+}、Cu^{2+}、Cd^{2+} 和 Hg^{2+} 等多种金属离子。虽然这些蛋白质在共生体系中的作用尚不清楚，但是这些蛋白质以及在其他 Frankiae 菌中表达的同系同源蛋白或旁系同源蛋白结合金属离子的特性说明 Frankiae 菌在生物修复重金属污染环境的应用中具有潜在价值。

放线菌根植物能够适应贫瘠和废弃地等不良条件甚至很冷的气候条件。在寒冷和潮湿的气候条件下，桤木被广泛用于增加土壤肥力、工业废弃地的土壤改良以及抵抗针叶树根腐病的侵染。Myrold 发现在接近北极圈附近营养贫瘠的砂地中，灰桤木和挪特克羽扇豆（*Lupinus nootkatensis*）仍然影响土壤的氮源供应，使土壤中的氮源持续不断地增加，也有助于其他植物的存活。1990 年，Baker 等提出杨梅科的植物可以改善水渍土

壤条件。

放线菌根植物可以耐受或半耐受一定范围的有毒污染物，如硼、铅、锌和镉。所以它们是植物修复污染环境的候选者。作者在云南省兰坪铅锌尾矿区研究中发现，马桑与胡颓子对铅锌的耐性都高于其他植物，这可能与马桑与胡颓子根部的 Frankiae 菌作用有关。Frankiae 与宿主植物形成了共生固氮体系，这种体系不仅可以固定自然界中的氮素，而且能够改善周围土壤的肥力，增强植物抗逆性。因此，这种共生固氮体系为重金属污染土壤提供了一种新的生物修复途径，具有广阔的应用前景。

Kairesalo 等的实验和 Dickinson 的田间研究都发现，欧洲桤木可以在叶部器官中累积 600～800μgNi/g 叶干重。Sayed 研究含有氰化物、砷、汞和有害微生物的废水对 Frankiae 菌和木麻黄的影响时发现，有 3 株 Frankiae 菌可以生长在浓缩的废水中，生长量降低 50%，生长率在菌株间有轻微的不同；有 12 株 Frankiae 菌生长在 100%废水中，生长未受影响，生长率未出现变化。6 株 Frankiae 菌当接种用污水灌溉的细枝木麻黄实生苗时失去了侵染能力。但是用生长在 BuCT 培养基上的 Frankiae 菌接种污水灌溉细枝木麻黄都能形成根瘤，只是根瘤大小和重量有所减少。他认为，废水可能限制了天然的 Frankiae 菌种群的侵染能力，但通过选择耐性菌株接种将能够克服这种限制，仍然能够形成根瘤。Markham 对灰白桤木（*Alnus incana* subsp. *rugosa*）用 Frankiae 菌、卷缘网褶菌（*Paxillus involutus*）或 Frankiae 菌和卷缘网褶菌混合物接种，栽培在含重金属铜的泥炭上 20 个星期。结果表明，接种 Frankiae 菌和（或）卷缘网褶菌的灰白桤木在定殖能力、根厚度、芽生长量等方面均有增加，但是灰白桤木接种 Frankiae 菌后未形成固氮根瘤前，芽生长量在下降，他认为根瘤的形成对植物形成了胁迫，因此利用接种 Frankiae 菌的灰白桤木进行尾矿植被恢复时，灰白桤木接种 Frankiae 菌后最好在正常土壤中形成根瘤后再移栽到尾矿地。有人研究了 Frankiae-桤木在焦油尾矿砂和复合尾矿砂中的特性，发现某些桤木和 Frankiae 菌株耐盐、抗炼油环烷酸，Frankiae-桤木能够生长在炼油厂尾矿砂中。温室实验表明，接种 Frankiae 菌的桤木不但在尾矿砂中生长良好，而且对尾矿砂中原生的微生物种群有正面影响。他们发明了用壳聚糖包裹 Frankiae 菌的接种制剂。Quoreshi 在商业苗圃里，分别用 Frankiae AvcI1 菌株和内生真菌大毒滑锈伞（*Hebeloma crustuliniforme*）对美洲绿桤木（*Alnus crispa*）接种，结果表明，与对照和单独接种大毒滑锈伞相比，Frankiae AvcI1 菌株对桤木实生苗的生长、桤木结瘤量、瘤重量、植物营养含量等都有显著提高，说明 *Frankia* sp. AvcI1 菌与美洲绿桤木能用于土壤改良。研究还发现，大毒滑锈伞可能不能与美洲绿桤木形成共生体。魏风华等研究发现，沙棘对土壤的要求不严格，种植在覆土铜矿、铁矿、银矿尾矿砂上的沙棘，株高年均增长量、地径年均增长量，以及根长年均增长量以铁矿最大，铜矿次之，银矿最小。当今世界对环境修复的需求迫切且巨大，开发出有效和低成本的生物修复系统尤为重要。Frankiae 菌-放线菌根植物共生体系、根瘤菌-豆科植物共生体系以及这些共生体系和菌根真菌的三重或四重关系的深入研究，将为生物修复污染环境开辟新的途径。

第四节　Frankiae 菌资源研究存在的问题与展望

根据植物系统发育的分子数据可知，目前已知的固氮根瘤植物都在单一的固氮分支中，同时在这个分支中存在不固氮的植物。这似乎表明在这个分支的进化历程中，所有这些植物与固氮根瘤菌（包括放线菌 Frankiae 菌）曾经建立过共生关系。这组植物应该有成为根瘤菌和 Frankiae 菌寄主的倾向。但是这种倾向的遗传基础是什么还有许多问题有待研究。

在第二节和第三节我们讨论过，无论是基于 16S rRNA 基因还是 23S rRNA 基因结构域 III，未培养的 Frankiae 菌株都归于第二组。原因是什么？是不是腐生特性？还是由于没有找到适合的环境或者适合的条件培养它们？

在第二节我们讨论了第二组 Frankiae 菌能与鼠李科北美成员美洲茶共生结瘤，同时也可与北美的蔷薇科植物共生结瘤。鼠李科其余成员为南美和新西兰分布的，它们却与第三组 Frankiae 菌形成共生体系并结瘤。为什么美洲茶属植物不与第三组 Frankiae 菌结瘤，而与第二组 Frankiae 结瘤？专一结瘤和非特异性的机制是什么？如何消除共生结瘤壁垒？打破结瘤壁垒将很有实有价值。

交叉接种实验表明，两种寄主植物可以被同组 Frankiae 菌侵染。但即使是这样，寄主植物选择土壤中的混合 Frankiae 类群却是显著不同，这是由某些环境因素所决定的。在同一个环境中生长着不同的放线菌根植物，但是由于环境因素的影响，每种寄主植物只与特定的 Frankiae 菌形成共生体并结瘤。这些环境因素是什么？

前面我们提到，土壤中存在游离的 Frankiae 菌这是不争的事实。无论是在有寄主植物的土壤中还是在没有寄主植物的环境中，Frankiae 菌都是广布性的适应各种环境的放线菌。分子证据甚至表明在生态破坏性涂料中、旧玻璃上、砂岩和其他岩石表面都发现 Frankiae 菌疑似菌株类群，但是分离得到纯培养菌株的报道却寥寥无几。Normand 等发现在绿桤木（*Alnus viridis*）根区大量存在着与 Frankiae 菌和嗜地皮菌相似的未知放线菌，这似乎就是土壤中生活的 Frankiae 菌，但是这些发现使“什么是‘真正的’(bona fide) Frankiae 菌?”这个问题变得更加复杂。不在根瘤中共生的 Frankiae 菌是如何生活的？与根瘤中的 Frankiae 菌有什么关系？这些问题至今仍然困扰着 Frankiae 菌研究的学术界。

Frankiae 菌在共生植物中的基因表达、植物基因与 Frankiae 菌基因的相互作用以及调控关系、Frankiae 菌在寄主植物中的代谢机制以及代谢的调节、Frankiae 菌-寄主植物与共生真菌、Frankiae 菌-寄主植物与其他共生或非共生微生物之间关系等方面，有许多难题亟待解决。这些问题是限制 Frankiae 菌与放线菌根植物利用的主要障碍，致使 Frankiae 菌共生体系的应用远远落后于其他固氮微生物。

Frankiae 菌具有目前已知的固氮微生物所不具备的优势，如独特的氧保护机制（固氮“泡囊”）；内源性的氧控制机制（血红素）；寄主广泛、适应更广泛的寄主植物遗传背景和更多样的根瘤结构；分布广泛适应更广泛的环境条件；根瘤的形成改良了植物侧根功能；Frankiae 菌不会释放到寄主植物细胞质中，不会引起植物抗病反应；既可以通过根毛又可以通过细胞间隙侵染。Swenson 等早在 1997 年就提出 Frankiae 菌不但可以利用在放线菌根植物上，而且具有巨大的扩展新寄主植物的潜能。开发利用全新的 Frankiae-寄主植物共生体系是可能的。

Frankiae 菌是地球上固氮能力最强、制造最清洁氮肥量最大、几乎没有环境代价的生物。但是，目前 Frankiae 菌的分离和纯培养很困难，生长很慢，难于大规模产业化生产，这是制约 Frankiae 菌应用的最大难关。我们建议以固氮效率为核心，加强 Frankiae 菌生长生理研究、大规模产业化工艺研究及相关的应用研究，使这类微生物资源为社会造福。

（熊　智）

主要参考文献

费世民，向成华. 2000. 四川盆地丘陵区坡地农林复合系统林带类型、农作物复种方式的选择. 林业科学，36（1）：21～27

刘志恒，姜成林. 2004. 放线菌现代生物学与生物技术. 北京：科学出版社. 272～286

潘燕，李贤伟，荣丽等. 2008. 退耕地幼龄台湾桤木（*Alnus formosana*）根系结瘤. 生态学杂志，27（9）：1482～1486

魏凤华，安广义，王桂霞等. 2009. 不同尾矿库沙棘生长状况研究. 安徽农业科学，37（28）：13839～13841

熊智，张忠泽，姜成林. 2003. 固氮放线菌 Frankia 与放线菌根植物共生进化的研究进展. 应用与环境生物学报，9（2）：213～217

徐丽华，李文均，刘志恒. 2007. 放线菌系统学原理、方法及实践. 北京：科学出版社

Akkermans A D L，Hahn D，Baker D D. 1991. The family Frankiaceae. *In*：Balows A，Trüper H G，Dworkin M et al. The Prokaryotes. Heidelberg，Germany：Springer-Verlag. 1069～1084

Angiosperm Phylogeny Group. 2003. An update of the angiosperm phylogeny group classification for the orders and families of flowering plants：APG II. Bot J Linn Soc，141：399～436

Baker D D，O' Keefe D. 1984. A modified sucrose fractionation procedure for the isolation of Frankiae from actinorhizal root nodules and soil samples. Plant Soil，78：23～28

Batzli J M，Zimpfer J F，Huguet V et al. 2004. Distribution and abundance of infective，soilborne Frankia and host symbionts *Shepherdia*，*Alnus*，and *Myrica* in a sand dune ecosystem. Can J Bot，82：700～709

Benson D R，Brian D，Heuvel V et al. 2004. Actinorhizal Symbioses：Diversity and Biogeography. Oxford：Garland Science/BIOS Scientific Publishers

Benson D R，Clawson M L. 2000. Evolution of the actinorhizal plant symbioses. *In*：Triplett E W. Prokaryotic Nitrogen Fixation：A Model System for Analysis of a Biological Process. Wymondham：Horizon Scientific Press. 207～224

Benson D R，Dawson J O. 2007. Recent advances in the biogeography and genecology of symbiotic Frankia and its host plants. Physiol Plant，130：318～330

Benson D R，Silvester W B. 1993. Biology of *Frankia* strains，actinomycete symbionts of actinorhizal plants. Micro Rev，57（2）：293～319

Benson D R，Stephens D W，Clawson M L et al. 1996. Amplification of 16S rRNA genes from Frankia strains in root nodules of *Ceanothus griseus*，*Coriaria arborea*，*Coriaria plumosa*，*Discaria toumatou*，and *Purshia tridentata*. Appl Environ Microbiol，62：2904～2909

Bezdicek D F，Kenndey A C. 1988. Symbiotic nitrogen fixation and cycling in terrestrial environments. *In*：Lynch J M，Hobbie J E. Microorganisms in Action：Concepts and Applications in Microbial Ecology. Oxford：Blackwell

Scientific Publications

Bosco M S, Jamann S, Chapelon C et al. 1994. Frankia microsymbiont in *Dryas drummondii* nodules is closely related to the microsymbiont of *Coriaria* and genetically distinct from other characterized *Frankia* strains. *In*: Hegazi H A, Fayez M, Monib M . Nitrogen Fixation with Non-legumes. Cairo: The American University in Cairo Press. 173～183

Callaham D, Del Tredici P, Torrey J G. 1978. Isolation and cultivation *in vitro* of the actinomycete causing root nodulation in *Comptonia*. Science, 199: 899～902

Caru M, Mosquera G, Bravo L et al. 2003. Infectivity and effectivity of *Frankia* strains from the Rhamnaceae family on different actinorhizal plants. Plant Soil, 251: 219～225

Clawson M L, Benson D R. 1999. Dominance of Frankia strains in stands of *Alnus incana* subsp. *rugosa* and *Myrica pennsylvanica*. Can J Bot, 77: 1203～1207

Clawson M L, Benson D R. 1999. Natural diversity of *Frankia* strains in actinorhizal root nodules from promiscuous hosts in the family Myricaceae. Appl Environ Microbiol, 65: 4521～4527

Dawson J O. 1990. Interactions among actinorhizal and associated species. *In*: Schwintzer C R, Tjepkema J D. The Biology of *Frankia* and Actinorhizal Plants. New York: Academic Press. 299～316

Dawson J O. 2008. Ecology of actinorhizal plants. *In*: Pawlowski K, Newton W E. Nitrogen Fixation: Origins, Applications, and Research Progress. Netherlands: Springer

Dickinson N M. 2000. Strategies for sustainable woodland on contaminated soils. Chemosphere, 41: 259～263

Dommergues Y R, Subba Rao N S. 2000. Introduction of N_2-fixing trees in non-N_2-fixing tropical plantations. *In*: Subba Rao N S, Dommergues Y R. Microbial Interactions in Agriculture and Forestry. Enfield, New Hampshire: Science Publishers. 131～154

Franche C A, N' Diaye C, GobeÂ C et al. 1999. Genetic Transformation of *Allocasuarina verticillata* , *In*: Bajaj Y P S. Biotechnology in Agriculture and Forestry. Vol 44. Berlin: Springer Verlag. 1～14

Gentili F, Huss-Danell K. 2001. Phosphorus modifies the effects of nitrogen on nodulation in split-root systems of *Hippophaë rhamnoides*. New Phytologist, 153: 53～61

Gentili F, Wall L G, Huss-Danell K. 2006. Effects of phosphorus and nitrogen on nodulation are seen already at the stage of early cortical cell divisions in *Alnus incana*. Annals of Botany, 98: 309～315

Gtari M, Daffonchio D, Boudabous A. 2007. Assessment of the genetic diversity of *Frankia* microsymbionts of *Elaeagnus angustifolia* L. plants growing in a Tunisian date-palm oasis by analysis of PCR amplified nifD-K intergenic spacer. Can J Microbiol, 53: 440～445

Gupta R K, Dobritsa S V, Stiles C A et al. 2002. Metallohistins: a new class of plant metal-binding proteins. J Protein Chem, 21: 529～536

Haansuu J, Klika K, Söderholm P et al. 2001. Isolation and biological activity of frankiamide. J Ind Microbiol Biotechnol 27: 62～66

Hahn D. 2008. Polyphasic Taxonomy of the Genus *Frankia*. *In*: Pawlowski K, Newton W E. Nitrogen Fixation: Origins, Applications, and Research Progress. Netherlands: Springer

Hahn D, Starrenburg M J C, Akkermans A D L. 1988. Variable compatibility of cloned *Alnus glutinosa* ecotypes against ineffective *Frankia* serains. Plant Soil, 107: 233～243

Heuvel B D V, Benson D R, Bortiri E et al. 2004. Low genetic diversity among *Frankia* spp. strains nodulating sympatric populations of actinorhizal species of Rosaceae, *Ceanothus* (Rhamnaceae) and *Datisca glomerata* (Datiscaceae) west of the Sierra Nevada (California). Can J Microbiol, 50: 989～1000

Huguet V, Batzli J M, Zimpfer J et al. 2001. Diversity and specificity of Frankia strains in nodules of sympatric *Myrica gale* , *Alnus incana* , and *Shepherdia canadensis* determined by rrs gene polymorphism. Appl Environ Microbiol, 67 (5): 2116～2122

Huguet V, Batzli J M, Zimpfer J F et al. 2004. Nodular symbionts of *Shepherdia*, *Alnus* and *myrica* from a sand dune ecosystem: trends in occurrence of soil-borne *Frankia* genotypes. Can J Bot, 82: 691～699

Huguet V, Mergeay M, Cervantes E et al. 2004. Diversity of *Frankia* strains associated to *Myrica gale* in Western Europe: impact of host plant (*Myrica* vs. *Alnus*) and of edaphic factors. Environ Microbiol, 6 (10): 1032～1041

Jeong S C, Myrold D D. 2003. Recent progress in the evolution and ecology of actinorhizal symbioses. Plant Pathol J, 19 (1): 1～8

Klika K D, Haansuu J P, Ovcharenko V V et al. 2001. Frankiamide, a highly unusual macrocycle containing the imide and orthoamide functionalities from the symbiotic actinomycete Frankia. J Org Chem, 66: 4065～4068

Kohls S J, Thimmapuram J, Bushena C A et al. 1994. Nodulation patterns of actinorhizal plants in the family Rosaceae. Plant Soil, 162: 229～239

Lavire C, Cournoyer B. 2003. Progress on the genetics of the N_2-fixing actinorhizal symbiont *Frankia*. Plant Soil, 254: 125～137

Lefrançois E, Quoreshi A, Khasa D et al. 2007. Alder-Frankia Symbionts Enhance the Remediation and Revegetation of Oil Sands Tailings. Proceedings: Remediation Technologies Symposium

Mallet P L, Quoreshi A, Khasa D P et al. 2009. Impact of salts and naphthenic acids from the oil sands industry on the metabolism of the nitrogen-fixing alder symbiont *Frankia* sp. 59th Annual General Meeting of the Canadian Society of Microbiologists. Montreal, Qc, Canada

Markham J H. 2008. Variability of nitrogen-fixing Frankia on *Alnus* species. Botany, 86: 501～510

Markham J H, Zekveld C. 2007. Nitrogen fixation makes biomass allocation to roots independent of soil nitrogen supply. Can J Bot, 85: 787～793

Martin K J, Posavatz N J, Myrold D D. 2003. Nodulation potential of soils from red alder stands covering a wide age range. Plant Soil, 254: 187～192

Maunuksela L. 2001. Molecular and physiological characterization of rhizosphere bacteria and *Frankia* in forest soils devoid of actinorhizal plants. Academic Dissertation in General Microbiology, Faculty of Science of the University of Helsinki

Myrold D D, Huss-Danell K. 2003. Alder and lupine enhance nitrogen cycling in a degraded forest soil in Northern Sweden. Plant Soil, 254: 47～56

Nalin R, Normand P, Domenach A M. 1997. Distribution and N_2-fixing activity of *Frankia* strains in relation with soil depth. Physiol Plant, 99: 732～738

Nasr H, Domenach A M, Ghorbel M H et al. 2007. Divergence in symbiotic interactions between same genotypic PCR-RFLP *Frankia* strains and different Casuarinaceae species under natural conditions. Physio Plant, 130: 400～408

Navarro E, Jaffer T, Gauthier D et al. 1999. Distribution of *Gymnostoma* spp. microsymbiotic *Frankia* strains in New Caledonia is related to soil type and to host-plant species. Mol Eco, 8: 1781～1788

Normand P, Lapierre P, Tisa L S et al. 2007. Genome characteristics of facultatively symbiotic *Frankia* sp. strains reflect host range and host plant biogeography. Genome Res, 17: 7～15

Normand P, Orso S, Cournoyer B et al. 1996. Molecular phylogeny of the genus *Frankia* and related generaand emendation of the family frankiaceae. Int J Syst Bacteriol, 46 (1): 1～9

Orfanoudakis M, Wheeler C T, Hooker J E. 2009. Both the arbuscular mycorrhizal fungus *Gigaspora rosea* and *Frankia* increase root system branching and reduce root hair frequency in *Alnus glutinosa*. Mycorrhiza, 20 (2): 117～126

Paschke M W, Dawson J O. 1993. Avian dispersal of *Frankia*. Can J Bot, 71: 1128～1131

Quoreshi A, Roy S, Greer C et al. 2007. Inoculation of green alder (*Alnus crispa*) with *Frankia*-ectomycorrhizal fungal inoculant under commercial nursery production conditions. Native Plants Journal, 8 (3): 271～280

Richards J W, Krumholz G D, Chval M et al. 2002. Heavy metal resistance patterns of *Frankia* strains. Appl Environ Micorbiol，923～927

Ritchie N J，Myrold D D. 1999. Geographic distribution and genetic diversity of *Ceanothus*-Infective *Frankia* strains. Appl Environ Micorbiol，65（4）：1378～1383

Roy S，Khasa D P，Greer C W. 2007. Review：Combining alders，frankiae，and mycorrhizae for soil remediation and revegetation. Can J Bot，85：237～251

Russo R O. 2008. Nitrogen fixing trees with actinorhizal in forestry and agroforestry. *In*：Werner D，Newton W E. Nitrogen Fixation in Agriculture，Forestry，Ecology，and the Environment. Netherlands：Springer

Sayed W F. 2003. Effects of land irrigation with partially-treated wastewater on Frankia survival and infectivity. Plant Soil，254：19～25

Schwencke J，CaruÂ M. 2001. Advances in actinorhizal symbiosis：host plant-*Frankia* interactions，biology，and applications in arid land reclamation. A Review Arid Land Res Mana，15：285～327

Selim S，Schwencke J. 1995. Simple and reproducible nodulation test for *Casuarina* compatible *Frankia* strains：inhibition of nodulation and plant performance by some cations. Arid Soil Research and Rehabilitation，9：25～37

Sellstedt A，Normand P，Dawson J. 2007. *Frankia*-the friendly bacteria-infecting actinorhizal plants. Physiol Plant，130：315～317

Simonet P，Navarro E，Rouvier C et al. 1999. Co-evolution between *Frankia* populations and host plants in the family Casuarinaceae and consequent patterns of global dispersal. Environ Microbiol，1（6）：525～533

Soltis D E，Soltis P S，Chase M W et al. 2000. Angiosperm phylogeny inferred from 18S rDNA，*rbcL*，and *atpB* sequences. Bot J Linn Soc，133：381～461

Stackebrandt E，Rainey F A，Ward-Rainey N. 1997. Proposal for a new hierarchic classification system，actino bacteria classis nov. Int J Syst Bacteriol，47（2）：479～491

Swensen S M，Mullin B C. 1997. The impact of molecular systematics on hypotheses for the evolution of root nodule symbioses and implications for expanding symbioses to new host plant genera. Plant Soil，194：185～192

Takashi Y，Akama A，ChingY L et al. 2005. Growth，nitrogen fixation and mineral acquisition of *Alms sieibddana* after inoculation of *Frankia* together with *Gigaspora margarita* and *Pseudomonas pufida*. J For Res，10：21～26

Takashi Y，Ching Y L，Bernard T B et al. 2003. Tripartite associations in an alder：effects of *Frankia* and *Alpova diplophloeus* on the growth，nitrogen fixation and mineral acquisition of *Alnus tenuifolia*. Plant Soil，254：179～186

Vandamme P，Pot B，Gillis M et al. 1996. Polyphasic taxonomy，a consensus approach to bacterial systematics. Microbiol Rev，60（2）：407～438

Vessey J K，Pawlowski K，Bergman B. 2005. Root-based N_2-fixing symbioses：legumes，actinorhizal plants，*Parasponia* sp. and cycads. Plant Soil，274：51～78

Vitowsek P M，Aber J D，Howarth R W et al. 1997. Human alteration of the global nitrogen cycle：sources and consequences. Ecol Appl，7（3）：737～750

Wall L G. 2000. The actinorhizal symbiosis. J Plant Growth Regul，19：167～182

Wheeler C T，Hughes L T，Oldroyd J et al. 2001. Effects of nickel on *Frankia* and its symbiosis with *Alnus glutinosa*（L.）Gaertn. Plant Soil，231：81～90

Zimpfer J F，Smyth C A，Dawson J O. 1997. The capacity of Jamaican mine spoils，agricultural and forest soils to nodulate *Myrica cerifera*，*Leucaena leucocephala* and *Casuarina cunninghamiana*. Physiol Plant，99：664～672

第六章　植物内生菌资源

第一节　植物内生菌的发现及其研究意义

早在 1879 年，De Bary 就对共生这一现象进行了描述，认为共生就是不同生物生活在一起的状态。化石证据表明，早在高等植物开始出现在地球上的时候，植物就已开始与内生菌建立起内生关系（endophytic relationship）。至今一百多年的研究认为，几乎所有的植物体内都有微生物与之共生，并且一种植物体内同时生存着多种不同的微生物。那么到底植物内生菌是指哪些微生物呢？不同的研究者由于研究的出发点不同，对内生菌的理解也存在着差别。目前被广泛接受的定义是由 Stone 提出的，植物内生菌（endophyte）是指这样一类微生物，即被它们所感染的宿主植物不会或至少暂时不会表现出明显的症状，能直接在植物组织内观察到或是从严格表面消毒的植物组织中分离得到，抑或是从植物组织中直接扩增到其核酸 DNA。尽管当时作者提出这个概念是用来描述内生真菌的，事实上它也同样适用于植物内生细菌和其他的微生物。Rosenblueth 和 Martinez-Romero 也曾提出“真”内生菌的判定标准，他们认为“真”内生菌不仅是从表面消毒的植物组织分离得到的，还应该具备可见的显微学证据表明其的确生活于植物组织内，或是具有感染无菌苗的能力。从生物资源利用的角度，我们赞同采用目前普遍接受的较为宽泛的内生菌概念，也就是将内生菌理解为一切生活在植物体内的腐生、寄生或共生真菌，细菌，放线菌等，同时也包括那些潜伏在宿主体内的病原微生物。

从生物学和生态学的角度来讲，植物内生菌具有多种营养形式，它们可以在死亡或是衰老的组织上营兼性腐生（facultative saprotroph）生长，在活体组织上营寄生（biotrophic parasite）生长，或是处于二者之间的一种过渡状态（interim）。它也是维系宿主植物和草食动物相互作用的媒介。目前人们对植物内生菌的研究兴趣高涨，研究方向也各不相同，主要有以下方面：群落组成、生物学特征、生物多样性、种群生态学、进化生物学、内生菌与宿主及草食动物间的相互作用以及它们所产生的特殊代谢产物等。地球上大约有 30 万种植物，它们的生境也千差万别，这些丰富多样的植物为内生菌提供了多元复杂的生活环境，因而不难想象植物内生环境中微生物资源的丰富程度，以及这些微生物具备的精彩纷呈的生物学特性。越来越多的证据表明植物内生菌是一个巨大的遗传多样性宝库，也是大量丰富的新物种的来源。对植物内生菌的研究必将使我们从这个宝库中发掘到更多的宝贵资源，探索到更多生命科学的奥秘，更好地将其应用到我们的生活中。目前的研究已经表明，植物内生菌因其独特的生活方式，在医药开发、工农业生产和环境改善等领域具有广泛的应用前景。本章将对植物内生菌的分离方法、资源分布情况及目前的应用情况进行概述。虽然一些共生固氮菌也属于内生菌的范畴，但鉴于本书中对这类重要的微生物资源有专门的章节（第五章）介绍，故本章不作过多的论述。

第二节　植物内生菌的分离

为了研究植物内生菌的生物学特性、多样性及其种群动态变化，并且利用它们促进植物健康生长，进行环境修复，获取新颖的活性代谢产物，这些都离不开获得尽可能多的纯培养物种。同时为了实现对微生物资源的保护，对纯培养物的收集和保藏也刻不容缓。由于人类的活动，已经造成了大量植物资源的流失，随之而来的就是与这些植物密切相关的微生物资源的流失。目前，我们尚未充分的掌握这些微生物资源的生物学和生态学特性，对这些流失资源的价值是无法估算的。在与这些宝贵资源流失速度的赛跑过程中，如何改善内生菌的分离方法，尽可能多的获得其纯培养类群尤为重要，这是进一步对其进行研究和利用的紧迫需求。

分离纯培养物种是进行内生菌研究的关键。在分离内生菌的同时要严格避免外源微生物的干扰。由于一些微生物附着在植物表面，或是贯穿植物内部和外部环境（如真菌的菌丝可从根的表面生长至内部），给内生菌的分离操作也带来了一定的难度。从理论上讲，任何分离程序都应该保证能获得全部并且严格的内生种群，但事实上不完全的表面消毒或是消毒剂的渗入都会影响分离效果，而吸附在植物细胞上或是藏匿在间隙内的微生物细胞又常常不易分离得到。因而为了进行有效的分离，对不同的植物组织或是欲分离的目标微生物，采用不同的方法是很有必要的。

一、样品的采集

选择开展研究的植物样品需要进行鉴定以及采集地点的具体定位和记录。内生菌的研究中，主要根据研究目的和经验采集植物的不同部位。植物样品采集后，修剪成长短适宜的组织块，用75%乙醇擦拭样品表面或短时间浸泡、灼烧，使表面干燥后，用石蜡封住切口，放入无菌塑料袋，并保存于低温盒中带回实验室；或将经乙醇初步表面消毒后的样品保存于磷酸缓冲液中。采样后进行简单表面消毒并干燥的目的是为了尽可能避免外源微生物通过植物组织的伤口进入到植物组织内部，同时也是为了抑制腐生菌生长。样品通常应保存在4℃，并尽量缩短从采样到分离操作的时间，可减少组织表面腐生菌对内生菌的影响。

二、表面消毒

进行表面消毒前，样品的清洗极为重要，样品表面残留的土壤等是导致表面消毒不彻底的主要原因之一。可采用流水冲洗和超声波清洗，以便彻底去除表面附着的土壤和有机质颗粒。在表面消毒的过程中，通常选用的消毒剂有次氯酸钠、乙醇和过氧化氢，也有选用升汞和甲醛作为表面消毒剂的，但由于后者对人体毒害较严重，一般不采用。联合使用这些消毒剂可增强表面消毒效果，如次氯酸钠和乙醇联用是常用的表面消毒程序。在消毒剂中添加吐温20、吐温80和Triton X-100等表面活性剂可以减小溶剂的表面张力，使其充分作用到植物表面的凹陷位置。实际操作时，需要根据植物物种、生长年限以及组织部位等特点，采用不同浓度的消毒剂和消毒处理时间。这些消毒条件需要按实际情况进行调整和优化。在每一次消毒剂处理之后，都必须将植物组织用无菌水反复清洗。也有研究者在用次氯酸钠处理之后，将样品浸泡于2%～2.5%硫代硫酸钠溶液中，用以消除残留在表面的氯离子，然后再用无菌水清洗，认为这样的处理能减少残留的氯元素对内生菌出菌率的影响。表面消毒过程中使用的所有用具都必须保证是无菌的。不同的消毒步骤之间，用无菌吸水纸将植物样品表面的液体吸干，避免造成对下一步消毒剂的稀释。使用温和的消毒剂对植物样品表面进行消毒后，去除样品外表皮组织，取内部组织进行分离也是研究者们针对一些适于此操作的样品常采用的方法。一些研究者认为，在分离内生放线菌的时候，完成表面消毒程序后，将植物样品于10% $NaHCO_3$ 溶液中浸泡可有效抑制真菌生长。

只有在保证表面消毒彻底的情况下，从这些样品中分离得到的菌株才能被认为是内生菌。检验表面消毒效果可采用以下方法：①将表面消毒后最后一遍清洗样品的水涂布于营养丰富的培养基上或是接种到液体培养基中；②将表面消毒后的样品置于营养丰富的培养基表面擦拭几下，然后移走样品；③将表面消毒后的样品放到营养丰富的液体培养基中浸一下后取出；经数天培养后，观察这些培养基中是否有菌生长，如果没有，表明表面消毒彻底，已消除了样品表面的附生菌。这些表面消毒效果验证的方法效果相当有效。还有一种进一步检验的方法，即直接用实验中采用的消毒剂作用于真菌或是细菌细胞用以检验消毒效果。具体操作时，将植物组织浸入已知浓度的真菌或是细菌菌悬液中，晾干后，采用相同的表面消毒流程进行消毒，然后同样进行消毒效果的验证，以确认实验中的表面消毒程序有效。

三、样品预处理

（一）组织块法（segment）

将表面消毒的组织在无菌状态下切割成小的组织块，然后分散于分离平板上。采用这种方法时，很重要的一点就是要将植物组织块切得尽量小而薄，以便内生菌有相对较大的生长空间。当菌落出现在组织块上的时候，将其挑取至新鲜的培养基上。组织块法通常用于内生真菌和放线菌的分离，较少用于内生细菌的分离。这种方法的优点在于它适用于几乎所有的植物组织，包括花、果实和种子，并且不同营养形式的微生物都可以从植物组织内获得。但这种方法更有利于获得那些快速生长的微生物，而且在培养的过程中，多种微生物会生长在一起，这就要求必须对其进行纯化，以便将其逐一分开，在这个纯化的过程中也可能会有一些菌株丢失。

（二）组织浸渍法（maceration）

组织浸渍法更适用于内生细菌的分离，也可用于内生真菌的分离，特别是生长较慢的类型。理论上来讲用这种方法可以获得所有的组织内微生物，因此它有助于对可培养内生细菌和真菌的掌握，但不适用于那些专性活体营养内生菌的分离。为了促进组织软化，在组织粉碎之前向植物组织中添加无菌水或是缓冲液，然后用研钵、搅碎机、匀浆机等将组织充分打碎。进行组织粉碎时，可根据组织硬度和样品量选择适当的工具。尤其是那些木质化程度较高的样品，更适合用机械设备来粉碎。但在使用机械设备时，最佳的粉碎时间和强度需要通过实验摸索。植物组织被粉碎之后，将组织液涂布在分离平板上。

采用这种方法进行内生菌分离时，由于操作步骤较多，必须保证在整个过程中样品不被污染。同时在粉碎的过程中，植物组织释放的酶和毒素会对内生菌分离造成影响甚至灭活，因此在整个过程中应该保持低温，使温度不至于达到这些物质的活性作用温度；粉碎后的样品需要立即稀释，以便将毒素浓度稀释至作用范围以下。也可以加入一些能够缓和毒素伤害的物质，如聚乙烯吡咯烷酮（PVP）、乙二胺四乙酸（EDTA）等。为了减少从表面消毒到组织粉碎整个过程的时间消耗，Musson 等设计了一种微孔板的方法，可以将所有的步骤在一块板子上完成。这种方法极大程度上保证了无菌操作，但只适用于少量的样品分离。

（三）组织离心法（centrifugation）

离心法通常用于植物胞间体液的收集，也可用于内生菌细胞的收集。这一方法曾被成功的用于甘蔗茎内生细菌的分离，它也被认为适用于其他植物组织内生菌的分离。根据样品量的多少，将其放入离心管或大的试管进行离心。在 3000g 离心力时，可以获得绝大部分质外体液，然后将其涂布在分离平板上。直接离心避免了粉碎的过程，显微观察证明可以保证细胞的完整性。该分离方法需要进行表面消毒和离心两个步骤，看起来耗时较长，但实际上因为可以多个样品同时离心，所以整体时间的要求也并不会多于其他分离方法。

（四）真空和压力抽取植物体液（vacuum and pressure extraction）

尽管组织粉碎浸渍法和组织离心法都是比较简单有效的分离方法，但仍然存在局限性：①耗时费力；②那些隐藏在消毒剂作用不到的地方或是紧紧粘着植物表层的微生物，很可能会被误判为内生菌；③消毒剂可能会渗入植物组织内并杀死一些内生菌，这将会影响对可培养内生菌的评价。为此，只有采用避免表面消毒程序的分离方法来化解这些局限。

以下所介绍的这种方法便是对上述局限性的改善。采用真空或是加压的方法通常都能收集到来自于运输组织和细胞间隙的植物体液，而这两个部位被认为是大多数内生菌偏好生存的地方。将收集的植物体液用于分离平板的涂布。但是用这种方法不能分离到生存于细胞内的内生菌。早前，有研究者们利用无菌真空抽取的技术从葡萄藤和柑橘树根的木质部分离细菌。Cohen 用特大号的真空抽滤装置从叶片组织中进行内生真菌分离。Hallmann 等曾用一种植物水状态测定的装置——Scholander pressure bomb（图 6-1）进行内生菌的分离。为了避免对植物组织的破坏，使用真空或压力的时候要小心将强度增加到不同植物组织所能承受的最大限度。

Hallmann 等发现采用压力泵的方法虽然在获得的细菌菌株数目上略少于组织浸渍法，但用这种技术获得了更多相对稀有的菌属，在细菌丰富度和多样性指数上更高。而且该结果进一步证实了之前的假设，即压力泵的方法主要是获得维管组织内的微生物，

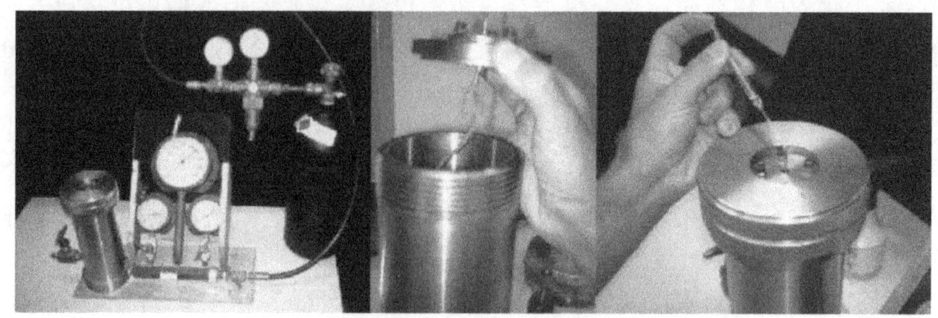

图 6-1 Scholander pressure bomb（引自 Schulz et al.，2006）
从左至右：压力泵装置；将根插入压力泵体；用巴氏吸管收集植物体液

而粉碎和浸渍的方法则可以同时获得来自维管和皮层组织的内生菌。真空和压力泵抽取植物体液的优点在于避免表面消毒，缺点是它并不适用于一些柔软幼嫩的组织，而且对仪器设备的要求也导致这种方法并不能在各实验室普遍实现。

（五）其他方法

云南大学云南省微生物研究所放线菌研究室秦盛等试用了用于土壤放线菌分离的碳酸钙富集法从植物组织中也分离到了大量稀有放线菌。由于土壤中的微生物侵入植物组织内的概率很高，成为非专性的内生菌（facultative endophyte 和 opportunistic endophyte），因此借鉴土壤环境微生物的分离方法并应用于植物内生菌的分离是值得尝试的。我们还利用酶解和差速离心相结合的方法，使其达到充分释放植物细胞间微生物的目的。通过离心收集植物组织液，用于涂布分离平板，也获得了较好的稀有放线菌分离效果。因此在植物内生菌分离方法上需要进行更多的尝试，无论是对内生放线菌，还是对其他细菌和真菌。由于目前对内生菌的生理学特性并不是十分清楚，只有不断改进分离方法我们才可能获得更多未知的内生菌资源。

四、分离培养基

（一）细菌分离培养基

分离培养基的选择对于内生菌的分离也是至关重要的，它直接影响分离得到内生菌的数目和种类。分离内生细菌常用的培养基有适合大多数细菌生长的 TSA 培养基（tryptic soya agar）；适合低营养需求细菌生长的 R2A 培养基；用于分离假单孢菌的 King's B 培养基；用于分离苛性内生菌的 SC 培养基等。研究者们对这些培养基的比较发现原始浓度的 TSA 培养基并不适用于分离内生菌，由于其营养太丰富使得一些生长较快的细菌很快就覆盖了那些生长较慢的细菌；与 SC 培养基比较，在 R2A 培养基上生长的菌落数目更少而且菌落较小，有利于平板计数。

（二）放线菌分离培养基

在内生放线菌的分离中，由于放线菌的生长较缓慢，通常培养一个月左右才在植物表面有菌落长出。因此想要获得尽可能多的放线菌，既要尽量抑制真菌和其他细菌的生长，同时也要尽可能避免影响内生放线菌的生长。对样品进行适当的预处理，选择性分离培养基的设计和抑制剂的选用都极为重要。许多研究者认为，一些贫营养的培养基和土壤放线菌分离常用的部分经典培养基，在内生放线菌的分离中都取得了较好的效果。例如，Coombs 和 Franco 报道的 TWYE（tap water-yeast extract agar）琼脂就是一种营养成分相对较寡的培养基，对内生放线菌分离效果较好。水琼脂也是一种常用的内生放线菌分离培养基。用于分离弗兰克氏菌的 S 培养基等也被借鉴用于分离其他的内生放线菌。研究人员在内生放线菌的分离培养基设计上进行了大量的尝试，并且在相关杂志上报道了一些分离效果较好的培养基，包括用于分离土壤放线菌的无机盐-淀粉培养基（ISP4）、甘油-天冬酰胺培养基（ISP5）、HV 培养基、棉子糖-组氨酸培养基等，以及根据文献报道的植物体液成分的介绍，自行设计的丙酸钠-天冬酰胺培养基、纤维素-脯氨酸培养基、海藻糖-脯氨酸培养基和木聚糖-精氨酸培养基等。秦盛等认为一些营养相对贫乏的培养基更适合用于组织块法分离内生放线菌。在分离培养基中添加相应植物样品浸汁，也能获得较好的分离效果。

（三）真菌分离培养基

用于内生真菌分离的经典培养基有马铃薯-葡萄糖培养基（potato dextrose agar，PDA），麦芽膏-酵母膏-蛋白胨培养基（malt extract-peptone-yeast extract）和 biomalt agar 培养基，其分离效果都比较好。基础培养基，如合成营养培养基（synthetic nutrient agar，SNA）也被用于内生真菌的分离。为了分离一些与宿主特异相关的内生真菌，也常将植物组织或组织提取物添加到基础培养基中。为了提高分离菌株的多样性，通常采用以下策略：针对一种植物样品采用多种分离培养基进行菌种分离；改变培养基的 pH；采用多种培养温度；调整通气量等。

（四）特殊目的菌选择性分离培养基

选择性分离培养基用于分离那些具有特殊生理特性的菌株。例如，无氮培养基适用于分离内生固氮菌；在培养基中添加几丁质、果胶或纤维素作为唯一营养源，适用于选择性分离具有分解相应物质能力的微生物。在分离降解环境污染物的内生菌时，可选择性添加相应的底物作为唯一碳氮源。

总之，分离植物内生菌的时候，需要依据植物样品的性质，如宿主植物生境、植物种类、年龄、组织部位，甚至样品化学成分等，以及分离样品量的多少来选择分离方法。免培养方法的研究结果表明，目前分离得到的内生菌纯培养物种远比植物组织内实际存在的数量要少得多。因此，开展内生菌分离方法的研究十分重要。为了获得尽可能多的纯培养内生菌类群，对植物样品内生菌群落组成有更真实的反映，不断的尝试和优化整个分离过程中的每一个环节，并采用多种分离方法进行分离是非常必要的。

（五）添加抑制剂

为提高目标菌株的出菌率，通常需要在分离培养基中添加某些抗生素、杀真菌剂或特殊的营养物质以刺激或抑制某些微生物的生长。例如，真菌分离培养基选择的pH呈弱酸性，并添加抗细菌剂：土霉素、硫酸链霉素、青霉素、新生霉素等。半致死剂量的杀真菌剂适用于限制真菌菌落的辐射生长。在培养基中添加1～2mg/L的环孢霉素A，可抑制快速生长的真菌。分离细菌的培养基中常添加放线酮、苯菌灵、制霉菌素等以抑制真菌的生长。而在分离放线菌的培养基中则可添加一些细菌抑制剂，如萘啶酸、青霉素、链霉素等。

第三节　植物内生菌资源的种类和分布

地球上有近30万种植物，从寒带、温带到亚热带、热带各种不同的气候带，从平原到丘陵、高山、湖泊、海岸等各种不同的环境都有植物分布。因此高等植物为微生物提供了一个无论在时间上还是空间上都极为复杂多样的栖息地。在目前已研究的植物中都发现有内生菌存在，因此推测地球上每一种植物，无论是单子叶还是双子叶植物，木本或是草本植物中都有内生菌生活。而对一种植物而言，从中可以分离到数种至数十种，甚至数百种的内生真菌和（或）细菌。除了在根瘤中，内生菌在植物体的根、茎、叶、花、种子、果实等器官也都有分布。在植物体内，内生菌在胞内和胞间都有分布。研究认为内生细菌通常分布在细胞间隙和木质部导管。宿主植物的生长发育阶段、基因型、生境以及季节变化等因素都有可能影响其内生菌群落组成的变化。对植物内生菌资源的调查和收集，有利于我们更好地保护和利用这类独特的微生物资源。

对植物内生菌资源分布的研究主要采用纯培养（culture-dependent）和免培养（culture-independent）的技术手段。通过纯培养手段，从植物样品中分离获得纯培养菌株，根据其表型特征和基因型特征进行分类鉴别，并了解该环境中微生物的分布与种群特点；通过免培养的研究手段，直接检测来自植物样品中的生物大分子，尤其是DNA，来研究其微生物群落组成，这一途径有利于我们通过分子技术对那些暂时未培养的微生物资源进行了解和掌握。本节将对目前采用这两种研究手段调查获得的内生菌资源信息进行总结。

一、植物内生真菌

与菌根真菌所不同的是，内生真菌完全生活于植物组织内，而且在根、茎、叶等部位都有分布。依据其宿主类别、定殖方式、生态功能、进化关系可将其分为两大类，即麦角类内生真菌（clavicipitaceous endophyte）和非麦角类内生真菌（nonclavicipitaceous endophyte）。前者是指与一些禾草、牧草等共生的内生真菌；后者是指能从无症状的非维管植物及蕨类、裸子和被子植物等维管植物中分离获得的内生真菌。

（一）麦角类内生真菌

麦角类内生真菌包括一小部分进化上相关的麦角菌物种，它们比较难培养，且仅与一些冷暖季型草种共生。通常这一类内生真菌都在植物茎内形成细胞间的系统性感染。

Clay 和 Schardl 又将这一类内生真菌分为Ⅰ型、Ⅱ型、Ⅲ型。Ⅰ型是指会引起植物表现出症状的内生菌和病原菌；Ⅱ型是指会在病原菌和非病原菌之间进行转换的类别；Ⅲ型是指不会引起宿主植物任何症状的内生菌。麦角内生真菌主要是以垂直形式传播，从植物母体通过种子传递给下一代。通常这类内生真菌可以促进植物生物量的积累，提高其耐旱能力，产生一些对动物有毒害的化学物质。这些功能的体现也会随宿主的物种和基因型的差别，以及环境条件的变化而变化。

早在 1898 年，欧洲研究者们报道了毒麦（*Lolium temulentum*）、田野黑麦草（*Lolium arvense*）、*Lolium linicolum*、疏花黑麦草（*Lolium remotum*）的种子内有麦角内生真菌存在。由此研究者们猜测动物在食用牧草后的中毒症状可能与这些内生真菌有关。1977 年，Bacon 等证实了牲畜食用高羊茅（*Festuca arundinacea*）中毒的普遍现象与其内生菌 *Neotyphodium coenophialum* 有关。牧草中的内生真菌主要集中在子囊菌门麦角菌科瘤座菌族（Balansieae）的 *Balansia*（无性型为 *Ephelis*）和 *Epichloë*（无性型为 *Neotyphodium*）两属中。其中 *Epichloë* 属内生真菌的无性型有 10 余种，它们与冷季型草种形成共生，通常在叶鞘、茎和地下茎细胞间隙产生菌丝，一般不能形成子实体，可经由宿主的种子传播。在南美，*Neotyphodium tembladerae* 能侵染多种牧草，其中有一些对哺乳动物有毒性。*Neotyphodium gansuense* 能侵染亚洲的醉马草（*Achnatherum inebrians*）。很多导致麦角类内生真菌的生活史和种群动态变化的因素现仍然不清楚。系统学研究表明它们的遗传多样性十分丰富，并且存在种间杂交。

（二）非麦角类内生真菌

从 1970 年至今有超过 1000 篇文献对非麦角类内生真菌的报道。这些报道多集中在它们的分布及多样性、鉴定及系统学分析、活性化合物的分离分析以及作为生防因子的功能研究上。根据内生真菌的种群和定殖部的差异，非麦角类内生真菌被分为三类。

第一类非麦角类内生真菌包括了很丰富的物种，其中大部分属于子囊菌门（Ascomycota），其他属于担子菌门（Basidiomycota）。属于子囊菌门的内生真菌仅限于盘菌亚门（Pezizomycotina），而担子菌门的内生真菌则只包含伞菌亚门（Agaricomycotina）和柄锈菌亚门（Pucciniomycotina）的少数成员。这一类内生真菌区别于其他非麦角类内生真菌的特点在于，通常它们能在植物体根、茎、叶部位形成广泛的定殖；通过种皮和（或）地下茎传播；在根际分布较少；可赋予宿主植物非环境适应性和环境适应性；生长于恶劣环境的植物被此类内生真菌感染的频率高达 90%～100%。最早在 1915 年，Rayner 对定殖于欧石楠（*Calluna vulgaris*）体内的茎点霉菌进行了详细描述。近来对地中海植物的研究表明，茎点霉是一类常见的根部内生真菌。球型褐藻（*Ascophyllum nodosum*）则必须与真菌 *Mycophycia ascophylli* 共生才能正常生长。事实上，这一类内生真菌与单子叶和双子叶植物都能形成共生，并且赋予它们特殊的环境耐受能力。

与第一类非麦角类内生真菌一样，第二类非麦角类内生真菌也主要由子囊菌门和担子菌门的成员组成，且多集中在子囊菌门。在子囊菌门中又以盘菌亚门的成员为主，也有一些酵母亚门（Saccharomycotina）的成员。在盘菌亚门中，第二类非麦角类内生真菌涵盖了所有主要的非地衣型（nonlichenized）类群。它们主要分布在盘菌纲（Pezizomycetes)、锤舌菌纲（Leotiomycetes)、散囊菌纲（Eurotiomycetes)、粪壳菌纲（Sordariomycetes）和座囊菌纲（Dothideomycetes)。这些菌株在不同生物群系和不同植物世系中的分布也不相同，如锤舌菌纲的内生菌常常与针叶树共生，而粪壳菌纲的内生菌常分布于热带植物中。第二类非麦角类内生真菌中归属于担子菌门的成员分布于伞菌亚门、柄锈菌亚门和黑粉菌亚门（Ustilaginomycotina)，但其数目远少于子囊菌类的内生菌。通常，担子菌类的内生菌多从树干部位分离得到，较少从植物叶片获得，但利用免培养的方法研究获得的结果表明，担子菌在叶片组织内的分布比目前纯培养研究所表现出的情况更普遍。Arnold 等曾报道，利用免培养的方法从火炬松（*Pinus taeda*）叶片中探测到的担子菌数目是获得纯培养的 4 倍。玉蜀黍黑粉菌（*Ustilago maydis*）是广泛分布于玉米中的内生菌类群。

第二类非麦角类内生真菌与其他类别的区别在于，它们主要或只在植物地上部分的组织内存在；水平传播；形成高局部性的感染；对宿主植物的有益或有害作用不存在环境特异性；多样性水平高。这类内生真菌能与热带树木的叶形成共生，也能与非维管植物、蕨类、针叶树、木本或草本的被子植物地上部分形成共生。生物群系跨越热带雨林、北部寒带和南北极区域。除了在光合作用部位形成共生，此类内生真菌还能在花、果实、树皮内定殖。它们在低地潮湿的热带雨林健康植物的叶片中有大量的局部侵染，而不是在整个植物体内形成系统广泛的侵染。在巴拿马中部的热带雨林，所有乔木和灌木的成熟叶片组织内都有这类内生真菌存在。据报道，在一片叶子上每 $2mm^2$ 就有一个菌株定殖，一片叶子常常有几十种内生真菌定殖其中，而同一棵树上不同的叶片也聚集有不同的内生真菌。这样一来，每种植物会有几百种此类内生真菌与之共生。第二类非麦角类内生真菌不仅在热带雨林植物中表现出如此丰富的多样性，在温带和寒带的植物群落中也有十分惊人的多样性。Higgins 等发现寒带和北极区植物内生真菌的物种组成差异较大。Petrini 和 Müller 从欧洲刺柏（*Juniperus communis*）中分离到属于 80 多个不同物种的内生真菌，而 Halmschlager 等从澳大利亚的无梗花栎（*Quercus petraea*）叶和枝条中也分离到 78 个种。同一宿主植物中的第二类非麦角类内生真菌与病原菌和叶际真菌是截然不同的，目前所认识到的这类内生真菌不包括任何腐生真菌。这类真菌也极少从种子中分离得到。通常无菌条件下生长的幼苗不含有可培养的第二类非麦角类内生真菌。空气来源的接种体以及相对高的叶面湿度，可以使这类内生真菌很快定殖。田间实验证明，湿季在热带森林种植的无菌可可（*Theobroma cacao*）苗，在叶片长出后两周内就有超过 80％的叶子内有内生菌定殖，而且不受叶片的硬度和化学成分的影响。第二类非麦角内生真菌的侵染频率、丰富度和多样性通常随纬度变化也不相同，研究表明这些参数在热带区域比北极冻土或寒带森林要高。事实上在做这样的比较时，当地的环境、土地利用情况、生物多样性水平、哪些常绿植物的叶片内常常会有更多的内生真菌等这些因素也需要考虑在其中。

第三类非麦角类内生真菌专指深色有隔内生真菌（dark septate endophyte)。它泛指一群定殖于植物根内的小型土壤真菌，包括功能和分类关系都不确切的多种真菌。这类真菌的定殖模式在不同植物中是相似的，一般特征是菌丝颜色较深、具明显横隔，广泛地存在于健康植物根的表皮、皮层甚至维管束组织的细胞内或细胞间隙，能够在植物细胞内或细胞间隙形成“微菌核”（microsclerotia），但不会在根组织内形成病原菌所引起的病理学特征。1905 年，Gallaud 首先报道了两种植物，圆头葱（*Allium sphaerocephalum* L.）和假叶树（*Ruscus aculeatus* L.）根内定殖有不同于外生菌根的呈褐色或灰色的有隔内生菌。随后，Melin 在健康的松树根部证实了这类“假菌根真菌”的存在，他将这些不产孢的深色、有隔的真菌命名为 mycelium radicis atrovirens（MRA），随后有大量的 MRA-like 真菌被发现。1991 年，Stoyke 和 Currah 提出了“dark septate endophyte”（DSE）这个概念。DSE 种类组成可能涵盖了众多的形态学种，迄今为止，以形态学为基础描述报道的 DSE 约 10 个属，近 30 个种。虽然一些 DSE 容易进行分离和纯培养，但无论在自然条件下还是人工培养条件下，大多数 DSE 均以无性态存在，这给鉴定带来了困难。目前的统计结果表明，有超过 600 种植物（分别属于超过 110 科的 320 属）中有 DSE 的定殖。这些宿主植物的生境也丰富多样，从沿海滩涂到内陆高原山地，从热带、温带到冻原地区及南北极地区均有分布。Richard 和 Fortin 指出 DSE 广泛分布于北方针叶林中。Treu 等对阿拉斯加德纳里国家公园中的 40 种维管植物进行调查发现，与丛枝菌根真菌（arbuscular mycorrhizal fungi，AMF）相比，DSE 的定殖率较高。Read 和 Haselwandter 发现奥地利阿尔卑斯地区包括莎草科的许多植物中都有 DSE 的定殖，并指出 DSE 在高纬度地区可能具有更大的定殖优势。DSE 在北极地区的定殖也较为普遍，且未产生黑色素的 DSE 菌丝也在该地区被发现，甚至在一些极端寒冷的生态系统中也发现有 DSE 的分布。在亚南极地 Macquarie 岛上，高达 52.5%的维管植物中有 DSE 定殖。除此之外，在其他地理环境分布的宿主植物中也有大量 DSE 被发现。Rains 等在对哥斯达黎加热带雨林菌根状况的研究中发现，几乎所有被调查的植物中都有 DSE 定殖。Barrow 和 Aaltonen 在美国新墨西哥州半干旱牧场土著草种的根中发现，DSE 比传统的菌根真菌分布更广泛。Li 等发现干热河谷中很多植物的根系上都有 DSE 的定殖，亚热带地区的草本植物 DSE 定殖的比例也很高，一些水生植物和湿地植物中也有 DSE 定殖。王桂文和李海鹰在生长在低潮带长期受海水浸泡的红树根系中发现有 DSE 的定殖。Li 和 Guan 在云南大理、丽江、香格里拉等地研究野生马先蒿属植物时发现，相对于外生菌根和 AMF 来说，DSE 是这些野生植物根中更常见的定殖者。Muthukumar 等调查了印度南部西高止山脉地区 107 种药用和芳香植物根部的 AMF 和 DSE，发现 38 种植物有 DSE 定殖。DSE 在不同生境不同植物中的定殖，表明它们几乎没有宿主特异性。至今为止，越来越多的研究表明大多数植物都能被 DSE 定殖，包括绝大多数的农作物、牧草等。

一些基于 18S rRNA、28S rRNA 基因的分子指纹技术，如 DGGE（denaturing gradient gel electrophoresis）、T-RFLP（terminal-restriction fragment length polymorphism）、SSCP（PCR-single strand conformation polymorphism）等，以及生物化学技术，如 SIP（stable isotope profiling）和 metabolic incorporation of nucleotide analogs，如 BrdU（bromodeoxyuridine）都被用于内生菌群落组成及其生物学功能的研究。研究还发现内生真菌物种和遗传多样性水平远高于纯培养探测到的结果。

二、植物内生细菌

（一）植物内生细菌分布

植物内生环境同样也给细菌提供了大量丰富的栖息地。内生细菌在单子叶植物和双子叶植物中都有分布，从高大乔木到禾草类都能成为内生细菌的宿主。依据其生活方式，植物内生细菌可以被分为专性（obligate）和兼性（facultative）两类。专性内生细菌的存活生长完全依赖于宿主植物，通过垂直传播或某些载体传递给其他植物；而兼性内生细菌则可以独立于宿主植物生活。兼性内生细菌的生活周期可以说是双相的，可以在宿主植物和其他外界环境（主要是土壤）转换。可能正是由于许多的微生物能够进入植物体内并且定殖其中，我们才在植物体内发现多样性如此丰富的内生菌。这些内生菌通过根部裂纹、植物病原菌造成的伤口或自然开口等“通道”进入植物体内，但是根部裂纹被认为是细菌侵入的主要途径。这些来源于土壤的细菌，从植物的根部侵染并很快散布到根的细胞间隙。内生细菌在各植物器官都有分布，通常定殖于细胞间隙。总体上，内生细菌在植物根内的种群密度最高，达到 10^5CFU/g 鲜重。通常随着从根部向顶部的变化，内生细菌的种群密度也逐渐降低。在茎内平均种群密度为 10^4CFU/g 鲜重，叶内平均种群密度为 10^3CFU/g 鲜重。生殖器官（如花、果实、种子）中内生细菌的种群密度最低，而且大多数情况下很难检测到。随着人们对植物内生菌的研究兴趣越来越浓，研究的宿主范围越来越广，越来越多的内生细菌被分离得到。表 6-1 中列出了部分经济植物和药用植物中分离得到的一些内生细菌，可以从一个侧面反映植物组织内内生细菌丰富的多样性。

表 6-1 部分植物内生细菌的分布情况

属名	植物	属名	植物
α-Proteobacteria		*Chromobacterium*	水稻
Agrobacterium	胡萝卜、三叶草、黄瓜 玉米、马铃薯	*Comamonas*	葡萄，棉花
		Herbaspirillum	甘蔗，水稻，玉米，高粱，香蕉
Azorhizobium	水稻	*Neisseria*	棉花
Azospirillum	香蕉，菠萝	**γ-Proteobacteria**	
Bradyrhizobium	水稻	*Citrobacter*	香蕉
Gluconacetobacter	甘蔗，咖啡	*Enterobacter*	玉米，大豆，柑橘树，红薯
Methylobacterium	松树，橘树	*Erwinia*	大豆，棉花
Ochrobactrum	甜玉米	*Escherichia*	莴苣
Phyllobacterium	棉花	*Klebsiella*	红薯，水稻，胡萝卜，玉米，大豆，香蕉，甘蔗
Rhizobium	胡萝卜，水稻		
Sinorhizobium	红薯	*Pantoea*	水稻，大豆，柑橘树，红薯
Sphingomonas	水稻	*Providencia*	柑橘树
β-Proteobacteria		*Pseudomonas*	金盏花，胡萝卜，大豆，松树
Acidovorax	油菜	*Salmonella*	苜蓿，胡萝卜，萝卜，番茄
Azoarcus	Kallar 草，水稻	*Serratia*	水稻
Burkholderia	玉米，黄羽扇豆，香蕉，柑橘树，菠萝，水稻	*Stenotrophomonas*	沙丘草
		Xanthomonas	红三叶草

续表

属名	植物	属名	植物
Yersinia	甜玉米	*Staphylococcus*	胡萝卜
Firmicutes		**Bacteroidetes**	
Bacillus	玉米，胡萝卜，柑橘树	*Chryseobacterium*	黄瓜
Clostridium	*Miscanthus sinensis*	*Cytophaga*	油菜
Lactobacillus	甜菜	*Flavobacterium*	油菜，小麦
Paenibacillus	红薯	*Sphingobacterium*	水稻
Pediococcus	棉花		

（二）内生固氮细菌

从一些植物组织中也分离到内生固氮细菌，但内生固氮细菌只占整个内生细菌的一小部分。研究者曾经从甘蔗中分离得到重氮营养醋杆菌（*Acetobacter diazotrophicus*），并且发现这种内生菌主要定殖于一些糖分含量高的植物，如甘蔗、甘薯等。研究者们也从野生水稻（*Oryza officinallis*）中分离到草螺菌属（*Herbaspirillum*）、艾德昂菌属（*Ideonella*）、肠杆菌属（*Enterobacter*）和固氮螺菌属（*Azospirillum*）的内生菌株。Gyaneshwar 从 4 种水稻变种中分离到 6 株黏质沙雷氏菌（*Serratia marcescens*）。Reiterd 等利用免培养技术对甘薯体内 *nifH* 基因进行扩增和分析，结果表明除了来自一些根瘤菌的序列，还检测到克雷伯菌（*Klebsiella* spp.）和 *Paenibacillus odorifer*。人们在豆科植物的根瘤中也分离到根瘤菌之外的其他内生细菌，但通常这些内生细菌不能形成根瘤。

（三）潜在人体病原菌

随着植物内生菌研究的扩展和深入，从植物组织内也分离到一些人类病原细菌，如蜡状芽孢杆菌（*Bacillus cereus*）、洋葱伯克霍尔德菌（*Burkholderia cepacia*）、黏质沙雷氏菌、嗜麦芽寡养单胞菌（*Stenotrophomonas maltophilia*）等，这些菌株虽然具有很好的拮抗植物病原菌的能力，但也会引起人类疾病。有研究者从土豆中分离到葡萄球菌属（*Staphylococcus*）菌株。Reiter 等对土豆叶片内生细菌菌株的 16S rRNA 基因的序列分析表明，一些菌株与人类病原菌有很高的相似性，如河生肠杆菌（*E. amnigenus*）、阴沟肠杆菌（*E. cloacae*）、嗜麦芽寡养单胞菌、木糖葡萄球菌（*S. xylosus*）、人苍白杆菌（*O. anthropi*）。这些存在于植物组织的人类病原细菌可能成为人类健康隐患。自 1995 年以来，在北美、亚洲和欧洲都曾发生过由紫花苜蓿幼苗内的沙门氏菌（*Salmonella*）而引起的疾病爆发，随后的研究发现紫花苜蓿的种子已经被感染，而且表面消毒也无法消除这些内部的病原菌。研究者们还通过显微观察证实了这些沙门氏菌确实作为内生菌定殖于紫花苜蓿幼苗内。因此加强对定殖于植物体内的人类病原菌进行调查研究对于保障食品安全是很有必要的。

除了利用纯培养技术，研究者们也不断采用基于 16S rRNA 基因的免培养技术（如 T-RFLP、DGGE、构建 16S rRNA 基因文库等）对植物内生细菌的群落组成进行研究。

这两种技术的结合有利于我们更全面的了解植物内生环境的细菌种群分布。Reiter 和 Sessitsch 结合纯培养和免培养技术对白花番红花（*Crocus albiflorus*）地上部分内生细菌进行研究发现，与其他报道过的植物一样，白花番红花样品中细菌物种多样性十分丰富，还有一些在其他植物中未见报道的物种存在。纯培养研究中获得了 3 个细菌类群，代表了 17 个进化分支；免培养结果发现有 6 个细菌类群，分别代表了 38 个进化分支；并且纯培养中主要的类群是低 G+C 含量的革兰氏阳性菌，在克隆文库中则是 Gammaproteobacteria 为主要类群。Araujo 对柑橘树内生细菌的免培养研究中也发现了许多未获得纯培养的内生细菌。Cankar 等对欧洲云杉种子内生细菌纯培养和免培养研究结果一致，两种方法都检测到假单胞菌属（*Pseudomonas*）和拉恩氏菌属（*Rahnella*）的菌株。

三、植物内生放线菌

近年来，云南大学云南省微生物研究所放线菌研究室开展了药用植物内生放线菌的资源研究。2004～2007 年，该研究团队从云南西双版纳热带雨林中的 90 多种药用植物中分离到 2700 多株内生放线菌，共分布于 6 个亚目，13 个科，24 个属，分别为链霉菌属（*Streptomyces*）2407 株（87.79%），假诺卡氏菌属（*Pseudonocardia*）206 株（7.50%），链孢囊菌属（*Streptosporangium*）14 株（0.50%），野野村菌氏属（*Nonomuraea*）14 株（0.50%），糖霉菌属（*Glycomyces*）16 株（0.60%），诺卡氏菌属（*Nocardia*）14 株（0.50%），拟无枝菌酸菌属（*Amycolatopsis*）15 株（0.55%），拟诺卡氏菌属（*Nocardiopsis*）11 株（0.40%），马杜拉放线菌属（*Actinomadura*）12 株（0.44%），原小单孢菌属（*Promicromonospora*）11 株（0.40%），小单孢菌属（*Micromonospora*）10 株（0.36%），小双孢菌属（*Microbispora*）7 株（0.26%），厄氏菌属（*Oerskovia*）2 株（0.07%），珊瑚放线菌属（*Actinocorallia*）1 株（0.04%），糖多孢菌属（*Saccharopolyspora*）2 株（0.07%），微杆菌属（*Microbacterium*）5 株（0.20%），红球菌属（*Rhodococcus*）4 株（0.15%），短小杆菌属（*Curtobacterium*）1 株（0.04%），迪茨氏菌属（*Dietzia*）2 株（0.07%），节杆菌属（*Arthrobacter*）2 株（0.07%），微球菌属（*Micrococcus*）2 株（0.07%），短状杆菌属（*Brachybacterium*）1 株（0.04%），两面神菌属（*Janibacter*）1 株（0.04%）。该研究结果显示热带雨林植物内生放线菌多样性极其丰富，同时也发现其中链霉菌为优势属，占到 87%以上。在对滇南美登木（*Maytenus austroyunnanensis*）样品的研究中，共获得内生放线菌 312 株，分离菌株的多样性也十分丰富，它们分布在放线菌亚纲的 8 个亚目：链霉菌亚目（Streptomycineae）、棒杆菌亚目（Corynebacterineae）、小单孢菌亚目（Micromonosporineae）、假诺卡氏菌亚目（Pseudonocardineae）、丙酸杆菌亚目（Propionibacterineae）、微球菌亚目（Micrococcineae）、链孢囊菌亚目（Streptosporangineae）、糖霉菌亚目（Glycomycineae）的 19 个属：链霉菌属、戈登氏菌属（*Gordonia*）、假诺卡氏菌属、拟诺卡氏菌属、小单孢菌属、糖多孢菌属、拟无枝菌酸菌属、冢村菌属（*Tsukamurella*）、微杆菌属、多形孢菌属（*Polymorphospora*）、原小单孢菌属、分枝杆菌属（*Mycobacterium*）、姜氏菌属（*Jiangella*）、野野村氏菌属、链孢囊菌属、马杜拉放线菌属、

糖霉菌属、诺卡氏菌属、纤维微杆菌属（*Cellulosimicrobium*）。结合形态特征以及测序分析的结果表明，获得的312株内生菌中分离频率最高的链霉菌有207株（66.3%），拟诺卡氏菌有32株（分离频率为10.3%），其次为假诺卡氏菌（22株，7.1%）、小单孢菌（18株，5.8%），其他稀有放线菌属有33株（10.6%）。

从黄花蒿（*Artemisia annua* L.）样品中分离得到273株植物内生放线菌，通过菌落形态和16S rRNA基因序列分析鉴定，它们至少分布于19个属：链霉菌属、假诺卡氏菌属、小单孢菌属、马杜拉放线菌属、拟无枝菌酸菌属、芽球菌属（*Blastococcus*）、韩国生工菌属（*Kribbella*）、糖霉菌属、考克氏菌属（*Kocuria*）、链孢囊菌属、球孢囊菌属（*Sphaerisporangium*）、指孢囊菌属（*Dactylosporangium*）、诺卡氏菌属、原小单孢菌属、野野村菌属、戈登氏菌属、微球菌属、游动四孢菌属（*Planotetraspora*）、红球菌属。研究发现，链霉菌在所有不同采集地的黄花蒿植物样品中普遍存在，且数量上占绝对优势，假诺卡氏菌属和小单孢菌属是除链霉菌外两个较为优势的类群。表6-2对部分植物中分离到的内生放线菌进行了统计，这些研究结果充分表明放线菌是植物内生菌群落中不可忽视的重要组成部分，其多样性也十分丰富，对内生环境放线菌资源的开发利用具有巨大的潜力。

表6-2　部分植物内生放线菌的分布情况

属名	植物	属名	植物
Actinomadura	滇南美登木，红豆杉	*Microbispora*	小麦，大白菜
Actinoplanes	红豆杉	*Micrococcus*	大头茶
Arthrobacter	玉米	*Micromonspora*	小麦，大白菜，红豆杉
Cellulomonas	棉花	*Mycobacterium*	小麦，松树
Clavibacter	棉花	*Nocardia*	柑橘树
Corynebacterium	玉米	*Nocardiodes*	小麦
Curtobacterium	柑橘树	*Nocardioforme*	*Taxus*
Dietzia	*Cercidiphyllum japonicum schima* sp.	*Plantiactinospora*	*Maytenus austroyunnanensis*
Glycomyces	*Carex baccans*	*Nonomuraea*	*Maytenus austroyunnanensis*
Herbidospora	*Osyris wightiana* Wall. ex Wight.	*Pseudonocardia*	*Lobelia clavata*
Janibacter	甜瓜 Oriental melon	*Rhodococcus*	*Cercidiphyllum japonicu*
Jiangella	*Maytenus austroyunnanensis*	*Rathayibacter*	油菜，小麦
Kineococcus	*Gynura pseudochina*（L.）DC. var. *hispida* Thwaites	*Sacchropolyspora*	*Tripterygium hypoglaucum*, *Gloriosa superba*
Kineosporia	*Typha latifotia*, *Tripterygium wilfordii*	*Streptomyces*	小麦，香蕉，番茄
Kitasatospora	红豆杉	*Streptosporangium*	香蕉，大白菜
Kocuria	金盏花	*Streptoverticillium*	香蕉
Microbacterium	金盏花，玉米		

近年来，基于16S rRNA基因的免培养技术，证实了在植物体内存在大量未培养的放线菌类群。Sessitsch等通过16S rRNA基因测序和DGGE技术分析了3个品种的马

铃薯内生放线菌的物种多样性，发现马铃薯内存在大量链霉菌，并推测这些链霉菌具有防治马铃薯疥疮病的潜力。Conn 和 Franca 使用 T-RFLP 技术，研究了采自 3 种不同类型土壤中生长的小麦根部内生放线菌多样性。他们发现在不同类型土壤中生长的小麦根部内生放线菌多样性是有差别的，含有较多有机物的土壤中的小麦根内生放线菌多样性较高；用分子方法检测到的放线菌种类也多于传统纯培养方法获得的种类。Tian 等通过 ARDRA 技术分析了水稻茎和根中的内生放线菌丰富度与多样性。通过免培养的方法研究发现水稻中内生放线菌物种非常丰富，分布于 14 个属，远远超过了传统分离培养方法所获得的结果。秦盛在研究滇南美登木内生放线菌的群落组成时，分别用免培养和纯培养方法进行了较系统的比较。结果显示，纯培养获得了 20 个属的放线菌，而免培养检测到 40 个属，多样性程度远远超过纯培养研究的结果。综合两种方法的研究结果，滇南美登木植物中共发现 54 个属的放线菌，多样性十分丰富。纯培养获得的链霉菌属、假诺卡氏菌属、拟无枝菌酸菌属、微杆菌属、分枝杆菌属、马杜拉放线菌属均在克隆文库中检测到了，而另外 14 个属未检测到。两种研究方法发现的内生放线菌优势类群也不相同，链霉菌的分离频率最高，但免培养方法只在叶中发现优势类群为链霉菌，根茎中则并非如此。此外，在克隆文库中发现的 34 个放线菌属在纯培养中却未分离得到。这些研究结果表明，基于 16S rRNA 基因的分析技术克服了传统的纯培养方法的局限，为我们进一步客观地认识植物内生放线菌多样性提供了有效的手段。但鉴于免培养技术本身也存在局限性，因此纯培养与免培养方法相结合才能更加全面、更为有效地研究内生菌的群落组成，同时为进一步开展宿主植物与内生菌的关系、内生菌的生物学功能等研究奠定基础。

四、影响内生菌分布的因素

植物内生菌的群落组成与植物的物种类别、基因型、地理环境等因素密切相关。

（一）地理环境

生长于不同地理环境的宿主植物体内定殖的内生细菌种类不同。Munif 比较了生长于德国波恩温带和印度尼西亚的博格尔热带条件下的番茄根部内生细菌的群落组成，发现从波恩样品中分离到了分属于 21 个属的 38 个物种，而从博格尔样品中分离到了分属于 32 个属的 50 个物种。其中有 24 个细菌物种只在波恩样品中获得，有 36 个物种只在博格尔样品中分离到，另有 14 个物种是两个地方的样品中共有的，同时也发现恶臭假单胞菌（*P. putida*）和巨大芽孢杆菌（*Bacillus megaterium*）在这两个地理区域中分布最多。在世界其他区域，这两个物种也是被广泛报道的内生菌物种。利用分子指纹技术的研究表明，从不同环境中获得的荧光假单胞菌（*P. fluorescent*）遗传特征并不相同，因此认为这些菌株的存在反映了对不同环境的适应性。

（二）植物物种

Smalla 等曾发现不同植物物种的根际微生物群落组成不同，那么不难推测那些来自于根际环境的植物内生菌在不同宿主植物中的组成也不相同。事实上，McInroy 和

Kloepper 就曾发现邻近生长的甜玉米和棉花的内生细菌组成不同。虽然从这两种植物样品中获得了相似数目的内生细菌属，但产碱菌属（*Alcaligenes*）、金杆菌属（*Aureobacterium*）、纤维单胞菌属（*Cellulomonas*）、丛毛单胞菌属（*Comamonas*）、欧文氏菌属（*Erwinia*）、苍白杆菌属（*Ochrobactrum*）和耶尔森氏菌属（*Yersinia*）的菌株，只从棉花的根部分离得到；而节杆菌属、柠檬酸杆菌属（*Citrobacter*）、黄色单胞菌属（*Flavimonas*）、微杆菌属和寡养单胞菌属（*Stenotrophomonas*）则只从甜玉米的根部分离获得。植物物种不同则意味着它们的根构型、表面结构、根分泌物的成分以及菌根化、损伤等非植物体因素也不相同，这就直接导致最初从根部入侵的细菌种类不同。随之而来的，细胞间隙的大小、质外体营养成分以及宿主植物对入侵内生菌的反应等直接影响到最终定殖于宿主体内的细菌种类。

（三）植物基因型

Sturz 等对 4 个品种的土豆块茎内生细菌的研究表明它们之间存在差异。虽然萎蔫短小杆菌（*C. flaccumfaciens*）和菊苣假单胞菌（*P. cichorii*）这两个种在 4 个品种的植物样品中都有分布，但萎蔫短小杆菌是“Kennebec”土豆中的优势类群，并且极少存在于“Butte”品种中；相反菊苣假单胞菌主要分布于品种“Butte”，且较少从其他 3 个品种的样品中分离得到；除此之外一些细菌物种是其中某个品种的特有种。不同品种的小麦体内定殖的内生细菌也不相同，研究表明现代小麦品种体内的内生细菌物种多样性高于古老的品种。与植物物种不同所带来的差异一样，由于不同基因型的宿主植物的生物化学成分的差异，直接影响到其内生细菌的群落组成。

第四节　植物内生菌资源的利用

植物内生菌生存于宿主植物体内独特的生境，生活形式多样化，与宿主植物进行着频繁的物质交流，这些都使得它们具有与外界环境微生物所不同的生理生化特征，同时也使它们表现出丰富多样的生态学功能。内生菌能促进植物生长、提高作物产量，同时还能作为生防因子帮助宿主植物抵御病虫害，提高宿主植物对不利环境的抗逆性。内生菌之所以表现出这些功能，其中重要的原因之一在于它们能产生许多活性天然产物，而这些产物在医药、农业和工业生产上具有极大的应用潜力。近年来的研究也表明植物内生菌能提高宿主植物对污染环境修复的能力。利用内生菌进行生物能源的开发也是目前一些研究者的兴趣所在。图 6-2 清晰系统地为我们呈现了植物内生细菌的应用领域。本节将对内生菌这一类极具应用潜力的微生物资源目前的利用情况进行总结。

一、植物内生菌产生的天然产物

化石研究的证据表明，植物与其内生菌之间的内生关系早在高等植物出现在地球上的时候就已存在。内生菌长期生活在植物体细胞内或细胞间隙这样的特殊环境中，并与宿主协同进化。这种紧密的关系使得内生菌的生理遗传特性较之植物体外环境的微生物有显著的不同。而这些特征一方面保证内生菌可以从宿主植物中吸取营养维持生存；另

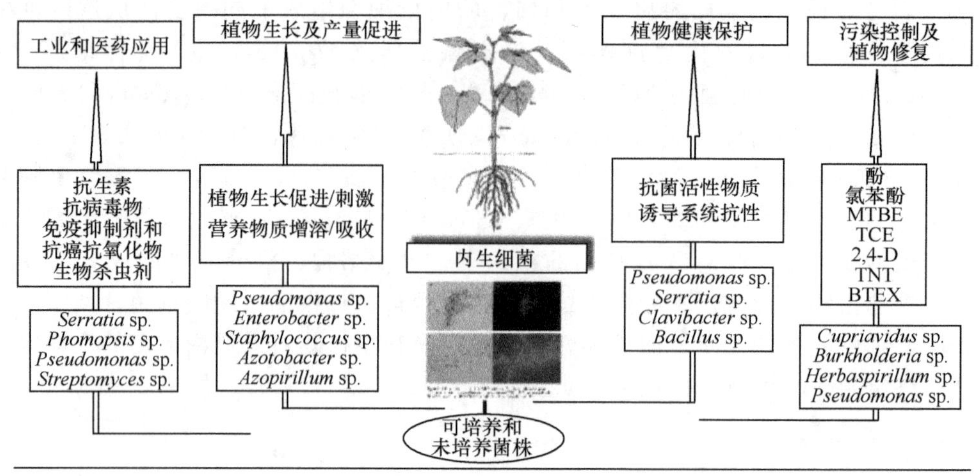

图 6-2 植物内生细菌与宿主相互作用及其应用情况示意图（引自 Ryan et al.，2008）

一方面内生菌也能够促进宿主植物的生长发育，增强宿主植物对生物胁迫及非生物胁迫的抵抗能力。内生菌能够表现出对宿主植物的生物学作用很重要的原因之一，就在于其自身合成的抗生素、激素、酶抑制剂、诱导物等多种活性物质或通过诱导物诱导宿主植物合成萜类、生物碱、皂苷、黄酮、酚类和多炔类等次生代谢产物。研究者们发现，特殊生态环境下的微生物与特殊的次生代谢产物有紧密的联系。因此，在活性物质的筛选中将更多的注意力集中在分布于特殊生境的生物上。植物内生菌作为一类开发较少的微生物资源，种类及数量庞大，分布的宿主植物范围广泛，所处的微生态系统丰富多样，加之宿主植物本身所处生态环境的多样性，不难想象它们的代谢途径及次生代谢产物种类也具有丰富的多样性。此外，内生菌资源中蕴含着大量的新物种和新基因资源，而新基因和新物种又意味着可能具有新的天然产物。据报道，近来发现的新的生物活性物质有 51％来源于内生菌的新种，而仅有 38％来自土壤微生物。因此植物内生菌为天然活性产物的研究提供了丰富的物种资源。

（一）选择植物来源的策略

特殊的生境决定了植物内生菌是一类潜力巨大的微生物新资源，从内生菌代谢产物中寻找新型活性物质，将为医药和农用药剂的开发提供新的契机。众所周知，地球上植物种类极为丰富，在植物内生菌的研究中，要想获得尽可能多的菌株、提高发现新物种及新活性物质的概率，植物样品的选择非常重要。Strobel 提出了一个理性地进行内生菌分离和天然产物开发的策略。他认为应该从以下四方面来优先选择开展内生菌研究的植物样品：①生长在独特甚至极端环境下并拥有自身独特的生存机制的植物；②具有民族、土著药用历史的植物，以及药用化学成分已经被详细研究过的植物，其内生菌有可能产生和宿主植物相同或类似或者比植物本身活性更强的活性化合物；③本土植物，拥有较长的生长时期，或者生长在某个较为古老的地带，如冈瓦纳大陆，其内生菌产生活性物质的概率更高；④生物多样性丰富地区的植物，如生长在热带或亚热带地区的植物种类比生长在干旱和寒冷地区的植物种类丰富，其内生菌的多样性也相对更高。他还认为生长在独特的气候环境下的本土植物是研究内生菌的首选。例如，位于中美洲委内瑞拉的热带雨林、澳大利亚的季风区域、亚洲的金三角地区、巴布亚新几内亚的丘陵和海岸地带、马达加斯加群岛和亚马逊河流区域，它们都是世界上生物多样性最为丰富的地区，这里有着充足的降雨量，植物种类丰富，而且有着许多本土植物，其内生菌资源就非常值得研究。因此，植物样品的选取在研究内生菌及其活性代谢产物的整个过程中是非常重要的一步。

（二）抗生素类

植物内生菌产生的抗生素类天然产物不仅对大量植物病原菌具有抑制或致死作用，同时对许多引起人类和动物疾病的细菌、真菌、病毒和原生动物也同样具有防治作用。

Strobel 等从雷公藤（*Tripterygium wilfordii*）中分离到的内生真菌 *Cryptosporiopsis quercina* 能产生一种新型环肽抗生素 cryptocandin，该物质与棘白霉素（echinocandin）和肺炎球菌素（pneumocandin）的化学性质相似，对白色念珠菌（*Candida albican*）及发癣菌（*Trichophyton* spp.）具有强烈抑制和杀灭作用。Cryptocandin 对一些植物病原真菌，如核盘菌（*Sclerotinia sclerotiorum*）和灰霉菌（*Botrytis cinerea*）也具有抑制活性。目前 cryptocandin 及其衍生物有望被开发成抑制皮肤和指甲真菌感染的药物。从这株真菌中分离到的另一个新化合物 cryptocin，对稻瘟病菌（*Pyricularia oryzae*）及其他植物病原真菌具有抑制作用。据报道，小孢拟盘多毛孢（*Pestalotiopsis microspora*）是热带雨林中十分常见的内生真菌，这些菌株能产生丰富的次生代谢产物，其中一类就是 ambuic acid，该物质具有抗真菌活性。从濒危植物佛罗里达榧树（*Torreya taxifolia*）中分离得到的一株小孢拟盘多毛孢菌株，能产生一些抗真菌活性物质，包括 pestaloside 和两个吡喃酮类物质 pestalopyrone 和 hydroxypestalopyrone，这些物质也具有植物毒素的性质。从小孢拟盘多毛孢菌株中还分离得到了其他新的化合物，pestalotiopsins A 和 B、2-α-hydroxydimeninol 和 humulane。而且该内生真菌产生的化合物种类和含量不仅在不同的培养条件下会发生变化，也会随菌株来源不同（宿主植物不同）而发生变化。一株分离自 *Fragraea bodenii* 的内生真菌新物种 *Pestalotiopsis jesteri* 能产生具有抗真菌活性的物质 jesterone 和 hydroxy-jesterone，其中化合物 jesterone 已能通过有机合成获得，并且保留了其全部的生物活性。由内生拟茎点霉（*Phomopsis* sp.）菌株产生的 phomopsichalasin 在抗菌实验中对枯草芽孢杆菌（*B. subtilis*）、鸡肠血清沙门氏杆菌（*S. enterica serovar* Gallinarum）、金黄色葡萄球菌（*S. aureus*）、热带假丝酵母（*Candida tropicalis*）均表现出较强的抗性。分离自卷柏属植物 *Selaginella pallescens* 的内生镰刀菌（*Fusarium* sp.）菌株能产生一个新的酮内酯戊酮（pentaketide）类的抗真菌化合物 CR377，它对白色念珠菌有较强的抗性。邹文欣等从蒙古蒿（*Artemisia mongolica*）中分到一株胶孢炭疽菌（*Colletotrichum gloeosporioides*）能产生炭疽菌酸（colletotric acid），它具有很好的抗细菌活性和抗根腐病菌（*Helminthosporium sativum*）的能力。而从青蒿中分离的炭疽菌产生的代谢产物不仅具有抗人类病原真菌和细菌的能力，还有抑制植物病原真菌的活性。Wicklow 和 Poling

从一株玉米内生真菌 *Acremonium zeae* 代谢物中分离到化合物 pyrrocidine A 和 B，该物质能帮助宿主抵御细菌病原菌引起的苗枯病和玉米茎腐病。Zhang 等从分离自络石（*Trachelospermum jasminoides*）的内生真菌顶头孢霉（*C. acremonium*）IFB-E007 代谢物中获得一种抗菌物质 cephalosol。Strobel 等从锡兰肉桂（*Cinnamomum zeylanicum*）中分离到一种新的内生真菌 *Muscodor albus*，并从其代谢物中获得 5 种挥发性活性化合物，它们均具有不同程度的细菌和真菌抑制作用，将这 5 种化合物混合使用，可增强其抑菌效果，而且能对许多人类和植物病原真菌和细菌产生致死作用。他们还从另外一个内生 *Muscodor roseus* 菌株中发现了与 *Muscodor albus* 同样具有抗菌活性的挥发性物质。随后，从黏帚霉（*Gliocladium* sp.）菌株中也发现了挥发性的抗生素，但该挥发性物质的成分与 *Muscodor roseus* 和 *Muscodor albus* 的完全不同，且其生物活性也不及后者。

由内生细菌绿黄假单胞菌（*P. viridiflava*）产生的 ecomycin 代表了一类新的脂肽类物质，它们对人类病原真菌，如新型隐球菌（*Cryptococcus neoformans*）和白色念珠菌具有抑制作用。植物内生的假单孢菌产生的另一类抗真菌化合物是 pseudomycin，它们也对许多的人类和植物病原真菌具有抑制作用，如新型隐球菌、白色念珠菌、荷兰榆树病病原菌（*Ceratocystis ulmi*）、香蕉黑条叶斑病病原菌（*Mycosphaerella fijiensis*），这类化合物被认为极具医药开发和农用价值。Bieber 等从生长于德国的欧洲赤杨（*Alnus glutinosa*）中分离到一株链霉菌，从其代谢产物中发现一种新的萘醌类抗生素 alnumycin，它对革兰氏阳性病原菌具有抑制作用。Castillo 等从生长在澳大利亚北部的药用植物蛇藤（*Kennedia nigriscans*）中分离到的一株内生链霉菌 NRRL 30562 能产生缩氨酸物质 munumbicin A、B、C、D，对革兰氏阳性细菌、青霉素抗药性菌株葡萄球菌、对多种药物具有抗药性的结核分枝杆菌及其他抗药性细菌菌株具有抑制作用；其中 munumbicin D 对引起人类疟疾的疟原虫（*Plasmodium falciparum*）也具有很强的抑制活性。Pullen 等从卫矛中分离到一株桑氏链霉菌（*Streptomyces sampsonii*）能产生一种新抗生素，对一系列抗药性细菌和分枝杆菌有很强的抑制作用。从生长于澳大利亚北部的银桦属植物 *Grevillea pteridifolia* 中分离到一株内生链霉菌 NRRL 30566，可产生一种新抗生素 kakadumycin A，它对革兰氏阳性菌具有广谱抗菌活性，对引起疟疾的疟原虫也具有抗性，可抑制 RNA 的合成，其作用机制与棘霉素相似，但其活性更强。Ezra 等从生长于秘鲁的蓬莱蕉中分离到的一株链霉菌，可产生新的多肽类抗生素 coronamycin，对植物病原真菌终极腐霉菌（*Pythium ultimum*）、螺壳状丝囊霉（*Aphanomyces cochlioides*）、樟疫霉（*Phytophthora cinnamomi*）、新型隐球菌和疟原虫具有抑制性。Taechowisan 等从一种姜科植物根中分离到的内生链霉菌菌株 CMUAc130，所产生的活性化合物显示了很强的抑制病原真菌作用，对引起香蕉炭疽病和小麦枯萎病的病原真菌刺盘孢和尖镰孢菌都有很好的抑制作用。这些内生放线菌菌株及其活性化合物的发现，为放线菌这类抗生素主要来源的微生物资源开辟了新的发掘途径。

（三）抗肿瘤物质

内生菌产生抗肿瘤活性物质最典型的例子就是 1993 年美国学者 Stierle 等首次从短

叶紫杉（*Taxus brevifolia*）的树皮中，分离出一株能产紫杉醇（taxol）和其他紫杉烷类化合物的内生真菌新物种——安德紫杉菌（*Taxomyces andreanae*）。这一发现为利用微生物发酵法生产紫杉醇，并为解决紫杉醇药源危机提供了一条新途径，由此掀起了从药用植物中分离内生菌的热潮。至今，已从喜马拉雅红豆杉（*Taxus wallichiana*）、南方红豆杉（*T. marirei*）、中国红豆杉（*T. chinensis*）、东北红豆衫（*T. cuspidata*）、欧洲紫杉（*T. baccata*）、云南红豆杉（*T. yunnanensis*）等红豆杉属植物中分离到能够产生紫杉醇类化合物的内生菌，表明产生紫杉醇的内生菌普遍存在于红豆杉属植物中。另外，还从落羽松（*Taxodium distichum*）、榧树（*Torreya grandifolia*）、银杏（*Ginkgo biloba*）、瓦勒迈杉（*Wollemia nobilis*）、茜草科植物 *Maguireothamnus speciosus* 和欧洲榛的栽培变种（*Corylus avellana* cv. Gassaway）中也分离到能产生紫杉醇的内生菌，显示了紫杉醇产生菌宿主的多样性。这些内生真菌分别属于以下这些属：链格孢属（*Alternaria*）、灰霉属（*Botrytis*）、头孢霉属（*Cephalosporium*）、毛壳属（*Chaetomium*）、镰刀菌属、*Martensiomyces*、毛霉属（*Mucor*）、多节孢属（*Nodulisporium*）、青霉属（*Penicillium*）、拟盘多毛孢属（*Pestalotiopsis*）、茎点霉属（*Phoma*）、皮司霉属（*Pithomyces*）、侧孢座腔菌属（*Pleurocytospora*）、丝核菌属（*Rhizoctonia*）、夹孢腔菌属（*Sporormia*）、紫杉霉属（*Taxomyces*）、木霉属（*Trichoderma*）、聚端孢霉属（*Trichothecium*）、瘤座霉属（*Tubercularia*）以及无孢类群（mycelia sterilia）。除了在内生真菌中发现产生紫杉醇的能力，Caruso 等发现一些内生放线菌菌株也能够产生紫杉烷类物质，它们分别属于北里孢菌属（*Kitasatospora*）、小单孢菌属和链霉菌属。实验证明，紫杉醇对一些植物病原菌，如腐霉菌（*Pythium* spp.）和疫霉菌（*Phytophthora* spp.）等具有较强的杀灭作用。产紫杉醇内生菌的这种分布广泛性，可能与紫杉醇是一种杀真菌剂有关。这些产紫杉醇的内生真菌存在于植物体内可能有助于保护宿主免受病原菌的感染和破坏。尽管目前发现产紫杉醇的内生真菌种类较多，但它们产生紫杉醇的量很少，在每升培养基中仅达到微克甚至更低的水平。因此如何提高微生物产生紫杉醇的产量，使之达到工业生产水平是目前研究的关键。

生物碱类物质在内生真菌中普遍存在。一些内生真菌，如炭角菌属（*Xylaria*）、茎点霉属、炭团菌属（*Hypoxylon*）等是产生生物碱特别是细胞松弛素类化合物的真菌代表属。细胞松弛素既具有抗肿瘤活性，又具有抗菌活性，但因其细胞毒性很强，目前还未被开发成药物上市。Wagenaar 等从传统药用植物雷公藤中分离了一株喙枝霉属（*Rhinocladiella*）菌株，发现其产生三种结构新颖的细胞松弛素，而进一步的研究发现，这三种化合物都具有抗肿瘤活性。事实上细胞松弛素类物质在内生真菌代谢产物中十分常见，如何在化学工作中避免重复发现是关键。长春新碱（vincristine）是从长春花（*Catharanthus roseus*）中提取的有效的抗癌药物之一，一般用于治疗白血病和恶性淋巴瘤等症。张玲琪等通过 TLC 和 HPLC 证明长春花内生真菌尖镰孢（*F. oxysporum*）可以产生长春新碱。郭波等也从长春花中分离到 4 株能产生长春新碱类似物的内生真菌，它们分别属于镰刀菌属、交链孢属和无孢菌群。喜树（*Camptotheca acuminata*）是中国特有的植物，其提取物喜树碱（camptothecin）是拓扑异构酶Ⅰ的专属性抑制剂，在临床上广泛应用于肝癌、胃癌、膀胱癌及白血病等的治疗。近年来也不断有研究者从植物内生环境中发现一些产生喜树碱或其类似物的菌株。研究者们从分布于印度的植物臭味假柴龙树（*Nothapodytes foetida*）中发现了稀有内养囊霉（*Entrophospora infrequens*）和脉孢菌属（*Neurospora*）菌株都能产生喜树碱。Kusari 等从喜树中也分离到一株能产生喜树碱及其类似物的内生真菌。Shweta 等从柴龙树（*Apodytes dimidiata*）中分离到一株镰刀菌（*F. solani*），它能够产生喜树碱、10-羟基喜树碱（10-hydroxycamptothecin）和 9-甲氧基喜树碱（9-methoxycamptothecin）。

Lee 等从濒危植物佛罗里达榧树中分离得到的小孢拟盘多毛孢菌株，能产生 torreyanic acid 这种具有选择性细胞毒的苯醌二聚物。研究发现，该化合物对一些肿瘤细胞株的毒性比蛋白激酶 C（PKC）激动剂强 5～10 倍，目前该物质已被人工合成。李海燕等从桃儿七（*Sinopodophyllum hexandrum*）植株中分离到了两株产鬼臼毒素类似物的内生真菌，分别属于青霉属和交链孢属。王晓鹏等也从桃儿七、八角莲（*Dysosma versipellis*）、川八角莲（*D. veitchii*）、南方山荷叶（*Diphylleia sinensis*）、砂地柏（*Sabinav ulgaris*）等鬼臼亚科植物中分离出大量的产鬼臼毒素及其衍生物的内生菌，这些内生菌多集中在青霉属、链格孢属以及丛梗孢属（*Monilia*）。最近 Kusari 等从宿主植物欧洲刺柏分离到一株内生烟曲霉菌（*Aspergillus fumigatus*）能产生脱氧鬼臼毒素。从药用植物 *Urospermum picroides* 分离获得的 *Ampelomyces* sp.，其发酵产物对 L5178Y 细胞株具有很强的细胞毒性。新西兰研究者从当地树种新西兰龙眼木（*Knightia excelsa*）分离得到的一株不产孢的内生真菌产生一个新的 spirobisnaphthalene 衍生物，该物质 spiro-mamakone A 具有潜在的抗菌和抗肿瘤活性。张玲琪等从生长于西双版纳的美登木（*Maytenu shookeri*）的老叶中分离筛选出一株内生真菌——毛壳菌（*C. globosum*）。从该内生菌的发酵产物中分离得到了球毛壳甲素 A（chaetoglobosin A），这是一种细胞分裂抑制剂。由于美登木自身合成的抗癌活性成分是美登木素(maytensine)，这一研究表明，植物内生真菌不仅能产生与宿主成分相同或相似的活性物质，也能产生与宿主成分结构不同而作用相似的活性物质。

除上文提到的内生放线菌能产生紫杉烷类物质之外，研究表明植物内生放线菌还能产生其他的抗肿瘤化合物。沈月毛等从云南美登木和滑桃树中分离到一些内生放线菌，并对其进行了次生代谢产物的研究，其中一些菌株可产生新的抗生素和抗肿瘤化合物。云南美登木内生链霉菌菌株 CS 可产生具有抗肿瘤、抗白血病和抗生素活性的新多羟基环己烷衍生物。一株内生的 *Streptomyces laceyi* MS53 菌株可产生对人乳癌细胞具有细胞毒性的 salaceyins A 和 B。内生的吸水链霉菌（*Streptomyces hygroscopicus*）菌株 TP-A0451 可产生对多种人类肿瘤细胞具有细胞毒性的 pterocidin。研究者从一株内生小单孢菌新种中分离到的两个新的蒽醌类化合物 lupinacidin A 和 B，对结肠癌 26-L5 细胞具有抑制作用而对植物细胞没有毒害。这些结果均显示出植物内生菌作为抗肿瘤活性成分来源的巨大潜力。

（四）其他类活性物质

从内生菌中发现抗病毒活性化合物的研究还处于起步阶段。Guo 等从内生真菌 *Cytonaema* sp. 的代谢产物中分离到的化合物 cytonic acid A 和 B 是三缩酚酸类异构体，实验表明它们是一种新的人巨细胞病毒（hCMV）蛋白酶抑制剂。Phongpaichit 等也从分离自藤黄属（*Garcinia*）植物的内生真菌发酵粗提物中检测到抗病毒活性，同时这些发酵产物中也检测到了抗分枝杆菌、抗疟疾、抗氧化以及对 vero 细胞的细胞毒性。目前，有关内生菌产生抗病毒化合物的报道不多，但通过建立适当的抗病毒活性筛选体系，从中找到一些新型结构的抗病毒活性物质还是充满希望的。

Strobel 等从分布于巴布新几内亚的榄仁属植物 *Terminalia morobensis* 中分离到一株小孢拟盘多毛孢菌，从其代谢产物中得到两种异构体 pestacin 和 isopestacin，二者同时具有抗菌和抗氧化活性。Isopestacin 的结构与类黄酮相似，在缓冲液中它可以消除超氧自由基和羟基自由基，而 pestacin 的抗氧化活性被证实比水溶性维生素 E 高出一个数量级。Song 等从分离自络石的一株内生真菌头孢霉属菌株 IFB-E001 代谢物中获得化合物 graphislactone A，它具有抗氧化和清除自由基的作用。Puri 等从桃儿七中分离到一株白腐菌 *Trametes hirsute* 能够产生 podophyllotoxin 以及相关 aryl tetralin 木脂素，进一步的检测表明它们具有抗氧化和抗辐射的能力。在 Tejesvi 等的研究中发现，分离自阿江榄仁（*Terminalia arjuna*）的内生拟盘多毛孢菌发酵提取物具有很好的抗氧化、抗菌和抗高血压的活性。厦门大学 Wu 等从药用植物番荔枝、喜树和中国红豆杉中分离到 150 株内生放线菌，其中有 16 株菌表现出抗氧化活性，15 株菌表现出细胞毒活性。

禾草类内生真菌 *Neotyphodium uncinatum* 能产生 loline 生物碱，以保护植物免受昆虫侵害。Nodulisporic acid 是一种吲哚二萜类化合物，最早是从分离自假瑞香（*Bontia daphnoides*）的内生多节孢属菌株中发现的，此类物质具有杀灭大苍蝇幼虫的活性。Findlay 等从分离自平铺白珠树（*Gaultheria procumbens*）的内生真菌中发现了两种香豆酮衍生物：5-羟基-2-（1′-羟基-5′-甲基-4′-己烯）苯并呋喃［5-hydroxy-2-（1′-hydroxy-5′-methyl-4′-hexenyl）benzofuran］和 5-羟基-2-（1′-氧-5′-甲基-4′-己烯）苯并呋喃［5-hydroxy-2-（1′-oxo-5′-methyl-4′-hexenyl）benzofuran］。两者都对云杉蚜虫具有毒性，后者对其幼虫也具有毒性。藤本植物 *Paullina paullinioides* 内生真菌 *Muscoder vitigenus* 的一个主要代谢产物是萘（naphthalene）。该化合物是一种广泛使用的驱虫剂——樟脑球的有效成分，它可以有效地驱赶一些昆虫。该内生真菌对麦茎蜂（*Cephus cinctus*）也表现出了驱避作用。随着人们对合成杀虫剂的使用越来越谨慎，内生菌研究为寻找高效、高选择性、对环境友好的杀虫剂提供了新途径。

Zhang 等从非洲热带雨林植物的内生真菌 *Pseudomassaria* sp. 中分离到一种非肽类代谢物（L-783，281），它具有与胰岛素相似的功能，但该化合物不被胃肠道酶破坏。对糖尿病大鼠模型的口服给药实验表明，能显著降低血糖浓度，因而有望开发成治疗糖尿病的新型药物。

早在 1995 年，Strobel 教授团队就发现分离自药用植物雷公藤的亚黏团镰刀菌（*F. subglutinans*）能产生二萜吡酮类化合物 subglutionol A 和 B，该化合物具有无细胞毒性的免疫抑制作用。两者在 MLR（mixed lymphocyte reaction）和 TP（thymocyte proliferation）评价系统的 IC_{50} 都为 0.1μmol/L。与环孢菌素 A（cyclosporin A）相比较，MLR 系统分析发现两者的活性与其相当，而 TP 实验结果则显示环孢菌素 A 的活性比两者高 10^4 倍，但因为 subglutionol A 和 B 无细胞毒性，所以二者仍具有诱人的应用前景。在2008年的时候他们又从生长于哥斯达黎加热带雨林的植物 *Pteromischum* sp. 中分离到一株束状刺盘孢菌（*C. dematium*），该菌株产生的化合物 colutellin A 具有开发成新型免疫抑制剂的潜力。Kumar 等从同样分离自雷公藤的内生真菌 *Pestalotiopsis leucothës* 中分离到3个化合物（BS、GS、YS），实验表明它们均具有免疫调节作用。

二、植物内生菌在农林业生产中的应用

内生菌长期生活在植物体内的特殊环境中，并与宿主协同进化，一方面植物体为其提供生长必需的能量和营养；另一方面，内生菌又可通过自身的代谢产物或借助于信号转导对植物体产生影响。目前的研究表明，内生菌能加速种子萌发，促进植物生长，提高植物对环境压力的耐受能力，协助宿主植物抵御病虫害的威胁，而一些内生菌产生的植物生长抑制剂则可用于除草剂的开发。独特的生理生化特性及生态学特征使得植物内生菌必然在农林业生产应用中占有一席之地。

（一）促生作用

内生菌促进植物生长的机制多样化，包括促进矿物质和营养物质的吸收和利用，释放促进植物生长的激素，调节植物自身激素的合成，提供氮、磷元素，或协助增强植物与菌根真菌或根瘤菌的共生作用等。当然提高植物对病原菌的抵抗能力，对环境压力的抗性等也最终达到促进植物生长的效果。反之亦然，保证植物本身良好的生长状态也能增强它们对生物和非生物胁迫的抵御能力。

据报道，一些内生真菌能够促进植物生长，它们分属于不同的菌属，如毛壳属、短侧枝孢属（*Cladorrhinum*）、拟隐壳孢属（*Cryptosporiopsis*）、镰刀菌属、*Heteroconium*、树粉孢属（*Oidiodendron*）、*Phialocephala*、梨形孢属（*Piriformospora*）和壳多孢属（*Stagonospora*）。分离自芦苇（*Phragmites australis*）的一些壳多孢菌株能促进芦苇的生物量积累。定殖于棉花根部的内生菌 *Cladorrhinum foecundissimum* 能明显促进宿主对磷元素的吸收，并促进其生长。对椒样薄荷（*Mentha piperita*）回接一株叶部内生真菌后，其叶片干重及叶面积都有增加，根的干重比例也有所提高，研究者推测可能是回接的内生菌促进了其营养吸收，或是合成了植物生长相关的激素。深色有隔内生真菌则能促进宿主植物对矿物质和有机养分的吸收利用。Wu 和 Guo 用 DSE 接种天山雪莲幼苗，发现幼苗的生物量得到提高。Jumpponen 和 Trappe 曾以 *Phialophora fortinii* 接种 *Pinus contorta* var. *murrayana*（Balf.）Engelm，发现单独接种菌株能增加植物叶片中的磷含量，如果同时补充氮元素则能够明显增加植物的生物量。Newsham 曾发现接种了瓶梗霉（*Phialophora graminicola*）的植物整体生物量、磷含量、根长以及根部氮含量均有增加。Mullen 等在美国科罗拉多州的落基山早春雪融时，给毛茛属植物 *Ranunculus adoneus* 接种未鉴定的 DSE，同时加施氮肥，发现接种 DSE 能提高植物形成丛枝菌根的比例，并促进新根的发生，进而促进植物对氮的吸收。因此，提出给早春低温地区的作物接种 DSE 有利于作物对氮素的吸收。DSE 还可以分解不溶性磷元素供宿主植物利用。深色有隔内生真菌具有多种胞外酶活性，Bååth 和 Söderström 在一种未鉴定的深色真菌中检测到了纤维素水解酶和蛋白水解酶；Ahlich-

Schlegel 证明它们能产生漆酶、脂肪酶、淀粉酶和多酚氧化酶，且在不同的菌株中这些酶的含量和活性不同；Addy 等证实了 *Phialocephala fortinii* 所产生的芳基硫酸酯酶对芳基硫酸酯的分解作用。DSE 所具有的这些胞外酶活性也预示它们对有机碳、氮、磷的潜在利用能力。然而深色有隔内生真菌的定殖也并不总是给宿主植物带来正面的作用，用其回接 *Betula platyphylla* var. *japonica* 无菌苗时，它会阻碍幼苗的生长。因而 DSE 菌株的定殖是否能够促进植物生长，还与环境条件和宿主植物当时的代谢状态有关。

不仅内生菌的定殖能促进植物生长，其发酵提取物也能起到同样的作用。研究者发现根部回接内生菌 *Phialocephala fortinii* 和拟隐壳孢菌的欧洲落叶松（*Larix decidua*）幼苗，其根茎的长度和干重得到显著的提高。而用 *P. fortinii* 发酵液的甲醇提取物也同样能增加宿主植物的生物量。回接印度梨形孢（*P. indica*）和用其菌丝体的甲醇提取物进行处理，都能促进玉米茎的生长。最近的研究表明，印度梨形孢的胞壁提取物能促进拟南芥幼苗的生长，并且诱导根部胞内钙离子的增加。

内生细菌帮助植物吸收营养的一个有力证据就是内生固氮菌。自 1988 年从甘蔗的根茎中分离到内生固氮醋酸杆菌以来，在其他作物中，如玉米、高粱、水稻、牧草、甘薯等以及棕榈树中也分离到多种具有固氮作用的内生细菌，主要有：巴西固氮螺菌（*A. brasilense*）、生脂固氮螺菌（*A. lipoferum*）、无乳固氮螺菌（*A. amazonense*）、伊拉克固氮螺菌（*A. irakense*）、织片草螺菌（*H. seropedicae*）、红苍白草螺菌（*H. rubrisubalbicans*）、重氮营养醋杆菌、固氮弧菌（*Azoarcus* spp.）和伯克霍尔德氏菌（*Burkholderia* spp.）等。此外，研究证明植物内生固氮菌与土壤固氮菌对植物的作用不同，内生固氮菌所固定的氮可直接为寄主植物所利用，而土壤固氮菌固定的氮首先是满足其自身生命活动的需要，只有当菌体死亡后，其菌体对增加土壤的含氮量才有一定的效果。

内生菌能产生促植物生长物质，如植物生长素、赤霉素以及细胞激动素等直接促进植物生长。张集慧等从兰科药用植物中分离出 5 种内生真菌，并从这些真菌发酵液和菌丝体中分别提取出 5 种植物激素，赤霉素、吲哚乙酸、脱落酸、玉米素、玉米核苷，它们对兰花的生长发育有较好的促进作用。Hasan 从柑橘果树中分离出来的柑橘青霉菌（*P. italicum*）也能产赤霉素。Lu 等发现大多数黄花蒿内生真菌在体外培养时，能产生对小麦和黄瓜幼苗生长不同程度的抑制或促进作用的代谢产物。对其中一株炭疽菌发酵产物的深入分析表明，该菌株能产生植物生长激素 IAA。最近又有报道称从毛果杨（*Populus trichocarpa*）和毛果杨×美洲黑杨（*P. trichocarpa*×*P. deltoides*）中分离到的三株内生酵母菌，在添加 L-色氨酸的培养基中能产生 IAA。近年来的内生真菌中的“明星菌”印度梨形孢通过产生细胞分裂素来促进拟南芥的生长。

甲基杆菌属（*Methylobacterium*）、假单胞菌属、肠杆菌属、葡萄球菌属、固氮菌属（*Azotobacter*）以及固氮螺菌属内生细菌的一些菌株也可产生植物生长调节物质，如乙烯、生长素、细胞激动素，对宿主植物的生长起作用。草生欧文氏菌（*Erwinia herbicola*）不仅能产生吲哚乙酸，而且还能产生细胞分裂素。这些物质都能有效地促进植物生长。产酸克雷伯氏菌（*K. oxytoca*）产生的生长素对水稻植株的生长和发育起着重要的调节作用。近期有研究者从高盐环境生长的牧豆树属植物 *Prosopis strombulifera* 中分离到的七株内生细菌，分别属于芽孢杆菌属、短杆菌属（*Brevibacterium*）、无色杆菌属（*Achromobacter*）、假单胞菌属、*Lysinibacillus* 属，能产生吲哚乙酸、赤霉素等植物激素类物质。*Burkholderia kururiensis* 在水稻体内产生吲哚乙酸，促进作物生长并提高其产量。从河口环境生长的植物互花米草（*Spartina alterniflora*）和灯心草（*Juncus roemerianus*）的根部分离到的弧菌属（*Vibrio*）菌株也能产生 IAA。利用 ACC（1-aminocyclopropane-1-carboxylate）脱氨酶活性抑制乙烯的产生也是内生菌促进植物生长的方式。体外检测中，有许多的菌株表现出 ACC 脱氨酶活性，如 *Herbaspirillum frisingense*、*Burkholderia unamae*、*B. xenovorans* 等。

植物内生放线菌也可以产生一些促进植物生长的物质。从分离自蕨（*Pteridium aquilinum*）的吸水链霉菌菌株 TP-A045 可产生作用与苗壮素类似的 pteridic acidA 和 B，它们能促进菜豆胚轴形成不定根。野生杜鹃中分离到的链霉菌菌株 MBR-52 能促进植物不定根的萌发和延伸，也可促进组培幼苗生根，缩短其环境适应期，减少组培幼苗感染疾病的风险。一些链霉菌，如紫色链霉菌（*S. violaceus*）、疮痂链霉菌（*S. scabies*）、灰色链霉菌（*S. griseus*）、脱叶链霉菌（*S. exfoliates*）、天蓝色链霉菌（*S. coelicolor*）、变铅青链霉菌（*S. lividans*）也能在饲喂 L-色氨酸时产生 IAA。

一些小分子代谢物也能促进宿主植物生长，例如，用从一个链格孢菌菌株发酵液中分离到的新物质 altechromone A、B 处理莴苣幼苗时，能使根的生长提高 50%。

内生菌也能通过产生腺嘌呤核苷促进松树生长和减轻褐化。此外，从一些 PGPR 类（plant growth-promoting rhizobacteria）细菌中发现的一些挥发性物质，如 2,3-butanediol 和 aceotin 具有促进植物生长的作用，那么那些根际微生物在一定条件下进驻植物体内成为植物内生菌时，是否也能在内生环境中产生类似的挥发性物质呢？

（二）生防作用

近年来，化学农药大规模生产和无限制的大量使用，严重地污染了环境和农牧林产品，危害到人畜健康，也使病原菌和害虫产生抗药性。现代农林业生产中，已逐步减少了合成农药的使用，使用微生物活体或其代谢产物来控制农林业病虫害，提高经济作物的抗逆性是一种较为安全有效的方法。植物内生菌在生物防治方面的应用也越来越受到关注。与通常使用的根际微生物进行植物病虫害生物防治相比，内生菌由于定居在植物体内，避免了同根际众多微生物的竞争，更具有应用优势。

1. 内生真菌在生防中的应用

一些植物内生真菌对线虫、昆虫及病原微生物有抑制作用，但其作用机制尚不清楚。尽管 *Epichloë festucae* 在体外实验中能产生一些吲哚衍生物、倍半萜烯和二乙酰胺，除此之外上文也列举了许多内生真菌能产生抑制植物病原菌的活性代谢产物，但都很难判断这种体外对病原菌的抗性在植物体内是否仍然能够表现。同样，感染 *Epichloë festucae* 的草皮草与未被感染的植物相比，能明显抵抗两种主要的叶斑病原菌 *Sclerotina homeocarpa* 和 *Laetisaria fusiformis*，但究竟是何种机制增强其疾病抗性的，是内生菌产生了抗真菌化合物，还是由于内生菌的诱导使得宿主植物产生某种化合物在起作用？是内生和病原真菌间的竞争还是物理的排斥作用？对卷心菜的根部回接交顶孢菌（*Acremonium alternatum*）能减轻小菜蛾幼虫对叶片的损害，研究者认为可能是真菌和昆虫从宿主处竞争植物甾醇所产生的作用。

定殖于豌豆和番茄根部的尖镰孢菌非病原菌株能减轻由根部病原真菌引起的病害以及线虫对根部的损害，可能是诱导了宿主植物加速累积木质素，以达到形成阻止病原菌及线虫入侵的屏障。当玉米的根部定殖无害的串珠镰刀菌（*F. moniliforme*）菌株时，其茎上也会积累大量的木质素。这样的防御机制为宿主和内生真菌之间的平衡也起到了作用。

从特定宿主植物中分离得到的内生菌只有一小部分在再回接的时候表现出对宿主植物的保护作用。例如，从中国卷心菜中分离到322株内生真菌，在对生长于无菌土中的宿主植物进行再回接时，仅有16株，包括 *Heteroconium chaetospira*、伸长被孢霉（*Mortierella elongata*）、韦斯特壳菌（*Westerdykella* spp.）和3个不产孢的菌株，表现出对由芸薹根肿菌（*Plasmodiophora brassicae*）引起的疾病有抗性。定殖于根系的 *Heteroconium chaetospira* 还能诱导大白菜系统性抵抗，并减少细菌性叶斑病和链格孢属真菌引起的叶斑病的发生，而 *H. chaetospira* 并没有定殖到根部以外的其他器官，说明是它诱导了宿主的系统抗性，但具体的抗病机理目前还不十分清楚。Stein 等的研究表明印度梨形孢通过诱导宿主系统抗性（induced systemic resistance，ISR）来增强拟南芥对白粉病的抵御能力。在 Kumar 等的研究中发现印度梨形孢能降低玉米体内氧化酶活性从而抵御轮枝镰孢菌（*F. verticillioides*）对根部的侵害。

植物根部定殖内生真菌不仅能激活宿主的机械防御，还能诱导植物产生一些起防御作用的代谢物。例如，欧洲落叶松幼苗的根部定殖拟隐壳孢菌或是 *Phialocephala fortinii* 都能提高原花青素的浓度，而当大麦根部定殖镰刀菌时，根部苯丙素类物质浓度升高。Mucciarelli 等发现对椒样薄荷回接一株不产孢的内生真菌时，酚醛类物质的总体浓度升高，但萜类物质的浓度没有明显变化。关于是何物质诱导宿主植物的抗性，目前的研究结论还很少。Picard 等发现寡雄腐霉（*Pythium oligandrum*）产生一种类似 elicitin 的蛋白 oligandrin，在宿主的维管系统中迁移并引起宿主的系统抗性。在每种宿主植物中仅有很少一部分内生真菌能诱导系统抗性。这些内生菌在自然条件下的定殖密度能达到诱导抗性的水平吗？对于在野外是何种因子诱导宿主植物的抗性也知之甚少。

2. 内生细菌在生防中的应用

有关 PGPR 菌拮抗病原菌的作用机制已有一些观点形成，人们推测植物内生细菌也可能采用同样的机制来控制病原菌。但事实上，由于内生细菌生活于植物组织内，使得很难对其相关作用机制进行研究，而一些直接作用方式和间接作用方式也并不能很好地区分。参考 PGPR 菌拮抗病原菌的作用机制，可将内生细菌作为生防因子的作用机制大致分为以下四个方面：①在植物体内产生抗菌物质并在体内运转，对病原菌起到防治作用；②产生水解酶类，如几丁质酶和葡聚糖酶，可以降解病原真菌细胞壁，以达到防病效果；③与病原菌竞争营养物质，如某些内生菌能够产生铁载体，与病原菌竞争铁元素，导致病原菌得不到正常的铁元素供给而死亡；④内生菌可诱导植物产生抗性，对病原菌起到抵抗作用。

(1) 产生抗菌物质

上文在对植物内生菌产生的活性代谢产物的总结中，已列举了许多的内生菌能产生抗菌活性物质。目前对这些物质或是内生菌发酵产物的抗菌活性检测多通过体外实验进行，那么这些活性物质在宿主植物组织内是否也能够产生？它们也能够对病原菌表现出相应的抑制活性吗？它们如何达到作用靶点，产生作用的方式又是怎样的呢？这些都是需要进一步研究的问题。合成一些小分子生物毒剂也是内生菌控制病害的策略，如HCN、藤黄绿脓菌素等。其中HCN可抑制细胞色素c氧化酶而导致呼吸链中断，但这些物质在高浓度时对植物体也会有毒害，因此体内的平衡和作用方式也是值得探讨的。

(2) 酶解活性

降解细胞壁是内生细菌拮抗真菌病原菌的另一个可能机制。该机制在根际细菌对病原真菌的生物防治中得到很好的体现。分离自土豆的内生细菌表现出很强的水解酶活性，如纤维素酶、几丁质酶和葡聚糖酶。从野芥（*Sinapis arvensis*）种子中分离的蜡状芽孢杆菌菌株65能分泌一个36kDa的几丁质酶，保护棉花幼苗免受立枯丝核菌引起的根腐病害。具有几丁质水解活性的枯草芽孢杆菌能减轻一些宿主植物由大丽轮枝菌（*Verticillium dahliae*）引起的症状。从6个品种的棉花样品中分离到39株体外拮抗大丽轮枝菌Kleb V107、V396和棉枯萎镰孢菌［*F. oxysporum* f. sp. *vasinfectum*（F108）］的菌株，其中有近一半的菌株具有蛋白酶和几丁质酶活性。一个产几丁质酶的内生密苏里游动放线菌（*Actinoplanes missouriensis*）及其发酵滤液都能抑制侵染羽扇豆的*Plectosporium tabacinum*。在Quecine等的实验中发现大多数测试的内生链霉菌都具有几丁质酶活性，并且能抑制多种病原真菌。除了几丁质酶之外的其他水解酶类的生防机制尚不清楚。

(3) 竞争优势

由于植物内生菌和病原菌生存的微环境相似，利用相同的营养物质，因而推测生态位和营养的竞争是内生菌拮抗病原物的一个重要手段。例如，萎蔫短小杆菌通过占据相同的生态位和产生三种细菌素来抵抗病原菌苛养木杆菌（*Xylella fastidiosa*）。但目前仍然缺乏充足的证据表明这种竞争是内生菌控制病原物的主要机制。铁载体是一类由微生物合成的小分子物质，被分泌到微生物的细胞外或者细胞表面，它的作用是捕获三价铁离子。铁离子是生物体内必不可少的因子，对根际微生物的研究表明，它们能够利用产生的铁载体与病原微生物竞争铁离子从而抑制病原菌的生长。而越来越多的研究也发现多数植物内生菌也能产生铁载体，如从柑橘树分离到的三株内生甲基杆菌在体外实验中都能产生铁载体；从6个品种的棉花样品中分离到39株体外拮抗病原菌大丽轮枝菌Kleb V107、V396和棉枯萎镰孢菌（F108）的菌株，这些菌株都能分泌铁载体；另一株分离自柑橘树的苛养木杆菌在限制离子的情况下也能产生铁载体；在曹理想等的研究中发现内生链霉菌菌株对香蕉枯萎病的控制可能与其产生铁载体有关。这些研究表明在植物组织内的这种竞争机制与根际环境类似。

(4) 诱导宿主系统性抗性

利用微生物诱导植物系统抗性从而达到对病原菌的防御是生物防治的机制之一。诱导系统性抗性是由根际细菌或其他非病原微生物引起的，而系统获得性抗性（systemic acquired resistance，SAR）则是由病原菌或化学物质引发的。ISR 的信号转导不依赖于水杨酸，依赖于茉莉酮酸酯和乙烯，SAR 的信号转导则依赖于水杨酸以及不同程度地依赖于茉莉酮酸酯和乙烯。但近期的研究发现一些根际细菌和内生菌株诱发系统保护时依赖水杨酸进行信号转导，而不依赖于茉莉酮酸酯和乙烯。因而信号转导途径并不能作为区分 ISR 与 SAR 的标准。

最早有关内生细菌引发 ISR 的报道是在 1991 年。当时发现荧光假单胞菌菌株 G8-4（后来又被更名为 89B-61）能定殖于植物体内，用它处理黄瓜种子后能诱导对黄瓜炭疽病的系统抗性。为了寻找其他的能诱导 ISR 的内生菌株，奥本大学的研究组从田间黄瓜植株和黄瓜种子中分离内生菌。他们从严重感染黄瓜枯萎病的农田中的一株存活的黄瓜植株茎中分离到短小芽孢杆菌（*B. pumilus*）菌株 INR7。田间实验表明用菌株 INR7 进行处理后能显著促进植物生长，而接种处理能明显减轻丁香假单胞菌黄瓜致病型（*P. syringae* pv. Lachrymans）引起的严重叶角斑以及自然发生的炭疽病，黄瓜产量也得到显著提高。后期的实验表明菌株 INR7 也能减轻瓜枯萎病害。嗜维管束欧文氏菌（*E. tracheiphila*）依靠条纹和斑点黄瓜甲虫存活和传播，而田间和温室实验表明用菌株 INR7 进行接种处理后，能显著减轻甲虫对黄瓜的取食。随后的实验证明是由于植物产生了一类叫做葫芦素（cucurbitacin）的次生代谢产物，由于它们对大多数昆虫有毒害，从而影响了甲虫的取食行为。而当甲虫的取食得到控制之后，由 INR7 引起的 ISR 反应又会调节葫芦素的含量。定殖于根部的黏质沙雷氏菌菌株 90-166 能引发 ISR 从而抵御多种黄瓜病害，如枯萎病、叶斑病、炭疽病。菌株 90-166 还能引发烟草的 ISR 反应，从而抵御由丁香假单胞菌烟草致病型（*P. syringae* pv. Tabaci）引起的烟草野火病。该菌株通过引发 ISR 使得黄瓜和番茄能抵抗黄瓜花叶病毒（Cucumber mosaic virus，CMV）的侵害。内生枯草芽孢杆菌菌株 IN937b、短小芽孢杆菌 SE34 和解淀粉芽孢杆菌（*B. amyloliquefaciens*）菌株 IN937a 也能通过引发 ISR，使宿主抵御 CMV 病害。利用这 3 个菌株的不同组合进行接种的实验表明，它们都能通过引发 ISR 达到对番茄斑点病毒（Tomato mottle virus，ToMoV）及其昆虫载体银叶粉虱（*Bemisia argentifolii*）的防御。内生菌株短小芽孢杆菌 SE34，黏质沙雷氏菌 90-166 和荧光假单胞菌 89B-61 能诱导 ISR 从而减轻烟草霜霉病。菌株 SE34 和 89B-61 能引起 ISR 从而抵御由 *Phytophthora infestans* 引起的番茄晚疫病。单一菌株解淀粉芽孢杆菌 IN937a 和四种组合菌株 IN937a＋IN937b、IN937b＋SE34、IN937b＋SE49 及 IN937b＋INR7 能够在热带环境中诱导宿主植物的 ISR 反应，从而控制病害的发生以及危害程度，而且发现同时使用两种菌株的处理比单一菌株引发的防御作用更强。

内生细菌也能引发一些针叶树的 ISR 反应。Enebak 和 Carey 发现内生球形芽孢杆菌（*B. sphaericus*）菌株 SE56，短小芽孢杆菌 INR7，SE34 和 SE52 能引发火炬松的 ISR 反应，从而能抵抗诱发梭形锈病的病原菌栎柱锈菌梭型专化型（*Cronartium quercuum* f. sp. *fusiforme*）。Conn 等在对拟南芥的回接实验中发现，植物内生链霉菌 EN27 和小单孢菌 EN43 能激活 SAR 和 JA/ET 途径中的关键基因。

随着转基因技术的发展，人们将某些基因导入内生菌中，然后将其回接使之定殖于植物组织内部，这样不但可提高植物的抑菌抗虫能力，而且植物本身的遗传基因并未发生改变，保持了植物的天然性状。例如，生物毒素类物质 PCA 和 PHL 的合成基因簇已被克隆，可以将二者的基因整合到同一个内生细菌中使其大量合成产物，可提高内生菌的生物防病、防虫效果。内生菌织片草螺菌和木质棍状杆菌（*Clavibacter xyli*）经基因改造后能分泌 δ-内毒素从而达到控制昆虫病害的目的。

内生菌用于生物防治具有其优势，它们通过各种机制进入植物体内，生存于内部更稳定的生态环境中，从而避免受植物体外各种生存压力，如微生物间的生存竞争和各种恶劣的自然环境（强光、紫外线、高温及低温等），因而可长期稳定地定殖于植物体内发挥生防作用。但其在植物组织内发挥作用的稳定性和有效性还值得进一步的研究，以便更好地应用于农林业生产。

（三）增强宿主抗逆性

内生菌对宿主植物抗逆性的增强主要表现在对昆虫和草食动物的采食、干旱、高温、盐、重金属等生物和非生物压力的抵抗。

许多麦角类内生真菌能增强宿主对昆虫取食的抵抗，这可能与内生真菌产生 peramine 这种生物碱有关。而一些内生真菌则能帮助宿主阻止哺乳类草食动物的采食。例如，感染内生真菌的 *Achnatherum robustum*，由于内生菌能产生麦角酰胺，导致马匹一旦少量取食就会沉睡数天，此后这些动物就会尽量避免食用这种牧草。类似的情况还有许多，如在南美，*Neotyphodium tembladerae* 能感染多种牧草，其中一些种类对哺乳动物有毒害；在亚洲被 *Neotyphodium gansuense* 感染的醉马草也同样是草食动物取食时所避免的。Panaccione 等发现即便内生菌并不对哺乳动物产生很强的毒性，仍然能达到避免其取食的效果。最近 Sumarah 和 Miller 的研究表明，针叶树叶部内生真菌也能产生抵抗昆虫的毒素，回接实验也发现确实能帮助宿主抵御昆虫采食。

感染 *Neotyphodium coenophialum* 的植物根部延伸性更好，使植物更好地获取土壤水分和营养，进而能避免干旱或使之在缺水的情况下能快速恢复。一系列的实验室内和野外实验表明，与未被感染的植物相比，与 *Curvularia protuberata*、大刀镰刀菌（*F. culmorum*）和刺盘孢菌共生的植物能分别表现出对高温、盐和疾病的抵抗能力，而这也与这些菌株最初的分离来源相关。进一步对其抗逆机制的研究发现，这种保护作用与活性氧（ROS）有关，而 ROS 保护的发生也有栖息地特异性（habitat-specific）的特点，如大刀镰刀菌只在宿主植物暴露在盐环境压力下时才阻止光脱色；而 *Curvularia protuberata* 则只在宿主植物暴露在高温环境压力下时才阻止光脱色。Rodriguez 等认为内生真菌促进宿主植物对干旱胁迫的抗性是通过提高水的利用率来实现的。内生菌印度梨形孢能诱导大麦产生盐耐受能力，并且这种耐受与增强宿主抗氧化酶活性有关。印度梨形孢还能刺激拟南芥叶片中抗干旱压力相关基因的表达，从而赋予植物对干旱的耐受能力。目前有关深色有隔内生真菌对宿主植物抗逆性作用的研究报道不多，对这类内生真菌的生物学和生态学角色的认识尚不完全。2003 年，Barrow 在其研究中指出，DSE 从植物根部延伸出的黏质菌丝可帮助植物在干旱环境中维持水分和营养的运输。Addy 等认为 DSE 的黑色素可能在增强宿主植物抗逆性方面发挥一定的作用。Cazares 研究认为 DSE 可能对宿主植物耐受寒冷和干旱发挥重要的作用。Hasegawa 等发现内生链霉菌菌株 *Streptomyces padanus* AOK-30 的定殖能增强山月桂组培幼苗的耐旱能力，而且可能与提高细胞渗透压、积累胼胝质以及筛胞细胞壁的木质化密切相关。

利用植物内生菌减轻有毒金属对宿主植物的毒害也屡见报道。牧草中定殖的内生真菌能通过螯合作用增强宿主对铝的耐受。Likar 和 Regvar 的研究表明，黄花柳（*Salix caprea* L.）耐受高浓度的 Pb 和 Cd 可能与其根部定殖的深色有隔内生真菌有关。分离自烟草（*Nicotiana tabacum*）种子的 Cd 抗性内生菌株，通过加强微量元素 Zn 和 Fe 的吸收来减轻 Cd 对宿主的毒害。事实上内生菌促进宿主植物生长的同时，也能增强其对重金属的抗性。内生菌产生的铁载体也能与其他的二价重金属离子形成复合体进而能被植物吸收。重金属还可能刺激细菌铁载体的产生，进而通过增强植物体对离子的吸收来减轻重金属毒害。Barzanti 等研究报道从贝托庭芥（*Alyssum bertolonii*）分离到的细菌菌株高达 83%，在 Ni 压力条件下能产生铁载体并且促进植物生长。分离自水稻的内生菌水稻甲基杆菌（*M. oryzae*）和伯克霍尔德菌能保护番茄种子在无菌培养条件下，免受高浓度 Ni 和 Cd 的毒害。从葡萄根部分离的两个具有 Pb 抗性的内生细菌有促进宿主植物生长和积累 Pb 的潜力。内生菌协助宿主植物增强对有毒金属的抗性，对于有毒金属污染环境的修复也起到了重要作用。

（四）植物生长抑制剂

牧草内生菌产生的毒麦碱对邻近植物有较强的化感作用。感染内生细菌的红花车轴草（*Trifolium pratense*）也具有抑制玉米生长的化感作用。Okazaki 认为一些植物来源的放线菌具有产生除莠抗生素的能力。分离自厚穗狗尾草叶片的链霉菌 SANK 63997 能产生除莠菌素 H。一株分离自砂砧薹草的小双孢菌株 SANK 62597 的发酵培养物中检测到化合物 γ-glutamylmethionine sulfoximine，该物质在体外不具备除草活性，但其在植物体内可能转化为具有很强活性的物质甲硫氨酸亚砜（methionine sulfoxide)。分离自狗筋蔓属植物的指孢囊菌能产生抑制油菜萌发的生长抑制剂。Furumai 等从分离自华东山柳根部的吸水链霉菌发酵液中发现一种新的花粉管生长抑制剂 clethramycin。Gebhardt 等从环圈链霉菌（*Streptomyces anulatus*）发酵液中发现吩嗪类新化合物 endophenazines A～D，这些化合物对浮萍具有很强的杀灭活性。这些研究充分表明内生菌具有很强的产生除草剂活性物质的潜力，是开发微生物源除草剂的又一重要资源。

三、内生菌在环境植物修复（phytoremediation）中的应用

研究植物和内生菌协作关系其中一个很诱人的领域就是对污染土壤和地下水的修

复。很多促进植物生长的内生菌能够协助其宿主植物抵抗污染环境的压力。植物修复有机污染时，那些具有相应降解途径和代谢能力的内生菌能提高污染物的降解效率，并且能减轻挥发性污染物对植物的毒害和蒸腾散失带来的二次污染；植物修复有毒金属污染时，具有金属抗性和封存系统的内生菌能减轻金属对植物的毒害，并且能转移金属物质至植物的地上部分。此外，内生菌在促进植物修复混合污染物方面也有很好的应用前景。有关利用根际细菌进行植物修复的报道较多，与根际细菌相比，植物内生菌有其自身的优势。根际种群组成通常很难控制，除非对污染物的代谢具有选择性，否则微生物之间的竞争常常会减少作用菌株的数目。相对而言，内生菌的种群组成可能受植物的选择和控制，因此利用内生菌可以有效减轻竞争的问题。

（一）内生菌协助植物修复有机污染环境

在进行有机污染环境修复时，虽然植物本身能代谢或是阻隔一些有机物，但它们仍然存在一些不足之处，其一，由于植物依靠光合营养，它们并不能将一些有机分子作为能源或碳源加以利用，因此能代谢的有机物种类有限；其二，为了避免给一些敏感器官带来毒害，通常植物对有机物代谢采用将其转化成水溶性更强的状态，或是采用封存的形式。相比之下，微生物能代谢的有机物种类比植物本身要多，而且其代谢终产物通常是二氧化碳、水或转化为细胞物质。因此，在内生菌的协助下，能有效提高植物降解有机污染物的效率。图 6-3 展示了植物和与其相关的细菌协同修复有机污染环境。

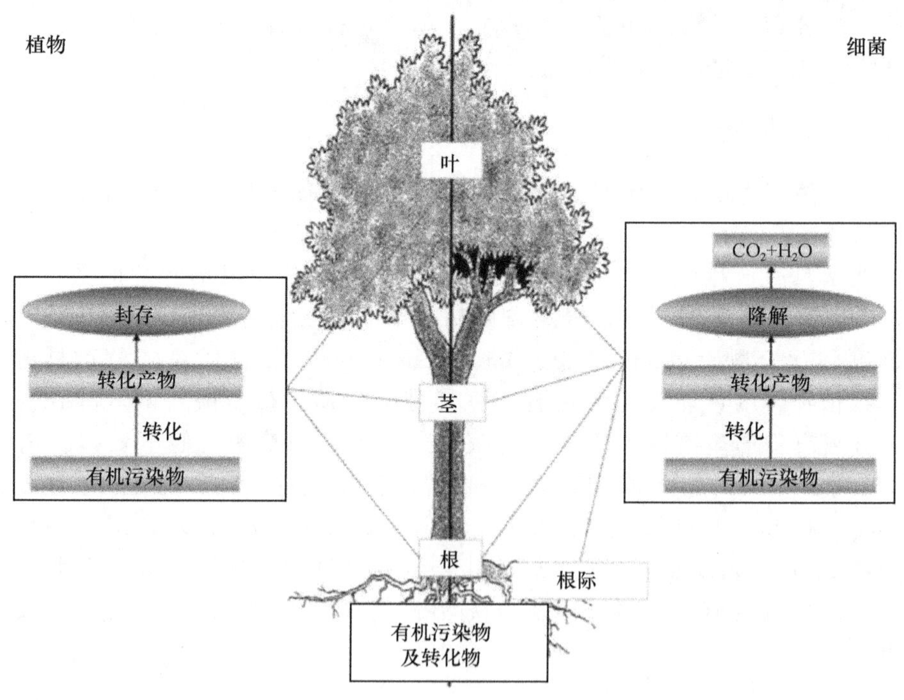

图 6-3　植物和与其相关的细菌协作修复有机污染环境（引自 Weyens et al.，2009）

有关杨树和柳树内生菌协同植物修复的报道较多。Germaine 和其同事对生长在比利时植物修复区的杂交杨树（*P. trichocarpa*×*P. deltoides* cv. Hoogvorst）内生菌进行了调查。发现其中有 3 株假单胞菌能够降解 2,4-dichlorophenoxyacetic acid（2,4-D）、甲苯（toluene）、萘（naphthalene），并且耐受重金属，具有促进植物生长的特性，不具有植物病原菌的特点。在另一项研究中，van Aken 等从杂交杨树（*P. deltoides*×*P. nigra* DN34）中分离到一株甲基杆菌 BJ001，该菌株能够降解爆炸物 TNT、RDX 和 HMX。它在两个月内能将大约 60％的 RDX 和 HMX 矿化为二氧化碳。杨树内生菌株 *Rhizobium tropici* PTD1 也能从溶液中消除 RDX。这些研究结果表明这些内生菌株能够协助植物修复芳硝基污染物。Moore 等从生长于 BTEX（苯系物）污染环境的杂交杨树（*P. trichocarpa*×*P. deltoides* cv. Hazendans and Hoogvorst）中分离到 121 株内生菌，其中一些菌株能耐受重金属、BTEX 和 TCE（三氯乙烯）。有意思的是分离自叶片、茎及根部的菌株其耐受能力不同。这 121 株菌中有 34 株被认为具有增强植物修复的功能。Barac 等开展的进一步研究表明，同样的污染地在经修复之后，BTEX 的浓度已经降低到检测限度以下，而这时候内生菌的降解能力也随之消失。Weyens 等对生长于 TCE 污染环境的英国枞树和白蜡树可培养内生菌进行了调查，研究发现大多数菌株都表现出较强的 TCE 耐受性，其中一些菌株具有 TCE 降解能力。

内生菌还能协助植物降解 PAH（polycyclic aromatic hydrocarbon）这类难降解物质。有研究者从柳树（*Salix* spp.）和杨树（*Populus* spp.）无性系中分离到一些对 PAH 具有很强耐受能力的细菌，其中有 6 个内生菌株能利用萘、菲（phenanthrene）和芘（pyrene）作为唯一碳源。

内生菌协助植物修复，对于减少农作物体内有毒物质残留也具有很好的应用前景。目前有关利用内生细菌减少作物农药残留也有成功的报道。Germaine 等用一株分离自杨树能降解 2,4-D 的内生菌回接豌豆（*Pisum sativum*）植株，能有效地增强植物消除土壤中 2,4-D 的能力，但同时植物组织内并未积累 2,4-D，也未见对植物的毒害症状。

利用基因工程改造的内生菌回接宿主植物，从而提高植物修复效率的策略也具有很好的应用潜力。图 6-4 展示了经基因工程改造的内生菌协助植物修复的方式，将分离到的野生菌株进行改造，使之具备相应的降解途径，再回接至宿主植物中。对细菌的遗传操作相对简单，而且在内生环境中，水平基因转移（horizontal gene transfer，HGT）的现象也被认为较为常见，这使得对内生菌株的遗传改造具有较大的优势。Barac 等将从杨树根际获得的一株洋葱伯克霍尔德菌 G4 所携带的 pTOM 甲苯降解质粒，导入从大叶羽扇豆中分离的内生洋葱伯克霍尔德菌菌株 L. S. 2. 4 中。经表面消毒的大叶羽扇豆种子可成功回接该重组菌株，结果发现该菌株能明显减弱甲苯对植物的毒害，并且使其从植物叶片的蒸腾散发减少了 50％～70％。而提供质粒的菌株 G4 却不表现出这种作用，研究者认为可能与该菌株无法与植物建立必要的联系有关。当 Taghavi 等用携带 pTOM-Bu61 质粒的洋葱伯克霍尔德菌菌株 VM1468（分离自大叶羽扇豆）回接杨树时，发现了在植物体内的水平基因转移现象，该携带降解甲苯功能的质粒能直接转移到杨树体内的其他内生菌中。与对照相比，经回接处理的杨树对甲苯的耐受能力更强，蒸腾散失的甲苯量更少。

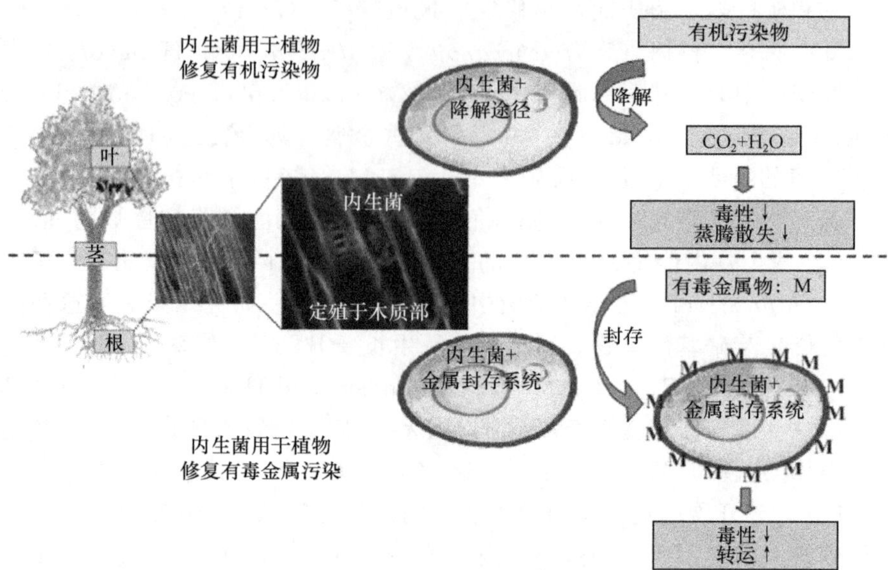

图 6-4　基因工程改造的内生菌协助植物修复的方式（引自 Weyens et al.，2009）

（二）内生菌协助植物修复有毒金属污染环境

制约植物提取（phytoextraction）技术应用的因素在于金属可利用度、金属吸收及金属物质对植物毒害性。由于这些局限性，人们同样想到利用基因工程改造植物本身或是内生菌来提高植物提取的效率。一些可行的策略包括使其具备合成天然螯合剂（如柠檬酸）的能力和金属封存系统。Lodewyckx 等将镍耐受相关的基因［*ncc*（nickel-cadmium-cobalt resistance）-*nre*］从 *Ralstonia metallidurans* 31A 转移到洋葱伯克霍尔德菌和织片草螺菌属的两个菌株中，然后用这两个菌株回接其宿主植物黄羽扇豆（*Lupinus luteus*）和黑麦草（*Lolium perenne*）。结果显示经改造菌株本身对镍的耐受能力提高，但对宿主植物的生长没有促进。菌株 *Burkholderia cepacia* L. S. 2. 4∷ncc-nre 能显著增加根部镍的浓度，但茎内镍的浓度与对照相当。利用基因工程改造菌株时，面临的一个很重要的挑战就是在自然条件下，如何保持菌株及其降解功能的稳定性和持续性。

（三）协助植物修复复合污染环境

事实上在污染的环境中，植物及其相关微生物常常要面对的是复合污染物。对复合污染的修复通常更复杂。有毒金属的存在常常会抑制大量微生物生长，这其中也包括一些具有降解有机污染物能力的微生物。面对复合污染，利用那些同时具备降解有机污染物和封存有毒金属能力的内生菌是较为理想的策略。为了更好地利用内生菌促进植物修复，需要对植物-内生菌之间的相互作用有更进一步的研究和更全面的认识。

四、植物内生菌在生物能源开发中的应用前景

2008年11月微生物学杂志（*Microbiology*）报道了美国蒙大拿州立大学Strobel教授及其团队的新发现。他们从巴塔哥尼亚北部植物心叶船型果木（*Eucryphia cordifolia*）中分离到一株粉红黏帚菌（*G. roseum*），该菌株能产生数十种中等碳链长度的碳氢化合物，而且这类化合物常见于石油、柴油、喷射引擎用油等能源物质中。尽管该菌株所产生的碳氢化合物含量不高，但研究者认为利用基因工程手段，或许能使其相关合成基因在其他微生物中得到高效的异源表达。令人称奇的是该菌株拥有合成高达55种挥发性碳氢化合物的能力。虽然此项发现并不能立即转化为工业生产，但它为人类寻找生物能源提供了新的充满活力的途径。

第五节 值得研究的问题

植物内生菌研究领域充满了神奇的诱惑力，从丰富多样的物种资源到千姿百态的功能特征，无不尽展这类独特环境中微生物的魅力。它们为自身的宿主提供大量益处的同时，也为人类奉献了宝贵的财富。这一领域吸引了大量国内外科研工作者的不断探索。虽然该领域的研究成果已逐步为人们揭开了植物组织内部微生物世界的奥秘，但这个“世界”中仍然存在许许多多的未知等待着我们去探索。从获取资源到利用资源这一过程中，还存在一系列值得探讨的问题。

1）植物组织中内生菌的多样性究竟达到何种程度？其在不同地理环境或宿主微环境中的分布情况如何？虽然目前免培养和纯培养相结合的方法已经向我们充分展示了其丰富程度，但这些方法都存在各自的局限性，因此在方法学上需要我们进一步研究和探寻更适合这类资源调查和获取的途径，进而更全面真实地认识其多样性和资源分布情况。

2）分布于极端环境的植物体内内生菌的群落组成情况如何？它们的分布与环境特征有何相关性？它们是以何种机制存活？对这些问题的解释很可能会为我们开辟出内生菌资源利用的新途径。

3）这些与宿主植物建立共生关系的植物内生菌其进化起源是怎样的？这种共生的关系是否对物种形成存在影响？

4）对那些非专性的内生菌，植物如何对它们作出选择？它们如何在宿主植物体内保持平衡状态？其群落组成的调控因子是什么？

5）植物内生菌以何种途径与宿主植物进行交流，从而使之适应外界环境？而当环境条件发生改变时，内生菌的群落组成、种群密度、生理特性等是否也会发生相应的变化？

6）那些具有生境适应性的共生（如一些内生菌类群能专一协助宿主抵御某种特定的环境压力）其进化的动态变化是怎样的？当植物面对复合环境压力时，那些能协助宿主植物抵御某种胁迫的内生菌还能起作用吗？其作用方式是怎样的？

7）植物内生菌的存在是否能给其宿主植物的地理分布格局提供一些解释？

8）内生菌成员之间的关系是怎样的？它们之间又是如何进行交流的？这种信号或是遗传物质的交流又会带来怎样的结果？

9）在对宿主植物的作用中常常会发现一些菌株虽然属于同一物种，但却不一定都能对宿主植物起作用（如引起ISR反应等），这种差异是怎样造成的？

10）那些具有特定生态学功能的内生菌类群在不同环境梯度中的分布情况如何？这些菌株中存在着怎样的遗传差异？而这些差异是否能解释植物-内生菌之间的相互作用（如信号识别、遗传物质交换等）？

11）内生菌具有产生许多活性天然产物的功能，这种功能与其独特的生活环境确实有关吗？它们在进化过程中如何获得与这些功能相关的遗传基础呢？是否是与宿主植物进行基因交流的结果？

12）内生菌作为生防因子的防效发挥及稳定性会受到许多复杂环境因子的干扰，如何使之被有效利用需要多方面的综合考虑。对植物与内生菌相互作用机制的认识，有助于合理有效的利用内生菌资源。对内生菌自身病理学特征的认识则是保证安全利用的前提。

13）随着越来越多的全基因组信息的发布，如何充分利用这些信息帮助我们更加全面地认识或预测内生菌的功能及其与宿主植物的关系，开展基因工程改造，也是值得关注和讨论的问题。如何结合已知的遗传信息，利用IVET（*in vivo* expression technology）和“omic”等技术对定殖于宿主体内的微生物基因表达情况进行研究，是目前可行并且有效研究内生菌-宿主互作的方法。

上述问题实质上彼此相关，揭示其中的某个问题必然为另一个问题的解答提供有用的线索，而且围绕这些问题开展的研究，也必然会带来更多的学科交叉与合作。当这些奥秘被揭示时，必将产生新的认知和理念，届时人们将会清楚地看到有谁生活在这个“世界”里，它们都在做什么，它们为什么这么做。当然要完全实现这个目标还有很长的路要走，但每个点的突破都将为生物学基础理论灌注新的认识，为人类更好地利用这些资源提供契机。

（李　洁　徐丽华）

主要参考文献

曹理想，周世宁．2004．植物内生放线菌研究．微生物学通报，31（4）：93～96

陈华红，杨颖，姜怡等．2006．植物内生放线菌分离方法。微生物学通报，33（4）：182～185

姜怡，杨颖，陈华红等．2005．植物内生菌资源．微生物学通报，32（6）：146，147

黎万奎，胡之璧．2005．内生菌与天然药物．中国天然药物，3（4）：193～199

林玲，乔勇升，顾本康等．2008．植物内生细菌及其生物防治植物病害的研究进展．江苏农业学报，24（6）：969～974

刘茂军，张兴涛，赵之伟．2009．深色有隔内生真菌（DSE）研究进展．菌物学报，28（6）：888～894

王永中，肖亚中．2004．植物内生菌及其活性代谢产物．生物学杂志，21（4）：1～5

文才艺，吴元华，田秀玲．2004．植物内生菌研究进展及其存在的问题．生态学杂志，23（2）：86～91

邹文欣，谭仁祥．2001．植物内生菌研究新进展．植物学报，43（9）：881～892

Alabouvette C，Olivain C，Migheli Q et al．2009．Microbiological control of soil-borne phytopathogenic fungi with special emphasis on wilt-inducing *Fusarium oxysporum*．New Phytologist，184：529～544

Azevedo J L, Maccheroni Jr W, Pereira J O et al. 2000. Endophytic microorganisms: a review on insect control and recent advances on tropical plants. Electronic J Biotechnol, 3 (1): 40～65

Bacon C W, White J F. 2000. Microbial Endophytes. New York, Basel: Marcel Dekker Inc

Baltruschat H, Fodor J, Harrach B D et al. 2008. Salt tolerance of barley induced by the root endophyte *Piriformospora indica* is associated with a strong increase in antioxidants. New Phytologist, 18: 501～510

Barac T, Taghavi S, Borremans B et al. 2004. Engineered endophytic bacteria improve phytoremediation of water soluble, volatile, organic pollutants. Nat Biotechnol, 22: 583～588

Barac T, Weyens N, Oeyen L et al. 2009. Application of poplar and its associated microorganisms for the in situ remediation of a BTEX contaminated groundwater plume. Int J Phytoremediation, 11: 416～424

Bauer W D, Mathesius U. 2004. Plant responses to bacterial quorum sensing signals. Curr Opin Plant Biol, 7: 429～433

Bérdy J. 2005. Bioactive microbial metabolites. J Antibiot, 58: 1～26

Castillo U F, Browne L, Strobel G A et al. 2007. Biologically active endophytic streptomycetes from *Nothofagus* spp. and other plants in Patagonia. Microb Ecol, 53: 12～19

Castillo U F, Strobel G A, Mullenberg K. 2006. Munumbicins E-4 and E-5: novel broad spectrum antibiotics from *Streptomyces* NRRL 3052. FEMS Microbiol Lett, 255: 296～300

Chisholm S T, Coaker G, Day B et al. 2006. Host-microbe interactions: shaping the evolution of the plant immune response. Cell, 124: 803～814

Conn V M, Walker A R, Franco C M M. 2008. Endophytic actinobacteria induce defense pathways in *Arabidopsis thaliana*. Mol Plant-Microbe Interact, 21 (2): 208～218

Doty S L. 2008. Enhancing phytoremediation through the use of transgenics and endophytes. New Phytologist, 179: 318～333

Douglas A E. 2008. Conflict, cheats and the persistence of symbioses. New Phytologist, 177: 849～858

Francis I, Holsters M, Vereecke D. 2010. The gram-positive side of plant-microbe interactions. Environ Microbiol, 12 (1): 1～12

Germaine K J, Liu X, Cabellos G G et al. 2006. Bacterial endophyte-enhanced phytoremediation of the organochlorine herbicide 2, 4-dichlorophenoxyacetic acid. FEMS Microbiol Ecol, 57: 302～310

Gillings M, Holmes A. 2004. Plant Microbiology. London, New York: BIOS Scientific Publishers

Hallmann J, Quadt-Hallmann A, Mahaffee W F et al. 1997. Bacterial endophytes in agricultural crops. Can J Microbiol 43: 895～914

Hardoim P R, van Overbeek L S, van Elsas J D. 2008. Properties of bacterial endophytes and their proposed role in plant growth. Trends Microbiol, 16 (10): 463～471

Hasegawa S, Meguro A, Shimizu M et al. 2006. Endophytic actinomycetes and their interactions with host plants. Actinomycetologica, 20: 72～81

Hogenhout S A, Van der Hoorn R A L, Terauchi R et al. 2009. Emerging concepts in effector biology of plant-associated organisms. Mol Plant-Microbe Interact, 22 (2): 115～122

Igarashi Y, Iida T, Sasaki Y et al. 2002. Isolation of actinomycetes from live plants and evaluation of antiphytopathogenic activity of their metabolites. Actinomycetologica, 16: 9～13

Igarashi Y, Miura S, Fujita T et al. 2006. Pterocidin, a cytotoxic compound from the endophytic *Streptomyces hygroscopicus*. J Antibiot, 59: 193～195

Igarashi Y, Trujillo M E, Martínez-Molina E et al. 2007. Antitumor anthraquinones from an endophytic actinomycete *Micromonospora lupini* sp. nov. Bioorg Med Chem Lett, 17: 3702～3705

Kogel K H, Franken P, Hückelhoven R. 2006. Endophyte or parasite-what decides? Curr Opin Plant Biol, 9: 358～363

Kunoh H. 2002. Endophytic actinomycetes: attractive biocontrol agents. J Gen Plant Pathol, 68: 249～252

Lal S, Tabacchioni S. 2009. Ecology and biotechnological potential of *Paenibacillus polymyxa*: a minireview. Indian J Microbiol, 49: 2～10

Li J, Zhao G Z, Chen H H et al. 2008. Antitumour and antimicrobial activities of endophytic streptomycetes from pharmaceutical plants in rainforest. Lett Appl Microbiol, 47: 574～580

Newman L A, Reynolds C M. 2005. Bacteria and phytoremediation: new uses for endophytic bacteria in plants. Trends Biotechnol, 23 (1): 6～8

Pönkä A, Andersson Y, Siitonen A et al. 1995. *Salmonella* in alfalfa sprouts. Lancet, 345: 462, 463

Qin S, Li J, Chen H H et al. 2009. Isolation, diversity, and antimicrobial activity of rare actinobacteria from medicinal plants of tropical rain forests in Xishuangbanna, China. Appl Environ Microbiol, 75: 6176～6186

Rajkumar M, Ae N, Freitas H. 2009. Endophytic bacteria and their potential to enhance heavy metal phytoextraction. Chemosphere, 77: 153～160

Ramasamy K, Lim S M, Bakar H A et al. 2010. Antimicrobial and cytotoxic activities of Malaysian endophytes. Phytother Res, 24: 640～643

Rodriguez R J, White Jr J F, Arnold A E et al. 2009. Fungal endophytes: diversity and functional roles. New Phytologist, 182: 314～330

Rosenblueth M, Martínez-Romero E. 2006. Bacterial endophytes and their interactions with hosts. Mol Plant-Microbe Interact, 19: 827～837

Ryan R P, Germaine K, Franks A et al. 2008. Bacterial endophytes: recent developments and applications. FEMS Microbiol Lett, 278: 1～9

Saikkonen K, Wäli P, Helander M et al. 2004. Evolution of endophyte-plant symbioses. Trends Plant Sci, 9 (6): 275～280

Schulz B, Boyle C, Draeger S et al. 2002. Endophytic fungi: a source of novel biologically active secondary metabolites. Mycol Res, 106 (9): 996～1004

Schulz B J E, Boyle C J C, Sieber T N. 2006. Microbial Root Endophytes. Berlin: Springer-Verlag

Sherameti I, Tripathi S, Varma A et al. 2008. The root-colonizing endophyte *Pirifomospora indica* confers drought tolerance in *Arabidopsis* by stimulating the expression of drought stress-related genes in leaves. Mol Plant-Microbe Interact, 21 (6): 799～807

Stadler M, Schulz B. 2009. High energy biofuel from endophytic fungi? Trends Plant Sci, 14 (7): 353～355

Strobel G A. 2002. Rainforest endophytes and bioactive products. Crit Rev Biotechnol, 22: 315～333

Strobel G A. 2003. Endophytes as sources of bioactive products. Microb Infect, 5: 535～544

Strobel G A. 2006. Harnessing endophytes for industrial microbiology. Curr Opin Microbiol, 9: 240～244

Strobel G A, Daisy B. 2003. Bioprospecting for microbial endophytes and their natural products. Microbiol Mol Biol Rev, 67: 491～502

Strobel G A, Knighton B, Kluck K et al. 2008. The production of myco-diesel hydrocarbons and their derivatives by the endophytic fungus *Gliocladium roseum* (NRRL 50072). Microbiol, 154: 3319～3328

Strobel G, Daisy B, Castillo U et al. 2004. Natural products from endophytic microorganisms. J Nat Prod, 67: 257～268

Tan R X , Zou W X. 2001. Endophytes: a rich source of functional metabolites. Nat Prod Rep, 18: 448～459

Wagenaar M M, Corwin J, Strobel G et al. 2000. Three new cytochalasins produced by an endophytic fungus in the genus *Rhinocladiella*. J Nat Prod, 63: 1692～1695

Weyens N, van der Lelie D, Taghavi S et al. 2009. Phytoremediation: plant-endophyte partnerships take the challenge. Curr Opin Biotechnol, 20: 1～7

Wu F T, Chen D J, Qian X P. 2004. Recent studies of bioactive substances produced by endophyte. Chin J Antibiot, 29 (3): 184～192

Zhang H W, Song Y C, Tan R X. 2006. Biology and chemistry of endophytes. Nat Prod Rep, 23: 753～771

第七章　动物肠道菌资源

自然界不存在无菌动物。无论生活在任何环境的动物都有微生物与之共生，要么在其体内（主要在肠道内），要么在其体表；这些微生物可能有益，可能有害。人类和家畜肠道微生物是常规检验的重要内容，早已普及。对肠道微生物与人类和动物的关系也有一些研究。益生菌等作为保健食品已经产业化，而分解纤维素的肠道微生物也有一些研究和应用。但是，动物肠道菌作为一类重要资源目前还没有得到充分的认识，对其发掘利用仍然比较滞后。本章将肠道微生物作为一类自然资源，讨论其种类和分布、如何获得纯培养物以及利用的途径。

第一节　动物肠道菌及粪便菌

一、动物

动物根据细胞数可以分为单细胞动物（Protozoa）和多细胞动物（后生动物，Metazoa）两大类。多细胞动物又分为侧生动物（Parazoa）和真后生动物（Eumetazoa），前者包括海绵动物（Poriferan）、扁盘动物（Placozoa）和中生动物（Mesozoa）；真后生动物按照其身体对称方式被分为辐射对称动物［Radiata，包括刺胞动物门（Cnidaria）和栉水母动物门（Ctenophora）］和两侧对称动物（Bilateria）。两侧对称动物按其体腔的有无和真假分为三类，即无体腔动物（Acoelomata）、假体腔动物（Pseudocoelomata）和真体腔动物（Eucoelomata）。按原肠孔（Blastoporus）的发展的不同将真体腔动物分为原口动物（Protostomia）和后口动物（Deuterostomia）。后口动物主要的门为棘皮动物门（Echinodermata）和脊索动物门（Chordata）。前者是辐射对称的，且都生活在海洋里，如海星、海胆和海参；后者则是脊椎动物（有脊骨的动物）占大多数，包括鱼、两栖动物、爬行动物、鸟和哺乳动物。

本书所涉及的动物都是多细胞动物，具有部分或完整的消化系统。

二、动物的消化系统

动物的消化系统由消化管和消化腺两部分组成。

消化管是一条起自口腔，延续为咽、食管、胃、小肠、大肠，终于肛门的很长的肌性管道，包括口腔、咽、食管、胃、小肠（十二指肠、空肠、回肠）和大肠（盲肠、结肠、直肠）等部。

消化腺有小消化腺和大消化腺两种。小消化腺散在于消化管各部的管壁内，大消化腺有三对唾液腺（腮腺、下颌下腺、舌下腺）、肝脏和胰腺，它们均借导管将腺体分泌物排入消化管内。

消化系统的基本功能是食物的消化和吸收，以提供机体所需的物质和能量。食物中的营养物质除维生素、水和无机盐可以被直接吸收利用外，蛋白质、脂肪和糖类等物质均不能被机体直接吸收利用，需在消化管内被分解为结构简单的小分子物质，才能被吸收利用。食物在消化管内被分解成结构简单、可被吸收的小分子物质的过程就称为消化。这种小分子物质透过消化管黏膜上皮细胞进入血液和淋巴液的过程就是吸收。未被吸收的残渣部分由消化道通过大肠以粪便形式排出体外。

大多数哺乳动物（包括人类）为单胃，而反刍类食草动物则具有复胃（反刍胃），且食草类动物的肠道比食肉类动物的要长得多。

三、动物肠道菌

动物肠道菌（enteric microorganism，enterobacteria，intestinal microorganism，gut flora 或 gut microbe）及粪便微生物（fecal microorganism）顾名思义就是生活在动物口腔、胃、肠道里和粪便里的微生物。在本书内，为了叙述方便，将肠道菌和粪便菌一起论述。

根据对氧气的需求将肠道菌分为需氧菌、兼性厌氧菌和厌氧菌。根据来源可将肠道菌分为常住菌和过路菌两类，前者为非由口摄入，在肠道内保持稳定的群体；后者则由口摄入，经胃肠道，最终被排出。

肠道菌群的种类和数量能保持相对的稳定，但受饮食、生活习惯、地理环境、动物或人的年龄及卫生条件的影响而变动。

由于子宫内是无菌环境，所以人或动物及刚出生的婴儿肠道内是无菌的。出生后，细菌迅速从口及肛门侵入，以后随着饮食的摄入，肠道就有了更多的不同菌群进驻。一个健康成人胃可培育肠道细菌（cultured bacteria）500 多种，30 多个属，其数量高达 $1\times10^{13}\sim1\times10^{14}$ 个。

哺乳动物的肠道微生物能高度适应其宿主的体内环境，且在体外很罕见，似乎它们能非常适应地寄居于这些宿主之中。哺乳动物的肠道微生物和其宿主的协同进化假设认为，这些哺乳动物由双亲照顾并可以使肠道内的某些微生物群落如病毒得到垂直传播，也使得整个微生物群落的特性在哺乳动物之间传递。在哺乳动物的进化中，它们的免疫系统对肠道菌的耐受性就是其中一个显著的基本特征。

在动物胃肠道的微生态系统中，宿主与微生物之间存在着互相依存的关系。宿主为微生物提供栖息的环境和养分，而微生物则有助于动物消化吸收食物，并成为动物免疫机制的重要组成部分。

四、动物肠道微生物的生理作用

1）屏障作用：胃肠道内某些内源性微生物（主要指革兰氏阳性杆菌和球菌）与肠黏膜“密切结合”，在肠黏膜的某些部位形成一层膜菌群，构成一个生物学屏障，可以阻止致病菌入侵与定殖，使动物机体免受感染。

2）营养作用：动物胃肠道内的某些微生物可以合成多种维生素，如硫胺素、核黄素、尼克酸、吡哆醇、叶酸等，这些维生素是动物的生存生长必需的，同时还可以促进动物对某些营养物质的吸收。肠道微生物能产生一系列的糖苷酶，其中既有能切断多聚糖或低聚糖末端糖苷键的酶，又有能水解聚合链中间糖苷键的酶。能产生这些酶的微生物主要有乳酸杆菌、双歧杆菌和梭状芽孢杆菌。乙酸、丙酸和丁酸是碳水化合物在肠道发酵后的主要产物，这些短链脂肪酸不仅是大肠黏膜的主要能源，还可使肠道环境的pH适当降低而抑制病原菌滋生。

3）抗肿瘤作用：在动物胃肠道内某些微生物可以产生致癌物质，而另外一些微生物则具有清除这些致癌物质的能力。例如，肠道内的双歧杆菌不仅具有降解致癌物质以抑制肿瘤发生的能力，还对已经形成的肿瘤具有抑制作用。

4）免疫作用：动物胃肠道内某些微生物能够激活机体吞噬活性，提高机体抗感染能力。例如，胃肠道内的双歧杆菌对巨噬细胞有明显的激活作用，而双歧杆菌在肠道定殖，相当于自然自动免疫，可以诱发机体的特异反应。

5）其他：胃肠道内的双歧杆菌可以使过度增殖的革兰氏阴性杆菌减少到正常水平，以降低内毒素的释放量，控制内毒素血症的发生；另外，双歧杆菌还具有保护血器官的功能。

第二节　动物肠道菌的种类及分布

一、人类肠道菌

2005年Paul等从3个健康成人肠道内提取了样本，并检测了13 355个原核生物的16S rRNA基因序列，其中11 831个细菌序列归属于395个分类单元，多数属于厚壁菌门（Firmicutes）和拟杆菌门（Bacteroidetes），且244个（62%）为潜在的新物种；1524个古菌序列归属于史氏甲烷短杆菌（*Methanobrevibacter smithii*）。Bik等从23个人胃样品中分析了1833个克隆的16S rRNA基因序列，结果发现了128个类型的细菌，包括变形菌门（Proteobacteria）、厚壁菌门、放线菌门（Actinobacteria）、拟杆菌门和梭杆菌门（Fusobacteria）等，其中很多是未培养的细菌。

2006年6月2日，美国的多位科学家发表了对人肠道微生物组（microbiome）和宏基因组（metagenomics）的研究报告，指出两名健康成年人（男女各一）的粪便中，仅有1%～5%的DNA不来自细菌，他们的下消化道细菌的基因数量达6万多种，比在人类基因组中发现的多1倍。研究人员认为，人类是一个超生物体（superorganism），由细菌和人体细胞共同组成。Ley等的研究表明，人体的微生物细胞达100万亿个，是人体细胞数的10倍，基因总数超过人的100倍。

2010年初，Qin等分析了124个健康人的粪便样品，测定了5767亿个微生物基因序列，解析了330万个基因，发现超过99%的基因是细菌的，且微生物的基因是人类基因的150倍。

上述研究结果都发表在*Cell*、*Nature*、*Science*、*PNAS*等著名刊物上，预示着人类肠道菌的研究极受重视，具有重要价值，不久的将来会有重大突破。

二、动物肠道菌

Frey等利用T-RFLP技术和构建16S rRNA基因克隆文库的方法分析了大猩猩粪便的

细菌多样性，检测到属于厚壁菌门、疣微菌门（Verrucomicrobia）、放线菌门、黏胶球形菌门（Lentisphaerae）、拟杆菌门、Spirochetes 和浮霉菌门（Planctomycetes）等的细菌以及很多未培养的细菌。Ruth 等从 13 个目 60 个种的 106 个哺乳动物（包括 17 个非灵长类哺乳动物）的粪便里测得约 20 000 个 16S rRNA 序列，其中 19 548 个属于细菌域的 17 个门，而这其中厚壁菌门占 65.7%，拟杆菌门占 16.3%、变形菌门占 8.8%、放线菌门占 4.7%、疣微菌门占 2.2%、梭杆菌门占 0.67%、Spirochaetes 占 0.46%、纤维杆菌门（Fibrobacteres）占 0.13%、深根蓝细菌（deep-rooting Cyanobacteria）占 0.10%、浮霉菌门占 0.08%、脱铁杆菌门（Deferribacteres）占 0.05%、黏胶球形菌门占 0.04%和 Deinoccus-Thermus 占 0.005%。该研究还指出，这 106 种动物中，食草动物的粪便中有分布在 14 个门的细菌，杂食性动物粪便中有分布在 12 个门的细菌，而肉食动物粪便中仅有 6 个门的细菌。这些粪便菌中的绝大部分也未获得纯培养。

丹麦的 Thomas 等从生长 12～18 周的 24 只猪体内采集回肠和盲肠样品，构建了 16S rRNA 基因文库并进行了分析。从 52 份样品中分析得到 4270 个克隆的 16S rRNA 基因序列，选取其中 375 个序列按照 97%相似性准则分析，发现其中 304 个（占 81%）序列为低（G+C）mol%的革兰氏阳性菌，42 个（占 11.2%）与拟杆菌门和 *Prevotella* 类相关联。

台湾家白蚁肠道中的固氮菌是与白蚁肠道内的原生动物和其他微生物以共生状态存在的。简单的无氮培养基很难将它们全部培养，即使能够培养，它们的固氮活性也必定急剧下降。梅建凤等的研究推断，固氮菌在体外培养时，其固氮活性也仅为白蚁肠道内生长时的 1/200。宛立等从南美白对虾的肠道内分离出革兰氏阴性菌 106 株，革兰氏阳性菌 5 株，分属于 13 个属（科），其中优势菌为发光杆菌属（*Photobacterium*）、弧菌属（*Vibrios*）、气单胞菌属（*Aeromonas*）、肠杆菌科（Enterobacteriaceae）和黄单胞菌属（*Xanthomonas*）。

海水鱼消化道内也存在大量的微生物群落，后者是海水鱼微生态环境的重要成分。有报道称海水中鱼肠道细菌数为 1.12×10^5～1.45×10^6CFU/g、放线菌为 1.0×10^3～8.2×10^3CFU/g、真菌数为 1.0×10^3～2.1×10^4CFU/g。

鲤鱼肠道中有哈夫尼亚苗属（优势菌群）、气单胞菌属、链球菌属、致病杆菌属、假单胞杆菌属和芽孢杆菌属等，其中前三者的数量为 1×10^6～1×10^7CFU/g，后三者的数量为 1×10^5～1×10^6 CFU/g，相对而言它们是鲤鱼肠道内的劣势菌群。

海绵动物因其滤食性，体腔内含有许多微生物，有关内容在本书的海洋微生物资源中叙述。

三、动物肠道放线菌

姜怡等以半野生大熊猫、竹鼠、斑马的粪便及竹虫虫体作为样品，用 4 种培养基分离放线菌，去重复后得到 145 个菌株，测定了其中 68 个菌株的 16S rRNA 基因序列（820bp 以上）。依据序列分析的结果，他们明确了这 68 株菌的种属分布情况，见表 7-1。从大熊猫粪便中分离到的 23 株菌属于 2 个属的放线菌和 4 个属的其他细菌，其中 11 株属于 *Sphingobacterium* 属，是纯培养的优势菌。菌株 YIM 100111 的 16S rRNA

基因序列与 *Sphingobacterium* 属中的其他菌相似性低于 96%，可能为新种。菌株 YIM 100116 可能是红球菌属的新种。从竹鼠粪便中分离到 5 个已知放线菌属（*Arthrobacter*、*Rhodococcus*、*Williamsia*、*Sanguibacter* 和 *Labedella*）、一个可能的放线菌新属及一个其他细菌属。菌株 YIM 100117 可能是红球菌属的一个新种。从斑马粪中分离到 3 个属的放线菌和 1 个属的细菌。菌株 YIM 100136 可能是 *Microbacterium* 的一个新种。在菌株 YIM 212 的培养基上，大约有 1.76×10^7 CFU/g 的 *Microbacterium oxydans* 生长，后者是竹鼠粪便的优势放线菌。从竹虫体内只分离到 1 个属的放线菌和 4 个属的细菌，菌株 YIM 100138 可能是 *Microbacterium* 属的一个新种。菌株 YIM 100142 可能是 *Flavobacterium* 的一个新种。菌株 YIM 100152 可能是 *Brochothrix* 的一个新种。虽然放线菌的多样性相对单调，但新种的比例却较大。

表 7-1　纯培养放线菌及其他细菌的组成

大熊猫	竹鼠	斑马	竹虫
Actinobacteria			
Streptomyces (2)*	*Arthrobacter* (3)	*Streptomyces* (2)	*Microbacterium* (3)
Rhodococcus (1)	*Rhodococcus* (6)	*Microbacterium* (4)**	
	Oerskovia (2)	*Mycobacterium* (2)	
	Williamsia (2)		
	Sanguibacter (3)		
	Labedella (1)		
	一个可能的新属		
其他细菌			
Lactococcus (4)	*Pseudomonas* (1)	*Comamonas* (1)	*Flavobacterium* (3)
Leuconostoc (2)			*Stenotrophomonas* (2)
Bacillus (4)			*Brochothrix* (8)
Sphingobacterium (11)			*Paenibacillus* (2)
23	18	9	18

* 括号中的数字为该属菌株的数目；** *Microbacterium oxydans* 的菌落数为 1.76×10^7 CFU/g。

第三节　肠道菌分离方法

一、取样方法

如果要研究特定部位的微生物，就直接取该部位的样品；研究粪便菌或者大肠肠道菌则应当采集新鲜粪便。特别注意的是采集之前要对采集对象有所了解，比如健康状况（喂食抗生素和有肠道疾病的动物最好不要选为采集对象），还有年龄、雌雄、种属、产地、生境、食性等情况。

在采集动物（特别是哺乳动物）特定肠道部位的样品之前，必须做好麻醉、消毒等手术准备工作。一般取 5～10cm 的肠段，立即放入无菌封口袋中，根据研究目的不同可保藏在不同温度。分离菌种时剖开肠道取出肠道内物质放入无菌水中即可。例如，做鱼的肠道采集时，先对其做体表消毒，然后在无菌条件下解剖鱼体分离肠道，用灭菌棉线分别将肠道的前后两端结扎剪下取出，可在前肠、中肠及后肠部位各取约 0.5cm 长的组织混合在一起作为样品匀浆。昆虫可取肠道于无菌水中匀浆，或用无菌注射器抽取肠液稀释至无菌水中为涂布平板做准备。

动物粪便必须采集新鲜样品，并将其置于无菌容器中，尽量避免外源菌的污染。采集新鲜样品后尽量立即进行分离，或置于4℃冰箱备用。

二、细菌分离培养基

分离纯培养的肠道菌大多采用稀释涂布平板法。普通营养培养基可以用于肠道菌的分离。以下这些培养基分别用于特定菌种的分离：TSA（tryptone soy agar），分离好氧菌；麦康凯培养基（MacConkey），分离肠杆菌；肠球菌琼脂培养基（Slanetz & Bartley medium），分离肠球菌；厌氧肉汤（schaedler anaerobe broth），分离厌氧菌；TPY琼脂培养基，分离双歧杆菌；MC培养基，分离乳杆菌；厌氧肉汤添加新霉素（schaedler anaerobe broth add neomycin），分离类杆菌；亚硫酸盐多黏菌素磺胺嘧啶培养基(SPS)，分离产气荚膜梭菌；卵黄琼脂培养基（egg yolk），分离肉毒梭菌；甘露醇卵黄多黏菌素培养基（mannitol yolk polymyxin agar，MYP）分离蜡样芽孢杆菌。

常用的分离培养基有亚砷酸钾培养基、结晶紫培养基、伊红美兰培养基、S S琼脂培养基、牛肉膏蛋白胨培养基（NA）、高氏（Gause）Ⅰ号培养基、查氏（Czapek）培养基、马丁氏（Martin）培养基和马铃薯培养基（PDA）。

对某种特定功能菌的筛选可以添加一些特殊物质。例如，产蛋白酶菌株的筛选培养基，在NA培养基中添加1.0%的酪蛋白，pH为9.2～9.8；产脂肪酶菌株的筛选培养基，在NA培养基中添加120mL/L的橄榄油乳化液和0.005%的中性红，pH为7.2。其中橄榄油乳化液的配制方法为：取橄榄油与0.02g/mL的聚乙烯醇（PVA）以体积比1∶3的比例混合，10 000r/min搅拌乳化5min，得乳化液。产纤维素酶菌株的筛选培养基，在NA培养基中添加1%的CMC，pH为9.2～9.8；产淀粉酶菌株的筛选培养基，在NA培养基中添加1%的可溶性淀粉，pH为9.2～9.8。

三、粪便放线菌的分离

（一）样品的预处理

根据我们反复试验的结果，为了分离到尽可能多的未知放线菌，新鲜粪便样品在常温下干燥并在80℃干热处理1h，可以大大抑制革兰氏阴性菌的污染，提高放线菌的出菌率。

（二）培养基

甘油-脯氨酸培养基：甘油10g，脯氨酸1g，$K_2HPO_4 \cdot H_2O$ 1g，$MgSO_4 \cdot 7H_2O$ 0.5g，$CaCO_3$ 0.3g，复合维生素（维生素B_1、核黄素、烟酸、维生素B_6、泛酸钙、肌醇、*p*-氨基苯甲酸各0.5mg，生物素0.25mg）3.7mg，微量盐1mL，琼脂15g，pH 7.7。

棉子糖-脯氨酸培养基：棉子糖5g，脯氨酸1g，$(NH_4)_2SO_4$ 1g，NaCl 1g，$CaCl_2$

2g，K_2HPO_4 1g，$MgSO_4 \cdot 7H_2O$ 1g，复合维生素（维生素 B_1、核黄素、烟酸、维生素 B_6、泛酸钙、肌醇、*p*-氨基苯甲酸各 0.5mg、生物素 0.25mg）3.7mg，琼脂 15g，pH 7.7。

HV 培养基也可以用于肠道放线菌的分离。

（三）抑制剂

推荐两组抑制剂：

1）重铬酸钾 50mg/L，萘啶酸 40mg/L，青霉素 5mg/L。

2）制霉菌素 100mg/L，萘啶酸 40mg/L，青霉素 5mg/L。

第四节　动物肠道菌的利用

前面提到，肠道菌在动物食物的消化、营养吸收、抗菌及免疫等生命活动中发挥着重要的功能。我们认为，肠道微生物长期生存在动物肠道中，未对宿主动物产生毒害作用或明显的毒害作用，且大多有益于宿主，因此，从肠道微生物中发现的生物活性物质，对动物本身应该无毒或毒性极低。与其他微生物来源的活性物质比较，这是一个非常重要的优势。另外，地球上仅哺乳动物就至少有 5000 多种，故其肠道菌资源是不可估量的，同时，动物肠道菌资源的研究刚刚开始，故对这一资源的开发利用还需要进一步的研究。

一、模式菌

大肠杆菌的利用：大肠杆菌是现代生物学中研究最多的一种细菌。作为一种模式生物，它的基因组序列已全部测出。用分子生物学方法在大肠杆菌中得出的结论有助于其他生物的研究。此外，在生物工程中，大肠杆菌被广泛用作基因复制和表达的宿主。

用作指示菌：我国水质控制也采用大肠菌群作为指示菌。GB5749—85《中华人民共和国国家标准生活饮用水卫生标准》规定，生活饮用水中大肠菌群每升不得超过 100 个，生活饮用水细菌总数每毫升不得超过 100 个。在食品与药品的生产销售过程中，大肠杆菌也是检验食品和药品的微生物污染的重要指标之一。

二、益生菌的利用

来自肠道的双歧杆菌已经被广泛应用，它具有以下保健治疗效果：①维护肠道正常细菌菌群的平衡，抑制病原菌的生长，防止便秘、下痢和胃肠障碍等。②在肠道内合成维生素、氨基酸和提高机体对钙离子的吸收。③降低血液中胆固醇水平，防治高血压。④抗肿瘤。⑤改善乳制品的耐乳糖性，提高消化率。⑥增强人体免疫机能，预防抗生素的副作用，抗衰老，延年益寿。

肥胖与肠道菌群的失调有关：肠道菌群可以直接调控动物的脂肪合成与存储相关基因的表达，从而扭曲动物的能量代谢，使其向过度合成和存储脂肪的方向发展，最终导致肥胖的形成。因此，有可能通过调节肠道菌群来减少肥胖的发生。

肠道菌群与癌症的关系：一项研究结果发现，有 15 种菌和结肠癌的高发病风险有显著的相关性，其中包括普通拟杆菌和粪便拟杆菌。另外 5 种菌则与结肠癌低发病率有显著的相关性。此外有证据表明，糖尿病等免疫类疾病的发生与肠道菌群的失调有关。

三、肠道菌素

从天然乳清培养物中分离的粪链球菌株能产生一种叫肠道菌素的（enterocin）细菌素，其对单增利斯特氏菌有杀灭作用。

四、开发抗生素的可能性

迄今为止，从肠道菌发现生物活性物质的报道不多，可借鉴的经验也不多。我们测定了来自大熊猫等动物粪便的 233 株放线菌的抗菌活性，其中有 15%的菌株能抑制枯草杆菌（*Bacillus subtilis*），10%的菌株能抑制金黄色葡萄球菌（*Staphylococcus aureus*），22%抑制白色念珠菌（*Candida albicans*），16%抑制黑曲霉（*Aspergillus niger*），3%抑制鸟结核分枝杆菌（*Mycobacterium avium*），可见动物粪便微生物的抗菌活性是广泛存在的。我们认为，抗菌活性是动物肠道微生物的重要功能之一，且从肠道微生物获得的生物活性物质对动物和人类应该是很安全的。相比其他来源的微生物来说，这可能是一个很重要的优势。

五、开发酶制剂

我们采用 API ZYM 试剂盒测定了 121 个肠道菌株的 19 种酶的活性（表 7-2）。从竹虫体内分离到的 40 个菌株都具有碱性磷酸酯酶（alkaline phosphatase）、酯酶（C4）、类脂酯酶（C8）、缬氨酸芳胺酶（valine arylamidase）、酸性磷酸酶（acid phosphatase）、萘酚-AS-BI-磷酸水解酶（naphthol-AS-BI-phosphohydrolase）的酶活；从大熊猫粪便中分离到的 30 个菌株都具有碱性磷酸酯酶和酸性磷酸酶的活性；所有 23 株来自竹鼠的菌株都具有白氨酸芳胺酶（leucine arylamidase）和 α-葡萄糖苷酶的活性，超过 50%的菌株具有碱性磷酸酶、酸性磷酸酶、萘酚-AS-BI-磷酸水解酶、α-半乳糖苷酶（α-glucosidase）和 β-葡萄糖苷酶（β-glucosidase）的酶活，但没有 β-葡萄糖苷酸酶（β-glucuronidase）的酶活。可见，不论来自何种动物，这些放线菌的酶活性都极为广泛。

表 7-2　纯培养菌株的酶活性（菌株数）

	大熊猫	竹鼠	斑马	竹虫
检测的菌株数	30	23	28	40
对照	0	0	0	0
碱性磷酸酶	30	20	20	40
酯酶（C4）	3	14	14	40
酯酶/脂肪酶（C8）	14	19	19	40
脂肪酶（C14）	0	4	4	29
亮氨酸芳基氨肽酶	25	23	23	38
缬氨酸芳基氨酞酶	11	7	7	40
胱氨酸芳基氨肽酶	0	5	5	29
胰岛素	0	5	5	11

续表

	大熊猫	竹鼠	斑马	竹虫
α-胰凝乳蛋白酶	0	11	11	1
酸性磷酸酶	30	18	18	40
萘酚-AS-BI-磷酸水解酶	24	18	18	40
α-牛乳糖	0	7	7	1
β-牛乳糖	0	9	9	4
β-葡萄糖苷酸酶	0	0	0	0
α-葡萄糖苷酶	25	23	23	31
β-葡萄糖苷酶	19	21	21	31
N-乙酰-β-氨基葡萄糖苷酶	11	13	13	0
α-甘露糖苷酶	0	1	1	0
α-岩藻糖苷酶	0	1	1	0

我们测定了大熊猫粪便中分离到的 30 个菌株的水解能力，发现有 17 株可水解凝胶，其中有 6 株水解活性高；12 株水解淀粉；12 株水解鸡毛，有 3 株水解活性较高，其中 YIM 100110 活性极高，鸡毛在 14 天内被其完全分解（图 7-1）。从竹鼠粪便中分离的 23 个菌株中，有 13 株能凝固胨化牛奶；有 10 株能水解淀粉，其中一株活性高；有 8 株能水解凝胶，其中 6 株活性高；5 株可水解纤维素，其中 2 株特别是 YIM 100118 活性很高（图 7-2）。从斑马粪便中分离到的 18 个菌株中，有 13 株可水解凝胶，其中 6 株活性高；有 10 株可水解淀粉，其中 5 株活性高；有 3 株可水解鸡毛，YIM 100135 活性很高（图 7-1）。从竹虫体内分离到的 43 个菌株中，有 42 株能水解纤维素，有 11 株能凝固牛奶，但活性较一般。

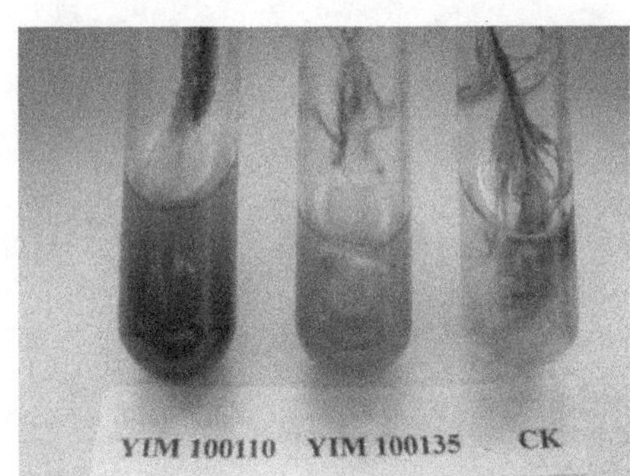

图 7-1　菌株 YIM 100110 和 YIM100135 水解鸡毛

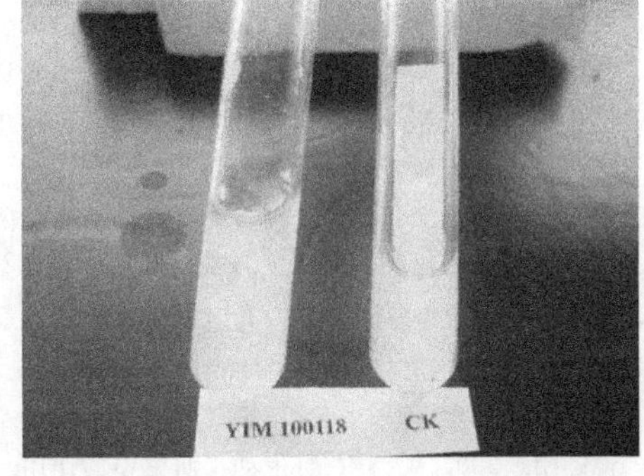

图 7-2　YIM 100118 水解滤纸条

上述结果不但说明微生物在动物食物的消化和吸收中扮演了重要角色，而且也是可供开发利用的重要资源菌。

六、产生沼气

生产沼气是粪便微生物应用最广、最方便、最实用的产业，在农村绿色经济建设中越来越发挥重要的作用。

小　结

在人类、动物与微生物协同进化的历程中，微生物与人和动物形成了共生关系。微生物在人和动物防御机制（抗菌，免疫等）的建立、营养的消化吸收、维系人和动物健康等方面都发挥重要的功能。但是这些功能的机制并不清楚，值得深入研究。

毒性是药物开发的重大难关。往往由于毒性或副作用一个指标过不了关而导致前功尽弃的实例比比皆是。从人和动物肠道微生物发现的生物活性物质对人类和动物应该很安全（无毒），相比其他微生物来源的先导物来说，这是一个非常重要的优势。动物肠道菌还有可能开发其他各种产品，因此应加强动物肠道菌资源的开发利用。

我们把值得研究的主要问题归纳为以下 3 个。

1）人和动物肠道微生物的功能是什么，如何兴利除弊？

2）纯培养人和动物肠道微生物的种类有多少，如何利用？

3）如何利用那些目前还不能纯培养的肠道微生物及其基因资源？

（姜　怡　曹艳茹）

主要参考文献

蔡访勤．2003．双歧杆菌抗肿瘤作用的研究进展．河南医学研究，12（4）：361～363

范薇．2004．实验小鼠肠道正常菌群．中国比较医学杂志，14（1）：58～60

冯霞，殷幼平，王中康．2005．现代分子生物学技术在动物肠道微生物多样性研究中的应用．应用与环境生物学报，11（3）：381～387

高绘菊，路国兵，查传勇等．2007．家蚕肠道产酶菌的分离与筛选．蚕业科学，33（2）：228～233

何正波，殷幼平，曹月青等．2001．桑粒肩天牛幼虫肠道菌群的研究．微生物学报，41（6）：741～744

姜怡，曹艳茹，蔡祥凤等．2009．三种动物粪便及一种虫体可培养放线菌的多样性及其生物活性．微生物学报，49（9）：1152～1157

姜怡，徐平，娄恺等．2008．放线菌药物资源开发面临的问题和对策．微生物学通报，35（2）：272～274

金红芝，李望宝．人肠道微生态系统的研究进展．自然杂志，26（2）：88～91

金红芝，范小兵，航晓敏等．2005．儿童双歧杆菌和乳杆菌种群分析．微生物学报，45：567～570

李时珍（李炳文主编）．2006．本草纲目・禽部．天津：天津古籍出版社．1518～1593

李亚丹，任宏伟，吴彦彬等．2008．拟杆菌与肠道微生态．微生物学通报，35（2）：281～285

刘丙万，蒋志刚．2002．粪样在野生动物研究中的作用．动物学研究，23（1）：71～76

刘开朗，王加启，卜登攀等．2009．人体肠道微生物多样性和功能研究进展．生态学报，29（5）：2589～2594

刘凌云，郑光美．1997．普通动物学．第三版．北京：高等教育出版社

刘威，姚文，朱伟云．2006．人体与肠道微生物间的互惠共生关系．世界华人消化杂志，14（11）：1081～1088

龙玉，曹焯，潘文石．2002．秦岭野生大熊猫对竹笋细胞壁的利用．北京大学学报（自然科学版），38（4）：576～581

楼金，陈洁．2004．分子生物学技术在肠道正常菌群研究中的应用．国外医学儿科学分册，31（1）：1～4

梅建凤，吕琴，闵航等．2002．白蚁及其肠道细菌的固氮作用研究．浙江大学学报，28（6）：625～628

覃映雪，王晓林，鄢庆枇等．2007．青石斑鱼肠道菌群研究．海洋水产研究，28（5）：19～23

荣华，邱成书，胡国全等．2006．一株大熊猫肠道厌氧纤维素菌的分离鉴定、系统发育分析及生物学特性的研究．应用与环境生物学报，14：239～242

谭支良．2003．动物胃肠道微生态理论与实践．应用生态学报，14（1）：148～150

田贞华，惠丰立，柯涛等．2007．家蚕肠道细菌种群结构分析．蚕业科学，33（4）：592～595

宛立，王吉桥，高峰等．2006．南美白对虾肠道细菌菌群分析．水产科学，25（1）：13～15

王戎疆．2001．粪便DNA分析技术在动物生态学中的应用．动物学报，47（6）：699～703

魏辅文，饶刚，李明等．2001．分子粪便学及其应用——可靠性、局限性和展望．兽类学报，21（2）：143～151

熊焰，李德生，王印等．2000．卧龙自然保护区大熊猫粪样菌群的分离鉴定与分布研究．畜牧兽医学报，31（2）：165～170

徐志毅．2005．肠道正常菌群与人体的关系．微生物学通报，32（3）：117～120

杨贵军，吴涛，雍惠莉等．2008．沟眶象成虫肠道好氧及兼性厌氧菌群的研究．宁夏大学学报（自然科学版），29（2）：166～179

易发平，王林玲，周成等．2001．蚕肠道好氧微生物菌群的研究．西南农业大学学报报，23（2）：117～119

尹军霞，陈瑛，邵健忠等．2006．三角帆蚌肠道菌群的研究．浙江大学学报（理学版），33（2）：211～215

袁志辉，蓝希钳，杨廷等．2006．家蚕肠道细菌群体调查与分析．微生物学报，46（2）：285～291

张保卫，魏辅文，李明等．2004．大熊猫和小熊猫粪便DNA提取的简易方法．动物学报，50（3）：452～458

张贵权，张和民，彭广能等．2000．熊焰卧龙自然保护区大熊猫粪样菌群的分离鉴定与分布研究．畜牧兽医学报，31：165～170

张敏，范小兵，航晓敏等．2004．青年人肠道菌群分布及关键益生菌群落结构分析．微生物学报，44（5）：621～626

张声生，杨静．2008．胃肠道微生态学中西医结合研究进展．世界华人消化杂志，16（28）：3135～3138

张逊，姚文，朱伟云．2006．肠道大豆异黄酮降解菌研究进展．世界华人消化杂质，14（10）：973～978

张奕，智发朝．2006．人体胃肠道微生态学研究的若干进展．现代消化及介入诊疗，11（1）：51～54

张云智，卢洪洲．2005．正常菌群对人体健康影响的研究进展．中国感染控制杂志，4（2）：189～130

赵庆新．2001．鲤科（Cyprinidate）鱼肠道菌群分析．微生物学杂志，21（2）：18～20

钟华，赖旭龙，魏荣平等．2003．一种从大熊猫粪便中提取DNA的改进方法．动物学报，49（5）：670～674

周连鸿．2003．肠道微生态系统．胃肠病学，8（1）：35～37

周志刚，石鹏君，姚斌等．2007．基于PCR-DGGE指纹图谱川纹笛鲷及圆白鲳消化道壁优势菌群结构比较分析．水生生物学报，31：682～688

周志刚，石鹏君，姚斌等．2007．海水鱼消化道菌群结构研究进展．海洋水产研究，28（5）：123～131

Alvaro B，Sylvia H D，Grietje H et al. 2007. Impact of pH on lactate formation and utilization by Human Fecal Microbial Communities. Appl Environ Microbiol，73 ：6526～6533

Amy N，Nadine J D，Céline S et al. 2009. Characterization of bacterial and fungal communities in composted biosolids over a 2 year period using denaturing gradient gel electrophoresis. Can J Microbiol，55（4）：375～387

Anastasia M，Michael B，Annett B. 2009. Isolation of a Human Intestinal Bacterium Capable of Daidzein and Genistein Conversion. Appl Environ Microbiol，75（6）：1740～1744

Berdy J. 2005. Bioactive microbial metabolites. A Personal View J Antibiotics，58：1～26

Buck S S，Elizabeth E H，Jill K M et al. 2007. Genomic and metabolic adaptations of *Methanobrevibacter smithii* to the human gut. Proc Nat Acad Sci USA，104（25）：10643～10648

Chiao J S. 2004. An important mission for microbiologists in the new century-cultivation of the unculturable microorganisms. Chinese J Biotechnol，20：641～645

Daniel N F，Allison L S，Robert A F et al. 2007. Molecular phylogenetic characterization of microbial community imbalances in human inflammatory bowel diseases. Proc Nat Acad Sci USA，104（34）：13780～13785

David A S，Berdena F，Howard R M et al. 1998. Use of phylogenetically based hybridization probes for studies of ruminal microbial ecology. Appl Environ Microbiol，54：1079～1084

Elisabeth M B，Paul B E，Steven R G et al. 2006. Molecular analysis of the bacterial microbiota in the human stomach. Proc Nat Acad Sci USA，103（3）：732～737

Elizabeth K C, Christian L L, Micah H et al. 2009. Bacterial community variation in human body habitats across space and time. Science, 326 (5960): 1694～1697

Emmanuel F M, Joanne B E, Karen E N. 2005. Metagenomics: application of genomics to uncultured microorganisms. Genome Biology, 6: 347～349

Frederick C N, Philip L B, David F S. 1974. Culture medium for enterobacteria. J Bacteriol, 119: 736～747

Hayakawa M, Nonomura H. 1987. Humic acid-vitamin agar, a new medium for the selective isolation of soil actinomycetes. J Ferment Technol, 65: 501～509

Hayashi H, Sakamoto M, Benno Y. 2002. Fecal microbial diversity in astrict vegetarian as determined by molecul aranalysis and cultivation. Microbiol Immunol, 46: 819～831

Hayashi H, Sakamoto M, Kitahara M et al. 2003. Molecul analysis of fecal microbiota in elderly individuals using 16S rDNA library and T-RFLP. Microbiol Immunol, 47: 557～570

Hughes J, Hellmann J, Ricketts T. 2001. Counting the uncountable: statistical approaches to estimating microbial diversity. Appl Environ Microbiol, 67: 4399～4406

Jiang Yi, Cao Y R, Wiese J et al. 2009. A new approach of research and development on pharmaceuticals from actinomycetes. J Life Science USA, 3: 46～53

Julie C F , Jessica M R, Alice N P et al. 2006. Fecal bacterial diversity in a wild gorilla. Appl Environ Microbiol, 72: 3788～3792

Jonathan E S, Anu Daniel M C, Raymond S et al. 2008. Rapid DNA library construction for functional genomic and metagenomic screening. Appl Environ Microbiol, 74: 1649～1652

Joseph S, Hugenholtz P, Sangwan P et al. 2003. Laboratory cultivation of widespread and previously uncultured soil bacteria. Appl Environ Microbiol, 69: 7210～7215

Julie C F, Jessica M R, Alice N P et al. 2006. Fecal bacterial diversity in a wild gorilla. Appl Environ Microbiol, 72: 3788～3792

Karen E N, Stephen H Z, Ioana H et al. 2003. Phylogenetic analysis of the microbial populations in the wild herbivore gastrointestinal tract: insights into an unexplored niche. Environ Microbiol, 5: 1212～1220

Kiyoshi T, Roustam I A, Takafumi N et al. 1999. Rumen bacterial diversity as determined by sequence analysis of 16S rDNA libraries. FEMS Microbiol Ecology, 29: 159～169

Les D, Sue H, Mitchell L S et al. 2008. The pervasive effects of an antibiotic on the human gut Microbiota, as revealed by deep 16S rRNA sequencing. PLOS BIOLOGY, 6: 2383～2400

Ley R E, Peterson D A, Gordon J I. 2006. Ecological and evolutionary forces shaping microbial diversity in the human intestine. Cell, 124: 837～848

Masahira H, Todd D T. 2009. The human intestinal microbiome: a new frontier of human biology. DNA RESEARCH, 16: 1～12

Paul B E, Elisabeth M B, Charles N B et al. 2005. Diversity of the human intestinal microbial flora. Science, 308 (5728): 1635 ～1638

Qin J J, Li R Q, Raes J et al. 2010. A human gut microbial gene catalogue established by metagenomic sequencing. Nature, 464: 59～66

Robin C A, Mark A R, Neil S J et al. 2000. *Denitrobacterium detoxificans* gen. nov., sp. nov., a ruminal bacterium that respires on nitrocompounds. Int J Syst Evol Microbiol, 50: 633～638

Ruth E L, Micah H, Catherine L et al. 2008. Evolution of mammals and their gut microbes. Science, 320 (5883): 1647～1651

Saliou F, Jerome H, Farma N et al. 2007. Differences between bacterial communities in the gut of a soil-feeding termite (*Cubitermes niokoloensis*) and its mounds. Appl Environ Microbiol, 73: 5199～5208

Steven P, Dhartika P, Aref K et al. 2005. Detection of *Salmonella* Strains and *Escherichia coli* O157: H7 in feces of small ruminants and their isolation with various media. Appl Environ Microbiol, 71: 2158～2161

Steven R G，Mihai P，Robert T D et al. 2006. Metagenomic analysis of the human distal gut microbiome. Science，312：1355～1359

Thomas D L，Joanna Z A，Tim K J et al. 2002. Culture-independent analysis of gut bacteria：the pig gastrointestinal tract microbiota revisited. Appl Environ Microbiol，68：673～690

Wang G Y S，Edmund G，Barbara W et al. 2000. Novel natural products from soil DNA libraries in a streptomycete host. Org Lett，2 (16)，2401～2404

Xin Y J，Huang J Y，Deng M C et al. 2008. Culture-independent nested PCR method reveals high diversity of actinobacteria associated with the marine sponges *Hymeniacidon perleve* and *Sponge* sp. Antonie van Leeuwenhoek，94：533～542

Zengler K，Toledo G，Rappe M et al. 2002. Cultivating the uncultured. Proc Nat Acad Sci USA，99：15681～15686

Zhang W J，Tang Y. 2009. Combinatorial biosynthesis of natural products. J Med Chem，51：2629～2633

第八章　太空微生物资源

爱因斯坦曾指出“未来科学的发展无非是继续向宏观世界和微观世界进军”。空间科学开展大到宇宙天体、小到极端条件下原子与分子运动规律的探索，占据自然科学宏观和微观的前沿，是最有希望做出重大发现的领域之一。当代科学发展历史已经证明，大量的科学发现和进展来自于对宇宙或太空的探索。

1957 年苏联发射了第一颗人造地球卫星，宣告了人类空间时代的到来，并开创了人类探索宇宙、认识宇宙的新纪元。在人类进入空间时代以后，大量的天文卫星和空间探测计划，大大加快了在宏观前沿领域的科学进展。1958 年，美国探险者 1 号（Explorer-1）首次发现了地球辐射带，这是人造地球卫星上天以来的第一个重大发现。20 世纪 60 年代充满了激动人心的空间新发现，此期间人类不仅证实了太阳风等离子体的存在，还探测到地球磁层顶、弓激波和磁尾，发现了等离子体片。六七十年代同时也是行星探测的年代，人类不仅对月球开展了多次的探测和登陆，还先后对太阳系行星——火星、金星、木星、土星、水星、天王星和海王星进行了探测，极大地丰富了人类对太阳系的认识。90 年代四大空间天文台（哈勃空间望远镜，HST；康普顿 γ 射线天文台，CGRO；钱德拉 X 射线望远镜，Chandra；斯必泽红外望远镜，Spitzer）的发射，使空间天文的观测能力发生了质的飞跃，并继续向更深、更精和全波段方向发展，获得了宇宙微波背景辐射、暗能量和太阳系外行星等重大的科学发现，从而使人类对宇宙的认识更进了一步。

伴随着载人航天技术的进步和人类太空长期驻留的国际空间站的建立，人类和生物在宇宙空间的活动成为现实，从而产生了相应的科学领域——宇宙生物学（astrobiology）。宇宙生物学是宇宙科学和生命科学的交叉学科，是借助于空间技术平台研究宇宙生命的起源与进化、宇宙空间环境中的生命现象及其规律的学科。宇宙生物学研究始于 20 世纪四五十年代，其间人类利用高空气球和生物火箭进行空间生物学试验，探索、研究在地球高层大气中的太阳紫外射线、宇宙辐射、失重、加速度、噪声和振动等条件下的生物效应。60 年代载人航天的实现，使研究从理论性探讨进入实践阶段。为了保障人在空间环境中的生命安全，空间医学、空间生理学、空间心理学和空间医学工程相继发展，同时积累了人在宇宙空间活动的必要知识。70 年代开始进入了建立空间站和对行星进行探测，使得人们能长期在宇宙空间环境中正常活动。半个多世纪以来，宇宙生命科学已逐渐发展成为一门重要的新兴学科，与空间物理科学（space physical-science）常被并列为“空间科学与技术”中的两个重要基础学科。

宇宙生物学中，研究微生物的生命现象、生命活动的本质、特征和发生、发展规律，以及各种微生物之间和微生物与太空环境之间的相互关系，不仅可以为探讨生命的起源与进化、研究地球生命在太空中的存活与适应性奠定基础，同时也可应用空间环境的生物学效应，为地球工农业生产服务，另外还可有效地控制空间环境中微生物的生命活动，为人类的空间探索活动提供健康安全的保障。

第一节　宇宙生命起源和进化

揭示生命的起源和进化之谜，是当今自然科学永恒的前沿课题之一。这不仅是一项基础性研究，而且涉及化学、生物学、天文学、考古学、地质学、地球化学、空间科学等不同领域。所以，对生命起源的探讨，不仅意味着可能揭开一个谜团，而且必将导致新兴学科的诞生。

什么是生命？美国航空航天局（NASA）在星际探索和搜索生命时对生命所下的定义是：生命是能够经历达尔文进化的一种自我维持的化学系统。这一漫长的生命形成和演变经历了化学演化到生物演化（包括生物小分子、生物大分子、简单生命体系）再到物种演化（复杂高等生物形成）的基本锁链。

生命必须具备两个基本特征：一是遗传，能够分配和传送遗传物质给后代；二是代谢，能够转化能量和营养。探索生命的起源，其实就是探索生命的这两大功能——遗传和代谢是如何在宇宙中出现的。

一、生命起源假说

生命起源是一个由非生命物质演变成原始生命的过程。有史以来，人们就该问题提出了一系列臆测和假说。目前，国际上较为流行的主要假说包括“宇宙来源说”（panspermia）和“化学进化论”（chemical evolution）。

（一）宇宙来源说

“宇宙来源说”认为生命起源与地球的形成是不同源的，地球上的生命是从天外“移植”来的。这种观点在欧洲19世纪末到20世纪初颇为流行，例如，瑞典化学家阿列纽斯（S. A. Arrhenirius）曾发表《宇宙的形成》一书，他认为，宇宙生命可以孢子的形式存在于宇宙空间，在光的压力的推动下，从一个星球飞向另一个星球。这一假说认为，宇宙太空中的“生命胚种”可以随着陨石或其他途径跌落在地球表面，即成为最初的生命起点。阿列纽斯的假说曾一度获得很多人的支持，但在1910年，有人通过实验证明，尽管孢子能抗御寒冷和饥饿，但却无法躲避宇宙高能射线的杀伤。于是，阿列纽斯假说便因为缺少重要的支柱而被人们抛弃了。科学的发展往往是曲折迂回的，新的发现又重新唤起了人们对生命来自太空的猜测。1985年，英国人彼得·威伯做了一个实验，他把枯草杆菌置于模拟的宇宙环境中（气压低到七亿分之一个大气压①以下的高真空条件，温度为−263℃）进行紫外照射，发现其中有10%可能存活几百年的时间。如果把枯草杆菌置于含有水和二氧化碳的分子云内，那么根据各种数据推测它们可存活几百万年到几千万年。这个实验结果使一些人相信，这种分子云足以把生命的种子从这个星球移向另一个星球，从而撒向四面八方。“宇宙来源说”认为地球上最早的生命或

① 1大气压=1.013 25Pa，后同。

构成生命的有机物，来源于其他宇宙星球、彗星或星际尘埃。该假说得到了现代一系列太空探索和陨石分析的有力支持。

自1963年以来，科学家们利用射电望远镜观察星际空间的尘埃云，分析了其无线电波谱，发现太阳系其他无生命的行星上存在有碳氢化合物及其衍生物如NH_3、H_2O、HCN、HCHO、CH_3CHO、HCOOH、CH_3CH_2OH等的存在。1969年9月，在澳大利亚东南部的一个名叫“默奇森”的小镇附近降落了大量的陨石，科学家从中发现了来自外太空的基因物质（尿嘧啶和黄嘌呤）以及大约70种氨基酸分子，包括地球上不能天然形成的右旋氨基酸。1970年，福克斯研究组用高灵敏度的氨基酸分析仪将月球样品的热水抽提物水解，检出了甘氨酸、丙氨酸、苏氨酸、丝氨酸和谷氨酸。此外他们还在月球样品中检出了形态和地球上发现的微陨石几乎一样的物质。从陨石的抽提物中，科学家们已确定多种有机化合物为各种碳氢化合物、氮化物、硫化物及卤化物等。1986年，科学家用太空探测器直接探测来到地球附近的哈雷彗星的组成，也发现其中存在着复杂的有机物。不久，天文观测又发现，宇宙空间甚至正在诞生出像太阳一样的恒星的区域以及在被称为“暗星云”的区域，这些区域也都存在着有机物。事实上，在宇宙空间，到处都有各种各样的有机物。此后，又有不少人陆续发表了在陨石中发现氨基酸等有机物的报告。2006年，美国宇航局约翰森太空中心的中村圭子等还在坠落在加拿大的一块陨石中发现了一种中心有空洞的有机物。2006年，美国宇航局发射的“星辰号”探测器带回了“怀尔德2号”彗星样品。科学家在这种样品中也检测到了包括芳香族在内的多种有机物。总之，在地球诞生出生命以前，曾一度有大量陨石和彗星撞击地球，这有可能给地球带来丰富的有机物。

天文学家的发现也给了生命起源太空的假说以强有力的支持。早在19世纪末人们就注意到，来自宇宙的星光在到达地球的途中因被星际物质吸收，星光会减弱。近代人们利用人造卫星把宇宙星光拓展成光谱，发现在红外区域和紫外区域的某些波长处均有强烈的吸收带。究竟是什么物质造成了这种星际消光现象呢？最初有人怀疑是石墨构成的宇宙尘，也有人认为可能是硅酸盐尘，还有人认为是带有苯核的有机物。但通过实际模拟所获得的消光光谱却与星际消光光谱不符。正当人们为此而苦恼时，英国加迪夫大学的霍伊尔教授提出了一个大胆的假设，他认为宇宙空间可能充满了微生物。他用大肠杆菌来做模拟试验，结果在紫外$0.22\mu m$的波长范围内，果真找到了与星际消光相吻合的吸收带。接着，日本的薮下信助用大肠杆菌做了更详尽的研究，得出的结果与霍伊尔的基本相同。随着科学研究的不断开拓和深入，生命起源于太空的假说越来越受到人们的重视，而微生物是否为宇宙生命的最早生命形式的假说尚需时日去证实。

（二）化学进化论

化学进化论最初由苏联学者奥巴林（1924）和英国学者霍尔丹（1929）提出，该假说认为生命的诞生经过了三个阶段。第一阶段为有机小分子的生成。原始地球的大气是无游离氧的还原性大气，包括H_2、NH_3、CH_4、H_2O等的大气中的甲烷和氨会发生反应，它们在紫外线、天空放电、宇宙射线等能源的作用下，能合成氨基酸、碱基等组成生物体的有机小分子。第二阶段为生物大分子的合成。被雨水冲淋到原始海洋中的有机小分子（单体）经过彼此的相互作用，可以形成蛋白质、核酸等生物大分子（聚合体）。第三阶段为原始细胞的生成。生物大分子组成体系形成界膜，与周围环境明确分开，然后进一步由多分子体系进化为原始生命古菌。该假说正被越来越多的科学事实所证实。

1953 年，由美国芝加哥大学研究生米勒（S. L. Miller）在其导师尤利（H. C. Urey）的指导下完成了米勒模拟实验（Miller's simulated experiment），他在实验室中应用甲烷、氨和水在放电条件下合成了甘氨酸、丙氨酸等氨基酸和碱基。最近，英国科学家 Sutherland 等经过近 20 年的研究，发现通过多步反应可以从有机小分子如 NH_2CN、羟基乙醛等出发，高产率地合成核苷及相应的核苷酸。

关于生命起源过程中的起始生物大分子，国际上主要有两种观点，一是“蛋白质生命起源学说”，二是“RNA 生命起源学说”。前者的理论依据是蛋白质（酶）具有生命代谢催化功能；后者的理论依据是 RNA 是生物遗传信息的载体，特别是后来科学家发现了具有自我催化功能的“核酶”，更加支持了“RNA 生命起源学说”。

20 世纪 20 年代初，美国科罗拉多大学的 Thomas Robert Cech 博士和耶鲁大学的 Sidney Altman 博士发现了一种具有自我催化功能的 RNA 分子，即核酶（ribozyme）。核酶具有双重的功能，既能携带遗传信息，又能像蛋白质那样催化许多生化反应。基于这一发现，美国哈佛大学的 Gilbert 于 1986 年提出了“RNA 起源假说”（RNA world hypothesis）。它指的是“在生命起源的某个时期，生命体仅由一种高分子化合物 RNA 组成。遗传信息的传递建立于 RNA 的复制，其复制机理与当今 DNA 复制机理相似，而作为生物催化剂的、由基因编码的蛋白质还不存在”。2009 年，Joyce 研究组发现，人工设计的 RNA 片段在试管中也能高效地进行自我复制，30h 内 RNA 分子的数量增大到了 1 亿倍，且复制过程不需要外加任何化学试剂和蛋白质，这为 RNA 的自我进化提供了实验依据。英国曼彻斯特大学的科学家在 2009 年 5 月 15 日出版的《自然》杂志上发表研究报告宣布他们模拟早期地球环境合成了类 RNA。报告说，研究人员在早期地球环境模拟条件下首次合成了一种中间物质，该物质可以纯化合成 RNA 所需的核糖和碱基，并最终形成类 RNA。然而，“RNA 起源假说”也有许多缺陷：在原始剧烈的生物前条件下很难以合理的产率从核苷酸出发合成 RNA 分子；RNA 分子的化学性质脆弱，易发生水解反应；RNA 的催化范围比较窄等。中国科学家赵玉芬院士在研究磷化学的基础上，发现了一个仅有两个氨基酸的二肽却具有切割核酸和蛋白质的酶活性，这是世界上发现的最小的有功能的酶。于是她提出了“蛋白质和核酸共起源”学说。今天，自然界仍遗存着仅为简单蛋白质分子的朊病毒和仅为单链 RNA 分子的类病毒这两类特殊的遗传原件，这也许能说明原始生命个体的诞生形式。

二、地球生命最早的形式——微生物

不管对生命起源的争论有多少，地球生命最早的形式是微生物已经得到世人的公认。对地球极端环境微生物的研究加深了人们对生命起源及生命极限的认识。如今，在与地球早期（35 亿年前）极端环境类似的环境如厌氧、高温、低温、高酸、盐碱和高压环境中，都发现了活古菌。20 世纪 70 年代，美国伊利诺伊大学的卡尔·乌斯教授分析比较了这类微生物与其他生物的 RNA 分子序列，发现它们属于 RNA 分子进化树上的古菌分支。70 年代末，科学家在东太平洋的加拉帕戈斯群岛附近发现了几处深海地热喷口“黑烟筒”（图 8-1），在这些热水里生活着众多的微生物群落（图 8-2）。这些微生物生活在一个高温（地热喷口附近的温度达 300°C 以上）、高压、缺氧、酸性和无光的环境中。据估计，海底沉积物中存在着超过地球原核生命总量一半的原核生命，是地球上最大的原核生物圈。80 年代，国际生命起源研究学会（ISSOL）主席、美国科学院院士威廉姆·谢夫教授发现了 35 亿年前的蓝细菌化石，从而证明了细胞生命已出现在地球远古时期（图 8-3）。最近科学家用核糖体为标记检测出了有 1600 万年历史、在 400 多米深的海洋沉积物中生活着的细菌。在没有阳光的大洋深处生活着很多微生物和无脊椎动物，它们组成了有机的生命圈。深海微生物引起了人们探索地下生物圈极限的浓厚兴趣。独特的生活环境决定了其代谢途径及能源利用的特殊性，它们以通过化能细菌还原二氧化碳和非有机物获取能量为生。Thomas 从深海热液喷口采到了一株专性光

图 8-1 海底黑烟筒（引自 Schopf，2005）

图 8-2 管虫类无脊椎动物、嗜热菌菌席（mat）以及海底火山口环境组成的生态系（引自 Schopf，2005）

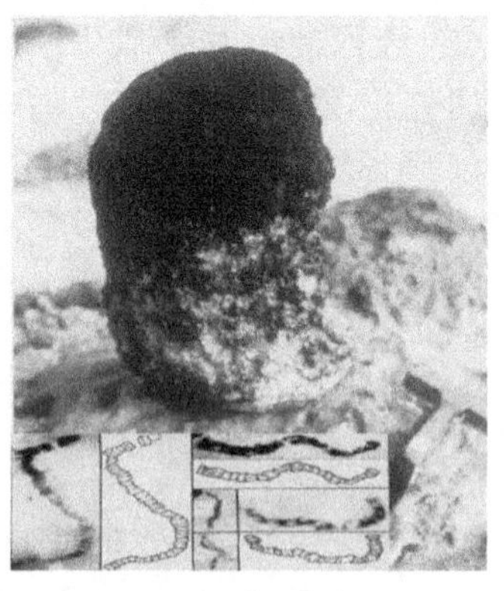

图 8-3 在 Shark Bay，Western Australia 发现了 35 亿年化石中的蓝细菌（引自 Schopf，2005）

合作用的绿硫细菌，它通过特有的色素吸收地热辐射能量进行光合作用。这一有趣的发现对于光合作用及生命的演化提出了很多设想，打破了“万物生长靠太阳”的传统看法。Hous对一株分离自海底热液的热液海源菌（*Idiomarina loihiensis*）基因组的分析表明，与普通的糖酵解途径不同，该菌可发酵氨基酸来作碳源提供能量。古菌基因组测序显示，它们基因序列简单，一般低于2×10^4 bp，处于进化树的深处。一种高度嗜热厌氧的纳米古菌（*Nanoarchaeum equitans*）的基因组仅为490kb，位于进化树的最深部。地球上最初的原核细胞可能是古菌而非原核生物。

为解释生命起源演化问题，探索极端微生物适应环境的机理，并得到更多的功能基因，科学家们更多地寄希望于极端微生物基因组。1996年，詹氏甲烷球菌成为第一个完成基因组测序的古菌，其序列不同于任何细菌，这证实了三域学说的正确性。嗜酸热原体菌（*Thermoplasma acidophilum*）是一株嗜热嗜酸古菌，它的全基因测序已经完成。对该菌基因组的分析将会给嗜热古菌的代谢机制、生态演化带来启示。加利福尼亚州大学伯克利分校的Tyson等从加利福尼亚州一个废弃黄铁矿的高酸性地下水中直接提取了DNA。他们重建了两种细菌的基因组，并部分重建了另外3种细菌的基因组，其中一种细菌的近源种从未被测序过，研究人员推断出了其大部分代谢通路，并查明了该菌是如何以铁为食的。古菌基因组学研究正在成为研究的热点。截至2007年1月1日，在NCBI网站上已经公布了28种古菌的全基因组序列。

当太阳系形成时，地球和其他行星就在各自的轨道上围绕着太阳旋转，因此，地球和太阳系的寿命一样长，是$(4.567\pm0.002)\times10^9$年。早期，在地球的表面覆盖着熔岩，温度很高，火山的活动非常频繁，形成了很多火山岛屿。不久以后矿物形成。迄今为止在地球上检测到的最古老的矿物是有着4.42×10^9年寿命的锆石晶体，这表明在地球早期已经开始形成了花岗岩的地壳。然而，非常早期的地球并不提供生命产生的条件。水是行星上生命存在的必要条件。如果液态水存在于行星上，如河流、湖泊和海洋，那么沉积岩可以在水底部形成。我们在地球上发现的最古老的沉积岩是位于格陵兰岛所谓的“Isua”形成（Isua formation），它已经有3.8×10^9年了，这些沉积岩中有可能包埋着生命，这些生命已经成为化石。迄今在这样的沉积岩中发现的最古老化石已经有3.5×10^9年，有些也可能有3.8×10^9年。在随后20亿年的历史中地球上只有原核生命。一直到15亿年以前真核细胞才发生。多细胞的生命体出现于6亿5千万年以前，在这个时期生物的多样化得到了高速的发展，因而被称为寒武纪大爆发。

美国科罗拉多大学的斯蒂芬·莫伊泽西丝和奥列格·阿布拉莫夫利用数据模型进行的一项研究显示，早期的地球没有那么可怕，早期的许多生命体可以幸免于难。他们的模型表明，在任何一个特定时期，地球表面属于不毛之地的面积都未超过37%，而且温度达到500℃以上的面积仅占10%。地球上大部分地区的温度能让不同种类的微生物生存下去，而且当时有些微生物也可能生活在地表以下数千米处。莫伊泽西丝说：“分析表明，地球上适于（早期生命体）居住的区域完全变成不毛之地的情况并没有出现。”他们的研究结果发表在2009年5月的《自然》杂志上。报告认为，起源于较早时期的许多地球生命体可能得以从长达亿年的陨石撞击中幸存下来，而生命体必需的所有生存条件——液态水、像阳光那样的能源、陨石里的化学成分抑或地球本身，起码在43.8

亿年前就有了，这说明生命起源的时间并不比地球本身的生命短多少。

图 8-4 土堆可能残留有喜光微生物群的痕迹（引自庄逢源和 Horneck，2010）

2006 年 6 月的英国《自然》杂志以封面文章的形式，刊登了澳大利亚科学家的研究报告：地球生命 34 亿年前起源于大洋洲。研究发现，散布于大洋洲西部一处广大区域的怪异形状土堆可能就是地球最古老生命的化石（图 8-4），系由 30 多亿年前的数十亿个微生物构成。这些土堆正是天体生物学家正在火星等其他星球寻找的生命形态。大洋洲天体生物学中心的女研究员阿比盖尔·欧伍德说：“它是生命的祖先。如果你认为所有的生命起源于这个星球，或许这就是它开始的地方。”

欧伍德表示，最令人吃惊的是一种锥形土堆，它不可能是由任何已知的地质过程形成的。相反，它应该是由线状的生物滑过土堆移至向阳处时形成的。矿物沉积加快了它的形成，最终形成了坚固的锥形堆。科学家经过长期后研究后发现，大洋洲西部这些土堆具有古老微生物群落的痕迹。它们并非自然界胡乱堆砌形成的，而是藏身其中的古老微生物在 34 亿年前构建的。不同形状的土堆表明有许多不同种类的微生物生活在那里，它们很可能是地球上已知最古老生命的化石。地理学家分别研究了这些土堆的形成，发现它们是所谓的“叠层”，由无机沉积物、矿物质、水和细菌排出的二氧化碳混合在一起，被这些微生物的黏液“粘合”，经过数万年的沉降和分离再一层一层地构建出来的。美国航空航天局天体生物学研究所所长鲁尼加说：“这很可能就是最古老生命的存在证据。它们构造非常复杂，靠非生物过程是无法完成的。”科学家探索火星和其他星球要寻找的正是这种早期生命的证据。土堆的发现让科学家重新思考生命的起源。如果这些叠层由微生物形成，那么生命就必须在 34 亿年前适应正常的非极端的环境。而且，那时的生物已经足够多样化，可形成复杂的生态系统。科学家们普遍认为，地球是在 46 亿年前形成的。因此，由此推断，在地球形成 12 亿年后，这些微生物就在地球上形成了。而后，在漫长的生物进化岁月中，微生物生境的多变引起了由核酸构成的基因突变和重组的频繁发生，结果导致微生物生长、遗传变异和消失的进化和分化过程。在这一过程中，地球上生存环境的物理和化学多样性越丰富，今天我们看到的微生物多样性也越丰富。

第二节　地外生命科学探索

近年来，随着空间科学和技术的发展，科学家把生命起源的研究扩展到了地外生命探索中。迄今，射电天文学家已经发现了相关的有机化学分子存在于远离我们太阳系的尘埃云中。星际有机分子的发现对研究星际生命的起源提供了重要线索。比如说，目前发现的星际分子几乎都是由 6 种基本元素构成的：氢、氧、碳、氮、硫、硅，而这 6 种元素中的前 5 种如果加上磷，就成了构成地球各种生命的基础元素。非常有趣的是 5 个氰化氢（HCN）分子可以形成一个腺嘌呤，后者是核酸碱基中的一个成员。再比如说，甲醛分子在适当的条件下可以转变成氨基酸，而氨基酸则是生命物质的基本组成形式。

我们还发现了许多尚未辨识的有机分子，它们很可能会组合成多种生命形式。各类星球探测器还发回了月球、火星、土星卫星表面类似地球的戈壁、沙漠、干枯河底和海床的地貌照片。从1992年开始，一些科学家开始用现代望远镜观测太阳系外行星，并期望发现类似地球一样有生命存在的行星。截至2009年1月31日，科学家已发现了336颗太阳系外行星，不过其中绝大多数属于类木行星，即体积比较大，表面是气体，只有少量的天体与地球相似。这样的结果主要是由目前的探测方式和技术水平所决定的，并不能说明太阳系外不存在类地行星或有生命存在且与地球大小相当的行星。2009年美国东部时间3月6日22:50，美国成功发射了第一个专门探测太阳系外行星的空间望远镜——“开普勒”(Kepler)，揭开了人类探索地外生命的新篇章。

一、地外生命是否存在

不论是天体物理学家、生物学家、化学家还是哲学家和神学家，都认为智慧生物的出现要求具备大量的必不可少的外部条件，例如，一颗不冷不热的行星，有水和一切必需的物质，没有致命的辐射和撞击等。1994年，法国巴黎第九大学物理学教授马尔索·费尔登在《我们是宇宙中唯一的存在者?》一书中，将出现与人类相似生命的必要自然条件归纳为：所在行星距离恒星不远不近；体积不大不小；有水和氧气；没有致命的宇宙辐射；有几亿年稳定的时间和大量的二氧化碳。没有这些条件，连微生物都不可能产生。美国科学家哈特还曾具体指出，液态水是生命形成和发展的条件，且必须有6000个以上的核苷酸按一定次序组合才能形成生命的种子。生命的种子在液态水中要经过几亿年的发展，才能进化成原始生命。地球上的生命从产生到人类掌握先进技术，已延续了40亿年。

我们的地球是一个生命的绿洲，拥有约30多万种植物、100多万种动物和难以估量的微生物，在生命的顶端是智慧的人类。不管地球上生命的种子来自宇宙还是自身孕育的，许多科学家都认为，生命是宇宙中的普遍现象。1982年，联合国召开了第二届“探索与和平利用外层空间”大会，大会的备忘录《有关外层空间科学的现状与未来》中说：“如同在地球上形成生物一样，在围绕着某些恒星旋转的行星上，也可能有生物形成。不仅如此，它们也许已经经历一定的演化过程，进入了文明社会。”备忘录还指出，由于某些恒星的年龄达200亿年，而太阳系的年龄只有45亿年，因此，在宇宙中可能存在着比我们人类文明长几百万年的高级文明。著名航天专家冯·布劳恩认为，“在广袤无垠的宇宙中，不仅有植物和动物，而且也有智慧生物存在，这是极可能的”，虽然“至今我们还没有证据或迹象说明，在我们银河系中曾有或现在仍有比我们历史更悠久、技术更先进的生物，但是，从统计学和哲学的观点看，我相信这些更先进的外星人生物是有的”。英国数学家和天文学家弗·霍伊尔等认为，在银河系每1000颗恒星中，就有1颗有生命演化条件的行星存在。这样，仅在银河系就可能有20亿个生命发展的场所。而且，每10万个具有生命的行星中，有9万个其文明程度超过地球。

1994年，当苏梅克-列维彗星撞击木星时，科学家发现，当撞击发生时，有大量水蒸气出现，这说明，这颗彗星上带有大量的固体水。有水就有生命。苏梅克一列维彗星

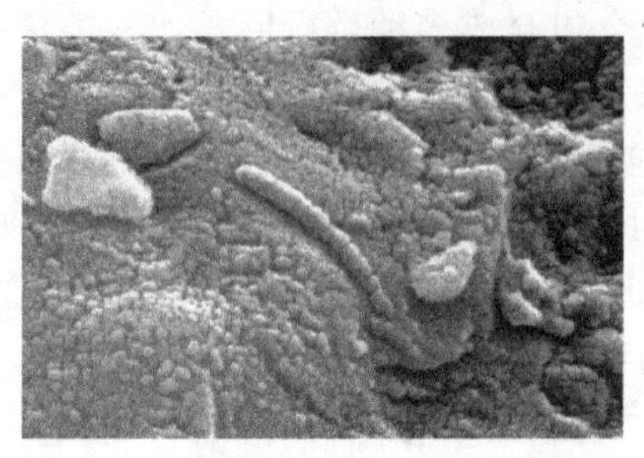

图 8-5 在火星陨石（8401）内发现了类微生物化石结构（引自：http://nasa.gov./images/astrobiology-images/figla.jpg.view）

在宇宙中是很平常的彗星，它们在宇宙中穿行，产生生命的可能性是极大的。1996 年，美国宇航局从一块落在亚利桑那州来自火星的陨石中发现，这块陨石中存在古代微生物（图 8-5），火星存在生命的古老传说再一次被人们所重视。最近，美国宇航局宣布，从哈勃太空望远镜中得到的照片显示，在一直被认为不稳定的木星上发现有大气，还有潮湿的土壤，这说明木星已经具备产生生命的基本条件。2009 年 11 月 13 日，美国航天局宣布，月球坑观测和传感卫星获得的撞月数据显示，月球上存在水。美航天局发表新闻公报说，半人马座火箭、月球坑观测和传感卫星相继撞击了月球南极附近的凯布斯坑，重约 2.2t 的半人马座火箭撞月后激起了两部分尘埃：一部分由蒸汽和微尘组成；另一部分由质量更重的物质组成。月球坑观测和传感卫星携带的光谱仪对尘埃进行了分析。美国航天局负责这一项目的首席科学家安东尼·科拉普雷特表示，初步分析结果提供的多种证据表明，上述两部分尘埃中都存在水的踪迹，“尽管月球上水和其他物质的浓度和分布情况还需进一步分析才能确认，但可以放心地说，凯布斯坑中存在水”。美国加利福尼亚州大学伯克利分校科学家格雷格·德洛里认为，这是一项“非凡的发现”，并认为彗星是月球上水的可能来源之一。美国科学家 2009 年 9 月底也曾公布研究结果称，他们对 3 个航天器搜集到的数据进行分析后发现，月球表面存在水或羟基物质，或者这两种物质同时存在，而太阳风可能是其成因。科学家认为，如果最终能确认月球上存在丰富的水资源，那么这将对人类建立月球基地以及探索更遥远的星球具有重要意义。水不仅是宇航员在月球上的重要生存资源，还是月球基地所需氧气和运载火箭燃料的来源。2010 年 1 月 4 日，英国研究人员报告，根据火星探测器传回的信息绘制的三维图像显示，约 30 亿年前火星上可能有大量湖泊。这一观点将火星存在大量地表水的时间下限向后延伸了数亿年。2004 年 5 月，火星探测器“勇气”号发现了硅石。硅石的沉积是需要大量的水作为条件的。因此，火星过去可能比现在更湿润，这同时为“火星生命说”增加了新的重要证据。火星之水有利于寻找宇宙生命。

1979 年 NASA 的旅行者 1 号和 2 号，以及 1995 年伽利略（Galileo）探测器先后到达木星轨道，进入了木星卫星系统，检测到木卫二可能是唯一的一个有水和岩石层直接接触的伽利略卫星。木卫二的中心同样是一个铁核，有岩石的地幔，外层是水，可能是深达千米的大洋，上面覆盖着千米深的冰层（图 8-6）。木卫二似乎能够满足生命存在的先决条件。

图 8-6 木卫二（Moon Europa）可能存在的地下海洋（引自 Horneck，2010）

二、地外生命科学探索的思路与方法

如果地外生命确实存在，那么我们如何去探索呢？1999 年 1 月，美国航宇局成立了一个虚拟的“天体生物学研究所”，成员是分散在 11 个不同实验室工作的生物学家、化学家、天文学家和物理学家，他们通过因特网联系起来。研究所的第一步工作就是研究地球极端环境，例如，深海火山口和黄石公园热水泉等温度高于沸点的地方、压力巨大的地球深处以及地球两极的冰冻荒原的生命是如何维系和发展的。第二步是在太阳系行星及卫星上寻找低级生命。例如，探测在火星上、在木卫二冰层下的海水中、在土卫六的甲烷（或液氮）湖中是否存在生命和在生命起源中起作用的物质（如在火星陨石中发现多环芳香烃）。

科学家已建成了一些在太阳系进行生命探测的仪器，主要是针对宇宙微生物进行探测。沃尔夫行星取样装置是由沃尔夫·维斯尼克教授领导研制的细菌探测器。它在行星上软着陆后向地面伸出一支真空管，脆弱的顶端在触地后破裂，吸入地表样品，然后将其放入培养液。如土壤地表样品中有细菌，后者就会迅速繁殖，使培养液变浑浊，pH 发生变化。用光束和光电管测出浊度，用 pH 电测装置测量 pH，就可知道该星球上是否有生命。格列弗装置是由格列弗教授领导研制的放射性核素生化探测器。他用黏性绳索收集实验样品并放入几个装有培养液的培养皿中，在一些培养液中有放射性核素^{14}C。如样品中有微生物，后者会因新陈代谢而放出二氧化碳。若检出的二氧化碳被放射性污染，就说明该星球上有生命。光学旋转弥散分布仪是用偏振光寻找外星球上有机分子的探测装置。有机分子对偏振光具有光学活性，当旋转的偏振光照到有机分子时，它会产生一个信号。如能产生这样的信号，就知道该星球上有生命。

目前还无法将这些装置投放到太阳系外行星上去。那么，又如何探测那里是否有生命和生命的种子呢？我们知道，不同物质辐射或吸收不同波长的电磁光谱。例如，铁：373nm、375nm 和 382nm；镁：383nm、384nm 和 518nm；硅：390nm；钙：393nm 和 397nm；铝：394nm；氢：434nm、486nm 和 656nm；氦：467nm 和 588nm；氧：501nm 和 630nm；钠：589nm 和 590nm。其他化合物，例如，水（H_2O）、甲醛（CH_2O）、氰化氢（HCN）、甲酸（CH_2O_2）、硫化氢（H_2S）、氰基乙炔（HC_3N）、氨（NH_3）、甘氨酸（$C_2H_5NO_2$）、甲醇（CH_3OH）、丙烯酸（CH_3N）和多环芳香烃等化合物分子也一样。这些物质辐射或吸收不同波长的光谱，通过空间望远镜的观测，就可以知道行星及其大气的物质成分，即化学组成。因此，光谱分析是细察太阳系外行星上生命胚胎和种子的最基础的方法。

2004 年，英国克兰菲尔德大学和莱斯特大学的科学家组成的研究小组研究开发了一种新型的探测地球以外生命的装置。这种装置使用人造分子受体作为星际生命的探测工具，比传统的生物探测器在寻找地外生命的痕迹方面更有效。该研究小组开发了一种称为“分子痕迹聚合物”的新型人造分子受体，它能模仿抗体等生物识别分子的功能，可探测某一种或某一类可显示当前或过去该星球是否有生命的生物标记分子，并可将探测结果通过电化学和光学手段转换为可识别的信号发射出去。科学家只要对接收到的信号进行分析，就能判断探测星球上是否有生命。负责这项研究的克兰菲尔德大学生物科学与技术研究所的大卫·卡伦博士说，目前，他们正在考虑如何进一步改善这一技术，以便将来探测火星或太阳系其他被认为可能有生命的行星时，能够配备更有效、可靠的地外生命探测装置。

2009 年 4 月，美国宇航局启动了一项地外生命基因探测计划，拟于 2018 年正式将专业仪器送上火星，对该球星上可能存在的生命体进行 DNA 探测。

中国科学院也启动了 2050 空间科学技术发展战略路线图计划，其中包括了宇宙生命起源和地外生命科学探索任务。

三、极端微生物在地外生命探索中的意义

探索地外生命是科学上的最大挑战之一，有助于加深人类对生命起源与演变的认识，提高人类认识宇宙以及认识自己在宇宙中的地位的能力。地球上极端环境中生命的发现给宇宙生物学研究带来了信心。探索地球上极端环境中生命的存在可以给外太空生物学提供证据和理论基础。目前，已有很多证据表明，在火星、月球、土星和木星的卫星上可能存在生命需要的水。《自然》杂志最新报道说，从火星上拍摄到的照片显示其表面可能是一层被灰尘覆盖的冰海，与南极冰海非常相似。火星表面的一些物理化学属性符合生命体存在和生长的要求，表明火星上可能存在生命。在地球寒冷、高辐射、温差幅度大、低营养的南极冰海中，生活着很多嗜冷生物。南极洲大峡谷中干燥多孔的岩石环境与火星最为相似，在其中生活的真菌被当作探索火星生命的真核生命模型。在智利最干燥的阿塔卡马沙漠中，在地下数千米深、几乎无氧的闷热岩洞里，在南极洲 −50℃严寒的千年冰架下，在终年黑暗并承受巨大压强的深海沟底，在几万米空气稀薄的高空，甚至在核反应堆通风口处，都有形形色色与世隔绝的微生物在顽强地生存着。法国科学家曾在太平洋底 300m 处、水温高达 250℃的热泉喷口发现了多种细菌。1969 年降落月球的“阿波罗 12”太空船，收回了两年半前无人探测飞船“月球探测者 3 号”留在月球上的相机，竟然发现其底部有地球上的缓症链球菌微生物。这种来自地球的微生物在几近真空、充满宇宙射线的月球表面竟然生存了两年半。2002 年，美国科学家在爱达荷州热泉中发现了一个新型的微生物群落，其中多数为古细菌。它们生活在水下 200m 处，将 CO 和 H 反应生成 CH 产生能量生存。根据地质化学和热动力学的推测可知，产甲烷菌可能是火星和土卫六地下生态系统的主要生命类群。美国科学家在新墨西哥州卡尔巴斯附近地下岩洞的一个古老盐结晶体内发现了一株嗜盐菌，已经存活了 2.5 亿年。该嗜盐菌的复活挑战了生命存活时间的极限，同时，也提示生物的星际旅行是可能的。极端环境微生物的生命潜能与地球上其他生命的潜能完全不同。正是这一不同向我们暗示了生命在宇宙间不同星球上迁徙的另一种可能。

科学家预言，地外生命的原始形式很可能就是微生物。地球上极端环境微生物的研究为我们在其他星球如火星上如何寻找生命、到哪里寻找生命提供了线索。地外微生物的探测，对人们理解生命的起源和演化过程、开发利用空间微生物资源将产生重要影响。

第三节　地球微生物在太空中的存活与适应性（假说、论证）

地球上的生命历史已经有 3.5×10^9 年之久。微生物从地球生命开始至今一直存在着，它们从来没有灭绝过。弄清太空环境对于微生物的生长、生理等特性的影响，可以拓展未来外星人居基地，有效地保护人类空间科学探索活动的健康和安全。

早在 1935 年，科学家就使用热气球来研究低温、逐渐降低的压力和逐渐增强的辐射对微生物生长和存活的影响。20 世纪 60 年代，还没有任何证据表明那些采集自地外陨石和月球的样品中存在活的微生物以及其他可以确认的生命物质，因此在早期，人们认为宇宙中的生命形式都有可能源于地球的污染。

自 1957～1961 年苏联利用微生物进行的宇宙辐射、失重和其他因素对生物系统影响的第一个太空实验以来，苏联和美国已先后研究了太空飞行对数十种微生物的生存和生长的影响，包括细菌、噬菌体、丝状真菌、酵母、黏液菌和藻类等，得到了许多不同的结果，而由于分析的仪器设备、分析方法以及培养条件等的限制，有些结果甚至是矛盾的；加上飞行机会较少，飞行中机组人员的时间极其有限，导致所获的结果往往是片段的，并且经常缺少能将结果阐释清楚的背景资料。

一、微生物在太空的生存和生长的研究

地球上的生命历史已经有 3.5×10^9 多年。微生物从地球生命开始至今一直存在着，它们生长在很多不同的极端环境，如极端的温度、压力及 pH 等环境中。生命的休眠状态，如细菌的孢子，可以忍受更为极端的条件。温度、压力、大气成分、水活度（water activity）和辐射是决定微生物是否能够新陈代谢、生长和复制的环境条件，也是决定微生物处于休眠状态或死亡的条件。因为在地球上微生物是最顽强的生命体，它可以栖息在不同的极端环境中，但也有着微生物生命的物理化学极限。

（一）生命的生长和新陈代谢的极限

温度的高低是决定生命极限的主要环境参数。一方面，在海洋热液喷发口所发现的微生物可以在温度高达 113℃时生长。这些极端嗜热的微生物有特异的适应性组分，它们的膜脂可用来对付如此高的温度。另一方面，很低的温度也成为生命的极限。从南极和北极钻探的物质中发现的微生物在－20℃时还能够进行新陈代谢，某些情况之下在如此低温的环境下它仍然可以生长。

盐的浓度是决定生命极限的另一个参数。某些微生物特别适应于高盐环境，它们被称为嗜盐生物。一般的微生物在这样的高盐环境里，由于高渗透压的原因将不能存活。嗜盐生物以两种不同的方法来适应盐的应激反应。细胞质高盐的策略，即细胞质里聚集了高浓度的 K^+ 或 Na^+，以使得内部的蛋白质等化学物质适应高盐浓度；有机物渗透压策略，即细胞内部大部分是没有盐，而富含不带电的高水溶性的有机化合物，如糖、多羟基化合物和氨基酸。

微生物菌落可以在地下水的沉积岩中，在 100m 以下的海底沉积岩，或者在地表以下 3km 深处生存。这些地表下的微生物菌落利用矿物质作为能源，因而被称为地表下无机自养型微生物生态系统（subsurface lithoautotrophic microbial ecosystem，SLIME)。它们的代谢大部分是由氢驱动的，并且组成了地下生态系统不同的微生物的完整食物链（图 8-7)。迄今为止，我们还不知道地球上的生物圈有多少隐藏在地表下。但是可以估计大约有 50%的生物物质位于地表以下。

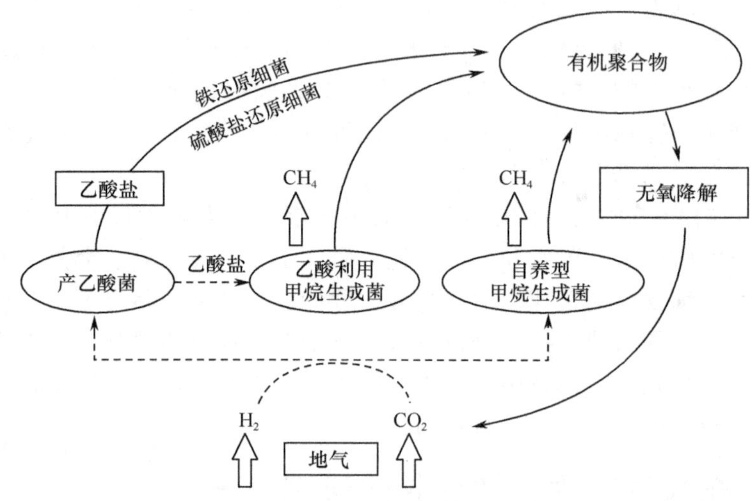

图 8-7　地下生态系统不同的微生物的完整食物链（引自庄逢源和 Horneck，2010）

在非常恶劣的环境下，如炎热和寒冷的沙漠中，还有一些微生物栖息在岩石里，它们被称为石内微生物（endolithic microorganism）（图 8-8)。它们位于岩石表面几毫米以下，以便对抗干燥和其他的恶劣环境。有一些地衣系统是由真菌类和藻类共生在一起形成的。表 8-1 给出了代表性微生物的生长和代谢环境。

图 8-8　石内微生物（引自庄逢源和 Horneck，2010）

表 8-1　生命的代谢生长极限

温度	－20℃～＋113℃
水活度	$a_w \geqslant 0.7$
盐度	盐浓度≤30%，盐晶体
酸度	pH 1～11
营养	高新陈代谢普适性 无机自养生长 高度耐饥饿
氧	有氧和无氧生物
辐射	60 Gy/h

（二）生命存活的极限

一些原核生物和真核生物能够在不利的环境下以一种休眠的状态存活，而当不利的环境有所改善时，它们又能重新获得全部代谢的能力。例如，在某些条件下细菌会形成内生孢子（图 8-9），在这些孢子中 DNA 能抵抗恶劣环境的刺激如干燥氧化剂、紫外线、电离辐射、高或低的 pH 以及极端的温度，从而很好地保护自己。细菌孢子的高抗性主要是由于一个脱水核心的存在，该脱水核心位于厚的由皮层和孢子的外壳组成的保护性的包被中，由 DNA 和小的酸溶性蛋白完美结合，这种结合极大地改变了 DNA 的化学和酶的反应性。枯草芽孢杆菌孢子可以在高真空、极端的温度和强烈的太阳和银河系的辐射空间环境中存活很长时间（迄今为止，实验时间已达 6 年）。从多米尼加琥珀（Dominican amber）中分离出的枯草芽孢杆菌孢子显示其已存活了数百万年。

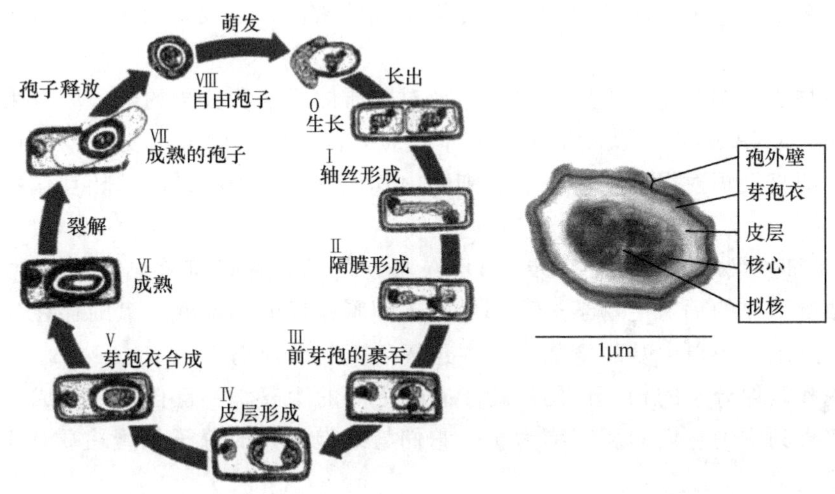

图 8-9　细菌内生孢子（引自庄逢源和 Horneck，2010）

因此，微生物存活的极限要比微生物生长的极限范围大得多（表 8-2）。微生物向休眠状态的转化涉及生物化学、生理学和超微结构的变化，这是一个在恶劣环境下微生物存活的普遍机制。

表 8-2　生命存活的极限

温度	−263～+150℃，甚至更高	营养	不需要，最好没有营养
水活度	$0 \leqslant a_w \leqslant 1.0$ 孢子可在真空中存活（10^{-6} Pa）	氧	不需要，最好没有氧气
		辐射	5kGy 电离辐射 萌芽时，孢子可修复损伤
盐度	盐晶体		
酸度	pH 0～12.5	时间	$\leqslant 2.5 \times 10^7 \sim 4.0 \times 10^7$ 年

二、空间辐射与辐射生物学效应

不管是把航天员送入太空或者在空间进行细胞、动物和植物的科学实验，还是研究生命在星际中的传送，空间辐射场的研究对于空间生命科学和宇宙生物学都是十分重要的。空间辐射在星际介质、彗星和行星大气中的化学进化过程也都是十分重要的。行星间辐射场主要由两部分组成：太阳宇宙辐射（solar cosmic radiation，SCR）和银河宇宙辐射（galactic cosmic radiation，GCR）。在地球附近还存在着辐射的第三种成分，是被地球磁场所俘获的，被称为范艾伦辐射带（Van Allen belt）。对于空间生命科学而言，应注意到空间辐射是一种混合性辐射，它是由不同质量、不同电荷和不同能量的粒子所组成的。这种环境在实验室中是任何设备都无法模拟的。

（一）辐射生物学机理

由于辐射可以诱导变异，因而辐射被认为是生物进化的强有力的促进因素，另外它会导致单个细胞和生物体有害的灭活和变异。对此，生命体对环境辐射损伤产生了很多保护机制，包括应激蛋白的产生和免疫防御系统的激活，以及辐射 DNA 损伤的有效修复机制等。

辐射与物质的相互作用主要通过电离及对物质的原子和分子的电子激发来进行。对于如蛋白质、RNA、DNA 及脂等生命基本物质来说，辐射危害主要通过以直接的能量吸收造成，即直接辐射损伤；再者是与细胞内其他分子产生的自由基相互作用，即间接辐射损伤。

DNA 是细胞最敏感的靶位。涉及 DNA 损伤的两种途径都终结为生命体的灭活或变异。这两种情况的辐射生物学过程都依赖于细胞微环境如温度、氧的存在与否。氧的存在可以通过细胞中自由基的增加大大促进辐射引起的损伤。

自由基和其他分子的相互作用依赖于它们之间的距离。一旦自由基形成，它们就必须通过扩散直到碰到它们的反应物为止。它们与细胞中其他分子如蛋白质或 DNA 相互作用从而造成 DNA 的损伤。

对于间接辐射效应来说，灭活的分子数目依赖于辐射的剂量和水分子的浓度。随着电离密度的增加，即传能线密度（LET）的增加，细胞辐射效应也增加。稠密的电离辐射如重离子和 α 粒子将产生密集的离子和自由基。由此，它们有更大的概率与细胞的关键分子如蛋白质和核酸相互作用，导致包括核苷碱基的损伤和交联、DNA 的单链和双链断裂、碱基缺失等（图 8-10）。

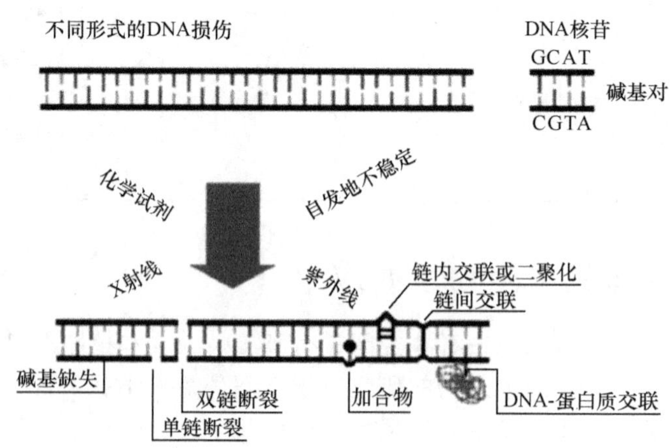

图 8-10　辐射引起的 DNA 损伤（引自庄逢源和 Horneck，2010）

（二）空间辐射生物试验

就每一次飞行任务而言我们必须知道航天器内部的辐射情况，舱内辐射的数据应基于飞行过程中的放射量测定。测量在不同的高度、轨道倾角、太阳周期的不同阶段和不同的屏蔽情况下对载人和机器人的空间飞行的辐射及持续时间是进行空间辐射生物试验的基础。但空间辐射是一个复杂的混合物，它包含了弱电离辐射成分（光子、电子、π介子、μ介子和质子）和强电离辐射成分如重离子、中子和核蜕变星（nuclear disintegration star），对于不同质量的辐射需要有特异响应的不同测量体系。

辐射的生物学效应依赖于辐射的局部能量分布，即传能线密度（linear energy transfer，LET）。为了求得等效剂量即生物学有效剂量，我们把吸收剂量乘以品质因子，这样重离子就变得更为重要了。特别是铁离子，它的原子序数是 26，有非常高的生物学效应。正因为这个理由，高能、高电荷的离子 HZE 粒子（high charge Z and high energy）具有十分重要的生物学意义。

近年来，一种精确地确定存在于空间中的 GCR 的 HZE 粒子的生物学效应，追踪 HZE 粒子轨迹的生物系统已被成功开发使用。实验中将采用休眠的生物系统，例如，细菌的孢子、植物的种子、昆虫的卵。生物样本被固定附着于径迹探测器上，后者是一种特殊的塑料膜片，即亚硝酸纤维素。在暴露于辐射场以后，对膜进行冲洗，即用 6mol/L 的 NaOH 腐蚀，辐射粒子经过的地方首先被腐蚀而形成了蚀刻锥。蚀刻锥的大小依赖于粒子的 LET 的大小，LET 越大蚀刻锥也越大。生物样本离开径迹的距离称为影响参数。在生物集成堆（biostack）实验中（图 8-11），生物集成堆可以有 200 层的径迹探测器，每层之间都插有生物样本层。整个装置约有 10cm 高，直径约为 10cm。粒子的径迹可在整个系统中被跟踪。这些生物集成堆已在绕月球飞行的阿波罗 16 号和阿波罗 17 号以及多次地球低轨道的飞行任务中完成了它的任务。

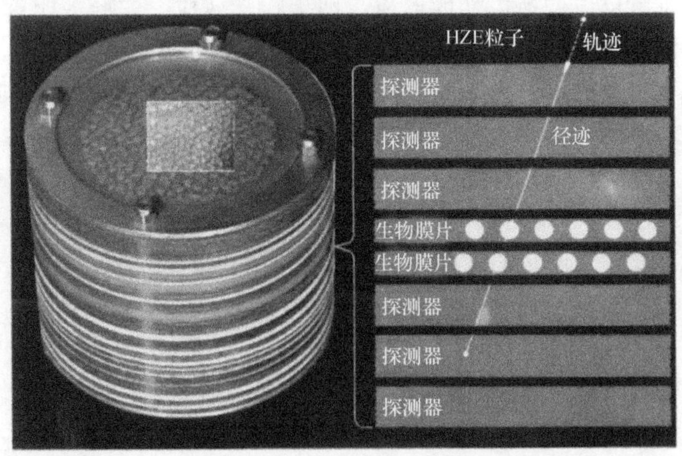

图 8-11　生物集成堆（引自庄逢源和 Horneck，2010）

生物集成堆采用了径迹探测器层和休眠状态的生物材料层的三明治穿插式排列，测定由宇宙射线中的 HZE 单粒子所导致的局部生物学效应。这种方法能够确定相对于生物样本的每一个 HZE 粒子的轨迹，可以分别研究每一个生物个体单次辐射的响应，测量粒子径迹和敏感靶位之间的距离，即影响参数，确定物理参数［电荷量（*Z*）、能量（*E*）及传能线密度（LET）］，最后将生物效应和每个 HZE 粒子参数关联起来。生物集成堆方法已经应用于多种太空辐射生物学实验中，例如，枯草芽孢杆菌（*Bacillus subtilis*）孢子灭活诱导与诱导变异、蚕豆/胡豆（*Vicia faba*）的染色体变异、拟南芥（*Arabidopsis thaliana*）致命的变异和畸变、烟草（*Nicotiana tabaccum*）发芽能力的损伤、玉米（*Zea mays*）黄色条带的变异、芜萍（无根萍）（*Wolffia arrhiza*）的生长发育和光合作用抑制实验、卤虫（*Artemia salina*）在胚胎形成过程中的死亡和畸变、杂拟谷盗（*Tribolium confusum*）辐射致死实验、印度竹节虫（*Carausius morosus*）胚胎形成中的致死和畸变实验等。各种杆菌、放线菌和 *Neurospora* 等具有芽孢或形成孢子的微生物常用于太空辐射实验研究，溶原细菌常被用作生物指示剂来检查辐射的结果。

总之，研究 GCR 的生物学效应提供了以下的信息：确认微生物是否有可能在存活状态下在太阳系的行星间进行自然运输；确认其他生命体在太阳系的可居住性；确认辐射对人类在外太空探测任务的危害。

三、空间微重力与生物学效应

按照麦克斯韦的“电动生磁，磁动生电”的电磁理论，要形成地球南北极式的磁场，必然需要形成旋转的电场，而地球自转必然会造成地幔负电层旋转，即旋转的负电场，磁场由此而生。有了磁场，就有了重力。地球生命的起源与进化，乃至今天地球生物的多样性就是处在地球这一重力环境中。换句话说，地球生命的所有功能形状都是在微重力环境中形成和维持的。如若地球重力减弱或消失，即所谓的“微重力”或“失重”发生，势必就会引起生命系统所依赖的物理条件发生变化，如液体对流、浮力分层、热交换影响、细胞悬浮、营养物浓度梯度、毛细现象等消失或改变。生命系统对重力的改变就会做应急反应和适应性的形成，即生物学效应。实验证明重力生物学效应表现为生物体的遗传和生物学特性的变异反应。

随着空间科学技术的不断发展，尤其是载人航天和空间科学探索活动的深入开展，人类利用包括高空气球、生物火箭、轨道卫星、载人飞船、空间站等各种航天器，以及未来的月球基地、火星基地、类地行星实验室，进行微重力生物学效应研究。

过去半个世纪以来，微生物和其他动植物组织和细胞一样被科学家利用各种返回式卫星及轨道飞行器进行空间搭载实验，以了解空间环境产生的生物学效应并企图发展新的生物学技术。由于微生物具有个体小、环境适应性强、生长繁殖快、代谢多样、易变异等生物学特性，故其一直是国内外科学家研究空间生物学效应的良好材料，也是探索地外生命形式的模式生物。

中国科学家自 1987 年第一次利用我国自行研制、发射的科学返回式卫星，搭载与工农业生产及人类健康密切相关的真菌、细菌和放线菌等多种微生物样品，研究它们的生长代谢、遗传发育等空间生物学效应以来，已经取得了一些显著的结果。例如，飞行后的杀虫苏云金芽孢杆菌（*Bacillus thuringiensis*）提前形成芽孢，有毒伴胞晶体产量增加；飞行后的双歧杆菌（*Bifidobacterium bifidum*）生长加快，增强了耐 O_2、抗辐射、耐热、耐 H_2O_2 和乙醇等的能力；飞行后的 nikkomycin 抗真菌抗生素产生菌的产量提高了 13%～18%，且有效组分 nikkomycin X 和 Z 显著增加；飞行后的蘑菇绒状火菇（*Flammulina velutipes*）生长更快，菇胚提前形成 7～10 天，产量提高了 16.2%～23.8%，而另一种蘑菇糙皮侧耳（*Pleurotus ostreatus*）飞行后子实体提早形成，产量提高了19.4%～27.3%，纤维素转化率为 40%，生物学效率为 129%（图 8-12）；产生维生素 C 的菌株飞行后，产量增加了 4%，生产周期缩短了 18%（12h）；生产杀虫抗生素阿维菌素（avermectin）的菌株飞行后，产量提高了 28%；对生产 α-甘露聚糖肽的肠球菌 ST-18 太空变异菌株的基因组分析表明，在预测到的 2863 个基因中没有发现原噬菌体，IS 片段（element）也较少，这说明作为生产菌株 ST-18 太空变异菌株在进化上具有很好的稳定性。ST-18 太空变异菌株具有高效的糖转运系统和众多的蛋白酶、肽酶和多肽转运系统，说明 ST-18 太空变异菌株可以降解外源的蛋白来获得产量和药效所需的氨基酸。

值得指出的是，至今有关空间微重力产生的生物学效应机理还没有理论突破。

图 8-12　食用菌 *Pleurotus ostreatus* 空间搭载后生长快，产量高（引自王耀东等，1998）

图中左为搭载栽培，右为地面对照栽培

第四节　人类载人航天活动中相关微生物技术的应用

当今微生物学作为基础生物学，不仅提供了一些重要的基于物理和化学原理探讨自然生命过程的有关研究材料，而且作为应用科学，微生物学已涉及医学、工业、农业和环境中的许多实际问题。根据不同研究领域提出的问题再从不同角度进行细分，将微生物分成古菌、原生生物、藻类、真菌和病毒等类群，对它们分门别类地进行研究便构成了微生物学中的一些相应独立的学科。一些学科不仅仅以微生物为研究对象，如研究人和动物体对微生物反应的免疫学也成了独立的分支学科。

2008 年中国科学院路甬祥院长在给中国科学院微生物研究所成立 50 周年的题词写道："认识微生物规律，发掘微生物资源，创新微生物技术，促进微生物产业。"从题词中不难看出，由于微生物的功能性状不同于动植物，特别是它们可以在生命极限的环境中生存，因而它作为无限的再生资源不但已为地球人类的诞生和发展提供了独特的生物技术产业，也将为人类从事的地外生命科学的探索活动提供技术支持。

一、微生物技术与载人航天的安全保障

随着载人航天事业的不断发展，特别是与之匹配的受控生态生保系统（CELSS）的研发与应用，空间飞行器中的有害微生物不仅危害其他生命体，也对非生命形式的硬件装备、仪器、材料等存在工程学方面的威胁。为了保障载人航天飞行的安全，就必须对空间环境中的人和动物体与微生物菌群组成的生态系和微生物群落的组成及演变两个方面进行监控。

最近的研究指出，人体至少携带有 100 万亿个微生物胞，是人体细胞数的 10 倍，基因总数超过人的 100 倍，约占体重的 2%，其中大多数都能够与人体和谐相处，但有些也会致病。即使航天飞机、载人飞船、航天服、装船产品等经过再严格的真空消毒，微生物还是会分别随着航天员的皮肤、人体分泌物、物资等途径混进乘员舱。在空间条件下微生物的危险程度可能比地面条件下更大。在空间环境中的宇宙射线、噪声等因素的协同作用下，航天员免疫功能下降，微生物的变异速度加快，致病力增强，航天员的健康状况将面临更大的挑战。

微生物生态系统的研究已经表明，微生物不仅存在于有生命的环境中，而且在一些其他生命无法生存的极端环境中也能生存。因此，苏联从 20 世纪 60 年代发展载人航天开始，就注重了空间微生物的监控。俄罗斯专家指出，在和平号空间站运行的 14 年里，曾检测到 250 多种微生物，其中细菌至少有 40 个属，108 个种，其中条件致病性细菌有金黄色葡萄球菌、链球菌、大肠杆菌、变形杆菌、黏质沙雷氏菌、蜂房哈夫尼菌、黄杆菌、肺炎克雷伯氏菌、蜡状芽孢杆菌等；真菌至少有 25 个属，106 个种。它们已在空间站上生长繁殖了 10 万代以上，但由于科学家长期对它们进行了严密的监测和控制，故没有发生危害宇航员健康和破坏光学仪器、绝缘材料及五金部件等的事件，实现了载人航天安全飞行。

美国从航天任务伊始，就对微生物安全监控问题进行了研究。无论是 STS 中的轨道飞行实验（OFT），还是空间站任务，均有相关的研究项目，例如，P-E 和 GS&C 公司承担研制出了控制细菌的有效仪器，迅速建立了细菌和霉菌的快速检测系统，除对水、空气、食物及固体表面微生物进行监测外，还研究了用臭氧、臭氧＋紫外线等控制手段。1987 年，约翰逊中心又建成了空间站显微镜用户小组（SSMUG）。1990 年，许多航天组织加入了微生物安全监控研究项目，包括 NASA 的生命科学、微重力科学及应用、航天员健康保健系统（CheCS）。欧洲航天局、加拿大航天局和日本航天局的科学家们解决了空间站中微生物的形态学观察问题。目前，国际空间站上的微生物生态系统也处于动态监测之下，宇航员专家用太空站上的各种仪器随时监测它们的动态变化，并利用它们对废弃物进行回收利用。虽然定期进行除菌处理，但是仍然“防不胜防”，微生物还是不断滋生。

乘员舱中的微生物可通过空气、水、物资、管道、生物媒介和实验人员等多种渠道进入并栖息繁殖。其中宇航员是主要渠道，因为一个健康的成年人携带有大量的微生物种类，它们与人体构成了变化着的动态平衡生态系统，维持着人体的正常生活。若这种

生态系统受到环境因子的影响而失去平衡，就可能引起微生物种群甚至菌株遗传特性发生变异，导致疾病的发生。基于这个原因，人体与微生物菌群组成的微生态系统一直是空间环境中微生物监控的重要内容。前苏联的一项地基模拟实验结果表明，在密闭环境中有些微生物的致病性增强，由原来非致病菌变为条件致病菌；胃肠道微生物种群数量明显减少甚至消失。美国在阿波罗号系列飞行任务中，发现飞船中好氧微生物数量增加，而厌氧微生物的数量和种类均减少。NASA 的科学家研究报道，模拟微重力环境下胃肠道致病菌——沙门氏菌的毒力增强，感染小鼠后小鼠死亡时间平均提前 3 天。

目前常规微生物检测方法不能适应现代快速检测的需求。自 20 世纪 50 年代以来就一直沿用微生物“四步检测法”，从细菌形态、培养特征、特征性实验及动物实验来判断细菌的种类，这种方法操作繁琐、费时，不能满足快速简便的要求。血清学检测方法如 HA（红细胞凝集实验）、RIHA（反向间接红细胞凝集实验）、ELISA（酶联免疫吸附测定）等灵敏度高，但只能做追溯性诊断，不能作为直接的诊断依据。航天环境中的微生物检测大多采用在航天器中进行微生物样品的采集和培养，返回地面进行鉴定的方法，检测周期长，处理方案滞后，实时、快速、灵敏的检测方法成为航天环境微生物检测的迫切需求。

长期宇宙飞行时，微生物群落的数量和结构动力学并非线性的，而是各个时期微生物群落的交替激活、停滞的波形循环，这不仅受到内因——生物自我调节机制的影响，还受外因——宇宙生理因素的影响。为了在空间环境中维持一个有益的生态系统，防止有害微生物的增殖扩散，研究在微重力条件下监控微生物的方法也同样受到各国科学家的重视。美国科学家在哥伦比亚号航天飞机上采用被动空气取样法监测微生物，并研制了一套利用测量培养介质的电导来监测细菌和霉菌的快速检测系统，通过选择适当的介质和培养条件，就可检测特定种类的微生物。利用这一检测系统他们检测了假单胞菌、科雷伯杆菌、白色念珠菌等 12 种微生物。法国科学家 Bouloch 和 Arir 研制了用于自由空间站上进行细菌革兰氏染色的设备（Gram staining apparatus，GSA）。这一技术设备通过在微重力下对 60 个人和环境样品的实际应用，表明其可以满足空间监测和评价细菌种群的需要。随着生物学技术的发展，通过基于 PCR 的多种实验手段以及应用微生物检测芯片对空间环境中的微生物进行适时检测监控也已成为发展趋势。Oha 等应用 SPR（表面等离子体共振）生物传感器对沙门氏菌（*Salmonella paratyphi*）进行检测，可以实现 10^2～10^7CFU/mL 范围内的检测。Nelson 等应用 SPR 成像装置，对大肠杆菌 18 个碱基的 DNA 片段、RNA 和 16S rRNA 同时进行了定量检测。结果显示 DNA 和 RNA 的最低检测限为 10nmol/L，为 SPR 成像装置用于微生物检测奠定了基础。NASA 马歇尔航天飞行中心研制的便携式实验系统“LOCAD-PTS”可在几十分钟内完成环境细菌的采样和检测。2007 年他们进行了表面采集实验，确定了系统的有效性，并于 2008 年补加了空气采样模块。但是“LOCAD-PTS”的缺陷是不能区分活细菌和死细菌。

我国载人航天事业经过神舟五号、神舟六号的历练之后已日臻成熟，中长期航天飞行中微生物对航天员健康的影响已成为不容忽视的问题。面临国际空间研究和太空开发的挑战，要想开拓我国的地外生存空间，争得未来空间领域的一席之地，开展中长期

(30天以上）航天飞行中乘员舱的微生物安全监控研究是非常必要的。同时，该项研究还可为与载人航天事业相匹配的受控生态生保系统的研究奠定基础。

二、受控生态中的微生物技术

地球是人类的摇篮，但人类不能一直生活在摇篮里。20世纪最伟大的事件之一，就是人类实现了飞离地球、遨游太空的千年梦想。可是人类遨游太空，不单是“观光、旅游”，主要是为了探索神秘莫测的宇宙，拓展人类活动的疆土，开发和利用无尽的空间资源。要到达遥远的星球，即便是采用速度最快的飞行器，耗时也不是以日、月计算而是以年为单位的。这就提出了长期载人航天以及建立地外星球基地的问题。到目前为止，人们探测和了解到的宇宙空间和地外星球，还未发现有类似于地球这样的适于人类生活的环境。有的只是强烈的粒子辐射、低的重力、没有大气和水、急剧的温度变化等恶劣条件。因此，为了实现长期载人航天及地外星球居住的目标，首先就要建立安全可靠的生命支持系统。为此，人们提出了建造“受控生态生命保障系统”（CELSS——Controlled Ecological Life Support System 或 Closed Ecological Life Support System）的设想。它是以空间生命科学、生态学和环境科学的基础研究为依据，以地球生物圈的基本结构和功能为参考，以光合作用原理为出发点，通过利用各种先进的空间技术，合理、高效、可控地组合和运用“生产者（食品）”、“消费者（人/动物）”、“分解者（废物/废水处理）”之间的关系，为人类长期航天飞行或在地外星球的居留，提供氧、水、食品、去除CO_2、再生利用废弃物/废水……的一种全封闭的、基本自给和自主循环的生命保障系统。在此系统中，植物通过光合作用将光能转化成化学能储存在有机物中，为异养生物（人及动物）提供食物和氧气，又将异养生物排出的二氧化碳和其他废物转化成上述有用产品，由此构成系统的碳循环和氧循环；同时植物又可以通过根系的吸收和叶片的蒸腾作用实现水的净化，参与系统的水循环；系统中的微生物将对植物中的非食用部分及动物排泄物等废弃物进行降解、矿化处理，为植物提供养料，为动物提供部分食品，使食物再生循环，从而建立起一个由植物、动物（人）、微生物以及一些必要的有机无机环境构成的物质和能量不断循环和更新的生态系统。

经过近40年对不同规模、形式各异和不同生物组合的人工生态系统的探索和研究(20世纪六七十年代美苏两国，八九十年代的日本、欧洲)，虽然尚未有完全成功的、实用的CELSS，但是，国外已经取得了巨大的进展，实现了短时间（数月）、多种群、密闭生态系统的运行。

欧洲航天局（ESA）为了实现长期航天的目标，而进行的CELSS研究逻辑步骤是以使用部分闭合的物理/化学生命保障技术作基础，逐步发展生物再生式生命保障技术系统。这一系统中所需的每项生物再生技术，在输入前应该是有效的，也应有一个逻辑循序。例如，只有当使用微生物降解废物，产生CO_2、氮化物及矿化物时，植物栽培才可能实施。系统中高等真菌作为废物降解和再生的主要生物部件，任何时间都是可以实施的，而且可以作为一个独立的支路。微生物净化空气和水也可以作为独立的部件(图8-13)。

我国空间生命科学的研究，经过20世纪八九十年代的卫星搭载实验和载人航天一

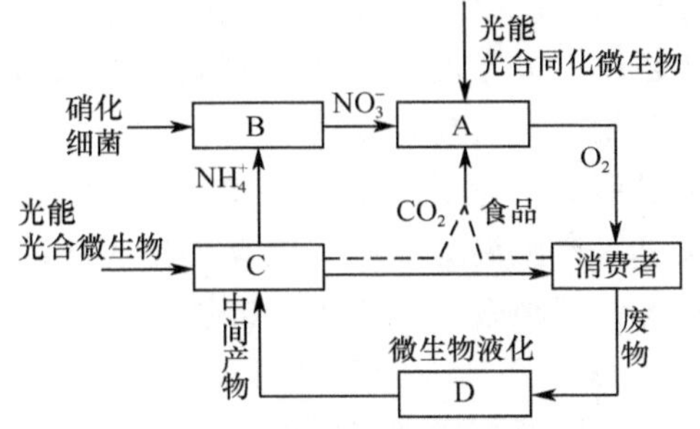

图 8-13 以微生物技术为基础的人工受控生态系模型
(引自庄逢源和 Horneck，2010)

期工程开展的空间生命科学与生物技术研究，已取得了一大批学术成果，在某些方面缩短了与国外的差距。特别是神舟 5 号载人飞船的巨大成功和嫦娥探月计划的实施，使我国迈进了载人航天大国的行列，正在向长期载人航天（空间实验室与空间站）和探索月球、火星等方向发展。随着形势的发展和国家的需求，尽快发展我国的 CELSS 实验平台已势在必行。

三、火星“地球化”的微生物技术

随着地球人口的增加，资源使用随之增加，地球将不堪重负，未来人类的生活质量有可能会下降，因此应该寻找出路，将地球上过多的人口输出到其他星球上或获取地外资源。20 世纪中期以来，世界科技的迅猛发展为人类探索和开发宇宙的梦想提供了可能。从早期的火箭到无人飞船，再到载人飞船，继而到航天飞机，到今天的空间站，每一步都体现着人类智慧的灵光，凝聚着艰辛的劳动。但人类要向空间发展，首先需要对地外星球环境进行改造，即地球化过程，不然很难在其上生存。人们考虑的对象包括火星、金星、木卫二（木星的一颗卫星）和土卫六（土星的一颗卫星）。不过，木卫二和土卫六与太阳的距离太远，而金星与太阳的距离又太近（金星的平均温度为 482.22℃左右）。如此一来火星便脱颖而出。火星是太阳系中除地球之外唯一可能提供生命支持的星球。火星目前的大气与数十亿年前地球的大气有着惊人的相似之处。地球最初形成时，我们的星球上并不存在氧气，它看起来也是一片荒凉的不毛之地。大气层完全由二氧化碳和氮构成。直到地球上进化出了光合细菌，才产生了足够的氧气，从而进化出动物。同样，现在火星上薄薄的大气层几乎完全由二氧化碳构成。因此参照地球环境的发展历史将为人类改造火星提供一个重要的线索。而在地球环境发展史中，极端微生物是最早出现的，接着出现的光合生物极大地推进了地球环境的演化。在大约 35 亿年前，地球上出现了蓝藻。海洋蓝藻的大量发生是地球生命进化史上具有划时代意义的事情，正是蓝藻的出现才使得大气层有了氧气，才有了需氧生物的发生和进化，才有了高等动物、植物和我们人类，才有了地球上高度发展的文明。因此研究火星的地球化在科学上对于生命起源的重大科学问题具有最直接的意义，另外也为人类以后进行地外星球的拓殖和发展提供了一个重要的应用基础，具有重要的现实意义。

科学家建议，对火星的环境改造可分两步走：第一步是生态系统形成；第二步是地球环境形成。所谓生态系统形成，就是在不毛之地的火星表面形成一个无氧的生物圈。要形成无氧的生物圈，火星还须有充足的液态水，到达火星表面的紫外线要大大减少，大气中要逐渐增加氧和氮的含量。对火星环境改造的一个有利条件是上述这些工作是互相影响的，在某种程度上可以形成一种正反馈。例如，当大气的密度和厚度增加时，它既可以减少紫外线辐射，又可以产生温室效应，提高火星表面的温度；当火星表面温度提高时，可以融化北极的水冰，甚至融化永冻土中的冰，因而可以部分解决液态水的问题。火星环境改造工程首先是从提高其表面温度开始。提高火星表面温度的办法有两种：直接加温法和间接加温法。所谓直接加温法就是使用物理学的办法在火星的局部加温，具体方法有太阳反射镜、小行星撞击和在火星上进行核爆炸。间接加温法包括减少火星极冠的反射率，让极冠吸收较多的太阳光，从而达到提高温度的目的。生态系统形成阶段结束后将进入地球环境形成阶段。地球环境形成阶段的最终目标是在火星上形成一个与地球完全相似的生物圈，能够适合于人类的居住。

而地球环境形成阶段的第一步是在火星的某些条件稍好的地方引进地球上的微生物。首批引进的微生物必须是所谓的光能自养生物。这种光能自养生物的特点是能利用太阳光作为能源，在代谢过程中不需要复杂的有机物。为了保障从地球上引进的生物能在火星上存活，并适应火星上的恶劣环境，必须用转基因技术培育出新的品种。因为目前还没有一种微生物能适应火星环境。在火星上引进地球的微生物后，可以改变火星大气的成分，特别是增加氮的含量，这样后续的植物、动物，包括人类才可能到上面去生活。最终达到使火星真正成为人类的第二故乡的目的。科学家推荐的先锋拓殖生物包括光合微生物和极端微生物两类，其中藻类（光合微生物）为拟色球藻属类（*Chroococcidiopsis*）和 *Matteia*，极端微生物为 *Deinococcus radiodurans*、*Halobacterium salinarum* 和 *Pyrodictium occultum*。另外火星表面环境和地球上的荒漠地带类似，地表主要以沙尘为主，在有风的情况下还会形成沙尘暴，这样的环境实际上不适合高等植物生活和火星基地建设，因为难免有被沙尘“淹没”的危险。经调查，在地球荒漠地带生存的生物主要以生物结皮为依托而存活的，另外生物结皮还是荒漠地带控制沙尘暴的主要屏障。而科学家推荐的先锋生物都可以生活在生物结皮内，在荒漠实验中它们可以与土壤颗粒结合在一起形成生物结皮，提高土壤肥力，改良土壤结构，增加土壤抗侵蚀能力。因此，这些藻类及其形成的结皮在干旱区环境治理中有非常重要的作用，同时对于认识生命的起源与进化也具有重要的科学意义。在星球实验室计划中，这些生物也可以作为先锋生物对火星地球化作出贡献。美国科学家曾经设想利用荒漠藻拟色球藻进行火星的地球化，另外利用 *Matteia* 降解火星岩石的碳酸钙而放出二氧化碳，从而达到改造火星环境的目的。而极端微生物 *Deinococcus radiodurans* 、*Halobacterium salinarum* 和 *Pyrodictium occultum* 可以利用火星上的资源生长，比其他生物具有更好的适应性。但一直没有人利用这些生物做过模拟地球化的实验，只对以上的生物进行过分析搭载辐射实验。

地衣是一类具有高抗逆性的真核生物，是极地及荒漠等极端生境中主要的生物类群，适应了各种极端环境条件，包括高温、低温、干旱、紫外辐射等。在以往的研究中发现，地衣对模拟地球外空间环境因素（如真空、强辐射、高压等）也都显示出极高的抗逆性和存活力，因此地衣是研究宇宙生命学说的适合生物物种。此外，地衣具有固碳、固氮等作用，因此可作为定殖火星表面、建立和改造火星生态环境的先锋拓殖生物。

目前“生物结皮”（图 8-14）技术已日趋成熟。中国科学院水生生物研究所在内蒙古荒漠地带多年来进行了大量的实验，这可以被看作是模拟地球化实验的实例，结果证实了利用荒漠藻综合固沙技术在荒漠地带会产生很好的固沙治理效果，即根据沙区自然生态系统的植物组成特点，通过人工促进沙地土壤荒漠藻生物结皮的形成，将藻类生物结皮固沙技术与传统生物治沙技术相结合，因地制宜地建立以不同类型的藻类、草本、灌木（乔木）三位（或四位）一体的稳定的近自然生态系统为目标的综合治沙技术。利用生态系统的演替规律，从微尺度到小、中尺度乃至大尺度（上万亩土地面积）逐级提高生物多样性，加快近自然生态系统的建立。生物治沙最重要的是沙表面的固定和水分平衡。藻类结皮的固沙作用和保水、节水功能，控制了沙面的流动性，为高等植物的定居创造了条件，其改土和肥田的作用又可以促进高等植物的生长。该项目在探索通过荒漠藻类结皮综合治沙方面，在技术上和理论上都具有独创意义，对于火星地球化的过程也具有重要的参考价值。中国科学院微生物研究所在利用地衣结皮固定流沙领域也取得了大量的成就。作为预先模拟实验，中国科学院微生物研究所在宁夏沙坡头腾格里沙漠东南缘进行了相关的实验，证实了地衣在荒漠生物结皮中占有明显的优势地位，其通过假根和菌丝在固沙中起着十分重要的作用。根据沙漠生态系统的地衣物种组成特点，确定了抗逆性强、盖度大的优势地衣物种，在人工设障固定流沙的基础上，利用地衣组织悬浮液可以快速形成荒漠地衣结皮。同时，通过分离优势地衣物种共生菌、藻，经过深层液体发酵，快速而大量地获得了人工接种的地衣菌和藻“原液”，从而在实验的基础上，排除了荒漠地衣结皮形成和发育缓慢的疑虑，达到了人工促进荒漠地衣生物结皮形成的目的。荒漠地衣结皮的相关研究对利用地衣进行火星地球化提供了重要的参考支持。

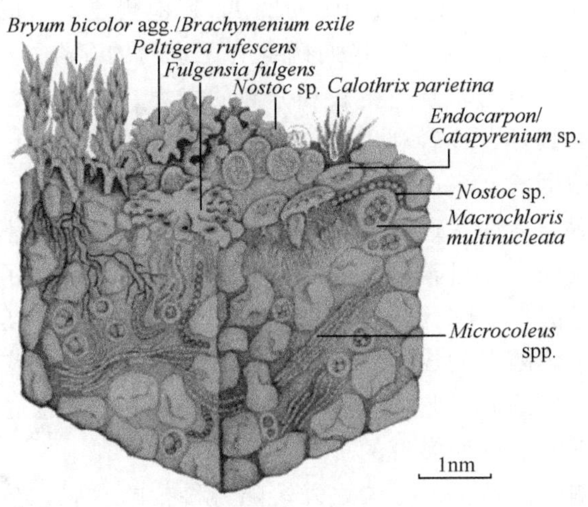

图 8-14　微生物区系结皮（microflora crust）示意图

（引自 Belnap et al.，2001）

四、地外生物信号探索

从根本的意义上说，生物学家一直在研究的只是地球上的这一种生命形式，因为尽管地球上的生命形式看起来多种多样，但追根到底它们是相同的。小猎兔犬和秋海棠、细菌和须鲸都是用核酸储存和传递遗传信息的，都用蛋白质来进行催化和控制。就我们所知，地球上所有的有机体使用的遗传密码都基本一样。这个结论很少有例外；同一起源的地球生命适应广泛的生态环境条件。但外星球生命的存在方式到底是什么？目前尚没有定论。外星球生命探索计划可以对生命起源进行探讨，同时还会对将来人类的空间拓展具有重要的指导作用。如果能在外星球上发现即使极简单的有机体，明了其生命存在的形式，对于我们理解地球生命的形式也具有重要的参照意义。另外，如果我们能证实外星球上不存在生命，则自然界已为人类完成了一项实验：两个行星在许多方面相似，一个上面产生了生命，另一个没有。把实验和用作对照的行星相比较，便能发现有关生命起源过程的许多资料。同样，在月球、火星或木星上寻找生物前的有机化合物，对于了解形成生命起源的过程也极为重要。这些都可以用来验证科学家提出的生命起源假说，并对其过程中的决定因素进行判定，也会对地球环境以后的变化提供参考，以便于对人类的行为进行修正而达到最大化造福人类的目的。因此，进行地外生命的探索在科学上具有重大的科学需求，同时对于人类社会的发展也将产生重大的社会效应。

根据对生命特征的理解，结合所掌握的分析手段，科学家们发展了很多直接检测现有生命的方法，总体说来有确定其生物量、生长速率、新陈代谢和酶的活性这几种方式。

生物量就是指样品中的细胞总数。一般可以利用各式各样的显微镜技术将样品内的微观图像照出来，然后直接数它有多少个细胞。当然也可以使用一些生物化学的指标来间接指示细胞的数量，例如，利用测定 ATP、DNA、RNA 以及脂肪酸等的量来指示生物量的大小。而只要确定了生物量，自然就能够证实生命的存在。美国太空总署于 20 世纪 60 年代率先建立了精度高达 $1/10^{12}$ g 的 ATP 检测技术，以期确定月球土壤或其他外太空样品是否存在痕量的 ATP，进而确定有无生命的存在。

最能够说明细胞生活力的就是它生长和分裂的能力。最直接的就是观察细胞的分裂并且检查其细胞的增加数目，或者利用同位素组成变化监测 DNA、RNA 以及蛋白质合成的速率来获得细胞的生长速率。

探索生命新陈代谢的活性，通常通过监测其物理化学反应速率以及物质在生命组织内外的交换来进行。例如，通过碳和氢的一些同位素示踪，可以了解到呼吸作用二氧化碳的反应速率等；通过测量新陈代谢过程中一些无机元素如氮、硫、铁等的含量变化，加上对其温度、酸碱度等因素的控制，可以获得组织内外物质的交换情况。

监测酶的活性则主要是通过监测一些新陈代谢中特别的反应，例如，氮循环等，以及高分子有机成分降解的速率而实现的。

除了这些直接检测生命特征的方法之外，随着科技的发展，分子技术已经有了很大的突破，科学家能够直接确定一些分子级别的生命成分，例如，蛋白质、氨基酸、mRNA、基因序列等，这也为直接寻找生命迹象提供了新的手段和方法。

由 NASA 资助的研究人员正在改进一种仪器，这种仪器不但能捕捉火星生命分子结构单元的微弱痕迹，还可以确定分子结构单元是否是由生命体构成的。该仪器就是被称为 Urey 的“火星有机氧化剂探测器”（Mars Organic and Oxidant Detector），它已在地球上最贫瘠的阿塔卡马沙漠地域证实了它的能力。欧洲航天局已从美国引进这种仪器，作为将于 2013 年发射的 ExoMars 探测器上的科学载荷。欧洲航天局 ExoMars 漫游者计划将碾碎火星土壤样品，将其粉末送入分析仪，包括 Urey，以寻找生命迹象。每份样品都是由机械臂从地下挖掘出的物质。为进一步解释获取的信息，仪器将评估火星环境条件消除这些分子线索的速度。Urey 可以兆分之几的浓度单位探测若干种有机分子，如氨基酸等。如果 Urey 可以在火星上找到镜像分子均匀混合，则表明我们所未知的生命存在于此。Urey 的氧化剂仪器具备涂覆多种化学薄膜的微传感器。次临界水抽取系统（sub-critical water extractor）从土壤样品粉末中提取有机化合物。荧光探测器会显示氨基酸分子、DNA 和 RNA 成分及其他有机化合物的存在。微细电泳单元将分离不同的有机化合物。瑞士微摄像机和太空探索公司将提供 Urey 的电子设计和包装技术，它将与美国宇航局喷气推进实验室（JPL）和欧洲航天局合作完成该仪器核心技术的开发。

在火星的沉积岩中经常见到的直径为 50～200nm 的极小的蛋白球被称为“超微生物”，科学家们普遍认为它们是微生物的遗迹。

根据欧洲航天局地外生命科学团队的研究结果可知，在寻找地外（火星）早期生命中所需的设备包括显微镜、拉曼光谱（和红外光谱）、APX 谱（化学元素分析）、穆斯堡尔谱（分析铁元素）和 Pyr-GC-MS。在对这些设备的评价中，Pyr-GC-MS 是分析最完善的设备，但美国天体生物学研究所的 Tom Wdowiak 认为，拉曼光谱是进行火星样品现场快速分析的最好设备。

拉曼光谱属于分子振动光谱，1928 年由印度物理学家拉曼（Raman）发现。拉曼光谱和红外光谱相配合使用可以更加全面地研究分子的振动状态，提供更多的分子结构方面的信息。早期的拉曼光谱缺点是检测灵敏度非常低。近年来，紫外拉曼和共焦显微拉曼光谱等新的拉曼技术的出现，解决了拉曼光谱早期存在的一些问题，如荧光干扰、固有的灵敏度低等。纳秒、皮秒激光器的出现以及其他光谱技术的不断革新，将使时间分辨拉曼光谱在催化中的应用成为可能，进一步拓宽了拉曼光谱的应用范围。拉曼光谱具有非破坏性和精细如“指纹”的分辨能力以及不受水的干扰等优点，同时可以在分子水平上探测物质结构，获得物质分子结构组成和构型等方面的信息，还可以进行多成分分析，具有快速、简单、无损、准确等优点。随着激光器、光电探测器与激光技术的飞速发展，拉曼光谱已成为精确探测生物组织的微弱信号的重要手段。拉曼光谱尤其适合于外星球环境下的现场分析、样品处理简单容易、快速的特点。正是因为拉曼光谱的多个突出特点，世界上的主要航天大国都对其进行了一些研究。

美国计划在“勇气”号和“机遇”号火星车上搭载拉曼光谱仪来探测有机化合物，但是由于时间太紧而被迫取消。但 NASA 后续研究计划由华盛顿大学的 Haskin 博士领导的团队主要开发绿-激光火星微光束拉曼光谱仪，而天体生物学研究所的 Storrie-Lombardi 博士领导紫外激光火星微光束拉曼光谱仪的研究。

位于西班牙的力拓河（RioTinto）源头在西班牙塞维拉西部。泉水从铁矿石中分离出硫化铁矿物质，使河水变成红色。同时，硫化铁矿物质分离形成硫磺酸。当 pH 达到 1.5～3.0 时，力拓河水将变得像醋一样酸。力拓河的酸性环境宛如是一个地表下的“生化反应炉”（chemical bioreactor）。科学家们认为，力拓河的生态环境可模拟火星地表下的环境。在力拓河中寻找生物存在的数据，可与火星快车号（Mars Express）或地面上望远镜搜集到的资料相对比。令人吃惊的是，科学家们竟然在这种状况的河水中找到了各种各样生命体的存在，例如，细菌、藻类、原生生物（protist）的单细胞生物体和生长于酸性河水上游的真菌。因此，力拓河也就成为了科学家实验火星生命探测最新技术的最理想的场所。欧洲科学家利用必达泰克公司的 i-Raman 小型拉曼光谱仪作为该项目的拉曼检测设备，对西班牙力拓河中的矿物和有机物进行了无损检测。如果该项目进展顺利的话，该小型拉曼光谱仪有可能作为欧洲火星探测计划中的一个组成部分，为火星研究计划作出贡献。西班牙天体生物学中心的专家开发的这种装置采用了“现场光谱技术”（*in situ* technique），可以对所采取的样本进行现场分析，而不用运回实验室。这样做一方面可以提高效率，另一方面也避免了样本在运回实验室的途中被污染的可能性，而且也非常适合在火星的环境下操作，因为科学家们不可能将火星样本送回地球进行分析。这种现场光谱技术对火星生命进行探测也是欧洲火星探测计划的一部分。欧洲太空总署计划于 2013 年发射的一颗名为“ExoMars”号的火星探测器上也将会安装一个拉曼光谱仪（RamanBS），这个光谱仪所采用的技术就是现场光谱技术。现场光谱技术有两个光学镜头。一个安装在 ExoMars 号探测器的外面，主要用来确定火星表面可能存在矿物质或者有机物的地点；另一个安装在 ExoMars 号探测器的里面，主要用来分析探测器钻头所采取样本的成分。科学家们目前计划钻取火星表面下 2m 内的土层样本，以便分析判断火星表面曾经是否有水或者生命的存在。拉曼光谱仪相比其他生命探测技术具有一个突出的优点，即它不会产生破坏性，对所钻取的样本不会产生任何伤害，而可以进行多成分的分析。

澳大利亚天体生物学研究中心的科学家也利用拉曼光谱进行极端环境下生物的适应性研究，他们已经开发出便携式的设备，计划将来有机会进行地外生命的探测。英国极地研究所的科学家和 Bradford 大学的 Edwards 教授合作，利用拉曼光谱对极端藻类和微生物进行了研究，取得了大量的结果，他们的研究计划已经被列入地外生命探索的重要方向。

色氨酸、酪氨酸等氨基酸是构成蛋白质分子的主要成分。色氨酸在紫外光激发下，发出强烈的荧光。其特征激发和发射峰可以被作为检测依据，实现定性定量分析。美国和加拿大的一些研究机构正在研发这项技术。通过对采集到的土壤样品同时采用几种荧光标记后用表面荧光显微镜进行检测。采用多种荧光标记，如一种标记细胞膜成分，另一种标记 DNA 组分，这样就可以区分荧光信号是来自一个生物细胞还是来自土壤残渣。这种荧光检测技术能够非常灵敏地检测到地球上土壤样品中微生物的存在，因此在地外生命探测中将有很好的应用前景。

第五节　展　　望

我们把太空微生物资源作为微生物资源学的重要组成部分，是一种尝试，主要是基于以下几点认识。

1）半个世纪人类空间探索的种种迹象或实证都说明，地外星球可能有生命存在，其最原始的生命形式可能就是我们理解的微生物。因此探索地外微生物的生命活动规律，以及如何利用它们就成为一种需要，尽管目前还处于梦想阶段。

2）在人类进行空间探索的过程中，人必然要在空间活动。而人不可能是无菌的。因此，探索空间活动的人和微生物的关系就成为一种迫切的需求。

3）由于微生物能在极端环境下存活，有极强的环境适应能力，因此它就成为空间探索的模式生物之一，也可以成为移植外星的先锋生物，以“改造”地外星球，创造人居环境。

4）外层空间的极端环境（如微重力、辐射等）可以作为手段，促使微生物产生突变，获得有益的性状，增加产量等。

人类在开拓地球低轨道以外空间的每一步都为科学的发现创造着机会。科学和探索是相互促进的：科学是去解释自然，而探索是前沿科学的建立和继续。前沿科学揭示新的或前所未有的现象，为此科学被称作探索。新的科学认识将是使人类“登月探火”和类地行星目标探索能够成功的关键。地球生命是怎样起源的？地外是否存在生命？空间环境对载人航天活动的潜在伤害是什么？有什么办法使人类一旦离开地球还能生存？这些问题的解答将离不开对宇宙生命的先驱者即微生物进行研究。所以微生物学是宇宙生物学领域的重要组成部分，微生物资源是宇宙生物学知识的主要载体。

空间探索这一憧憬，给科学探索和探索科学以促进和机遇。探索的核心是空间生命。美国 NASA 及世界各国都在为空间生命探索加快步伐。探测可居住行星的 ESA 达尔文计划，采用置零干涉量度法（nulling interferometry）可以检测距离我们数十光年远的类地行星，也可检测某些生物源的信号，如大气中的氧和臭氧。NASA 也制订了名为“类地行星发现者计划”（Terrestrial Planet Finder Mission）的相似研究计划，期望这两个计划能联合起来探索太阳系外、银河系中的可居住行星。

2009 年 6 月 10 日，中国科学院公布了中国 2050 年科技发展路线图，提出我国未来 30～50 年的空间科技发展规划，明确我国 2030 年前后首次实施载人登月、2050 年实现载人登陆火星以及开展其他类地行星探测等多个科学目标，开展宇宙生命及相关物质的探测与研究，在生命起源与进化的探索中取得突破。科学目标已定，挑战与机会并存，微生物资源研究必将在宇宙生物学发展中作出更大的贡献。

（刘　梅　刘志恒）

主要参考文献

奥巴林. 1960. 地球上生命的起源. 徐叔云等译. 北京：科学出版社

保罗. 2009. 生命起源挑战进化论. 自然与科技，1，2：22～25

丁玲，李富超，秦松. 2009. 极端微生物的研究进展. 海洋科学，33 (3)：71～75

郭晓强，冯志霞. 2009. 生命起源 RNA 世界的提出者——奥吉尔. 生物学通报，44 (3)：57～59

焦维新. 2009. "开普勒"的使命. 国际太空，3：1～9

李慧君. 2010. 火星 月球：有水大不同. 科技日报，01. 07

李龙臣. 2009. 地外生命和外星人探测. 太空探索，1：54，55

李旭丰，张涛. 2006. 宇宙其他地方存在生命吗？探索，维普资讯网. http://www.cqvip.com

刘志恒. 2007. 生命起源——等待证据出现. NEWTON 科学世界，4：1

刘志恒. 2008. 现代微生物学. 第二版. 北京：科学出版社

孙伟光，卢婷利，于洋等. 2009. 空间辐射生物学效应与生物防护措施研究进展. 中华航空航天医学工程杂志，20 (2)：100～105

王鸣阳. 2007. 生命诞生之谜. NEWTON 科学世界，4：12～43

王耀东，陈志和，宋未等. 1998. 返回式科学卫星搭载食用菌的空间生物学效应. 航天医学和医学工程，11 (4)：249～253

赵玉芬. 2009. 生命起源与进化——人类永恒的探索. 中国空间科学学会第七次学术年会，大连，8：27～30

中国科学院空间领域战略研究组. 2009. 中国 2050 年空间科技发展路线图，北京：科学出版社

周志宏，张博润，姜淑珍等. 1995. 返回式卫星有源搭载微生物实验结果的初告. 航天医学和医学工程，8 (4)：253～256

庄逢源，Horneck G. 2010. 宇宙生物学. 北京：中国宇航出版社

Belnap J，Lange O L. 2001. Biological Soil Orusts：Structure，Function，and Management. Ecological Studies. Berlin：Springer

Guo H D，Wu J. 2009. Space Sciences & Technology in China：A Roadmap to 2050. Beijing：Science Press Beijing/Springer

Ley R E，Peterson D A，Gordon J I. 2006. Ecological and evolutionary forces shaping microbial diversity in the human intestine. Cell，124：837～848

Schaechter M. 2009. The Desk Encyclopedia of Microbiology，Chapter 79. 导读编译. 北京：科学出版社

Schopf J W，Kudryavtsev A B. 2005. Three-dimensional Raman imagery of precambrian microscopic organisms. Geobiology，3：1～12

第九章　微生物基因资源

第一节　微生物基因组研究及其意义

基因组（genome）是指一种生物中所有携带遗传信息的遗传物质总和。基因组学（genomics）是研究生物基因组和如何利用基因组的一门学科，内容涉及基因组的测序、绘制、分析和比较，提供基因组信息以及相关数据系统，试图解决生物、医学及工业领域的重大问题。基因组的序列不仅揭示了生物的基因信息，也为研究生物的生命活动及其进化演化的过程提供了重要的线索。基因组的序列信息对研究整个基因组中的基因表达（gene-expression）、转录（transcription）和翻译（translation）也有很大的帮助。由于微生物的基因组较小，许多生物学性状都是单基因控制的，其基因组的结构简单、繁殖速度快、变异易识别、研究周期短，故相关进展迅速。因此，微生物是研究生物进化及生命机制的良好材料。对其基因组的研究分析将为揭示一系列诸如生命起源、进化和发育等生命活动的重大基本问题提供极大的帮助；同时展现无限丰富的基因资源，了解其功能，为发掘利用基因产物提供指导。

一、微生物学在科学发展历史上的贡献

微生物学是生命科学领域的一个极具活力、发展十分活跃的分支学科，也是生命科学领域内研究最为活跃的重要学科之一。生命科学领域内的许多重大发现都是在微生物学领域或以微生物作为研究模型而获得的。例如，早在1990年人类基因组计划启动之前的前基因组时代，Tatum及Beadle就对脉孢霉菌赖氨酸营养缺陷型的研究带来了一个基因一个酶的学说；Griffith通过肺炎球菌转化实验，使Avery等证实了基因的载体是DNA；Watson及Crick从研究病毒DNA的本质属性中，提出了DNA双螺旋结构模型；Yanosfky通过研究大肠杆菌*trpA*基因，证明了蛋白质与基因的共线性关系；Jacob及Monod根据大肠杆菌Lac系统的研究，提出了基因操纵子学说等。在最近100年中，微生物领域内有60多位学者获得了30多项诺贝尔奖，为人类科学史写下了辉煌的篇章。

在基因组时代，微生物学同样对科学的发展作出了令人瞩目的贡献。例如，以λ噬菌体为载体，利用部分酶切进行物理作图，构建了大肠杆菌基因组的重叠群（contig），这种基因作图方式是基因组计划中使用的基本技术；利用微生物学中对复制子的深入研究和人工改造，构建了基因组克隆中使用的各种载体，如λ、Cosmid、YAC、BAC及PAC等；在对大肠杆菌M13噬菌体深入研究的基础上建立了以M13单链DNA为基础的双脱氧核苷酸测序方法；Sanger等对λ噬菌体的全序列测序策略指导了基因组大片段测序工作；1995年公布的由Fleischmann等建立的基因组随机测序与整合的测序策略是测序技术中的一场革命；基因敲除（knock out）技术在细菌和酵母中首获成功并

被广泛应用；利用酵母建立的酵母双杂交系统（the yeast two-hybrid system）成为了研究蛋白质与蛋白质相互作用的有力工具。

综上所述，用著名的生物学家 Bernand Dixon 在 PNAS（*Proceedings of the National Academy of Sciences*）中的评论最能说明微生物学对近代科学技术所作出的贡献，他说："20 世纪结束的时候，微生物学可以无愧地宣布，在生物学发展的 3 个关键的阶段上（DNA 双螺旋结构与中心法则、遗传工程及人类基因组研究）它都站在了时代的最前列，发挥着不可替代的、独特的作用。"关于微生物学的未来，他说："微生物学在 20 世纪和 21 世纪都将继续是领头的学科。"

二、微生物基因组研究进展

由于人类基因组学对当代生命科学领域产生的重大影响和研究内容的领先性，人们把当今的时代称为"基因组时代"、"后基因组时代"。基因组时代的标志就是人类基因组计划（Human Genome Project，HGP），这是一项以测序和注释人类基因组为主要内容的、举世闻名的跨国科学研究计划。对微生物基因组的测序研究早在人类基因组计划之前就已经开始，1980 年，Frank 等就完成了 8024bp 大小的花叶病毒基因组的测序；1981 年，Arrand 等完成了172 281bp的 EB 病毒的全基因组测序；1983 年，Dunn 等完成了 39 937bp 的 T7 噬菌体的基因组测序；1985 年，Peeters 等完成了 6883bp 的大肠杆菌丝状噬菌体 Ike 的基因组测序；1990 年，Chee 等完成了 229 354bp 的巨细胞病毒的基因组测序。

1990 年启动的 HGP 是人类科学史上认识自身的伟大科学工程，其主要目标是测定人类基因组的全部序列，进而阐明基因所处的位置、结构、功能、表达调控方式，以及重大疾病的致病机理。以当时的技术水平，要在 15 年内完成这一计划任务是很艰巨的。作为模式微生物和基因工程受体菌的大肠杆菌和酵母菌本身就是人类基因组计划的研究内容。微生物基因组相对较小、易于操作的特点，对微生物基因组的研究所取得的理论和技术进展以及为人类基因组计划实施提供了理论依据和技术方法，而人类基因组计划的实施也极大地促进了微生物基因组计划的开展。

在人类基因组计划进行的同时，1994 年美国能源部立项启动的微生物基因组计划（Microbial Genome Project，MGP），标志着微生物基因组研究的正式开始，它对能源生产、环境修复和生物技术重要的微生物基因组进行测序。1995 年 7 月，美国基因组研究所发表了一种非寄生微生物流感嗜血杆菌（*Haemophilus influenzae*）Rd 约 1.8Mb 的全基因组序列。这是利用鸟枪测序法成功测出的第一个全基因组的序列。这个基因组测序用了一年时间，该方法是获得基因组序列的快速而有效的方法，标志着基因组学纪元的开始。目前，已经有 100 多种微生物基因组测序完成，并有 200 多种微生物基因组测序计划正在进行中。

酿酒酵母（*Saccharomyces cerevisiae*）是一种遗传背景清晰，能用于表达分析其他生物遗传功能信息的一种重要的微生物。酿酒酵母是与人类和其他真核生物不同的单细胞生物，基因组较小，大约为 12Mb。酿酒酵母能够生长在化学和物理条件可以完全控制的合成培养基上，具有一个非常适合于典型的遗传分析的生命循环，可以将任一基因替换为突变等位基因或将它从基因组中完全去除，已经成为进行遗传学等研究的模式生物。1996 年由 Goffeau 等完成了酿酒酵母基因组的全序列测定，这是第一个完成的真核生物基因组的全序列测定。2001 年，Omura 等完成了阿维链霉菌（*Streptomyces avermitilis*）的全基因组测序，其全基因组由 9 025 608 个碱基对组成，有 7666 个基因，至少有 25 个基因簇与抗生素合成有关。2002 年，Hopwood 等完成了天蓝链霉菌（*Streptomyces coelicolor*）A3 菌株的全基因组测序，该基因组由 8 667 507 个碱基对组成，有 7912 个基因，有 20 个基因簇与合成次生代谢产物有关。

全基因组测序技术发展迅速，目前已经完成的和正在进行的有 180 多种微生物的全基因组测序工作，测序量已超过 6 亿碱基对，微生物基因组测序的成本也已降至 5000 美元（国内成本更低）。2009 年我国科研单位和企业联合启动了“万种微生物基因组计划”，以发掘极为丰富的微生物基因资源。该计划为微生物基因资源的开发利用提供了理论基础和物质保障，同时，也将对本学科、相关学科乃至整个生命科学技术产生深远的影响。

三、微生物基因组多样性和全基因组测序

微生物是目前分布最广、多样性最为丰富，尚待深入开发的一类生物资源，蕴藏着极大的研究价值和开发潜力，有待于人们去认识和研究。微生物基因组学研究技术的不断发展，研究揭示微生物生理、代谢、遗传等方面的各种问题，可以使人们更全面地了解这一充满着未知和神秘的领域，同时了解其功能和遗传多样性，发掘利用其基因资源。基因组学的研究揭示了细菌基因组流动性比以前人们想象的要大，可转移的因子和横向基因转移作用在物种的进化和基因组框架的形成中起着主要的作用，同时，这种基因的流动性又直接与基因簇的多样性相关。到 2009 年底为止，科学家已完成了超过 115 个微生物的基因组测序，并揭示出微生物基因簇的高度多样性（表 9-1）。这些测序的结果可以登录 http://www.genomesonline.org/进行检索。但与微生物的种类与数量相比，完全地弄清微生物基因组中各种基因簇的分离、分析及其在微生物生命活动中的功能，并进一步地开发利用这些功能基因资源，还需要投入巨大的财力和人力。

表 9-1 目前已经测序的部分微生物基因组

物 种	基因组大小/Mb	可读框数量	G+C 含量/%
超嗜热需氧古菌(*Aeropyrum permix*)	1.67	1840	56.3
根癌农杆菌(*Agrobacterium tumefaciens*)	5.6	5299	59.0
根癌农杆菌(*Agrobacterium tumefaciens*)	5.6	5402	59.0
嗜热菌(*Aquifex aeolicus*)	1.6	1560	43.5
闪古生球菌/发光古球菌(*Archaeoglobus fulgidus*)	2.18	2420	48.6
炭疽杆菌(*Bacillus anthracis*)	5.1	5311	35.4
蜡质芽孢杆菌(*Bacillus cereus*)	5.41	5255	35.3
耐盐嗜碱芽孢杆菌(*Bacillus halodurans*)	4.2	4066	43.7
枯草芽孢杆菌(*Bacillus subtilis*)	4.2	4112	43.5
多形拟杆菌(*Bacteroides thetaiotaomicron*)	6.26	4778	42.8
长双歧杆菌(*Bifidobacterium longum*)	2.26	1729	60.1

续表

物　　种	基因组大小/Mb	可读框数量	G+C 含量/%
莱姆病螺旋体(*Borrelia burgdorferi*)	0.9	1638	28.2
大豆慢生根瘤菌(*Bradyrhizobium japonicum*)	9.11	8317	64.1
羊布鲁氏菌(*Brucella melitensis*)	3.3	3198	57.2
猪布鲁氏菌(*Brucella suis*)	3.28	3264	57.3
蚜虫共生布氏菌(*Buchnera aphidicola*)	0.62	504	25.3
布氏菌(*Buchnera* sp.)	0.71	574	26.4
空肠弯曲菌(*Campylobacter jejuni*)	1.64	1634	30.5
新月柄杆菌(*Caulobacter crescentus*)	4.01	3737	67.2
沙眼衣原体(*Chlamydia muridarum*)	1.07	916	40.3
腹股沟淋巴肉芽衣原体(*Chlamydia trachomatis*)	1.05	895	41.3
天竺鼠衣原体(*Chlamydophila caviae*)	1.17	1005	39.2
肺炎衣原体(*Chlamydophila pneumoniae*)AR39	1.23	1112	40.6
肺炎衣原体(*Chlamydophila pneumoniae*)CWL029	1.23	1054	40.6
肺炎衣原体(*Chlamydophila pneumoniae*)J138	1.22	1069	40.6
绿硫菌(*Chlorobium tepidum*)	2.16	2252	56.5
丙酮丁醇梭杆菌(*Clostridium acetobutylicum*)	4.1	3848	30.9
产气荚膜梭菌(*Clostridium perfringens*)	3.1	2723	28.5
破伤风梭菌(*Clostridium tetani*)	2.8	2373	28.7
有效棒杆菌(*Corynebacterium efficiens*)	3.15	2950	63.1
谷氨酸棒杆菌(*Corynebacterium glutamicum*)	3.3	3040	53.8
伯氏柯克斯体(*Coxiella burneti*)	2	2009	42.7
耐辐射奇异球菌(*Deinococcus radiodurans*)	3.28	3182	66.6
粪肠球菌(*Enterococcus faecalis*)	3.35	3113	37.5
大肠杆菌(*Escherichia coli*)K12	4.6	4279	50.8
大肠杆菌(*Escherichia coli*)O157:H	5.5	5361	50.5
大肠杆菌(*Escherichia coli*)O157:H7 EDL933	5.6	5324	50.4
大肠杆菌(*Escherichia coli*)CFT	5.23	5379	50.5
具核梭杆菌(*Fusobacterium nucleatum*)	2.17	2067	27.2
流感嗜血杆菌 (*Haemophilus influenzae*)	1.83	1714	38.2
嗜血杆菌(*Halobacterium* sp.)NRC-1	2.57	2622	65.9
幽门螺杆菌(*Helicobacter pylori*)26695	1.66	1576	38.9
幽门螺杆菌(*Helicobacter pylori*)J99	1.64	1491	39.2
植物乳杆菌(*Lactobacillus plantarum*)	3.31	3009	44.5
乳酸乳球菌(*Lactococcus lactis*)	2.36	2267	35.3
问号钩端螺旋体(*Leptospira innterrogans*)	4.69	4727	35.0
无害利斯特氏菌(*Listeria innocua*)	3.01	3043	37.4
单核细胞增生利斯特氏菌(*Listeria monocytogenes*)	2.94	2846	38.0
华癸中生根瘤菌(*Mesorhizobium loti*)	7.59	7275	62.5
詹氏甲烷球菌(*Methanococcus jannaschii*)	1.74	1785	49.5
甲烷嗜高热菌(*Methanopyrus kandleri*)AV19	1.7	1687	31.3
醋酸甲烷八叠球菌(*Methanosarcina acetivorans*)	5.75	4540	61.2
梅氏甲烷入叠球菌(*Methanosarcina mazei*)	4.1	3371	42.7
自养甲烷热杆菌(*Methanothermobacter thermautotrophicus*)	1.75	1873	41.5
麻风分枝杆菌(*Mycobacterium leprae*)	3.26	1605	57.8

续表

物　　种	基因组大小/Mb	可读框数量	G+C 含量/%
结核杆菌(*Mycobacterium tuberculosis*)CDC1551	4.4	4187	65.6
结核杆菌(*Mycobacterium tuberculosis*)H37Rv	4.4	3927	65.6
生殖道支原体(*Mucoplasma genitalium*)	0.58	484	31.7
穿透支原体(*Mycoplasma penetrans*)	1.36	1037	25.7
肺炎支原体(*Mycoplasma pneumoniae*)	0.81	689	40.0
肺支原体(*Mycoplasma pulmonis*)	0.96	782	26.6
脑膜炎奈瑟菌(*Neisseria meningitides*)MC58	2.27	2079	51.5
脑膜炎奈瑟菌(*Neisseria meningitides*)Z2491	2.18	2065	51.8
欧洲亚硝化单胞菌(*Nitrosomonas europaea*)	2.81	2461	50.7
念珠藻属(*Nostoc*)	7.2	6129	41.3
Oceanobacillus iheyensis	3.63	3496	35.7
巴氏杆菌(*Pasteurella multocida*)	2.4	2015	40.4
铜绿假单胞菌(*Pseudomonas aeruginosa*)	6.3	5567	66.6
冰核假单胞菌(*Pseudomonas syringae*)	6.4	5471	58.4
恶臭假单胞菌(*Pseudomonas putida*)	6.18	5350	61.5
耐超高温热棒菌(*Pyrobaculum aerophilum*)	2.2	2605	51.4
Pyrobaculum abyssi	1.76	1769	44.7
Pyrobaculum furiosus	1.9	2065	40.8
Pyrobaculum horikoshii	1.8	1801	41.9
奥奈达(*Shewanella oneidensis*)	5.03	4472	45.9
青枯菌(*Ralstonia solanacearum*)	5.8	5116	67.0
康氏立克次氏体(*Rickettsia conorii*)	1.27	1374	32.4
普氏立克次氏体(*Rickettsia prowazekii*)	1.1	835	29.0
鼠伤寒沙门菌(*Salmonella typhimurium*)LT2	4.95	4553	52.2
弗氏志贺菌(*Shigella flexneri*)	4.61	4180	50.9
苜蓿中华根瘤菌(*Sinorhizobium meliloti*)	6.7	6205	62.2
金黄色葡萄球菌(*Staphylococcus aureus*)Mu50	2.9	2748	32.8
金黄色葡萄球菌(*Staphylococcus aureus*)MW2	2.8	2632	32.8
金黄色葡萄球菌(*Staphylococcus aureus*)N315	2.81	2625	32.8
皮肤葡萄球菌(*Staphylococcus aureus*)	2.5	2419	32.1
无乳葡萄球菌(*Staphylococcus agalactiae*)	2.2	2124	35.6
变异葡萄球菌(*Staphylococcus mutans*)	2.04	1960	36.8
肺炎葡萄球菌(*Staphylococcus pneumonia*)R6	2.03	2043	39.7
肺炎葡萄球菌(*Staphylococcus pneumonia*)TIGR4	2.2	2094	39.7
化脓葡萄球菌(*Staphylococcus pyogenes*)	1.85	1697	38.5
化脓葡萄球菌(*Staphylococcus pyogenes*)MGAS8232	1.9	1845	38.5
阿维链霉菌(*Streptomyces avermitilis*)	9.03	7575	70.7
天蓝链霉菌(*Streptomyces coelicolor*)	8.67	7512	70.6
硫黄矿硫化叶菌(*Sulfolobus solfataricus*)	2.99	2977	35.8
Sulfolobus tokodaii	2.7	2826	32.8
单细胞蓝藻(*Synechocystis* sp.)PCC6803	3.57	3167	47.7
Thermoanaerobacter tengcongensis	2.7	2588	37.6
嗜酸热原体(*Thermoplasma acidophilum*)	1.56	1482	46.0
火山热原体(*Thermoplasma volcanium*)	1.58	1499	39.9

续表

物　　种	基因组大小/Mb	可读框数量	G+C 含量/%
Thermosyenchococcus elongates	2.6	2475	53.9
海栖热袍菌(*Thermotoga maritima*)	1.85	1858	46.2
苍白螺旋体(*Treponema pallidum*)	1.14	1036	52.8
Tropheryma whipplei	0.93	783	46.3
解脲脲原体(*Ureaplasma urealyticum*)	0.75	614	25.5
霍乱弧菌(*Vibrio cholerae*)	4	3835	47.5
副溶血性弧菌(*Vibrio parahaemolyticus*)	5.18	4537	45.4
创伤弧菌(*Vibrio vulnificus*)	5.13	4832	46.7
Wigglesworthia brevipalpis	0.7	654	22.5
野油菜黄单胞菌(*Xanthomonas campestris*)	5.08	4181	65.1
黄单胞菌(*Xanthomonas* pv. Citri)	5.17	4312	64.8
苛养木杆菌(*Xylella fastidiosa*)	2.68	2832	52.6
苛养木杆菌(*Xylella fastidiosa* pv. Temecula)	2.52	2036	51.8
鼠疫杆菌(*Yersinia pestis*)	4.65	4083	47.6
鼠疫杆菌(*Yersinia pestis* pv. Kim)	4.6	4090	47.6
平均	3.2	2986.7	45.4

四、微生物基因组计划对科学发展的深远影响

对一个基因测序工作的完成仅解决了基因中碱基的排列顺序问题，得到的只是一部由 DNA 的 4 种碱基组成的无法理解的“天书”。要真正知道一种生物基因组所包含的基因种类、功能和相互关系，必须基于人类对该基因组所积累的认识，进行尽可能的注释，并解读基因组序列中各功能元件的意义。对一个微生物基因组的完全注释，是一项涉及众多知识领域、包含巨大工作量的系统工程，这是“后基因组时代”的艰巨任务。目前，一些常见医学微生物都已有代表株完成测序或正在被测序之中。尽管目前对已完成测序的微生物基因组都还只是“部分注释”，但所获得的信息已经使得微生物学专业工作者应接不暇。这些信息正在全面更新微生物学的现有知识，对微生物学乃至整个生命科学产生着极为深远的影响。在微生物基因组完成测序和注释之后，人们对该微生物的每一个基本生物学特性、致病性、免疫性等重要问题的理解都将更全面、更精细和更准确。

目前已经完成测序的微生物基因组学研究成果，已经向人们展示了大量前所未知的全新事实：发现了某些细菌其实不止一个染色体，改变了细菌只有一个环状染色体的观点。例如，嗜盐古菌 NRC21 基因组有一个大染色体和两个小染色体（minichromosome），大染色体大小为 2 014 239bp，两个小染色体分别为191 346bp和 365 425bp；霍乱弧菌含有 2 961 146bp 和 1 072 314bp 的 2 条环状染色体。研究还证明了细菌基因组携带前噬菌体（prophage）基因组是一种普遍现象，其携带率达百分之九十多，有的甚至高达 100%。这些溶原性前噬菌体在不同细菌之间的转移，形成了一种“基因流”；这种基因流在细菌致病性和耐药性的传递中具有重要意义。细菌基因组大约 90%左右的序列都是编码序列，相比之下，人类基因组的编码序列只占 3%～5%，因此可以认

为：原核生物对碱基序列的使用是高利用率的，这反映出细菌遗传序列的“储备量”（未利用序列）较人类少得多。麻风杆菌基因组研究揭示，该菌与结核杆菌有共同的祖先，在进化过程中，麻风杆菌发生了退化，产生了众多假基因，推定有 4.4 Mb 的结核杆菌基因组编码了约 4000 种蛋白质，按比例，3.3Mb 的麻风杆菌基因组应编码约 3000 种蛋白。但实际上，麻风杆菌只检测到 391 种可溶性蛋白质，提示麻风杆菌中存在大量的假基因没有活性。这种退化现象的原因令人感兴趣。基因组测序研究显示，胞内寄生物都存在退化现象，如立克次氏体、衣原体及一些胞内共生生物，一旦在高度特化的生境中不再需要某些功能，编码这些功能的基因就会退化而失去活性。这种现象使一些胞内寄生微生物只需拥有最小限度的基因，这体现出了生物在生存与进化中的“经济性”原则。这些研究结果足以说明微生物基因组研究将推动着生命科学向更加深入地了解生命活动的本质和规律的方向发展。

微生物基因组分析数据表明，基因和基因组的垂直进化是通过基因复制来完成的，两个生物体中的同源基因是由具有相同功能的共同祖先进化而来，从而形成了物种的系统进化谱系。基因和基因组进化的重要动力是基因复制和 DNA 片段的趋异化，涉及整个基因、部分基因或一个基因簇的复制或变异，使子代获取母代的遗传信息，为研究生物进化提供了材料。1977 年，Woese 等测定了 200 多种原核生物的 16S rRNA 基因和真核生物的 18S rRNA 基因序列。1981 年根据原核生物的 16S rRNA 基因和真核生物的 18S rRNA 基因的寡核苷酸顺序比较科学家首次提出了一个涵盖整个生命界的系统树。Woese 等提出的地球上的生物界可分为细菌（Bacteria）、古菌（Archaea）和真核生物（Eukarya）三个域的种系发生观点已被学术界广泛接受。

所有生物共同的祖先在漫长的历史进程中，经过不断的复制和分化得以进化。基因的垂直转移导致了不同生物基因组之间既具一定的相似性也有趋异性。大肠埃希菌（*Escherichia coli*）、流感嗜血杆菌（*Hoemohilus influenzae*）、酿酒酵母（*Saccharomyces cerevisiae*）等模式微生物的全基因组测序的完成，为古菌、细菌和真核生物细胞水平的研究，提供了大量的结构基因和基因组的数据资料。利用这些数据资料可以构建出现存的、已绝迹的和那些远远超过化石时代的生物的基因和基因组进化图谱，用横向同源基因序列或编码同一蛋白质的复制基因序列来寻找基于 16S rRNA 基因的完整的系统进化树的树根，从而找到生命的起源。确定树根的另一种方法是在分析时加入一个复制的基因，如果来自所有物种或者绝大多数物种的所有的平行基因在分析时都能被包含进去，若假定在所有进化树中都没有长树枝，那么从逻辑上可以把进化树的树根定位于平行基因进化树的交汇处。因此，探讨生物进化的重要方式是分析微生物基因组基因的水平迁移的特点，发现生物进化的自然规律。

随着不同生物基因组测序工作的相继完成，测试结果表明不同物种之间，甚至亲缘关系很远的生物之间基因组上有大量同源基因存在。这是由于水平基因转移的结果。在三域系统的基因组相互对比中，发现大量地存在水平基因转移现象。例如，属于细菌域的热袍菌 MSB8 中，有近 1/4 的基因来源于古菌；在人类基因组上也发现了 223 个来源于细菌的基因。水平转移的过程在生物界是普遍存在的。水平基因转移的结果导致了镶嵌式基因组的形成，这可能是基因组进化的一种重要方式。在漫长而复杂的多步骤的转移过程中，被迁移的遗传物质在供体中发生变异、进化，并被受体接受后在受体群落中广泛传播，最终有可能会产生一个新的品系。大量的水平基因转移现象对生物进化提出了新的形式。基因组的研究结果提示我们，某些生物进化理论中的基础概念都需要进行重新审视，传统的简单分支的系统发育树是不能很准确地描述自然界生物之间的亲缘关系的，而网络性的或类网状的系统发育模式才能给予恰当的描述。

微生物基因组的研究结果将有助于预测生物进化的趋势。随着生物进化水平的提高，非编码序列在基因组中所占的比例将越来越大，基因组中非编码序列的数量可以通过 DNA 序列重复、重排、重组、复制滑动等方式增加；同时，这也是生物获得新基因的重要途径。生物可以通过基因组的基因突变、改组、丢失和缺失等方式提高趋异性，也可以通过水平基因转移的方式从其他物种的基因组中获得新的基因，还可以通过复制产生延长基因或嵌合基因，从而导致基因功能进化。生物界在特定环境的作用下，可能产生拥有基因组简单、功能特化的新生命形式。

微生物基因组功能分析不仅对于认识微生物本身基因功能和调节网络是至关重要的，而且对于阐释高等生物（如植物、动物和人类）的基因功能和调节网络也是非常重要的。首先，在基本生命过程中（如 DNA 复制、DNA 修复、转录、翻译、中心代谢、信号转导和细胞分裂），许多基因是保守的，不管是在微生物中（如原核生物和低级真核生物），还是在高等真核生物中。关于基本生命过程中的基因功能和调节网络的知识对于认识高等生物中与其对应的基因提供了重要帮助。许多微生物（如大肠杆菌和酵母）可以在真核生物基因组功能分析中用作代用品。*S. cerevisiae* 在遗传上和生理上是最易操控的真核生物。由于酵母基因组越来越明确，因此可以通过分析酵母基因组的缺失突变来阐明大的或缺乏研究的真核生物基因组相对应基因的功能。例如，大于40%的人类编码序列可以由酵母突变来分析。因此，以酵母突变来分析大的或缺乏研究的真核生物的基因组是一个潜力很大的策略，可以用来阐明许多人类基因功能，而且对于其他真核微生物（如真菌和原生动物病原物）的功能分析也很有用。另外，由细菌起源的线粒体和叶绿体是真核生物生命过程的重要组成部分。因此，微生物的功能和进化基因组学分析对于认识和了解这些细胞器的功能和进化过程都很重要。最后，许多微生物（如共生生物、病原菌）已经与高等真核生物形成了密切的关系。这些微生物的功能基因组学研究对于认识微生物与它们的真核生物寄主之间的相互作用和协同进化是有帮助的。

在后基因组时代，微生物学将在未来生命科学中继续起着领头作用。这是因为，微生物是最小的生命体，其结构与功能的关系较之高等生物简单得多，相应的基因组也就小得多。因此，微生物将是功能基因组研究的良好对象。微生物的许多生物学性状都是单基因控制的，要阐明这些基因的功能显然要容易得多。在微生物系统中阐明了某一基因的功能，通过同源性比较，人们可以揭示在其他生物中的相应基因的功能。许多生命现象奥秘的揭示将首先在微生物中实现。在微生物学领域内取得的理论和技术成就，将继续成为其他生物研究工作的借鉴。

目前已完成了几百种生物的基因组序列测定，而且基因组的测序工作仍在不断地进行之中。DNA 测序技术上的进步和生物信息学领域的发展，使庞大而复杂的基因组序列测定和分析成为可能。DNA测序的自动化数据分析、储存、处理，DNA和蛋白质序列计算方法的发展，基因组研究领域的研究成果将使人们能够更多地关注临床医学、新药筛选和微生物基因资源的开发利用。

第二节 微生物基因组的研究方法

一、基因组测序

基因组的分析始于基因组文库的构建——用限制酶酶切基因组DNA，然后对产生的所有DNA片段进行分子克隆。一旦这个工作完成，测序工作才真正地开始。

现今所有的基因组测序都是鸟枪法测序（shotgun sequencing）。此技术是通过高通量、机械化的测序能力和强有力的计算能力而得以实现的。鸟枪法已经被用来测定了包括人类基因组在内的从原核生物到真核生物的基因组序列。

鸟枪法测序技术包括以随机的方式克隆完整的基因组，然后对克隆片段进行测序。被测序的克隆并不需要知晓克隆DNA片段的顺序和方向。序列测定后，用计算机分析、寻找重叠序列，然后再按照正常的顺序将重叠片段组装起来。大多数用鸟枪法测出的序列是完整的，为了保证获得所有的序列，有必要测定大量的克隆，许多克隆可能是相同的或几乎相同的；一般在基因组的任意部分有7～10个序列覆盖。7～10倍的覆盖率减少了序列上因为冗余可能发生的错误，可以使具有不确定性的序列在任意一个选择点上的核苷酸会有一定的一致性。

为了使鸟枪法测序更有效，有必要高效地克隆基因，且DNA片段也应该尽可能地随机产生。限制酶的识别位点不是随机的，但是用一个在基因组中普遍存在的、能识别一段很短DNA序列的限制酶切割基因组，会得到随机的酶切效果。为了得到更多的随机片段，DNA可以通过喷雾器（nebulizer）被机械地剪切。这个装置有一个小喷嘴一样的开口，它可以使DNA溶液形成喷雾状，在这个过程中，DNA被有效地剪切成随机片段。获得的DNA片段可以通过在凝胶中电泳，根据大小被纯化，然后克隆到载体中，再转化宿主细胞。

二、基因组的组装

一旦鸟枪法测序完成，所有的片段必须排序，这个过程被称为组装（assembly）。例如，组装一个原核生物的环状基因组，要将所有的片段按正常的顺序排列，去除重叠区，产生一个适合注释的基因组，以识别基因和其他功能区。

鸟枪法测序和组装有时不能产生一个完整的基因组，在序列中会存在着间隙（gap）。在这种情况下，需要寻找可以覆盖间隙的克隆。一种方法是设计与已知序列互补的特异性引物进行PCR扩增，覆盖间隙。此时这些克隆是目的性的获得，不是随机的，在这些克隆的序列中应该包含重叠区，以足够覆盖间隙。

一些基因组研究的目的是获得闭合的基因组，也就是完整的基因组序列。另外一些基因组研究的目的是绘制基因组草图（draft），获得的序列间有小的间隙。因为鸟枪法测序和组装是一个高度自动化的过程，而间隙序列的填补并不是自动化的，所以一个闭合的完整的基因组序列的获得比一个基因组草图的绘制花费更大。

三、基因组注释

基因组测序的最终目标不是为了获悉基因组的序列，而是定义出序列中所包含的基因，并研究这些基因的功能。一旦基因组测序和组装完成，下一步便是基因组的注释（annotation），即将基因组中的序列转变成一系列基因。

（一）鉴定ORF

微生物的基因组主要是由成千上万个可读框（open reading frame，ORF）组成，ORF被调控区和转录终止子间隔开。一个功能性的ORF就是指在细胞中编码蛋白质的基因。因此，定位编码蛋白质的基因或可能的编码蛋白质的基因的最简单的方法是用计算机寻找基因组中的ORF序列。

（二）确定ORF

在细胞内，核糖体在起始密码子（start codon）（通常是AUG）处起始翻译一个ORF。然后核糖体到ORF的终止密码子（stop codon）处停止翻译。寻找ORF的第一步是寻找这些序列信号。然而，识别功能性的ORF比只是寻找ORF的起始和终止密码子要复杂得多，因为起始和终止密码子会以合理的频率随机地出现。因此还要寻找其他的线索。

有一个线索是一个有功能的ORF有一定的大小。细胞中的大多数蛋白质包含100个或更多的氨基酸，所以大多数的功能性的ORF比100个密码子（300个核苷酸）要长。然而简单地通过计算机程序忽略了小于100个氨基酸的ORF会错过一些功能基因。因此，还要考虑一些其他的因素。因为许多生物在同义密码子上会显示出密码子的偏爱性（codon bias），密码子的偏爱性也会提供关于一个ORF是否有功能的线索。如果一个ORF使用的密码子与保守的密码子差别很大，这个ORF也许是没有功能的，或者虽然有功能却是通过后来的基因转移获得的。需要注意的是，原核生物核糖体有可能不是从第一个起始密码子翻译起始，而是从mRNA的核糖体结合序列（Shine-Dalgarno sequence）的下游起始的。因此，在原核生物的基因组内部寻找潜在的核糖体结合序列，会帮助识别ORF是否是有功能，以及哪个起始密码子是真正地起作用的。

图9-1显示出带有ORF特征的一段DNA序列，计算机会识别为一个“hit”。因为任何一个基因都是从一条单链转录得到（除了最小的质粒和病毒基因组，在一些基因组的一些部分，两条链都会被转录）。因此计算机需要对DNA的两条链进行检查。图9-1显示基因组的一个区，在图中一个基因是从一条链上进行转录，而另外一个基因是从另外一条链上进行转录。当然，一些基因编码tRNA和rRNA，这些基因不会被只能寻找ORF的程序所识别。然而，编码tRNA和rRNA的基因通常比较容易定位，因为这些RNA的序列是高度保守的。

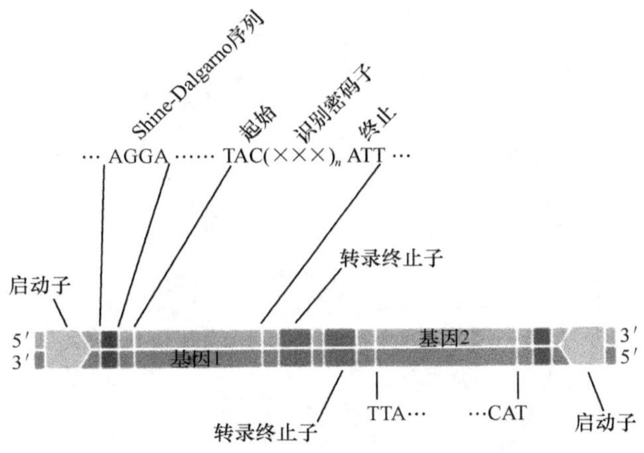

图 9-1　可能的功能性 ORF 的定位

序列显示的是一条链上的基因 1，包含 1 个可能的核糖体结合序列（AGGA），距离起始密码子（ATG）有 8 个碱基。编码起始密码子的下游是 100 个有意义的密码子，然后是一个终止密码子（无意义）。UAA 是使用最广泛的终止密码子。在基因 1 ORF 的 DNA 分子内，ORF 上游是一个启动子，下游是一个转录终止子。基因 2 如图所示，其组成和基因 1 一样，但转录方向相反。核糖体结合序列、起始密码子、有意义密码子和终止密码子只在 RNA 水平上有功能。这里我们显示的是编码功能序列的 DNA 碱基

四、基因组比较

如果一个 ORF 的序列和另外一个生物的基因组的 ORF 的序列相似，那么它很可能是有功能的（不管它们是否编码已知蛋白质），或者是 ORF 的一段序列编码蛋白质的一个功能区。这是因为在不同的细胞中，有相同功能的蛋白质往往是同源的（homologous），也就是这些蛋白质在进化上是相关的，它们在序列和蛋白质结构上相似。计算机在基因注释的过程中，可以寻找这些序列的相似性。

如果没有精细的计算工具去处理大规模的数据，就不可能完成基因组的组装，以及基因和其他重要功能 DNA 序列的定位，即使是很小的原核生物的基因组也是如此。利用计算机进行的这种精细分析被称为“in silico”（“in silico”是指计算机内部的硅处理芯片），这个词类似于术语“*in vivo*”和“*in vitro*”。图 9-2（书后彩图）显示的是通过鸟枪法测序用计算机构建的 4.4Mb 的结核分枝杆菌（*Mycobacterium tuberculosis*，肺结核的病原菌）的基因组遗传学图谱。一个很详尽的图谱，应该是所有的 ORF 及编码 tRNA、rRNA 的基因和其他的一些序列都被标示出来。

五、结构基因组学

虽然基因组测序计划展示了一个特定的生物巨大的信息量，但这仅是生物多样性研究的一般初始阶段。显然，深入研究基因组多样性需要对来自不同环境的许多不同物种的基因组进行测序。因此，全基因组测序和功能注释仍然是结构基因组学的关键部分。不同生物之间的基因组序列差异是认识自然界中生物多样性形成与发展的关键。亲缘关

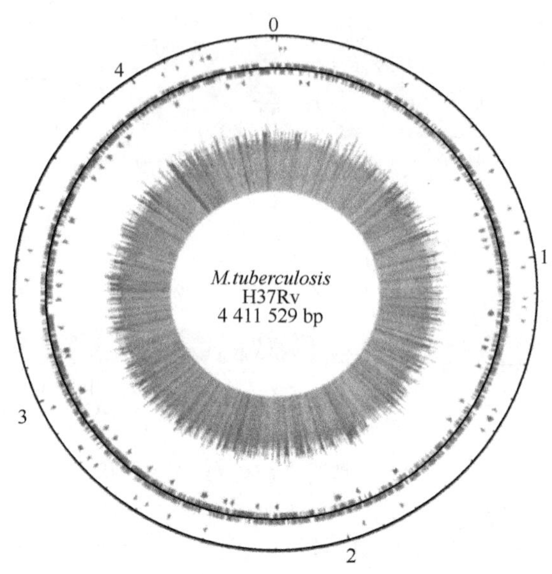

图 9-2 结核分枝杆菌的染色体图谱

外面的圆圈显示的是染色体的大小（Mb），DNA 的复制起点作为 0。里面的圆圈显示的是 tRNA 基因（蓝色）和单一的 rRNA 操纵子（橙色）的定位。再里面的圆表示顺时针转录的 ORF（深绿）和逆时针转录的 ORF（浅绿）。接着下面的圆显示的是一些重复的 DNA 序列的定位，包括插入序列（橙色）。中间的柱状图显示的是区域的 G+C 含量，黄色线显示的区域 G+C 含量低于 50%，橙色线显示的区域 G+C 含量高于 65%。图片用 DNASTAR 软件产生，经过 *Nature* 393：537～544（1998）的允许重新印刷，Macmillan Magazines Ltd

系远的生物之间的保守序列信息将对认识基因或基因产物上真正具有功能的制约性部分非常有用。另外，在亲缘关系近的生物之间进行序列比较将直接帮助认识调节基序（motif）和机理。序列信息还提供了基因组组织和结构的重要信息。

随着测序费用的大幅降低以及自动高通量毛细管测序机器的使用，快速解读来自许多系统发育典型生物的全基因组序列成为可能。全基因组的序列比对和分析，需要更先进的计算工具以及功能注释，来管理和分析如此数量巨大且复杂的基因组序列数据。

基因组学的一个重要方面是基因组结构的破坏和控制，这是认识基因功能的最有力的方法之一。基因的生物功能可以通过关闭一个基因的功能或改变它的正常表达模式来检测，利用基因敲除策略可以关闭基因功能，或用突变对应物替代野生型基因可以改变表达模式。一般而言，这两种常用方法可以用来破坏一个基因或使其失活。方法之一是基于转座子的随机插入突变，同时将一个抗生素耐性基因随机地插入一个基因组；另一种方法是通过同源重组在结构中删除目标基因，该基因在结构中被完全删除或部分删除。同源重组一般是用不复制或自杀来实现的，质粒或带有条件活性复制子的质粒可作为传送系统。蛋白质结构测定和预测在结构基因组学中也很关键，它需要几个科学领域的知识，例如，基因组测序、蛋白质表达、结晶、X 射线晶体分析、核磁共振、计算分析、建模和蛋白质结构预测。尽管蛋白质序列长度不同，但是在自然界中独特的结构折叠的数量相当少。甚至在没有序列相似性的蛋白质中间，未知功能的蛋白质的三维（或3D）结构与已知功能蛋白质的三维结构也是相似的。由于蛋白质的功能与其三维结构密切相关，因此认识它的折叠结构可以帮助我们了解它的生物化学功能或在传导途径中的作用。

实验方法和计算方法可相互补充用来测定和预测蛋白质结构。蛋白质结构的高通量实验测定包括蛋白质表达、纯化和结晶，利用高流量同步辐射束的X射线晶体分析，以及结果数据的计算分析。然而，整个过程一般都很慢并且费用高。高通量实验方法为计算生物学提供了大量数据。根据实验测定的结构可以构建和优化出恰当的计算模型。这将允许对许多不同生物间的总蛋白质组进行快速而有意义的结构预测。

六、转录物组学

转录物组的综合分析对研究基因功能和调节具有非常重要的意义，原因如下。

1）基因表达和功能的相互关系：自然选择要求在特定条件下，细胞中表达的基因必须对该生物的适应性作出贡献。自然选择不仅精确调整了基因产物的生物化学性质，还调整了代谢网络来控制何时何处制造基因产物以及制造的量。因此，基因表达与编码产物的功能和调节之间有一种很强的相关性。

2）基因表达和生理状态的相互关系：在生命活动过程中，基因决定着细胞的生长、组成、构建、生物化学过程、代谢调控网络的运转等生理活动。基因表达的状况可以提供在不同环境条件下一个细胞的生理状态和功能活性方面的动态变化信息。

3）共表达：多个基因一起表达并在细胞生物化学过程上一起发挥功能即为共表达。一般认为一起表达的基因可能一起发挥功能。具有相似功能的系列基因可以根据它们表达模式中的相似性进行归类。据此可以推断出具有相似表达类型的基因的一般调节机制，并且能辨别出保守的调节单元。因此，如果这些基因与已知功能的基因是协同表达的话，那么根据已知基因的表达模式就可以预测假定的蛋白质的功能。

4）转录调节的重要性：正像前面提到的，转录调节是一个控制蛋白质和代谢物细胞水平的重要机制。因此，mRNA水平可以用来测量基因表达和活性。

5）技术进展：与蛋白质和代谢产物相比，mRNA分子可以用大规模平行杂交相关技术进行全面综合的分析。包含全基因组序列信息的高密度微阵列是对基因表达和调节进行分析的强大而不可或缺的工具。由于我们对个体基因功能的知识的累积，因此当研究基因表达模式的生物学意义时，我们应该能够利用微阵列作为“显微镜”来观察活细胞复杂和动态的特征。然而，mRNA在细胞中不是功能实体，而仅是合成蛋白质的传导物。用mRNA的协同表达来认识基因功能和调节网络也存在几个潜在的问题。第一，尽管在协同表达和基因功能之间有很强的相关性，但是有些功能不相关的基因也可能有相似的表达模式。因此，任何基于mRNA表达水平的测量可能导致错误的解释。第二，不是所有功能相关的基因都在一起表达，因此，基于mRNA表达剖析的方法可能遗漏重要的功能相关基因。最后，翻译调节和翻译后修饰在测定基因功能和调控中也很重要。由于存在这些潜在的问题，因此关键的协同表达基因应该用传统的分子生物学方法来验证，例如，Northern 印迹杂交和实时 PCR。蛋白质组技术和代谢分析技术也应该用来综合认识基因功能和调节网络。

七、蛋白质组学

对蛋白质组的综合分析是功能基因组学的核心，有几方面原因：①与 mRNA 不同，蛋白质是细胞中的活性物质。蛋白质组分析与转录产物组分分析既有定性和定量的区别，又相互补充。②从序列相似性预测的一个 ORF 的存在不一定意味着一个功能蛋白质的存在。尽管计算基因组学取得了一定进展，但是根据序列相似性精确预测基因功能仍然很困难。当预测的基因较小或假定的基因与其他已知基因很少或没有同源性时，这种观点显得尤为正确。例如，*Mycoplasm agenitalium* 的基因组在已测序的基因组中是最小的，共有 340 个基因，对它的注释至少有 8%是错误的，因此强调需用蛋白质组学方法验证基因产物。③调节基因功能的重要的转录后机制不能用基因表达剖析来测量。④蛋白质分解比 mRNA 慢得多，因此，调节蛋白质丰度和功能的机制，例如，蛋白质裂解、再生以及在细胞间隔区的隔离等，只影响基因产物而非基因。因此，蛋白质水平可能与 mRNA 水平相关，也可能无关。⑤蛋白质在翻译后可能被修饰，这种修饰的测定只能通过蛋白质组学分析。⑥根据序列数据一般很难预测基因产物在细胞中的位置，并且基于蛋白质的实验方法必须用来测定它们的位置。⑦蛋白质分析方法是认识蛋白质-蛋白质相互作用和细胞结构的分子组成的唯一方法。尽管蛋白质组学在认识基因功能和遗传调节网络中很重要，但是蛋白质组分析有很多技术困难。最新使用的蛋白质组技术在使用范围上还不够广泛，使用效果也不理想。

蛋白质组学研究一般可以划分为三大领域。

第一个领域是蛋白质的鉴定和分析。目前，质谱是蛋白质组学研究中最重要的工具之一，选择它来鉴定蛋白质是因为它能处理复杂的蛋白质混合物，并能提供非常高的灵敏度和高通量。它也是测定蛋白质修饰的可选方法，尽管比较困难，但翻译后修饰（如磷酸化、糖基化和硫酸化）在蛋白质功能上提供了极其重要的信息。

第二个领域是在不同生长条件下蛋白质的泛蛋白质组（proteome-wide）差异，展示了蛋白质何时何处表达对认识它们的生物学功能也很重要。二维凝胶电泳再加上用质谱鉴定蛋白质和蛋白质微阵列分析，可以用来监测不同生长条件下蛋白质的表达。用不同的同位素标记蛋白质样品，通过质谱分析也可以得到基因表达的相对定量数据。

第三个领域是蛋白质-蛋白质相互作用。在生物的复杂分子机器中系统地鉴定蛋白质相互作用对于理解特定蛋白质组如何工作是非常重要的。能够用来测定蛋白质-蛋白质相互作用的快速、高通量的方法有双杂交系统、噬菌体展示、核糖体展示、蛋白质阵列和质谱等。

八、代谢物组学

通过代谢物组分析，阐明基因功能有几方面的优势。像蛋白质一样，代谢物在细胞中也组成功能实体，并且代谢物的总量随着细胞、组织、器官或生物的生理、发育、病理状态的不同而不同。与 mRNA 和蛋白质相比，代谢物的数量比基因或基因产物少得多，因此代谢物分析没有 mRNA 和蛋白质分析那么复杂。例如，*S. cerevisiae* 有大约 6000 个蛋白质编码基因，但是低分子质量的中间产物不到 600 种。

通过代谢物分析认识基因功能已经使用的方法主要有两种。第一种方法是识别由未知功能基因编码的酶催化的生化反应，具有新生化活性的蛋白质由该方法鉴别。第二种方法是通过协同效应进行功能分析。一种代谢物的合成和降解可能需要许多生化酶的参与，这些酶是特殊的蛋白质。代谢物和基因之间没有直接的相互关系，但 mRNA 和蛋白质之间有直接的相互关系。为了克服这个困难，Raamsdonk 等提出了基于协同效应的功能分析。简言之，该方法是利用已知功能基因的代谢物分析来阐明未知基因的可能作用。该方法可以通过比较一个未表征基因的缺陷突变株和一个实验表征的已知功能基因之间的代谢物的不同来实现。如果一个删除了不明基因的突变株的代谢物与缺乏已知功能基因的突变株相似，那么它们的基因产物在该细胞相同功能区域发挥作用；否则，它们的代谢物浓度将以不同的方式发生变化或根本不变。代谢产物的分析主要靠 HPLC-DAD-MS、NMR 等光谱分析技术。通过定量突变细胞和野生型细胞间的胞内代谢物的相对变化，可以测定细胞代谢突变效果，从而了解基因功能。该方法对于揭示那些在细胞生长过程中删除基因后无可测量效果的表型非常有用。

与蛋白质组分析相比，代谢物组分析的主要困难在于将代谢产物与某个功能基因确切联系起来，主要原因是参与合成或降解某个代谢物的基因往往不止一个。

九、微阵列和 DNA 芯片

根据基因组序列信息，可以通过 mRNA 和特异 DNA 片段的杂交技术来测定基因的表达。这种技术已经发展成为微阵列或基因芯片（gene chip）技术。

微阵列是在一些小的固体支撑物上，将代表一种生物所有的基因或基因的一部分通过已知的阵列形式黏附在上面。基因是通过 PCR 合成的，也可根据基因组的序列设计合成每一个基因的一段寡核苷酸序列。一旦被黏附在固体支撑物上，这些基因（或基因片段）便能够与特殊环境下生长的细胞的 mRNA 进行杂交，然后通过计算机进行扫描和分析。若芯片上的 DNA 和特异的 mRNA 能够杂交，便证明了这个基因的表达。

图 9-3 展示了一种制作和运用微阵列的方法。用制作计算机芯片（影印法）的方法制作 1～2cm 的硅芯片，每一个芯片能够容纳上千个不同的 DNA 片段。例如，由一个公司研制并进入市场的人类基因组芯片包含人类所有的基因组，这个芯片可以分析47 000个转录物，此外还有一个 6500 个寡核苷酸的小室，用于临床药学的研究。

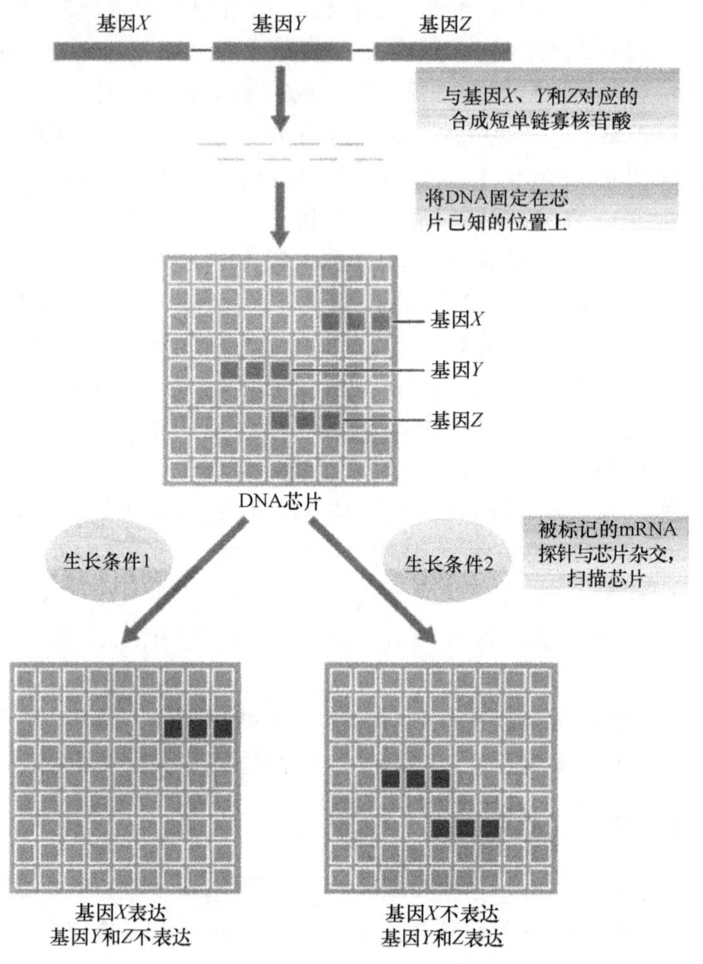

图 9-3 转录物组的测定：制作和利用 DNA 芯片

单独合成对应着一种生物所有基因的短单链寡核苷酸，然后固定在芯片已知的位置上，形成一个 DNA 芯片（微阵列）。提取在特定环境下生长细胞的 mRNA，标记上荧光染料，与芯片进行杂交。然后，用激光荧光探测器扫描芯片

第三节 微生物基因资源的开发利用

各种分子生物学研究的结果都表明，目前已经获得纯培养的微生物仅约占实有数的1%。如何利用这些目前还未获得纯培养的微生物？上面的叙述已经表明，微生物存在无限的基因资源。下面将以宏基因组（metagenome）为主要手段，以未培养微生物的基因资源开发利用为对象作重点介绍。

一、免培养法的局限性

免培养的分子方法像其他的方法一样有它们的缺陷和偏差。克隆文库很少能被彻底

测序，不同程度的细胞裂解、特定细胞类型的细胞 DNA 被优先扩增以及由 PCR 的循环步骤带来的一些分析难题影响着克隆文库的应用。还有，选择性地扩增环境中的某些基因和用探针鉴定环境中的某些种都可能出现错误的结果，因为这些方法必然受目前数据库中所存在的序列的限制。但是，正如前面所说，只有一小部分原核微生物的多样性被描述，保藏的菌种中也只有约一半菌种的 SSU rRNA 基因被测序并保存在中心数据库中。

最近描述的一个从热液口分离出来的新的古菌门，就有一个 SSU rRNA 基因序列与目前所知的种群的序列有很大的不同，它不能用“通用”的 SSU rRNA 探针检测出来。

虽然免培养法有一些缺陷，但一些报道显示，研究者用不同的免培养技术得到的结论是相似的，并得出了一致的结论，即认为迄今为止，绝大部分微生物尚不能纯培养。如何利用这些目前尚不能培养的微生物资源？通过基因组研究，发现合成各种产物的基因，使用基因操作技术，获得人类需要的基因产物将极大地扩展微生物资源开发利用的空间。这就是本章讨论的主题。

二、利用免培养获得的一些有意义的发现

（一）新种

可能免培养法对我们认识原核生物最大的贡献就是让我们发现了许多新的微生物分类单元，这些分类单元可能是一个新的种也可能是一个新的门。细菌现在包括 40 多个门，而 1987 年只包括 12 个，其中至少 10 个新描述的门只能由环境的 SSU rRNA 基因序列代表。虽然现在核糖体数据库计划（RDP）的数据库中有大约 70 000 个 SSU rRNA 基因序列（可见新种的报道有多高频率），但对新种的描述还远远没有饱和。此外，还有一些生境没有被很好地研究，而这些生境中很可能隐藏着新的分类单元。例如，最近报道了一种纳米级的超高温古细菌。这种不寻常的生物在海底热液口与一种更大的细胞级的古菌共生。免培养的方法对古菌的研究作出了很大的贡献，因为许多古菌在目前使用的培养条件下不生长。实际上，目前估计的古菌多样性，大多数的门和目一级的世系都是由环境的 SSU rRNA 基因序列代表的。图 9-4 中 SSU rRNA 数据库中环境样品（未培养）克隆所占的比例，就可以说明测定环境中 SSU rRNA 基因序列对丰富我们认识现有分类单元的重要性了。

（二）分离出的菌株代表生态系统中重要的种类吗？

免培养法另一个重要的贡献就是根据种群的大小和活性来评价哪个种类在生态上是重要的。大部分从环境样品培养出的菌株都只属于 4 个细菌门，而且经常是这 4 个门中特定的种：变形菌门（*Escherichia*，*Pseudomonas*）、硬壁菌门（*Bacillus*，*Streptococcus*，*Staphylococcus*）、放线菌门（*Actinobacterium*）和拟杆菌门（*Flexibacter*，*Cytophaga*，*Bacteroides* 类群）。例如，到 2003 年 4 月，RDP 数据库中的 65 872 个 SSU rRNA 基因序列，有 81.7%属于这 4 个门（图 9-4）。这一比例在世界主要可培养菌种

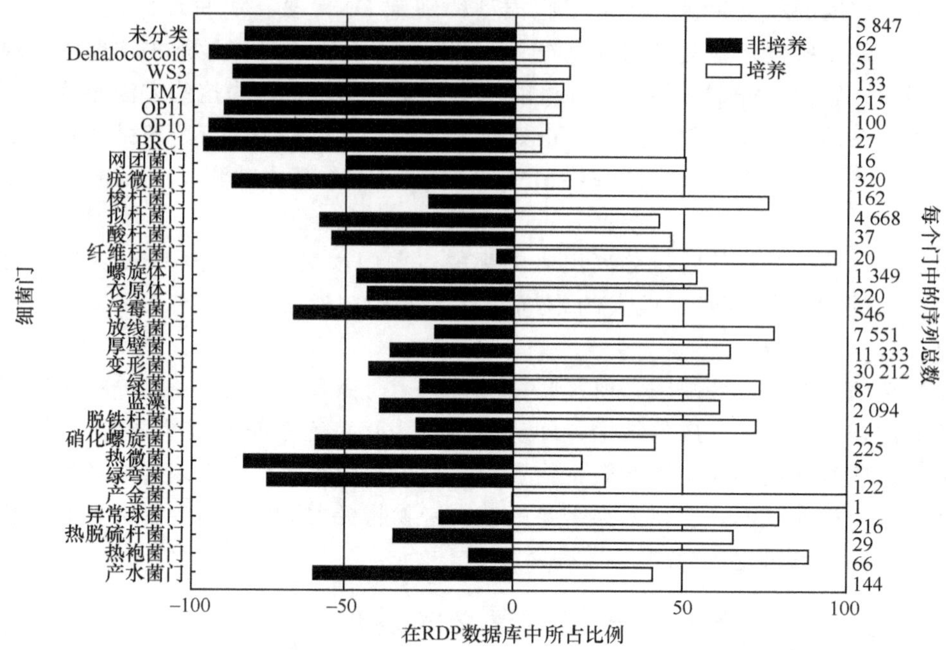

图 9-4　每个细菌门的未培养和可培养 SSU rRNA 序列所占比例

数据来源于 RDP 数据库中的 65 872 个序列（http://rdp.cme.msu.edu/html）

收藏机构的菌种中甚至更高。这使人们误认为这 4 个门统制了地球。然而，免培养的分子调查却表明，除了上述的 4 个门之外，系统发育树上的其他类群统治着陆地环境。例如，来自土壤的克隆文库中有 75%以上的 SSU rRNA 基因序列属于以下这几个分类单元：变形菌门、放线菌门、酸杆菌门和疣微菌门；酸杆菌在数量上占主要地位，在 SSU rRNA 基因克隆文库中占 52%。

纯培养法和免培养法在陆地环境研究中的矛盾是由复杂的土壤性质和土壤中原核生物很高的多样性造成的。但是，在相对简单的环境中也得到了相同的结果。在一个研究中，Suzuki 和他的合作者比较了构建自海洋样品的环境文库中的 SSU rRNA 基因序列和相同样品培养分离出的菌种的 SSU rRNA 基因序列。他们发现，这两部分 SSU rRNA 基因序列只有有限的一部分相同，纯培养结果甚至不能代表一个简单群落的多样性。在类似的研究中，Beja 和他的合作者没有回收到任何属于 *Erythrobacter* 的序列（属于变形细菌 α-亚纲），而按照海洋样品的培养法检测结果，*Erythrobacter* 应该是海洋光合细菌群落的主要成员。

三、微生物基因组多样性和全基因组测序

虽然全基因组测序的基本目的是更好地理解一个种的生理和代谢，但它革命性地改变了其他的主要微生物学规律，包括功能和遗传多样性。例如，它揭示了细菌基因组流动性比以前想象的要大，如移动因子和横向基因转移事件在进化和基因组框架的形成中起着主要的作用。但是这种流动性又直接与多样性相关，因为它使得原核生物可能有着

极大的多样性。这一节以下部分将讨论由全基因组测序计划得到的新的微生物多样性研究结果。

（一）种内的基因组多样性

全基因组测序揭示了比以前预计高得多的遗传多样性。例如，*E. coli* 已经有 4 个菌株的全基因组序列被测序。比较这些基因组序列发现，0157 型菌株基因组为 1Mb，要比 K12 型菌株的基因组大，并且 K12 型菌株的基因组中大概有 25％的基因是不保守的。在全基因组测序之前，人们认为同一个种的不同菌株的基因差异性应该很小，因为它们在表型特征上几乎没有什么差异，但 *E. coli* 不同菌株揭示的遗传差异性还是很大的。另外，菌株特异性基因的发现为我们提供了一个新的视角来认识相对于无害的 K12 菌株来说 0157 菌株的致病性生活型有什么特异之处，证明以前基于培养的方法对于深入研究的菌株来说也只是搞清了它们代谢方式的一部分而已。通过分析 0157 菌株中非典型序列特征和丰富的移动因子（如噬菌体、原噬菌体和插入序列），现在人们认为大多数 0157 菌株的特异性基因都是通过横向转移事件获得的。这些发现证明环境中的良性菌株可以相对轻易地演变成有害菌株，因为它们与其共同拥有一个祖先的距离仅有 450 万年，在进化时间中是非常短的。

E. coli 的其他两个已经测序的菌株（菌株 CFT073 和 0157-EDL933）更令我们惊奇。这 4 个 *E. coli* 菌株的基因组只有大概 3000 个基因是相同的，而菌株 0157 和 K12 则有 4000 个基因是相同的。但这 3000 个在所有 *E. coli* 菌株中都保守的基因表现出显著的共线性（受菌株特异性孤岛的干扰），这证明在这一种中有一个纵向传递的主干基因系列。总之，*E. coli* 菌株基因组序列的测定不但揭示了亚种水平上大量的遗传多样性，而且说明自然界中存在非常不同的选择压力，这种选择压力可以导致遗传物质的聚集，也可以导致遗传物质的丧失。这种亚种的多样性并不少见，有人已经用阵列杂交的方法初步证明肺炎链球菌（*Streptococcus pneumoniae*）多样性非常高，还有人用估计基因组大小的方法初步证明 *Burkholderia cepacia* 有很高的多样性。

相反，有些种如结核分枝杆菌（*Mycobacterium tuberculosis*）就没有表现出像 *E. coli*那样的遗传多样性。虽然现在研究的菌株都是从同一生境中分离出来的，但不管比较分析已经测序的菌株，还是用阵列杂交的方法分析几种菌株，*M. tuberculosis* 的菌株都只有不超过 1％～2％的基因内容是不同的。这些发现又提出了一个新的问题：目前种的定义为 70％的 DNA-DNA 缔合与种内基因差别的联系很不紧密，就像我们比较 *E. coli* 和 *M. tuberculosis* 的不同菌株所发现的一样。

（二）基因结构与生境的联系

已知原核生物的基因组大小在目以上水平上变化较大（如 0.5～10Mb）。但是，基因组大小的变化并不是随机的。例如，它与生物的生境有很大联系。小的基因组（0.5～1.2Mb）见于细胞内的寄生和共生生物，因为这些生物生活在固定的生境中，它们的基因组在进化的过程中会逐渐变小。例如，蚜虫的细胞内寄生生物 *Buchnera* sp. 基因组只有 650kb，而它的祖先基因组则有 4Mb，*Buchnera* 在 1500 万～2500 万年前从它的祖先进化而来。而对于自由生活的细菌来说，它的基因组大小则与它的代谢方式和生境的范围有关。寄生在较小环境范围的病原菌（或者更广泛地说是生活在较窄生境内的细菌）也有比较小的基因组，例如，*Helicobacter* sp. 和 *Streptococcus* sp.。严格的厌氧细菌，如产甲烷菌有较小的基因组，为 1.5～2.5Mb。相反，好氧细菌和条件性病原微生物基因组的大小差别较大，某些种比如假单胞菌（*Pseudomonas*）的基因组就有 6Mb。最大的基因组存在于具有复杂生活史的细菌中，包括黏细菌和光合细菌（8～9Mb）。

也有些例外情况。例如，最近测序的产甲烷古菌 *Methanosarcina* 的两个种的基因组就比典型的产甲烷古菌的基因组大。但这些种在古菌域中组成了一个独立的目。这些菌种可以生活在很广泛的环境中，可以形成多细胞结构，而这些在其他的古菌中都没有发现。所有这些发现都可得出以下结论，即生物与它的典型生境存在着互动。例如，稳定或者波动的环境条件选择着物种基因组的大小。但是，到底是什么控制着以上原核生物的基因组大小还没有搞清楚。现在已经有几个这方面的假说，例如，在大基因组复制过程中保真度的降低，成功控制过多代谢项目能量的付出等，但没有一个假说能被实验验证。

现在认为种内的基因组大小变化比较小。最近的基因组测序数据和基因组脉冲凝胶分析已经证实了这一点。但也有些例外，例如，上面提到的已进行详细研究的 *E. coli* 和 *Burkholderia cepacia*，它们种内的不同菌株的基因组大小就分别有 25%和 50%的差异。另外，在同一属内的不同种间基因组大小差别可以高达 3 倍。差别最小的某些属如 *Borrelia* sp.，它们染色体的种间差别小于 15kb，而有些属种间差别则很大，例如，螺旋菌 *Treponema* sp.，它们的种间差别分别达到基因组大小的 3 倍和 2.3 倍。*Streptomyces* 和 *Rickettsia* 可能更典型，它们的基因组大小分别为 6.4～8.2Mb 和 1.2～1.7Mb。但必须指出的是，现在只有很少的种内的菌株和属内的菌种被详细研究，所以我们还不能完全了解原核生物基因组大小的自然变化规律。

虽然我们认为细菌有一条环形染色体，但还是发现了越来越多的例外情况。例如，*Streptomyces*、*Agrobacterium* 和 *Borrelia* 属的菌种，有线状的染色体，这与它们的近亲恰恰相反。其他几个属如 *Klebsiella*、*Escherichia* 和 *Thiobacillus*，它们的成员就有线状质粒。我们认为线性染色体或质粒至少在 *Streptomyces* 和 *Borrelia* 中是增强了基因组的可塑性的，因为线性的染色体和质粒很不稳定，经常进行扩增和大面积删除，并且经常删除端粒。这一点已经为天蓝色链霉菌的全基因组序列测定所证实。测序结果显示与次生代谢产物相关的基因（*Streptomyces* 有大量类似抗生素的次生产物）经常在染色体臂上见到而不是在染色体中心；因为中心主要为管家基因所控制。但是，线性的遗传物质是否有一种选择优势，以及为什么只有有限的种类具有这类线性遗传物质还不清楚。另外，Lin 和他的合作者用一个插入载体成功地环化了 *S. lividans* 的染色体，虽然环化的染色体还不稳定。此外，Ferdows 和他的合作者也发现了 *Borrelia* 的质粒的环化形式。

有些属的微生物具有多染色体而不是单染色体，如 *Agrobacterium*、*Brucella*、*Rhizobium*、*Rhodobactcr*、*Burkholderia* 和 *Ralstonia* 属，还有一些螺旋菌像 *Leptospi-*

ra 属都具有多染色体（2～4 个），经常含有一个或多个质粒。至少在 *Brucella* 和 *Burkholderia* 这两个属中，菌种中的多染色体是稳定的。在变形菌门中，多染色体与自由生存和条件性生活方式有关，而与动物专性寄生或（和）载体相关的菌种则不含质粒和单染色体，当然也有一些例外。*Brucella*、*Bartonella*、*Rickettsia*、*Anaplasma* 和 *Neisseria* 属微生物就没有质粒和单染色体。基于这些发现，人们认为多染色体使基因组具有了更高的可塑性而且更有可能变化。但是，Itaya 和 Tanaka 分割了 *Baccilus subtilis* 的单环状染色体并且分割后的工程细胞并没有什么生存缺陷。因此，多染色体是否具有优越性或其优越性是什么至今仍是个谜。

（三）基因组功能内容的总趋势

在数据库中的每个基因组中，ORF 大概有一个稳定的比例（20%～30%），这些 ORF 对已知的蛋白来说没有同源性（它们编码假设的蛋白质）。虽然通过阵列分析已经证明它们大多是非编码 DNA，但新的研究证明至少它们中的一部分可以编码功能蛋白。*Deinococcus radiodurans* 有很强的抗辐射能力，对它的蛋白分析证明至少这些基因的一部分可编码蛋白质。另外，在很小的共生生物的基因组里有一些数量较少但未知功能的基因，虽然它们的数量较少。在每个基因组中的大量的“功能未知”的基因证明还有新的过程在每个原核细胞中发挥着功能，等待着我们去鉴定。或者说，某些这类基因在已研究的细胞过程中可能发挥着某种功能，但是这些序列已经分化，与已经研究过的序列大不相同了。

从上面的讨论中我们可以清楚地了解到，在原核生物中有大量的功能和序列多样性，全基因组测序也揭示了普遍的功能趋势。例如，与它们的自由生活的近亲相比，细胞内寄生生物丧失了代谢、生物合成和调节方面的基因，而保留了大多数的信息基因。很有意思的是，虽然共生生物的基因组删除了许多与代谢、合成和调节有关的基因，但特定世系的生物会丧失特定的途径。例如，*Buchnera* sp.（一种蚜虫的专性寄生菌）保留了合成所有氨基酸的基因，这与其他的细胞内寄生生物恰恰相反。此外，具有较大基因组、非寄生的生物却大量扩增与代谢、调节和合成次级产物相关的基因（图 9-5）。这样的性质使得这些种类能够很好地生活在各种生境中，并且环境条件的变化不影响其生存。

（四）采集测序菌种的偏好：对理解的限制性

相对于原核生物巨大的多样性来说，目前采集的测序菌种很有限。为了充分理解原核生物的遗传和功能的多样性，我们还应该深入研究几个方面。例如，几个主要的系统发育世系的已测序的代表种不是太少就是太多。例如，到 2003 年 4 月，已完全测序的 112 个菌株中的 43 个（38.2%）属于变形菌门。同时，自然界中起主导作用的门仍然只有有限的几个已测序的代表菌株。又如，酸杆菌没有已测序的代表种，拟杆菌也只有一个。古菌共有 16 个完全测序的菌种，但这仅限于产甲烷菌和嗜热菌，并不包括在海洋和土壤环境中广泛分布的嗜热菌。

目前采集测序菌种工作的另一个缺陷就是人们在研究工作中对不同生境的微生物有

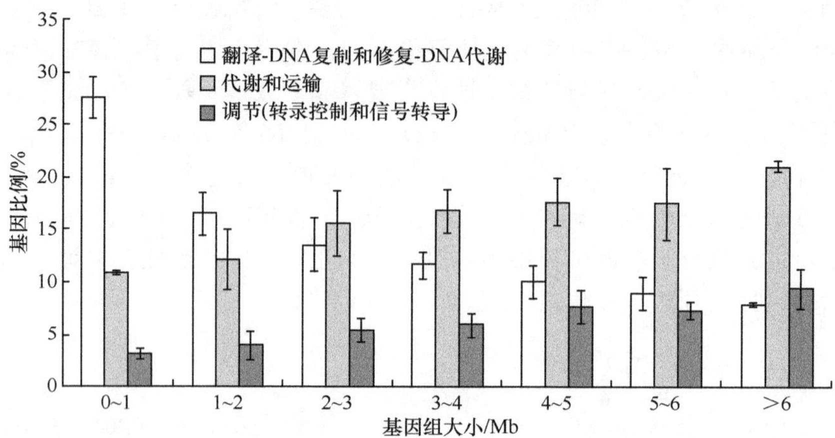

图 9-5　原核生物的细胞过程和基因组大小的关系

条形图代表在特定细胞过程中发挥功能的基因所占的比例（81 个基因组的平均值）。可以看出，大基因组优先富集代谢、运输和调节方面的基因，而从这类基因组相反的图案可以看出，它并不富集信息基因误差条代表除了第一和最后一个基因组类型的其他基因组的平均值的标准偏差。在第一个和最后一个基因组类型中，误差条代表这些类型中由于少数基因组（分别是 2 个和 3 个基因组）而引起的偏差范围

不同的偏好。大概有 70%的完全测序的菌种是比较重要的生境中微生物。一个典型的例子就是在用免培养法确定为土壤中主导微生物类群的放线菌门中，有 9 个被测序的菌种，但都来源于同样的生境。还有，我们用 COGs 数据库的分析结果显示联合基因组研究院的 23 个独特环境的、部分测序的原核生物基因组，相对于完全测序的菌种来说(相近设置为 51.4%对 65%)，总体上只有一小部分基因与 COGs 的数据库对应。

微生物界是 37 亿年前进化出的产物，或者说 85%的原核生物发生在大陆分裂以前。因此，由于大陆漂移和全球气候的循环，微生物已经开拓了多种多样的生境，并且经历了各种气候条件，所以微生物发展了各种各样的生化反应而且具有巨大的序列多样性。相对于高等真核生物来说，微生物在基因序列水平的主要区别就是对于同样的基因功能、基因序列并不相同。这一点在生态中尤其重要，因为正是序列的多样性为微生物提供了不同的底物范围的、动力学的、可调节的和稳定的性质，而这些对维持地球生命的全球元素循环是非常重要的。

许多微生物是未培养的，但通过从环境中抽提和分析 DNA 表明，我们知道的微生物世界要比我们以前了解的要大得多。但是，我们的知识仍然很有限，因为我们仅能从 DNA 的 A、G、C、T 中了解一些信息。现在有了分子工具，它可以更好地揭示微生物的生态样式和功能。我们还知道哪个分类单元和功能基因在特定环境中居于主导地位；这为我们提供了一些线索，即对于基因组测序来说，哪些生物更为重要。虽然仍有大量的微生物不可培养，但是现在已经能培养出许多以前不能培养的微生物，因此研究人员报道了一些微生物学上惊人的新突破。在分子工具的辅助下，这一趋势无疑将继续下去，而且还将会得到优先发展。

测定微生物基因组序列的工作无疑将继续加速进行。随着 100 多个原核生物基因组

序列的测定，科学家发现了一些趋势。基因的内容和基因组的大小与它们的生境是保持一致的。原核生物的基因组大小范围从0.6Mb到超过10Mb，大基因组微生物生活在需要多功能性的环境中，而生活在相反环境中的则是那些有小基因组的微生物。基因组还随着复制子数量的变化而变化，而且有些基因组是环状的，还有些是线状的。这种变化可能也和微生物对生存环境的适应有关。最后，有些菌种表现出很大的种内基因组多样性，而其他的菌种则不是这样。亚种水平上的基因组多样性为我们提出了一个重要的问题：目前关于原核生物种的定义还可靠吗？虽然我们已经获取了许多原核生物基因组的序列信息，但这主要集中在那些重要生境中的菌株和基因组比较小，如小于3Mb的菌株。这可能会使我们曲解目前关于原核生物基因组的认识。更为重要的是，它会限制我们以基因组为基础去理解庞大的陆地微生物世界，而陆地微生物世界有许多具有典型大基因组的菌种。

四、环境基因组学（宏基因组学）

一种更加倾向于遗传的微生物群落分子研究方法是环境基因组学（environmental genomics），即宏基因组学（metagenomics）。在这个方法中，微生物群落中总DNA克隆的随机鸟枪法测序可用以揭示这个群落的全部基因组。

环境基因组学的目的并不是像许多微生物的纯培养那样是为了完善和完成基因组序列。相反，它的目的是为了检测尽可能多的编码已知蛋白质的基因，并将它们归类于不同的系统发生“骨架”上。

尽管与单一基因分析相比，该法规模更大花费更多，但这个方法本身更具有深度。而且，宏基因组能揭示微生物群落的特征，这是单一基因方法无法做到的。例如，在Sargasso海洋原核生物的后基因组研究中，巨大多样性是以前进行rRNA群落研究所没有发现的。这是因为在PCR分析中，并不是所有的16S rRNA基因都能通过通用引物或特殊区域的引物得到扩增，这些没有得到扩增的基因自然无法检测到。由于直接利用鸟枪法测序群落DNA而不需要先进行PCR扩增，因此环境基因组学可避免以上问题（图9-6）。因此，无论能不能被扩增到，所有的基因都能进行测序。

五、宏基因组技术在开发利用基因资源中的应用

宏基因组学能在已知生物中发现新基因及新的代谢途径，也能在新生物中发现已知基因。例如，在对Sargasso海洋的研究中，有时在未知系统发育群的基因组中发现了编码特殊代谢的基因。例如，编码氨氧化细菌关键酶氨单加氧酶的基因就是在古菌的基因组骨架上发现的。虽然还没有关于氨氧化古生菌的描述，但是环境基因组学已经告诉我们它们几乎是肯定存在的。第二个例子是，编码变形菌视紫质——某些变形菌纲中的光调控质子泵的基因，在Sargasso海洋原核生物生境的几个新系统发育群中被发现。由于还没有获得这些微生物的纯培养物，因此该微生物形态与这些特殊的系统发育之间的联系受到怀疑。这些例子说明了环境基因组为探索微生物多样性及开发利用基因资源提供了其他方法所不能达到的新途径。

抗肿瘤微生物作为生物活性物质的一个重要来源，为筛选和开发抗肿瘤药物提供了

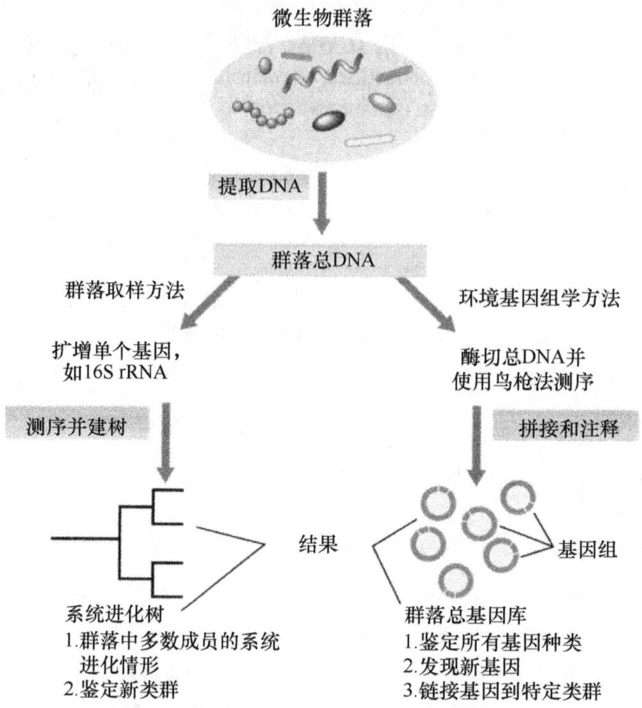

图 9-6 微生物群落分析中单一基因和环境基因组学（宏基因组学）的比较

在宏基因组学方法中，所有的群落 DNA 都能被测序；然而，组装和注释没有显示完整的“完全基因组”，这通常由纯培养物来完成的。因此染色体在组装上会有一些缺口

丰富的资源。在过去几十年里，人们从微生物资源中获得了众多的活性物质。然而，随着微生物活性产物研究开发的广泛开展，可培养微生物往往被重复培养和筛选，从中筛选到新活性物质的概率大幅下降。而且，利用现有技术培养的微生物仅占微生物总种类数的 1%左右，而多达 99%的未培养（un-cultured）微生物没有得到研究，因此新物质的发现迫切需要新的技术和方法。宏基因组技术的建立，避开了传统的微生物的分离培养，能够最大限度地开发利用未培养微生物的功能基因。同时，迄今为止所发现的大多数活性物质的生物合成基因都是成簇排列的，因此需要通过宏基因组技术来克隆到完整的次级代谢产物合成基因簇，并从中寻找新的药物和活性次级代谢产物。

尽管从 20 世纪 60 年代开始至今已分离得到了几十种具有潜在抗肿瘤活性的新物质，但恶性肿瘤中 90%以上的实体瘤的治疗未能达到满意效果。因此抗肿瘤新药筛选在肿瘤治疗中占重要地位。南极的极端环境中生存着众多尚未得到研究的特殊微生物，为筛选特异、新颖的抗肿瘤药物提供了丰富的资源。目前在利用构建环境宏基因组文库进行活性物质筛选的研究中，通过构建 Cosmid 或细菌人工染色体（BAC）文库，获得了次级代谢途径的聚酮合成酶基因、抗生素等多种天然产物，但尚未见到通过构建环境样品宏基因组文库筛选到抗肿瘤活性克隆子的报道，尤其是在南极、深海等极端环境中。最近构建了南极土壤样品的宏基因组 DNA 的 Cosmid 文库，并采用指示菌株的差异性 DNA 修复实验（DDRT）作为抗肿瘤活性物质的筛选模型，对所构建的文库进行初步筛选，获得了13个具有潜在抗肿瘤细胞活性的克隆子，并对其细胞水平的抗肿瘤活性进行了分析。

筛选新的抗肿瘤药物一直都是癌症治疗方面的重要课题。从抗肿瘤药物的作用机理来看，多数抗肿瘤药物的作用机制主要是作用于DNA。而多数对DNA有损伤的物质虽有一定毒性但也具有抗肿瘤作用，其中毒性等副作用小的可作为抗肿瘤药物在临床上使用。利用*E. coli*差异性DNA修复测定方法，以DNA修复缺陷菌株343/591及野生菌株343/636这两个菌株经受试物处理后在培养基上生存率的差异来判断受试物对DNA损伤的影响，从而判断其抗肿瘤活性。经过进一步的实验，所筛选出的阳性克隆发酵液也在体外抑制了肿瘤细胞的生长。尽管MTT实验表明，与从其他环境中筛选出的野生菌相比，克隆子AE-3与AE-1的发酵液活性的ID_{50}值较低，但本研究证明了可以通过构建宏基因组的方法从南极等极端环境样品中筛出具有潜在抗肿瘤活性的克隆子，并直接获得完整的基因簇。而外源基因的表达受各种因素影响，例如，载体的类型、宿主细胞的遗传类型、细胞基质、细胞的生理状态及初级代谢产物等，因此在获得完整基因簇的基础上，通过基因工程的方法将能实现其高效表达，提高其抗肿瘤活性。

未培养微生物是环境样品中的主体，构建微生物宏基因组文库可以直接从这些丰富的微生物资源中筛选到活性物质相关的基因或基因簇，而且借助于各种宿主菌的表达，可以克服野生型菌株培养条件的限制，缩短了培养时间，提高了活性物质的产量。近年来，世界各国采用土壤、海洋浮游生物、海绵、甲虫、人唾液等样品成功构建了宏基因组文库，已筛选到脂肪酶、淀粉酶、几丁质酶、DNase等。Courtis等从土壤宏基因组文库中利用PCR方法扩增获得了多个新的抗生素合成途径关键酶——聚酮合成酶基因，所构建的南极深海沉积物宏基因组文库获得了至少27 000个克隆子，平均插入片段在35kb以上，覆盖了至少946Mb的微生物基因组信息，获得了较为丰富的微生物群体的遗传信息，为寻找新的功能基因簇、开发药物资源等提供了丰富的生物材料。并且他们通过DDRT法，通过功能筛选快速鉴别出了13个具有潜在抗肿瘤活性的克隆子，而对插入片段的测序将获得完整的产抗肿瘤活性物质的基因簇。预期随着后续研究的进一步开展，从该文库中可能发现更多的活性物质和极端环境微生物特殊的代谢途径。

宏基因组是指某一特定的环境中全部微生物的总DNA。宏基因组技术是将样品中的总DNA提取出来后，利用适宜的载体克隆到宿主细胞中以构建成宏基因组文库，再从中筛选新的活性物质或基因的技术。目前已利用宏基因组技术筛选到了新的脂肪酶/酯酶、蛋白酶、淀粉酶、氧化酶、几丁质酶、核酸酶、色素、抗菌及抗肿瘤活性物质等，而且这些新的生物活性物质已部分用于工业化生产中。在宏基因组技术中，文库的建立有很多种方法，其中细菌人工染色体（BAC）文库具有插入片段大、转化效率高的优点，可将复杂的基因或基因家族，包括基因的远程顺式作用元件一并转入受体生物中，所以BAC文库不仅使转化的基因在一定范围内接近于在自然菌株中的状态，减少了转化基因沉默的可能性，而且可以进行基因时空表达的研究，有可能找到相互作用的基因簇，从而对未培养微生物的代谢和相互作用有一个更加深入的认识。

宏基因组学技术是一种不依赖于微生物纯培养的方法，利用此技术能筛选到大量的新的酶类、抗生素和其他有价值的活性物质。近年来，越来越多的研究者利用此方法来发掘新的脂肪酶。Ranjan 等以 pUC19 载体构建了池塘微生物宏基因组文库，平均插入片段 3.8kb，筛选得到 11 个脂肪酶阳性克隆。Lee 等利用 fosmid 载体构建了森林表层土微生物宏基因组文库，该文库有 33 700 个克隆，平均插入片段 35kb，从中筛选后得到了 8 个具有脂肪酶特性的克隆子。利用前期构建的瘤胃微生物 BAC 文库（平均插入片段 54.5kb，15 360 个克隆），通过三油酸甘油酯平板筛选得到了 18 个脂肪酶阳性克隆。与其他文库中筛选的脂肪酶克隆相比，本研究筛选得到的脂肪酶克隆，含有更大的插入片段（约 50kb），这对于后续的脂肪酶基因簇、基因调控和基因间的相互作用的研究至关重要。Tirawongsaroj 等从一个泰国热泉微生物宏基因组文库中筛选得到了一个脂肪水解酶（EST1）的克隆，底物特异性分析表明其对脂肪酸短链（C4 和 C5）和长链（C14 和 C16）酯类均具有水解活性。筛选得到的脂肪水解酶对 C12 和 C16 长度的酯类具有很强的特异性。与 *Pseudomonas pseudoalcaligenes* F-111 和 *Bacillus pumilus* B26 分泌的脂肪酶相比，其底物范围更广。最适 pH 和温度稳定性是酶学性质中重要的测试指标。本研究筛选得到的脂肪酶 pH 范围广，pH 6～10 时均具有活性，但最适 pH 为 7.4，这说明本研究筛选得到的是中性脂肪酶，与 *Pseudomonas putida* ATCC 795 相同。对脂肪酶的热稳定性的判断常根据某一温度下酶活性丧失所用的时间或酶活性丧失一半时所用的时间即半衰期来判断。嗜冷枯草芽孢杆菌脂肪酶在 60℃下保温 30min 丧失活性，半衰期为 15min，芽孢杆菌属分泌的脂肪酶在添加乙二醇、山梨醇等稳定剂的情况下，在 70℃时活性能维持 150min。本研究筛选得到的脂肪酶 8 在不加稳定剂的情况下，50℃下能保持大于 120min 的活性，半衰期为 80min；70℃条件下仍能保持长达 120min 的活性，半衰期能达到 30min，这些性质使得它更有利于应用到工业热加工生产中。

抗生素开发首先往往需要鉴定靶点。靶点一般是致病菌感染过程中生存所必需的基因及其产物。确定基因是否必需的金标准是克隆该基因，研究突变或剔除该基因的效应。但其他方法也可帮助鉴定基因是否适合作为药物作用靶点。微生物基因组序列测定为临床提供了新机遇。

微生物基因组序列测定产生了许多潜在的药物作用靶点。适合作为药物作用靶点的往往是致病菌在宿主体内生存所必需的基因及其产物。分析细菌基因组，寻找致病菌存活所需最小基因组的方法有多种。例如，计算机比较分析流感嗜血杆菌和支原体的最小基因找到了 256 个基因是致病菌生存所必需的。利用转座子突变分析支原体发现，该致病菌的编码必需蛋白质的基因有 265～350 个。上述结果都远远超过现存抗生素作用靶点数目。利用转座子突变分析结核分枝杆菌的生存非必需基因的工作也正在进行过程中。

六、值得研究的问题

现代微生物基因组研究表明，已培养和未培养的微生物基因资源可以用“无穷”来估量。微生物资源学不但要研究、开发利用已培养的微生物本身及其功能和产物，也要发掘利用其基因资源。

第一，全世界一些国家（包括我国）都在实施微生物基因组计划，对一些具有重大价值的微生物做全基因组测序。每个菌种就是一本基因资源的“天书”，里面有无穷无尽的产品装配线（代谢途径）。发掘利用这无穷的基因的功能及其产物将是微生物资源学的重要任务。这就是所谓基因探矿（genome mining）的含意。为此要加强代谢途径快速识别技术、大片段基因精准分离技术、异源高效表达技术以及基因调控的研究。

第二，如上所述，至今仍有 90%～99%的微生物不能纯培养。除了继续分离培养未知微生物并进行开发利用以外，如何发掘利用未培养微生物基因资源的问题就凸显出来。因此应按照不同的开发目的，设计不同的路线，采用宏基因组技术、组合生物合成技术，开发更有效的新技术等，发掘利用未培养微生物基因资源。为此要加强特定环境完整 DNA 提取技术、大承载量载体构建技术、异源高效表达技术等的研究。

（张利平 尹 敏）

主要参考文献

Bérdy J. 2005. Bioactive microbial metabolites，a personal view. J Antibiot，58（1）：1～26

Bentley S D，Chater K F，Cerden-Tarraga A M. 2002. Complete genome sequence of the model actinomycete *Streptomyces coelicolor* A3（2）. Nature，417：141～147

Bull A T，Stach J E M. 2007. Marine actinobacteria：new opportunities for natural produce search and discovery. Trends Microbiol，15：491～499

Christian S R，Patrick D，Handelsman S J. 2004. Metagenomics：genomic analysis of microbial communities. AnnuRew Genet，38：525～552

Cragg G M，Grothaus P G，Newman D J. 2009. Impact of natural products on developing new anti-cancer agents. Chem Rev，109：3012～3043

Demain A L，Sanchez S. 2009. Microbial drug discovery：80 years of progress. J Antibiotic，62：5～16

Ellestad G A. 2006. From natural products to bioorganic chemistry. What's next? J Med Chem，49（23）：6627～6634

Gutierrez-Lugo M T，Bewley C A. 2008. Natural products，small molecules，and genetics in tuberculosis drug development. J Med Chem，51（9）：2606～2612

Head I M，Saunders J R，Pickup R W. 1988. Microbial evolution，diversity and ecology：a decade of ribosomal RNA analysis of uncultivated microorganisms. Microb Ecol，35：1～21

Hopwood D A. 1997. Genetic contributions to understanding polyketide synthases. Chem Rev，97：2465～2498

Hughes J B，Hellmann J J，Ricketts Taylor H et al. 2001. Counting the uncountable：statistical approaches to estimating microbial diversity. Appl Environ Microbiol，67（10）：4399～4406

Jennifer B H，Jessica J H，Taylor H R et al. 2001. Counting the uncountable：statistical approaches to estimating microbial diversity. Appl Environ Microbiol，67（10）：4399～4406

Jiang Y，Cao Y R，Wiese J et al. 2009. A new approach of research and development on pharmaceuticals from actinomycetes. Journal of Life Science US，3（7）：52～56

Jiao R S. 2004. An important mission for microbiologists in the new century-cultivation of the unculturable microorganisms. Chinese J Biotechnology，20：641～645

Joseph S J，Hugenholtz P，Sangwan P et al. 2003. Laboratory cultivation of widespread and previously uncultured soil bacteria. Appl Environ Microbiol，69（12）：7210～7215

Karsten Z，Gerardo T，Michael R. 2002. Cultivating the uncultured. Proc Nat Aca Sci，99（24）：15681～15686

Lam K S. 2007. New aspects of natural products in drug discovery. Trends Microbiol，15（6）：279～289

Lior Pachter. 2007. Interpreting the unculturable majority. Nature Methods，4：479～480

Newman D J，Cragg G M. 2007. Natural products as sources of new drugs over the last 25 years. J Na Prod，70 (3)：461～477

Newman D J. 2008. Natural products as leads to potential drugs：an old process or the new hope for drug discovery? J Med Chem，51 (9)：2589～2599

Olsen G J，Lane D J，Giovannoni S J et al. 1986. Microbial ecology and evolution：a ribosomal RNA approach. Ann Dev Microbiol，40：337～365

Omura S，Ikeda H，Ishikawa J. 2001. Deducing the ability of producing secondary metabolites. Proc Nat Aca Sci，USA，98：12215～12220

Pachter L. 2007. Interpreting the unculturable majority. Nature Methods，4：479～480

Patrick D S，Handelsman J. 2005. Metagenomics for studying unculturable microorganisms：cutting the Gordian knot. Genome Biology，6：229～302

Qin J J，Li R Q，Raes J et al. 2010. A human gut microbial gene catalogue established by metagenomic sequencing. Nature，464 (4)：59～67

Rheims H，Sproer C，Rainey F A et al. 1996. Molecular biological evidence for the occurrence of uncultured members of the actinomycete line of descent in different environments and geographical locations. Microbiology，142：2863～2870

Shayne J J，Philip H，Parveen S et al. 2003. Laboratory cultivation of widespread and previously uncultured soil bacteria. Appl Environ Microbiol，69 (12)：7210～7215

Stackebrandt E，Rainey F A，Ward-Rainey N L. 1997. Proposal for a new hierarchic classification system，*Actinobacteria* classis nov. Int J Syst Bacteriol，47：479～491

Steven R G，Mihai P，Robert T D et al. 2006. Metagenomic analysis of the human distal gut microbiome. Science，312：1355～1359

Wang Y，Zhang Z. 2000. Comparative sequence analyses reveal frequent occurrence of short segments containing an abnormally high number of non-random base variation in bacterial rRNA genes. Microbiol，146：2845～2854

Woese C R. 1987. Bacterial evolution. Microbiol Rev，51：221～271

Woese C R，Kandler O，Wheelis M. 1990. Towards a natural system of organisms：proposal of the domains archea，bacteria，and eucarya. Proc Natl Acad Sci USA，87：4576～4579

Woese C R，Stackebrandt E，Macke T et al. 1985. Definition of the eubacterial "division". Syst Appl Microbiol，6：143～151

Zengler K，Toledo G，Rappé M et al. 2002. Cultivating the uncultured. Proc Natl Acad Sci，99 (24)：15681～15686

Zhang W J，Tang Y. 2008. Combinatorial biosynthesis of natural products. J Med Chem，51 (9)：2629～2633

第十章　资源微生物的分离与保存

获得微生物纯培养物是微生物资源开发利用的最基本前提之一。如何从各种环境中分离获得微生物，始终是开发利用这些资源的首要研究内容。分子生态学的研究表明，目前所获得的纯培养微生物仅仅是自然界中实际存在的微生物的极其微小的一部分，因此资源微生物的分离是一项长期而艰巨的任务。

第一节　分离资源微生物的基本原则

微生物可谓无处不在，获得什么样的微生物，取决于分离的目的，一般包括某特定类群微生物的分离（定向分离）、获取新资源（分离未知菌）和分离“混合菌”（完成某种功能的一组菌）。分离的基本原则是：获得目的菌，排除非目的菌。分离工作者要研究的重要课题，便是如何获得目的菌。我们一般从分离样品的选择及采集、样品的预处理、培养基的设计、培养条件4方面加以综合考虑。

一、实验样品的选择

获得目的菌株是微生物资源开发与利用的首要前提，而选择好的分离源即实验样品，是迈向“成功”的第一步。在自然界中，适者生存几乎是所有生物都必须遵循的生存法则。特殊的环境迫使生物具有特殊的功能，以便维持自身的生存并繁衍后代。因此，我们可以从千差万别的生态环境中寻找具有不同功能的微生物类群。目前，研究最多的主要是以下五大类生境中的微生物。

（一）土壤环境

大多数微生物是腐生菌，以有机物作为能源。自然界中广泛存在着丰富多样的腐败物质，如枯枝落叶及动物尸体等，许多微生物长期靠分解它们生活。这就为我们从这些环境中筛选分解纤维素、木质素、甲壳素、角蛋白的微生物或酶的产生菌提供了可能性。特别要强调的是，在各类型土壤中，“原始”森林的放线菌类群最为丰富。由表10-1我们可以看出，从西双版纳原始热带雨林中分离到的放线菌达25个属，其中多形放线菌属（*Actinopolymorpha*）、弗莱德门菌属（*Friedmanniella*）、韩国生工菌属（*Kribbella*）、伦茨氏菌属（*Lentzea*）、厄氏菌属（*Oerskovia*）、游动孢囊菌属（*Planosporangium*）和球孢囊菌属（*Sphaerisporangium*）是较少见的属。从大香格里拉广布原始森林的土壤中也分离到了17个属。峨眉山、青城山的样品采集地为次生林，放线菌组成就比较单调。

表 10-1 不同地区放线菌组成的比较

地区	放线菌的组成(属)
黄荆	*Actinomadura*, *Actinopolymorpha*, *Micromonospora*, *Mycobacterium*, *Nocardia*, *Nocardioides*, *Nonomurae*, *Promicromonospora*, *Pseudonocardia*, *Rhodococcus*, *Saccharomonospora*, *Streptomyces*, *Verrucosispora*
峨眉山及青城山	*Dactylosporangium*, *Mycobacterium*, *Nocardia*, *Promicromonospora*, *Streptomyces*
九寨沟	*Actinomadura*, *Jiangella*, *Kribbella*, *Micromonospora*, *Mycobacterium*, *Nonomurae*, *Promicromonospora*, *Pseudonocardia*, *Streptomyces*
西双版纳	*Actinomadura*, *Actinoplanes*, *Actinopolymorpha*, *Agrococcus*, *Arthrobacter*, *Agromyces*, *Citricoccus*, *Dactylosporangium*, *Friedmanniella*, *Kribbella*, *Lentzea*, *Microbacterium*, *Micromonospora*, *Mycobacterium*, *Nocadia*, *Nocardioides*, *Nonomuraea*, *Oerskovia*, *Promicromonospora*, *Pseudonocardia*, *Rhodococcus*, *Saccharopolyspora*, *Sphaerisporangium*, *Streptomyces*, *Streptosporangium*
武陵山	*Actinomadura*, *Arthrobacter*, *Catellatospora*, *Dactylosporangium*, *Microbacterium*, *Micromonospora*, *Mycobacterium*, *Nocardia*, *Nonomurae*, *Rhodococcus*, *Sphaerisporangium*, *Streptomyces*, *Streptosporangum*
大香格里拉	*Actinomadura*, *Actinopolymorpha*, *Agromyces*, *Arthrobacter*, *Dactylosporangium*, *Kocuria*, *Lentzea*, *Mycetocola*, *Nocardia*, *Nocardioides*, *Oerskovia*, *Promicromonospora*, *Pseudonocardia*, *Rhodococcus*, *Streptomyces*, *Streptosporangium*, *Tsukamurella*
青海	*Citricoccus*, *Corynebacterium*, *Isoptericola*, *Jiangella*, *Marinococcus*, *Myceligererans*, *Nesterenkonia*, *Nocardiopsis*, *Prauserella*, *Rhodococcus*, *Saccharomonospora*, *Salinococcus*, *Sinococcus*, *Sinocurtobacterium*, *Streptomonospora*, *Streptomyces*, *Yania*, *Alkalibacillus*, *Naxibacter*

(二) 海洋环境

海洋面积占到了地球总面积的 71%，因此海洋微生物的研究得到了学者们越来越多的关注，尤以海洋微生物的多样性和规模而言，其产生生物活性物质的潜力是无法估量的。海洋微生物依据分离菌的生境来源可分为海水、沉积物、共栖、共生和深海菌群。生境不但影响菌群的分布，而且影响微生物代谢产物的合成。丰富的海洋生物资源是天然药物筛选的重要来源。截至 2007 年已报道的海洋放线菌有 18 个属。云南大学云南省微生物所放线菌研究室从波罗的海和大西洋海域的底泥样品中分离到了 14 个属，有 13 个属都是过去从海洋中未找到的，其中一个新种 *Promicromonospora flava* 已发表。丰富的放线菌类群，显示了海洋中蕴藏着无限诱人的微生物资源。

(三) 湿地

湿地是地球生态环境的重要组成部分，具有强大的沉积和净化作用。全球湿地面积约有 570 万 km^2，约占地球陆地面积的 6%。种类各异的湿地如沼泽、河流、湖泊、淡水，是鱼类、两栖类、鸟类等动物的重要栖息地，因此它们对于保护生物多样性起着举足轻重的作用。而在湿地生态平衡的维持中各种微生物的数量及种类也十分庞大，仅

2007年发现的淡水子囊菌就达1527种。在湿地这种特殊的生境中，蕴藏着丰富多彩、功能各异的多种微生物，如硫酸盐还原细菌、氨化细菌、固氮细菌和各种产甲烷古菌等。因此，湿地也是微生物资源开发的不可多得的重要宝库。

（四）极端环境

极端生态环境，如高温、高压、厌氧、低温、酸碱盐及营养极其贫乏的岩石等环境中也有微生物生存。这些地方蕴藏着不可忽视的微生物资源。在极端环境条件下生存的微生物必然有着独特的生理机制，也必然会产生特殊的代谢产物。近年来的研究结果为新的生物工艺与微生物产品的开发提供了新的资源，如从高温菌中开发高温酶。

需要指出的是，极端环境的放线菌数量并不多，但蕴涵的新物种却很多。我们从青海、新疆、甘肃等西部地区重盐土和荒漠发现了姜氏菌新科（Jiangellaceae）；此外，从青海重盐土样品中分离到19个属的放线菌（表10-1），新种达30多个，都已经在国际微生物分类杂志有效发表。

（五）植物

De Bary于1886年提出了植物内生菌（endophyte）的概念。大量的研究表明，在健康植物的各种组织中均生活着一些种类各异的微生物，这些植物内生菌是植物微生态系统的重要组成部分。近年来一些实验室开始从植物组织中寻找未知菌。云南大学云南省微生物所放线菌研究室从云南热带药用植物中分离到了2742个菌株，经鉴定属于13个科、24个属，其中有14个新种，充分表明植物体中蕴含着大量未知的微生物物种。

长期寄生于某种植物的微生物（包括病原菌）有可能与寄主植物发生基因交换。若这种基因交换的结果与某种产物有关，而这种产物又被人们从该植物中发现具有某种用途的话，我们也就有可能从这种寄生菌中找到这种（类）产物；另有一类寄生菌，估计它与寄主并没有发生基因交换，但该寄生菌自己合成某种产物使寄主（植物）产生某种症状，而这种本来起“坏”作用的物质可能被我们开发利用。这方面一个典型的例子就是引起水稻恶苗病的*Gibberella fujikuroi*因产生赤霉素使水稻恶性生长，而赤霉素是一种有用的植物激素。植物内生菌还可与植物结瘤固氮，产生植物激素类物质，促进宿主生长；提高植物对生物和非生物胁迫的抗性；产生次生代谢活性物质等功能。细菌中的根瘤菌、放线菌中的弗兰克氏菌及真菌中的菌根菌也都是非常宝贵的菌肥资源。

（六）动物

由于某些动物生理代谢的特殊性，人们也从其体内采集样品，寻找可开发的微生物资源。例如，反刍动物的瘤胃含有大量的细菌、真菌和古菌，很多学者研究其中的微生物类群，以期从中获得一些分解纤维素的菌群。各种动物排出的粪便中也含有大量复杂的微生物，有学者预测其可能与动物的消化分解、免疫等活动有关，在一定程度上反映了动物的代谢及健康状况，可以从中获取一些具有“特殊功能”的菌株。地球上有数百万种动物，它们的粪便中很可能蕴藏着种类丰富、未知资源多、潜力较大的粪便微生物资源。

另外，空气中也存在着大量微生物。目前开展的工作主要是针对此类微生物与人类健康关系的研究。

总而言之，为了获得未知菌，我们建议到尽可能没有受到人为干扰的“原始”环境、原始热带雨林、原始森林、原始极端环境、海洋及动植物组织中取样，这样获得未知资源的概率要大得多。

二、样品采集

（一）土样采集

采样最好在每年春季或旱雨季之交进行，通常在3～5月采集土样为佳。一般情况下，土壤的表层或耕作层（10～40cm）微生物数量最多，种类也最复杂，而且变化也较小。因此通常采集20cm左右深处的土样。若要分离放线菌和真菌，土样应放于无菌牛皮纸袋中，一般不放在瓶子或塑料袋中。如果要分离细菌，最好要保湿。

土样在室温储藏，20天内放线菌和真菌的数量和组成变化并不大（表10-2）。变化最大的是细菌，20天内有99%的细菌死亡（表10-3），因此在细菌分离中，样品保湿十分重要。

表10-2　土样保存时间对放线菌组成（%）的影响

土样存放时间/天	土样存放温度/℃	链霉菌	小单胞菌	游动放线菌	马杜拉放线菌	诺卡氏菌	未鉴定	总比例
0		50.70	2.35	0.30	1.18	4.40		58.93
10	室温	67.73	6.50	1.08	0.80	7.25		83.36
	0～4℃	59.15	3.25	0.30	1.18	0.58		64.46
20	室温	56.23	4.85	0.40	0.88	2.65	0.60	65.61
	0～4℃	53.58	0.60		0.88	2.75	0.60	58.41

表10-3　土样不同保存时间对细菌数量的影响（$\times10^5$ 个/g 干土）

样品号/土样保存时间	2h	10天	20天
1	3 730	8	0
2	2 600	603	23
3	50 530	5 030	150
4	24 270	2 690	43
5	7 160	2 430	193
平　均	17 658	2 152.2	81.8
存活力%	100	12.2	0.5

（二）水样及底泥采集

水体中存在的微生物数量较少，因此在取样时就有将其浓缩的必要，方法是用孔径为0.5μm的滤膜过滤水样，滤膜上的微生物浓度会大大增加，这样可大大增加出菌率。

采集底泥可用Ekmann型采泥器或重锤式取样器采集。样品装于无菌瓶内。由于溶氧很快消耗，故瓶子不能密封，应尽可能在3h内用于实验。

（三）植物样品采集

采集植物样品时，应尽可能保持植物的完整性以确保分离到的菌株是植物的内生菌；无法获得完整植物体的样品（如大乔木、灌木等）则应迅速对植物切口进行消毒，并用石蜡等封住以防外来菌的入侵，后用无菌装置将其带回实验室待用。

（四）来自动物的样品及空气样品的采集

瘤胃样品要用安装在动物体上的瘤胃瘘管获取。粪便的采集则应在动物排便后马上收集粪便中间部分，避免外源污染，置于无菌袋，带回实验室进行分离。

空气样品的采集主要是借助各种采样器，如固体撞击式采样器、离心式采样器和气旋式采样器等。

三、预处理

预处理的目的在于增加目的菌的数量，同时尽可能减少或抑制非目的菌的生长，可以从以下几方面考虑。

1）目的菌的富集培养：根据目的菌的生理特性，加入其所需要的营养物质及微量成分（氨基酸、维生素等）进行诱导增殖。例如，为了分离分解纤维素或角蛋白等的酶产生菌，可以将样品与高浓度的纤维素或角蛋白（适当加入其他成分）在适当温度下保湿培养一段时间，再进行分离。Jensen 等在样品中添加角蛋白和几丁质，显著地提高了放线菌的出菌率。有人用毛发和花粉为诱饵法分离得到游动双孢菌属（*Planobispora*）。又如，为了分离铁硫杆菌，可将样品加硫磺后培养。为了分离钾细菌，可将土壤样品与长石混合培养若干时间。而加入碳酸钙或对样品进行干燥处理可以提高生孢放线菌的出菌率。

2）减少非目的菌：若目的菌耐干燥，则可通过干燥减少非目的菌；若要分离高温菌，也可以在样品中加入适当成分，在特定高温（如 60℃或 70℃）下振荡培养若干时间，以减少非耐热菌的干扰。在分离放线菌时，将土壤样品风干后于 80℃或 120℃干热处理 1h，可大大降低真菌、细菌的数量，增加产孢放线菌的数量。再者，加入非目的菌的抑制剂，培养适当的时间，再分离时亦可减少非目的菌的数量。

3）目的菌的充分释放：目的菌会和样品基质通过各种方式紧密结合，故应采取一些手段使微生物与基质分离，从而提高出菌率。采用的化学方法主要是在基质悬液中加入活化剂或乳化剂等；物理方法则包括振荡、超声波及分散差速离心等方法。对于植物样品来说，可以采用酶法、研磨等各种植物组织破碎方法使目的菌释放。

四、培养基成分的设计原则

分离资源微生物的宗旨总的来说有两大类：一是获得某类具有特定功能的微生物；二是获得尽可能高的微生物多样性即多的微生物类群。这就需要我们根据分离目的的不同，设计不同类型的培养基来获得目的菌株。一般来讲，设计培养基时应考虑：合适的营养物质及浓度配比，例如，不同的 C/N 源直接影响微生物的类群及代谢，各无机盐的比例也要适当等；合适的渗透压或水分活度；适宜的 pH 等。具体如下。

1）开发意图贯穿分离过程，使培养基“只”满足目的菌的要求，而非目的菌不长：例如，要寻找低温碱性脂肪酶产生菌，培养基最重要的成分应该是以脂肪（脂肪酶的底物）作为唯一碳源，而不要再有其他碳源。第二个重要条件就必然是 pH 调到 10 以上，并在低温下培养。然后再考虑抑制其他微生物的生长。在分离时，能满足全部意图最好，这将为后续开发提供方便。

2）大剂量加入同类化合物：当代大量研究结果表明，抗生素等生物活性物质的产生菌，其基因组都由其结构基因、调控基因和抗性基因组成。推而广之，产生某类物质的微生物都应该对这类物质有抗性。例如，酒精酵母必然对酒精有抗性。为了分离产生某类物质的微生物，可以在分离培养基中加入大剂量该类物质，有可能使能抗这类物质且产生这类物质的菌株长起来，而不抗这类物质的菌株无法生长。

3）特殊成分：除了与开发目的有关的成分外，为了使目的菌生长，有时需在培养基中加入一些特殊成分，如维生素、氨基酸、无机盐等。为了分离硅酸盐细菌，需在培养基中加入长石或硅藻土，而不必加入氮源。

4）抑制剂：抑制剂的作用是抑制非目的菌的生长而不影响目标菌株的生长。培养基中加入合适的抑制剂，对目的菌的分离帮助极大。常见的真菌抑制剂有放线菌酮、制霉菌素；细菌抑制剂有青霉素、链霉素；萘啶酸可抑制革兰氏阴性细菌。在放线菌分离中，选用重铬酸钾作抑制剂能够很好地抑制细菌和真菌，几乎不影响放线菌的生长。

为了找到适当的抑制剂，可以用很多属的已知菌种（菌种少了是不行的）作实验菌，用不同抑制剂的不同浓度做抑制实验，以选出对不同菌适合的适当的抑制剂及适当的浓度。再用选出的抑制剂做分离实验，只有达到预期结果且有重现性时，所选择的抑制剂才可以使用。结果相反的情况常有发生，这是由于实验菌不可能完全代表未知菌。

五、培养条件

通气量、温度、时间等因素也直接影响微生物的选择性分离。例如，可以通过控制培养温度来获取中温菌、嗜高和低温菌；延长培养时间可以得到一些稀有微生物类群。

六、关于混合菌

分离的本意在于拿到纯培养物。但是在一些情况下，分离资源微生物不一定需要纯培养。我们举几个例子来说明这个观点。分离分解纤维素（尤其是以分解作物秸秆作饲料）的菌种时就不必得到纯培养物。这种情况下，对菌种的主要要求是分解能力强、无毒；而且分解纤维素需要很多酶（系）参加，而一种微生物往往不可能同时产生分解纤维素所需的全部酶。在这种情况下，分离混合菌也许更好。另外，污水处理或环境修复等的微生物也可能是很多微生物的复杂组合。因为要处理或分解的物质本身就是混合物，一般来说一种微生物难于达到预期效果，常常是需要很多菌的共同作用。在实际应用时，不可能、也不必要纯菌种。在这类情况下，“分离”混合菌才是出路。

微生物的分离，应是样品采集、预处理、培养基设计、抑制剂选择和培养条件优化的合理统一，分离目的贯彻始终。

第二节 各类微生物的分离程序

微生物的分离是一门需要很多知识和经验的“学问”。不同的微生物类群具有的生理特性的差异使得各类微生物的分离方法也各不相同。目前根据国内外的经验，很难设计出适于各种目的、对所有样品都“好”的分离方法。那么何谓好的分离方法？如果目的是寻找未知菌，则可尽可能多地获取未知菌又能尽量减少已知菌出菌率的方法，即为较好的分离方法；而减少已知菌则是更为困难的事。随着大量分离工作的开展，越来越多的已知菌株被反复分离。如何避免重复菌株，对于寻找和开发微生物资源的工作者来说是一个巨大的任务和挑战，仍然是各位微生物研究者努力的方向。

资源微生物的分离大体可以分为两种情况。一种是分离特定目的的资源菌；另一种是分离特定环境的全部微生物，即具有“潜在用途”的资源微生物。云南大学云南省微生物研究所放线菌研究室近年发现并发表了放线菌新属 20 多个，是目前世界上发表放线菌新属最多的单位之一，这与我们 40 年来在放线菌分离上付出的持久、艰辛、创造性的劳动密不可分。本章将基于该室多年的研究成果，主要讨论放线菌的分离方法。

一、放线菌分离

为了开发利用不同环境条件下的放线菌资源，获得其纯培养物是基本前提。放线菌的分离过程中，要尽量避免其他类微生物，如真菌、细菌、古菌等的干扰。通常，为了反映某样品中的放线菌的“真实面目”，可以从以下几方面来考虑。

第一，根据目的放线菌类群的特点，进行预处理。

第二，根据不同类群放线菌的生理特性和营养要求，设计不同营养成分，不同 pH，添加不同抑制剂及其他特殊物质（维生素、激素等）的多种培养基。

第三，采用不同的培养条件，包括不同的培养温度、不同的培养时间等。

（一）样品的预处理

预处理的目的在于减少真菌、细菌及非目的放线菌的数量，增加目的放线菌的出菌率，较常用的方法有下面几种。

1）由于放线菌耐旱能力较细菌强，因此将土样自然风干 5～30 天，可大大减少细菌（尤其是革兰氏阴性细菌）的数量，增加放线菌的出菌率；后将风干土样进行干热处理 1h，可进一步减少真菌和细菌的数量，提高产孢放线菌的出菌率；此外，将样品进行干湿交替处理后，也可大大提高产孢放线菌的出菌率。截至 2009 年，Goodfellow 统计的一些分离稀有放线菌的干热处理方法如表 10-4 所示。

表 10-4 干热预处理分离放线菌

预处理	目标菌
28℃风干一周	*Herbidospora cretea*, *Dactylosporangium* spp.
风干,120℃加热 1h	*Microbispora* spp., *Streptosporangium* spp.
风干,100℃加热 15min	*Actinomadura* spp.
悬液在 45℃或 50℃加热 10min	*Streptomyces* spp.
悬液在 60℃加热 30min	*Micromonospora* spp.
悬液在 110℃加热 1h	*Microtetraspora glauca*

2）我们对超声波处理土壤悬液对其出菌率的影响做了较细致的研究。图 10-1是超声波处理土样悬液对放线菌出菌率的影响。菌落数（CFU）是两次计数的平均值，取整数。经过 150W 超声波处理的样品，出菌率较不处理（对照）的有显著变化；不处理的平板，平均只有 7 个菌落。随着超声波处理时间的延长，放线菌的菌落数呈上升的趋势，处理 10s 有 13 个菌落，处理 40s 时达到最大值 41 个菌落，是对照组的近 7 倍。处理时间再延长，放线菌的出菌数呈现减少的趋势，处理 60s 时降到 29 个。

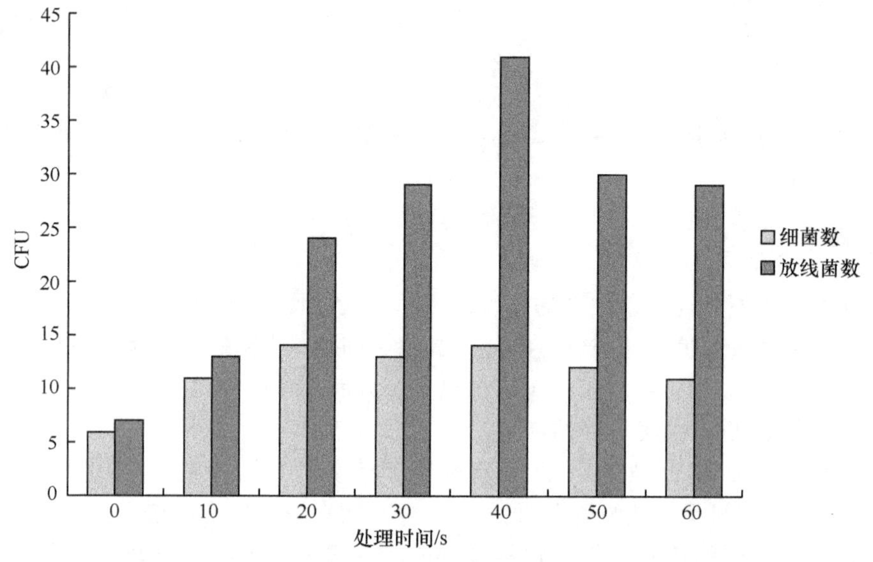

图 10-1 超声波预处理不同时间对放线菌出菌率的影响

超声波处理对细菌数量影响不明显，不处理有 6 个菌落，处理 20s 有 14 个，处理 40s 有 13 个，但不影响挑菌。这是因为培养基中加入的重铬酸钾等抑制剂抑制了细菌的生长。

在上述实验的基础上，我们用相同土样、相同培养基，进一步做了超声波处理 40s、120s 及不处理（对照）的分离实验。分离结果（表 10-5）表明，土壤悬液不处理（对照）获得纯培养 37 株，属于链霉菌等 9 个属，大多是比较常见的产孢放线菌，链霉菌占 65%；超声波处理 40s，放线菌的种类大大增加，挑菌 89 株，有 21 个属。除了对照组分离到的 9 个属以外，增加了 12 个属，其中球孢囊菌属（*Sphaerisporangium*）、多形放线菌属（*Actinopolymorpha*）、弗莱德门属（*Friedmanniella*）、韩国生工菌属

(*Kribbella*)、伦茨氏菌属（*Lentzea*）和原小单孢菌属（*Promicromonospora*）等是比较少见的放线菌；超声波处理120s，放线菌总数减少，鉴定的54株中属的组成也减少为12个属，与对照、40s处理比较，增加了农球菌属（*Agrococcus*）、节杆菌属（*Arthrobacter*）、柠檬球菌属（*Citricoccus*）和厄氏菌属（*Oerskovia*）等稀有放线菌，链霉菌占69%。在两种处理和对照组中，链霉菌都是出菌率最高的；马杜拉放线菌、链孢囊菌、诺卡氏菌和红球菌属的菌株也都能分离到。总之低频超声波处理后，放线菌的整体出菌率提高，稀有放线菌类群也增加。超声波发出的高频振荡，促使微生物从土壤微粒释放到溶液中；同时，超声波又能造成机械损伤，使一些微生物死亡。因此，在超声波处理土壤悬液时，微生物处在脱离土壤颗粒、致死甚至再吸附的动态过程中。为了获得好的分离效果，在分离放线菌时，最好根据样品来源、性质及分离目的，进行预实验，待找到合适的频率和处理时间之后再做分离。

表 10-5　超声波处理对放线菌分离的影响

对照(不处理)	超声波处理 40s	超声波处理 120s
Actinomadura	*Actinomadura*, *Actinoplanes*	*Actinomadura*
Dactylosporangium	*Actinopolymorpha*, *Agromyces*	*Agrococcus*
Micromonospora	*Dactylosporangium*, *Lentzea*	*Arthrobacter*
Nocardioides	*Friedmanniella*, *Kribbella*	*Citricoccus*
Nocardia	*Microbacterium*, *Mycobacterium*	*Micromonospora*
Pseudonocardia	*Micromonospora*, *Nocadia*	*Nocadia*
Rhodococcus	*Nocardioides*, *Nonomuraea*	*Nocardioides*
Streptomyces	*Promicromonospora*, *Pseudonocardia*	*Oerskovia*
Streptosporangium	*Rhodococcus*, *Saccharopolyspora*	*Rhodococcus*
	Sphaerisporangium, *Streptomyces*,	*Saccharopolyspora*
	Streptosporangium	*Streptomyces*
		Streptosporangium
共9属	共21属	共12属

涂布平板之前，将样品悬液进行差速离心、极高频辐射、电子脉冲处理等也可以提高稀有放线菌的出菌率。

3）化学处理。Hayakawa等设计的预处理方法（表10-6）构思新颖而精细，有很高的实用性。建议用0.05%的SDS（5mmol/L磷酸缓冲液配制）加1%的腐殖酸或6%的酵母膏，40℃振荡20min。当然也要根据分离的目的灵活使用。另外，对于一些特殊类群，例如，游动放线菌属（*Actinoplanes*）等，还可以根据其游动性及趋化性，加入一些诱导物（如花粉）或金属离子来获得。

表 10-6　化学预处理方法分离放线菌

预处理	放线菌		细菌	
	菌落数/($\times 10^5$ 个/g)	比例/%	菌落数/($\times 10^5$ 个/g)	比例/%
对照	117	100	152	100
YE 2%	192	164	169	111
HA 2%	183	156	92	61

续表

预处理	放线菌		细菌	
	菌落数/(×10^5 个/g)	比例/%	菌落数/(×10^5 个/g)	比例/%
CA 1%	170	145	165	109
VA 0.2%	159	136	178	117
ME 0.2%	163	139	136	89
SDS 0.05%	152	130	10	7
SDS+YE 6%	183	156	22	14
SDS+HA 1%	173	148	9	6
SDS+CA 1.5%	153	131	15	10
SDS+VA 0.6%	147	126	19	13
SDS+ME 0.2%	158	135	14	10

注：YE=酵母膏；HA=腐殖酸；CA=酪蛋白水解物；VA=缬氨酸；ME=巯基乙醇。

一般根据分离的具体情况，以上几种方法也可以联合使用，对样品进行综合处理。

(二) 培养基的设计

培养基的设计对于微生物的分离至关重要。一方面，培养基的营养成分要尽可能地满足目的菌株的要求；另一方面，其成分又要尽量使非目的菌株不能生长，一般通过加入合适的抑制剂达到该目的。

(1) 培养基的设计

现在已有无数种培养基用来分离放线菌，但对于某一类群或未知放线菌的分离，却没有严格的设计法则，大都是根据经验或是采样点周围的理化特性进行设计。例如，根据我们多年来的经验，摸索出的海藻糖-脯氨酸培养基对于分离稀有放线菌有较好的效果。随着分类数据库信息的不断增多，有学者根据这些信息借助于计算机设计培养基。其中，棉子糖-组氨酸培养基（具体成分见本节后）就是利用该方法设计的分离稀有链霉菌较好的培养基。

(2) 抑制剂的选择

在放线菌分离过程中，为了增加目的放线菌的数量，减少真菌、细菌及不需要的放线菌的数量，许多学者根据数值分类的大量资料发现不同类群放线菌之间对某类物质的抗性有明显差异，提出在分离培养基中加入目的菌能忍耐而其他菌敏感的物质，以选择性地分离目的菌。表 10-7 是这方面的一些研究结果。

表 10-7 选择性试剂

放线菌类群	选择试剂	放线菌类群	选择试剂
Actinomadura	Bruneomycin (链褐霉素) Streptomycin (链霉素) Gentamicin (庆大霉素) Rifampicin (利福平) Rubomycin (变红霉素)	*Actinokineospora*	Fradiomycin (新霉素) Kanamycin (卡那霉素) Nalidixic acid (萘啶酸) Trimethoprim (甲氧苄氨嘧啶)

续表

放线菌类群	选择试剂	放线菌类群	选择试剂
Actinoplanes	Tellurite（碲酸盐）	*Micromonospora*	Tunicamycin（衣霉素）
	Tunicamycin（衣霉素）		Benzoate（苯甲酸）
			Lincomycin（林可霉素）
			Novobiocin（新生霉素）
Amycolatopsis	Neomycin sulfate（硫酸新霉）	*Microtetraspora*	Kanamycin（卡那霉素）
			Nalidixic acid（萘啶酸）
			Nofloxacin（氟哌酸）
Dactylosporangium	Tunicamycin（衣霉素）	*Streptosporangium*	Gentamicin（庆大霉素）
			Leucomycin（白霉素）
Glycomyces	Novobiocin（新生霉素）	*Saccharomonospora*	Rifampicin（利福平）
	Streptomycin（链霉素）		
Nocardia	Tetracyclines（四环素）	*Saccharothrix*	Penicillin（青霉素）
Thermomonospora	Kanamycin（卡那霉素）	*Streptoverticillium*	Lysozyme（溶菌酶）
	Novobiocin（新生霉素）		Oxytetracycline（土霉素）
		Streptomyces	Polymyxin（多黏菌素）

（三）稀有放线菌分离方法

由于获得常见放线菌相对容易，因此从中开发新功能或发现新化合物的难度较大。为此，我们要设计新的分离思路，不但要抑制细菌和真菌的生长，还要避免常见的链霉菌甚至其他稀有放线菌的重复分离。下面介绍几类有重要价值的资源放线菌的分离方法。

（1）高温菌分离

土样风干，磨细，120℃（或80～100℃）干热处理1h，水样可在60～80℃处理1h。用燕麦片培养基、酵母膏麦芽膏培养基及其他合成培养基，为了抑制细菌，可添加50mg/L重铬酸钾或1单位/mL青霉素。琼脂用量为3%。土样一般稀释10或100倍，发热材料稀释1000倍左右，涂于平板。52℃以上培养（有时需保湿）3～7天后挑菌。

（2）低温菌分离

用采样地点的土壤做成的土壤浸汁培养基、甘油-天冬酰胺培养基。均加50mg/L的重铬酸钾或100μg/mL的放线酮、100μg/mL制霉菌素和5个单位/mL的青霉素。土样稀释10或100倍，涂于平板，5℃、10°C、15℃培养4周以上挑菌。

（3）嗜酸菌分离

以葡萄糖-天冬酰胺培养基、酪素淀粉培养基、无机盐淀粉培养基做基础培养基，$K_2HPO_4 \cdot 3H_2O$均用5.45g/L的KH_2PO_4代替，琼脂与其他成分分开消毒，倒皿时合并，并用盐酸调到pH 4.0，加入放线菌酮100μg/mL，制霉菌素50μg/mL。土样稀释100倍，涂布后28℃培养2～3周挑菌。

(4) 嗜碱菌分离

分离土壤嗜碱放线菌用GPY培养基，加微量盐溶液1mL/L，用Na_2CO_3饱和的水溶液（无菌）调至pH 10～10.5；分离湖底泥嗜碱放线菌用几丁质培养基、酪素淀粉培养基，用NaOH调pH到10.5以上。将样品适当稀释后涂布平板，28℃培养半个月挑菌。

(5) 嗜盐菌分离

用甘油-天冬酰胺培养基、淀粉酪素培养基、GPY培养基、ISP4及ISP5培养基，添加NaCl、KCl或$MgCl_2$ 10%～25%，将样品适当稀释后涂布平板，28℃培养1个月以上挑菌。

(6) 弗兰克氏菌分离

分离弗兰克氏菌的关键：①弗兰克氏菌生长很慢，其对数期至少在20天以后，因此切勿性急。②防止污染是成败的关键。③必须具备放线菌分类的知识。

将采集的新鲜根瘤清水洗干净，无菌水洗3次。把根瘤放在0.1%升汞液处理5～20min，无菌水洗8～10次，移到肉膏蛋白胨琼脂平板。一周后将无菌瘤块切片，放在Qmod等培养液内。28℃培养20天后就从瘤片表面长出绒毛状菌丝，移植到营养液，从而获得纯培养。近几年，Caruso和Verma等研究用次氯酸钠和四氧化锇清洗植物根部及根瘤来分离植物内生菌和弗兰克氏菌，取得了一定的成果。

在显微镜下，弗兰克氏菌有纵横分裂的大孢囊和空泡。可借此观察分离是否成功。

(7) 以腐殖酸为主要成分分离稀有放线菌

这个方法是日本微生物学家野野村等经过反复实验，修改后设计的。土样经风干后，120℃干热处理1h，土悬液加入1.5%的酚，pH 7.0，30℃处理30min，涂于加20mg/L萘啶酸（NA）的HV培养基（表10-8）上可分离小双孢菌；土悬液加1%的酚，pH 7.0，30℃处理30min，再涂于加20mg/L的NA和5mg/L交沙霉素（Josamycin）的HV培养基，可分离到小四孢菌；土悬液在0.05%的SDS，pH 7.0，40℃处理20min，涂于加20mg/L的NA和1mg/L白霉素的HV培养基，可分离链孢囊菌，若涂于加10mg/L的NA和10mg/L的衣霉素（Tunicamycin）的HV培养基，可分离指孢囊菌。

表10-8 HV培养基

腐殖酸	1.0g	Na_2HPO_4	0.5g
KCl	1.7g	$MgSO_4 \cdot 7H_2O$	0.05g
$FeSO_4 \cdot 7H_2O$	0.01g	$CaCO_3$	0.02g
硫胺素	0.5mg	核黄素	0.5mg
烟酸	0.5mg	维生素B_6	0.5mg
泛酸	0.5mg	肌醇	0.5mg
p-氨基苯甲酸	0.5mg	生物素	0.25mg
放线酮	50mg	琼脂	18g
蒸馏水	1000mL	pH 7.2	

根据实验结果，除了放线酮之外，不必添加其他抗生素，就可以分离到上述稀有菌。由于腐殖酸颜色太黑，因此可加入1%的盐酸，煮沸、静置、除去沉淀；也可以加入2%的活性炭在玻璃容器中煮沸30min后，冷却离心，可去除黑色而不影响出菌率。Agrawal等用6%的YE和0.05%的SDS，40℃预处理稀释10倍的土悬液，再用HV培养基分离，也容易得到小四孢菌、小双孢菌和链孢囊菌。

(8) 链轮丝菌的分离

链轮丝菌是一群很有开发价值的微生物。它的生理生化特性与链霉菌很相似，故分离时容易受到链霉菌的干扰。至今这类菌的分离仍是一个问题。由于发现链轮丝菌对土霉素和溶菌酶的敏感性大大低于链霉菌，因此美国学者Hanka等设计了一个分离链轮丝菌的培养基［葡萄糖2.0g；$(NH_4)_2SO_4$ 5.0g；Na_2HPO_4 3.4g；KH_2PO_4 0.5g；谷氨酸钠0.1g；酵母膏0.1g；$MgSO_4 \cdot 7H_2O$ 0.5g；$NaMoO_4 \cdot 2H_2O$ 50μg；$CuSO_4 \cdot 5H_2O$ 50μg；$MnSO_4 \cdot 7H_2O$ 250μg；$CaCl_2$ 5μg；$ZnCl_2$ 2.5μg；放线酮50μg/mL；制霉菌素50μg/mL；琼脂15g；蒸馏水1000mL］。将风干土样稀释4倍制成的悬液在55℃水浴6min，涂于放有0.45μm孔径滤膜的平板，5～7天后除去滤膜，再培养7～10天，链轮丝菌便长起来。如果培养基中加入25μg/mL的土霉素，链轮丝菌的比例可达35.5%；如果加入25μg/mL的土霉素和100～1000μg/mL的溶菌酶，出菌率可高达58.9%。

继Hanka之后，意大利的Firrao等做了几乎相同的实验，但效果不佳，平均每个土样均未得到一个链轮丝菌。因此作者认为链轮丝菌的选择性分离仍然是一个未解决的问题。我们经多次实验发现，有些真菌仍可通过滤膜生长起来，因此建议将制霉菌素的浓度提高到200μg/mL或加入50mg/L的重铬酸钾，这样可增加出菌率。

(9) 稀有链霉菌的分离

链霉菌是一类最有开发价值的放线菌，但已经研究过的或常见的链霉菌实在太多了。因此淘汰常见的链霉菌，增加“稀有”的或特殊链霉菌的出菌率就成了一个亟待解决的重要问题。①可从特殊环境（如酸碱土壤、放射性地区、温泉等）采集样品。②可在培养基中加入大剂量的抗生素，如白霉素（25μg/mL）、呋喃西林（Nitrofurazone）等。③可加入特殊的碳氮源。Vickers等曾经发现棉子糖和组氨酸对一些“稀有”链霉菌有选择作用。据此设计了一个分离培养基（组氨酸1.0g；棉子糖5g；$K_2HP_4 \cdot 3H_2O$ 1.0g；$MgSO_4 \cdot 7H_2O$ 0.5g；利福平25mg；琼脂20g，pH 7.2）可以分离到很多特殊的链霉菌，而常见的灰色、淡紫灰、灰褐色的链霉菌则很少出现。

稀释涂布平板法是古老而至今仍然普遍使用的方法，但是它也有严重的缺陷。这是因为平板上长出的菌落大多来源于孢子和其他休眠体，不形成孢子或处于营养体的菌株可能不生长；使用的任何培养基都不可能同时满足所有放线菌生长的要求而真菌、细菌又不长；样品保存过程中菌株也会发生变化。因此，放线菌分离技术仍然是放线菌生物学研究和资源开发中的重大课题。

二、细菌分离方法

细菌的生长很快，很少受真菌、古菌和放线菌的污染。分离资源细菌时应注意以下3点。

1）培养基营养成分较为丰富如肉汤（膏）、蛋白胨和酵母提取物（含氨基酸、维生素、糖和碱基等），且多采用复合培养基。

2）pH控制在中性。

3）可用50～100单位的放线菌酮或制霉菌素来抑制真菌的污染，但放线菌酮有剧毒，使用时须小心。

由于细菌生长速度快，因此其培养时间不宜太长，一般为7～10天。

三、真菌分离

真菌分离相对较简单，分离时应注意的问题如下。

1）以Martin培养基、Czapek培养基和PDA培养基为基本培养基。

2）pH一般为5～6.5。培养基的pH≤4时，注意要在灭菌后再调pH，否则会造成培养基不凝。

3）真菌喜温暖潮湿，最适生长温度22～36℃，相对湿度95%～100%。

4）真菌菌落生长扩展很快，务必及时挑菌。

四、古菌分离

古菌主要包括产甲烷古菌、嗜盐古菌、嗜热古菌3个类型，嗜冷古菌也被检测到。目前获得纯培养的古菌大多来源于极端环境，分子手段研究表明各种环境中都有古菌存在。古菌在生态和生理方面类似细菌，因此可以借鉴细菌的分离方法分离古菌。嗜盐古菌则可以参照嗜盐放线菌的分离方法。

分离培养基（1000mL的用量）。

放线菌：

1）海藻糖-脯氨酸培养基：海藻糖5g，脯氨酸1g，$(NH_4)_2SO_4$ 1g，NaCl 1g，$CaCl_2$ 2g，K_2HPO_4 1g，$MgSO_4 \cdot 7H_2O$ 1g，复合维生素* 3.75mg，琼脂20g，制霉菌素0.1g/L，萘啶酸25mg/L，放线菌酮50mg/L，pH 7.2～7.4，113℃ 30min灭菌。

（*复合维生素：核黄素1mg，烟酸1mg，泛酸钙1mg，肌醇1mg，生物素1mg，*p*-氨基苯甲酸1mg，维生素B_1 1mg，维生素B_6 1mg）

2）海藻糖-无机盐培养基：海藻糖6.0g，KNO_3 0.5g，角蛋白0.05g，K_2HPO_4 0.03g，$CaCl_2$ 0.3g，$MgSO_4 \cdot 7H_2O$ 0.05g，Gellan Gum 7g，pH 7.2～7.4。

3）改良甘油-天冬酰胺培养基：甘油10g，天冬酰胺1g，$K_2HPO_4 \cdot 3H_2O$ 1g，微量盐* 1mL，$MgSO_4 \cdot 7H_2O$ 0.5g，$CaCO_3$ 0.3g，复合维生素* 3.75mg，琼脂20g，pH 7.2～7.4，$K_2Cr_2O_7$ 50mg/L。

（*微量盐：$FeSO_4 \cdot 7H_2O$ 0.2g，$MnCl_2 \cdot 2H_2O$ 0.1g，$MnSO_4 \cdot 7H_2O$ 0.1g，$CuSO_4$ 0.1g，水1000mL）

4）组氨酸-棉子糖培养基：组氨酸 1g，棉子糖 5g，$K_2HPO_4 \cdot 3H_2O$ 1g，$MgSO_4 \cdot 7H_2O$ 0.5g，琼脂 20g，pH 7.2～7.4，113℃ 30min 灭菌。

利福平 25mg/L，制霉菌素 100mg/L，放线酮 50mg/L，萘啶酸 25mg/L。

5）改良 HV 培养基：腐殖酸钠 1g，Na_2HPO_4 0.5g，KCl 1g，$MgSO_4 \cdot 7H_2O$ 0.05g，$CaCl_2$ 1g，复合维生素* 3.75mg，琼脂 20g，pH 7.2～7.4，制霉菌素 100mg/L，萘啶酸 25mg/L。

6）改良 HVG 培养基：腐殖酸 1.0g，角蛋白 0.5g，$CaCl_2$ 0.3g，10mmol/L MOPS 微量盐溶液 0.1mL，Gellan Gum 7g，pH 7.2～7.4。

7）HVA 培养基：腐殖酸 1.0g，$MgSO_4 \cdot 7H_2O$ 0.5g，KCl 1.7g，$CaCl_2$ 0.02g，$FeSO_4 \cdot 7H_2O$ 0.01g，复合维生素* 3.75mg，琼脂 20g，pH 7.2～7.4。

8）葡萄糖-天冬酰胺培养基：葡萄糖 10g，天冬酰胺琼脂 0.5g，K_2HPO_4 0.5g，琼脂 20g，pH 7.2～7.4，113℃ 30min 灭菌。

9）甘油精氨酸培养基：甘油 5g，葡萄糖 1g，K_2HPO_4 0.3g，$MgSO_4 \cdot 7H_2O$ 0.2g，NaCl 0.3g，精氨酸 0.5g，核黄素 0.5mg，生物素 0.25mg，烟酸 0.5mg，肌醇 0.5mg，微量盐* 1 mL，放线酮 50mg，制霉菌素 100mg，青霉素 0.8mg，多黏菌素 4mg，琼脂 20g，pH 7.2。

10）高氏Ⅰ号培养基：可溶性淀粉 20g，K_2HPO_4 0.5g，$MgSO_4 \cdot 7H_2O$ 0.5g，NaCl 0.5g，$FeSO_4$ 10mg，琼脂 20g，pH 7.2，113℃ 30min 灭菌。

11）几丁质培养基：几丁质 2～4g（NaOH 浸泡，研磨），K_2HPO_4 0.7g，KH_2PO_4 0.3g，$MgSO_4 \cdot 7H_2O$ 0.5g，微量盐* 1ml，琼脂 20g，pH 7.2～7.4。

12）淀粉酪素培养基：可溶性淀粉 10g，酪素 0.3g，KNO_3 2g，NaCl 2g，K_2HPO_4 2g，$MgSO_4 \cdot 7H_2O$ 0.05g，$CaCO_3$ 0.02g，$FeSO_4 \cdot 7H_2O$ 10mg，琼脂 20g，pH 7.2～7.4。

13）燕麦片培养基：燕麦片 20g（煮沸 20min，纱布过滤），微量盐* 1mL，pH 7.2。

14）酵母膏麦芽膏培养基：酵母膏 4g，麦芽膏 10g，葡萄糖 4g，琼脂 20g，pH 7.3。

15）土壤浸汁培养基：采样地点的土壤 250g，水 1000mL，121℃ 30min，澄清，上清稀释至 1000mL，琼脂 20g，pH 7.2。

16）无机盐淀粉培养基：可溶性淀粉 10g，K_2HPO_4 1g，$MgSO_4 \cdot 7H_2O$ 1g，NaCl 1g，$(NH_4)_2SO_4$ 2g，$CaCO_3$ 2g，微量盐* 1mL，琼脂 20g，pH 7～7.4，121℃ 30min 灭菌。

17）GPY 培养基：葡萄糖 10g，蛋白胨 5g，酵母膏 5g，K_2HPO_4 1g，$MgSO_4 \cdot 7H_2O$ 0.25g，微量盐* 1mL，琼脂 20g，用灭菌饱和的 $NaCO_3$ 调 pH 10～10.5。

18）肉膏酪氨酸培养基：牛肉膏 3g，酪氨酸 1g，天冬氨酸 1g，马铃薯淀粉 15g，柠檬酸铁铵 0.1g，$MgSO_4 \cdot 7H_2O$ 0.15g，K_2HPO_4 3.5g，柠檬酸 0.1g，放线酮 50mg，制霉菌素 50mg，金霉素盐酸盐 5mg，去甲基金霉素盐酸盐 5mg，甲烯土霉素盐酸盐 10mg，琼脂 20g，pH 7.2，113℃ 30min 灭菌。

19）石蜡培养基：$(NH_4)_2SO_4$ 1g，Na_2HPO_4 0.5g，$MgSO_4 \cdot 7H_2O$ 0.2g，$FeSO_4$

5mg，$MnSO_4$ 2mg，液状石蜡 5mL，琼脂 20g，pH 自然。

20）Qmod 培养基：葡萄糖 10g，胨 5g，K_2HPO_4 300mg，NaH_2PO_4 200mg，$MgSO_4 \cdot 7H_2O$ 200mg，KCl 200mg，柠檬酸铁（1%）1mL，微量盐* 1mL，卵磷脂5～10mg，加 $CaCO_3$ 100mg，pH 6.8～7.0。

（微量盐：H_3BO_3 1.5g，$MnSO_4 \cdot 7H_2O$ 0.8g，$(NH_4)_6Mo_7O_{24}$ 0.2g，$ZnSO_4 \cdot 7H_2O$ 0.8g，$CoSO_4 \cdot 7H_2O$ 0.01g，$CuSO_4 \cdot 5H_2O$ 0.1g，水 1000mL）

21）丙酸钠-无机盐培养基：丙酸钠 2.0g，干酪素（Casein）0.3g，KNO_3 0.1g，NaCl 0.05g，$MgSO_4 \cdot 7H_2O$ 0.05g，K_2HPO_4 0.05g，$CaCO_3$ 0.02g，$FeSO_4 \cdot 7H_2O$ 10mg，琼脂 15g，pH 7.2～7.4。

细菌：

22）牛肉膏蛋白胨培养基：牛肉膏 5g，蛋白胨 10g，NaCl 5g，琼脂 20g，pH 7.4～7.6。

23）Luria-Bertani（LB）培养基：胰蛋白胨 10g，酵母提取物 0.5g，NaCl 10g，琼脂 20g，pH 7.0～7.2。

真菌：

24）Martin 培养基：葡萄糖 10g，蛋白胨 5.0g，$KH_2PO_4 \cdot 3H_2O$ 1.0g，$MgSO_4 \cdot 7H_2O$ 0.5g，琼脂 20g，1000mL，加 1%的 Bose Bengal 水溶液，1%的链霉素 3mL，pH 自然。

25）查氏培养基：蔗糖 30g，$NaNO_3$ 2g，K_2HPO_4 1g，$MgSO_4 \cdot 7H_2O$ 0.5g，KCl 0.5g，$FeSO_4$ 0.01g，琼脂 15g，pH 7.2～7.4，113℃ 30min 灭菌。

26）PDA 培养基：蔗糖（或葡萄糖）20g，马铃薯（去皮）200g，（切碎后，煮沸 30min）过滤补水至 1000mL，pH 自然，113℃ 30min 灭菌。

第三节　资源微生物的保存

具有现实或潜在用途及价值的微生物菌株都应该是保存的对象。保存的目的在于使菌种的变异及退化降至最低水平，维持微生物所固有的功能、生命力、形态特征及生产所需要的性状。与高等生物比较，微生物的遗传保守性较小。这为我们改变它们的遗传性状、提高产量提供了更大的可能性。也正是因为其遗传保守性较小，故防止菌种退化同样重要。我们曾经将一株高温链霉菌和一株耐盐链霉菌，分别在其最适生长和下限生长 4 种固定条件下连续传代 100 代，并测定 1、25、50、75、100 代的 16S rRNA 基因序列，历时近两年。结果发现：所有菌种经连续传代 100 代后，16S rRNA 基因序列没有一个碱基发生改变；无论是最适生长还是下限生长固定条件下传代，从第 5 代开始，菌种的生长势减弱、孢子化速度和程度大为降低。因此，菌种保存是微生物资源开发很重要的组成部分。

系统的菌种保藏工作始于 19 世纪末 20 世纪初。1970 年 8 月在墨西哥城举行的第 10 届国际微生物学代表大会上成立了世界菌种保藏联合会，简称WFCC。

菌种保藏的原理是根据微生物生理、生化特点，人工地创造环境条件，使微生物长期处于代谢不活泼、生长繁殖受抑制的休眠状态。这些人工造成的环境主要是低温、干燥、缺氧、避光、缺乏营养、添加保护剂或酸度中和剂等，都能很好地保藏微生物。选择微生物的休眠体，如孢子、芽孢等进行保藏，效果更好。菌种保藏工作在维持生物多样性，进行科学研究及工业生产等方面具有重大意义。因此从一开始分离到的菌株，一直到最后开发成功的优良高产菌株都应该保存。通常应根据菌种的理论价值（模式菌种还是一般菌种）和生产或经济价值的大小、对菌种的开发和认识程度的大小、菌种本身的生物学特性等采取不同的保存方式进行保存。

一、开发过程中的菌种及保存原则

为了讨论的方便，我们把开发过程中的菌株定义如下。

1）待筛菌株：从自然环境或人工环境分离到的菌株。

2）初入选菌株：初次筛选得到的菌株。

3）入选菌株：复筛得到的菌株。

4）模式菌株：发现并定名的菌种。

5）专利菌种或生产菌种：已经申请专利（未必进行生产或正在研究中）菌种和生产菌，这是保存的重点。

以上的菌株都是“野生”菌株，没有经过人工育种。

优良菌株：经小试研究确定有应用（生产）前景，并且已经定名的菌株。

生产菌株：经过中试或已经投产的菌株，申请专利后即为专利菌株。

菌种开发程度的不同，保存的要求也应该有所区别。

（1）待筛菌株

如何在短时间内，快速、准确、微量地筛选大量菌株是微生物资源开发的关键之一。高通量筛选（第十三章）就是解决这一问题的关键技术。

我们前面曾经提到一菌多筛的原则。在一个大的微生物资源开发集体中也不可能同时设置很多模型，也就是说待筛菌株需要保存较长时间，以便先后经过多次筛选。

从保护生物多样性的角度来说，凡是有所不同的菌株都应该保存。它们属于“有潜在价值”的微生物。这些菌株数量巨大，大部分又未经定名。保存这类菌株的目的在于永久保存基因，为防止人类还不知道其存在之前就消亡的可能性。此外，为了在较长时间内研究和开发它们，也需要长期保存这些菌种。

待筛菌株保存的目的在于维持微生物所固有的特性，尤其是开发目的的特性。一般来说，待筛菌株的量都很大，不可能一下子筛选完。但是筛选过程最好不要超过半年。为了使菌株在半年之内不致退化，一般可用带螺帽（或橡皮塞）的试管斜面，拧紧后保存于4℃。

（2）入选菌株

得到入选菌株以后马上就要进行小试。小试的时间可能较短，也可能较长（几年）。一般来说，入选菌株数量小。保存的目的在于在小试期间维持菌株的生产性能，防止菌种退化及生产能力的丧失。对于入选菌株在小试过程中的使用及保存应注意以下几点。

1）尽量减少传代次数，用长期保存的方法（后述）保存菌种，按下式使用。千万不能长期用相同斜面连续传代，一直传下去。

牛奶管（或甘油管）F_1 代

平板活化

斜面菌种（实验用）

2）在维持生产性能的前提下，调换斜面培养基成分。最好不要永远使用一种培养基。

3）暂时复壮措施，有的菌种（尤其是一些细菌）退化较快，在小试期间无力也不一定有必要进行育种，这时可以采取以下简单方法防止退化：将菌株的悬液放入消过毒的土壤中，维持50%～70%的湿度，自然温度下保存一段时间。再从土壤中分离生产性能好的单菌落，转到斜面上；还可将菌种转到动植物等宿主体内提高其活力；利用高剂量的紫外辐射和低剂量的亚硝基胍联合处理进行复壮。有时，复壮可能会得到更高产的菌株。

(3) 优良菌种和生产菌种

这两类菌种的数量少，一般都定名。这些菌种都无例外需要长期保存。

(4) 模式菌种

新种模式菌株一定得永久保存。如果要正式发表，还必须委托至少两个世界公认或法定的典型菌种保藏中心保存，并获得保藏号。

(5) 专利菌种或生产菌种

按规定，专利菌种必须保存于国家（国际）公认的菌种保藏中心，并获得菌种号。生产菌种（有的可能是工程菌）未必申请专利，但必定是单位最重要的资本。专利菌种或生产菌种必须长期保存其所有的生物学性状、特性和功能，往往要用多种方式进行长期保存。

二、资源微生物的长期保存方法

出于科研和生产的需要，我们要把菌种的遗传特性完整地、长期稳定地保留下来。在这个过程中，需要注意两点：①保藏时，选择生长较好的培养物或孢子保藏。②在液氮或是冻干保藏时，冷冻速度要均匀，以免胞内形成大颗粒冰晶造成细胞死亡，最好在－20～－30 ℃预冻 30～60min 以上。

(1) 悬液保存

将纯培养物悬浮在适当的溶液中（如蒸馏水、糖液、磷酸缓冲液等）。一般常用蒸馏水悬浮法，即将菌种悬浮于无菌蒸馏水中，后封口，置于10～20℃下保藏。该法适于好气性细菌、放线菌和酵母菌的保藏。一般可保存2～4年。

(2) 液状石蜡保存

为防止菌体因干燥而死亡，或为限制氧气，可以在斜面培养基中覆盖灭菌的液状石蜡。这适于霉菌、酵母菌、放线菌、好氧性细菌等的保存。注意，液状石蜡要优质无毒，一般为化学纯规格。

(3) 砂土管保存

河砂洗净，80目过筛，10%盐酸泡5h，水冲洗至中性，烘干。

瘦（心）红土100目过筛，水洗至中性，烘干。

砂：土=1：1混合，装于指形管，126℃消毒1h。

↓

刮孢子或放孢子悬液于砂土内，常温抽干。

↓

指形管放进更大的试管，放少量吸湿剂，塞橡皮塞或蜡封。

↓

存放于室温或4℃。

↓

使用时直接挑取砂土接于斜面。砂土管封存，仍可继续使用。

这种方法对于长孢子或芽孢的菌种效果较好，一般可保存6年左右，且制备、保存、使用均方便。但不适于保存无芽孢或无孢子的微生物。

(4) 甘油保存

将15%～30%（*m*/*V*，也可以用100%）的甘油放入指形管中，消毒。刮菌体于其内。-70℃（或-20℃）保存。

使用时从冰箱取出，逐步解冻，接甘油悬液于斜面。甘油管再逐步降温，放还-70℃保存。可反复用几次。这种方法可保存3年左右。

(5) 麦麸保存

麦麸：水=1：0.8，拌匀，分装于试管，1～2cm厚，消毒。接种后，培养至孢子化完成。室温抽干。换橡皮塞或蜡封。4℃或室温保存。

使用时挑取少量麦麸于新鲜斜面。原种可多次使用。

用这种方法保存真菌效果很好。

(6) 冻干保存

100mm×8mm的试管或安瓿管，放入打印的菌号标签，塞棉塞，消毒。牛奶脱脂或20%的牛奶粉水液脱脂，装于消毒试管0.2～0.5cm厚，113℃消毒15～20min。

放入要保存菌种悬液，冰冻干燥，抽真空，火焰封口。4℃或室温保存。

这种方法的优点是保存时间可长达 5～10 年，最多可达 15 年，生物活性不易丧失，操作也简单，但需要冰冻干燥设备，而且开封后无法多次使用。

(7) 液氮保存

取 0.5mL 10%～30%甘油水溶液于安瓿管，灭菌后，接入纯培养物，封口。

将安瓿管以冷却速度为 1℃/min 预冻，使样品冷冻到－35℃，然后温度可迅速降至－196℃，并储存之。使用时，安瓿管在常温逐步解冻，然后接种。

这种方法的优点是保存时间长（10 年左右），不易失活。但设备要求高，运行成本也高。

此外，对于一些难以用常规方法保藏的动、植物病原菌需借用寄主保藏；保存基因工程菌时，由于其质粒携带外源 DNA 片段且其复制子易丢失从而失去外源性状，因此在制备纯培养物过程中，要加入相应的抗生素以维持其性状。

（曹艳茹　徐丽华）

主要参考文献

曹艳茹，姜怡，陈义光等．2008．武陵山放线菌多样性．微生物学报，48（7）：1～7

曹艳茹，姜怡，徐丽华．2009．大香格里拉土壤放线菌组成分析及生物活性测定．微生物学报，49（1）：105～109

姜成林，徐丽华．1985．微生物学论文集．北京：科学出版社．53～57

姜怡，曹艳茹，蔡祥凤等．2009．三种动物粪便及一种虫体可培养放线菌的多样性及其生物活性．微生物学报，49（9）：1152～1157

姜怡，李文均，徐平等．2006．盐碱环境放线菌多样性研究．微生物学报，46（2）：191～195

Bull A T. 2004. Microbial diversity: the resource. *In*: Bull A T. Microbial Diversity and Bioprospecting. Washington D C: ASM Press. 13～15

Caruso M, Colombo A L, Fedeli L et al. 2000. Isolation of endophytic fungi and actinomycetes taxane producers. Ann Microbiology, 50: 3～13

Jiang Y, Wiese J, Cao Y R et al. 2009. *Promicromonospora flava* sp. nov., isolated from sediment of the Baltic Sea. Int J Syst Evol Microbiol, 59: 1599～1602

O'Donnell A G, Macnaughton S J. 1991. Evaluation of a dispersion and elutriation technique for sampling microorganisms from soil. Soil Biol Biochem, 23: 227～232

Qin S, Li J, Chen H H et al. 2009. Isolation, diversity, and antimicrobial activity of rare actinobacteria from medicinal plants of tropical rain forests in Xishuangbanna, China. Appl Environ Microbiol, 75: 6176～6186

Verma V C, Gond S K, Kumar A et al. 2009. Endophytic actinomycetes from *Azadirachia indica* A. Juss.: Isolation, diversity, and antimicrobial activity. Microb Ecol, 57: 749～756

Vickers J C, William S S T, Ross G W. 1984. A taxonomic approach to selective isolation of streptomycetes from soil. *In*: Ortiz-Ortiz L, Bojalil L F, Yakoleff Y. Biological, Biochemical and Biomedical Aspects of Actinomycetes. Orlando, USA: Academic Press. 553～561

第十一章　微生物资源的保护

第一节　保护微生物资源的必要性和紧迫性

中国是世界上生物多样性最丰富的国家之一。自 1992 年加入《生物多样性公约》以来，我国开展了一系列卓有成效的保护生物多样性的工作，基本形成了保护生物多样性的法律体系和工作网络。到目前为止，我国先后制定和颁布了《中国生物多样性保护行动计划》、《全国生态环境保护纲要》、《中国水生生物资源养护行动纲要》和《中国国家生物安全框架》等生物多样性保护法律、法规 20 多项。2007 年 10 月，我国制定并颁布了《全国生物物种资源保护与利用规划纲要》，明确了 2006～2020 年全国生物物种资源保护与利用的总体目标和阶段性目标，提出了 12 个重点领域的主要任务，微生物资源保护与利用被列在其中，确定了“十一五”期间优先开展的生物多样性保护行动和研究项目。截至 2007 年，我国已经建立起各种类型、不同级别的自然保护区 2531 个，约占陆地国土面积的 15.2%，超过国际平均水平 3.2 个百分点，这对保护国家战略资源，保障经济社会可持续发展发挥了重要作用。

微生物作为重要的生物资源及生态系统的积极参与者，对于维护生态系统的平衡起着不可替代的重要作用，主要表现在对动植物残体及其他有机物等的分解，为动植物生长提供所需的营养和二氧化碳，以及合成各种物质、参与地球化学循环过程等方面，这也是人类生存的基础之一。此外，微生物也是人类所需很多物质的生产者。随着科学技术的进步，人类对微生物的认识不断深入，微生物的用途也越来越广，作用越来越大。因此，对人类来说，微生物既是现实资源，也是潜在资源。

目前所描述的细菌约有 6000 种，保存约有 3500 种，经分子手段检测到自然界可能有 50 万种细菌，而推测可能多达 150 万种；已描述的真菌约 80 000 种，保存约 70 000 种，检测到 150 万种，推测有几百万种；描述的放线菌约 5000 种，保存的约 3000 种，检测约有 35 000 种，推测有 5 万～8 万种。也就是说，至少有 90%的未知微生物尚未获得纯培养，开发潜力极大。自然界的微生物到底有多少种？它们在各种环境中的分布情况如何？有什么用途？如何开发利用和保护？可以说目前还知之甚少。

我们经过 20 余年，采集了 5000 多份样品，考察了云南省 22 个地区不同植被下的土壤放线菌。研究结果显示，可培养的放线菌以原始森林的放线菌种类最多，8 个地区平均分离到 9 个属，而在西双版纳热带雨林土壤就分离到了 25 个属（第十章）。随着森林砍伐程度的加剧和耕作程度的频繁，放线菌的种类按次生林、荒地、旱地的顺序呈逐渐单调化的走势。旱地（耕作地）土壤平均仅分离到 5.4 个属。森林砍伐的直接后果之一是放线菌种类的减少。蔬菜地因施肥水平高，放线菌的数量大增，种类也有所增加（表 11-1）。这是微生物学界首次通过如此浩大持久的实验所获得的一项重要发现，有很重要的科学意义和实用价值。这个发现从保护微生物资源的角度证明了保护原始森林的显著重要性。原始森林不仅是最宝贵的动物、植物资源库，同样也是最宝贵的微生物资源库及基因库。从人们利用微生物资源的角度来看，土壤微生物的数量没有多大意义。因为从严格的意义上来讲，一个物种只要能找到它的一个孢子就够了，我们就可以在极短时间内将这个孢子增殖亿倍。对人类有决定意义的是物种的保存，物种的减少将难以补救。非常不幸的是，动物、植物种类的减少人们会感觉到、会心疼、会采取措施加以保护，而微生物却是肉眼看不见、摸不着的，因此微生物物种的减少还很少有人察觉，也没有多少人会痛惜。社会对保护天然微生物资源的必要性和紧迫性的认识严重不足。

表 11-1　云南不同植被土壤纯培养天然放线菌的种类

植被	研究地区数	平均数量/(×10³ 个/g 干土)	平均属数
原始林	8	482.8	9.0
次生林	16	1199.6	6.7
荒地	11	893.2	5.9
旱地	7	1359.4	5.4
蔬菜地	8	5963.1	6.5

自然界中的微生物极易受环境因素的影响，处在不断的生死和变化中。温度、湿度、酸碱、营养和空气都会极大地影响微生物的生存。很多微生物在人们尚不知道其存在之前就已经消亡了。例如，一种产孢放线菌的孢子遇水很快就萌发，有简单的营养就能很快生长，紧接着又形成孢子，完成了一个生活周期，所需要时间不过几小时或一天；有些细菌的生活周期才 20min。形成孢子（可视为高等植物的种子）标志着一个生活周期的结束，同时也是微生物抵御恶劣环境的一种方式。各种微生物孢子存活期的差异很大，也有很多微生物不形成孢子。很多微生物可以在极短的时间内增殖上亿倍，也可以很快死亡。空气、雨水、动植物、昆虫、人及机械都可以传播微生物。在人类活动频繁的场所，微生物群落的变化比较大。

在那些原始的环境中，微生物与周围环境在长期的演化中形成了特定的生态系统，那里的微生物群落也比较稳定，年周期的变化也存在规律性。在不同的原始环境中必然有不同的特定的微生物群落。热带原始森林与寒带原始森林的微生物群落明显不同，热带原始湖泊与寒带原始湖泊的微生物群落也不同，各具特点。因此原始环境（包括原始森林）对于研究微生物的种类和系统演化具有特别重要的意义。保护原始森林不受干扰，对于保护微生物种质资源（尤其是其中的“未知微生物”）的意义远比保存、保护动植物种质资源更重要。因为动植物的减少你是知道的，而微生物的减少却不容易被知道。

一旦原始环境遭到破坏，随之而来的便是水、气、热和营养等生态因子的改变，其中尤以干旱对微生物的影响最大，一些无芽孢细菌和无孢子微生物在干燥时很快死亡。那些生长速度慢，营养需求苛刻的种类（我们称其为劣势菌群，大部分属于未知菌，分离比较困难，甚至还没有试图分离过，它们的利用价值尚未知晓）必然首先遭殃。剩下的“优胜者”大多数是生长快、营养要求低、孢子化程度高的菌种。这些优胜者菌种大多数都容易分离，利用价值可能大体已经了解，或研究过，或已定名，甚至是已保存的常见菌。原始环境遭到破坏的直接后果必然是大量未知微生物（也可以用形容高等生物的"珍稀种"来形容）死亡，生长缓慢或适应变化能力弱的劣势物种减少，适应变化能力强的已知微生物存活，一旦环境变化趋于稳定，存活下来的微生物物种便很快繁殖生长，但微生物群落朝着单调化方向发展。这种变化对于改善土壤的耕作性可能有益，但微生物物种资源遭到了极大的破坏。

我们对云南十几个主要湖泊放线菌的多样性进行了调查。其中，杞麓湖、异龙湖和大屯海曾经在1981年干涸过20余天，水、气、热等环境因素大大改变，有机质的分解加速，湖底变得富营养化。1986年研究的结果表明，这3个湖泊中可培养的放线菌（尤其是链霉菌）数量大大增加（近一个数量级），但放线菌的种类却减少，一共才分离到3、4个属，但在其他湖泊则分离到8～10个属。其他微生物种类也可能存在这样的变化。20天的干涸与湖泊的年龄相比只能算一瞬间，却极大地改变了湖泊水底的小生态系统，而微生物生态系统的改变可能最严重。如果仅从所谓景观生态的观点看问题，复水以后，3个湖泊恢复了原貌，但是从"微观"生态的角度看，干涸前后的3个湖泊已是面目全非了。即使后来又复水，微生物群落也无法复原，因为自然界要产生（创造）一个生物种谈何容易。我们推测，在干涸和复水过程中，那些生长速度慢，营养需求苛刻的弱势种群必然消失，而优势者大量繁殖。这是天然湖泊水生环境暂时变化带来微生物群落单调化、微生物物种减少的一个明显的实证。

我们曾经将土壤样品放于玻璃瓶内，室温保存0、10天、20天，分别测定其细菌的存活情况。保存10天，细菌存活12.2%；保存20天，仅存活0.5%，存活的细菌都是芽孢菌，非芽孢菌大量死亡。我们推测，水分散失是细菌大量死亡的主要因素。

如果是以林还林，也很难阻止微生物群落单调化的趋势。尽管以林还林都是林，但任何人工林中的植物种类都肯定减少了（单调化），难以恢复原始生态系统。生态环境改变（如大气成分和土壤条件必定改变）是不可避免的，这必将导致微生物群落的单调化。例如，许多与植物共生的微生物（包括广泛存在、研究不多的、与植物共生的内生菌），将随寄主植物的消失而消失。所以，从保护微生物多样性角度出发，我们主张造林树种多样化，最好不要种植单一树种。

如果发生污染，有毒物质大量增加，微生物种类减少会更剧烈，剩下的必然是那些对毒性物质有抗性的微生物物种，微生物组成将变得更加单调化。

一些天然的极端环境，由于长期适应的结果，那里分布着种类和数量不一定很多，但必定很独特，代谢类型必定很奇异，可能存在很有开发利用价值的微生物物种。即使目前不知道它们有什么利用价值，但它们肯定具有重要的理论价值，例如，极端嗜热菌（现在知道的极限生存温度在140℃）、极端嗜冷菌（在0℃以下生长）、极端嗜盐、嗜碱、嗜酸菌和抗辐射菌等。云南腾冲、大理温泉群、程海碱化湖、天然碳酸盐泉、硫磺泉、盐湖、雪山、冰川、放射性矿区、溶洞以及美国的黄石公园等一定分布着极为奇异的微生物。我们从青海、新疆、甘肃等西部地区重盐土和荒漠中，发现了姜氏菌新亚目（Jiangellineae subord. nov.）和姜氏菌新科（Jiangellaceae fam. nov.），还分离到17个属的放线菌。其中有产丝菌属（*Myceligererans*）、链单孢菌属（*Streptomonospora*）、阎氏菌属（*Yania*）、姜氏菌属（*Jiangella*）、刘氏菌属（*Zhihengliuella*）、嗜盐生孢放线菌属（*Haloactinospora*）、嗜盐糖霉菌属（*Haloglycomyces*）、嗜盐刺丝菌属（*Ha-*

loechinothrix)、嗜盐放线杆菌属（*Haloactinobactium*）、嗜盐多孢放线菌属（*Haloactinopolyspora*）等 10 个放线菌新属及 4 个其他细菌新属——中华球菌属（*Sinococcus*）、中华短杆菌属（*Sinocurtobacteriu*）、碱杆菌属（*Alkalibacillus*）和纳西杆菌属（*Naxibacter*）。由此可见，保护原始极端环境极为重要。

还有一种所谓绝无仅有的环境，例如，美国得克萨斯的 Bracken 岩洞，那里每年有十万只蝙蝠飞来，多少万年来，岩洞的蝙蝠粪便大约堆积在 10m 左右。显然那里形成了独特、相对稳定的微生物区系，必有十分特殊的微生物种类。类似这样独一无二的环境各国都有，其微生物区系也必定各具特色。

然而一个严峻的事实是，许多极端环境和绝无仅有的环境由于具有旅游价值而被过度开发。例如，云南省腾冲的大滚锅温泉由于温度高（100℃）、流量大、气势壮观而闻名于世，早被开发成旅游区，但其原始环境早已一去不复返，那里的特殊微生物可能在我们尚未认识它们之前就已灭绝。又如，云南省的溶洞很多，每发现一个溶洞，人们首先考虑的是如何开发利用它的旅游价值，几乎没有人考虑如何保护它的动植物资源（那里往往有奇特的动物），更没有人考虑保护其微生物资源。从微生物资源的角度看，今天的云南建水的燕子洞早已面目全非了。可以肯定，一旦这些独特的或绝无仅有的原始环境改变，微生物种类必定减少，而且难以修复。

最后的结论是，微生物种质资源同动植物资源一样在不断地减少，一部分物种甚至消失灭绝，这是一个残酷的事实。为此，保护微生物资源刻不容缓。政府和社会应给予足够的重视，加大未培养微生物物种资源的研究和保护。

我们并非主张一棵树都不能动，更不是反对合理的开发。我们主张加大微生物资源调查和开发的人力、智力及资金的投入，扩大开发规模。在今后很长的时期内，人类不可能做到了解、保存并开发所有的微生物种类。因此，我们建议长期划定、保留、保护一些代表性的原始环境（不单单是原始森林）和绝无仅有的特殊环境作为保护区，作为保存生物种质资源的研究基地。

菌种保藏是迁地保护的一种方式。我国第一个专业微生物菌种保藏机构是成立于 1951 年的中国科学院菌种保藏委员会。随后，又陆续建立了医学和工业微生物菌种等保藏机构。1979 年，原国家科委批准成立中国微生物菌种保藏管理委员会。目前，我国共有 16 个保藏中心（包括香港、台湾各一个）在世界菌种保藏中心注册，注册保藏的各类微生物菌种 61 623 株，其中台湾保存 10 398 株。根据 2005～2006 年环保总局组织的调查统计，我国大陆区域共保存各类微生物菌种资源约 29 万株，主要分散保存在近 50 个微生物学研究单位；共有 9 个保藏中心出版发行了各自的菌种目录，登载各类共享微生物菌种 20 862 株。这些菌种保藏单位，每年向社会提供各类微生物菌种估计在 3 万株左右。但相比之下，我国微生物菌种资源的占有量与资源丰富大国的地位仍极不相符。

第二节　保护微生物资源的措施

一、生产菌种和专利菌种的保护

专利菌种和生产菌种都是有价值的资源。专利菌种不一定具有现实的生产价值，生产菌种不一定可以申请专利。一般来说，专利菌种及其功能和产物一定是新发现的，它们具有潜在的应用价值，通常都有可能开发成生产菌种，但不一定在申请专利期间就能转化为现实生产力。生产菌种必须有现实生产力。在某些情况下，专利菌种就是生产菌。这两者的保护均与当事人的经济利益有关，都是对知识产权的保护。

早在1873年，美国就对巴斯德关于酵母菌的研究成功授予了专利权，开始了对生物工艺的保护。但长期以来许多国家仅对微生物学方法和微生物的产品授予专利，而对微生物本身并不保护。1980年美国专利申请人Chakrabarty与美国专利局和商标局的诉讼案，以申请人胜诉告终，从此开创了微生物本身也可以作为专利保护对象授予专利权的先例。此后，一些国家对微生物菌种本身也授予专利权。我们知道，要全程开发一种新的微生物药物，大约需要10亿美元以上的投资，10年以上的时间，大量的人力物力，还有极大的风险。各国通常的做法是一旦证明某个新菌种产生某种新物质（不一定有临床价值），马上要做的第一件事就是申请专利，然后再继续研究开发。这说明了专利对于促进微生物资源开发的显著重要性。没有专利保护，微生物药物及其他微生物制品的研究开发就会面临着巨大的风险。

因此，从获得的新菌种中分离到新物质，且有某种用途，首先就要考虑申请专利。生产菌种和专利菌种的保护主要依靠的是法律手段。加强微生物新资源及新产物的专利保护，对于发掘和保护微生物资源具有很大的推动作用。

二、天然微生物资源的保护

对于天然微生物资源的保护我们的基本看法如下。

1）原始生境是巨大的微生物基因库、种源库，保护原始生境就同时保护了微生物资源。总体而言，我们并不清楚微生物的分布、种类和用途（100年后也不会完全清楚），比较保险的办法是根据不同的气候类型、地质条件、不同的生态类型、不同的植被类型，选择、划定具有代表性的原始生境和绝无仅有的原始（有的已经不原始了）环境作为保护区保护起来，使之尽量不受现代社会的影响。除了划定的自然保护区外，还应划定一些独特的原始环境，例如，云南的泸沽湖、碧塔海等高原湖泊，低纬度热带湖泊，150m深的抚仙湖，各种类型的温泉、矿泉、火山口、溶洞、雪山、冰川、国内的盐湖、天池和负海平面极热地区等，作为“原始生态保护区”。建议划定一些具有代表性的原始生境、极端环境和独一无二的特殊环境作为自然保护区，使其尽量保持原始状态，作为研究微生物资源的基地。这种“圈地运动”必定有助于研究微生物的资源家底及生物进化，保护种质资源以及开发利用。

虽然提出通过保护原始生境来保护微生物种质资源的建议很容易，但是实施起来却十分困难。第一是因为这些建议会与目前某些经济利益发生矛盾；第二，人们认为与诸多事情相比，“这些算得了什么?”；第三，更难的是由于微生物“看不见”，既然看不见，合者就会甚寡，要形成一种大众认同意识很不容易。

2）加快微生物资源的本底调查和编目工作。抓紧各保护区的微生物资源的本底调查，重点调查和收集具有重要应用前景的微生物资源，逐步摸清我国微生物资源家底。在资源调查中，要特别关注我国特有自然生态地区内的微生物资源，对不同生态地区进行广泛的调查、分离和收集，开展系统学、分类学研究，以及物种之间亲缘关系和系统演化理论的探讨。资源调查中还要特别重视极端环境微生物资源和污染环境微生物资源，选择具有特殊化学因子的盐湖、碱湖、热泉、深海等，建立样品采样、分离、培养等新的方法技术，保存、整理已分离到的菌种资源。

3）对于未培养的微生物资源，可采取从环境中直接提取DNA，分离、克隆不同的基因片段，建立微生物资源基因库，以达到保护微生物基因资源之目的。

4）建立国家微生物资源库与共享体系，并进行系统的研究工作。我国虽已建立了微生物菌种保藏体系，但其规模、机制、功能尚不能适应当今科学研究和应用开发的发展需求。因此，我们需要装备、重建高水平的国家微生物菌种资源保存与管理体系，以及信息资源共享服务体系。

5）保护的目的在于利用。天然微生物资源的开发不会有“过度”和破坏环境之虞。矿物采一斤就少一斤，树木砍伐一棵就少一棵，而天然微生物的开发对原有的环境毫无损害。国家应加大对微生物资源开发利用的投入。重要的是要创新分离方法，收集、保存天然微生物菌种，建立微生物资源库，同时进行开发利用研究。

6）大力宣传保护微生物资源的重要性。要让更多的人理解，保护看得见的动植物资源很重要，保护看不见的微生物资源同样重要。

三、微生物菌种资源平台建设

2005年7月，科技部、财政部、发改委、教育部联合发布了《“十一五”国家科技基础条件平台建设实施意见》，这标志着国家科技基础条件平台建设工作全面启动。自然科技资源共享平台是我国六大科技基础条件平台的重要组成部分之一，是我国政府为整合植物种质、动物种质、微生物菌种、人类遗传、生物标本、岩矿化石标本、实验材料与标准物质等8类自然科技资源所采取的重大举措。在“整合、共享、完善、提高”平台建设方针指导下，以“资源是前提，标准是基础，机制是核心，技术是手段，法规是保障，共享是目的”为建设思路，实现我国自然科技资源收集、整理、保存和共享利用的标准化、信息化和现代化。

“十一五”期间，国家自然科技资源共享平台建设的重点任务如下。

1）自然科技资源共享平台标准规范的制定与完善；

2）自然科技资源标准化整理与数字化表达；

3）自然科技资源复制、备份及标志性（典型性和关键性）性状数据的补充完善；

4）濒危、珍稀自然科技资源的收集、整理与保护；

5）国家自然科技资源共享E-平台建设；

6）平台运行、共享机制与政策法规的研制。

“微生物菌种资源平台建设”项目，是由农业部、教育部、卫生部、中国食品药品监督管理局、中国科学院、国家林业局、国家海洋局、中国轻工集团等部门牵头，中国农业科学院农业资源与农业区划研究所负责，全国40多个单位参加的项目，下设9个子项目（表11-2）。

表 11-2　微生物菌种资源平台组成

子项目名称	性质	主持单位	参与单位	子项目主持人及网址
基础微生物资源标准化整理、整合及共享试点	基础微生物	中国科学院微生物研究所	中国科学院成都生物研究所、中国科学院武汉病毒研究所、中国科学院沈阳应用生态研究所、河北大学、云南大学	程池
工业微生物菌种资源标准化整理、整合及共享试点	工业微生物	中国食品发酵工业研究院	天津市工业微生物研究所、上海市工业微生物研究所、四川省食品发酵工业研究设计院、湖南轻工研究院有限责任公司、黑龙江轻工科学研究院、北京工商大学、东北农业大学乳品科学教育部重点实验室、中国检验检疫科学研究院、天津科技大学、中国农业大学、北京林业大学、甘肃省科学院生物研究所	http://www. china-cicc. org/zypt. asp
农业微生物资源标准化整理、整合及共享试点	农业微生物	中国农业科学院农业资源与农业区划研究所		http://www. cdcm. net/show. asp
医学微生物资源标准化整理、整合及共享试点	医学微生物	中国医学科学院医药生物技术研究所		李凤祥 http://www. cmccb. org. cn/index. php
药用微生物资源标准化整理、整合及共享试点	药用微生物	中国药品生物制品检定所	中国医学科学院医药生物技术研究所、华药集团新药研发中心、四川抗菌素工业研究所、福建省微生物研究所、上海来益生物药物研发中心	
兽医微生物资源标准化整理、整合及共享试点	兽医微生物	中国兽医药品监察所		陈敏 http://www. ivdc. gov. cn:8088/cvcc/
林业微生物资源标准化整理、整合及共享试点	林业微生物	中国林业科学研究院森林生态环境与保护研究所	北京林业大学、中国农业大学、东北林业大学、山东农业大学、国家林业局病虫防治总站等	http://www. cfcc-caf. org. cn/V1/? n = frame&type=news
教学实验用微生物资源标准化整理、整合及共享试点	教学实验用微生物	武汉大学	武汉大学、南开大学、山东大学、江南大学、云南大学、四川大学、华中农业大学、中山大学、新疆大学、中南大学、内蒙古农业大学	方呈祥 http://www. cctcc. org/kjbpt/
海洋微生物资源标准化整理、整合及共享试点	海洋微生物	国家海洋局第三海洋研究所	国家海洋局第一海洋研究所、中国极地科学研究中心、中国海洋大学、厦门大学、香港科技大学	

1）农业微生物种质资源标准化整理、整合及共享试点；
2）医学微生物种质资源标准化整理、整合及共享试点；
3）药用微生物种质资源标准化整理、整合及共享试点；
4）工业微生物种质资源标准化整理、整合及共享试点；
5）兽医微生物种质资源标准化整理、整合及共享试点；
6）基础研究微生物种质资源标准化整理、整合及共享试点；
7）林业微生物种质资源标准化整理、整合及共享试点；
8）教学实验微生物种质资源标准化整理、整合及共享试点；
9）海洋微生物种质资源标准化整理、整合及共享试点。

（徐丽华）

主要参考文献

《全国生物物种资源保护与利用规划纲要》，中国国务院 2007 年 10 月 24 日公布
《生物多样性公约》（Convention on Biological Diversity）．1992 年 6 月 5 日联合国环境与发展大会上签署
徐丽华，崔晓龙，李文均．2004．微生物资源的保护．微生物学通报，31（4）：131，132
《中国生物多样性保护行动计划》中国政府于 1994 年 6 月发布
《中国水生生物资源养护行动纲要》，中国国务院 2006 年 2 月 14 日公布

第十二章 微生物资源开发利用的战略与策略

第一节 微生物资源开发利用的战略

一、开发意图贯彻始终

微生物作为自然资源有两层含义，一是作为可再生资源可以被开发利用，而且没有开发“过度”之嫌，这相对于动植物资源开发利用具有非常明显的优越性；二是微生物作为地球生态系统不可替代的积极参与者，发挥着重要的功能，而这些功能又可被加以利用。我们也可以说，微生物是国家战略资源，它的开发利用涉及所有国民经济部门。因此要根据国家战略需求和自己的实际来制订开发利用的战略和策略。

微生物资源开发利用的全过程大体有总体设计、收集样品、分离菌种、筛选、找到目的菌或目的产物、效果实验、小试、中试、产业化等阶段，而开发意图是核心。开发的目的、对象、策略千差万别，但对目的菌的要求都离不开功能（活性）强、效果好、产量高、生产性能好、无毒、不污染环境等指标。因此，明确开发意图并贯彻始终，是微生物资源开发最基本、时刻不离的原则。在确定了开发目标以后，核心问题就是千方百计地尽早找到所需的目的菌和目的物。所有的策略、路线、方法都要为这个中心服务，不能有所偏离。尽早找到目的菌或目的物是开发成败的关键。一旦找到了目的菌或目的物，以后的工作相对而言就比较好办了。本书的中心就是探索达到此目的的可能性及有关的途径。

二、创新是灵魂

微生物资源开发的真正兴起不过五六十年，开发潜力很大。一方面社会的新需求日益增加、新领域不断出现，随着科学技术的不断进步，开发资源的能力也增加。另一方面，开发的难度也与日俱增。以抗生素为例，20 世纪 50 年代从 1000 株菌中就可找到一个新抗生素，现在 10 000 株还未必能找到一个新抗生素。据国外的统计，现在要从 1 万个甚至几万个新化合物中才有可能开发成功一个有临床价值的药物。通过多年的实践，总结国内外的经验，进行广泛的交流，我们已经形成了一套比较完整的理念：新环境，新方法，新菌种，新基因，新模型，新产物，新用途。核心是不断革新，变换开发的策略。例如，改变分离菌种的技术，可以从“老地方”分离到新的菌种，并将其开发成新的产品。

三、模型设计及高通量筛选

微生物资源开发的目的千差万别，但都必须建立准确、微量、快速、简便的筛选模型，尽早淘汰非目的菌和非目的物，加速筛选进程。本书第十三章专门讨论模型设计及增加初筛模型的针对性、灵敏度的问题，会谈到根据作用机制、代谢途径的靶位、酶反应机制、化合物的类型等来设计初筛模型。人类基因组计划的完成为模型设计提供了“取之不尽”的靶位。

最近几年，中国科学院、中国医学科学院和一些企业都建立了高通量的筛选系统，使繁重的筛选工作实现了快速、微量、准确和自动化，一个星期可以筛选数以万计的样品。

四、一菌多筛

新生物活性物质（先导化合物）的开发是微生物资源开发的重要组成部分。有时候，我们往往不很清楚我们要找的究竟是哪类微生物，而开发意图在分离菌种时无法贯彻，为此我们常常要分离很多（甚至数万）菌种。这时如果只用一个或少数模型过筛，往往很难找到目的菌，而且造成大量的浪费。我们的经验是一菌多筛，尽量增加模型的数量。这不但增加了菌种的利用率和入选率，更重要的是有可能找到非目的（如具有某种活性）菌种但用途更大的菌种，即所谓歪打正着。这就需要开发人员全局在胸、看得深远、通晓相关领域的动态。同时还需要制订几套开发方案。

五、关于混合菌

在微生物学发展的历程中，分离纯培养曾经是一个巨大的进步。现代工业微生物发酵几乎都是纯菌种，但是这并不能束缚我们的手脚。在一些情况下，开发资源微生物不一定需要纯培养。下面举几个例子来说明这个观点。例如，要分离能对难选冶含硫砷金矿进行氧化预处理的微生物，就要寻找氧化活性高、对砷等有毒元素抗性能力强、适应温度宽的菌种。以前的办法是用各种培养基分离铁硫杆菌、硫硫杆菌的纯培养，然后再分别测定它们的氧化活性。我们可以完全不遵循这套程序，一开始就从老金矿采集样品，一来就将样品与高浓度矿粉（浆）在不同的温度下振荡培养，并测定混合物的氧化活性。这种办法得到的肯定不是单一菌种，而是一组混合菌，甚至包含未培养的微生物。其配合的理想程度应该比得到纯培养以后再人工组合的混合菌优越。首先，天然混合菌一开始就与要被氧化的矿物接触，能很好地适应这种矿物。其次，纯培养菌种起的作用在混合培养时变化极大，绝不是一加一等于二的关系，研究这些关系本身就是耗时费劲的事。一开始就着眼于混合菌可以节省大量的人力物力。如果从单个纯培养开始，一到跟矿物接触，很多菌都不适应。又如，为了改进、标定泸州老窖的发酵工艺，研究人员往往一来就去解析老窖泥中的微生物区系、种类及组成，分离所谓优势菌，然后分别研究每个菌的功能，进行各种组合，但结果收效并不大。我们还不如选择本地最好的老窖泥，在严格标准化的条件下，进行不同窖泥配比的混合发酵，最后评判其效果；同时也将窖泥生产标准化。泸州老窖的发酵肯定是混合菌的发酵，随着发酵进程的推进，各种微生物的功能和相互关系不断变化，这种关系在时空上的复杂性研究起来并非易事。此外，我们能分离到的微生物仅仅是一部分，甚至一小部分，所以即使花很大工夫，也只能研究窖泥一小部分微生物的作用，而非所有微生物。人们早已发现了所谓互营微生物，即一种微生物的代谢产物是另一种微生物的生产因子，如果在泸州老窖存在互营菌，问题就更加复杂化。混合发酵的例子还很多，如污水处理、沼气发酵等。所以，混合发酵是资源微生物开发独特的思想艺术，它不能按一般程序办事。当然，这并不排除研究混合发酵体系中各个成员的功能和相互关系，也要注意那些未培养菌可能扮演的角色。

六、微生物基因资源

国内外的许多研究结果证明，目前仍有90%甚至99%的微生物未能纯培养。如何利用这个巨大的资源宝库就成为各国研究人员关心的问题。除了继续改进、革新分离方法，变未培养菌成为纯培养菌外，现在还可以用宏基因组技术等来开发这些未培养微生物的基因资源。宏基因组技术不以纯培养微生物为对象，而是从环境样品中直接提取DNA（所有微生物的总DNA），根据开发目的，通过适当的酶切，将不同大小片段的DNA组装到质粒或其他大承载量载体中，转移到表达宿主，继续功能筛选，从中发现天然产物。用这种方法已经获得一些酶和小分子次生代谢产物。

七、申请专利

申请专利的件数是一个国家科技发展水平的重要标志之一。资源开发包含巨大的经济利益，同时也包含重大的投入和风险。资源开发又是竞争很激烈的领域，开发者的意图、思路、策略和工作进展都是严格保密的东西。为了保护劳动成果，保护知识产权，及时申请专利是绝对必要的。专利是国家保护知识产权的主要法律手段，微生物资源开发工作者必须运用好这个法律手段，以促进微生物资源开发工作的健康发展。与此相关，如果你的开发目标跟别人相重，而且别人占了上风（如在你之先申请了专利），你就不得不及时改变、调整战略，力争在别处创新、领先。所以，一套好的开发战略往往有几套方案。

第二节　微生物资源开发利用的基本程序

微生物资源全程开发的基本思路，一般是先从自然界找到目的菌，然后进行改良，进入生产。有的人采用的诱导“沉默基因”开发新产物的办法也属于资源开发的范畴。

微生物资源开发利用无非是利用微生物菌体本身，或其代谢产物，或其某种特性和活性（如氧化或转化活性），或几者总和。尽早找到目的菌是整个全程开发的中心环节。一般的开发程序大体有以下几个步骤。

总设计（开发目的、策略、工作基础、市场、投资、风险等）

↓

试样的采集（环境因素、天然及人工基质、微生物代谢类型等）

↓

目的菌的分离（富集、预处理、抑制剂、培养基、培养条件设计等）

↓

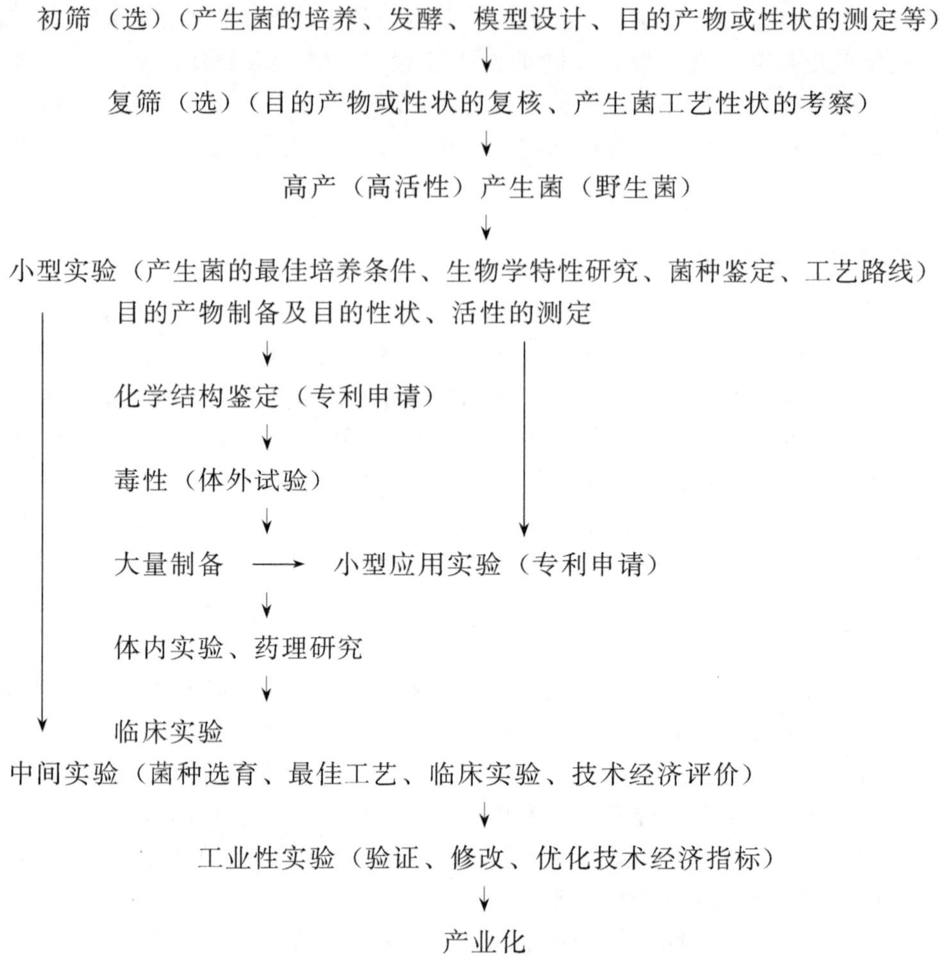

初筛（选）（产生菌的培养、发酵、模型设计、目的产物或性状的测定等）

↓

复筛（选）（目的产物或性状的复核、产生菌工艺性状的考察）

↓

高产（高活性）产生菌（野生菌）

↓

小型实验（产生菌的最佳培养条件、生物学特性研究、菌种鉴定、工艺路线）

目的产物制备及目的性状、活性的测定

↓

化学结构鉴定（专利申请）

↓

毒性（体外试验）

↓

大量制备 ⟶ 小型应用实验（专利申请）

↓

体内实验、药理研究

↓

临床实验

中间实验（菌种选育、最佳工艺、临床实验、技术经济评价）

↓

工业性实验（验证、修改、优化技术经济指标）

↓

产业化

我们要强调的是，这仅仅是全程研究和开发的一般思路。研究目的的不同，策略和部署都要随之改变。我们主张运用跳跃式的思维，活用筛选策略。例如，在复选甚至初选到一些目的菌以后，马上进行小试，并考察目的菌的工艺性状，除了目的产物或活性（主要指标）之外，菌种生长的快慢、孢子化程度、对营养要求的苛刻程度、抗病毒能力等相关指标都要进行全面考察，以便对目的菌的生物学特性有一个较全面的了解。这些相关指标的考察往往不花多少时间和精力，但很有用，能缩短筛选周期，因此宜早做。如果只考虑目的指标，有时候到最后才发现菌种的某个生产性能的指标（如生长慢、难培养或副产物的干扰或感染噬菌体严重等）不好而被迫放弃，只好又从头做筛选，这样的教训经常发生。这就是首尾相顾的原则。对于开发小分子生物活性物质，分离、纯化、鉴定目的化合物，则是最优先的任务。

第三节　放线菌药物研究与开发的新程序

百年来，放线菌资源研究和开发利用取得了极其辉煌的成就。迄今已经发现和描述的放线菌有 5000 多种，分属至少 40 个科，200 个属。从放线菌中发现的生物活性物质大约有 15 000 种，约占整个天然生物活性物质的 50%。目前临床和农业上使用的 150 多种抗生素中，有 100～120 种是由放线菌产生的，可以说放线菌药物对人类的健康事业作出了不可磨灭的贡献。

一、放线菌药物开发的现状和面临问题

当前，与其他天然药物开发一样，从放线菌中开发新药物越来越困难。第一个困难是，去重复的包袱沉重且难度极大，致使开发周期漫长，投资巨大。第二个困难是病原菌的抗药性增加很快，许多过去已经根治的疾病，如结核病，现在又卷土重来，而且不易治疗；一些地方还不断发现病因不明的新疾病，对此往往束手无策；一些重大、常见的疾病（如艾滋病、肿瘤等）仍然没有良药可治，而且治疗成本太高。第三个困难是国内外的研究一致证明，尽管已经描述、保存了大量放线菌，但仍然有至少 90%（甚至 99%）的放线菌未被发现，但要获得这些未知菌株难度很大。

为了应对这些难题，国内外很多实验室建立了高通量筛选系统，使繁重的筛选工作实现了快速、微量、准确和自动化，一个星期可以筛选数以万计的样品。但是提供样品的工作量仍然不减，而且仍然存在去重复的难题；而且发现作用机制明确的靶点，并设计成模型也耗时费事。宏基因组是另一个脱困的办法。它不以微生物个体为对象，而是从环境中直接获取大片断基因组，使其在遗传背景较清楚的模式菌中表达，检测其表达产物，从而获得新的化合物。但表达效率是个大问题，而且难于使千变万化的基因组在一个或几个宿主中都能表达。

二、放线菌药物开发和研究的新程序

针对上述问题，综合应用现代放线菌生态学、资源学、分类学、天然产物化学、基因组学的新成果和我们的经验，我们提出一个放线菌药物开发的新程序，供同行参考。现说明如下。

总体上概述该程序主要包括以下 6 部分：①从原始环境、极端环境、海洋、动植物组织取样。②把放线菌分离方法作为主要研究内容之一，不断设计、改进、完善分离方法，尽可能多地获得未知菌。③以 16S rRNA 基因序列相似性 98.5%作为可能新种的界限，从可能的新种出发进行研究。④用 8 种培养基发酵，使其产生尽可能多的化合物。⑤将发酵物进行固相萃取，用 10 个极性溶剂进行梯度洗脱，分别作 HPLC 或 LC-MS 图谱，建立数据库，经过分析，寻找感兴趣的组分。⑥获得具有活性的新化合物以后，研究其生物合成基因组，用组合生物合成、基因改组等技术，获得理想的新化合物，为中后期开发提供先导化合物。具体实验方案如下。

样品采集（原始环境，原始森林，极端环境，海洋，动、植物）

↓

菌种分离

↓

菌株挑选与纯化（如 1000 株）

↓

选择代表菌 200 株

↓

16S rRNA 基因第一个反应测序→数据库及系统发育分析

↓ 98.5%以下相似性

可能新种（如 25 株）

↓

发酵（8 种标准化培养基）（25×8＝200 个样品）

↓

固相萃取，10 个梯度洗脱（200×10＝2000 个样品）

↓

LC-MS 或 HPLC→标准化数据库（2000 个图谱）

↓

感兴趣的组分（如 50 个）及其菌株

↓

扩大发酵

↓

化合物分离纯化（HPLC 分离、纯化感兴趣的组分）

↓

结构解析（质谱，核磁共振，X 射线）→数据库检索

↓

新化合物（如 50 个）

↓

活性评价（尽可能多的模型）

↓

值得进一步研究的化合物及其菌株（如 5 个）→化合物专利→后续开发

↓ ↓

基因组研究 菌种系统分类鉴定→菌种专利或论文

↓

↓

后续开发

本程序的出发点是：新思路，新方法，新菌种，新基因，新产物，新用途。千方百计获得新菌种是发现新先导化合物的首要前提。

本程序的主要几点说明如下。

1）样品来源：扩大微生物的来源也是一条寻找新微生物药物的有效途径。目前已从一些生长在极端环境中的微生物的代谢产物中发现了很多具有生理活性的物质。云南大学云南省微生物所放线菌研究室从新疆、青海高盐碱地及盐湖发现了阎氏菌科（Yaniaceae）、阎氏菌属（*Yania*）、链单孢菌属（*Streptomonospora*）、姜氏菌属（*Jiangella*）、产丝菌属（*Myceligenerans*）、刘氏菌属（*Zhihengliuella*）、纳西杆菌属（*Naxi-*

bacter)、碱杆菌属（*Alkalibacillus*）、中华球菌属（*Sinococcus*）、盐微菌属（*Salinimicrobium*）等新属及大量新种。海洋微生物的研究也取得了一些进展。迄至2007年已报道的海洋放线菌有18个属。我们从波罗的海和大西洋海域的底泥采集样品，分离到了15个属，除链霉菌属和考克氏菌属（*Kocuria*）外，其余13个属都是过去从海洋中未找到的。它们是*Actinomadura*、*Agrobacterium*、*Agrococcus*、*Amycolatopsis*、*Cellulomonas*、*Devosia*、*Exiguobacterium*、*Isoptericola*、*Microbacterium*、*Myceligenerans*、*Nocardiopsis*、*Promicromonospora*和*Zobellia*属。近些年一些实验室开始从植物组织中寻找未知菌。云南大学云南省微生物所放线菌研究室从云南热带药用植物中分离到2742个菌株，经鉴定这些菌株属于13个科，24个属，有14个新种。因此，我们建议到尽可能没有受到人为干扰的“原始”环境、原始森林、极端环境、海洋及植物组织中取样，这样获得未知菌的概率要大得多。

2）分离方法：分离中我们要采用能够分离到尽可能多的未知菌、又能尽量减少已知菌出菌率的方法。而未知菌和已知菌是不断消长的，今天是未知菌，明天就可能成为已知菌。在一些企业，分离方法是核心机密，绝不外泄，可见分离方法的重要性。根据国内外的经验，很难设计出对所有样品都“好”的分离方法。例如，Wasu等用20个培养基，分离Mariana Trench海域万米以下采集的底泥样品，结果是一个老培养基（棉子糖-组氨酸培养基）的分离效果最好。在分离极端环境样品的放线菌时，我们主张使用苛刻的分离条件，例如，60℃以上的高温，pH 4以下、pH 11以上，25%的盐，等等；在这些条件下，可能分离到的放线菌数量不多，但未知菌的比例大。分离方法本身应该作为研究的主要内容之一，不断建立、改进、变换。研究人员的经验积累和用心程度，也都直接影响分离的效果。

3）本程序的关键点是：16S rRNA基因序列相似性为98.5%。根据国内外大体公认的标准，一个菌株与最相似菌种的16S rRNA基因序列相似性低于98%，DNA同源性低于70%，可大体上定为新种。但是根据16S rRNA基因、DNA同源性与新种研究的结果发现。16S rRNA基因序列相似性在98.5%以下，有70%～80%的菌株是新种（表12-1）。换言之，我们建议，研究的出发菌大体上是新物种。因为是新物种，所以，以后的工作就应在“精”字上下工夫。自建的16S rRNA基因数据库不但可以与GenBank等数据库对接，进行系统发育分析，去除已知菌，也可以查出自己研究过的菌株，实现早期的去重复，是比较简便、快捷的措施。

表12-1　16S rRNA基因序列相似性与新物种的可能性

16S rRNA基因序列相似性	可能是新种的比例
99%	20%～30%
98.5%～99%	50%
98%～98.5%	70%～80%
97%～98%	90%
95%～97%	100%新种
95%	100%新属

4）发酵：新物种和新化合物之间有个重要环节——发酵。培养基和发酵条件对发酵产物的种类和数量都有影响。根据我们的经验，建议用 8 种（4～10 种）培养基进行发酵，使可能产生的化合物尽量不漏掉。培养基的背景、缓冲性、离子拮抗性、不同的碳氮源、维生素等都是设计培养基应考虑的因素。来自极端环境的放线菌，对培养基和培养条件的要求既特殊，又各不相同，更值得研究。一般来说，应该尽量减少培养基的背景，使营养生长和产物相互协调。这里要强调的是，培养基的配制及发酵条件务必标准化。

5）标准化图谱：在标准化条件下，发酵液经 PE 柱吸附，用 10%～100%的甲醇进行梯度洗脱，再分别作 HPLC 或 LC-MS 指纹图，并输入数据库。根据数据库检索和比较分析的结果，去重复，并发现感兴趣的化合物（组分）。

6）基因组研究：在获得新化合物以后，进而研究该化合物的合成基因簇。在此基础上，利用组合生物合成、基因重排（gene shuffling）、定向进化等基因工程技术，进行化合物修饰，甚至获得更理想的新活性物质，也可以提高目的物的产量，为中后期开发提供先导化合物。

7）程序的优点：这个程序是吸取国内外药物开发的经验和教训，把放线菌生态学、分类学、天然产物化学和基因组学综合起来设计的。这套程序的关键是用 16S rRNA 基因序列相似性 98.5%作为可能新种的大体界线。其优点是：①经过工作量不大、成本低的 16S rRNA 基因测序及系统发育分析，要确定大体上是新种才往下做工作，这可以减少整个团队的工作量。②只有去除了大体 95%的菌株，才可能真正把精力集中到可能产生新化合物的新菌种上，可保证工作的质量和效率。如果起点是 1000 株，那么难于确保精细，并会造成大量的重复浪费。③利于建立标准化的、可共享的、可长期使用的 3 个数据库（16S rRNA基因数据库、指纹图谱数据库、化合物数据库），可在不同阶段去重复。

三、展望

在亿万年的进化历程中，微生物产生的千变万化的化合物是天然药物开发的不竭源泉。天然药物开发是一个长期、庞杂、纵深配置、相互协调的系统工程。本程序仅是诸多程序之一，它具有很大的包容性，可以随时吸纳相关理论、技术的最新成果以充实自己。我们预测以下方面将取得长足进展：①未知菌高效分离技术的突破。②高精准专一靶标的发现及其模型设计。③高通量在线化学检测系统、检索系统、分析系统的建立和集成化。④大承载基因运载系统的构建及单个、多个化合物生物合成基因簇高效表达系统的构建。⑤化合物基因定向修饰系统的建立。⑥分子设计及其生物合成系统的建立等。这些进展都将为药物开发注入新的活力，缩短研发周期，降低研发成本，为人类健康事业源源不断地提供理想的药物。

（姜成林）

主要参考文献

姜成林，徐丽华．1997．微生物资源学．北京：科学出版社

唐蜀昆，姜怡，职晓阳等．2007．嗜盐放线菌分离方法．微生物学通报，34（2）：390～392

徐丽华，李文均，刘志恒等. 2007. 放线菌系统学——原理、方法及实践. 北京：科学出版社

Berdy J. 2005. Bioactive microbial metabolites. A personal view. J Antibiotics, 58: 1～26

Cui X L, Mao P H, Zeng M et al. 2001. *Streptomonospora salina* gen. nov., sp. nov, a new member of the family Nocariopsaceae. Int J Syst Evol Microbiol, 51: 357～363

Cui X L, Schumann P, Stackebrandt E et al. 2004. *Myceligenerans xiligouense* gen. nov., sp. nov., a novel hyphae-forming member of the family Promicromonosporaceae. Int J Syst Evol Microbiol, 54: 1287～1293

Hughes J B, Hellmann J J, Ricketts T H et al. 2001. Counting the uncountable: statistical approaches to estimating microbial diversity. Appl Environ Microbiol, 67 (10): 4399～4406

Jeon C O, Lim J M, Lee J M et al. 2005. Reclassification of *Bacillus haloalkaliphilus* Fritze 1996 as *Alkalibacillus haloalkaliphilus* gen. nov., comb. nov. and the description of *Alkalibacillus salilacus* sp. nov., a novel halophilic bacterium isolated from a salt lake in China. Int J Syst Evol Microbiol, 55: 1891～1896

Jiang Y, Wiese J, Cao Y R et al. 2009. A new approach of research and development on pharmaceuticls from actinomycetes. J Life Science USA, 3 (7): 52～56

Jiang Y, Wiese J, Xu L H et al. 2007. Marine actinobacteria, an important sources of novel secondary metabolites with bioactivities. Chinese J Antibiotics, 32 (12): 705～712

Jiao R S. 2004. An important mission for microbiologists in the new century-cultivation of the unculturable microorganisms. Chinese J Biotechnology, 20: 641～645

Joseph S J, Hugenholtz P, Sangwan P et al. 2003. Laboratory cultivation of widespread and previously uncultured soil bacteria. Appl Environ Microbiol, 69 (12): 7210～7215

Lim J M, Jeon C O, Lee S S et al. 2008. Reclassification of *Salegentibacter catena* Ying et al. 2007 as *Salinimicrobium catena* gen. nov., comb. nov. and description of *Salinimicrobium xinjiangense* sp. nov., a halophilic bacterium isolated from Xinjiang Province in China. Int J Syst Evol Microbiol, 58: 438～442

Li W J, Chen H H, Xu P et al. 2004. *Yania halotolerans* gen. nov., sp. nov., a novel member of the suborder *Micrococcineae* from a saline soil in China. Int J Syst Evol Microbiol, 54: 525～531

Li W J, Schumann P, Zhang Y Q et al. 2005. Proposal of Yaniaceae fam. nov. and *Yania flava* sp. nov. and emended description of the genus *Yania*. Int J Syst Evol Microbiol, 55: 1933～1938

Li W J, Zhang Y Q, Schumann P et al. 2006. *Sinococcus qinghaiensis* gen. nov., sp. nov., a novel member of the order *Bacillales* from a saline soil in China. Int J Syst Evol Microbiol, 56: 1189～1192

Pachter L. 2007. Interpreting the unculturable majority. Nature Methods, 4: 479～480

Rheims H, Sproer C, Rainey F A et al. 1996. Molecular biological evidence for the occurrence of uncultured members of the actinomycete line of descent in different environments and geographical locations. Microbiology, 142: 2863～2870

Schloss P D, Handelsman J. 2005. Metagenomics for studying unculturable microorganisms: cutting the gordian knot. Genome Biology, 6: 229～302

Song L, Li W J, Wang Q L et al. 2005. *Jiangella gansuensis* gen. nov., sp. nov., a novel actinomycete from a desert soil in north-west China. Int J Syst Evol Microbiol, 55: 881～884

Wasu P, James E M S, Alan C W et al. 2006. Diversity of actinomycetes isolated from Challenger Deep sediment (10, 898m) from the Mariana Trench. Extremophiles, 10: 181～189

Xu L H, Li W J, Cui X L et al. 2003. Discovery of a vast amount of unknown actinomycetes from extreme environments in Xinjiang and Qinghai Province, China. J Yunnan Univ, 25: 283～292

Xu P, Li W J, Tang S K et al. 2005. *Naxibacter alkalitolerans* gen. nov., sp. nov., a novel member of the family 'Oxalobacteraceae' isolated from China. Int J Syst Evol Microbiol, 55: 1149～1153

Zengler K, Toledo G, Rappé M et al. 2002. Cultivating the uncultured. Proc Nat Acad Sci, 99 (24): 15681～15686

Zhang Y Q, Schumann P, Yu L Y et al. 2007. *Zhihengliuella halotolerans* gen. nov., sp. nov., a novel member of the family *Micrococcaceae*. Int J Syst Evol Microbiol, 57: 1018～1023

第十三章　微生物天然产物的高通量筛选

近年来，细胞生物学、分子药理学、生物化学及病理学等学科的发展，为药物研究提供了新的方法。大量细胞分子水平的药物筛选模型不断出现，并被应用到药物筛选和研究中，使细胞分子水平筛选方法能真正实现一物多筛和多物一筛，并与组合化学技术、灵敏的检测技术、微电子技术、自动化技术和计算机技术集成而形成高通量筛选（high throughput screening，HTS）。HTS是在微孔板上以自动化操作系统执行的实验过程，通过灵敏快速的检测仪器采集实验数据，并用计算机对实验数据进行分析处理，极大地减少了供试化合物和试剂的用量（最低用量为10～12μL），降低了药物筛选的成本，实现了每日筛选10万个化合物的目标，成为新药发现的强大武器。HTS具有大量样品的快速筛选、分子和细胞水平的特异性作用靶点、检测系统的高灵敏度、自动化操作系统和数据采集传输处理系统等优点。这种大规模、自动化、高通量筛选方法是微生物天然药物筛选的强有力手段。因此，建立高通量筛选平台是盘活微生物资源库、扩大开采新微生物（基因、蛋白和代谢产物）资源的加速剂和制高点；是提升传统微生物产业国际竞争力，促进工业微生物技术可持续发展的必要前提；是建立从微生物资源开发、生物技术研发到成果转化的自主创新体系的根本保证。

第一节　概　　述

微生物及其代谢产物高通量筛选技术平台，又称为微生物高科技大规模集成式的筛选技术平台。它主要包括“3＋1”个体系。

1）微生物资源库的高通量培养和样品制备体系；

2）微生物及其代谢产物的高通量模型筛选体系；

3）微生物及其代谢产物的高通量测定、验证和优化体系；

4）集成体系：微生物及其代谢产物的高通量筛选数据采集和处理体系。

建立高通量筛选技术平台，能够充分利用自己拥有的微生物资源库，为高通量筛选提供（供筛）样品；建设微生物资源及其代谢产物的数据库；挖掘微生物资源在生物技术领域的潜力，开发有价值的微生物基因、产物及其功能。高通量筛选技术平台要对全社会开放，促进我国资源的研究利用和我国工业微生物产业的发展。因此高通量筛选平台的建立是促进工业微生物技术发展的必要前提，也是加快我国发展创新性高水平生物经济逐步替代污染环境的低水平化学工业发展过程的重要基础条件。

一、高通量筛选技术平台是工业微生物技术发展的必要前提

微生物是地球上生物量最大的生物类群，其生活的范围最广，多样性也最为丰富，在生物圈和地球物质循环中发挥着重要的作用。无论是作为探索各种生命过程、生态和生物进化原理的研究对象，还是在工、农、医药、食品及环境整治、能源再生等领域，微生物都发挥了无法取代的作用。因此，微生物资源是人类赖以生存和发展的重要物质基础和生物技术创新的重要源泉。

随着经济的发展和科技的进步，传统的筛选育种和基因工程已无法满足社会对发掘微生物资源的潜力并使其转化为工业化产品的需求，如何快速地筛选（获得有用）高效的微生物及其功能物质已经成为限制其应用的瓶颈。

20 世纪 70 年代以来，在生物技术基础性研究工作的带动下，人类已经建立了基因工程、蛋白质工程、代谢工程、组合生物合成、生物催化工程及其他一系列工程体系和技术平台。90 年代，随着功能基因组研究的深入和分子生物学、分子病理学以及细胞生物学对新发现基因功能研究的不断深入，可作为药物筛选靶标的数量正以前所未有的速度递增。如何迅速地从大量的化合物中发现候选药物，如何在海量的基因、蛋白质库中获得更好的目标产物，这些需求极大地促进了高通量筛选技术的发展。

二、高通量筛选技术平台的建立是充分发掘和利用微生物资源的关键

人类疯狂地攫取自然资源造成了严重的能源枯竭、资源紧缺、环境污染、瘟疫横行等种种问题。而且传统化学方法进行的工业化生产和排污，也是造成环境恶化的主要原因之一。解决这些问题的关键还是在于人类如何与自然和谐相处，享受自然和保护自然；充分发挥和利用自然界可再生的微生物资源，以创新性高水平生物经济逐步替代已经落后和污染环境的低水平化学工业。微生物是大自然赐予人类的最宝贵的财富，只有充分利用微生物资源的宝藏，人类才会更快地走上持续和谐发展的道路。

高通量筛选平台的建立为我们从难以计数的微生物中搜寻工业产品提供了一条捷径。目前人们利用已经筛选得到的微生物进行工业发酵生产，如生产氨基酸、核苷酸、维生素、有机酸、乙醇、食品及各种酶制剂等；也有的应用于降解塑料、处理废水废气等再生资源和环境保护方面。虽然人类发现的微生物为数不少，但还只是自然界微生物中极少的一部分，我们已筛选的微生物也仅占自然界微生物总量的 1%。因此我们必须利用高通量筛选技术，尽量扩大筛选的范围。

通过微生物及其代谢产物高通量筛选技术平台，可对普通微生物、极端微生物、未培养微生物以及基因改造的微生物进行筛选，对微生物产生的酶、活性物质等代谢产物和次生代谢产物进行筛选，从而充分挖掘微生物资源的宝库。人类通过向自然学习，将最终获得解决能源、资源、环境以及疾病等难题的金钥匙。因此，微生物及其代谢产物高通量筛选技术平台的建立是充分发挥和利用微生物资源的关键。

三、大型综合的高通量筛选平台是国民经济建设的重要支柱之一

开发更能适于生产应用的新型高效新生物催化剂已成为当前酶制剂工业急需解决的问题。传统的酶技术筛选方法已完全不能适应这一需求，因此在国际上高通量筛选技术已开始应用于酶或酶基因的筛选。国际上近几年发展起来的分子定向进化技术已成为酶制剂开发的一个重要手段，该技术的核心就是利用 DNA 改组（shuffling）等方法建立酶基因突变库，再利用高通量筛选方法，筛选具有全新性质，如耐高温、耐酸碱等新酶分子，从而全面改良天然酶制剂在应用中的稳定性不佳等缺点。因此高通量筛选将成为酶分子定向进化的一个关键技术。美国的 Diversa 公司建立的高通量筛选平台已达到每天筛选 10^6～10^9 个克隆的能力，这是我们传统方法无法想象的效率。该公司已建立多个酶库，利用该技术已筛选出多个具有高稳定性、高活力的酶分子，并已实现产业化。面对这样的技术差距，我国酶学研究及酶制剂工业的发展就必须尽快建立自己的高通量筛选平台。

此外，微生物技术在绿色化工、环境的生物整治、可再生能源、天然药物和食品的生产及加工等方面均产生了巨大的社会和经济效益。美国一份 21 世纪发展规划提出，到 2020 年，通过生物催化技术，实现化学工业的原料、水资源及能量的消耗降低 30％，污染物排放和扩散减少 30％。目前全国共有 50 余家酶制剂生产企业，年生产能力超过 40 万 t，产品品种达 20 余种。2010 年中国乙醇燃料产量预计达到 200 万 t。在未来 20 年里，美国利用木质纤维素废物生产的乙醇产量有可能达到每年 4.7 亿 t。

手性药物在 1999 年全球已经突破 1150 亿美元的销售额，我国生物医药制品的年销售额有 200 亿元，但有自主知识产权的生物药品很少。随着我国加入 WTO，“自主创新”已成为我们主要的奋斗目标。然而目前我们尚无一个利用微生物资源的筛选技术平台。

工业微生物存在着巨大的市场需求。仅氨基酸一项，每年的产量就高达 100 万 t，产值 30 多亿美元。利用微生物发酵生产的柠檬酸的产量达到 40 万 t，产值 14 亿美元。中国科学院微生物研究所近些年开发成功的一项新的产业化项目——长链二元酸的生产技术也具有巨大的潜在市场。该项目的成功是经过两代人的努力，筛选了成千上万的微生物菌株而得到的。如果利用高通量筛选技术，将大大缩短这个过程。该所在 20 世纪 80 年代发明的维生素 C 发酵生产技术也是在大量筛选土壤微生物的基础上得到的。目前，全世界的维生素 C 产量达到 12 万吨余，价值 4.8 亿美元。

微生物产生的次生代谢产物对人类的生存和健康起着重要的作用。例如，抗生素、毒素、农药和植物生长调节剂等，仅以几种重要的抗生素计算（头孢菌素、青霉素、红霉素、四环素等），每年的产值即可达到 280 多亿美元。目前已知的天然抗生素有 12 000多种，每年还以 500 种的速度继续增长。这要归功于高通量筛选技术的发展。多年来，治疗非侵染性疾病的药物主要来源于合成化学。最近 20 多年来，各大制药公司利用高通量筛选技术，筛选了数百万计的组合化学库，只发现了几个令人感兴趣的结构。微生物来源的次生代谢产物提供了化学结构的多样性，利用简单的酶法测试可以发现许多具有生物活性的化合物。最成功的例子是由真菌产生的降低胆固醇药物STATIN

类化合物，目前的市场价值已经超过150亿美元。环境污染治理产业已经形成了一个巨大的市场，世界市场平均增长率达5%。但是其中环境生物技术（主要指微生物菌剂和部分环境监控工程）所占市场份额还十分有限。

中国科学院微生物研究所在20世纪70年代发明的微生物二步发酵法生产维生素C的技术以550万美元转让给外国公司，创造了中国工业微生物技术的辉煌。该成果堪称生物技术研究人员开发利用微生物资源的典范。与当时的研究手段、设备等相比，当前基于基因组、蛋白质组和代谢组等系统的高通量的研究方法和技术，更加高效并更具预见性。如果将微生物资源和现代系统生物学研究手段有机整合，那么可以设想产出效率将会更高，产出成果及其应用范围将会更广。因此大型综合的高通量筛选平台是国民经济建设的重要支柱之一。

四、高通量筛选平台的建立将提升我国基础研究、生物技术和生物产业的国际竞争力

历史上，偶然发现的青霉素不仅拯救了无数人的生命，而且带动了整个发酵工业和整个微生物学科的发展。在20世纪，人们经过不懈的努力，对微生物代谢组学有了清晰的了解。进入21世纪，随着计算机技术及分子生物学等研究领域的发展，我们进入了科学研究的“生物组学（OMICS）时代”。对各种“组学”的研究，需要借助高通量的操作手段。微生物及其代谢产物的高通量筛选平台技术代表着一个国家科学技术的基础研究和高新技术综合运用的水平和能力。因此，这个平台的建设将有助于我们以微生物为模式生物，开展代谢组学的研究，从而在蛋白质代谢调控水平上深刻地认识生命过程，最终揭示生命的本质。此外，平台的建设也将有助于我们以微生物资源为基础，发展我国创新型工业微生物产业经济。

微生物及其代谢产物的高通量筛选，可以最大范围地了解微生物生命活动及其物质基础，可以理解和模拟生物系统中大规模和复杂化的数据，包括基因、蛋白质、化合物以及基本生命过程信息，将微生物学转变成一种更定量化和更具预测性的科学，开发微生物在能源、环境、医药、农业等领域中的最大潜在应用功能，对于提高微生物开发利用的可持续创新能力，提升我国基础研究、生物技术和创新型微生物产业经济的国际竞争力具有重要意义。

第二节　高通量筛选技术的发展趋势和国内外现状

一、高通量筛选技术的发展历史及发展趋势

微生物活性物质的筛选与发现是药物开发中一个至关重要的环节。20世纪70年代以前，基本依靠大量、繁重的手工筛选获得微生物活性化合物，并对发现的生物活性分子进行结构修饰和筛选，这要依赖于化学家的合成艺术和药理学家的观察能力，这些工作需要耗费大量的人力、物力和财力，而新的活性结构的发现往往是偶然的。虽然使用96孔微孔板进行活性物质的筛选在70年代末已经很普遍，但由于检测方法的限制，设备的利用率很低。70年代到80年代初的许多分析测定都依赖于放

射性核素，而闪烁计数技术还不能与高通量筛选结合获得应用。到了 80 年代中期，自动化过滤装置的应用和高通量闪烁计数仪已经被成功应用于高通量筛选，而且荧光分析检测方法也被应用于高通量筛选。80 年代末，出现了许多适用于微孔板的快速测量仪器，并且自动移液工作站在这个时期也有了较大的发展，使样品的处理更精确，更适合高通量筛选的高速运行。90 年代初，机器人系统开始整合到高通量筛选系统中，这是高通量筛选的一次重大发展。从 70 年代至今，高通量筛选技术发展迅速。主要表现在以下几个方面。

第一是微量化，试剂和样品的使用量不断减少。同时，筛选量不断增加。生物测试微量化的发展经历了从培养皿到 24、48、96、384、1536 微孔板的发展过程。随着液体操作系统的高度精确化，甚至可以在 96 微孔板的面积上滴加 8640 个样品。一个中等规模的实验室，每天可以进行 200 个微孔板的测试。从 96、384 到 1536 微孔板，每天的测试量从 19 200 次增加到 76 800 次、307 200 次测试，过去用培养皿需要几年才能完成的工作，现在一天就可以完成。同时，所需要的测试样品量也从利用培养皿时的几毫升，到 96 微孔板的 100μL，384 微孔板的 20μL 和 1536 微孔板的 2μL。需要的样品和试剂量发生了上千倍的变化（图 13-1）。

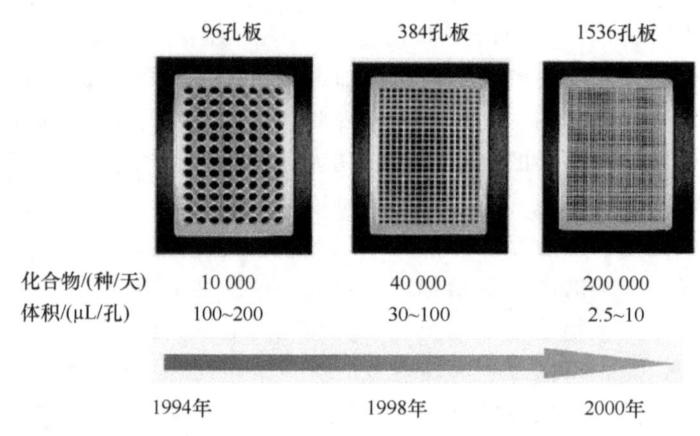

图 13-1　高通量筛选趋于小型化

第二是人类基因组测序的完成给高通量筛选带来了新的机会。据估计，人类基因组有 5000～10 000 个潜在的药物靶标，这给新药的开发带来了新的机会和挑战。制药公司之间面临激烈的竞争，一旦新的靶标被发现（表 13-1），如何在最快的时间里找到新的先导化合物就成了公司生存的关键，这就导致了仪器生产公司不断推出高通量、高度自动化的筛选设备，从而带动了其他高通量技术的发展。微生物基因组为微生物功能的利用奠定了新的基础，微生物功能基因的高通量筛选已经成为实现微生物在工业、环境、能源等领域中利用的重要手段之一。

表 13-1　高通量筛选的传统靶点和新靶点

传统靶点（established target class）	新靶点（novel target class）
激酶/磷酸激酶（kinase/phosphatase）	离子通道［ion channel（many）］
激酶/磷酸激酶（kinase/phosphatase）	转运子［transporter（many）］
氧化还原酶（oxidoreductase）	跨膜受体（transmembrane receptor）
蛋白酶（protease）	信号通路［signaling pathway（many）］
核激素受体（nuclear hormone receptor）	蛋白质间的相互作用（protein-protein-interaction）
G-蛋白偶联受体（GPCR）	蛋白质-RNA 间相互作用（protein-RNA-interaction）
某些离子通道［ion channel（some）］	蛋白质-DNA 间相互作用（protein-DNA-interaction）
某些信号通路［signaling pathway（some）］	DNA/RNA

第三是为了能够针对上述的各种作用靶标，对大量化合物进行快速、高效、低成本、微量化的筛选（图 13-2），目前已建立了许多新的检测方法，特别是荧光技术和放射性核素技术的应用和发展，适应并加速了 HTS 的发展。当前已发展了均相时间分辨荧光分析法（HTRF）、荧光极化法、时间分辨荧光能量传递分析法、荧光共振能量传递法（FRET）、荧光关联光谱法（FCS）、微型化放射技术等检测方法。

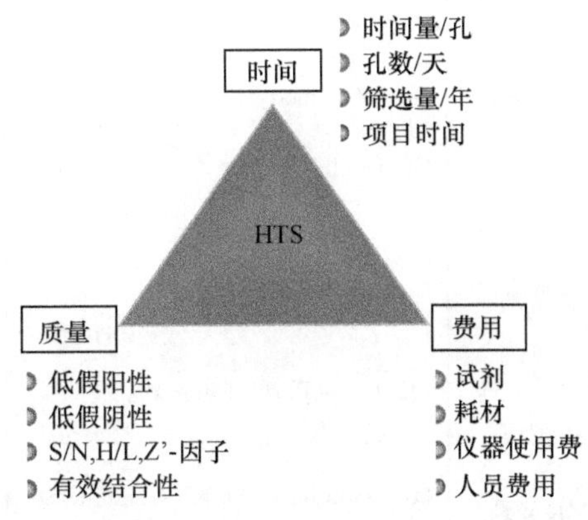

图 13-2　高通量筛选过程的优化

第四是计算机技术的发展给高通量筛选开拓了一片新天地。一旦知道靶标蛋白结合部位的三维结构，就可以利用计算机进行虚拟筛选，找出有可能和靶标蛋白结合的化合物。如果不知道靶标蛋白的三维结构，但是知道某种化合物能和靶标蛋白的结合部位作用，那么同样可以进行虚拟筛选。虚拟筛选提供了一种有效而又廉价的筛选方法，克服了没有昂贵的设备、试剂、样品库的问题，也不需要雇佣大批的科学家，最近几年已经有一些成功的报道。

此外，生物工艺学的发展使出现了许多新颖、廉价、方便的检测技术，使细胞系统设计和实施新型的高通量筛选系统成为可能，例如，利用细胞系统实现鉴定新靶标和选择筛选系统、离子通道的筛选、酪氨酸激酶和细胞内受体的筛选、蛋白质与蛋白质相互作用的筛选和蛋白酶抑制剂的筛选。机器人自动化系统的发展与更新，可在短时间内筛选更多的样品，加之计算机数据处理系统的改进和分析能力的提高，超高通量筛选也已出现。由于工程和化学的革新，纳升数量级的传递系统以及皮升数量级的敏感生物感受器传导系统的出现已经成为可能。检测技术的进步使读出单分子的荧光量成为可能。近年来随着分子生物学技术在药理学领域的应用以及新受体亚型的不断发现、人类基因组计划的完成，这些新受体亚型的功能及其在疾病发展过程中的作用逐渐被阐明，而下一代筛选的设计即将从染色体组信息中鉴定新靶标，这对分析技术提出了更高的要求，因此高通量筛选技术的不断发展已成为工业化革命的新趋势。

目前，世界上大型制药企业都无一例外地将其作为驱动新药发现的强力引擎，纷纷引进新药研发领域，使 HTS 的形式和内容不断丰富发展，并日益呈现出向超高通量筛选发展的趋势（表 13-2）。然而，在学术界，高内涵筛选（high content screening, HCS）的使用超过了制药公司中的使用（图 13-3）。

表 13-2 高能量筛选方法实例

原理	自动液相处理仪	检测技术	读盘仪
原子吸收光谱法	Aquarius(Tecan)	AlphaScreen	Analyst(Molecular Devices)
自动显微技术	BiomeK 3000(Beckman)	Calclum flux	Acquest(Molecular Devices)
组合化学技术	Biomek NX(Beckman)	Cellular imaging	ArrayScan/ArrayScan VTI(Thermo)
药物代谢及药物动力学	Biomek FX(Beckman)	Dynamic mass redistribution	Bioimage pathways 435 and 855(Becton Dickinson)
流式细胞技术	Bravo(Velocity 11)	Fluorescence intensity	Epic(Corning)
高内涵筛选	CyBiWell(CyBio)	Fluorescence polarization	EnVision/EnVision Xcite(PerkinElmer)
高通量筛选	Evolution P3(Tecan)	Homogeneous time-resolved fluoresecence (HTRF)	Evolution(Tecan)
中通量筛选	FlexDrop(PerkinElmer)		FlexStation 3(Molecular Devices)
药物化学	Freedom EVO(Tecan)	Luminometry	FLUOstar OPTIMA(BMG)
NMR 筛选	Hummingbird(Digilab Genomic Solutions)	Microfluidic separation-based assays	Genios Pro(Tecan)
表型筛选	JANUS(PerkinElmer)	Patch-clamp	ImageXpress Micro (Molecular Devices)
siRNA 文库	Multidrop(Thermo)	Radiometry	IN Cell 1000(GE Healthcare)
小分子库	MultiPROBE II Plus(PerkinElmer)		LabChip 3000(Caliper)
结构生物学	Pin tools(V & P Scientific)		MicroBeta TriLux (PerkinElmer)
	PlateMate 2×2(Thermo)		NEPHELOstar(BMG)
	Platemate plus(Thermo)		NOVOstar(BMG)
	Precision 2000(BioTeck)		PatchXpress(Molecular Devices)
	TekBench(Hamilton)		PHERAstar(BMG)
	Vprep(Velocit 11)		POLARstar(BMG)
	WellMate(Thermo)		Safire/Safire 2(Tecan)
			SpectraMax/M5(molecular Devices)
			TopCount(PerkinElmer)
			Victor 2/Victor 3(PerkinElmer)

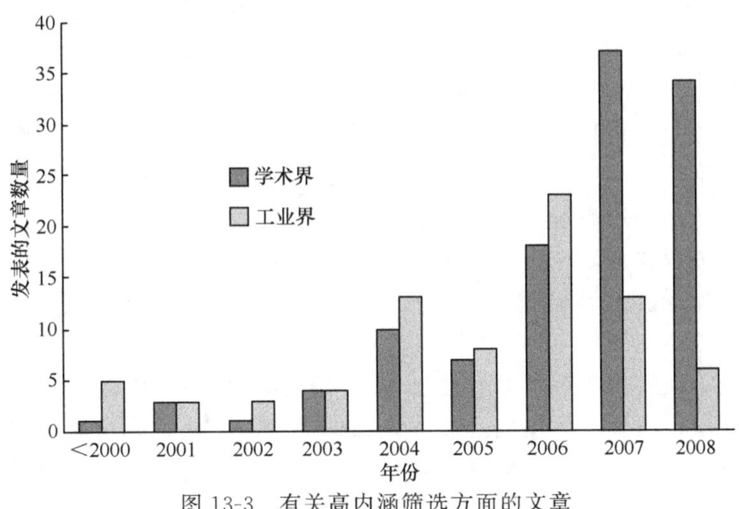

图 13-3 有关高内涵筛选方面的文章

二、高通量筛选技术的国内外现状

自基因组计划、蛋白质组计划实施以来，世界各国都开始着手利用以上成果进行高通量筛选和优化平台的建设。美国国立卫生部（NIH）出台的“生命科学探索路线图计划”就把高通量筛选和优化平台的建设作为最主要的资助领域。

一个高效敏感的高通量筛选系统主要包括 5 个子系统：高容量的样品库、化合物库系统、自动化的操作系统、高灵敏度的检测系统、高效率的数据处理系统以及高特异性的药物筛选系统，国外已经建立了若干专门从事高通量筛选研究的公司以适应新药研究的需要，每个公司有其独特的筛选模型和检测方法，并和相关制药公司建立固定的合作和商业关系以获得样品库。例如，美国的 Aurora Biosciences 在高灵敏度荧光检测和 3456 微孔板超高通量筛选方面具有很大优势，该公司和 Warmer-Lambert（Pfizer）、Bristol-Myers Squibb 等公司建立了密切的合作关系，并且研制开发了多种型号的高通量筛选工作站。

中国科学院上海药物研究所的国家新药筛选中心于 1997 年批准建立，该中心的重点筛选和研究领域为抗肿瘤、神经系统疾病、老年性疾病和糖尿病等，通过积累已经初步形成了我国自主和先进的新药筛选体系。运用生物化学、分子生物学、细胞生物学、分子药理学等方法建立分子水平和细胞水平药物筛选模型，并使之适用于高通量筛选；在国内外收集、购买合成和天然纯化合物，建立化合物数据库；采用国际上通用的高通量筛选技术，以中心自建或引进的药物筛选模型为基础，发展和完善以分子和细胞水平的高通量筛选模型为初筛，器官和整体动物水平筛选模型为复筛的药物筛选体系。该中心建立了多种异体表达系统，利用多个疾病关键靶点的工程细胞株，日筛选能力达 2 万样次，其筛选对象主要是人工合成的化合物和天然化合物。

中国医学科学院药物研究所药物筛选中心于 1999 年初建立，专门从事抗心脑血管及神经精神疾病的新药筛选研究。该中心初步进行了高通量药物筛选尝试，取得了一定筛选结果。该中心将在样品库及样品数据库、适用于高通量筛选的分子水平、细胞水平筛选模型、自动化操作程序、数据处理方法和样品药理活性数据库等方面开展研究。该中心将在进行高通量药物筛选的同时，开展计算机辅助筛选的技术探索，为高通量药物筛选技术在中药药物筛选中的应用进行积极的探索。

上海华大天源生物科技有限公司拥有高通量筛选技术平台，他们应用基因工程技术建立了一系列细胞筛选模型，可以进行以G-蛋白偶联受体、离子通道和激酶等为靶点的高通量药物筛选。利用高通量药物筛选方式，可从中药中分离可能具有疗效的组分；山东省天然药物工程技术研究中心的高通量筛选技术平台的筛选对象为植物药物。

江苏省科技厅依托中国药科大学和山东新华制药厂合作创办的新药筛选中心于2001年组建，从分子水平、细胞水平、离体标本和整体动物建立了相关的筛选模型。该中心重点在老年性疾病和抗肿瘤药物的细胞筛选模型、转基因动物筛选模型、离子通道阻断和开放模型、新型外周镇痛药高通量筛选模型、二肽载体功能上调药物筛选模型等方面进行研究，并开展化合物样品库和信息库的建设，具备开展高通量药物筛选和组合化学合成的基本实验设备。

诺维信在我国建立了酶高通量筛选技术平台，已建立了超过25 000株的细菌和真菌菌株的资源库，以及分离培养出来的微生物和生态样品构建的多种可筛选的DNA文库。

目前专门从事微生物高通量筛选的公司和研究机构很少，而进行合成化合物高通量筛选的公司比较多，主要是因为很多大型试剂公司（Aldrich、BioScreen Int、MDPI、Chembridge）可以提供高通量筛选所需要的化合物库。由于微生物天然产物库样品的限制，专门从事微生物天然产物高通量筛选的机构数量也相对较少。例如，哥斯达黎加成立的非盈利性私人组织INBo（Instituto Natcinal de Biodiversidad）重点从事从动植物及微生物中筛选天然活性物质的工作，该机构与Merck及美国Huntsville合作，主要向这些公司提供天然产物样品库；MicroBotanic公司是专门从事植物天然产物高通量筛选的公司，该公司在用于高通量筛选的植物样品制备技术上非常先进；NCI（National Cancer Institute）1989年启动了3个海洋天然产物研究的项目，建立了海洋天然产物的HTS研究模式，目前已经开始了第二轮的经费资助。国内除前文提到的诺维信公司之外，四川省抗菌素研究所新药研究中心分离和保存了两万多株微生物菌株，利用HTS发现了数个新结构的活性化合物和具有新生物活性的已知化合物。中国科学院上海药物研究所的国家筛选中心也希望开展微生物培养物中的活性物质筛选，但缺少微生物资源。国内有关单位即使可以开展某些方面的筛选，但难以开展以微生物资源为对象的涉及多方面应用领域的筛选。

第三节　微生物高通量筛选系统

一、微生物的高通量培养和样品制备体系

近年来随着高通量制备和筛选、组合化学、计算化学等技术的进步和成熟以及人类基因组计划的完成，天然药物研发进入到了复兴期。在天然药物研发过程中，构建一个菌种资源和基因资源多样化，化合物结构多样性丰富，重复率低的天然产物库（图13-

4）是一切工作成功的基石。而传统的微生物天然产物库往往存在周期长成本高、产物复杂性低、结构多样性差、活性成分浓度低、分离困难、结构重复率高等缺点，这些都是严重影响后期筛选效率的瓶颈。因此，一个标准的操作流程以及质量评价体系是微生物高通量培养和样品制备体系的关键。其中，菌种资源多样性、化合物的丰富度和多样性、活性物质的丰富度和多样性以及重复率高低均是一个高质量天然产物库的评价方面。菌种多样性可以运用形态学以及分子鉴定法（16S rRNA 基因序列分析）来进行评价标准。快速有效的色谱法可以运用于化合物的丰富度和多样性的评价（如高效液相色谱），而活性物质的多样性则需要运用不同的筛选模型（抗真菌、互动抗真菌、抗细菌以及抗病毒模型）来进行评价。重复率高低是产物库评价标准的一个重要方面，它贯穿于整个产物库的建立过程，每一个环节都需要进行去重复化。

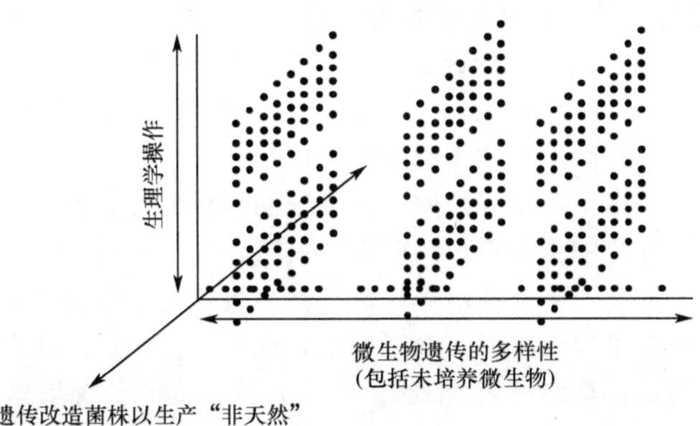

图 13-4　应用生理学组阵列技术最大范围构建高通量、低重复、新颖的微生物天然种质数据库和实物库

建立利用不同的营养和控制条件获得微生物代谢产物的方法，这些条件包括微生物种类、底物、发酵参数等。方法的重现性可以通过实验室自动化系统实现，通过 HPLC 和 LC/MS 指纹图谱检测重现性。

建立利用生物合成和代谢调控机制的发酵技术获得微生物代谢产物的方法，包括建立定向生物合成方法、突变生物合成方法及外源化合物的生物转化方法。

建立发酵产物的预处理及半提取技术，包括发酵产物的不同方法的提取、干扰成分的去除、微孔板样品的制备等。

建立微生物代谢产物库的指纹图谱及质谱数据管理系统。

通过以上技术建立的微生物代谢产物库，可以为高通量筛选平台提供大量的样品，是中国科学院微生物研究所高通量筛选平台的有力支撑。

（一）微生物代谢物库

实践证明新菌种必然包含新的代谢途径，是获得新化合物的首要前提。目前已确定的放线菌新种中，其 16S rRNA 基因序列至少有 2％的差异，或 DNA 同源性低于 70％。根据全基因组研究的结果，一个链霉菌大约有 8000 个编码蛋白质的基因。有 20～50 个基因簇与次生物质合成有关。一个新物种必然包含多种合成新化合物的基因。至少可以说从新物种或新基因获得新化合物的可能性很大。为提高产物库中新种的含量，可以通过常规及创新培养方法从海洋、共生环境或极端环境中分离微生物新种，同时可以通过环境宏基因组文库构建扩大基因资源多样性。

Zengler 建立的一种将微生物分散包裹到微滴中的高通量培养方法，可以保证微生物产生的代谢产物/信号因子在模拟的自然环境中相互交换，经过长时间培养，获得多种微生物的富集培养。这种方法培养得到了很多以前认为是不可培养的海洋新种细菌，有些甚至是新目级别的菌种。微滴中包裹的刺激微生物生长的培养因子（如海水、海底沉积物和组织浸出液）可以进一步刺激包裹的单细胞快速生长。近年来，Toledo 利用包裹无菌的海绵和海底沉积物浸出液提高了分离效率，经过 5 周培养，分离得到的细菌中 42%是新种，远高于用包裹海水微滴的分离效率。另外，一直存在是否用弱培养微生物（less culturable strain）进行药物研发的争论，原因在于它们不能进行高密度培养。但在 Zengler 等进行的实验中发现，通过加入适当的生长因子和进行寡营养培养，960 个微球培养物中 67%微生物的细胞密度可以达到 10^7 以上，说明这种培养方式让这些弱培养微生物可以应用在药物开发中。为了证明提供原位自然环境中化学成分不可培养微生物可能在纯培养物中得以生长的假设，有人建立了专门的培育室来模拟微生物生长的自然海洋环境，提高了体外纯培养物的分离。具体做法是将从海洋沉积物样本中获得的微生物不断地用海水冲淡稀释，混以琼脂，放置在模拟取样地点的培养玻璃缸中孵育。最终获得的菌落数目是接种数的 2%～40%，远远高于传统培养方法的发现速度。

由于营养因素和信号分子有限，微生物自身的许多代谢通路或基因是沉默的。虽然生物合成或者调节串扰在单个微生物或者微生物之间十分复杂，但是，所有的次级代谢的合成均可以通过模拟自然环境的变化这一随机方法来调节。这种释放大自然的化学多样性的方法被称作一株菌多种活性化合物（one strain many compound，OSMAC）。我们根据 OSMAC 原理，采用 10 种培养基对获得的可培养微生物进行了高通量发酵，模拟各种自然环境刺激微生物，产生新型的天然产物；对发酵液采用高通量分离纯化方法进行了粗提物的制备，利用 TLC、HPLC-MS 化合物数据库软件，迅速排除（de-replication）了已经报道的活性天然产物，同时利用 HPLC 等快速纯化系统分离了微生物的粗提物，获得了具有一定质量和纯度的代谢产物样品库。将这种方法得到的粗提物和纯化合物放置到 96 孔深孔板中，用作高通量筛选的样品库。

（二）宏基因组文库

研究表明，高达 99%的微生物是尚未培养或难培养的，但同时也说明自然界中存在着非常巨大的微生物基因资源库可以加以利用，宏基因组（metagenome）便是一项应运而生的新科学领域。利用宏基因组技术，可直接从环境中提取具有丰富多样性的微生物基因组；然后将大片段环境 DNA 克隆到适当的载体上，转入宿主，构建成宏基因组文库；或利用分析保守序列设计探针或简并引物，通过序列分析找到合成功能基因簇（PKS、NPRS 等），推测活性产物的结构等；抑或直接通过一定的活性筛选模型得到化合物。Kosan 公司成功地建立了一套利用组合各类 PKS 基因的方法构建聚酮类化合物库，并被 NIH 用于药物筛选。

虽然环境中存在巨大的基因资源可以加以利用，但同时也会遇到很多重复，增加了工作难度也为后续的利用带来了麻烦，如何在建库的过程中去重复化，对于构建可信、稳健、高覆盖度的文库有重要意义。例如，在初期研究环境样本的微生物多样性时，需要构建 16S rRNA 文库，这不但是为了研究微生物多样性，亦是为日后评价构建的 Fosmid、BAC 等基因文库做准备。对于 TA 克隆并进行蓝白斑筛选出的克隆，在测序之前，要对其去重复化，对克隆片段进行 ARADA 分型。RFLP 和 DGGE（denaturing gradient gel electrophoresis）的手段也可以很好地去除重复。通过 PCR 验证出来的插入片段，经过 1 或 2 种识别位点为 4 碱基的限制性内切核酸酶消化后，如果是不同的片段，经电泳验证会表现出不同的多态性。而对于 DGGE 来说，即使 DNA 序列上只出现一个碱基的变动，其变性解链的温度都会不同，迁移距离也会不同，可以清晰地分辨出不同的序列，是优良的去重复化手段，有利于节省测序费用和提高文库质量。我们应用宏基因组技术，扩大基因资源多样性及去重复化研究，虽然刚刚起步，但它是构建高质量微生物天然产物库的重要环节之一。

（三）微生物天然产物库的质量评价体系

利用天然产物的质量评价体系既可以对天然产物库进行质量监督，也可以进行排重。高质量的天然产物库意味着重复性低、多样性丰富。微生物高通量筛选样品库的质量评价包括对菌株多样性、代谢物库多样性以及宏基因组文库多样性的评价，同时包括对这些样品库的去重复。该过程可以在筛选过程中的菌株筛选和化合物分离的过程中完成。在菌株的选择过程中去除那些无活性的菌株和代谢产物类似的菌株以及在分离过程中已知化合物的去重复是主要的工作。要加速去重复化的过程，利用商业或者研究单位建立的数据库是首要的选择。

建立新的微生物（尤其是独特环境下微生物及与动植物共生的微生物）富集和分离方法，建立高容量的微生物种质库。首先在微生物的来源、形态、分离方法等水平去重复化，获得相应的微生物层面的信息，然后通过分子鉴定手段获得菌种遗传信息，模拟其生态环境，刺激其产生化学结构多样性的次生代谢产物，整合从遗传多样性与代谢物指纹图谱信息，发现活性菌株和产物即对其进行扩大发酵分离获得活性物质，如图 13-5所示。

如何通过各种方法来确定已知或可能已知的化合物是非常关键的步骤。首先根据化学分类学的特点，选择全新来源的菌种资源。而对于一个已经选定的菌种资源来说，主要是通过化学和物理化学的筛选去除已知化合物，通过高效液相色谱方法把提取物分成几个极性部位，然后利用各种色谱和光谱方法分析其化学性质和物理化学特性，同时与相关数据库（如 Dictionary of Natural Products，Antibase，MarinLit）比较，去除已经发现的化合物，达到获得全新次级代谢产物的目的。通过活性物质筛选的高效发酵物 HPLC 指纹图谱，减少重复并排除已知活性成分，构建高质量、结构多样化、低重复、高容量的立体微生物天然产物数据库和实物库（图 13-6）。

通过利用不同的营养和控制条件获得微生物代谢产物、HPLC 和 LC/MS 指纹图谱

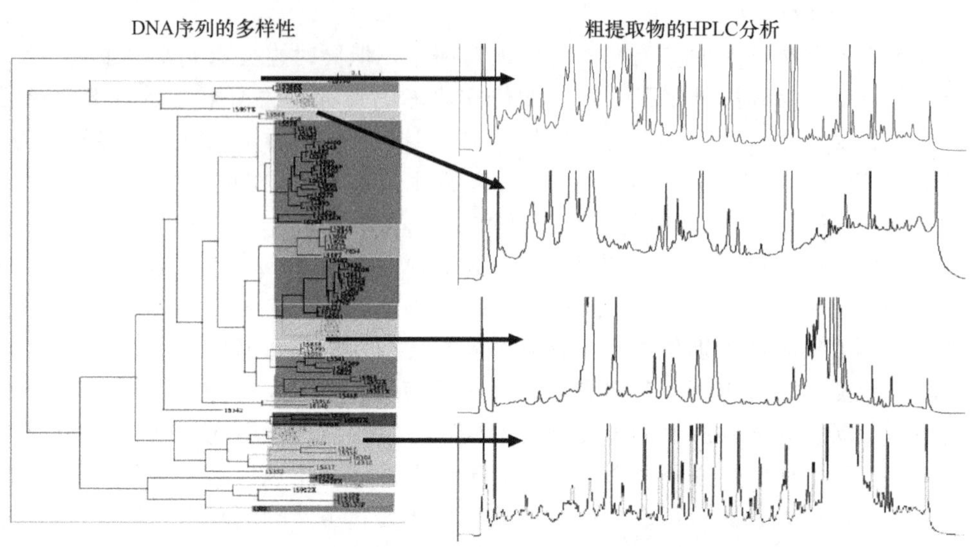

图 13-5 整合遗传多样性与代谢物指纹图谱信息的数据库以去重复化

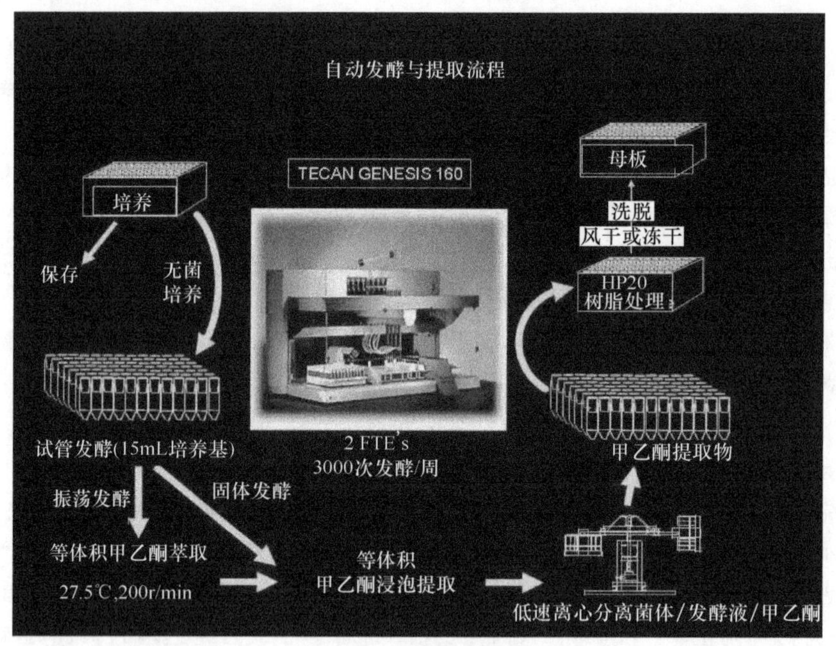

图 13-6 微生物功能产物库制备流程图

检测、生物合成和代谢调控机制的发酵技术、发酵产物不同方法的提取、干扰成分的去除，微孔板样品的制备等技术建立的微生物代谢产物库，可以为高通量筛选平台每年提供大量的样品，这是中国科学院微生物研究所高通量筛选平台的有力支撑。

二、微生物及其代谢产物的高通量模型筛选体系

（一）微生物代谢物库的筛选

1. 分子水平的高通量筛选

这是 HTS 中使用最多的模型。根据生物分子的类型，分子水平的药物筛选模型主要分为受体、酶、通道、基因和其他类型的模型，其特点是药物作用靶标明确，应用这些模型可以直接得到药物作用机理的信息。

受体筛选模型　受体筛选模型典型的是受体与放射性配体结合模型。其过程一般是让受体、配体、供试化合物和必要的辅助因子一起加入到适当的缓冲液中，温孵一定时间使结合反应达到平衡，随后通过过滤分离结合和游离的配体，然后将滤纸烘干，滤纸上残留的即为结合的放射性配体，这可用液体闪烁计数来测量结合的放射性配基。

酶筛选模型　筛选作用于酶的药物，主要是观察药物对酶活性的影响。根据酶的特点，酶的反应底物、产物都可以作为检测指标，并由此确定反应速率。典型的酶筛选包括 3 个部分：①让被测化合物在适当缓冲液中孵化。②反应起始后（可以加金属离子或蛋白质激活剂）可以通过改变反应混合物的温度、缓冲液的 pH 和酶的浓度来控制反应速率。③如果是单时间点数器（single time point），反应必须终止，且需测量产物的增加和底物的减少。

离子通道筛选模型　Negri 和 Llewellyn 建立了贝类动物毒素的 HTS 方法。其作用靶标为钠通道上的蛤蚌毒素（STX）结合位点，用放射性配体（3H STX）进行竞争性结合实验考察受试样品。Young 等曾用酵母双杂交的方法 HTS 干扰 N 型钙通道 B3 亚单位与 A1B 亚单位相互作用的小分子，以寻找新型钙通道拮抗剂。

2. 细胞水平的高通量的筛选

该筛选是观察被筛样品对细胞的作用，但不能反映药物作用的具体途径和靶标，只能反映出药物对细胞生长等过程的综合作用。所以当已知单一确切的与治疗相关的靶标后就不适合于初筛。这些模型中最重要的是报告基因（reporter gene）测定。由于转录因子和基因表达相关因子是药物作用的重要靶标，从而出现了报告基因法。如果把靶基因表达的调控序列与编码某种酶活性的基因相连，转入细胞内，然后简单地检测酶活性的变化就可以反映化合物对转录因子和基因表达的作用性质和程度，一般把这种能间接反映基因转录水平的编码某种酶的基因称为基因报告法。在应用时，首先确定构建模型所需的调控序列，然后根据具体情况选择载体。应用最普遍的有萤光素酶基因、B2 半乳糖苷酶基因（*B2Cal*）和氯霉素已酰转移酶基因（*CAT*）。除了报告基因法外，还有细胞增殖测定、细胞基础的生理测定和黑色素细胞-色素易位测定等。

3. 高内涵筛选

高内涵筛选是指在保持细胞结构和功能完整性的前提下，检测样品对细胞形态、生长、分化、迁移、凋亡、代谢途径及信号转导等方面的影响，在一个实验中获取大量与

基因、蛋白质及其他细胞成分相关的信息，确定被测样品的生物活性和潜在毒性的方法。通过同步应用报告基因、荧光标记、酶学反应和细胞可视化等常规检测技术，研究人员可以由细胞个体和群体的各种反应信息全面分析被筛样品，在新药研究的早期阶段能够获得其对细胞产生多重效应的详细数据，如细胞毒性、代谢调节和非特异性作用等，从而显著提高发现先导化合物的效率，增加开发的成功率。

（二）宏基因组文库的筛选

针对建立的宏基因组文库，主要有两种筛选思路：基于功能的筛选（functional-based screening）和基于序列的筛选（sequence-based screening）。前者主要利用一些特异性的指示培养基或带有报告基因的载体，挑选阳性克隆测序，分析并找出目的基因。后者常利用简并引物或特异性引物扩增 cDNA 以获得高丰度的目的基因，之后将其转入宿主进行进一步的筛选。2006 年，Roh 和 Kim 等利用基于序列的筛选从宏基因组文库中找出了新颖的细胞色素 b_5 基因和 P450 单加氧酶基因。此外，还有一些衍生出来的新策略，例如，Uchiyama 等建立的底物诱导基因表达筛选（substrate-induced gene expression）。这些策略本身并不矛盾，而且通常结合起来使用会收到更好的效果。近年来发展起来的高通量筛选系统，可以提高筛选库容量庞大的宏基因组文库的效率，它灵敏、可信、快速、高效，是未来制药行业的发展趋势。在环境中占主体的微生物往往都是未能培养的微生物，如果花上很多时间去为每一种未培养微生物寻找适合的生长条件无疑是不切实际的，而通过基于分子生物学和生物信息学的宏基因组学技术为所有的未培养微生物建立一个合适的体系，将会大大突破微生物制药行业的瓶颈，加速科学和产业的发展。

三、微生物及其代谢产物的高通量测定、验证和优化体系

微生物资源是寻找新药的热点资源。近几十年来，在微生物的代谢产物中发现了许多特异、新颖的生物活性物质，包括抗肿瘤、抗菌、抗病毒化合物、生物毒素、酶抑制剂和激活剂、免疫抑制剂等。特别是近 20 年来，由于对巨大的人工合成的组合化学库的高通量筛选并未达到预期的目标，人们又开始把目光投向具有无可比拟结构多样性的天然化合物，以此发现有开发潜力的前导化合物。微生物由于其自身的特点，导致了代谢产物种类的多样性，因而提供了化学结构的多样性。同时可以通过相应的技术手段，人为地改变代谢产物的组成及结构，使其代谢产物更具结构多样性。这无疑使微生物成为高通量筛选最理想的样品来源，同时对微生物次生代谢产物的研究与开发也成为新药开发的一个亮点。因此基于微生物次生代谢产物的高通量筛选技术体系的建立对改变我国新药研究的落后面貌具有极为重要的意义。

高通量筛选平台及病原微生物的抗体抗原快速筛选模型的建立将使我们在面对新型或突变性致病菌时，能够快速、准确地分析致病菌种类、抗原及抗原基因和代谢途径，从而为快速筛选和制备高效抗体和疫苗奠定基础。特别是蛋白质组学（proteomics）的研究手段使我们能够确定病原微生物的结构蛋白和免疫抗原的关系。它将为病原微生物引起的疾病诊断、疫苗的筛选和新疗法的探索带来革命性的进步。因此需要开发和研究

高通量和高灵敏度的筛选工具。核糖体展示抗原表位库技术代表了抗原或抗体工程的未来发展趋势，该技术筛选抗原的整个过程均在体外进行，不经过大肠杆菌转化的步骤，因此可以构建高容量、高质量特定病原微生物的抗原表位库，更易于筛选诱导高亲和力的中和抗体。由于核糖体展示技术避开了细菌转化、噬菌体包装、跨膜分泌、蛋白酶解等种种限制，因此其库容量比噬菌体肽库高几个数量级，可达到 10^{12}～10^{15}，因此更容易筛选到目标分子。该技术可以用于筛选主要几种病原微生物的抗原表位多肽，为设计多肽或亚单位疫苗提供可以依赖的基础数据。

（一）微生物高通量筛选模型

研究高通量药物筛选的新技术和新方法、完善高通量微生物的筛选技术平台、扩大高通量筛选能力和规模、研究由高通量微生物的筛选发展出超级微生物的技术体系和理论体系，从而将高通量筛选与有效的经典筛选方法相结合（体内外筛选方法相结合），大幅提高有限样品条件下微生物筛选的效率和质量，发现新的化合物；建立大规模高通量微生物筛选样品生物活性信息数据库来保证高通量筛选工作的持续性和筛选资料的长期应用。

1. 靶点的发现

药品的研发是一个高风险、高投入的过程。一般认为一个全新药物的研发需要10～15 年的时间，需要 10 亿～15 亿美元。其中，药物作用靶点的探测与验证是新药发现阶段中的重点和难点，成为制约新药开发速度的瓶颈。人类基因组计划初步完成后，人体中可以作为潜在药物作用的靶点是人类过去 100 年中发现的靶点总数目的 20 倍。大量潜在靶点的发现成为新药研究的突破口。图 13-7 显示了肺癌中的多个重要靶点，如 LKB1、Kras、MDM2 和 p53。

2. 分子细胞水平的特异性体外筛选模型

分子水平的药物筛选模型是 HTS 中使用最多的模型。根据生物分子的类型，分子水平的药物筛选模型主要分为受体、酶、通道、基因和其他类型的模型，其特点是药物作用靶标明确，应用这些模型可以直接得到药物作用机理的信息。

3. 受体筛选模型

典型的受体筛选模型是受体与放射性配体结合模型。其过程一般是让受体、配体、供试化合物和必要的辅助因子一起加入到适当的缓冲液中，温孵一定的时间使结合反应达到平衡，随后通过过滤分离结合和游离的配体，然后将滤纸烘干，滤纸上残留的即为结合的放射性配体，这可用液体闪烁计数来测量结合的放射性配基。

4. 酶筛选模型

筛选作用于酶的药物，主要是观察药物对酶活性的影响。根据酶的特点，酶的反应底物和产物都可以作为检测指标，并由此确定反应速率。典型的酶筛选包括 3 个部分：

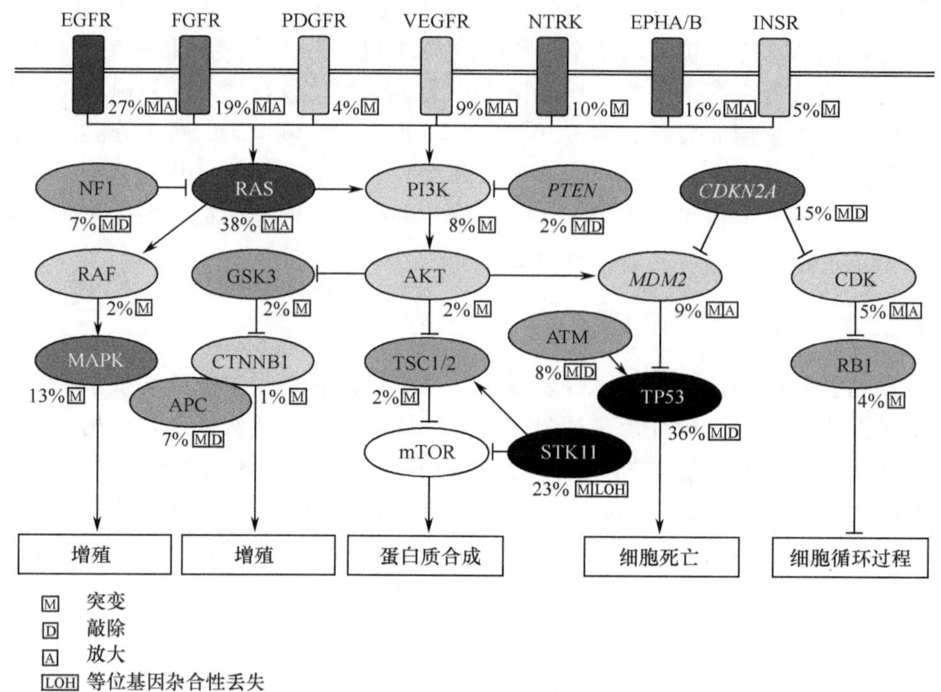

图 13-7　肺癌的分子靶点（失控的生长信号转导途径）

EGFR：表皮生长因子受体；FGFR：成纤维细胞生长因子受体；PDGFR：血小板衍生性生长因子受体；VEGFR：血管内皮生长因子受体；NTRK：鼠抗人神经营养因子酪氨酸激酶受体；EPHA/B：上皮细胞激酶 A/B；INSR：胰岛素受体；NF1：Ⅰ型神经纤维瘤；RAS：鼠肉瘤；PI3K：磷酸酰肌醇 3 激酶；*PTEN*：磷酸激酶抑癌基因；*CDKN2A*：细胞周期控制基因；RAF：丝氨酸/苏氨酸激酶；GSK3：糖原合成酶激酶；AKT：蛋白激酶；*MDM2*：反式激活活性基因；CDK：细胞周期素依赖性激酶；MAPK：促分裂素原活化蛋白激酶；CTNNB1：β-联蛋白；TSC1/2：结节性硬化抑制因子 1/2；ATM：毛细血管扩张性共济失调突变蛋白；APC：活化蛋白 C；mTOR：哺乳类动物雷帕霉素靶蛋白；TP53：TP53 蛋白；STK11：丝氨酸/苏氨酸激酶 11

①让被测化合物在适当的缓冲液中孵化。②反应起始后（可以加金属离子或蛋白质激活剂）可以通过改变反应混合物的温度、缓冲液的 pH 和酶的浓度来控制反应速率。③如果是单时间点数器（single time point），反应必须终止，且需测量产物的增加和底物的减少。

5. 离子通道筛选模型

Negri 和 Llewellyn 建立了贝类动物毒素的 HTS 方法。其作用靶标为钠通道上的蛤蚌毒素（STX）结合位点，用放射性配体（^{3}H STX）进行竞争性结合试验考察受试样品。Young 等曾用酵母双杂交的方法高通量筛选干扰 N 型钙通道 B3 亚单位与 A1B 亚单位相互作用的小分子，以寻找新型钙通道拮抗剂。

（二）高灵敏的检测系统

为了能够针对上述的各种作用靶点，对大量化合物进行快速、高效、低成本、微量化的筛选，人们建立了许多新的检测方法，特别是荧光技术和放射性核素技术的应用和发展，适应并加速了 HTS 的发展。

1. 均相时间分辨荧光分析法（HTRF）

采用脉冲激光作为光源，激光照射样品后所发射的荧光是一混合光，但由于待测组分的荧光具有特定的衰变期，故可根据时间变化灵敏地检测到待测样品的荧光变化而不受其他组分、杂质荧光及仪器噪声等的干扰。这项技术具有采取均相测定模式、自动化、非同位素和使用荧光标签等优点。当以镧族元素铕、铽等为示踪剂时，在紫外光激发下，它们能够发射微弱的离子荧光，这些元素与紫外光吸收配体螯合并微胶化（microcapsulation）后即可产生很强的荧光信号。一般自然本底衰减时间为 1～10ns，而铕的衰减时间为 1020Ls。待本底光衰减后，所测荧光即为离子荧光，从而减少了本底干扰，提高了分析的灵敏度。

2. 荧光极化法

荧光极化法（FP）在分析生物和化学体系中的分子间相互作用时是一种强有力的、快速的技术，它可以根据示踪剂在游离和与靶标分子结合两种状态时的旋转速率不同而加以区分。在一定温度和黏度时，1 个分子的旋转松弛时间（rotational relaxation time，RRT）与其体积相关。1 个荧光配体在游离时不需要 1ns 就会完成 1RRT，而当这个配体被适当波长的偏振光激发时，产生的诱导偶极子将绕着起初的激发面随机旋转。这样通过一个即时极化过滤器就可以观察这种放射。这种放射开始是平行的，然后垂直于极化的激发面，几乎有相等的密度，当荧光配体结合到大分子上，由于体积变大，复合物的 RRT 可为 100ns 或更多。因此，在荧光试剂的 ns 存在周期内大多数激发光的原始极化都被保留，此时可以检测到比垂直时更高的荧光强度。一个分子的极化值与分子的 RRT 成正比，再根据 RRT 与分子体积的关系可得分子体积，从而可得到结合 ö 游离率，这就是荧光极化的原理。

3. 时间分辨荧光能量传递分析法

时间分辨荧光能量传递分析法（TRET）是一种双标记方法，其原理是荧光镧系复合物和共振能量受体之间的长范围能量传递。TRET 是完全在液态下进行的，不需固定相支持和分离步骤，也不需对试剂进行特殊处理、检测或沉淀。其优点是通过减少背景使长期存在的供体和受体信号的时间门控显示很高的敏感性。现在，已有大量的 HTS 检测在使用 TRET，包括成功地使之微型化而应用于在 1536 孔板的筛选。除了用于 HTS 酪氨酸激酶外，还可应用于蛋白质与蛋白质结合分析、受体结合分析等。此外，还有荧光共振能量传递法（FRET）和荧光关联光谱法（FCS）等。

4. 微型化放射技术

虽然荧光检测技术是 HTS 的发展趋势，并越来越受重视，但是放射性检测技术仍然在 HTS 中发挥重要作用，估计现在仍占 HTS 量的 20%～50%。闪烁接近分析法

(SPA) 利用的是含闪烁剂的微小球(闪烁球),经过化学处理这种小球能使靶标分子(抗体、受体蛋白质和酶)偶合到达其表面。如果以^{3}H 或^{123}I 标记的分子直接或通过偶合分子的相互作用结合到闪烁球表面,那么当它靠得足够近以致发射的能量能激活闪烁球上的闪烁剂而产生光信号时,产生光信号的多少便与标记分子结合到闪烁球上的数量成正比,从而被闪烁球计数器方便地测量。这样,结合的放射性配体产生了 1 个闪烁信号而游离的没有,从而可以得出结合率。SPA 在检测 RNA 转录、测定 P56 激活酶活性、对氨基乙酰化 tRNA 进行测定等方面都有实际的应用。FLASH PLATE 分析法与 SPA 的原理相同,只是前者把闪烁剂固定在微皿内表面而不是闪烁球上。该方法灵敏度高,特异性强,促进了高通量药物筛选的实现,但存在环境污染问题。

5. 细胞基础的放射性技术

G2 蛋白偶合受体、离子通道功能和共焦显影平板可用于细胞和亚细胞的显影,FLIPR (fluorometfic imaging plate reader) 可以在短时间内同时检测荧光的强度和变化,是测定细胞内钙离子浓度非常理想的方法,也可以用于测定膜电位和细胞内的 pH。

美国 Emory 大学的傅海安教授实验室在细胞信号转导和化学生物学领域取得了卓越的研究成果,如图 13-8 所示。在他的领导下,已经完成了二十多个 HTS、HCS 和表型筛选模型的建立及筛选工作。他领导的研究中心已经具有了两个独立的针对 HTS、HCS 的自动化筛选系统,384 和 1536 孔板已经被广泛应用于该中心的日常筛选工作中。

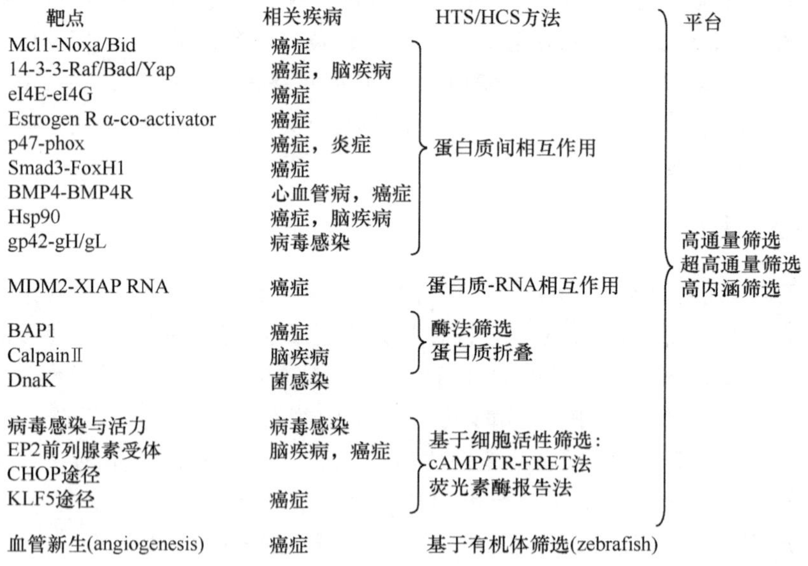

图 13-8 Emory 化学生物研发中心部分(超)高通量/高内涵的靶点

四、集成体系：微生物及其代谢产物的高通量筛选数据采集和处理体系

无论是微生物资源本身，还是高通量筛选的实验结果，都会产生大量的数据。对这些数据的简单经验分析肯定不能满足微生物高通量筛选的需要，因此需要建立有效、快速的数据采集和数据分析系统，收集包括微生物资源采集信息、生理生化信息、核酸序列信息、指纹图谱信息在内的微生物资源信息，形成记载微生物资源完整的性状特征和潜在应用前景的信息数据库，并以此为基础，进行生物信息学、计算生物学、系统生物学和结构生物学等理论分析，从而理性和系统地指导实验的设计和进行，根据不同的复合检索方式、综合统计分析和数据处理模型，尽快从海量的数据仓库中获得有用的信息，节省实验的时间和花费。另外，通过和实验紧密结合，相互促进，也能够不断地修正计算理论模型，从而更好地探索微生物生命科学，为微生物资源的有效利用提供良好的生物信息学技术支撑平台。因此，建立高通量筛选的数据库系统和数据处理系统是十分重要的。这方面的研究也是目前生命科学的热点研究领域之一。

1）参考 OECD BRC 认证标准、BRC 操作标准、BRC 数据标准、BRC 质量控制标准和 Global BRC Network 设计框架，建立微生物资源管理的标准化技术体系和管理体系；同时按照 GLP（良好的实验室操作）标准和 ISO 标准，建立健全的 QC（质量控制）和 QA（质量保证）系统，开发规范的 MRC 信息管理系统。建立微生物及基因长期保藏、复核及系统化管理技术体系，达到符合国际标准的微生物资源管理规范，建立特殊用途微生物及其产物的质量标准，开发规范的 MRC 信息管理系统，实现 MRC 全方位的信息化管理。建立微生物资源对外销售和信息共享系统，迅速加入全球生物资源信息网（Global BRC Network）和国家自然科技资源共享平台；积极开展国际合作，促进我国微生物实物资源的利用和信息共享。

2）建立有效、快速的数据采集和数据分析系统，收集包括微生物生理生化信息、核酸序列信息、指纹图谱信息、代谢产物信息等在内的微生物资源信息和高通量筛选实验数据数据库，重点建设微生物活性分子数据库、代谢产物库、微生物蛋白质序列和结构数据库、微生物功能基因数据库等数据库，形成记载微生物资源完整的性状特征和潜在应用前景的信息库，并集成成为支撑高通量筛选的数据支撑平台，建立集成的数据库检索系统。

3）建立生物信息学数据处理、功能分析和结构计算软件环境，完整地收集本项目其他平台所产生的各种数据内容，对其进行各种数据统计分析，积累大量数据，形成记载微生物资源完整特征和潜在应用前景的信息数据库以及支撑微生物高通量筛选的信息系统。根据不同的复合检索方式、综合统计分析和数据处理模型，从大量的数据中获得有用的系统信息，为微生物资源的有效利用提供良好的生物信息学技术支撑平台。

4）开发和使用适合微生物高通量筛选的计算机辅助虚拟筛选技术，例如，小分子虚拟筛选技术、蛋白质-蛋白质对接，蛋白质-核酸对接预测、大规模蛋白质和基因的活性、功能预测等。开发代谢组学和生物网络的分析方法，研究生化网络的动力学过程。

5）结合生物信息学和系统生物学研究，以完善的微生物资源信息库为基础，建立

生物信息学数据处理、功能分析和结构计算软件环境，为微生物资源的有效利用提供良好的生物信息学技术支撑平台。同时通过协议建立微生物资源获得和对外服务以及信息共享平台，迅速加入全球生物资源信息网和国家自然科技资源共享平台，使国内外用户方便迅捷地检索到各种对外供应微生物资源的有关信息，建立国内信息质量最好、整体功能最高的微生物资源信息平台。

（代焕琴　刘向阳　张立新）

主要参考文献

边疆，宋福行，张立新. 2008. 构建高质量微生物天然产物库研究策略. 微生物学报，48（8）：1132～1137

Babcock D A，Wawrik B，Paul J H et al. 2007. Rapid screening of a large insert BAC library for specific 16S rRNA genes using TRFLP. J Microbiol Methods，71：156～161

Bian J，Li Y，Wang J et al. 2009. *Amycolatopsis marina* sp. nov.，an actinomycete isolated from an ocean sediment. Int J Syst Evol Microbiol，59：477～481

Bode H B，Bethe B，Hofs R et al. 2002. Big effects from small changes：possible ways to explore nature's chemical diversity. Chembiochem，3：619～627

Bollmann A，Lewis K，Epstein S S. 2007. Incubation of environmental samples in a diffusion chamber increases the diversity of recovered isolates. Appl Environ Microbiol，73：6386～6390

Dai H Q，Wang J，Xin Y H et al. 2009. *Verrucosispora sediminis* sp. *nov.*，a novel cyclodipeptide-producing actinomycete from the South China Sea. Int J Syst Evol Microbiol，60：1807～1812

Devlin J P. 1997. High Through Screening：the Discovery of Bioactive Substances. New York：Marcel Dekker Inc

Du Y，Masters S C，Khuri F R et al. 2006. Monitoring 14-3-3 protein interactions with a homogeneous fluorescence polarization assay. J Biomol Screen，11：269～276

Elend C，Schmeisser C，Hoebenreich H et al. 2007. Isolation and characterization of a metagenome-derived and cold-active lipase with high stereospecificity for（R）-ibuprofen esters. J Biotechnol，130：370～377

Elend C，Schmeisser C，Leggewie C et al. 2006. Isolation and biochemical characterization of two novel metagenome-derived esterases. Appl Environ Microbiol，72：3637～3645

Gao H，Liu M，Zhou X L et al. 2010. Identification of avermectin-high-producing strains by high-throughput screening methods. Appl Microbiol Biot，85：1219～1225

Gribbon P. 2008. High-throughput hit finding and compound-profiling technologies for academic drug discovery. Drug Discovery Today：Technologies，5：e3～e7

Huber R，Burggraf S，Mayer T et al. 1995. Isolation of a hyperthermophilic archaeum predicted by *in-situ* RNA analysis. Nature，376：57，58

Kaeberlein T，Lewis K，Epstein S S. 2002. Isolating "uncultivable" microorganisms in pure culture in a simulated natural environment. Science，296：1127～1129

Keller M，Zengler K. 2004. Tapping into microbial diversity. Nat Rev Microbiol，2：141～150

Khosla C，Kao C M. 2004. Combinatorial polyketide libraries produced using a modular PKS gene clusters as scaffold. United States Patent Application Publication，us2004/0209332 A1

Kim B S，Kim S Y，Park J et al. 2007. Sequence-based screening for self-sufficient P450 monooxygenase from a metagenome library. J Appl Microbiol，102：1392～1400

Knight V，Sanglier J J，DiTullio D et al. 2003. Diversifying microbial natural products for drug discovery. Appl Microbiol Biotechnol，62：446～458

Lam K S. 2007. New aspects of natural products in drug discovery. Trends Microbiol，15：279～289

Lorenz P, Liebeton K, Niehaus F et al. 2002. Screening for novel enzymes for biocatalytic processes: accessing the metagenome as a resource of novel functional sequence space. Curr Opin Biotechnol, 13: 572～577

Maron P A, Ranjard L, Mougel C et al. 2007. Metaproteomics: a new approach for studying functional microbial ecology. Microb Ecol, 53: 486～493

Mayr L M, Bojanic D. 2009. Novel trends in high-throughput screening. Curr Opin Pharmacol, 9: 580～588

Negri A, Llewellyn L. 1998. Comparative analyses by HPLC and the sodium channel and saxiphilin H-3-saxitoxin receptor assays for paralytic shellfish toxins in crustaceans and molluscs from tropical North West Australia. Toxicon, 36: 283～298

Orphan V J, House C H, Hinrichs K U et al. 2001. Methane-consuming archaea revealed by directly coupled isotopic and phylogenetic analysis. Science, 293: 484～487

Osburne M S, Grossman T H, August P R et al. 2000. Tapping into microbial diversity for natural products drug discovery-some microbiologists are probing the rich diversity of their backyards instead of going far afield to find useful natural products. Asm News, 66: 411～417

Pace N R. 1997. A molecular view of microbial diversity and the biosphere. Science, 276: 734～740

Roh C, Villatte F, Kim B G et al. 2007. Screening and purification for novel cytochrome b5 from uncultured environmental micro-organisms. Lett Appl Microbiol, 44: 475～480

Salomon C E, Magarvey N A, Sherman D H. 2004. Merging the potential of microbial genetics with biological and chemical diversity: an even brighter future for marine natural product drug discovery. Nat Prod Rep, 21: 105～121

Song F, Dai H, Tong Y et al. 2010. Trichodermaketones A-D and 7-*O*-methylkoninginin D from the marine fungus *Trichoderma koningii*. J Nat Prod, 73: 806～810

Sun J Q, Guo L D, Zang W et al. 2008. Diversity and ecological distribution of endophytic fungi associated with medicinal plants. Sci China Ser C, 51: 751～759

Toledo G, Green W, Gonzalez R A et al. 2006. High throughput cultivation for isolation of novel marine microorganisms. Oceanography, 19: 120～125

Yun J, Ryu S. 2005. Screening for novel enzymes from metagenome and SIGEX, as a way to improve it. Microb Cell Fact, 4: 8

Zengler K, Toledo G, Rappe M et al. 2002. Cultivating the uncultured. Proc Natl Acad Sci USA, 99: 15681～15686

Zhang L, Demain A L. 2005. Natural Products: Drug Discovery and Therapeutics Medicines: Human Press Inc., Totowa, NJ

第十四章　微生物资源开发利用的新技术

微生物资源是一类非常重要的生物资源，其应用领域非常广泛，在农业生产、食品加工、医药工业、纺织工业、化学工业、环境保护等方面均有利用。因此，微生物资源学研究的最终目的是希望直接或间接地利用微生物生产对人类有益或有用的产品。微生物资源开发利用的手段与技术也随着其他学科的发展而日新月异。在分离方法和菌种保存方面，微生物科研工作者将各种新的分离手段和技术应用于纯培养微生物菌种库的建立；在微生物药物研究方面，药学研究者借助各种高通量筛选技术与方法，进行生理活性物质（或药物先导化合物）的筛选。有关的内容前面也有比较详尽的介绍。本章从微生物资源开发利用的角度出发，主要介绍近年来微生物发酵、组合生物合成、微生物蛋白质组等新技术的进展及应用情况。

第一节　发酵新技术

微生物发酵与人类的生活息息相关，同时与国家的节能减排大政方针密切联系，与国家循环经济的发展密不可分。传统的发酵技术已经被人们广泛用于酿酒、制酱及奶酪等食品加工生产中。而现代微生物发酵工业则是从 20 世纪 40 年代开始，随着抗生素医药工业的兴起而迅速发展起来的，它融合了基因工程、细胞工程、酶学及分子生物学等新生物技术，已成为一门新兴的高技术产业。我国微生物发酵工业的发展从 20 世纪中期开始也得到了迅速的发展，目前相关微生物产业的产值就高达人民币 4 万亿元左右。但相对于发达国家，我国发酵产业的产值还是很低的，发展空间及潜力仍然十分巨大。同时，发酵工程的核心技术和资金等瓶颈制约了我国微生物发酵工业的发展。

发酵技术随着时代的进步而不断地向前发展，已经成为生物技术产业的重要支柱，同时也是微生物资源开发利用的关键技术，而且和基因工程技术、组合生物合成技术及蛋白质组学技术的结合使它如虎添翼。

微生物资源研究与开发利用的全过程离不开发酵；开发利用的目标是实现大规模的工业化生产，满足社会需求，而这同样离不开发酵。发酵技术是微生物资源学的重要内容之一。近年来，微生物发酵技术无论在固态发酵还是液体发酵等方面均取得了一些进步。与此同时，发酵设备的性能与操作便利性也得到了极大的改善。

一、固态发酵

固态发酵是指没有或几乎没有自由水存在的情况下，在有一定湿度的水溶性固态基质中，用一种或多种微生物进行发酵的生物反应过程。从生物反应过程中的本质考虑，固态发酵是以气相为连续相的生物反应过程，是人类利用微生物生产所需产品的古老技术之一。但随着液态发酵广泛用于抗生素工业的生产，固态发酵作为落后生产的代表，一直未能得到更好地开发和利用。事实上，固态发酵是一种具有节水、节能、产率高、低排放等独特优势的清洁生产技术。由于世界能源危机的出现和环境保护意识的增强，固态发酵技术又重新受到世界各国的重视并焕发青春，在食品加工、饲料生产、生物农药、医药化工、有机固体废弃物的处理等领域的应用研究也日趋活跃。传统的固态发酵存在着工艺条件差、劳动强度大、环境条件恶劣等缺点，发酵过程中的温度、湿度、送风、搅拌等工艺难以得到保证，并且难于避免细菌的污染，保证不了产品的质量。针对固体发酵存在的缺点，人们不断地研究设计新的发酵工艺及反应器。目前，固体发酵的发展趋势有：敞开式发酵→封闭式发酵、经验式发酵→控制发酵、浅盘（池）发酵→机械化发酵、固态单菌发酵→固态混菌发酵、堆积式发酵→流化态发酵、固体底物基质固态发酵→惰性载体吸附固态发酵。

现代固态发酵生物反应器也从静态密闭式发展到连续或间歇式的动态密闭式、气相双动态密闭式，并实现了机械化可视操作。国际上，法国、日本、美国等发达国家对固态发酵的关键设备竞相进行研究，已经在实验室和中试规模上设计出转鼓式、木盒式、加盖盘式、垂直培养式、倾斜接种盒式、浅盘式、传送带式、圆盘式、混合式等多种形式的反应器，但未见工业化规模的固态发酵反应器的详细报道。国内固态发酵设备仍多是处于研究试制阶段，例如，中国科学院过程工程研究所开发的压力脉动固态发酵反应器、常州三环生物工程成套设备有限公司的 SFG-X 移动床式固态发酵罐等。

（一）气相双动态固态发酵技术

该项技术及装置（图 14-1）由中国科学院过程工程研究所陈洪章、李佐虎研究开发，并于 2007 年获得了美国专利授权许可。该方法是将待发酵的固体物料置于压力脉动及循环流动空气的双动态环境中进行固态发酵。该发酵装置包括快开门的卧式圆筒形罐体，罐内设轴向放置的由 4 个隔板组成的截面为正方形的长方体间隔筒，隔板与罐壁的空间内设置与隔板平行放置的冷却排管，间隔筒垂向中央设置水平放置的多组冷却排管，罐内下隔板上设有轴向固定轨道，轨道上安装可在其上滚动的活动式料盘架，料盘架上设有多层浅盘，罐体后部设置强制罐内气体循环的离心式鼓风机，可完成微生物纯种培养，容易放大，发酵物效价高，无“三废”，适用生物农药、酶制剂、农用抗生素、单细胞蛋白等发酵生产。该项核心技术与传统的固态发酵技术相比，有效地改善了固态发酵过程中的热量传递和氧传递，促进了菌体的生长代谢，克服了易染菌、放大困难等方面的难点，达到了节能、节水、高产的目的，从而实现工业化大规模纯种培养。目前该技术已经成功地从实验室的 2L、50L、800L 放大到 $25m^3$、$50m^3$、$70m^3$ 的工业级生产规模。技术的发明者还将该技术应用于农药白僵菌孢子粉的生产。徐福建等用该技术研究纤维素酶，不仅能很好地控制发酵湿度、温度，缩短发酵周期，而且纤维素酶活也比静态发酵方式提高了 1 倍。

该项技术可以做到微生物大规模的纯种培养，在发酵工业中可以弥补液体深层培养方面的不足，相信在发酵工业生产中将会产生深远的影响。

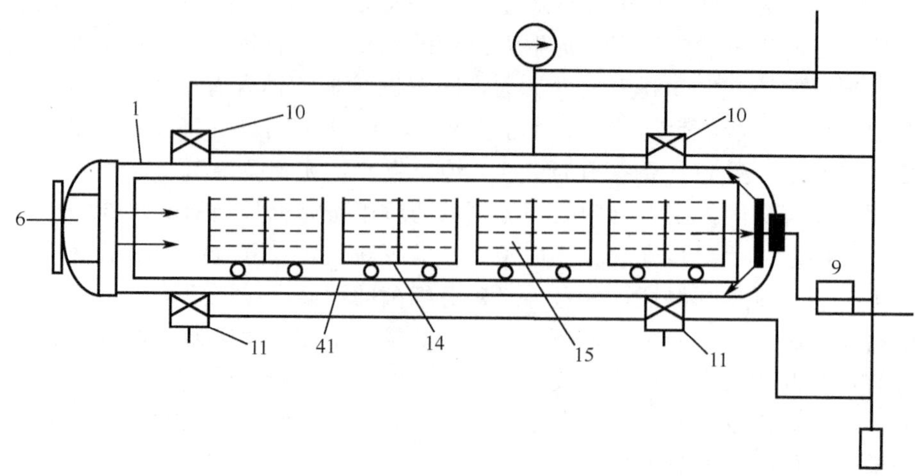

图 14-1 气相双动态固态发酵技术及其发酵装置图（引自陈洪章和李佐虎，2005 年专利 ZL02100176.6）

1. 罐体；6. 快开门结构；9. 离心式鼓风机；10. 进气阀；11. 排气阀；14. 活动式料盘架；15. 浅盘；41. 隔板

（二）微生物高效呼吸膜固态发酵技术

微生物高效呼吸膜固态发酵技术是一种混菌发酵技术，它将两种通常不能共同生活在一起的活菌混合培养，菌株在固态发酵的过程中互为对方提供生长繁殖所需的条件，并能长期保持活性。原料接种后就密封包装，发酵在包装袋内进行。微生物在发酵过程中产生的气体达到设定压力以后通过呼吸膜排出，但是外界的空气始终不能进入包装袋内，保持包装袋内的无氧和无杂菌污染的环境，不仅保证了微生物的活性，同时也保证了产品能长期储运。例如，毕赤酵母菌和乳酸杆菌，在通常情况下，这两种微生物是不能共存的。利用高效呼吸膜技术进行厌氧发酵生产饲料时，在同一个包装发酵袋内，毕赤酵母菌能快速消耗氧气，并且能耐受很强的酸性环境（pH 3.2）。当毕赤酵母菌消耗完氧气以后（这个过程比较短），便会产生少量的乙醇和乳酸，同时物料的 pH 也下降到 5.6 以下，为乳酸杆菌的生长繁殖提供了很好的前提条件。随着乳酸杆菌的生长代谢，乳酸杆菌的数量不断增加，产生的有机酸也不断增加，物料的 pH 持续下降，一些大分子物质（如蛋白质、多糖、脂肪等）不断降解，而同时一些有机酸、小肽、游离氨基酸和维生素的数量却在不断增加，营养价值得到了很大提升。这种先包装、后发酵的革新技术，巧妙地解决了微生物固态发酵的散热、厌氧控制，以及包装、储运、稳定性等难题，极大地降低了微生物发酵饲料的生产成本，为本产品的大剂量添加提供了必要的前提。

（三）双向型固体发酵

该技术由南京中医药大学庄毅提出，主要是以药用真菌为材料的固体发酵技术。其核心为采用具有活性成分的中药材作为培养基发酵药用真菌，通过真菌的生长代谢过程中的分解及合成代谢活动，在微生物产生的酶的催化下，促使中药材产生新成分和新功能，使发酵作用从原来的单向型即仅由农副产品构成的营养基质提供真菌生长所需要的碳、氮等养分，发展到利用真菌的生理活动，使药性基质中的有效成分发生转变，产生新的成分，从而产生新的性味和功能。谷坤睿等的研究也证明，双向型固体发酵能够有效地提高纯甘草渣的菌质多糖含量。

后来也有人尝试将这一研究用于食品发酵工程上。韩建荣、陈宝林利用猴头菌接种到玉米粉基质中进行固体发酵，结果表明可以显著提高玉米粉的蛋白质含量和质量。

（四）混菌固态发酵

现代发酵工业生产过程中，尤其是以某个化合物或功能物质生产为主要目的的生产，往往要求单一的工程菌株，在生产过程中采取了非常严格的灭菌和消毒措施，以防污染。但对于食品生产、饲料加工、工业污染治理、农业废弃物处理等应用上，混菌固态发酵也日益受到了重视。

混菌固态发酵是指两种或两种以上的微生物在同一种培养基中生长，但各自的功能或作用不相同，在发酵过程中互相协同，从而达到某种发酵目的。例如，高温酵母菌生长速度快、适应性强、蛋白质含量高；担子菌分解纤维素、半纤维素能力强，在混菌固态发酵生产饲料时，不仅能提高淀粉渣的蛋白质含量，还降低了纤维素和半纤维素的含量，从而使无法直接利用的淀粉渣转化为优质蛋白质饲料。

微生物混合固态发酵是在对微生物相互作用和群落认识的基础上，将两种或两种以上微生物菌种，同时或先后接种于同一种培养基中，在无污染的条件下进行的固态发酵过程。纯培养技术使得研究者摆脱了多种微生物共存的复杂局面，能够不受干扰地对单一目的菌株进行研究，从而丰富了人们对微生物形态结构、生理和遗传特性的认识。但是，在科学研究及生产实践中，人们不断地发现很多重要的生化过程是单一微生物不能完成或只能微弱地进行的，必须依靠两种或多种微生物共同来完成，但对大多混合菌体系中菌与菌之间的相互关系及作用机制尚不了解。因此，筛选和组合具有协同关系的菌株还是随机的，缺乏理论指导，混菌发酵的发展和应用还是相当有限的。

很多传统发酵产品，如茅台、泸州老窖、五粮液、普洱茶等，具有鲜明的地域特色，都是混合菌发酵的典型例子。这些产品的市场认可度很高，但产品质量不易稳定，品质监管难，有的难于大规模工业化生产。为了确定标准化生产工艺，加强品质管理，提高质量，增加产量，一些单位的研究人员花功夫去分离、鉴定参与发酵的菌种，然后按所谓不同的“配比”进行发酵，研究各个成员的“相互关系”，以期找到“最佳”配方。我们认为，参加发酵的成员不但有已培养、已定名的不同菌种，也有未培养的菌种，这些未培养菌种的功能一时难于弄清；研究清楚那些纯培养菌种（多维复杂系统）的功能和相互关系也绝非易事。因此，我们以五粮液为例，建议从混合菌发酵入手。首先，选择当地公认最好的窖泥为原始“菌种”（混合菌），以传统的窖泥放大工艺为对照，并设计几个不同的放大工艺；选用当地“不太好”的窖泥做阴性对照，进行平行实验，检测实验结果。因为产品（酒）的质量标准是比较客观的，所以用不同放大工艺生产出的产品质量也应该是比较客观的，可控的。然后再优化、标准化窖泥放大工艺。相关企业不妨一试。实际上混合菌发酵是工业上很常见的发酵方式，例如，细菌冶金，细菌脱硫、脱蜡，污水处理，有机肥料生产，都是运用混合菌发酵。我们主张，先看效果，再问为什么。

当然，以混合菌发酵为中心，采用各种在线测试手段，研究各发酵成员的生理、代谢、相互关系及协同机制，弄清各个发酵成员在不同时空中的多维关系，再结合各种新兴的生物工程技术手段，提供混合菌固体发酵的理论和技术，应当是微生物资源开发利用的重要课题。

二、液态发酵

液态发酵是指微生物以液相培养基为连续相的生物反应过程，整个生产过程易于进行消毒灭菌和自动化操作。液态发酵起源于抗生素发酵，后来在有机酸、氨基酸、酶制剂等生物化工及食品加工等行业中得到了广泛的应用。从某种意义上来说，液态发酵是现代微生物发酵工程的代名词。因此，液态发酵也是目前研究最为深入、应用最为广泛的微生物发酵技术。它的发展大体可以分为 4 个重要阶段：微生物纯培养技术、深层培养（通气搅拌）技术、代谢调控发酵技术、基因工程的引入和自动控制发酵工程。液态培养技术的发展与发酵设备的改进也同时进行，例如，计算机自动化控制技术的引入，使得现代液态发酵实现了自动化操作。

液态发酵的分类：根据所培养的微生物特性，液态发酵可分为通风发酵（液体深层发酵）和厌氧发酵；根据发酵操作方法的不同可以分为分批发酵、分批补料发酵和连续发酵。对于液态发酵的分类与操作方法，已经有相当多的科研论文及论著，且每种操作方法都已经在生物化工生产中得到了广泛应用，因此不再详述。

微生物的液态发酵培养技术虽然出现在固态发酵之后，但因为应用广泛，因此对它的研究是相当深入的。液态发酵培养技术的研究主要集中于发酵工艺学上，包括发酵培养基、发酵条件及提取处理等方面。微生物发酵产物多种多样，发酵条件及后处理各不相同，但总体上的发酵流程是非常相似的，包括生产菌种→孢子制备→种子制备→发酵→发酵产物（提取、精制）→产品。从生产菌种到发酵结束这个过程称为“上游”，而发酵产物的提取处理至成品称为“下游”，上下游之间是紧密联系在一起的，是有机的整体，不宜简单地割裂开来。在液态发酵生产的过程中，影响生产周期、生产水平和生产成本高低的最主要因素有 3 个：生产菌种（工程菌株、遗传稳定、目标产物达到一定水平）、培养基成分（天然成分、合成成分及碳源、氮源、无机盐、特殊成分）和发酵工艺参数（温度、pH、溶氧、搅拌速度、泡沫）。有关现代微生物发酵工艺流程的论著已经相当多，这里不再赘述。

三、发酵条件的研究方法

微生物发酵是一个复杂的过程，涉及许多相互影响的因素，除了微生物的生长生理、代谢生理、生物调控机理等影响因素外，它还受到培养基成分、温度、溶氧、pH 等外界因素的影响。因此，探索适当的发酵条件以达到最大限度地合成目标产物的目的，实验优化技术是发酵工程研究的一个重点内容。传统的发酵优化方法，如单因素影响试验、正交试验设计等方法虽然在实践中具有简单、易行、直观等优点，但在多因素多水平的实验中就显得费时费力，有时还有可能导致错误的结论。

在发酵培养条件的优化过程中，数理统计模型的引用起到了很重要的作用，近年来也取得了一定的成功。统计优化技术是以概率论为基础并借助一些统计软件进行设计、分析的一种技术，可以同时分析多种因素及其影响的规律与结果。常用的统计学模型有均匀设计法（uniform design）、最速上升法（steepest ascent design）、析因设计（factorial experimental design）及响应面分析法（response surface analysis，RSA）。近年来在微生物发酵条件的探索中，最为常用是析因设计法和响应面分析法的结合。

（一）析因设计

析因设计是一种多因素的交叉分组实验设计，交叉分组是通过各因素各水平间的相互组合进行的。总的实验数是各因素水平数的乘积。根据实验数据拟合出一次多项式，再利用统计学软件对其进行回归分析。相对于单因素实验分析法，析因分析的优点在于，用相对较小的样本，获取更多的信息，特别是交互效应分析，估计出各因素的效应及交互作用的大小，还能找出最佳组合。因此，析因设计分析法已经成为优化培养基组成的一种重要工具。

（二）响应面分析

响应面分析法是通过对响应面等值线的分析寻求最优工艺参数，采用多元二次回归方程来拟合因素与响应值之间函数关系的一种统计方法。微生物发酵中往往需要先筛选出主要的影响因素，对函数求得极值以寻求最佳的工艺条件。在实际运用中，响应面分析-中心组合设计法（response surface analysis-central composite design，RSA-CCD）是近年来应用较多的一种实验设计方法。该方法是在析因设计的基础上添加 $2k$ 个轴向点和中心点而组成，对于 k 个因子的 2^k 中心组合设计进行实验，然后通过图形函数直接把优化区域表达出来。根据模型确定因素的最佳工艺条件，并对其进行验证评估。该设计分析法具有精密度高、预测性好等优点，特别适用于 2～5 个因素、5 水平的优化实验。

各种统计分析设计各有自身的优缺点。在实验中通常把两种或两种以上的设计方法进行合理地组合，可以减少实验的工作量，也能提高实验的准确性和精确性。同时，商用软件公司也在不断地开发相关的软件，使得发酵技术的发展也越来越快。

四、微生物发酵技术的发展

微生物发酵研究是微生物资源开发利用研究中的一个重要环节。资源微生物通过发酵能生产出人们生产和生活所需的食品、药品、化妆品、农药和肥料。因此，加强微生物发酵技术各个环节的研究，有利于加速微生物资源的开发与利用，有利于生物化工产业的发展，有利于国家经济的发展，同时有利于环境的保护。微生物发酵技术的研究与发展应当充分重视以下 3 个方面。

1）加强目标微生物生理代谢的研究：各种生态环境下的微生物资源及各种类群的

微生物都具有不同的生理特点。因此，对其进行必要的生理、代谢与遗传研究，有利于设计适合于目的菌的发酵工艺。目前抗生素生产中发酵常用的培养基与培养条件多是以链霉菌的生长生理和代谢生理为基础探索出来的，对于很多稀有放线菌并不一定适用。而从链霉菌中发现新的抗生素的难度很大，因此研究稀有放线菌是寻找新抗生素的一个重要途径之一。

2）固态发酵与液态发酵并重，有机结合：事实证明对于一些菌株来说，液体培养不利用代谢产物的产生，例如，球孢白僵菌液态发酵产生的芽生孢子活力低、不耐储藏，难以应用于实际，而固态发酵能解决这些问题。一些昆虫病原真菌可以先用液体发酵快速获得大量菌丝或芽生孢子，再进行固体发酵，使其产生最接近于自然接种体形态的气生分生孢子。该方法既克服了单纯液体发酵生产的芽生孢子稳定性差等缺点，又最大限度地利用了固体表面上产生气生分生孢子的优点，同时缩短了菌丝生长周期，生产方法简便，原料易得，能耗成本低。同时，在发酵后处理上还应该在考察工艺时考虑到环境保护与环境污染的问题。

3）加强多学科的联系，有利于微生物发酵技术的创新与提高：微生物发酵技术涉及微生物生理学、遗传代谢、物理学、化学、工程技术、化工机械等多个方面，因此，需要多学科的科研与技术工作者的合作。

第二节　组合生物合成技术

如前章所述，经过科研单位与制药公司的努力，人们已经建立了多种新药研究开发的高通量筛选模型，使筛选的效率大大加强，成千上万个化合物可以在很短的时间内完成检测。这种高通量筛选需要高容量的化合物库。天然产物及其化合成的衍生物一直是新药开发领域的研究热点，但因某些天然产物的化学结构式复杂，其化学全合成或化学修饰难以达到预期的目的。20 世纪 80 年代，随着遗传工程及分子生物学等生命科学技术的高度发展，体外 DNA 重组技术的应用，对代谢产物合成途径的认识逐步深入及化学生物学科的兴起与发展，诸多与抗生素生物合成代谢相关的功能基因组被一一探明，在此基础上组合生物合成技术便应运而生了。组合生物合成是指在体外将有关化合物的合成、调节等功能基因进行删除、添加、取代、重组后，通过载体将其导入某种异源微生物中，进行定向表达，合成所需要的化合物，以增加微生物源的“非天然”的天然产物。

一、组合生物合成的基本原理与方法

组合生物合成的基本原理与方法如图 14-2 所示。它以微生物作为“细胞工厂”，通过对天然产物代谢途径的遗传控制来生物合成新型复杂化合物，并采用微生物发酵的方式达到大量生产的目的。组合生物合成的主要内容有：一方面，用基因工程技术，特异性地修饰天然产物的生物合成途径，以此获得基因重组菌株，生产所需要的天然产物及其结构类似物；另一方面，将不同来源的天然产物生物合成基因进行重组，在微生物体内形成新型代谢途径，产生新型天然产物，增加化合物的多样性，从中发现更具有应用价值的药物。

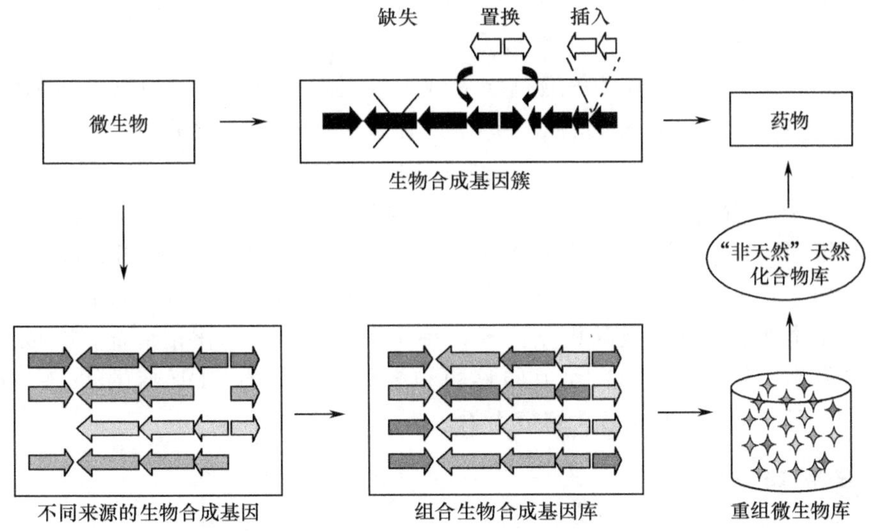

图 14-2　组合生物合成原理与方法（引自王岩等，2008）

组合生物合成的发展与分子生物学技术密切相关，涉及分子生物学相关技术中的功能基因组的筛选鉴定技术、基因克隆技术等，这些方法在其他专著中已有详尽的论述。最近王以光教授把抗生素生物合成基因的克隆策略整理为八大类：鸟枪克隆法、突变株互补克隆法（complementation of mutant）、基因异源表达法（heterogeneous expression）、抗性基因连锁克隆法（resistence gene linked biosynthetic gene cluster cloning）、反向克隆法（reverse cloning）、基因同源克隆法（homologous gene cloning）、直接测序获得目标 PKS-I 型生物合成基因簇和直接合成获得目标生物合成基因簇。所采用的主要手段有 PCR 技术及标记探针从基因文库中钓取目的片段。

二、组合生物合成技术所取得的成就

组合生物合成发展迅速，并取得了可观的成绩。迄今为止，已有超过 150 种生物合成基因簇通过各种方式被克隆，并被用于组合生物合成、体外糖类随机化、代谢工程的定向改造。在已经发现的微生物次生代谢产物中，对聚酮类（polyketides，PKS）化合物和非核糖体聚肽类（non-ribosomal polypeptides，NRPS）化合物的合成途径研究得比较清楚。它们是通过位于染色体上的基因结构域或基因簇形成的酶类控制合成。由于 PKS 和 NRPS 可以分成若干模块，因此，调控这些基因簇的序列可以生成新的聚酮类、聚肽类或两种杂合次生代谢产物。

组合生物合成应用于合成新的次生代谢产物、诱导产物生成或提高产量的实例很多。例如，把产生苦霉素的委内瑞拉链霉菌编码 *PikAIV* 的基因敲除后，再将合成泰乐霉素的 *TylGV* 基因片段转入 *PikAIV* 基因敲除的变异株中，使来源于染色体和质粒的基因产生杂合酶系统，生成了新的大环内酯类化合物，并能显著地抑制枯草芽孢杆菌的生长等生物活性。对红霉素产生菌糖多孢红霉菌（*Saccharopolyspora erythraea*）

DEBS 基因的第 5 个模块的酮基还原酶结构域的缺失诱变，定向产生 5-氧-6-脱氧红霉内酯；用外源性酰基转移酶取代第 6 个模块中的酰基转移酶，导致预期的 2-去甲基-6-脱氧红霉内酯的产生；另外，在一个或多个碳中心同时引入多点突变，也能产生新的大环内酯。华东理工大学的 Chen 等通过增加红霉素生物合成基因组中编码细胞色素 P450 羟化酶 eryK 和编码 3′-*O*-甲基转移酶 eryG 的拷贝数，提高了红霉素 A 的纯度和产量。吸水链霉菌产生的雷帕霉素是一个 36 元大环内酯类化合物，在临床上用于器官移植的排异反应。Kuscer 等对其生物合成调控基因 *rapH* 和 *rapG* 进行了序列分析，通过敲除和互补实验证明，RapG 调控因子对雷帕霉素的合成是必需的，而 RapH 则起辅助作用。二者均属于正调控因子，过量表达其中任意一个基因均能明显提高雷帕霉素的合成量。Thorson 建立了体外糖类随机化技术，将化学合成和酶催化相结合，合成新的活性物质。该课题组利用万古霉素的糖基转移酶和多种非天然的 NDP 糖供体，一次性获得了 32 种携带不同糖基的万古霉素的衍生物。

三、值得研究的问题

组合生物合成技术在 PKS、NRPS 及 PKS-NRPS 合成酶控制的化合物研究中取得了很大的进步。组合生物合成是实现化合物多样性的重要途径，为新药开发提供了新的候选化合物来源。相对于传统化学方法，组合生物合成技术可使酶精确催化特定底物的特定位点，故不会导致副产物的生成，具有更高的选择性。但微生物体内的生物化学过程的复杂性和精确性，以及面对大量的稀有放线菌资源及尚未进行的化学研究，组合生物合成技术还需要进一步的发展，该技术还需要解决存在着的几个问题。

1）定向合成的问题：虽然已有超过 150 种微生物生物合成基因簇被克隆和鉴定，但一些基因簇中的部分基因的确切功能、生物合成过程中的调控机制还未确定，因此化合物的生物合成过程还不能得到完全的解释。另外，一个化合物的生物合成是多个合成酶控制的、在时空上有序协调的多步骤过程，还有些尚不清楚的辅酶参与，因此，突变基因或改变酶的结构域都有可能影响定向合成某一特定化合物的结果。我们知道，酶的催化作用与其分子结构和分子构象是密切相关的，酶分子中的任何一个结构域的改变都有可能改变酶的分子构象，影响酶与底物结合而导致不同的结果。在微生物体中一个化合物的合成代谢是个系统工程，对其中一个基因簇中某些基因进行缺失、改变都有可能改变整个系统，既可能向目标产物方向发展，也可能偏离预定目标。酶的催化反应也分为专一性催化和非选择性催化，对于化合物初始合成时的催化酶而言，不严格的酶可能选择多种底物合成多种化合物，而微生物的天然培养基提供的底物复杂多样，可能产物偏离定向合成的目的。

2）次生代谢产物高效表达的问题：组合生物合成的一个研究目标是提高目标化合物的产量，达到生产和应用的目的。这些目标产物可能是微生物本身不需要的，也可能会给自身带来毒害性作用。因此，聪明的微生物也能产生某种抵抗作用机制，降低这些产物的量甚至不生产这些物质。在这个问题中，酶的选择性及专一性催化、酶的结构域及酶的分子构象，以及培养基底物均是影响次生代谢产物表达量的重要因素。因此，如何解决功能基因的分离鉴定、遗传转移操作，选择高效的异源表达系统，产生大量的目标次生代谢产物，是微生物组合生物合成技术需要解决的另一个重要问题。

3）稀有放线菌的次生代谢合成可能的新途径：当前组合生物合成技术研究的对象大多是放线菌中的链霉菌，对稀有放线菌次生代谢合成途径研究很少。组合生物合成研究的化合物分子也主要是PKS酶类和NRPS酶类催化合成的化合物，这类化合物的部分合成基因可以用基因模块组成来解释。这种技术被应用于解释代谢合成途径，并获得了一些新化合物和杂合抗生素。大量稀有放线菌有待于深入的化学研究，完全有可能从中获得一些新型的和复杂的天然产物。这些物质独特的合成机制应该是由独特的酶系催化完成的。因此，对稀有放线菌次生代谢产物合成途径的研究，将开辟组合生物合成的新领域，也应当是组合生物技术的发展方向之一。

组合生物合成技术经过近20年的快速发展，已经在生物化工研究中显示出其巨大的潜力。生物信息数据库的建立和充实，新型基因工程操作技术的改进，更多次生代谢途径及其调控机制的阐明，高效表达系统的建立，定向合成技术的完善，为新药筛选提供了大量非天然的天然产物，推动了新药的开发。因此，组合生物合成技术将会成为一种主流技术，在微生物新药研究开发中发挥出更大的作用。

第三节　蛋白质组技术

蛋白质组的概念是澳大利亚科学家Wilkins和Williams等于1994年提出的，英文名称是proteome，是由蛋白质（protein）与基因组（genome）两个词组合而成的，是继基因组研究后的又一个热点研究领域，其基本内容系指一个基因组或一个细胞、组织表达的所有蛋白质，在大规模水平上研究蛋白质的表达、结构、功能、修饰及相互作用等。在一些中文文献中，也把proteome译成“蛋白质组学”。蛋白质组研究的技术支撑主要有双相电泳、生物质谱、生物信息学等方面的技术。

一、蛋白质的分离与纯化

蛋白质的分离与纯化方法有很多，常用的有离心法、沉淀法、双水相萃取法、离子交换层析法、电泳分离等技术。通常，为获得高纯度的目标产物，往往需要综合利用目标产物的理化特性，采用多种分离技术相组合的技术。其中柱层析技术在获得大量高纯度的蛋白质产品中应用最广。但在蛋白质组学研究中，获得大量蛋白质的种类、结构、作用是重要目的，因此高通量分析与鉴定技术是本章介绍的重点。

（一）双向电泳技术（two-dimensional electrophoresis，2-DE）

双向电泳技术是目前研究蛋白质组学中常用的技术，也是目前分析组分复杂蛋白质的解析度最高的手段之一。其原理及方法是：先将不同等电点的蛋白质在pH梯度胶中进行等电聚焦（isoelectric focusing，IEF），完成第一向分离；然后再在十二烷基磺酸钠-聚丙烯酰胺凝胶（SDS-PAGE）上按相对分子质量大小进行第二向电泳分离。

双向电泳通常能够在一块电泳胶上获得10 000个左右的蛋白质，具有分辨率高的优点，尤其是对一些微量蛋白质的分离分析很灵敏。但其自身也存在着不少缺陷，例如，对疏水性蛋白质、相对分子质量很大或很小的蛋白质、强酸或强碱性蛋白质不能很好地分离，染色方法复杂等缺点。针对这些缺点，科研工作者也正在积极努力地寻求解决方案，使蛋白质分离分析更加精细清楚。姚富丽等利用化学发光双向电泳技术，选择性地鉴定了 3 种小鼠神经元蛋白质 PI3Kr3、MEK1 和 PKCA，认为该技术可简单、实用、灵敏、高效地鉴定蛋白质。荧光双向差异凝胶电泳法（fluorescence two-dimensional differential gel electrophoresis，DIGE）可以通过蛋白质斑点不同荧光信号的比率，解析蛋白质间的差异，能检测到 100～200pg 的蛋白质，提高定量的准确性。目前，2-DE 技术凭着其高通量、高灵敏度、高分辨率和重复性好、便于计算机进行图像分析处理的优点，已成为蛋白质组学研究中最常用的蛋白质分离技术，科学家并由此建立和完善了相应的双向凝胶电泳和蛋白质数据库。SWISS-2DPAGE 数据库收集了红白血病细胞株、大肠杆菌、人类肾、肝、脑脊液等 15 种双向电泳参考图谱及已鉴定蛋白质的实验数据等。

（二）多维液相分离技术（multidimensional liquid chromatography，MDLC）

MDLC 技术是利用多种不同分离机理的高效液相色谱，通过适当的接口，使之偶合，以达到对蛋白质组的更高的峰容量和更高的分辨率。常用的色谱机理有强阳离子交换色谱（SCX）、强阴离子交换色谱（SAX）、亲水相互作用色谱（HILIC）、排阻色谱（SEC）和反相液相色谱（RPLC）。RPLC 具有分析速度快、分离效率高、流动相与质谱（MS）兼容等优点，通常被用作多维色谱 MDLC 的最后一维分离模式。同时，RPLC 的快速分离也是实现蛋白质组高能量分析的关键。为了达到这一目的，色谱研究开发的方向正向整体柱色谱、高温色谱、超高压色谱等分离手段发展。

（三）毛细管电泳技术（capillary electrophoresis，CE）

CE 技术往往又被称作高效毛细管电泳，是在电泳与高效液相的基础上发展起来的一种高效的分析手段。它是利用高电场强度的作用，使毛细管内径中的待测样品按相对分子质量大小、电荷多少而发生泳动，迁移率不同而达到物质的分离的目的。毛细管电泳兼有高压电泳和高效液相色谱等优点，其突出的特点是所需要的样品量少、分析速度快、分离度高。近几年来，CE 分析分离蛋白质多肽的发展突飞猛进，其应用范围已扩展到生物医学的各个领域中。蛋白质之间、蛋白质与其他分子之间的相互作用的研究是 CE 分析蛋白质的热点之一。在蛋白质组研究中，通常采用的毛细管电泳有毛细管区带电泳（capillary zone electrophoresis，CZE）、毛细管等电聚焦（capillary isoelectric focusing，CIEF）、毛细管凝胶电泳（capillary gel electrophoresis，CGE）等。已有大量报道采用这些技术分别研究了抗原-抗体之间的相互作用、酶反应的动力学过程等。

二、蛋白质鉴定技术

蛋白质的鉴定技术是蛋白质组学中的一个重要研究内容。目前已经发展起来的鉴定技术除氨基酸序列测定法外，还有基于质谱研究方法的同位素亲和标签（isotope coded-affinity tag，ICAT）技术和蛋白质芯片（protein chip）技术。其中蛋白质芯片技术在蛋白质组分析的高通量、微型化及自动化方面已经初步展示出其优越性。在研究蛋白质的空间结构方面，X 晶体衍射法（X-ray crystallography）、磁共振分析法（NMR spectroscopy）和低温冷冻电子显微镜观察法（lesser extent cryoelectron microscopy）等技术得到了广泛的应用。

（一）蛋白质芯片技术

蛋白质芯片又称蛋白质微阵列（protein microarray），是指固定于支持介质上的蛋白质构成的微阵列。在一个基因芯片大小的载体上，按使用目的的不同，点上相同或不同的蛋白质，然后再用标记了荧光染料的蛋白质结合，从扫描仪上读出荧光强弱，再用计算机分析出样本结果。目前根据检测手段把蛋白质芯片技术分为两类。一类是以激光离子解析-飞行时间质谱（SELDT-TOF-MS）为代表的色谱原理设计的蛋白质芯片，其原理是使吸附在蛋白质芯片上的靶蛋白离子化，计算出其质量电荷比，然后检索蛋白质数据库，确定蛋白质片段的相对分子质量和相对含量，可用来进行检测蛋白质谱的变化。另一类是生物活性分子检测法，其原理是将生物活性分子甚至是活生物体如细菌结合到蛋白质芯片表面，来捕获样品中目的蛋白质。蛋白质芯片与和质谱分析结合可以对样品中的极微量蛋白质进行分子质量和丰度的鉴定，但缺点是芯片及试剂昂贵且需要经验丰富的研究人员。

（二）X 晶体衍射技术

X 晶体衍射法的原理是利用 X 射线在晶体中发生衍射的现象鉴定物质结构。晶体具有点阵结构，点阵结构的周期（晶胞边长，b，c）与 X 射线的波长属于同一数量级。X 射线衍射现象是一种基于波叠加原理的干涉现象，随干涉的不同而结果不同（Δ 为波程差；λ 为波长）。描述晶体衍射条件的劳厄方程表达式中，h、k、l 等为整数时的方向波的振幅得到最大程度的加强，称为衍射，对应的方向为衍射方向，而为半整数的方向，波的振幅得到最大程度的抵消（有关晶体衍射的劳厄方程式，请参阅相关的专业书籍）。因此，X 射线通过晶体之后，在某些方向上（衍射方向）X 射线的强度增强，而另一些方向上 X 射线强度却减弱甚至消失，如果在晶体的背后放置一张感光底片，将会得到 X 射线的衍射图形。该技术一般需要经过晶体培养、数据收集和处理、测定相位、相位的改进、电子密度图的计算和解释、结构模型构建等步骤，是相对比较成熟的分析方法。X 晶体衍射法是目前研究蛋白质结构的主要手段之一，目前已知结构的蛋白质有 80%是通过 X 晶体衍射获得的。但该方法有其弱点，例如，获得蛋白质单晶往往是比较困难的，有时培养晶体需要很长时间，这也是 X 晶体衍射法解析蛋白质结构应用的限制条件之一。近年来，科学家也致力于解决晶体衍射方法与应用中的问题。2009 年 7 月 20 日在 *Nature* 上刊载了美国能源部的劳伦斯伯克利国家实验室的科学家开发出的一种利用小角度 X 射线散射技术，据此测定蛋白质结构的新方法，大大提高了蛋白质结构研究分析的效率，使过去需要几年时间完成的工作仅需要几天即可完成，这将极大地促进蛋白质组学的研究进程。

（三）磁共振技术（nuclear magnetic resonance，NMR）

磁共振技术是利用外加磁场使自旋的原子核作回旋转动，转动的频率与所加磁场的强度成正比。再加一个固定频率的电磁波，调节外加磁场的强度，转动频率与电磁波频率相同时，原子核转动与电磁波产生共振，叫磁共振。此时记录下原子核吸收电磁波的能量吸收曲线就是磁共振谱。不同分子中原子核的化学环境不同就会产生不同的共振谱。根据这种波谱即可判断该原子在分子中所处的位置及相对数目，用以进行定量分析及相对分子质量的测定，并对有机化合物进行结构分析。在蛋白质组学研究中通常采用的磁共振技术是二维核磁共振图，其中相关谱（correlated spectroscopy，COSY）和NOSEY（nuclear overhauser effect spectroscopy）在结构测定中发挥着重要作用。COSY技术用来测定氨基酸序列在二维图谱中的峰位置，而NOESY技术可以用来确定序列的二级结构和三级结构。不仅如此，NOESY技术还可以用于蛋白质之间的相互作用研究。在蛋白质复合物或膜蛋白三维结构的研究中，由于蛋白质分子较强的自旋-自旋弛豫效应，很难获得氨基酸残基的侧链质子归属及获得足够多的NOE结构等约束条件，为此科学工作者开发了一种顺磁弛豫增强磁共振技术（paramagnetic relaxation enhancement，PRE）。

（四）冷冻电子显微术（cryo-electron microscopy，Cryo-ME）

冷冻电子显微术创于20世纪70年代，经过近30年的发展，已经成为研究生物大分子结构与功能的强有力的手段。冷冻电镜通过高压快速液氮冷冻的制样方法，能够使样品处在接近于生理环境的玻璃态冰中，从而保持其天然构象，并且由于快速冷冻可以捕捉到某个反应过程的中间状态，从而可以对大分子复合物进行生物学功能的动态研究。分析测定多亚基蛋白质聚合体的三维结构的电镜方法主要有二维晶体的三维重构法和单粒子法，计算方法一般比较复杂。该方法可以与X晶体衍射或NMR的原子结构结合，构建复杂蛋白质分子的高分辨率结构。

三、蛋白质组在微生物学研究中的应用

近年来，蛋白质组研究技术已经应用到生命科学的各个领域，研究涉及原核微生物、真核微生物、植物和动物等的各种生理现象。在微生物研究领域，蛋白质组方面的研究应用走在了前列，对于微生物资源的开发利用研究提供了很多的技术支持。

（一）蛋白质组在微生物制药上的应用

微生物制药是指以微生物体或微生物过程生产药物的技术。微生物药物包括微生物制品在内的初级和次级代谢产物或微生物体的某一组成部分，甚至整个微生物体用作诊断和治疗的医药品。微生物合成产生的抗生素、免疫抑制剂等小分子化合物都是在酶的催化下生成的。蛋白质组技术能够定位一些控制合成药物的关键酶，提高药物的产量和质量。用蛋白质组技术对产放线菌素的天蓝色链霉菌（*S. coelicolor*）中抗生素合成机制的研究，发现抗生素合成的相关的酶以多种形式存在于细胞中的特定位置。二维凝胶

电泳图谱分析用于生产氯代四环素的金霉素链霉菌高产菌株和不产菌株对比研究，确定了与氯代四环素生物合成相关的主要蛋白质，并且加入苯甲基硫氢酸能提高与氯代四环素合成有关的蛋白质表达量，提高氯代四环素的产量，从理论上解释了工业上以苯甲基硫氢酸为氯代四环素激活剂的事实。

（二）蛋白质组技术在微生物生理学研究中的应用

微生物生理学是研究微生物代谢、抗性等的基础。弄清病原微生物产生抗药性的机制，有利于开发新型的抗生素药物，使治疗更有针对性。用蛋白质组技术探明病原微生物的蛋白质组成，有利于弄清疾病发生发展和药物治疗的分子机制，大大推动了诊断靶点确定、疫苗研制和新药筛选的进程。在肿瘤药物分子筛选中用蛋白质作为筛选模型大多都是在蛋白质组技术的基础上建立起来的。

（三）蛋白质组技术在资源微生物分类鉴定方面的应用

在微生物分类鉴定方面，基于微生物蛋白质组研究技术的微生物鉴定的 MALDI BioTyper 系统已经得到德国微生物菌种保藏中心（DSMZ）的广泛应用。BioTyper 除了被 DSMZ 用于微生物鉴定和分类的研究外，还被用于微生物种质的质量控制以及不同微生物系统发生的研究。

（赵立兴　毛培宏）

主要参考文献

白林泉，邓子新．2006．微生物次级代谢产物生物合成基因簇与药物创新．中国抗生素杂志，2：80～87

岑沛霖，蔡谨．2000．工业微生物学．北京：化学工业出版社

陈代杰，朱宝泉．1995．工业微生物菌种选育与发酵控制技术．上海：上海科学技术文献出版社

陈洪章，李佐虎．2005．气相双动态固态发酵技术及其发酵装置．中国专利：ZL02100176.6

陈洪章，徐建．2004．现代固态发酵原理及应用．北京：化学工业出版社

樊伟伟，黄惠华．2007．固态发酵数学模型研究进展．酿酒科技，5：81～88

贾会坤，张奕南，冯进辉等．2007．近期工业微生物关键技术和应用．化学进展，8：1123～1128

姜成林，徐丽华．1997．微生物资源学．北京：科学出版社

姜成林，徐丽华．2001．微生物资源开发利用．北京：中国轻工业出版社

罗大珍，林稚兰．2006．现代微生物发酵及技术教程．北京：北京大学出版社

王建林，冯絮影，于涛等．2008．微生物发酵过程优化控制技术进展．化工进展，8：1210～1214

王岩，虞沂，赵群飞等．2008．天然产物的生物合成和组合生物合成研究进展．国外医药抗生素分册，6：275～282

吴振强．2006．固态发酵技术与应用．北京：化学工业出版社

徐福建，陈洪章，李佐虎．2002．纤维素酶气相双动态固态发酵．环境科学，3：53，54

张楠，夏尚远，刘训理．2009．统计优化技术在微生物发酵中的应用．山东农业大学学报（自然科学版），3：465～468

朱贵杰，梁振，张丽华等．2009．多维液相色谱分离技术及其在蛋白质组研究中的应用．色谱，9：518～525

Bumpus S B，Evans B S，Thomas P M et al. 2009. A proteomics approach to discovering natural products and their biosynthetic pathways. Nature Biotechnology，10：951～958

Kint G, Sonck K A J, Schoofs G et al. 2009. 2D proteome analysis initiates new insights on the salmonella typhimurium LuxS protein. BMC Microbiology, 9: 198

Moat A G, Foster J W, Spector M P. 2002. Microbial Physiology. 4th ed. New York: Wiley-Liss Inc

O' Connell M R, Gamsjaeger R, Mackay J. 2009. The structural analysis of protein-protein interactions by NMR spectroscopy. Proteomic, 9: 1~9

第十五章 资源微生物在农业上的应用

第一节 微生物肥料

人类在从事农业生产的劳动中，很早就接触到了各种各样的微生物肥料，并且积累了丰富的应用微生物肥料提高土壤肥力的生产经验。有机肥料就是人类利用最早、历史最悠久，至今还要大力发展的微生物肥料。在公元前一世纪的《汜胜之书》中就提出了瓜与小豆间作，即通过与豆类作物换茬或间作，利用豆类植物根瘤中根瘤菌的共生固氮作用来改善植物营养条件，提高土壤肥力。公元 5 世纪，贾思勰的《齐民要术》反复强调小豆茬的后作物产量比其他茬口要高，书中写道："凡谷田，绿豆小豆底为上；麻、黍、胡麻次之；芜青大豆为下"，又写道："凡黍穄田，新开荒为上；大豆底次之；谷底为下。"这些都是我国劳动人民最早利用肥料微生物资源的实证。

但是由于微生物形体微小、肉眼看不见。到了 17 世纪中叶，随着显微镜的发明和科学技术的不断发展，对各门学科认识的不断加深，人们对微生物与农业生产的关系才有了更为深入的认识，对微生物肥料的开发和利用才更加广泛。

最早开发成功的微生物肥料是根瘤菌剂。1888 年，Beijerinch 首次从根瘤中分离到细菌（后来称为根瘤菌 Rhizobium），此后十年，他又尝试了根瘤菌的培养与菌剂的制备。1895 年，Nobbe 和 Hiltner 在英、美申请了豆科接种剂专利，这标志着微生物肥料工业的开始。随后，在英、美等国兴起了根瘤菌的商品生产。1929～1940 年，根瘤菌剂的生产在美国得到迅速发展，产品取名叫"根瘤菌剂"（Nitragin），生产厂家也取名 Nitragin Co（根瘤菌剂公司）。此后，各种微生物肥料产品遍及世界许多国家。至今，微生物肥料在日本、西欧及大洋洲等地仍被广泛使用，而美国是目前世界上微生物肥料生产最多的国家。

微生物作为一类肥料资源可以这样认识：第一，它是一类能利用自然界中大气氮的生物。我们知道，地球上并没有"氮矿"存在，大气氮是自然界所有生物所需氮素的源头。部分微生物的固氮作用把气态氮变成氨态氮，一部分供自己利用，另一部分供植物利用，进一步合成有机氮。第二，微生物的降解作用将生物残体变成植物可以利用的氮和其他养料。更重要的是，微生物的降解作用实现了广泛意义上的生态平衡。第三，微生物参与地球化学过程。它们通过促进土壤的形成和熟化来改善土壤耕作性能；对无机元素释放的促进则为植物提供了各种矿物营养，这些都构成了植物生存的基础。因此可以说，微生物在农业生产中扮演了天然肥料生产者的角色。

土壤有机质是土壤肥力的重要因素，它的含量处在微生物分解有机物质和不断分解原土壤腐殖质的动态平衡中。土壤肥力的变化，取决于人们是否重视改良土壤和培养地力。微生物对土壤肥力的形成和发展有着本质的联系。一些固氮微生物能把空气中的氮气转变为氮素化合物，使土壤具有氮素养料，为宿主和后继生物提供了良好的生长条件。可以说，在氮肥工业产生以前，人类及动植物的氮素是来源于微生物的固氮作用和分解作用的。微生物的固氮作用也是农林业生产中氮素需求的一个极为重要的来源。土壤中含氮物质的积累、转换和损失与微生物的活动有着十分密切而复杂的关系。一些发达国家广泛实施的秸秆还田作业，就是在收割时，将秸秆铡碎，归还本田的同时喷洒微生物菌剂，以促使秸秆分解。这不但能减少化肥用量、减少污染，同时还增加了土壤肥力，改善土壤耕作性能并提高作物品质。

还有一些微生物的活动能促进岩石、矿物的风化过程使之形成土壤。土壤中含有植物需要的各种养分，如磷、钾、硫、铁、锰等元素，但是这些元素的绝大部分却处于有机状态或难溶的无机状态，不易被植物吸收利用。一些土壤微生物具有分解、转变这些无效养分的能力，能分解、矿化有机物质和提高难溶解无机物的溶解性，增加土壤有效矿质养料，供植物利用。岩石矿物可以被微生物分解，从而变为溶解性的无机化合物，成为植物可以吸收的状态。

微生物肥料是活的微生物制剂。从土壤里将具有特殊功能的有益的资源微生物种类分离出来，经过选育，获得高效菌株，再经过扩大培养，做成微生物制剂，施回到土壤里，可以补充土壤中起特定作用的微生物数量的不足或取代品质低劣的微生物，从而促进土壤有益微生物的旺盛活动。与施用化学肥料相比，微生物肥料不仅具有肥效好、肥效长、作物体内无残留毒素、无副作用、不污染环境、成本低、经济效益高、用途广泛等诸多优点，还能保育、改良土壤、提高土壤肥力、防止环境污染和土壤恶化，建立起高产农田的良好生态系统，进而促进农业的可持续发展。

化学肥料对农业生产发挥了不可磨灭的作用。我国是化肥生产消费第一大国，但由于长期不合理的施用，已经造成肥效急剧下降、生产成本上升、环境污染、土壤板结、可耕作性恶化。因此，大力发展生物有机肥料是发展绿色经济、生态经济的必然且迫切的社会需求。

微生物肥料就是利用天然肥料资源菌，通过提高、改造其生产性能，对其进行工业化生产的肥料。它是由具有特殊效能的微生物经过扩大培养、被草炭或蛭石等载体吸附形成的活菌制剂。此类制品主要用于拌种。广义的微生物肥料是指应用于农业生产、含有活微生物体的特定制品，且能够获得特定的肥料效应，该效应由制品中的活菌产生。微生物肥料与化学肥料、有机肥料及绿肥成分、性质不同，它是通过微生物生命活动及代谢产物改善作物养分供应，提高土壤肥力，达到促进作物生长、提高产量和品质的目的。

一、微生物肥料的种类

根据微生物种类，微生物肥料可分为：细菌肥料（如根瘤菌、固氮菌、磷细菌、钾细菌、光合细菌）、真菌类肥料（如菌根真菌）及放线菌肥料（如抗生菌类）。

按照微生物的作用机理，微生物肥料又分为：根瘤菌剂、固氮菌剂、解磷菌剂、解钾菌剂、生防菌剂和根圈促生菌（plant growth promoting rhizobacteria，PGPR）等。

按肥料组成，微生物肥料又可分为单一微生物肥料和复合微生物肥料。复合微生物肥料包括多种微生物复合或微生物与有机物（畜禽粪便、草炭、褐煤等）、无机物（化肥、微量元素）等多种添加剂的复合。

二、微生物肥料的作用

1）提高土壤肥力：这是微生物肥料的主要作用之一。例如，各种自生、联合或共生固氮肥料，可以增加土壤中的氮素；溶磷、解钾微生物，使土壤矿物中难溶的磷钾溶解，转变为作物能吸收利用的磷钾化合物，如无机磷细菌、有机磷细菌及硅酸盐细菌。根瘤菌制剂是一类最重要的微生物肥料，其中的根瘤菌可以侵染豆科植物根部，在根上形成根瘤；生活在根瘤里的根瘤菌类菌体利用豆科植物宿主提供的能量将空气中的氮转化为氨，进而转化成谷氨酸和谷氨酰胺类等植物能吸收利用的优质氮素，供给豆科植物一生中氮素的主要需求（50%～60%）。豆科植物固定的氮素与化学氮肥相比具有无可比拟的优越性。化学氮肥是外源性氮素，施入土壤后，由于环境和微生物的作用，其中部分以 N_2、N_2O 状态从土壤-植物体系中挥发脱氮，或以硝态氮的形式从土壤中流失，利用率仅为 30%左右，有的品种如碳酸氢铵的利用率仅为 14%～16%，造成巨大的经济损失，也给环境带来了不良影响，如地表水、地下水硝酸盐积累，海洋、湖泊富营养化，大气污染等。而根瘤菌在根瘤中固定的氮素几乎全部被豆科植物吸收利用，不存在氮肥利用率低及环境污染等问题。

2）促进作物吸收营养：AM 真菌是一种土壤真菌，它与多种植物根系共生，其菌丝可以吸收更多的营养供给植物吸收利用，其中以对磷的吸收最明显。研究发现，AM 真菌对在土壤中有活动性、移动缓慢的元素如磷、锌、铜、钙等元素也有加强吸收的作用。虽然内生菌根的纯培养问题尚未突破，但国内外已将菌根培养物作为 AM 真菌接种剂用于名贵花卉、药材，获得了良好的经济效益。外生菌根的纯培养已经解决，大量生产的外生菌根接种剂用于林业取得了明显的效果。

3）刺激作物生长，增强作物抗逆性：微生物肥料中有些菌种能分泌植物刺激素、维生素等，例如，固氮菌等能产生多种维生素类物质（生长素、肌醇、盐酸、泛酸、吡哆醇、硫胺素等），刺激作物生长，改善作物营养状况。植物根圈促生细菌 PGPR 也有刺激作物生长、提高抗逆性的功能。

4）减少化学肥料的用量，对环境无污染：使用微生物肥料后可以不同程度地减少化肥施用量。例如，根瘤菌剂、固氮菌能增加土壤氮素，磷细菌及硅酸盐细菌可以活化土壤中的磷钾等元素，为作物提供部分氮磷钾元素，减少氮磷钾化肥用量。

三、几种重要的微生物制剂肥料

（一）根瘤菌制剂

根瘤菌肥是推广最早、效果显著的一种高效菌肥，它可使豆科植物增产并提高土壤氮素含量。根瘤菌多样性是目前生物固氮资源调查和利用的研究热点。根瘤菌与豆科植物的共生固氮效果举世公认。我国目前生产的根瘤菌肥料使用的菌种有：花生根瘤菌[*Bradyrhizobium* sp.(*Arachis hypogaea*)]、大豆根瘤菌（*B. japonicum* 或 *Sinorhizobium fredii*）、华癸根瘤菌（*Mesorhizobium huakuii*）、苕子、蚕豆、豌豆根瘤菌

(*R. leguminosarun* bv. *viceae*)、苜蓿根瘤菌(*S. meliloti*)、菜豆根瘤菌(*R. leguminosarum* bv. *phaseol* 或 *R. eili*)和沙打旺根瘤菌[*R.* sp. (*astragals*)]。此外,还有一些针对不同豆科植物生产的根瘤菌剂品种,例如,三叶草根瘤菌肥、百脉根根瘤菌肥、胡枝子根瘤菌肥、绿豆根瘤菌肥等。

根瘤菌剂主要有粉状(草炭、蛭石或其他载体)、液体、种衣剂 3 种剂型及少数的冻干菌。菌剂中有的用同一株瘤菌不同菌株复合,有的用根瘤菌与假单胞菌(*Pseudomonas* sp.)、粪产碱菌(*Alcaligenes fecalis*)等复合而成,以增强其结瘤性能。

1. 根瘤菌的形态特征

根瘤菌是短杆状细菌,因生活环境和发育阶段不同,在形态上有显著的变化。根瘤菌在固体培养基上和土壤中呈杆状、端生或周生,鞭毛能运动,革兰氏染色阴性,无芽孢,培养较久时菌体粗大、染色不均。根瘤菌侵入豆科植物根部之后,为短小杆状、无鞭毛,随着根瘤的增大,菌体停止分裂逐渐延长变大,形成一端膨大的棒状或分叉变形等形状,这种变形的菌体称为类菌体。不同根瘤菌的类菌体形状不同。例如,苜蓿根瘤菌的类菌体一端稍膨大呈棍棒状;大多根瘤菌的类菌体呈细长稍弯的杆状,偶尔一端膨大或分叉;紫云英根瘤菌的类菌体则一端膨大呈茄子状;豌豆根瘤菌的类菌体分叉呈Y、T、X 等形状。根瘤腐败后类菌体散入土壤中,崩解成小球状菌体,进而发育成有鞭毛的短杆菌,进行分裂繁殖。

2. 根瘤菌的培养特征

在固体培养基表面,菌落呈圆形,边缘整齐。有的菌落无色半透明(豌豆、紫云英根瘤菌),有的乳白色、黏稠(花生、大豆根瘤菌)。菌体不易被刚果红和结晶紫染色,在培养基上很容易与其他菌落区别。在液体培养基中,菌液浑浊,菌体稍有沉淀,不形成菌膜。培养时间过久,液面四周则有胶黏状物质。

3. 根瘤菌的生长速度

根据在人工培养基上的生长速度可将根瘤菌分为快生、慢生两种类型。快生型(苜蓿、三叶草等根瘤菌)接种后 2 天即可见菌落,4~5 天内菌落达到最大,菌落胶黏物质多,较稀薄。慢生型(大豆、花生、豌豆等根瘤菌)接种 3~4 天才有菌落出现,7~10 天菌落达到最大,菌落胶黏物质少,较稠厚。快生型或慢生型根瘤菌生长速度加快时菌株的结瘤性变差,这是菌种退化的表现。

4. 根瘤菌的生理特性

人工培养根瘤菌时,需供应全部营养物质。①碳素营养:快生型根瘤菌的适宜碳素营养为单糖、双糖及多元醇,其中葡萄糖、蔗糖和甘露醇最佳。慢生型根瘤菌的碳素营养以乳糖、阿拉伯糖最佳。②氮素营养:快生型和慢生型根瘤菌均以可溶性有机氮化合物(多肽、氨基酸)为氮源,也能利用铵盐和硝酸盐。③矿质元素:快生型和慢生型根瘤菌均需要磷、硫、钾、钙、镁等矿物元素,微量元素铁、钼、硼、钴和锰有促进根瘤菌生长的作用。④维生素：维生素对根瘤菌的发育影响较大，特别是B族维生素可使根瘤菌生长速度加快几倍到几十倍。配制培养基时，可添加酵母浸汁或豆芽汁，以提供有机氮化物和维生素类物质。当根瘤菌与豆科植物共生时，除氮素营养外，其他营养物质全由共生的豆科植物供应。⑤根瘤菌培养特性：根瘤菌为好气菌，最适生长温度为25～28℃，最适pH为6.5～7.5。培养过程产酸，培养基中可加入碳酸钙中和。

5. 根瘤菌的专一性

各种根瘤菌都与各自对应的豆科植物建立了共生关系，形成根瘤，表现了根瘤菌的专一性（表15-1）。例如，豌豆根瘤菌只能在豌豆、蚕豆根部形成根瘤；大豆根瘤菌只能在黑豆、黄豆、青豆根部形成根瘤；豇豆根瘤菌只能在豇豆、花生、绿豆、赤豆、羽豆和刀豆根部形成根瘤。在生产上要按照不同根瘤菌的专一性针对性地使用。

表15-1　根瘤菌-豆科植物互接种族

互接种族	结瘤的根瘤菌	共生的豆科植物寄主
苜蓿族	苜蓿根瘤菌	紫花苜蓿、黄花苜蓿、草木犀等
三叶草族	三叶草根瘤菌	白三叶草、红三叶草、三叶草等
豌豆和野豌豆族	豌豆根瘤菌	各种豌豆、蚕豆、箭筈豌豆、苕子等
菜豆族	菜豆根瘤菌	四季豆、扁豆、豇豆等
羽扇豆族	羽扇豆根瘤菌	各种羽扇豆
大豆族	慢生型大豆根瘤菌，中华根瘤菌	各种大豆、野大豆等
豇豆族	豇豆根瘤菌	豇豆、绿豆、赤豆、花生、木豆
紫云英族	华癸根瘤菌	紫云英

6. 根瘤菌剂生产

根瘤菌的液体培养包括菌种制备、扩大培养及灭菌载体吸附3个阶段。

（1）菌种制作：接种后28℃培养2～4天，菌苔长满即取出放冰箱保存。斜面菌苔长满后有时有下流现象。斜面菌种传代多、培养温度高时，斜面上有时呈白色花絮状，但不是污染的杂菌。

（2）扩大培养：用克氏瓶进行固体扩大培养，用斜面菌种或液体种子接种，培养时间按菌苔生长丰满程度确定。菌苔长满后用无菌水洗下倒入消毒的吸附剂中保存，用时取出用水稀释直接拌种。液体扩大培养时培养基不加琼脂，加食油数滴消泡，用三角瓶摇床或种子罐深层培养。三角瓶等振荡培养时装液体培养基量为容量的1/3，塞好棉塞后包4层纱布，121℃灭菌30min，冷却后接种，振荡培养，培养温度控制在28～30℃。发酵罐培养：将三角瓶液体扩大菌种按6%～7%的接种量接入灭菌液体培养基中，温度28～30℃，罐压5.88×10^4Pa，通气量（0.8～1）：1，搅拌速度为360r/min，培养2天即可。

（3）灭菌载体吸附：用灭菌草炭吸附根瘤菌液体菌剂，低温干燥后测数，符合质量标准的即为成品。

7. 根瘤菌剂应用

采用拌种法接种。用凉水将菌剂调成糨糊状，再把种子倒入拌匀，使每粒种子都沾上菌剂。拌种后在阴凉处摊开，稍阴干，使根瘤菌剂牢固吸附在种子上，立即播种并覆土。

8. 根瘤菌剂应用注意事项

1）根瘤菌剂具有专一性，只能用于相应的寄主豆科植物。

2）必须拌种，不能撒施作基肥或追肥。

3）常温或低温保藏，不能在太阳光直射或高温条件下存放。

4）不能与杀菌剂同时使用。

5）与磷肥配合施用，以磷增氮。在有效磷含量低的土壤中施用磷肥可提高根瘤菌的结瘤率，增强固氮效能。

6）注意菌剂对土壤 pH 的适应性。在土壤 pH<5.2 时，施入的根瘤菌剂有 65%的会死亡。

7）新开垦土地上根瘤菌剂的增产效果优于已接种过根瘤菌剂的土壤。

（二）磷细菌制剂

磷细菌肥料是一类促使土壤中不能被作物吸收利用的无效有机态或无机磷化物转变为作物可吸收的有效磷的微生物活菌制剂。该制剂能改善作物的磷素营养，提高其产量。农田耕层土壤磷素总储量中，只有极少量可溶性磷酸盐，绝大部分磷为不溶性的无机磷矿物和动植物残体形成的有机磷，不能被作物吸收利用。土壤中的有效磷含量不能满足作物对磷的需求，故需要大量施用磷肥。有机磷细菌或无机磷细菌能加速土壤中有机磷和无机磷矿物的溶解，增加土壤中有效磷含量，减少磷肥用量。在不同类型的土壤和作物上，施用磷细菌制剂后作物根系发达、分蘖增多、生长健壮、增产效果明显。

1. 磷细菌的主要类群

能将不溶性磷化物转化为有效磷的细菌总称为磷细菌，其种类较多。按其对磷的转化作用分为两类：一类是通过细菌产酸使不溶性磷矿物溶解为可溶性磷酸盐，称为无机磷细菌；另一类通过分泌植酸酶、核酸酶及磷脂酶等使含磷有机磷酸水解，成为植物可以吸收利用的可溶性磷，称为有机磷细菌。无机磷细菌包括产无机酸的氧化硫硫杆菌（*Thiobacillus thiooxidans*）和产各种有机酸的曲霉、青霉、欧文氏杆菌和肠杆菌等，分泌的有机无机酸直接溶解磷矿粉，其中肠杆菌和欧文氏菌分泌的有机酸物质还起着螯合和络合作用。不同微生物分泌有机酸的数量和种类差别很大，真菌分泌的有机酸种类较细菌多。微生物产生的有机酸降低了土壤 pH，又与铁、铝、钙等离子结合，使难溶性磷酸盐溶解。有机磷细菌包括巨大芽孢杆菌（*Bacillus megathrrium*）和蜡状芽孢杆菌（*Bacillus cereus*）等，它们通过酶解作用降解含磷有机物，形成可溶性磷。两种磷细菌联合作用，实现土壤中磷的有效化。

2. 菌种培养特征

无机磷细菌在马铃薯培养基上菌苔呈白色，生长旺盛，边缘整齐，表面光滑。巨大芽孢杆菌在马铃薯培养基上菌苔颜色由灰白色变为浅黄色，渐变褐色。

3. 磷细菌肥料使用方法

1）拌种或浸种：把菌肥加水调成浆，拌入种子，稍晾干即播种；用原菌液直接浸种 12h，阴干后播种。

2）蘸根：把菌剂、有机肥及少量草木灰混匀，加水调成泥浆，作物移栽时蘸根。

4. 提高磷细菌肥效的措施

1）无机磷细菌和有机磷细菌制剂混合使用：混合接种可提高土壤中无效磷的总转化率。磷细菌要求土壤有机质丰富、水分充足、通气良好，在使用磷细菌肥料时，配合使用堆肥或厩肥等有机肥料，磷细菌进入土壤后能大量繁殖，提高溶磷效果。

2）磷细菌和固氮菌肥混合使用：磷细菌在土壤中为固氮菌提供有效磷，有利于固氮菌生长发育和固氮作用；固氮菌增加土壤氮素，促进磷细菌生长，同时提高了固氮和溶磷效果。

3）磷细菌与纤维素分解菌混合接种：堆肥时，将磷细菌与纤维素分解菌同时接种于堆肥中，纤维素分解菌促进堆肥中纤维素分解，为磷细菌生长繁殖提供营养物质；有机磷细菌将有机物料中的有机磷转化为速效磷，两菌协同作用提高了堆肥肥效。

4）拌种接种效果优于其他施用方式。

5）不能与杀菌剂同时使用。

（三）固氮菌制剂

1. 固氮菌主要类群

除根瘤菌以外的固氮菌，包括自生固氮菌和联合固氮菌两类。自生固氮菌主要包括圆褐固氮菌（*A. chroococcum*）、黄褐固氮菌（*Azotobacter bejerinckii*）、棕色固氮菌（*A. yinelandii*）、贝氏固氮菌（*Beijerinckia*）、巴斯德固氮梭菌（*Azospirillum brasilense*）、肺炎克氏杆菌（*Alcalgenes faecalis*）、阴沟肠杆菌（*Enterobacter cloacae*）、产气肠杆菌（*K. lebsiellaaxytoca*）及粪产碱杆菌（*K. pneumoniae*）等。这些固氮菌均能独立将空气中不能被作物利用的氮气转化成作物能吸收利用的氮素养料。有的自生固氮菌能形成植物生长刺激物质，促进作物的生长发育。自生固氮菌中有的细菌具有致病性，在分离、鉴定和筛选时应进行致病性鉴定。

2. 固氮菌培养特征

在显微镜下，自生固氮菌呈粗短杆状，两端钝圆，长 4～6μm，常具有荚膜；在显微镜下可看到2个细胞连接在一起，形成8字状。联合固氮菌如玉米刚螺菌，在显微镜下菌体呈革兰氏阴性，趋向螺旋弯曲，靠单根极生鞭毛运动，细胞内含有较高折光率的油滴。

固氮菌生长发育与植物根系分泌物关系较大，与土壤有机质、pH及土壤微生物区系关系密切。土著固氮菌群对当地土壤条件适应性强，从特定地区土壤中分离筛选固氮菌，经工业发酵制成活菌制剂，施入后在当地土壤中繁殖快，使土壤中有益固氮菌数目大幅度提高，增产效果明显。但如果将这些固氮菌剂施入其他性质差异大的土壤中，则菌剂的增产效果较差。即固氮菌剂在不同地区及土壤中的效果不同，土著固氮菌制剂的效果优于用外来菌制备的固氮菌制剂。

3. 固氮菌肥料的施用方法

圆褐固氮菌剂可用于各种作物。联合固氮菌剂对作物有较强的选择性，不同作物的联合固氮不同，应根据作物选择匹配适当的联合固氮菌制剂。施用方法：将固氮菌剂加少量清水混匀，与种子拌匀即可播种。

4. 固氮菌肥料施用注意事项

1）适用作物：主要为禾本科作物，也可用于蔬菜。联合固氮菌制剂所用菌种系从小麦、玉米及水稻根际或根内分离，故分为小麦、玉米及水稻专用型。

2）施用技术：多为拌种，也可用于蘸根接种。

3）避免与速效氮肥联合施用：铵态氮对水稻根际固氮菌固氮活性有明显的抑制作用，速效氮肥施用量愈大抑制愈严重。

4）不能与杀菌剂混合使用。

5）与其他菌剂混合施用：固氮菌剂与磷细菌、钾细菌制剂混合施用效果更好。

（四）钾细菌制剂

1. 钾细菌的种类与作用

钾细菌也称硅酸盐细菌，包括胶质芽孢杆菌（*Bacillus mucilaginosus*）和环状芽孢杆菌（*B. circulans*）等，均属于芽孢杆菌属。该菌具有溶解钾长石、磷灰石及释放磷钾矿物中磷钾元素的作用。钾细菌肥料又称生物钾肥、硅酸盐菌剂，是由人工选育的高效硅酸盐细菌经过工业发酵制成的活菌制剂，其主要有效成分是钾细菌活菌。普通建筑用的黄沙中有大量钾长石。将钾细菌接种到含黄沙的基质中，经过培养，钾硅元素的溶解释放量很大（表15-2）。中国北方发育于黄土母质的黄绵土中也富含钾长石，磷矿粉中含不溶态磷。将钾细菌接入含有黄绵土和磷矿粉的基质中，经过培养，有大量钾、硅、磷元素溶解释放，伴随硅酸盐等矿物溶解，钙铁锰也大量溶出（表15-3～表15-6），增加了土壤中钾硅磷铁锰等多种元素的有效性和供给量。即钾细菌具有溶解含钾磷矿物、释放多种营养元素、活化土壤多种无效养分的功能。

表 15-2　以黄沙为钾源时钾细菌的钾硅释放量（mg/kg）

释放的元素	砂粒粒径/mm	对照释钾量	接菌					
			摇床+静置			静置		
			总释放量	生物释放量	增率/%	总释放量	生物释放量	增率/%
K	<0.5	66.2	82.5	16.3	24.6	90.3	24.1	36.4
	1～0.5	43.0	56.4	13.4	31.2	61.0	18.0	41.9
	平均	54.6	69.4	14.8	27.9	75.6	21.1	39.2
Si	<0.5	95.1	106.8	11.7	12.3	112.4	17.3	18.2
	1～0.5	78.9	94.5	15.6	19.8	122.9	44.0	55.8
	平均	87.0	100.6	13.6	16.1	117.6	30.6	37.0

表 15-3　硅酸盐细菌溶磷钾量（mg/kg）

菌株号	加入磷矿粉溶磷量			加入黄绵土溶钾量			胶状物干重/(g/L)
	总溶磷量	生物溶磷量	生物溶磷率/%	总溶钾量	生物溶钾量	生物溶钾率/%	
1	0.76	0.22	40.7	116.9	65.4	127.0	1.53
3	1.22	0.68	125.9	117.8	66.3	128.7	3.03
4	2.18	1.64	303.7	140.0	88.5	171.8	2.68
6	2.14	1.60	296.3	154.2	102.7	199.4	2.55
7	2.10	1.56	288.9	80.0	28.5	55.3	3.38
8	1.46	0.92	170.4	112.4	60.9	118.2	3.37
9	2.19	1.65	305.6	144.4	92.9	180.4	3.17
10	1.49	0.95	175.9	80.0	28.5	55.3	4.03
11	0.79	0.25	46.3	114.2	62.7	121.7	2.43
12	0.88	0.34	63.0	108.9	57.4	111.5	0.53
13	0.94	0.40	74.1	109.8	58.3	113.2	0.62
平均值	1.47	0.93	171.9	116.2	64.7	125.7	2.48
CK	0.54	—	—	51.5	0	—	0

表 15-4　液态培养条件下钾细菌处理黄土+磷矿粉混合基质时磷钾释放量（mg/kg）

菌株编号	解磷量			解钾量		
	总量	生物解磷量	生物解磷率/%	总量	生物解钾量	生物解钾率/%
K2	381.6	119.5	45.6	264.0	74.0	38.9
K3	334.0	71.9	27.4	257.5	67.5	35.5
K4	292.9	30.8	11.8	360.7	170.9	89.8
K6	463.2	201.1	76.7	365.5	175.5	92.4
K7	458.6	196.5	45.0	386.5	196.5	103.4
K8	355.6	93.5	35.7	344.5	154.5	81.3
K10	514.4	252.3	96.3	318.8	128.8	67.8
平均	400.0	137.9	52.6	328.2	138.2	72.7
CK	262.1			190.0		

表 15-5　液态培养条件下钾细菌处理黄土+磷矿粉混合基质时硅释放量（mg/kg）

菌株编号	黄土∶磷矿粉=2∶1（10 天）			黄土∶磷矿粉=2∶2（7 天）		
	释放总量	生物释硅量	生物释硅率/%	释放总量	生物释硅量	生物释硅率/%
K2	900.0	225.0	33.3	975.0	225.0	30.0
K3	1287.5	612.5	90.7	925.0	175.0	23.3
K4	1375.0	700.0	103.7	1030.0	280.0	37.3
K6	1212.0	537.5	79.6	1400.0	650.0	86.7
K7	1742.5	1067.5	158.1	1313.3	563.3	75.1
K8	1525.0	850.0	125.9	1050.0	300.0	40.1
K10	1437.5	762.5	113.0	1283.3	533.3	71.1
平均	1354.3	679.3	100.6	1139.5	389.5	51.9
CK	675.0			750.0		

表 15-6　富含钾长石黄绵土为钾源时不同氮素处理钾细菌对钾硅磷钙铁锰的溶解量（mg/kg）

释放元素	培养基类型	处理		生物释放量	接菌增率/%
		CK	接菌		
K	无 N	94.0	112.5	18.5	19.7
	含 N	108.2	125.3	17.1	15.8
	平均	101.1	119.0	17.8	17.8
Si	无 N	35.2	66.5	31.3	88.9
	含 N	30.0	45.9	15.9	53.0
	平均	32.6	56.2	23.6	71.0
P	无 N	2360.0	2830.0	470.0	19.9
	含 N	2250.0	2670.0	420.0	18.7
	平均	2310.0	2750.0	440.0	19.3
Ca	无 N	700.0	3830.0	3130.0	447.1
	含 N	760.0	2560.0	1800.0	236.8
	平均	730.0	3200.0	2460.0	342.0
Fe	无 N	14.3	41.0	26.7	186.7
	含 N	17.8	38.2	20.4	114.6
	平均	16.1	39.6	23.6	150.6
Mn	无 N	1.7	34.0	32.3	1900.0
	含 N	1.9	20.3	18.4	1027.8
	平均	1.8	27.2	25.4	1463.9

硅酸盐细菌细胞外有一层很厚的荚膜，在液体培养基中溶于水形成透明胶状物。一般认为该物质为多糖或多肽类，也有人认为是有机硅化合物。钾细菌通过该荚膜化学成分溶解硅酸盐矿物，释放出其中的可溶性钾。11 株供试钾细菌在培养液中形成的透明胶状物数量差异很大（表 15-7），变幅为 0.53～4.03g/L。相关分析表明，胶状物干重

与生物释钾率及生物释磷率的相关性均不显著，表明硅酸盐细菌的解钾解磷过程并非单纯因荚膜物质形成所致，可能与其产酸引起的 pH 下降有关（表 15-8），但其他机理尚不清楚。在南方酸性土壤上，钾长石少，钾细菌的溶钾量低于北方黄土性土壤，但对硅磷铁锰的溶解量仍很显著（表 15-8～表 15-10）。南方水稻土普遍缺硅，施硅肥增产效果明显。在江西的酸性土壤上，接种钾细菌后，生物释硅量为 31.4～163.4mg/kg，较对照增率为 7.3%～75.3%，对改善土壤的硅营养供给有重要作用。

表 15-7　硅酸盐细菌在不同磷钾源培养液中的菌数（10^7 个/mL）

培养时间/h	无氮培养液 A			含氮培养液 B			ΔBA/%		
	钾铝硅酸盐	黄绵土	磷矿粉	钾铝硅酸盐	黄绵土	磷矿粉	钾铝硅酸盐	黄绵土	磷矿粉
24	7.3	9.3	2.8	7.7	9.7	3.0	5.5	4.3	7.1
48	10.0	16.0	9.1	23.0	66.0	50.8	130.0	312.5	458.2
72	8.9	14.0	18.0	22.0	30.0	31.0	171.6	114.3	72.2
96	8.7	12.0	7.9	13.0	19.0	26.0	49.4	58.3	229.1
120	8.3	12.0	7.3	13.0	18.0	26.0	56.6	50.0	256.2
144	7.5	12.0	7.4	13.0	17.0	15.0	73.3	41.7	102.7
168	7.0	9.3	7.0	11.0	11.0	13.0	57.1	18.3	80.6
平均	8.2	12.1	8.5	14.7	24.4	23.5	77.6	85.6	172.3

表 15-8　钾细菌在江西酸性土壤上的磷溶解量（mg/kg）**及培养液 pH**

土壤编号	P				培养液 pH			
	对照	接菌	生物释放量	增率/%	对照	接菌	ΔpH	增率/%
1	105.6	162.8	57.2	54.2	6.86	5.72	−1.14	−16.5
2	182.6	288.2	105.6	57.8	6.74	5.82	−0.92	−13.6
3	154.0	259.6	105.6	68.6	6.86	5.78	−1.08	−15.7
4	13.0	35.2	22.2	170.8	6.60	5.90	−0.70	−10.6
5	224.4	257.4	33.0	14.7	6.78	5.73	−16.5	−15.5
6	136.4	204.6	68.2	50.0	6.75	5.68	−1.67	−15.8
7	158.4	233.2	74.8	47.2	6.78	5.83	−0.95	−14.0
8	198.0	323.4	125.4	63.3	6.87	5.74	−1.13	−16.4
9	30.8	114.4	83.6	271.4	6.78	5.77	−1.01	−14.9
10	226.6	248.6	22.0	9.7	6.82	5.82	−1.00	−14.7
平均	143.0	212.7	69.8	80.8	6.75	5.78	−1.00	−14.8

表 15-9 钾细菌在江西酸性土壤上的钾硅溶解量（mg/kg）

土壤编号	K				Si			
	对照	接菌	生物释放量	增率/%	对照	接菌	生物释放量	增率/%
1	170.1	196.5	26.4	15.5	281.9	445.3	163.4	57.9
2	169.0	188.9	19.9	11.8	344.6	467.7	123.1	35.7
3	219.8	241.7	21.9	10.0	313.3	431.9	118.6	37.8
4	160.7	178.4	17.7	11.0	163.4	286.4	123.0	75.3
5	210.1	222.7	12.6	6.0	427.4	458.8	31.4	7.3
6	217.9	234.5	16.6	7.6	337.9	427.3	89.4	26.5
7	208.1	225.4	17.3	8.3	353.6	456.5	102.9	29.1
8	170.1	172.1	2.0	1.2	324.5	378.2	53.7	16.5
9	215.1	244.8	29.7	13.8	179.7	293.2	113.5	63.2
10	195.8	235.9	40.1	20.5	346.9	431.9	85.0	24.5
平均	193.7	214.1	20.4	10.6	307.3	407.7	100.4	37.4

表 15-10 钾细菌在江西酸性土壤上的铁锰溶解量（mg/kg）

土壤编号	Fe				Mn			
	对照	接菌	生物释放量	增率/%	对照	接菌	生物释放量	增率/%
1	16.6	75.9	59.3	357.2	21.5	49.7	28.2	131.2
2	13.0	63.1	50.1	385.4	27.5	56.6	29.1	105.8
3	6.9	38.3	31.4	455.1	12.4	23.7	11.3	91.1
4	15.9	114.1	98.2	617.6	4.5	15.5	11.0	244.4
5	8.7	31.6	22.9	263.2	19.8	30.4	10.6	53.5
6	9.6	53.9	44.3	461.5	19.5	34.7	15.2	77.9
7	8.1	54.4	46.3	571.6	20.9	32.0	11.1	53.1
8	12.5	38.9	26.4	211.2	7.5	18.1	10.6	141.3
9	15.0	23.9	8.9	59.3	19.7	41.6	21.9	111.2
10	11.2	49	37.8	337.5	11.4	21.3	9.9	86.8
平均	10.8	50.6	42.6	372.0	16.5	32.3	15.9	109.6

硅酸盐细菌在无氮培养基上生长良好，表明该菌有一定的固氮能力。在无氮培养基上，其对 K、Si、P、Ca、Fe、Mn 的溶解能力大于含氮培养基（表 15-6），但加入氮素后，培养液中菌数显著增加（表 15-7）。在加有 3 种不同钾磷矿物质的培养液中，加氮后各处理菌数均显著增加，培养 48～72h 菌数达峰值，加入氮素使菌数提高 85.6%～172.3%。在硅酸盐菌剂生产中加入适量氮素，可以提高菌剂中的活菌数量；向农作物接种硅酸盐细菌时配施一定氮肥，以增强接种钾细菌在作物根圈的增殖量，加快根圈土壤中矿物态钾磷的有效化。但加入氮素后钾细菌在田间条件下溶解钾长石类矿物的能力及养分活化能力是否下降尚不清楚。

在基础培养基相同时，培养液中硅酸盐细菌的数量与加入培养液的钾磷矿物种类有关（表 15-7）。在含氮培养液中，接种 24h 后的菌数测定值（10^7 个/mL）按黄绵土（9.7）＞钾铝硅酸盐（7.7）＞磷矿粉（3.0）排列；48h 各处理的菌数按黄锦土（66.0）＞磷矿粉（50.8）＞钾铝硅酸盐（23.0）排列。硅酸盐细菌在以黄绵土为钾磷矿物的培养条件下增殖量最大，磷矿粉次之，表明黄绵土是适合硅酸盐细菌生长繁殖的钾磷源之一。硅酸盐细菌愈多，生物释钾作用愈强。

2. 硅酸盐细菌的促生作用

硅酸盐细菌在其生命活动过程中，产生多种生物活性物质。高压液相测定结果表明，硅酸盐细菌 HM8841 培养液中含有大量的赤霉素（GA_3）和细胞分裂素类物质，这些物质可以刺激植物生长发育，同时产生抗生素物质，增强植株的抗寒、抗旱、抵御病虫害、防早衰、防倒伏的能力。

3. 硅酸盐细菌制剂的效果

硅酸盐细菌制剂已在多种作物上应用，表现出良好的增产效果。盆栽实验发现，用硅酸盐细菌制剂拌种、拌土接种，小麦分蘖数较对照分别增加 18.3％、26.1％，地上部分干重较对照分别增加 20.8％、24.7％，根系干重增加 28.6％、42.0％，植株含钾量增加 27.1％、23.7％。周福红等研究发现，施用钾细菌对小麦增产效果明显，生物钾肥与氮磷配合施用时较氮磷对照增产 30.9％，且对小麦赤霉病有明显的防治效果。氮肥＋磷肥＋生物钾肥处理病情指数为 39.98％，对照氮肥＋磷肥处理为 61.38％，防治效果为 34.86％（$P<0.05$）。施振云等研究发现，在不施磷钾肥的情况下，单施硅酸盐菌剂，水稻增产 9.1％；补施磷、补施钾及补施磷钾时，硅酸盐菌剂的增产率分别为 6.7％、1.2％及 0.1％，表明缺钾条件下钾细菌制剂有效，土壤磷钾供应充足时基本无效。2003 年，占新华等采用土培与水培实验相结合的方法研究了硅酸盐细菌促进玉米生长的生理机制，结果表明，在水培、土培条件下，钾细菌接种处理玉米的生物量较对照分别增加 20.4％～28.9％、33.1％～43.2％，叶片绿色度（SPAD）较对照分别增加 122％～182％、21.5％～28.9％，叶片、根系硝酸还原酶及根系 ATPase 活性分别较对照增加 71.9％～161.6％、49.9％～231.5％及 95.0％～125.7％，氮素吸收量增加 232.9％～419.8％。2001 年，盛下放等研究了硅酸盐细菌对棉花的增产效果，发现与对照相比，棉花在施用硅酸盐菌剂后平均增产皮棉 86.4～161.7kg/hm^2，增产幅度为 10.6％～22.0％。2007 年，付学琴等研究了硅酸盐细菌与化肥配施对棉花生长发育特性的影响，发现硅酸盐细菌接种能明显促进棉花对养分的吸收利用，增加果枝数、成铃和产量，改善皮棉品质，且配合一定量的氮磷钾化肥施用效果更好。单施菌肥的棉株果枝数、成铃数及产量分别较对照提高 12.0％、16.5％及 30％，氮、磷、钾积累总量分别较对照提高 19.1％、19.5％、23.7％，并能明显地促进棉株生长发育。早在 1995 年，楼亦献等就研究发现，亩施 1kg 硅酸盐细菌肥料时甘薯增产 23.6％，其效果与亩施 10～15kg KCl 相当。李定旭在 2003 年研究了硅酸盐细菌在富士苹果树上的应用效果，发现施用硅酸盐制剂 200 mL/株处理的光合强度较对照增加 26.4％，叶片、枝条及主干皮层钾含量较对照分别增加 10.5％、11.9％及 32.9％，果实含糖量、果实着色

率及着色指数分别较对照提高 19.6％、107.4％及 136.2％。陈世华等于 2000 年研究硅酸盐细菌对菊花组培苗的生根作用时发现，硅酸盐细菌活菌及灭活菌剂对组培菊花生根的作用与外源激素完全相同，即硅酸盐细菌发酵液中存在类似外源激素的活性物质。张春等研究发现，钾细菌肥料与化肥混合作种肥时，大豆增产 13.7％～25.9％。赵秀香等研究了硅酸盐细菌 B925 及其发酵液对烟草种子萌发和烟草黑胫病的防效，发现 B925 发酵液处理能促进烟草种子萌发，减轻烟草黑胫病的扩展，对烟草黑胫病的预防作用为 58.3％，同时对茄子黄萎病菌、黄瓜菌核病菌及烟草靶斑病菌等 15 种植物病原菌具有一定的抑菌活性。林启美等研究发现，接种硅酸盐细菌后，非根际土壤的细菌总数无变化，根际土壤细菌总数则增加了 2.6 倍；非根际、根际土壤硅酸盐细菌数量分别增加了 3300 倍、7095 倍，根际硅酸盐细菌增加明显。

4. 钾细菌肥料生产

钾细菌肥料的生产分为种子培养、液体培养及灭菌载体吸附 3 个阶段。

1）种子培养：斜面培养基为 K_2HPO_4 0.5g，$MgSO_4 \cdot 7H_2O$ 0.2g，$MgCl_2$ 0.2g，$CaCO_3$ 1.0g，酵母膏 0.4g，琼脂 20.0g，蒸馏水 1000mL，加热溶解后制作斜面试管，121℃灭菌 30min 后冷却，斜面接种培养。

2）液体培养：采用斜面培养基配方，不加琼脂，配好后装入三角瓶中，装量为瓶子的 1/5～1/4，以纱布包瓶口，110℃灭菌 30min 后取出，冷却后接种钾细菌斜面菌种，30～35℃振荡培养 3～5 天，然后再接种到种子罐扩大培养，种子罐培养成熟后接入发酵罐进行扩大培养。

3）载体吸附：取培养好的钾细菌液体培养物作显微镜检查杂菌并测定菌数，当菌数达 2.0×10^9 个/mL 时，用灭菌泥炭等载体吸附，低温脱水，菌数检验合格即为成品。

5. 钾细菌肥料施用技术

施用钾细菌肥料时应根据不同农作物生长发育的特点和种植栽培条件采用不同的施用技术。在含有一定量有机质、碱解氮和速效磷，但速效钾含量较低的沙质土壤和中国北方广泛分布的黄土土壤上效果较好；与氮磷肥配合施用优于单施钾细菌制剂。钾细菌肥料发挥作用需要含钾的矿物和一定的水分，在土壤母质中含钾矿物少及无灌溉条件的旱地土壤上，钾细菌肥料中活硅酸盐细菌不能正常生存及溶解矿物态钾，效果差。施用钾细菌肥料一般采用拌种、蘸根及穴施等局部接种技术，使菌体细胞在种子或作物根系周围发挥作用。

6. 钾细菌肥料施用注意事项

1）钾细菌肥料可与杀虫剂、杀真菌农药混用，但不能与杀细菌农药同时施用。

2）不能与 pH 5～8 范围外的酸碱性物质混用。

3）拌好菌剂的种子应晾干，避免日光下曝晒；在储运过程中避免阳光直射。

7. 钾细菌肥料开发与应用的意义

随着先进农业技术的应用，农作物产量持续提高，农田钾素携出量远大于补给量，土壤钾素亏缺日趋严重，钾已成为限制农作物产量和品质提高的重要元素。我国钾矿资源贫乏，大部分钾肥需进口，农业对钾肥需求巨大。我国北方广泛分布的黄土性土壤中全钾储量高达20g/kg左右，主要为矿物态，有效含量很低。利用硅酸盐细菌将含钾矿物中的无效钾转化为生物有效态钾，可以缓解我国钾肥供需矛盾，改善高产土壤缺钾状况，减少钾肥进口量，故钾细菌制剂对北方土壤中矿物钾的有效化有重要意义。

（五）光合细菌肥料

1. 光合细菌主要类群

光合细菌是一类能将光能转化成微生物代谢活动能量的原核微生物，是地球上最早的光合生物，广泛分布在海洋、江河、湖泊、沼泽及池塘等水体中。

光合细菌种类较多，包括蓝细菌、紫细菌、绿细菌和盐细菌。与生产应用关系密切的主要是红螺菌科中的一些属种，如红假单胞菌属（*Rhodopseudomonas*）中的荚膜红假单胞菌（*Rps. capsulatus*）、球性红假单胞菌（*Rps. globiformis*）、沼泽红假单胞菌（*Rps. palustris*）、嗜硫红假单胞菌（*Rps. sulfidophila*）、胶状红环菌（*Rps. gelatinosa*）及绿色红假单胞菌（*Rps. viridis*）；红螺菌属（*Rhodospirillum*）中的深红红螺菌（*Rps. rubrum*）、黄褐红螺菌（*Rps. fulvum*）及盐场红螺菌（*Rps. salinlarium*）。

光合细菌能在光照条件下进行光合作用生长，也能在厌氧条件下发酵，在微好氧条件下进行好氧生长。

2. 光合细菌作用机理

1）固氮：在淹水的水稻土上，光合细菌能提高土壤氮素水平，提高土壤肥力。在混合培养中，当与异养菌共生时，它也能利用后者分泌丙酮酸，在好气条件下固定氮素。

2）分泌氨基酸和核酸：光合细菌可分泌氨基酸和核酸。实验表明，脯氨酸、尿嘧啶及脯氨酸加尿嘧啶能使水稻产量分别提高3%、11%及46%；番茄产量分别提高40%、32%及45.5%。

3）消除有害物质、提高作物抗病性：光合细菌含有抗病毒物质，在光照及黑暗条件下均有钝化病毒致病的能力。据报道，光合细菌对危害卷心菜的镰刀菌可产生胞溶作用。光合细菌具有解毒作用，能氧化或分解土壤中的H_2S（如水稻孕穗期有大量H_2S产生）等有毒物质。

4）提高产量，改进品质：施用光合细菌肥料后柑橘和番茄产量提高，品质改善，果实中糖、胡萝卜素及维生素含量均显著增加。光合细菌对蔬菜的增产效果明显。光合细菌处理番茄根系发达，生长旺盛，茎叶/根值小，果实产量增加，维生素B_1和维生素

C 的含量也增加。

5）改善土壤微生物生态系统：光合细菌能较明显地促进土壤细菌和放线菌的增殖，降低土壤中真菌的比例，提高土壤抗病性。

光合细菌制剂在农业上主要用于农作物叶面喷施、秧苗蘸根；在畜牧业上应用于饲料添加剂，用于畜禽粪便除臭等。

3. 光合细菌培养

液体光照培养所需条件：①温度：光合细菌生长的温度为 10～30℃，最佳温度为 25～28℃。光合细菌能耐较高温度，40～42℃培养仍能生长。当温度降至 10℃以下时，光合细菌生长缓慢；5℃以下，基本停止生长；当 0℃左右并置于黑暗条件下，7～15 天菌体大部分沉降死亡。②pH：光合细菌生长的 pH 为 6.6～7.5，在培养过程中，需定时测定培养液 pH 的变化。在光合细菌生长期间各种培养基 pH 的变化和 H_2S 含量对紫色细菌生长繁殖很重要。光合细菌能够生长的 pH 范围和最佳 pH，不仅取决于 H_2S 的含量（150～200mg/L）和硫酸盐氧化而产生的硫酸，而且还取决于培养基中其他有机物和无机化合物的存在及其浓度、CO_2 的同化或释放。③光照：光合细菌常存在于只有少量太阳辐射光的自然生境中。光的存在是光合细菌生长的必要条件，红色细胞进行光合作用所吸收的光谱波长为 800～900nm，用光强度为 500～2000lx 的白炽灯可满足其对光照的要求。

培养基：NH_4Cl 300mg，K_2HPO_4 300mg，$CaCl_2 \cdot 2H_2O$ 200mg，$MgCl_2 \cdot 6H_2O$ 200mg，KCl 200mg；Na_2CO_3 2.1g，$Na_2S \cdot 9H_2O$ 100～700mg，NaCl 30g；微量元素溶液 10mL；$Na_2S_2O_3$ 0～500mg，NaAc 0～250mg，维生素 B_{12} 20μg，蒸馏水 1000mL，pH 6.8～7.5，121℃蒸汽灭菌 30min。

接种培养：培养基灭菌后按 1%～2%的量接种，在厌氧、适宜温度、pH 及光照的条件下培养，逐级扩大。如发现接种后 3～5 天内菌液显色极慢或菌体下沉，说明其活性减弱，需及时用活力强的菌液重新接种。

（六）PGPR 制剂

在 20 世纪 30 年代，许多学者发现在植物根圈范围中生存着许多对植物有益的细菌，它们在生长代谢过程中能产生多种促进生长的物质，并将其称为植物促生根圈细菌（plant growth promoting rhizobacteria）。

1. PGPR 的种类

PGPR 主要包括假单胞菌属（*Pseudomonas*）和芽孢杆菌属（*Bacillus*）；而荧光假单胞菌（*Pseudomonas fluorescens*）在很多植物的根围都占有绝对的优势，可达60%～93%。此外，PGPR 还包括产碱菌属（*Alcaligenes*）、节杆菌属（*Arthrobacter*）、固氮菌属（*Azotobacter*）、固氮螺菌属（*Azospirillum*）、肠杆菌属（*Enterobacter*）、欧文氏菌属（*Erwinia*）、黄杆菌属（*Flavobacteria*）、哈夫尼菌属（*Hafnia*）、克雷伯氏菌属（*Klebsiella*）、沙雷氏菌属（*Serratia*）、黄单胞菌属（*Xanthomonas*）和慢生型根瘤菌

属（*Bradyrhizobium*）等。

2. PGPR 的作用

1）分泌植物促生物质：PGPR 中研究最多的是假单孢菌，其次还有枯草芽孢杆菌、沙雷氏菌等。有人从能促进难溶性磷转化的 50 个分离物中，发现有 43 个产植物生长激素，29 个产赤霉素，4 个产生激动素类物质。研究发现，有些荧光假单胞菌的代谢产物中有赤霉酸和类赤霉素物质，有的菌株产生吲哚乙酸，少数菌株产生生长素和泛酸。在恶臭假单胞菌的代谢产物中也发现吲哚-3-乙酸、吲哚-3-乳酸赤霉素等活性物质。在节杆菌属、芽孢杆菌属、根癌土壤杆菌及根瘤菌中也有类似激素类物质的形成。除了植物促生物质外，PGPR 还分泌维生素 B_1、维生素 B_6、维生素 H 及维生素 B_{12} 等多种维生素，还有的能分泌氨基酸。

2）促进豆科植物结瘤：温室和田间实验中，恶臭假单胞菌接种均表明增加了菜豆共生体的结瘤作用。用 PGPR 接种大豆，有 50%的实验根瘤干重增加。有人将能够促进豆科植物结瘤的 PGPR 称为结瘤促生根细菌（nodulation-promoting rhizobacteria，NPR），用此类菌与大豆根瘤菌同时接种，接种处理根瘤较对照增加 19%～47%。在花生上用 PGPR 接种取得了同样的效果。

3）促进出芽：在低温条件下，用 PGPR 接种有促进出芽的作用。有人将这类细菌称为促进出芽根细菌（EPR）。在马铃薯、小麦、苜蓿、胡萝卜、玉米及大豆等作物上均有类似的效果。

4）对土传病害的生物调控作用：研究证实 PGPR 对于多种土传病害有减轻、降低其发生的作用。例如，Kloepper 等用恶臭假单胞菌 GRl2-2 在田间和盆栽实验均表现促进了油菜籽的出苗和生长，当有腐霉菌存在时，GRl2-2 表现出生物调控活性。还有一些实验证明 PGPR 可使马铃薯软腐病发病率降低。荧光假单胞菌 B10 菌株可促进马铃薯生长，也可以防治亚麻病害。在有致病性镰刀菌的土壤里，亚麻种子用 PGPR B10 菌株处理，亚麻苗的存活从 48%提高到 87%。Bowers 等证实 PGPR 是许多根和根颈腐烂病的潜在生物控制剂。许多学者发现 PGPR 的生物控制与腐霉菌和立枯丝核菌引起的幼苗猝倒病有关。用荧光假单胞菌 PF-5 菌处理种子，可使棉花幼苗存活率从 30%提高到 79%，对棉花猝倒病有明显的控制效果。除了荧光假单胞菌以外，研究发现枯草杆菌 A-13 菌株可使花生、棉花立枯丝核菌引起的根溃疡发病率降低。有研究表明 PGPR 可以减轻黄瓜炭疽病的枯斑数和枯斑面积。研究证明，PGPR 控制病害的机制主要是它们能产生抗生素，能抑制多种病原如致病性镰刀菌、腐霉菌、立枯丝核菌的生长。有的研究发现，PGPR 能产生胞外溶解酶（selerotiwn）、氰化氢或增加植物根部木质素的合成，提高作物抗病性。研究发现，接种 PGPR 后与植物防御机制有关的化合物水平上升。Anderson 等报道，在豌豆上对镰刀菌有防治作用的恶臭假单胞菌与促使根内木质素增加有关，在马铃薯上接种 PGPR 后，整个植株的木质化加强了。这可能是减轻病害的机制之一。研究发现，PGPR 能够产生铁载体（siderophore），将铁整合起来，抑制了有害微生物的生长。除了对病害的控制作用外，研究发现，PGPR 中的某些菌株对植物病原线虫的控制有一定的作用，在消毒土壤盆栽实验中发现，枯草杆菌 A-13 菌株降低了棉花、甜菜及花生的线虫感染率，但大田土壤的效果不如消毒土壤。

5）降解农田污染物：新近研究表明，许多属 PGPR 的微生物具有降解污染物的作用，有人将其称为“生物治疗”作用。Robert 的实验室正在致力于研究根际微生物区系的这种潜力，以确定这些微生物对三氯乙烯、芳香族碳氢化合物及除草剂的降解能力。他们已经证明谷胱甘肽转移酶在革兰氏阴性细菌的若干属中存在，尤其是肠杆菌科、假单胞菌科的一些种可通过谷胱甘肽的结合作用除去除草剂中的氯。实验室用荧光假单胞菌 RA540 接种到含高浓度（100mg/kg）除草剂的土壤中，发现除草剂的降解加速。

6）根瘤菌的促生能力：研究发现，一些根瘤菌株具有与 PGPR 类似的作用。这些根瘤菌对萝卜、玉米和莴苣表现出明显的促生作用，对 266 株根瘤菌株的测定表明，83%的菌株产生含铁细胞，58%产生吲哚乙酸，3%产生氢氰酸，54%的菌株可以溶磷。在温室实验中用一些根瘤菌菌株接种小萝卜种子，植物干重增加了 50%以上，但某些豆科根瘤菌对小萝卜起有害作用，使小萝卜干重降低 19%～44%。

（七）菌根菌制剂

1. 菌根菌种类

菌根是土壤中某些真菌侵染植物根部与其形成的菌-根共生体。形成菌根的植物种类繁多，形成菌根的真菌种类也较多，包括担子菌、子囊菌及藻状菌中的真菌。由毛霉目内囊霉科真菌中多数属、种形成的泡囊丛枝状菌根简称 VA 菌根。VA 菌根菌的特征：①无隔膜的藻状菌。②在皮层细胞内形成丛枝或二分叉菌丝体。③在皮层细胞内或皮层细胞间形成椭圆形泡囊。④菌丝除在植物根细胞内形成上述构造外，还延伸到土壤中，扩大了吸收面，但不形成外生菌根假薄皮组织形菌套。

许多常见担子菌类（如伞菌属、鹅膏菌属和牛肝菌属等）及少数子囊菌能与多种树木根系形成外生菌根。据不完全统计，约有 45 个担子菌属、17 个子囊菌属、1 个藻状菌属及 1 个半知菌属的一些种能形成外生菌根。与农业关系密切的是 VA 菌根真菌。它是土壤共生真菌中宿主最多和分布范围最广的一类真菌。菌根共生体（菌根）对宿主生长有益，有些甚至是必需的。人们将有益的菌根菌与其寄主植物共同进行扩大繁殖，然后将有菌根真菌的土壤（菌根土）作为接种剂用于农林业生产，提高农作物产量和改善农作物品质，提高树木成活率等。由人工扩大繁殖获得的含有益菌根菌的菌土称为菌根菌肥料。菌根菌宿主广谱，例如，番茄、玉米等都可以作为它们的繁殖寄主材料。用单孢子技术分离菌根菌孢子，接种到无菌或接近无菌的宿主植物上，都可以得到它们的“纯培养”物。

2. 菌根菌肥料作用机理

内、外生菌根真菌的外伸菌丝在土壤中延伸，扩大了植物根系的吸收面积。菌根真菌的菌丝能分泌多种胞外酶，加强了根系周围土壤有机质的分解，丰富了植物根系对矿质营养元素的吸收，分泌的生长刺激物能促进根系生长。菌根表面存在磷酸酯酶，可水解有机磷化物，增强菌根周围的有效磷量，供根系吸收。兰科植物的一些菌根真菌可从环境中获得有机碳源和能源，供给植物共生体养料。在贫磷土壤中，有菌根植物较无菌根植物能吸收更多的磷，显著增加产量和提高品质；林业上育苗时，无菌根树苗生长差。

（八）放线菌制剂

放线菌制剂是指利用能分泌抗生物质和刺激素的放线菌通过固态发酵制备的活菌制剂。它具有成本低、肥效高、抗病害、促生长及对作物无害等优点。我国在20世纪六七十年代应用的“5406放线菌”即属此类制剂。近10年来，设施农业的快速发展和专业化种植基地已形成，连作障碍日趋严重，连作引起土壤生物退化已成为制约现代农业发展的瓶颈。退化土壤的微生物修复的需要推动了放线菌制剂的深入研究与应用。国内已筛选到一批有显著抗病促生作用同时又降解根泌自毒物质及提高植物抗病性的多功能放线菌。这些放线菌在多种作物连作障碍修复中效果显著，已开始在生产中应用。

1. 放线菌制剂菌种

1）“5406放线菌制剂”所用菌种为细黄链霉菌（*Streptomyces jingyangesis*），是1953年从陕西省泾阳老苜蓿根中分离得到的。在固体培养基上，菌落呈圆形、隆起，初期表面光滑，浅黄稍带绿色，成长后表面粉末状，白色带粉红，背面黄褐色。

2）密旋链霉菌（*S. pactum*）和肉质链霉菌（*S. carnosus*）、加州链霉菌（*S. californicus*）等。

2. 放线菌制剂作用机理

1）产生抗生素，抑制植物病原菌生长：“5406放线菌”、密旋链霉菌及肉质链霉菌等均有此功能。密旋链霉菌对13种植物病原菌的拮抗圈直径为5～20.5mm，对8种植物病原菌菌丝生长抑制率达到32.4%～73.3%（表15-11，表15-12）。

表15-11　密旋链霉菌对13种病原真菌的皿内拮抗圈直径（mm）

植物病原真菌	拮抗圈直径	透明度	植物病原真菌	拮抗圈直径	透明度
木贼镰刀菌（*Fusarium equiseti*）	20.5	+++	瓜果腐霉（*Pythium aphanidermatum*）	12.7	+
链格孢菌（*Alternaria alternata*）	12.0	+++	芬芳镰刀菌（*Fusarium redolens* Wr.）	11.0	++
黄瓜萎蔫病菌（*Erwinia tracheiphila*）	11.0	++	黄瓜枯萎菌（*Fusarium oxysporium* f. sp. *cucumarinum*）	13.0	++
西瓜枯萎菌（*Fusarium oxysporum* f. sp. *niveum*）	18.4	+++	接骨木镰刀菌（*Fusarium sambucinum*）	14.5	+++
尖孢镰刀菌棉花专化型（*Fusarium vasinfectum*）	11.0	++	大丽轮枝菌（*Verticillium dahliae*）	20.3	+++
草莓疫霉（*Phytophthora fragariae*）	13.0	+++	立枯丝核菌（*Rhizoctonia solani*）	8.0	+
镰刀菌（*Fusarium* sp.）	11.0	+			

注：+++、++、+分别表示拮抗圈内无病原菌菌丝、有极弱病原菌菌丝、有较弱病原菌菌丝。

表 15-12 不同培养时间密旋链霉菌对 8 种病原真菌菌丝的抑制率（%）

植物病原真菌	抑制率/%		
	48h	72h	96h
西瓜枯萎菌（*Fusarium oxysporum* f. sp. *niveum*）	44.00±0.65	43.41±0.75	35.43±1.13
木贼镰刀菌（*Fusarium equiset*）	83.18±1.02	75.70±1.01	68.85±0.47
黄瓜枯萎菌（*Fusarium oxysporium* f. sp. *cucumarinum*）	58.00±0.98	37.44±1.25	32.42±0.67
接骨木镰刀菌（*Fusarium sambucinum*）	27.00±1.16	49.16±0.94	50.02±1.33
链格孢菌（*Alternaria alternata*）	76.93±2.05	76.04±1.58	73.33±1.66
芬芳镰刀菌（*Fusarium redolens* Wr.）	54.56±1.14	53.21±0.32	49.82±0.90
尖孢镰刀菌棉花专化型（*Fusarium vasinfectum*）	56.41±0.68	54.37±0.76	47.77±1.24
镰刀菌（*Fusarium* sp.）	46.01±0.33	46.15±1.00	46.48±2.40

2）产生植物生长激素，刺激根系发育，促进植物生长："5406 放线菌"与密旋链霉菌均有此功能。拌土接种时，密旋链霉菌等放线菌使草莓根系重量较对照提高了 122.4%～265.6%（表 15-13），田间条件下草莓地上部分重量和新根重量分别较对照增加 168.8%和 112.5%（表 15-14）；"5406 放线菌"能刺激作物细胞分裂和纵横生长，打破马铃薯的休眠，促进各种种子生根发芽和幼苗的茎叶生长，增加小麦、水稻分蘖，使多种作物提前成熟。

表 15-13 生防菌剂处理后草莓植株、茎叶和根系重量（g/株）

接种方式	生物学性状	CK 测值	生防菌剂					
			加州链霉菌		肉质链霉菌		密旋链霉菌	
			测值	增率/%	测值	增率/%	测值	增率/%
拌土育苗	植株总重	14.32	24.75	72.8	26.07	82.1	23.52	64.2
	茎叶重	12.40	20.39	64.4	19.05	53.6	19.25	55.2
	根重	1.92	4.36	127.1	7.02	265.6	4.27	122.4
蘸根盆栽	植株总重	15.24	18.55	21.7	16.43	7.8	14.94	4.3
	茎叶重	7.03	8.47	20.5	8.20	16.6	5.70	−18.9
	根重	8.21	10.08	22.8	8.23	0.2	9.24	12.5

表 15-14 不同放线菌制剂处理下草莓生长状况（g/株）

处理	整株		地上部分				地下部分生物量					
	生物量	增率/%	生物量	增率/%	匍匐茎	增率/%	全根系	增率/%	须根	增率/%	新根	增率/%
CK	23.39b	—	19.22b	—	1.60c	—	4.17b	—	1.57b	—	0.32c	—
肉质链霉菌	32.68a	37.3	28.19a	46.7	3.35b	109.4	4.50ab	7.9	2.21a	40.8	0.42b	31.3
密旋链霉菌	35.99a	52.9	30.61a	59.2	4.30a	168.8	5.39a	29.3	2.28a	45.2	0.68c	112.5

注：同列不同小写字母分别表示处理间差异达到极显著（$P<0.01$）、显著水平（$P<0.05$）。

3）降解根泌自毒物质，解除化感抑制作用：在实验室条件下，加州链霉菌、密旋链霉菌和肉质链霉菌对草莓根泌自毒物质对羟基苯甲酸的降解率达到 77.6%～97.5%（表 15-15）。

表 15-15　纯体系中放线菌对对羟基苯甲酸的降解率（%）

淀粉量/(g/L)	拮抗放线菌		
	加州链霉菌	肉质链霉菌	密旋链霉菌
0	82.3±0.1A	96.8±0.1a	96.6±0.2a
1	77.6±0.3B	95.3±0.2b	97.5±0.3b
2	80.9±0.2C	96.2±0.1c	96.9±0.1ab

注：同列不同大写、小写字母分别表示处理间差异达到极显著（$P<0.01$）、显著水平（$P<0.05$）。

4）激活植物诱导抗性，提高作物抗病能力：密旋链霉菌和肉质链霉菌在接种量为1.5g/kg时甜瓜叶片保护性酶PPO活性提高14.9%～27.2%，在和病原菌混合接种时，甜瓜叶片PPO活性提高23.7%～50.2%（表15-16）。

表 15-16　3株生防放线菌不同接种量处理的甜瓜幼苗叶片PPO活性

生防放线菌	接种量	PPO活性/[U/(g·min)]	ΔCK/%	生防放线菌	接种量(g/kg)	PPO活性/[U/(g·min)]	ΔTF/%
CK（不接种）		276.11±0.50	—	TF(*Fusarium equiseti*)		253.33±0.83	—
Act1 (*S. californicus*)	1.0	283.89±0.64	2.82	TF+Act1	1.0	310.00±0.32	22.53
	1.5	322.78±0.13	16.90		1.5	312.78±0.16	23.72
	2.0	310.56±0.58	12.47		2.0	323.89±0.30	28.06
Act11 (*S. carnosus*)	1.0	296.11±0.27	7.24	TF+Act11	1.0	266.16±0.60	5.14
	1.5	351.16±0.46	27.16		1.5	366.67±0.31	45.06
	2.0	300.56±0.14	8.85		2.0	318.33±0.35	25.69
Act12 (*S. pactum*)	1.0	340.00±0.28	23.14	TF+Act12	1.0	302.22±0.24	19.37
	1.5	317.22±0.17	14.89		1.5	380.00±0.93	50.20
	2.0	355.56±0.38	28.77		2.0	346.67±0.43	37.15

5）在植物根区根表土壤中定殖，提高根系抗病性：密旋链霉菌可在草莓根区、根表土壤中定殖，形成拮抗草莓根病病原菌入侵的放线菌屏障。在草莓收获时，草莓根区、根表土壤中接种的密旋链霉菌数量分别占放线菌总数量的25.1%、92.4%（表15-17）。

表 15-17　供试放线菌在草莓根区、根表、根内的定殖密度

检测部位	肉质链霉菌		密旋链霉菌	
	定殖密度/(CFU/g)	定殖率/%	定殖密度/(CFU/g)	定殖率/%
根区土壤	8.37×10^5C	22.0	6.89×10^5D	25.1
根表土壤	1.30×10^7 B	32.3	5.76×10^7A	92.4
根内	0.20×10^5E	0.07	0.43×10^5E	0.07
根表/根区	15.54	—	83.61	—

6）修复作物根区退化的土壤微生态系统：在盆栽实验中，接种 5g/kg 加州链霉菌，西瓜根区、根表土壤中细菌数量较对照增加 87.4%、75.8%，根表土壤真菌数量降低 16.1%，表明根表土壤潜在致病性下降，作物根系被病原菌侵染的风险减少；西瓜根区、根表土壤中放线菌数量分别较对照提高 17.8%、478.0%，根表的拮抗性放线菌屏障抵御病原菌入侵的能力更强（表 15-18）。

表 15-18　放线菌制剂对西瓜根域微生物数量的影响

种类	部位	测试项目	加州链霉菌接种量/(g/kg)					
			盆栽试验			小区试验		
			0(CK)	2.5	5.0	0(CK)	2.5	5.0
细菌	根区	数量/($\times 10^7$/g)	1.19	1.77	2.23	0.98	2.60	3.26
		Δ/%	—	48.7	87.4	—	165.3	232.7
	根表	数量/($\times 10^8$/g)	1.78	3.90	3.13	1.50	2.86	4.56
		Δ/%	—	119.1	75.8	—	90.7	204.0
	根	数量/($\times 10^3$/g)	1.84	13.83	1.90	9.72	132.5	36.72
		Δ/%	—	651.6	3.3	—	1263.2	277.8
真菌	根区	数量/($\times 10^4$/g)	0.86	1.20	0.92	0.65	0.86	0.46
		Δ/%	—	39.5	7.0	—	32.3	−29.2
	根表	数量/($\times 10^4$/g)	4.67	10.88	3.92	7.04	3.86	8.13
		Δ/%	—	133.0	−16.1	—	−45.2	15.5
	根	总数	0	0	0	0	0	0
放线菌	根区	数量/($\times 10^7$/g)	2.64	3.84	3.11	1.07	1.96	4.73
		Δ/%	—	45.8	17.8	—	83.2	342.1
	根表	数量/($\times 10^7$/g)	0.37	1.19	2.14	3.93	5.87	11.73
		Δ/%	—	221.6	478.4	—	49.4	198.5
	根	数量	0	0	0	0	0	0

第二节　微生物饲料

发酵饲料是指利用有益微生物的生长代谢过程把秸秆等有机废弃物加工而成的营养丰富、适口性好的含有微生物菌体和代谢产物的饲料。微生物饲料添加剂也属微生物饲料类，主要有酶制剂、真菌添加剂等。利用微生物对秸秆类物质进行分解与转化改造，使秸秆中的纤维素类物质更易被牲畜消化吸收利用；通过增加微生物蛋白质提高饲料的营养价值如蛋白质的含量等。微生物饲料的开发利用扩大了饲料资源种类，对现代养殖业有重要意义。微生物饲料主要有单细胞蛋白和菌体蛋白饲料、秸秆微生物发酵饲料等。单细胞蛋白和菌体蛋白是利用微生物生长繁殖快、细胞蛋白含量高的特性，以有机副产物为原料进行发酵获得的微生物蛋白质。

一、单细胞蛋白和菌体蛋白饲料

（一）概述

单细胞蛋白（single cell protein，SCP）首先由马萨诸塞工艺学院的 C. L. Wilson 于 1966 年提出，指用于食品和饲料添加剂的微生物菌体（microbial biomass）。单细胞蛋白和菌体蛋白是指大量生长的微生物菌体或其蛋白提取物。前者多指用酵母或细菌等单细胞菌类生产的产品，后者则包括多细胞的丝状真菌类菌体产品。20 世纪 80 年代中期，全世界的单细胞蛋白广泛用于食品加工和饲料中。单细胞蛋白不仅能制成“人造肉”供人们直接食用，还作为食品添加剂，用以补充蛋白质及维生素等。某些单细胞蛋白具有抗氧化能力，可防止食物氧化变质，常用于婴儿奶粉及汤料中。干酵母含热量低，常作为减肥食品添加剂。酵母的浓缩蛋白具有显著的鲜味，已广泛用作食品增鲜剂。作为饲料蛋白，单细胞蛋白被广泛应用。

单细胞蛋白所含营养物质极为丰富。其中蛋白质含量高达 40%～80%，比大豆高 10%～20%，比肉鱼及奶酪高 20%以上；氨基酸组成较为齐全，含有人体必需的 8 种氨基酸，尤其是谷物中含量较少的赖氨酸。单细胞蛋白中还含有多种维生素、碳水化合物、脂类、矿物质及丰富的酶类和生物活性物质，如辅酶 A、辅酶 Q、谷胱甘肽及麦角固醇等。

单细胞蛋白和菌体蛋白饲料具有以下特点：①生产周期短、蛋白含量高，例如，细菌在 20min 左右增殖 1 倍，酵母在 1～3h 增殖 1 倍，大型发酵容器在 24h 内可生产数吨蛋白质含量高达 400～800g/kg 的产品。②原料来源广泛，例如，工农业生产副产物、废水、废糖蜜、果渣及秸秆类等有机可再生资源均可由单细胞蛋白生产。③生产过程易控制：工业化生产，不受气候、季节及自然灾害等影响。④营养丰富：除含有蛋白质、糖等物质外，还含有丰富的维生素类成分。

（二）SCP 生产菌株选择标准

生产菌种的选择主要依据的是微生物的生理特性。能用于单细胞蛋白生产的微生物种类很多，包括细菌、酵母菌、霉菌及藻类等，但须符合以下条件：①能很好地同化基质碳源和无机氮源形成菌体蛋白。②繁殖速度快，菌体蛋白含量高。③无毒性和致病性。④菌种性能稳定。采用多菌种混菌发酵时要求菌株间存在互生关系。利用丝状真菌发酵时，所得菌体易于收获，菌体核酸含量低，生长效率高，生长最适 pH 低，易于控制杂菌污染，大多能分泌淀粉酶等水解酶，适合于用农林副产品发酵生产单细胞蛋白饲料。酵母菌是常用的 SCP 生产用菌，常用的菌种有圆酵母属（*Torulopsis*）和假丝酵母属（*Candida*），此外还有丛梗孢霉（*Monilia*）、卵孢霉（*Oidium*）等。

（三）SCP 生产方法

纯菌体蛋白生产采用液体发酵进行。发酵方式有搅拌式发酵罐、通气式发酵罐及空气提升式发酵罐等。投入发酵罐中的原料有发酵剂、水、基质、营养物及氨等无机氮源，发酵过程中控制培养液 pH 及维持一定温度。菌体分离方法的选择可根据所采用菌种的类型确定。难分离菌体可加入絮凝剂以提高其凝聚力，采用离心机脱水。作为饲料用单细胞蛋白，可收集离心后的浓缩菌体进行喷雾干燥或滚筒干燥。

二、固态发酵饲料

（一）秸秆微贮饲料

微生物处理秸秆的原理：农作物秸秆经过微生物发酵处理后提高饲料转化效率并将其贮存在一定设施内的技术，称秸秆微生物发酵贮存技术，简称微贮技术。

微贮饲料发酵是利用各种高活性微生物复合菌剂，在厌氧、一定温湿度及营养条件下，进行秸秆难利用成分的降解和物质转化，提高农作物秸秆营养价值，把粗饲料加工成养分较高、适口性较好的饲料的过程。秸秆经过微贮发酵能增加禽畜采食量和营养的吸收。在发酵过程中，首先由霉菌将一部分木质素、纤维素等碳水化合物降解为各种易发酵糖类，其次是酵母和乳酸类细菌将糖类经有机酸发酵转化为乳酸和挥发性脂肪酸，使贮料 pH 降到 4.5～5.0，抑制丁酸菌、腐败菌等有害微生物繁殖，并利用饲料中的原有成分合成营养价值较高的蛋白质、氨基酸、维生素、有机酸及醇类等。质量好的秸秆发酵饲料有甜酸香味。发酵过程还能使秸秆中的半纤维素、木聚糖和木质素聚合物发生酶解，增加秸秆的柔软性和膨胀度，使瘤胃微生物直接与纤维素接触，提高秸秆的消化利用率。微贮饲料主要用来饲喂牛羊等反刍家畜。

秸秆微贮饲料的优点：①成本低、效益高：一袋微贮活干菌净重 3g，可处理 1t 干秸秆。用微生物制品处理秸秆，每吨成本 10 元左右，而相同数量的秸秆氨化需尿素 30～50kg，成本远高于微贮。饲喂试验表明，在同等饲养条件下，秸秆微贮饲料对牛羊的增产（增重、产奶量）效果优于或相当于氨化处理。②消化率高：微贮过程中有益菌繁殖发酵，可加快秸秆中木质素及纤维素类物质降解，加上微生物产生的酶和代谢活性物质作用，增强了牛羊瘤胃微生物区系的纤维素酶和脂酶活性，提高了秸秆消化率。③适口性好、采食量高：秸秆经微生物处理后软化，酸香可口、适口性好，刺激了家畜的食欲，提高了采食速度和采食量，牛羊对秸秆微贮饲料的采食速度可提高 40%～43%，采食量可增加 20%～40%。④制作季节长、易推广：微贮饲料用于秸秆和无毒的干草等，室外气温 10～40℃ 均可制作，制作技术简单，易于推广。⑤原料来源广，无毒无害、饲料保存期长等特点。

秸秆微贮生产工艺及技术要点：目前应用于秸秆微贮的微生物制品种类少，推广应用的产品有“秸秆发酵活干菌”（新疆农业科学院微生物研究所研制），另有“生物调制剂”（吉林农业大学研制）等。秸秆微贮的方法有水泥池法、土窖贮法及塑料袋窖内储藏法等。

（二）秸秆青贮饲料

秸秆青贮是把新鲜的农作物秸秆切碎后填入和压紧在青贮窖或青贮塔中密封，经微生物发酵作用而成的多汁、耐贮藏青绿饲料的方法。

青贮秸秆饲料的发酵原理及其过程：秸秆青贮主要利用青贮原料上所附着或人工添加的乳酸菌等微生物的生命活动，通过厌氧发酵过程，将青贮原料中的碳水化合物变成有机酸（主要为乳酸），以抑制有害细菌的作用；形成的厌氧条件也抑制了霉菌活动，从而使青贮饲料得以长期保存。青贮料有芳香酸甜味，能提高家畜的适口性和采食量。另外，乳酸菌的生长繁殖也增加了青贮料中的维生素含量。

秸秆青贮的是微生物发酵过程，根据微生物的活动特点把青贮过程分为预备发酵期、酸化成熟期和完成保存期。预备发酵期通常为青贮后 2 天左右，其变化过程为：当青贮料填装、压紧并密封在青贮窖和青贮塔内后，秸秆组织本身的呼吸作用及附在其上的需氧微生物和兼性厌氧微生物如酵母菌、霉菌等旺盛繁殖，使封闭环境中的氧气很快被耗尽，形成了厌氧环境，加之微生物代谢活动产生了糖和有机酸，有利于乳酸菌生长繁殖。先是乳酸链球菌占优势，其后是更耐酸的乳酸杆菌占优势，青贮料中有机酸积累至湿重的 0.65%～1.3%、pH 低于 5 时，预备发酵期结束，进入酸化成熟期。酸化成熟期主要是乳酸杆菌的活动，此时乳酸进一步积累，pH 不断下降，使饲料进一步酸化成熟，其余细菌全部被抑制或死亡，之后进入完成保存期。完成保存期指乳酸积累至青贮料湿重的 1.5%～2.0%，pH 4.0～4.2，此时乳酸菌本身受抑制，并逐渐死亡，青贮料在厌氧和酸性的环境中成熟，并长期保存。

青贮秸秆饲料生产技术要点：青贮饲料发酵的关键是创造有利于乳酸菌大量繁殖的条件。主要包括以下几个方面：①秸秆破碎及压实程度：青贮秸秆切短破碎既有利于装填紧实造成厌氧环境，又能使植物细胞渗出汁液，有利于乳酸菌的生长繁殖。②秸秆含糖量：为保证乳酸菌大量繁殖，形成足量乳酸，青贮饲料含糖量至少应为鲜重的 1.5%，含糖量较低的原料可加入 1%～2%的蔗糖、葡萄糖或4%～5%的废糖蜜。③秸秆含水量：青贮秸秆的适宜含水量为 65%～75%。④温度：秸秆青贮的适宜温度为 19～37℃。温度过高，易腐败变质，温度过低影响乳酸菌的繁殖和产酸。⑤使用秸秆青贮发酵剂：在青贮时接种乳酸菌，可提高青贮饲料产酸量。

（三）菌糠饲料

菌糠指收获了食用菌子实体后的发酵培养料。食用菌是一类可以食用的大型真菌，具有分解木质素的能力。木质素的存在是秸秆类饲料中纤维素和半纤维素消化率低的主要原因。利用担子菌制作纤维蛋白饲料，既可提高蛋白质含量，又能增加饲料的可消化性。大部分食用真菌富含纤维素酶、半纤维素酶、果胶酶及蛋白酶等多种酶类，能把栽培原料中的纤维素、半纤维素和木质素等转化成可以利用的养分。每 100kg 培养料可生产 100kg 鲜菇，并获得 60kg 菌糠，其中含有的菌丝体蛋白质被称为“菌糠蛋白”。菌糠饲料中粗纤维素和木质素含量较原料大幅度降低，粗纤维由 289～368g/kg 减少为 121～304g/kg，菌体粗蛋白含量由 11～65g/kg 上升到 42.3～201g/kg；在纤维素酶的作用下，菌糠中秸秆表面的角质层和硅细胞层以及纤维的结晶结构被破坏、呈疏松多孔状、机械强度降低、易于粉碎，且气味芬芳、适口性好、营养价值高。

(四) 果渣发酵饲料

我国是世界苹果的主产国之一，苹果汁加工每年产出的苹果渣约 100 万 t。鲜苹果渣含水量高达 80%，含有大量可溶性营养物质，为微生物滋生提供了有利的条件，故苹果渣废弃时极易腐烂发臭，严重污染环境。苹果渣的主要成分是不溶性碳水化合物(果胶、有机酸、纤维素和半纤维素等)，属于中能量低蛋白质粗饲料。向苹果渣中添加合适的氮源，经微生物发酵可将其转化为单细胞蛋白，从而提高其营养价值。接菌处理发酵产物中纯蛋白质含量较不接菌对照提高46.5%～113.6%（表 15-19），17 种氨基酸含量提高 74.1%，动物 8 种必需氨基酸含量提高 80.4%（表 15-20），营养价值大幅度提高。

表 15-19　苹果渣发酵饲料纯蛋白含量（g/kg）

处理	纯苹果渣原料	苹果渣原料＋油饼粉＋加无机氮素
CK（不接菌）	39.1	112.2
接菌	57.3	239.7
发酵增率 Δ%	46.5	113.6

表 15-20　苹果渣发酵饲料氨基酸含量

氨基酸	发酵原料 /（g/kg）	发酵产物 /（g/kg）	发酵增率 /%	氨基酸	发酵原料 /（g/kg）	发酵产物 /（g/kg）	发酵增率 /%
缬氨酸*	7.74	12.83	65.8	天冬氨酸	11.65	20.85	79.0
甲硫氨酸*	2.52	4.82	92.0	苏氨酸	6.72	12.20	81.5
异亮氨酸*	6.55	11.11	69.6	丝氨酸	6.64	11.98	80.4
亮氨酸*	11.21	19.59	74.8	谷氨酸	26.46	41.84	58.1
酪氨酸*	3.86	8.41	117.9	脯氨酸	9.19	14.30	55.6
苯丙氨酸*	6.62	11.64	75.8	甘氨酸	7.08	11.86	67.5
赖氨酸*	5.43	11.17	105.7	丙氨酸	7.28	12.73	74.9
组氨酸*	4.10	7.09	72.9	胱氨酸	1.45	2.31	59.3
必需氨基酸总计	48.03	86.66	80.4	精氨酸	7.77	15.56	100.2
				氨基酸总量	132.27	230.29	74.1

* 动物必需氨基酸。

三、益生菌

(一) 益生菌和微生态制剂概念

2002 年，欧洲权威机构欧洲食品与饲料菌种协会（EFFCA）对益生菌的最新定义为：益生菌是活的微生物，宿主通过摄入充足数量的益生菌，产生一种或多种特殊且经论证的功能性健康益处。微生态制剂则指用动物体内正常有益微生物经特殊工艺制成的活菌制剂。

(二) 益生菌作用机理

1) 优势种群学说：正常的微生态系统中，优势种群具有决定性作用。通过微生物添加剂摄入有益菌，使其占据和控制肠道，在肠道内建立起有益的优势种群，可为机体合成酶、维生素、氨基酸、抗生物质及非特异性免疫因子等。

2) 微生物夺氧学说：饲用微生态制剂中的有益细菌进入消化道后能迅速生长繁殖，消耗肠腔中的氧，抑制需氧有害菌及致病菌的生长繁殖，达到防病效果。

3) 膜菌群或屏障学说：饲用微生态制剂中的微生物具有竞争性拮抗作用，它可与病原菌竞争肠道中的定殖位点，阻止病原菌附着定殖，起到保护性屏障作用。

4) 产生抗生素类物质：例如，植物乳杆菌产生乳醇菌素，嗜酸乳杆菌产生嗜酸乳菌素，乳链球菌产生乳链球菌素等。此外，乳酸菌还可产生少量过氧化氢和苯甲酸，这些物质都具有抗菌的作用。

5) 产生消化酶，合成维生素：细菌、真菌是各种酶的主要来源，它们通过代谢为畜禽提供多种消化酶和维生素。例如，蜡样芽孢杆菌、枯草杆菌等能产生淀粉酶、蛋白酶，并能合成B族维生素、维生素K及烟酸、泛酸等；黑曲霉能产生植酸酶，提高肉鸡对日粮中磷的利用率，降低饲料成本，减少有机磷对环境的污染。

6) 产生乳酸：降低消化道pH，抑制有害菌、致病菌生长繁殖。

7) 中和毒素，防止腐败产物产生：某些细菌能中和或减少内毒素等有害物质的毒害作用。例如，双歧杆菌可防止肠内产生氨；蜡样芽孢杆菌可降低肠内容物和肝脏门静脉中血氨的浓度，使酚类、吲哚等有害物质减少。

8) 刺激免疫机能：增加抗体产生并激活免疫系统，产生非特异性调节因子。

(三) 益生菌的性质

1) 无致病性。

2) 繁殖快：在体内易于繁殖，体外繁殖速度快。

3) 抗逆性强：在低pH和胆汁中可以存活，并能植入肠黏膜。

4) 产酸：在发酵过程中能产生乳酸和过氧化氢等物质。

5) 抑制有害菌生长：能合成对大肠杆菌、沙门氏菌、葡萄球菌、梭状芽孢杆菌等肠道致病菌的抑制物。

6) 不易失活：经加工后活菌存活率高，混入饲料后高温下稳定性好。

7) 防病促生：促进宿主生长发育及提高抗病能力。

(四) 用于益生菌制剂的主要菌种

1) 乳酸菌类：嗜酸性乳杆菌（*Lactobacillus acidophilus*）、短乳杆菌（*L. brevis*）、保加利亚乳杆菌（*L. bulgaricus*）、干酪乳杆菌（*L. casei*）、发酵乳杆菌（*L. fermentum*）、乳酸乳杆菌（*L. lactis*）、植物乳杆菌（*L. plantarum*）。双歧杆菌：动物双歧杆菌（*B. animalis*）、青春双歧杆菌（*B. dolescentis*）、嗜热双歧杆菌（*B. thermophi-*

lum)、长双歧杆菌（*B. longum*)。链球菌：乳链球菌（*S. lactis*)、粪链球菌（*S. faecium*)、嗜热链球菌（*S. thermophilus*)、中间型链球菌（*S. intermendius*)。

2）芽孢杆菌类：蜡样芽孢杆菌（*Bacillus*)、芽孢乳杆菌（*L. sporogens*)、枯草杆菌（*Bacillus subtilis*)；丁酸梭菌（*Clostridium batyricum*)。

3）酵母菌类：圆酵母（*Torulopsis*)、酿酒酵母（*Saccharomyces cerevisiae*)。

4）曲霉：黑曲霉（*Aspergillus niger*)、米曲霉（*Aspergillus oryzae*)。

第三节 微生物农药

微生物农药是利用微生物本身或微生物产生的生物活性成分来防治植物病虫害的一种农药，其最大的优点是对人畜安全无毒、选择性强、不伤害害虫天敌、害虫不易产生抗药性以及不污染环境。微生物农药的使用可减少农林业生产中化学农药的用量，减轻化学农药给自然带来的生态平衡的破坏和环境污染，消除化学农药给人类造成的灾难。因此，全球很多国家都在积极开展生物防治和微生物农药的研究。

能够用于制备微生物农药的微生物包括细菌、真菌、病毒、原生动物、线虫等，昆虫病原线虫虽不属微生物，但由于其致病机理与活体的微生物杀虫剂类似，且与一些细菌伴生或共生，故也将它们归为此类。目前，国内外开展微生物农药的主要集中于细菌、真菌和病毒三大类微生物资源上。

微生物农药按照用途可以分为微生物杀虫剂、微生物杀菌剂、微生物除草剂、微生物生长调节剂、微生物杀鼠剂、微生态制剂等。

一、微生物杀虫剂

（一）细菌杀虫剂

细菌类杀虫剂是国内研究开发较早的微生物杀虫剂，也是生产量最大、应用最广的。已经研制出的细菌杀虫剂品种有苏云金杆菌、青虫菌、日本金龟子芽孢杆菌和球形芽孢杆菌等，其中苏云金芽孢杆菌是最具有代表性的品种。农业上广泛使用的、效果最好的是芽孢杆菌属的苏云金芽孢杆菌类和日本金龟子芽孢杆菌。苏云金芽孢杆菌是广谱杀虫细菌，由日本微生物学家石渡首先从病蚕体中分离到。我国于 1950 年引进苏云金芽孢杆菌，以后又相继分离出杀螟杆菌、青虫菌、松毛虫杆菌和 140 杆菌等。

1. 苏云金芽孢杆菌（*Bacillus thuringiensis*)

（1）苏云金芽孢杆菌的杀虫原理

苏云金芽孢杆菌为革兰氏阳性杆菌，属于芽孢杆菌属，其菌体为短杆状、生鞭毛、单生或形成短链。它能产生多种毒素，现已知有 4 种，即晶体毒素（δ-内毒素，是一种碱性蛋白质)、β-外毒素（一种热稳定性核酸衍生物)、α-外毒素（一种卵磷脂酶）和 γ-外毒素，苏云金芽孢杆菌还能产生几丁质酶、叶蜂毒素等毒效成分，其中晶体毒素是毒杀昆虫的主要成分。

苏云金芽孢杆菌主要是经昆虫的口侵入，在中肠碱性肠液中晶体溶解，并水解为具有毒性的短肽。这些毒性肽作用于昆虫肠上皮细胞，导致肠壁穿孔，芽孢、菌体及肠道内含物侵入血腔，细菌大量繁殖，昆虫发生败血症而死亡。敏感昆虫吞食各类苏云金芽孢杆菌后表现的症状是：食欲减退、停止取食、行动迟钝、上吐下泻，1～2 天死亡。死后虫体软化变黑，进而腐烂发臭。对苏云金芽孢杆菌敏感的昆虫主要是鳞翅目、双翅目和鞘翅目中的一些种类的幼虫。

苏云金芽孢杆菌菌剂有粉剂、可湿性粉剂、液剂和胶囊剂 4 种剂型。可采用喷雾、喷粉、泼浇、撒毒土的方式防治害虫。苏云金芽孢杆菌对人、畜、禽、水产无害，对作物无毒，尤其适用于飞机喷撒。与少量化学农药混合使用，可提高杀虫效果。但它对家蚕、柞蚕等有致病作用，故蚕区禁用。万一误喷，用 0.3%的漂白粉消毒 3min 即可解除毒性。

(2) 苏云金芽孢杆菌的特点

高效，对人畜无毒，不污染环境。大量的实验表明，苏云金芽孢杆菌对小白鼠、豚鼠、兔、猴、鱼类甚至人等，经过各种途径感染都没有不利影响。许多不同血清型或亚种的苏云金芽孢杆菌菌株，对许多农林害虫和卫生害虫有高毒效。

不杀伤害虫天敌，能保持生态平衡：化学杀虫剂无选择性，在杀死害虫的同时也杀伤了其天敌和有益生物。而在野外应用苏云金芽孢杆菌后除害虫摄食毒素而致死外，对害虫天敌和有益生物不发生影响，使害虫的天敌能维持在一个较高水平，将害虫控制在经济阈值以下。

对植物无害，不影响作物品质：在苏云金芽孢杆菌制剂的正常应用中，即使是比正常使用浓度大几十倍时，也未曾发现对作物产生药害的报道。

抗性产生缓慢：不同血清型的亚种，甚至同一亚种的不同菌株，可产生不同的杀虫晶体蛋白。不同杀虫晶体蛋白的作用位点不同，具有不同的杀虫活性。另外，由于高新技术发展的生物杀虫剂品种多样，作用机制复杂，与不同杀虫晶体的菌剂交替使用，害虫不易产生抗药性，故可以有效地克服或延缓抗性的产生。

不足之处：选择性强，杀虫谱较窄；达到死亡高峰期较慢；受气温影响，由于毒素需要在一定的温度条件下发挥杀虫效力；对蚕有毒性；不易受专利保护。

(3) 苏云金芽孢杆菌的生产

苏云金芽孢杆菌的生产可分为固体生产和液体生产两种方法。以液体生产为例，其生产流程如下。

斜面菌种：试管斜面菌种和克氏瓶固体种子的培养基均为牛肉膏蛋白胨培养基：牛肉膏 0.5%，蛋白胨 1%，氯化钠 0.5%，琼脂 2%。灭菌前 pH 7.6～7.8，灭菌后为 pH 7.2～7.4。

接种培养：由沙土管移种斜面，32℃培养至形成芽孢，取 1 支试管斜面加 10mL 无菌水制成芽孢悬液。80℃热处理 10min，取 1mL（剩余的保存于冰箱再用）接种于克氏瓶 32℃培养 8～10h，制成菌悬液，分装接种瓶，待接于种子罐。

种子罐培养：其培养基：豆饼粉 1%，鱼粉或蚕蛹粉 0.5%，葡萄糖 1%，硫酸铵 0.2%，玉米浆 0.2%，磷酸二氢钾 0.1%，碳酸钙 0.5%，豆油少量，灭菌后，pH 6.6～7.0。

培养条件：罐温 32～33℃，通气流量 1∶1，罐压 0.05MPa，搅拌器转速 350r/min，培养 8～10 h。经镜检菌体正常，染色均匀，菌数达 3×10^8～5×10^8 个/mL，无杂菌污染时，即可转接发酵罐。

发酵罐培养：培养基同种子罐。

培养条件：罐温 33～35℃，搅拌器转速 160r/min，通气流量 1∶1，罐压 0.05MPa，培养 20h 左右即可放罐。为了促进菌体成熟，培养 16h 后，可采用提高罐温、加大通气量的措施。放罐标准：无杂菌，绝大多数菌体明显形成孢子囊、芽孢，晶体部分脱落，菌数 2.0×10^9 个/mL 以上。

产品处理：首先把发酵液注入储罐，加入轻质碳酸钙作填充剂，搅拌 30min，板框压滤。滤液含菌数不得超过 3×10^7 个/mL，否则回收率太低。过滤后，把滤饼刮入调浆罐，按加入碳酸钙量的 8%加入浓乳，再加适量滤液，搅拌 30min，使固态物达 40%～50%，最后喷雾干燥形成菌粉。

2. 金龟子乳状杆菌（*Bacillus popillia*）

金龟子乳状杆菌包括日本金龟子芽孢杆菌和缓死芽孢杆菌两种。此菌为革兰氏阳性杆菌，大小为（0.5～0.8)μm×（1.3～5.2)μm。单生或成对，不运动，形成芽孢时芽孢位于菌体的一端，随着芽孢的膨大，菌体变成梨形。这种菌是一类寄生范围较窄的专性病原菌，只对金龟子幼虫（蛴螬）才有感染作用。

金龟子乳状病芽孢杆菌菌剂的杀虫成分是芽孢。芽孢随昆虫取食进入肠道，在肠内萌发成营养体，穿过肠壁细胞进入体腔，大量繁殖，引起昆虫患败血症而死亡。死亡后的虫体含大量芽孢，呈乳白色，故称为乳状病。乳状病芽孢杆菌的芽孢在土壤中能长期存活，染病死亡后的幼虫又释放出更多的芽孢，而且能随染病的幼虫自然传播到附近地区，故能控制金龟子幼虫的危害，且具有长期的防治效果。

我国对乳状杆菌的研究与国外相比起步较晚。但我国乳状杆菌的资源非常丰富，山东、河北、黑龙江等都从患病的蛴螬体内分离到乳状杆菌。山东省植物保护研究所从 1975 年开始在荣城、蓬莱等县共分离筛选出 4 株乳状杆菌，经田间实验防治效果为 40%～80%，并具有长期性和定殖防治的能力。

（二）放线菌杀虫剂——阿维菌素

阿维菌素是 80 年代美国默克公司与日本著名抗生素专家 Omura 合作开发的生物杀虫类抗生素，其生产菌是阿维链霉菌（*S. avermitilis*）。阿维菌素仍然是目前世界上应用最广、销售额最高的农用杀虫剂。它的杀虫原理与触杀型和内渗型驱虫剂的作用原理不同，它能阻断无脊椎动物的神经传导系统。作用于细胞膜上的离子通道，造成氯离子汇集，引起细胞的超级化作用而导致各种线虫和节肢动物麻痹死亡。它不但对类圆线虫、毛原线虫、蛲虫、钩虫、蛔虫、吴策线虫、布鲁丝虫、盘尾丝虫等所有线虫有杀灭作用，还对犬血丝蚴有强烈的杀灭作用。它对螨类和昆虫具有胃毒和触杀作用，但不能杀卵。喷施叶表面的阿维菌素可迅速分解消散，但渗入植物薄壁组织的活性成分可较长时间地存在于植物组织中，并有传导作用，这种作用决定了它对害螨和植物组织内取食危害的昆虫的长残效性。它的作用机制与一般杀虫剂不同的是它可干扰神经生理活动，对节肢动物的神经传导有抑制作用。螨类成虫、若虫和昆虫幼虫与阿维菌素接触后即出现麻痹症状，不活动、不取食，2～4 天后死亡。因不引起昆虫迅速脱水，所以阿维菌素的致死作用较缓慢。阿维菌素对捕食性昆虫和寄生天敌虽有直接的触杀作用，但因植物表面残留少，因此对益虫的损伤很小。阿维菌素在土内被土壤吸附不会移动，并且被微生物分解，因而在环境中无累积作用，可以作为综合防治的一个组成部分。阿维菌素对鱼类毒性大，因此施药时不要使药液污染河流、水塘，不要在蜜蜂采蜜期施药。

（三）真菌杀虫剂

目前已知有 800 多种真菌能寄生于昆虫和螨类，导致寄主发病和死亡。杀虫真菌分属于卵菌、接合菌、子囊菌、担子菌和半知菌。杀虫真菌的种类很多，其中以白僵菌、绿僵菌、拟青霉的应用面积最大。真菌杀虫剂与其他微生物杀虫剂相比，具有类似某些化学杀虫剂的触杀性能，并具广谱的防治范围、残效长、扩散力强等特点。

白僵菌是我国研究时间最长和应用面积最大的真菌杀虫剂。从 20 世纪 60 年代起，国内就开始研究利用白僵菌防治林业害虫松毛虫和农业害虫玉米螟，至 70 年代，已开发出固相培养和液固两相的生产方法和应用技术，并陆续建厂生产白僵菌粗产品；80 年代后期，中国农业科学院、吉林省农业科学院等多家单位的科技人员多年的攻关研究，研制成功了球孢白僵菌液固两相一体化产孢生产新工艺，实现了白僵菌工业化生产工艺的突破；90 年代后期，浙江大学研制成功了球孢白僵菌液固两相优质生产新工艺、中国农业科学院研制成功了卵孢白僵菌生产工艺，在产品、剂型上已开发出粉剂、可湿粉剂、油剂、乳剂和微胶囊剂。目前，白僵菌的研究开发重点在工业化生产技术、质量标准体系、剂型和产业化技术等方面。

1. 白僵菌（*Beauveria bassiana*）

（1）白僵菌的防治原理

白僵菌感染昆虫的途径是通过皮肤，其次通过口腔（消化管）及气孔。白僵菌的致病作用靠分生孢子发芽时的机械力，以及分泌的一种几丁质酶和蛋白质毒素（接触毒素）破坏和溶解昆虫的表皮，使发芽管侵入体腔，而且对昆虫还有毒杀作用。在昆虫体内由芽管伸长的菌丝能直接吸收昆虫体液作为养料，侵入昆虫肌肉的菌丝可损坏其运动机能，在菌丝分支顶端形成筒形孢子。筒形孢子（短菌丝细胞）和菌丝弥漫在血液里，可妨碍昆虫的血液循环。当病菌的代谢产物如草酸盐类在虫体血液中聚集很多时，血液的酸度便会下降。随着白僵菌在昆虫体液中的大量繁殖，体液的理化性质发生变化，导致昆虫因新陈代谢机能紊乱而死亡。最后，因全部筒形孢子发芽伸长形成的菌丝大量吸收水分，使昆虫尸体硬化，故又有“硬化病”之称。

（2）白僵菌的生产

斜面菌种培养：斜面培养基有以下 2 种：①PDA 培养基：马铃薯 20%，蔗糖 2%，琼脂 2%，pH 自然。②小米饭培养基：将小米淘净，每千克小米加水 0.4～0.5kg，或用水浸泡一夜，捞出沥干，加琼脂 2%溶解，分装试管灭菌后做成斜面。在配制好的斜面培养基上进行接种，置 25～28℃培养 5～12 天，待孢子成熟后即可备用。

种子培养：种子培养是供扩大生产用菌种，因此要求纯度高、生长健壮、孢子含量大。培养方法可用固体培养，也可以用液体培养。

液体培养基有 2 种：①黄豆饼粉培养基：黄豆粉（或花生饼粉）3%，蔗糖 2%，磷酸二氢钾 0.2%，氯化钠 1%，硫酸亚铁 0.001%，硫酸镁 0.001%，淀粉 0.5%，pH 自然。②淘米水培养基：淘米水（1kg 米加 1kg 水的滤液）。

以上配方可任选一种。将配制好的培养基分装于 1000mL 的三角瓶内（每瓶装 100mL），灭菌后冷却至室温，在接种室或接种箱内接种。一般每支斜面接种 10 瓶左右，可直接用孢子接种，亦可做成孢子悬液接种。在 24～28℃下振荡培养 70h，当大量产生节孢子时即可用于固体扩大接种。

种子培养也可采用固体培养法，固体培养时根据白僵菌是好气性菌的特性，要选择质地松散、含糖量较高的农副产品（如麦麸加米糠等）做培养基，加水量与干料之比约为 0.5∶1。配好后装入三角瓶（或广口瓶）内，123℃灭菌 45min。冷却后按无菌操作，将斜面菌种接到瓶中拌匀，置 25～28℃培养 6～7 天。待基质上长满白色粉末状孢子、无杂菌感染时即可作种子用。

固体扩大生产：固体扩大生产就是在专用的发酵室内用曲盘或固体发酵池大量生产白僵菌，具体做法如下。

1）培养基：现介绍以下几种配方，可根据当地原料情况选用，或参考试验新配方。例如，米糠 30%，麦麸 60%，谷壳 10%；麦麸 70%，谷壳 30%；麦麸（或米糠、杂粮秆粉）50%，泥土 50%；玉米芯粉 70%，麦麸 30%。

培养基的加水量要视培养基质的不同而异，一般干料与水之比为 1∶（0.8～1），含泥土培养基为 1∶（0.7～0.9）。培养基加水拌匀后，装入布袋内，每袋装 0.5～0.75kg 为宜，以便于蒸汽穿透、灭菌彻底。

2）接种培养：灭菌后，趁热将培养基放入发酵室，待冷至 30℃左右即可接种，接种量以干料的 15%～20%为宜。接种时用手搓拌均匀，轻放在曲盘内，堆厚不宜超过 3.5cm。白僵菌对空气温、湿度的要求较高，发酵前 3 天要求低温高湿，此时温度应控制在 25℃左右，湿度越大越好。要注意保持发酵室的高湿度，也可以在曲盘上加覆盖物保湿。3 天以后长满白色菌丝并开始产生孢子时，需要高温低湿，以促进分生孢子的形成。发酵室温度可控制在 34℃左右，去掉曲盘上的覆盖物，开窗通气，以降低室内湿度，由于湿度降低，同时也能蒸发掉培养基中的多余水分，以防止孢子发芽，培养 12～15 天即可出料。

2. 绿僵菌（*Metarhizium*）

利用绿僵菌防治害虫已有悠久的历史。绿僵菌的致病作用是靠分泌的腐败毒素 A、B 使昆虫中毒而死。绿僵菌主要用于防治地下害虫、天牛、飞蝗、蚊幼虫等。我国的绿僵菌生产工厂，产品含孢量为 50 亿个/g，萌芽率在 90%以上。

（四）病毒杀虫剂

昆虫病毒是害虫生态体系中不可分割的一部分，在调节宿主昆虫的数量方面起着重要作用。已经分离到昆虫病毒有 1200 多种，其中不少种类具有生物防治潜力，并能感染许多重要的农林害虫。应用最多的有核型多角体病毒和颗粒体病毒。病毒杀虫剂具有宿主特异性强、能在害虫群体内流行、持效作用强等明显的特点。

病毒杀虫剂是一类以昆虫为寄主的病毒类群，虽研究开发比细菌杀虫剂晚，但近年来发展迅速，应用比较普遍的有核型多角体病毒（NPV）、颗粒体病毒（GV）和基因工程棒状病毒。我国科技人员经过多年的努力，研制成功了一些病毒杀虫剂并实现了商品化利用。基因工程技术开发的重组病毒杀虫剂也已进入田间释放阶段。从 1993 年国内第 1 个昆虫病毒杀虫剂——棉铃虫核型多角体病毒完成产品注册登记至今，已有 10 多家产品获得登记，包括棉铃虫、斜纹夜蛾、菜青虫、黄地老虎和茶尺蠖等，年产量约 2000t。

1. 病毒杀虫剂的种类

1）核型多角体病毒（NPV）　该病毒呈棍棒状，包在包涵体即多角体内，在被感染昆虫的细胞核内发育。该病毒通过昆虫消化道上皮细胞进入体腔后才感染其他组织。我国已发现黏虫、水稻叶夜蛾、黄地老虎、棉铃虫、斜纹夜蛾、棕尾毒蛾、舞毒蛾、松黄叶蜂、家蚕、柞蚕、蓖麻蚕等的核型多角体病毒。

2）质型多角体病毒（CPV）　该病毒与核型的主要区别是多角体在昆虫细胞质内发育，病毒粒子不是杆状而近于球形，仅在被感染昆虫体内消化道的上皮细胞中繁殖。此病毒可感染枯叶蛾、松针黄毒蛾、黄地老虎和松毛虫等，其中以防治松毛虫的效果较好。

3）颗粒体病毒（GV）　病毒粒子杆状，包涵体呈圆形、椭圆形颗粒状，感染昆虫的表皮、脂肪组织和血细胞等。昆虫吞食病毒后停止进食，血液变为乳白色而死亡。此病毒可感染鳞翅目的昆虫，如云杉卷叶蛾、菜粉蝶等。

4）无包涵体病毒，病毒粒子球状，不形成包涵体。侵染的宿主范围广泛，除昆虫纲外，还可侵染蜘蛛纲、甲壳纲等动物，如柑橘红蜘蛛和蟹等，其中以防治柑橘红蜘蛛较为有效。

2. 病毒的致病机理

核型多角体病毒是通过皮肤或食道感染，致病因素是病毒粒子，不是多角体。昆虫食入核型多角体后被胃液消化，放出棒状病毒粒子，经胃、中肠上皮细胞进入体腔，先吸附后进入血细胞、脂肪细胞、气管壁细胞、皮肤细胞等，后期可进入神经节细胞、丝腺细胞等。昆虫死后，病毒可在自然界传播。昆虫病毒感染的专一性强。

3. 昆虫病毒的培养及使用

1）昆虫病毒的收集及培养：直接在野外或田间害虫发生密度大的地方喷施病毒，待病虫死后，收集死虫直接再利用。这种方法简便易行、成本低，特别对于那些不宜在室内饲养的昆虫更为合适。例如，松毛虫病毒即采用此法培养。①野外采集大量适龄幼虫，在自然条件下或室内接种繁殖，例如，在日本用两层纱布的口袋在松树枝上把7龄松毛虫罩起来，繁殖质型多角体病毒。也有资料介绍，在野外采集老龄天幕毛虫幼虫，在室内注射接种，数日后，收集死虫可得到大量的核型多角体病毒。②为了大量生产病毒制剂，必须解决大量饲养昆虫的问题，近年来这个问题有较大的突破。许多人工饲料已经研制成功，通过人工饲养昆虫可生产各种类型的病毒制剂，除极少数外。③采用组织培养是比较理想的生产方法，这样可实现工厂化生产病毒，目前此技术尚处于实验阶段。

2）昆虫病毒的使用：昆虫病毒感染的专一性很强，交叉感染的现象很少，因此应用时必须考虑杀虫对象应是原来的虫种。由于昆虫病毒感染的几乎都是幼虫（成虫极少），而幼龄幼虫比老龄幼虫往往更敏感，所以应掌握虫情、适时用药。昆虫从感染病毒到发病这一段时间称为潜伏期，潜伏期的长短与温度和感染病毒的数量有一定关系。一般说来，在25℃时，昆虫感染病毒的数量大，发病快。此外，昆虫病毒的致病与理化诱发因子有一定的关系。有些国家在室内通过低温等物理因素处理或用化学药品添食诱发病，并且利用卵蛋白或墨水等作为病毒保护或增效剂，都取得了一定的成效。

二、微生物杀菌剂

微生物杀菌剂是一类控制植物病原菌的制剂，主要有农用抗生素、细菌杀菌剂、真菌杀菌剂和病毒杀菌剂等类型。

（一）农用抗生素

农用抗生素是由微生物产生的次生代谢产物，在低浓度时可抑制或杀灭作物的病、虫、草害及调节作物的生长发育。日本的农用抗生素的发展最快，居世界领先水平，他们先后开发了春日霉素、灭瘟素、多氧霉素、井冈霉素、灭孢素、杀螨霉素等。我国农用抗生素的研究起步较晚，始于20世纪50年代初，但发展迅速，已经研制出井冈霉素、农抗120、春日霉素、庆丰霉素、多抗霉素、公主岭霉素、中生菌素、武夷菌素、科生霉素等。经过几十年的研究探索，我国对新农用抗生素的筛选方法有较大程度的改进和提高，已筛选出不少农用抗生素新品种，例如，多效霉素、769、891、5702、86-1、26号等。

1. 井冈霉素（jinggangmycin）

1968年上海农药研究所在江西井冈山地区土壤中发现一株链霉菌，定名为吸水链霉菌井冈山变种（*S. hygroscopicus* var. *jinggangensis*）。其主要活性物质为井冈霉素A，属于低毒杀菌剂。目前国内年产量约 2×10^4t 制剂、每年应用面积大约 6.7×10^6 hm^2，成为防治水稻纹枯病防治的安全理想的生物农药。

井冈霉素除具有微生物农药的优点外，还表现出：①效果高，持效期长，耐雨水冲刷。每亩用 3～5g，持效期可长达 20～30 天。一旦被菌丝吸附，雨水难以冲掉。②发酵效价高，应用成本低。随着菌种和发酵技术的不断改进，发酵效价大幅度提高，生产工艺简单，从而成为防治纹枯病用药成本最低的农药品种。③未发现抗药性。一方面井冈霉素含有多种组分，另一方面，它对纹枯病菌无致死作用，使其形成不正常分枝而影响致病力，不具备对抗病菌的筛选作用。因此井冈霉素拥有稳定的市场而经久不衰。20世纪 90 年代，国内又成功地研制开发井冈霉素高含量粉剂和多种复配制剂，产品既可防治水稻病害，又可兼治稻飞虱和水稻螟虫。

2. 中生菌素（zhongshengenein）

中生菌素是由中国农业科学院生物防治研究所研制的，主要是防治植物细菌性病害，是由淡紫灰链霉菌海南变种（*S. lavendulae* var. *haubabebsis*）产生的 *N*-糖苷类抗生素。实验室小试及田间试验证明，中生菌素对水稻白叶枯病、大白菜软腐病、苹果轮纹病和柑橘溃疡病、黄瓜细菌性角斑等具有良好的防治效果。目前产品已示范推广 5×10^4 hm^2。

3. 农抗 120（agri-antibiotic 120）

农抗 120 是中国农业科学院生物防治研究所于 20 世纪 80 年代研制开发、用于防治植物真菌性病害的农用抗生素，其产生菌为刺孢吸水链霉菌北京变种（*S. hygrospinosus* var. *beingensis*），主要活性成分是碱性水溶性核苷类化合物，抗菌谱较广。农抗 120 对防治瓜类枯萎病、小麦白粉病、芦笋茎枯病、苹果树腐烂病等真菌性病害具有较好的效果。该产品 1986 年注册投产，已累计应用 1.5×10^6 hm^2，防治效果 70%～90%。农抗 120 高效低毒，施用对象多以食用经济作物为主，是代替化学农药的理想生物农药品种之一。

（二）细菌杀菌剂

近年来用细菌来防治植物病毒病取得了较大的进展。在国外用放射土壤杆菌 k84 菌系来防治果树的根癌病是成功的例子，并且已商品化。美国报道用草生欧氏杆菌防治梨树火疫病的效果与链霉素相当。由于细菌的种类多、数量大、繁殖速度快，且易于人工培养和控制，因此，细菌杀菌剂的研究和开发具有较好的前景。

（三）真菌杀菌剂

真菌杀菌剂研究和应用最广泛的是木霉菌，其次是黏帚霉类。木霉菌对植物病原真菌的抑制作用早已有发现，并也出现了一些具有抑制植物病原真菌活性的木霉菌。以色列开发出一种名为 Trichodex 的哈茨木霉制剂，能够防治灰霉病、霜霉病等多种植物的叶部病害，已在欧洲和北美的20多个国家注册，具有良好的市场前景。日本山阳公司则开发了用于防治烟草白绢病的木霉屑菌。WRGrace公司开发了用于园艺的绿黏帚霉。Ecologicallabs的木隔孢伏革霉被用于森林病害的防治。我国开发研制的灭菌灵，主要用于防治各种作物的霜霉病。此外，一些食线虫真菌可用来防治大豆孢囊线虫、根结线虫病害，例如，淡紫拟青霉用于防治香蕉穿孔线虫病、马铃薯金线虫病，并能提高其产量。

（四）其他生物杀菌剂

1. 微孢子虫制品

1985年，北京农业大学从美国Colorado天敌公司引进了蝗虫微孢子虫及大量繁殖技术。经过几年的研究摸索，他们建立起了一套利用东亚飞蝗大量增殖微孢子的生产技术，年产微孢子虫制剂可供防治33hm^{2}草原蝗虫。自1994以来，每年在新疆、青海、内蒙古草原防治蝗虫面积超过10万hm^2，当年虫口减退率55%以上，患病雌蝗产卵下降50%。调查发现蝗虫微孢子还可经过虫卵传病，压低第二代蝗虫的种群密度。在成蝗虫密度高发区的草场，先施以化学农药压低虫口基数，然后再应用微孢子进行防治，相辅相成，可以在2～3年之内有效地控制蝗虫的发生，具有明显的经济和生态效益。

2. 昆虫病原线虫制剂

我国自20世纪80年代初开始研究昆虫病原线虫，先后从国外引进DD-136等优良品种，探索大量的繁殖利用技术。在研究改进饲料配方、筛选适用的病原线虫虫种、采用固相培养方式大量繁殖线虫、明确田间防治技术等诸多方面取得了进展。80年代后期，应用异小杆线虫属的一种（*Heterorhabditis* spp.）防治苹果桃小食心虫，地下虫蛹死亡率达到90%～92%，在山东、河南、陕西、河北、辽宁5省示范应用；90年代初，应用夜蛾斯氏线虫（*Steinernema feltiae*，即小卷娥线虫）防治心叶期玉米螟虫，幼虫死亡率达80.4%～90.5%。同时，在各地防治林带及城市街道树木蠹蛾等蛀干害虫70万株。新技术安全可靠、简便适用，优于化学农药的防治效果。

三、微生物除草剂

微生物除草剂就是在人们控制下施用杀灭杂草的人工培养的大剂量微生物制剂，是一类防除特定杂草的生物制品。

利用活体微生物防治杂草可分传统的微生物防治法和应用微生物除草剂两种主要途径，前者是从杂草的原产地引入寄生性和传播能力均较强的病菌，在田间接种释放引起目标杂草的病害流行，从而把杂草数量降到某一临界点以下，并通过天敌保持着一种动态平衡。该方法适用于防治水域、牧场、草原地等人为干扰较少的生态环境中的杂草。而应用微生物除草剂，是将杂草的致病菌进行大量培养，制成标准化的制剂，像化学除草剂一样，当杂草处于敏感生长阶段时，于苗前或苗后施用，人为制造杂草病害大流行，从而减轻杂草对作物的影响。该方法在短时间内可有效地控制草害，适用于防治农田、草坪和花园中的杂草。

随着除草剂的广泛应用，微生物除草剂引起了许多国家如美国、澳大利亚、加拿大、俄罗斯等国的重视。这些国家相继开展了大量的研究，所涉及的微生物有 80 多种，包括真菌、病毒、细菌等，可以防除约 70 种杂草。按照发展生物除草剂的标准，有望作为候选或已发展成生物除草剂的有 36 种，已经使用或商品化或极具潜力的有 19 种。至今，利用微生物开发的微生物除草剂有两类，一类是利用放线菌生产的抗生素除草剂，另一类是利用病原真菌生产的孢子除草剂。

（一）抗生素除草剂

1. 茴香霉素（anisomycin）

由链霉菌产生的茴香霉素能强烈地抑制稗草和马唐。通过分子结构的剖析，首次人工模拟合成了除草剂甲氧苯酮（methoxyphenone），它破坏敏感植物的叶绿素合成，是优良的蔬菜地和稻田除草剂。它易被生物降解，无残留问题。

2. 双丙氨酰膦（bialaphos）

双丙氨酰膦的化学名称为 4-［羟基（甲基）膦酰基］-L-高丙氨酰-L-丙氨酰-L-丙氨酸，是第一个商品化的抗生素除草剂，20 世纪 80 年代初由日本明治制果公司开发成功。双丙氨酰膦的分子式为 $C_{11}H_{22}N_3O_6P$，相对分子质量为 323.3，它的盐分子式为 $C_{11}H_{21}N_3NaO_6P$，相对分子质量为 345.3。双丙氨酰膦钠盐为无色粉末，熔点为 160℃，易溶于水，在土壤中失去活性。

双丙氨酰膦是由吸水链霉菌（*S. hygroscopicus*）SF-1293 经过发酵产生的，其制备方法是：SF-1293 在含有丙三醇、麦芽、豆油及痕量氯化钴、氯化镍、磷酸二氢钠的培养液中，与 D-L-2-氨基-4-甲基膦基丁酸一起在 28℃下振荡 96h，培养物离心后，滤液用活性炭脱色，并经色谱柱分离，即制得双丙氨酰膦。

双丙氨酰膦属膦酸酯类除草剂，是谷氨酰合成抑制剂。常用于非耕地和果园等防除一年生和某些多年生杂草。使用剂量为有效成分 1～3kg/hm^2。双丙氨酰膦抑制植物体内谷氨酰合成酶，导致氨的结果，再抑制光合作用中的光合磷酸化，它在土壤中的半衰期为 20～30 天。是一种生物激活除草剂，它被杂草吸收后代谢成 L-2-氨基-4（羟基）甲基氧膦基丁酸，这是分子的植物毒性部分。

（二）孢子除草剂

孢子除草剂是由杂草病原真菌生产的活孢子和适宜的助剂组成的微生物除草制剂。其作用方式是孢子直接穿透寄主表皮，进入寄主组织，产生毒素，使杂草出现病斑并逐步蔓延，破坏植物的正常生长，导致杂草死亡。

孢子除草剂杀草谱较窄，可通过多种孢子除草剂复配使用，或通过与低量化学除草剂复配使用扩大杀草谱。例如，百日草链格孢制剂与灭草喹（imazaquin）混用，防治苍耳具有极显著的增效作用。

孢子除草剂具有寄主专一性的特点。虽然有的孢子除草剂对部分作物有致病反应，但由于选择性差异，对这些作物不会构成威胁。例如，Collego 对几种重要的豆科作物也有一定的反应，但它不会造成这类作物的病害流行。

孢子除草剂的工业化生产有两种类型，一种是液体发酵生产孢子，另一种是液体-固体联合发酵生产孢子。盘孢菌属用液体发酵可生产大量的分生孢子，均可以通过液体发酵进行孢子生产。然而，有不少具有开发应用前景的杂草病原菌在液体发酵条件下只生产菌丝体而不能产生孢子。根据这一特点，可采用液体-固体联合发酵的方法，先进行液体发酵生产菌丝体，然后利用菌丝体在固体培养基上发酵生产大量孢子。

四、植物生长调节剂

植物生长调节剂又称植物生长刺激素或植物激素，是植物体内天然存在的一系列能调节或刺激植物生长的有机化合物，其用量非常低，具有以下特点：①产生于植物体内的特定部位，是植物在正常发育过程中或特殊环境条件下的代谢产物。②能从合成部位运输到作用部位。③不是营养物质，仅以很低浓度产生各种特殊的调控作用。

植物激素可促使植物生根、发芽、发育、早熟、防止落花、落果、形成无子果实，也可抑制发芽、整枝脱叶等。目前公认的植物激素有五大类，即生长素、赤霉素、细胞分裂素、脱落酸和乙烯。

（一）生长素类

生长素（auxin）是最早被发现的一类植物激素，它与多种生理现象，如植物向性、顶端优势、维管系统分化、根分化、衰老、落叶以及光合产物的运输和分配等都有密切的关系。

生长素在农业上的作用表现为：①促进插枝生根，如 IBA、NAA、NOA 等。②抑制发芽，如 NAA 己酯。③促花、促果，如 NAA、NOA、2,4,5-TP 等。④疏花、疏果，如 NAA、NAD、NAA 钠盐。⑤促进生长及分化，如 2,4-D、NAA、IAA 等。⑥除草，如2,4-D、2,4,5-T、MCPA 等。

特别是 40 年代人工合成的生长素类选择性除草剂，更为生长素在农业上大面积的应用带来了革命性的进展。这一类的除草剂有很多种，包括早期发展的2,4-D及后期发展的 Picloram 与 Dicamba 等，都能在禾谷类作物田间选择性地杀死宽叶类杂草，因此成为应用最广，经济效益最大的植物生长素。

生长素与细胞分裂素的适当配合能控制离体植物细胞及组织的生长、分化以至再生长植株。这种效应对有关植物组织培养在各方面的应用，包括遗传工程，已有重要的贡献。

（二）赤霉素类

赤霉素（gibberellin）最早是由日本人 Yabuta 于 1935 年从感染水稻的病原菌赤霉菌（*Gribberella fujikuroi*）的培养物中分离物得到的；1954 年，美国农业部研究员及英国的 Curtis 和 Cross 分别鉴定了赤霉酸（gibberella acid，GA_3）；日本人 Takahashi

分离得到三种赤霉素：GA_1、GA_2 和 GA_3。今天，赤霉素类激素主要通过赤霉菌及不完全型串珠镰刀霉的发酵生产而获得。

赤霉素是一类普遍存在的天然植物激素，具有 4 个环的赤霉烷基本结构，在高等植物及真菌中已发现 95 种，但只有少数具有生物活性，其他的仅为有活性的赤霉素的合成前体或代谢产物。

有活性的赤霉素对植物生长生理有显著的调节作用，例如，促进水解酶的 α-淀粉酶及蛋白酶的基因表达，显著促进这些酶的合成及运输等。赤霉素对种子萌发、茎伸长生长、种子和果实生长发育以及单性结实有促进效果，对果实成熟有延缓作用。赤霉素能促进多种长日照或需低温处理的植物在不合适开花的环境中开花、促进雌雄异株植物的雄花发育等。

目前，赤霉素已广泛应用于以下领域：①生产大而松的葡萄串的果实，减少病害，提高产量。②利用其对单性结实的促进作用，生产无籽葡萄。③解除马铃薯块茎及多种植物种子的休眠，促进萌发，这些植物包括桃、橘、小麦、黑麦、高粱、棉花、豌豆、菜豆与黄瓜等。④促进芹菜、菠菜、莴苣及茶树等植物的营养生长，增加产量。⑤促进苹果、梨等的结果率。⑥促进黄瓜雄花发育，用这种植物为亲本，大量生产杂种黄瓜，以适应市场。⑦促进多种园艺作物开花，调节花期或改善株型，如胡萝卜、甘蓝、菊花、雏菊、飞燕草、紫罗兰等。⑧促进松树及棕树生长及开花，极性较低的赤霉素如 GA_4、GA_7 及 GA_9 有显著效果，可加速森林发展。⑨延缓柠檬与柑橘成熟，提高成熟的一致性，延缓储藏期。

（三）细胞分裂素类

细胞分裂素是一类天然的植物激素，以多种不同的方式存在，但都是腺嘌呤的衍生物。细胞分裂素表现为复杂的生理作用，包括促进细胞分裂、诱导芽分化、促进侧芽生长、抑制叶绿素降解、延缓老化及促进营养物质运输等，这些作用显著地影响植物生长、发育及生存。

细胞分裂素的用途主要在植物组织培养方面。细胞分裂素与生长素的配合应用获得成功，使得植物组织培养这项现代生物技术得以普遍应用于植物育种及繁殖。此外，细胞分裂素还广泛应用于促进果实生长及改善果实外观；提高玫瑰及丁香花的开花茎数；促进禾本科作物的早期分蘖等。细胞分裂素中应用最广的是 N^6-苄基腺嘌呤（BA），其次是激动素（kinetin）及玉米素（zeatin）。

细胞分裂素的来源主要靠从植物中分离天然细胞分裂素，及人工合成其类似物，如 N^6-苄基腺嘌呤等。

（四）乙烯类

乙烯（ethylene）是一类结构简单的植物激素，对植物生长发育有广泛的影响。其主要生理作用有：①对休眠有部分的调节作用，用乙烯处理能解除种子的休眠状态，促进萌芽。②对植物幼茎的伸长生长有抑制作用。③对须根及根毛分化有促进作用。④对植物器官的脱落有极显著的促进作用。⑤能诱导菠萝及芒果开花，应用乙烯释放剂以促进菠萝开花早已大规模推广。⑥能促进果实成熟。

(五) 脱落酸

脱落酸(abscisic acid,ABA)是一种具有倍半萜羧酸结构的植物激素。西班牙和法国科学家最近发现,PP2C 蛋白是脱落酸的受体。在正常情况下,PP2C 会关闭脱落酸合成途径。当植物处于极度干旱状态下时,细胞中的脱落酸合成增加,PP2C 对脱落酸的阻断作用消失,从而提高植物的抗旱能力。这一发现被《科学》杂志列为 2009 年度十大科学突破之一。大量的研究证明,脱落酸在调控植物生长发育、帮助植物抵抗不良生长环境等许多方面有着重要的生理活性作用和应用价值,归纳起来,主要有以下几方面:①促进种子、果实的储藏物质,特别是储藏蛋白和糖分的积累。在种子和果实发育早期外施 ABA,可达到提高粮食果树产量的目的。②能够增强植物抗寒抗冻的能力。例如,外施 20mg/L 的 ABA,可使在 20℃生长的冬小麦、黑麦和雀麦细胞抵抗-30℃的低温;施用 ABA 可以提高棉花、水稻、果树、烟草等幼苗的抗冷性,使之能够耐受 0~10℃的低温而存活。③可以提高植物的抗旱力和耐盐力。在土壤干旱胁迫下,ABA 诱导叶片气孔不均匀关闭,减少水分蒸腾散失,提高植物抗旱能力。在盐渍胁迫下,ABA 诱导植物增强细胞膜渗透调节能力,降低每克干物质 Na^+ 的含量,提高 PEP 羧化酶活性,增强植株的耐盐能力等。除此之外,脱落酸还能控制花芽分化,调节花期,促进生根,在花卉园艺上有很大的应用价值。

(来航线　薛泉宏)

主要参考文献

曹书苗,薛泉宏. 2009. 生防放线菌对草莓根系自毒物质降解特性研究. 西北农林科技大学硕士学位论文

陈世华,李洪志,程振娥. 2000. 硅酸盐细菌对菊花组培苗生根作用的影响. 潍坊教育学院学报,13(3):42,43

付学琴,柯梁,柯森保等. 2007. 硅酸盐细菌与化肥配施对棉花生长发育特性的影响. 棉花学报,19(6):493~495

关桂兰,杨玉锁,王卫平等. 1996. PG 微生物制剂及增产效果. 见:葛诚. 微生物肥料的生产应用及其发展. 北京:中国农业科学技术出版社. 201~206

何佳,赵启美,田娟等. 2000. 硅酸盐细菌 G10 菌株对小麦苗期生长的影响. 河南农业科学,(8):20,21

洪建平,来航线. 2005. 应用微生物学. 北京:中国林业出版社

李定旭. 2003. 硅酸盐细菌在苹果上的应用效果. 果树学报,20(1):64~66

李星洪,彭立娥,吴永慧等. 1996. 高效生物复合肥的研制及其增产效果. 见:葛诚. 微生物肥料的生产应用及其发展. 北京:中国农业科学技术出版社. 82~89

林启美,饶正华,孙众鑫等. 2002. 硅酸盐细菌的筛选及其对番茄营养的影响. 中国农业科学,35(1):59~62

刘荣昌,李凤汀,郝正然等. 1996. 生物钾肥在农业生产中的应用. 见:葛诚. 微生物肥料的生产应用及其发展. 北京:中国农业科学技术出版社. 66~74

楼亦献. 1995. 硅酸盐细菌肥料在甘薯上的施用效果. 浙江农业科学,2:66,67

盛下放,黄为一,殷永娴. 2001. 硅酸盐细菌的解钾作用及对棉花的增产效果. 土壤,3:163~165

施振云,王德君,倪礼斌. 1999. 硅酸盐菌剂对水稻的增产效果. 土壤肥料,2:39,40

孙敬祖,薛泉宏,唐明等. 2009. 放线菌制剂对连作草莓根区微生物区系的影响及其防病促生作用. 西北农林科技大学学报,37(12):153~158

王平，胡正嘉，李阜棣．2000．荧光假单胞菌群中 PGPR 的作用机制．微生物学报，40（2）：150～154

许英俊，薛泉宏等．2007．3 株放线菌对草莓的促生作用及对 PPO 活性的影响．西北农业学报，16（6）：146～153

薛泉宏，李素俭，张俊宏等．1999．液培条件下钾细菌对土壤养分活化作用的研究．西北农林科技大学学报，8（2）：97～101

薛泉宏，沈建伟，汤莉．2000．钾细菌对塿土养分活化作用的研究．西北农业学报，9（3）：67～71

薛泉宏，张红娟，蔡艳等．2002．钾细菌对江西酸性土壤养分活化作用的研究．西北农林科技大学学报（自然科学版），30（1）：38～42

喻子牛．2000．微生物农药及其产业化．北京：科学出版社

占新华，蒋廷惠，徐阳春等．2003．硅酸盐细菌促进玉米生长的生理机制．农业环境科学学报，22（6）：736～739

张春，朱迎春，张恒栋等．1999．生物钾与磷酸二铵混拌种做种肥对大豆增产效果的试验示范总结．大豆通报，3：7

赵秀香，陈华民，吴元华．2007．硅酸盐细菌 B925 对烟草黑胫病菌的抑制作用．烟草科技，(3)：56～60

周福红，郁道东，刘立华等．1999．小麦施用生物钾肥的效果．安徽农学通报，5（1）：46

周永强，薛泉宏，杨斌等．2008．生防放线菌对西瓜根域微生态的调整效应．西北农林科技大学学报，36（4）：143～150

Melcher K，Ng L-M，Zhou X E et al. 2009．A gate - latch - lock mechanism for hormone signalling by abscisic acid receptors. Nature，462：602～608

Santiago J，Dupeux F，Round A et al. 2009．The abscisic acid receptor PYR1 in complex with abscisic acid. Nature，462：665～668

Santner A，Estelle M. 2009．Recent advances and emerging trends in plant hormone signalling. Nature，459（25）1071～1077

Yin P，Fan H，Hao Q et al. 2009．Structural insights into the mechanism of abscisic acid signaling by PYL proteins. Nature Structural & Molecular Biology，16：1230～1236

第十六章　资源微生物在医药上的应用

用微生物来防病治病在我国已经有很悠久的历史，以灵芝为代表的大型真菌很早就被用来防治多种疾病。但系统开发利用资源微生物进行药物研究开发并应用于临床，还得从青霉素的发现和应用算起。20世纪40年代开发出来的第一个抗生素——青霉素应用于临床，有效地挽救了成千上万例感染患者。之后开发出的链霉素、四环素等抗生素品种，对肺炎及结核感染等起到了很好的治疗作用。由于微生物本身具有易培养、代时短、遗传变异易操作、不受时间和地点限制，并且具有丰富的代谢产物等优点，因此，从微生物资源中寻找人类战胜疾病所需的医药产品一直是研究开发的重点之一。许多给人类造成巨大灾难的疾病重新死灰复燃，如肺结核、霍乱等，此外还有些目前尚不明原因的且无有效方法治疗的疾病不断出现，如艾滋病、埃博拉病毒、非典型肺炎、H1N1等。这些疾病的传染控制与治疗，将在很大程度上需要应用已有的和正在发展的微生物学等学科的理论与技术，并依赖于新的微生物医药资源的开发与利用。

微生物药物是通过微生物发酵产生的，微生物菌种资源是研究开发微生物药物的前提。谁拥有了独特的菌株和高效的生产技术与工艺，谁就拥有了知识产权和生产主动权。我国幅员辽阔、气候条件、土壤类型、植物种类等多种多样，微生物资源丰富，这为微生物药物的研究开发提供了良好的条件。因此，加大投入、加快微生物资源的收集，结合化学、药理等高通量筛选技术，尽快地筛选出药物的先导物质，是微生物医药研究开发的重点内容之一。

资源微生物在医药上的应用最为广泛的是生产抗感染药物，也就是大家最为熟悉的抗生素，如青霉素、链霉素、四环素、土霉素；抗肿瘤药物，如阿霉素（adriamycin）、丝裂霉素（mitomycin）、柔红霉素（daunorubicin）、博来霉素（bleomycin）等。其实，资源微生物还能产物酶抑制剂、免疫抑制剂及其他生理活性物质，例如，他汀类药物、环孢菌素、阿卡波糖等药物已经被成功地应用于临床治疗高脂血症、器官移植、糖尿病等的治疗。我们相信，随着医学、药理学、毒理学等学科的发展，更多的治疗靶点和药理筛选模型被发现和建立，将会从微生物资源中发现更多的临床治疗药物。

第一节　抗　生　素

抗生素是指在低浓度下对一些特异性微生物（细菌、真菌、支原体、病毒）具有杀灭或抑制作用的微生物代谢产物。抗生素产生的来源有细菌、放线菌和真菌。最早发现的抗生素是由真菌青霉菌产生的青霉素，第一个从放线菌中发现的抗生素是链霉素。这些都是在临床上用来杀灭细菌的。因此，抗生素最早又被称为抗菌素。但随着抗生素研究的发展，陆续开发了抗病毒、抗衣原体、抗支原体及抗肿瘤的化合物。因此，抗生素的概念涵盖了抗菌、抗病毒、抗肿瘤及抗排异等概念。目前，临床上使用的 28 种代表结构类型的抗生素，有 19 种是微生物的发酵产物或产物的衍生物，只有 9 种是化学合成的。因此，从微生物资源中继续开发新型的抗生素依然是可能的。

一、抗细菌抗生素

抗细菌抗生素是抗生素的典型代表，其作用机理不一，具有抑制细菌生长或杀灭细菌的作用。这类抗生素有很多种代表结构，同时，药物化学工作者又在代表结构上做了很多结构改造工作，获得了相当多的具有母核结构的同类物质，例如，在青霉素类的抗生素中，仅有青霉素 G 是由微生物发酵直接生产的。代表性的抗生素有 β-内酰胺类、大环内酯类、氨基糖苷类、四环素类和氯霉素类。

（一）β-内酰胺类抗生素

β-内酰胺类抗生素的特征是化学结构中存在着 β-内酰胺结构，与细菌青霉素结合蛋白结合，抑制细菌交联形成肽聚糖的反应，从而抑制细胞壁的形成，使细胞壁缺损，菌体膨胀裂解。该类抗生素杀菌活性强、毒性低、抗菌谱广，在化学结构上存在着可以修饰的侧链。青霉素类与头孢菌素类是临床上最常使用的β-内酰胺类抗生素。近年来还发展了头孢霉素类、硫霉素类、单环 β-内酰胺类等非典型的 β-内酰胺类抗生素。根据结构的不同，该类抗生素又分为青霉素类、头孢菌素类、青霉烯类、单环 β-内酰胺类等几大类。其中头孢类抗生素经过半合成研究的发展，已经由第一代发展到第四代，是临床上感染治疗的一线药物。细菌、真菌和放线菌均可以产生 β-内酰胺类抗生素（表 16-1）。

（二）氨基糖苷类抗生素

氨基糖苷类抗生素的产生菌主要是链霉菌，一些小单孢菌和细菌也能够产生此类抗生素。氨基糖苷类抗生素的代表是链霉素，后者也是从放线菌中发现的第一个应用于临床的抗生素，对于肺结核等感染治疗取得了显著的效果。临床上使用的天然氨基糖苷类的抗生素有很多。其结构特征是氨基环醇、氨基糖和糖通过苷键相连（图 16-1）。表 16-2 中列出了临床上使用的天然氨基糖苷类抗生素及其产生菌。

表 16-1 部分天然青霉素类及头孢菌素类抗生素及其产生菌

类别	结构(R,X)	通称	产生菌
青霉素类	$C_6N_5CH_2$—	青霉素 G	*Penicillum notatum*
ROCNH, H H, S, CH_3, CH_3, O, N, COOR	*p*-$HOC_6H_4CH_2$—	青霉素 X	*Penicillum chrysogenum*
	$CH_3CH_2CH{=}CHCH_2$—	青霉素 F	
	$CH_3CH{=}CHCH_2CH_2$—	Flavacidin	
	$CH_3(CH_2)_6$-	青霉素 K	
	$CH_3(CH_2)_4$-	双氢青霉素 F	
头孢菌素类	X R		
H_3N^+, ^-OOC, $CH(CH_2)_3CONH$, X H, S, O, N, CH_2R, COOH	H —$OCOCH_3$	头孢菌素 C	*Cephalosporium acremonium*
	H; R: NH←L-Ala, O, O, OH, NH—C—NH_2, NH	CephabacinH1-H6	*Lysobacter lactamgenus*
	—OCH_3 —$OCOCH_3$	头霉素 A-16884	*Streptomyces lipmanii*
	—OCH_3 —$OCONH_2$	头霉素 C	*Streptomyces lactamdurans*
	—OCH_3 —$OCOC(OCH_3){=}CH\text{-}C_6H_4\text{-}OSO_3H\text{-}4$	头霉素 A	*Strptomyces griseus*
	—OCH_3 —$OCOC(OCH_3){=}CH\text{-}C_6H_4\text{-}OH\text{-}4$	头霉素 B	*Strptomyces griseus*
	—OCH_3 —$OCOC(OCH_3){=}CH\text{-}C_6H_3\text{-}(OH)_2\text{-}3,4$	C-2801 X	*Streptomyces* sp.
	—OCH_3 —$S\cdot SO_3H$	SF-1623	*Streptomyces* sp.
	—OCH_3; R: NH←L-Val←L-Om, $CONH_2$, O, O, OH	Cephabacin M1-M6	*Xanthomonas lactamgena*
	—NHCHO; R: NH←L-Ala←L-Ala←L-Ala←Ac, O, O, OH, NH—C—NH_2, NH	Cephabacin F1-F6	*Lysobacter lactamgenus*
	—NHCHO; R: NH←L-Ala, O, O, OH, NH—C—NH_2, NH	SQ-28516	*Flavobacterium* sp.

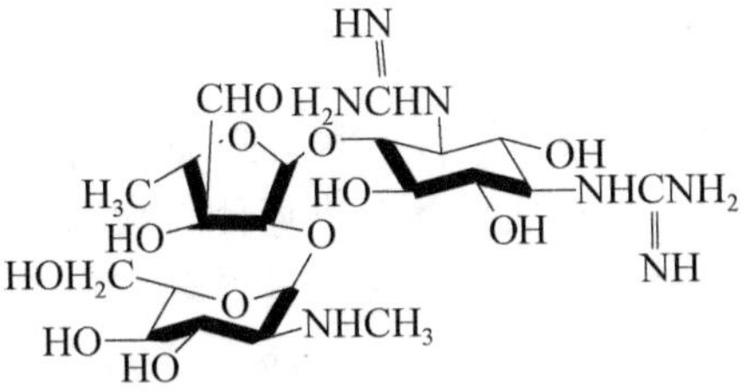

链霉素 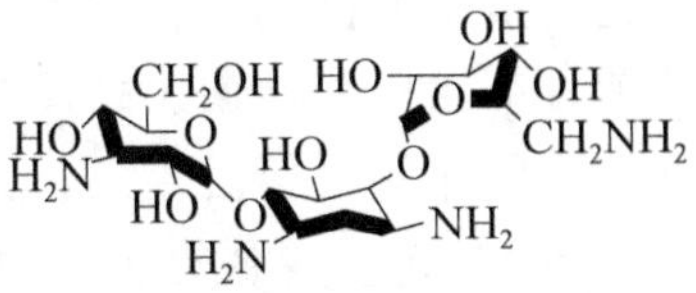　　卡那霉素A

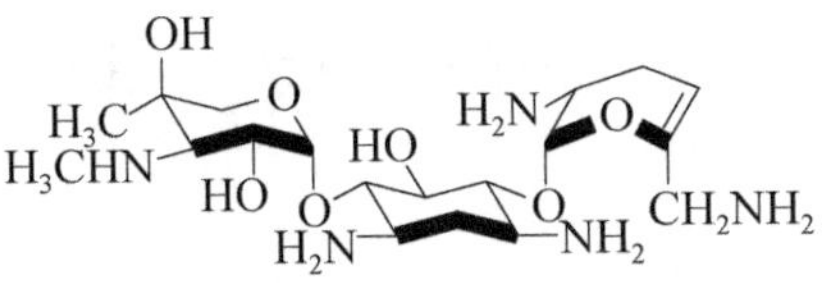

西索霉素 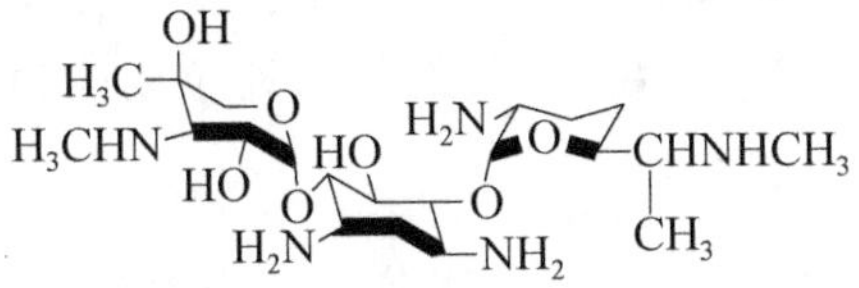　　庆大霉素C_1

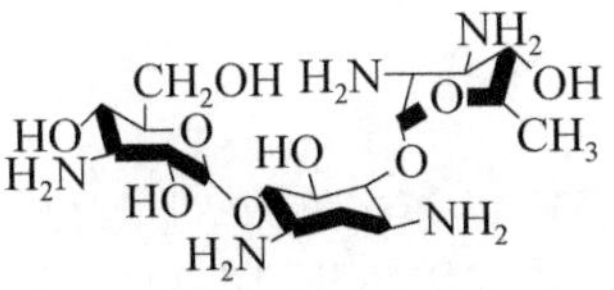

妥布霉素 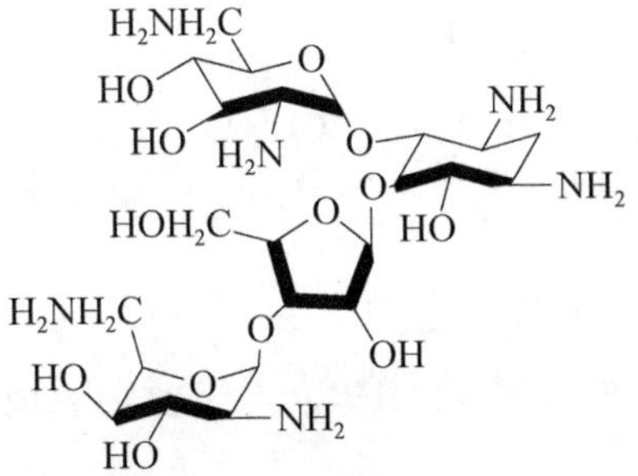　　新霉素B

图 16-1　临床使用的天然氨基糖苷类抗生素的结构

表 16-2　天然氨基糖苷类抗生素药物及其产生菌

药物名称	产生菌
链霉素（streptomycin）	*Streptomyces griseus*
卡那霉素（kanamycin）	*Streptomycs kanamyceticus*
庆大霉素（gentamicin）	*Microminispora purpurea*
妥布霉素（tobromycin）	*Streptomyces tenebrarius*
小诺霉素（micronoicin）	*Micromonospora echinospora*
西索米星（sisomicin）	*Micromonospora inyoensis*
核糖霉素（ribostamycin）	*Streptomyces ribosidificus*
卡那霉素 B（bekanamycin）	*Streptomycs kanamyceticus*
阿斯米星（fortimicins）	*Micromonospora olivoasterospora*
大观霉素（spectinomycin）	*Streptomyces spectabilis*
新霉素（neomycin）	*Streptomyces fradias*
巴龙霉素（paromomycin）	*Streptomyces rimosus forma*

（三）四环素类抗生素

四环素类的抗生素因其氢化并四苯母核而得名（图 16-2）。本类药物抗菌谱广，对革兰氏阴性菌、革兰氏阳性菌、螺旋体、衣原体、立克次氏体、支原体、放线菌和阿米巴原虫都有较强的作用。但近年来，其应用受到耐药的影响。天然的四环素类临床药物有四环素（tetracycline）、金霉素（chlotetracycline）、土霉素（oxytetracycline）和地美霉素（demeclocycline），其他天然的四环素类抗生素物质还有基柱霉素 A（pillaromycin）、塞托环素（chelcardin）、大器霉素（dactylocycline）等。四环素类抗生素的产生菌主要为链霉菌，其他如马杜拉放线菌、诺卡氏菌与指孢囊菌属也能产生四环素类化合物。

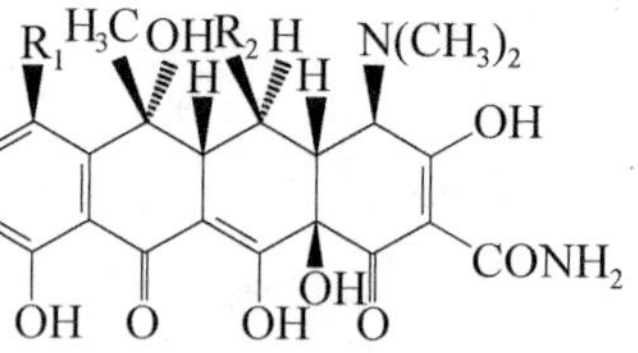

四环素：$R_1=R_2=H$
金霉素(7-氯四环素)：$R_1=Cl,R_2=H$
土霉素(5-羟基四环素)：$R_1=H,R_2=OH$

图 16-2　四环素类抗生素代表结构式

（四）氯霉素类抗生素

氯霉素发现于 1947 年，产生菌为委内瑞拉链霉菌（*Streptomyces venezuclae*），其结构分子中有两个不对称碳（图 16-3），有 4 种异构体，其中两个 erythro 异构体无活性，而 L-(+)-threo 体的抗菌活性不到天然 D-(−)-thro 体的 5‰。氯霉素曾广泛用于治疗各种敏感菌感染，后发现其对造血系统有严重的不良反应，能造成骨髓再生障碍、灰婴综合征。近年来在临床使用上仅限于敏感伤寒杆菌引起的伤寒及对青霉素过敏的脑膜炎的重症患者。

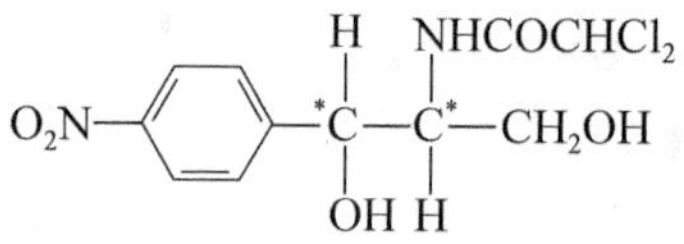

氯霉素
生产菌株：*Streptomyces venezuclae*

图 16-3　氯霉素结构及其产生菌
* 表示不对称碳

（五）大环内酯类抗生素

大环内酯类抗生素的代表药物为红霉素及其众多的衍生物。该类抗生素的结构特征是分子中含有大环内酯的结构，酯环上的—OH 与一些糖类以苷键相连。按照内酯环的大小，将这类抗生素又分为十二元环、十四元环、十六元环……六十元环大环内酯。目前已经发现了多种天然的大环内酯抗生素，但临床应用的仅有 6 种（图 16-4），即十四元环的红霉素（erythromycin）、竹桃霉素（oleandomycin）和十六元环的柱晶白霉素（leucomycin）、交沙霉素（josamycin）、麦迪霉素（medicamycin）、螺旋霉素（spiramycin）。这类抗生素主要用于抗革兰氏阳性细菌、军团菌、弯曲杆菌、支原体、衣原体和某些厌氧菌的感染。

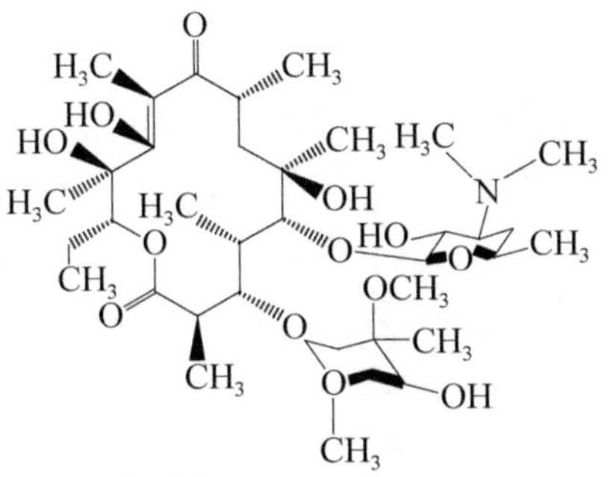

红霉素,*Streptomyces erythraeus*

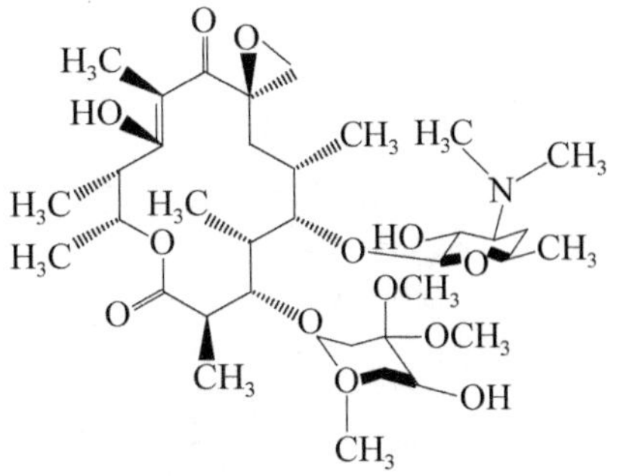

竹桃霉素,*Streptomyces antibioyicus*

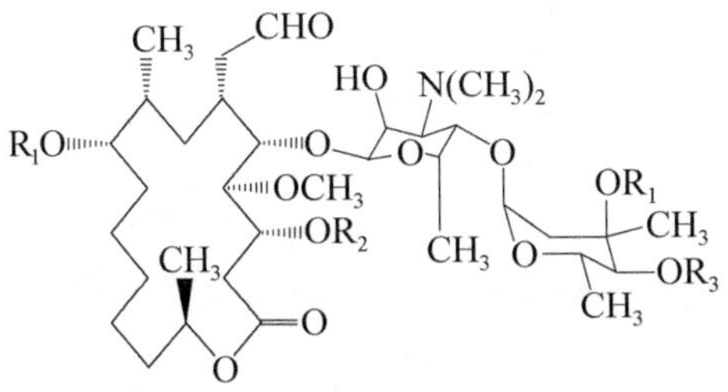

柱晶白霉素A_1　$R_1=R_2=H,R_3=$ —$COCH_2CH(CH_3)_2$,
Streptomyces kitasatoensis
麦迪霉素A_1　$R_1=H,R_2=R_3=$ —$COCH_3$,
Streptomyces mycarofaciens
螺旋霉素Ⅰ,$R_1=(H_3C)_2N$—, $R_2=R_3=H$

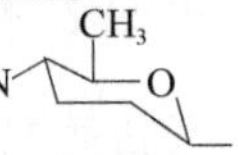

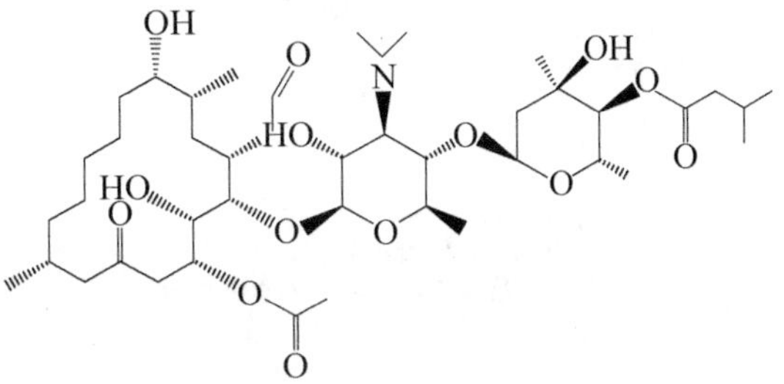

交沙霉素,*Streptomycesnarboensis* subsp. *josymyceticus*

图 16-4　临床使用的天然大环内酯抗生素及产生菌

（六）肽类抗生素

肽类抗生素是一类以氨基酸为主要结构单元，以肽键相连的抗生素。除常见的氨基酸外，还有一些少见的氨基酸，如 D-氨基酸、β-氨基酸、N-甲基氨基酸以及其他特异性氨基酸，有些肽类还含有脂肪酸、芳香酸、羟基酸、糖、胺、杂环等结构单元。因此，肽类抗生素按构成与形态分为 7 小类：糖肽、酯肽、含内酯环的肽、环状肽、线状肽、环状线状肽和高分子肽。肽类抗生素的产生菌有链霉菌、拟无枝酸菌、游动放线菌、诺卡氏菌等放线菌和细菌及真菌等。该类抗生素具有多种功能，临床上应用于抗细菌感染治疗的天然肽类抗生素有多种，代表性的天然抗生素有万古霉素（vancomycin）、去甲万古霉素、替考拉宁（teicoplanin）、达托霉素（daptomycin）等（图 16-5）。万古霉素及去甲万古霉素主要用于抗革兰氏阳性菌感染的重症治疗及多耐抗生素细菌的严重临床感染。

（七）核苷类抗生素

核苷类抗生素是天然产生的一类重要的抗生素，产生菌多为放线菌，也有细菌、霉菌、担子菌等。这类抗生素的抗菌谱比较狭窄，但活性广泛，除抗细菌外，对真菌、肿

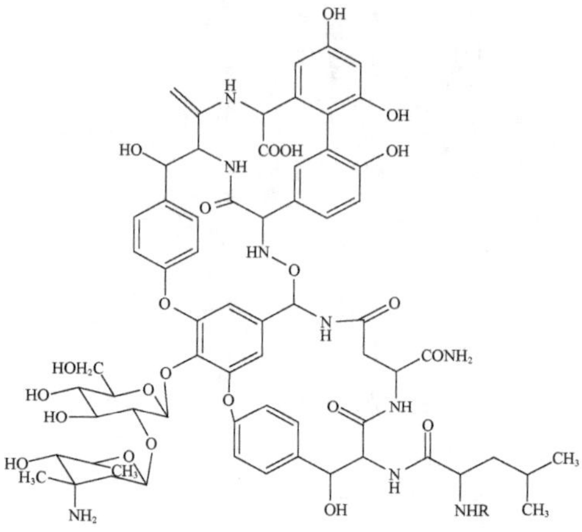

万古霉素R=CH_3
去甲基万古霉素R=H
生产菌株：*Amycolatopsis orientalis*

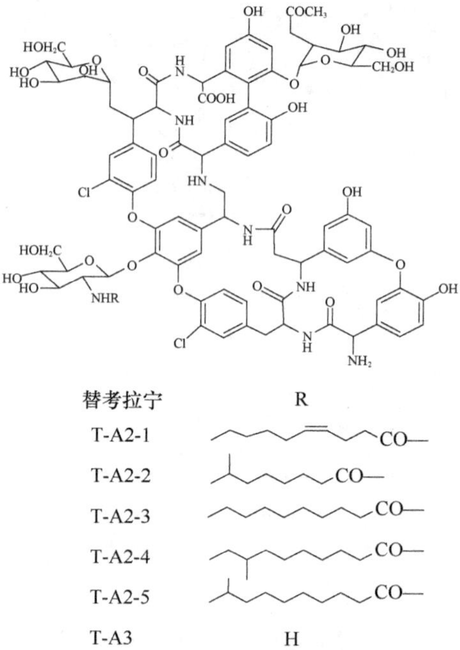

替考拉宁	R
T-A2-1	CO—
T-A2-2	CO—
T-A2-3	CO—
T-A2-4	CO—
T-A2-5	CO—
T-A3	H

生产菌株：*Actinoplanes teichomyceticus*

图 16-5 万古霉素、去甲万古霉素、替考拉宁的结构及产生菌

瘤、病毒及寄生虫也具有活性。新生霉素（novobiocin）、氯新生霉素（chlorobiocin）、香豆霉素 A（coumermycin A）（图 16-6）等作用于 DNA 促旋酶（DNA gyrase），抑制 DNA 的复制，主要用于革兰氏阳性菌的感染治疗。

（八）安莎霉素类抗生素

安莎霉素类抗生素是由一个芳香的两个不相邻的位置与脂肪链两端相连而形成环状结构的化合物。该类化合物能选择性地抑制细菌 RNA 聚合酶。利福霉素类抗生素是临床上用于治疗结核杆菌感染的重要药物，也用于葡萄球菌和其他革兰氏阳性菌引起的感染、麻风病等的治疗。利福霉素 SV（图 16-7）在临床上对金黄色葡萄球菌、结构杆菌的作用比较强，但口服不易吸收，需要注射给药。目前主要使用的是半合成的利福霉素类药物，如利福平、利福定、利福喷汀等。产生该类抗生素的菌有链霉菌、诺卡氏菌、小单胞菌等。

二、抗真菌抗生素

随着临床应用抗生素的增加及艾滋病、器官移植病例的增多，真菌感染率在临床，尤其是重症患者中呈明显上升的趋势，因此，抗真菌抗生素的需要也大大增加。相对于抗细菌抗生素药物而言，临床上可以选择的抗真菌药物尚显不足，主要有多烯类、三唑类、嘧啶类和棘白菌素类，天然来源的抗真菌抗生素药物更是少之又少。同时，已有的

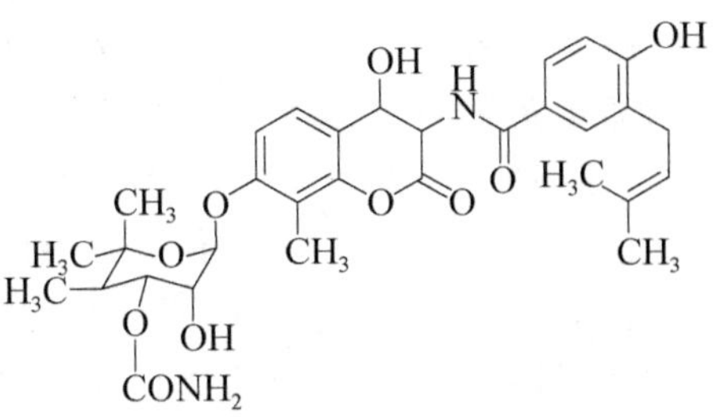

新生霉素
产生菌：*Streptomyces niveus*

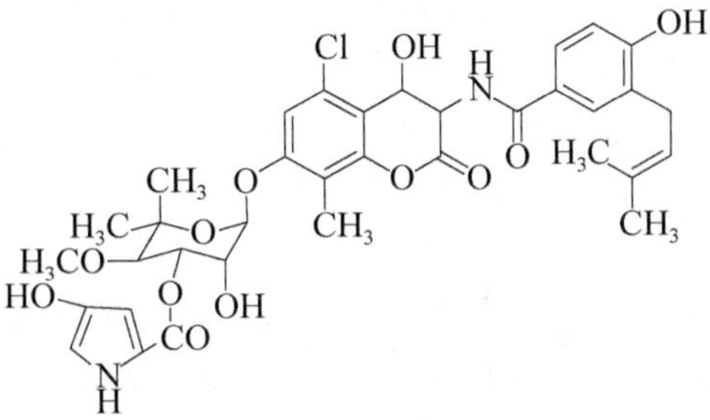

氯新生霉素
产生菌：*Streptomces hygroscopicus*

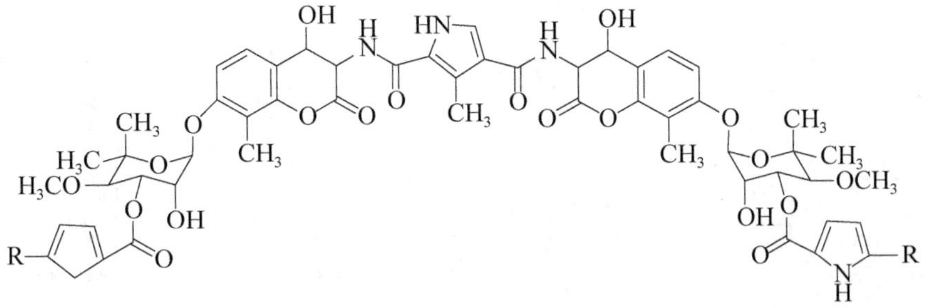

香豆霉素A_1 R=CH_3
香豆霉素A_2 R=H
产生菌：*Streptomyces rishiriensis*

图 16-6 核苷类抗生素药物的结构式及产生菌

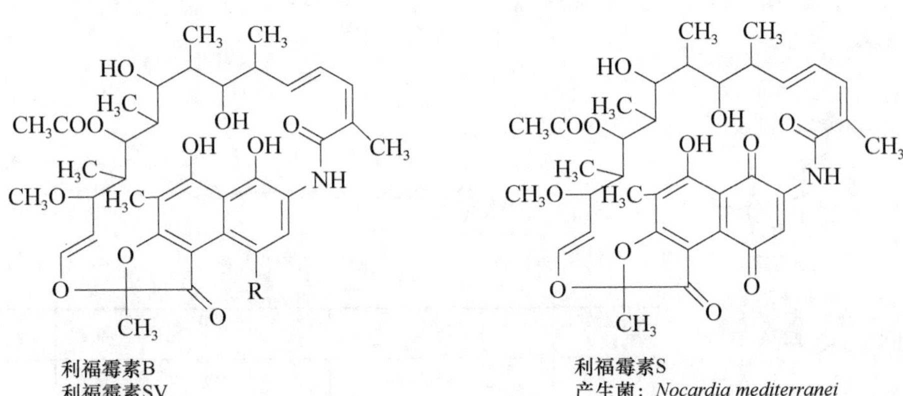

利福霉素B
利福霉素SV
产生菌：*Nocardia mediterranei*

利福霉素S
产生菌：*Nocardia mediterranei*

图 16-7 临床使用的安莎霉素类抗生素的结构式与产生菌

抗真菌抗生素在临床上的使用也逐渐产生了耐药菌，感染的菌种也在发生着变化，非白色念珠菌呈上升趋势，念珠菌血症和系统性曲霉病等系统性真菌感染也在增加，控制真菌感染也更加困难。因此，研究开发新的抗真菌抗生素药物一直是微生物药物研究的重点之一。

制霉菌素是一种广谱抗真菌药物，对新型隐球菌、念珠菌属、曲霉等深部真菌感染无治疗作用，仅限于局部治疗口咽部、胃肠道及阴道真菌感染。灰黄霉素因其化学结构类似于鸟嘌呤，可干扰真菌的核酸合成，是早期的抗真菌药物，主要用于皮肤真菌感染。两性霉素 B 抗真菌活性强且抗菌谱宽，对深部真菌感染有强大的抑制作用。与制霉菌素类似，肾脏副作用大，因此使用范围受到了很大的限制。针对两性霉素 B 的副作用及使用限制，药学工作者开展了药物修饰、改变剂型等多种研究工作，其中两性霉素 B 吸入粉末在动物实验中以大剂量释放到动物肺部而没有引起系统的毒性和副作用，于 2006 年 5 月获得美国 FDA 的快速通道批准。棘白菌素类的天然抗生素存在着较大的毒性，无法直接应用于临床；临床上使用的棘白霉素类的抗生素主要为半合成的抗生素，例如，阿尼芬净、卡帕芬净等均为 2000 年以后批准使用的药物。表 16-3 中列举了一些抗真菌抗生素及其产生菌，图 16-8 展示了一些抗真菌抗生素的结构式。

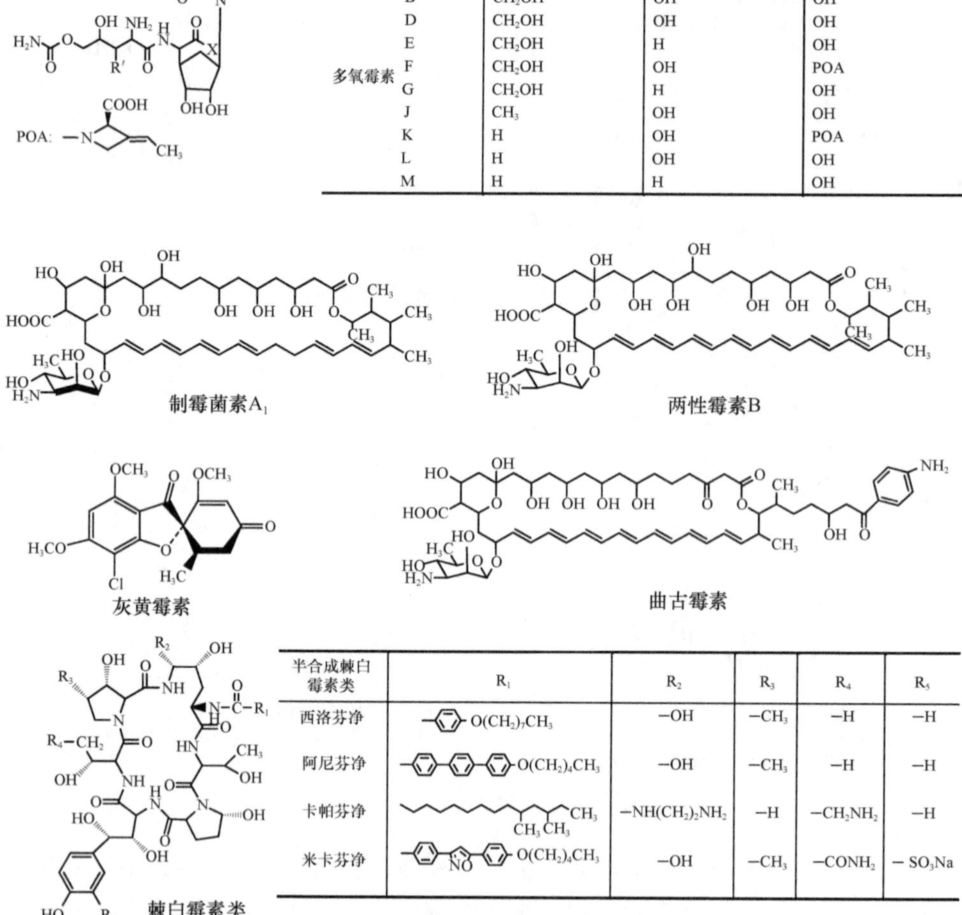

多氧霉素类化合物		R	R′	X
多氧霉素	A	CH_2OH	OH	POA
	B	CH_2OH	OH	OH
	D	CH_2OH	OH	OH
	E	CH_2OH	H	OH
	F	CH_2OH	OH	POA
	G	CH_2OH	H	OH
	J	CH_3	OH	OH
	K	H	OH	POA
	L	H	OH	OH
	M	H	H	OH

半合成棘白霉素类	R_1	R_2	R_3	R_4	R_5
西洛芬净	$O(CH_2)_7CH_3$	−OH	$-CH_3$	−H	−H
阿尼芬净	$O(CH_2)_4CH_3$	−OH	$-CH_3$	−H	−H
卡帕芬净	CH_3 CH_3 CH_3	$-NH(CH_2)_2NH_2$	−H	$-CH_2NH_2$	−H
米卡芬净	$O(CH_2)_4CH_3$	−OH	$-CH_3$	$-CONH_2$	$-SO_3Na$

图 16-8　抗真菌抗生素的结构式

表 16-3　抗真菌抗生素及其产生菌

抗生素	产生菌	活性及应用
灰黄霉素	*Penicillum griseofulvum*	皮肤真菌感染，如头癣、体癣、股癣、甲癣等
癣可宁	*Helminthosporium siccans*	皮肤真菌感染，外用抗真菌药
放线菌酮	*Streptomyces griseus*	抗酵母菌，生物化学试剂
硝吡咯菌素	*Pseudomonas pyrrocinia*	外用，治疗发癣菌、表皮癣菌、小孢子菌引起的浅表感染
制霉菌素	*Streptomyces noursei*	口腔、胃肠道、阴道及皮肤、黏膜的念珠菌感染
杀念珠菌素 A，B，C	*Streptomyces griseus*	
曲古霉素	*Streptomyces hachijoensis*	
两性霉素 A，B	*Streptomyces nodosus*	深部真菌感染治疗
多氧霉素	*Streptomyces cacaoi var. asoensis*	抗丝状真菌，稻纹枯病（农用）
棘白菌素 B	*Aspergilus nidulans*，*Aspergilus rugulosus*	白色念珠菌（溶血毒性）

三、抗肿瘤抗生素

抗肿瘤抗生素是临床上使用的重要化学治疗药物（图 16-9，图 16-10），道诺霉素(daunorubicin)、阿霉素（doxorubicin)、阿克拉霉素（aclarrubicin)、洋红霉素（carminomycin）等蒽环类抗生素主要用于急性白血病、淋巴瘤及各种实体癌的治疗。蒽环类抗肿瘤抗生素的产生菌有链霉菌、马杜拉放线菌（*Actinomadura*）和孢囊放线菌(*Actinosporangium*)。丝裂霉素（mitomycin）是从 *Streptomyces caespitosus* 的发酵产物中发现的，是一类强效抗生素，除抗菌活性外，还具有抗肿瘤活性。丝裂霉素 C 的抗菌谱广，用于食道癌、非小细胞型肺癌、表皮膀胱癌及各种白血病的治疗。博来霉素(bleomycin）是由轮枝链霉菌 *Streptomyces verticillus* 产生的一类多组分糖肽类抗生素，其中博来霉素 A5 和 A6 是由我国研究开发的抗肿瘤药物，分别被称为平阳霉素和博安霉素。博来霉素选择性地抑制 DNA 合成，临床上用于头颈部鳞癌、淋巴瘤、乳腺癌、食道癌等的治疗。*Streptomyces griseus* 产生的色霉素 A3 临床上用于恶性淋巴瘤、肺癌、乳腺癌等的化学治疗。放线菌素 D 是第一个被用于临床治疗肿瘤的抗生素，其结构中含有五肽环，通过与 DNA 双链的紧密结合，干扰 DNA 的复制和转录。放线菌素 D 可治疗肾母细胞瘤、神经母细胞瘤、霍奇金病等，不良反应为骨髓抑制。力达霉素（C-1027）是我国科学家从放线菌 *Streptomyces globisporus* 的代谢产物中筛选得到的烯二炔类抗生素，含有一个蛋白质，具有高抗肿瘤活性；目前正在进行临床实验研究。烯二炔类抗生素是目前抗癌作用最强的一类抗生素。格尔德霉素（geldanamycin）能够特异性抑制热休克蛋白 90（Hsp90）的 ATP/ADP 结构域，下调多种热休克蛋白 90 的靶蛋白功能。格尔德霉素的毒性很强，临床上尚不能使用，衍生物 17-烯丙基氨基格尔德霉素目前正在进行Ⅲ期临床实验。

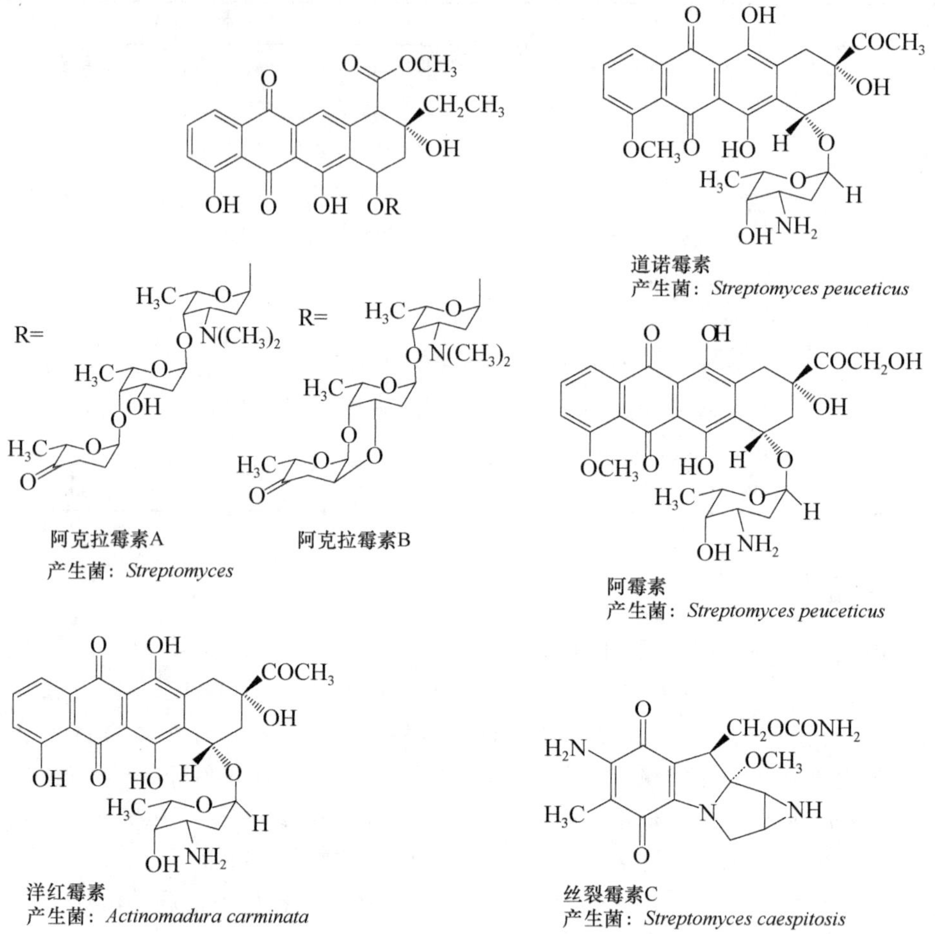

阿克拉霉素A　　阿克拉霉素B
产生菌：*Streptomyces*

道诺霉素
产生菌：*Streptomyces peuceticus*

阿霉素
产生菌：*Streptomyces peuceticus*

洋红霉素
产生菌：*Actinomadura carminata*

丝裂霉素C
产生菌：*Streptomyces caespitosis*

图 16-9　抗肿瘤抗生素的结构式与产生菌

四、免疫抑制作用的抗生素

临床上免疫排异作用是器官移植病例的一个重要问题，因此抗排异作用的药物是研究工作的一个重点。目前临床上使用的免疫抑制作用的抗生素主要是环孢菌素（cyclosporin）和他卡莫斯（tacrolimus，FK-506）（图 16-11）。近年来还研究发现了雷帕霉素（rapamycin）、脱氧精胍菌素（15-deoxyspergualin）等免疫抑制剂，并完成了临床评价工作。

环孢菌素最早发现于 1969 年，具有窄谱的抗真菌活性，产生菌为真菌光泽柱孢菌（*Cslindrocarpon lucidum*）和雪白白僵菌（*Beauveria bassiana*）。1976 年首次报道了其免疫抑制活性，1983 开始用于临床器官移植使用。我国则于 1983 年发现了另一高产菌株镰刀菌（*Fusarium solani*）4-11。环孢菌素临床上应用已达 25 年之久，器官移植存活最长也达 25 年，其主要特点是能选择性地作用于 T 细胞，作用于细胞周期的 G_0～

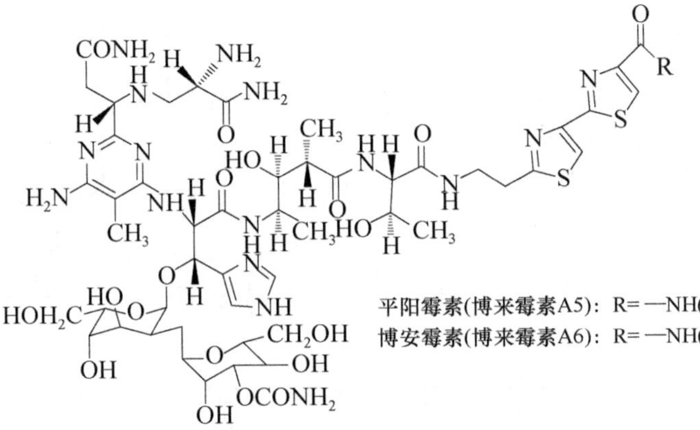

平阳霉素(博来霉素A5)：R= —$NH(CH_2)_3NH(CH_2)_4NH_2$

博安霉素(博来霉素A6)：R= —$NH(CH_2)_3NH(CH_2)_4NH(CH_2)_3NH_2$

博来霉素类，产生菌：*Streptomyces verticillus*

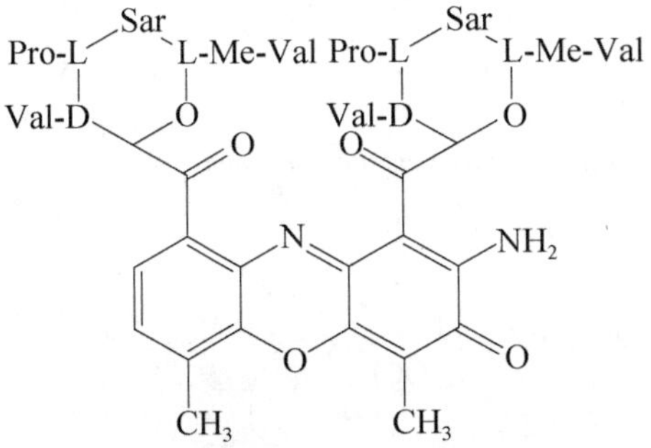

放线菌素D
产生菌：*Streptomyces*

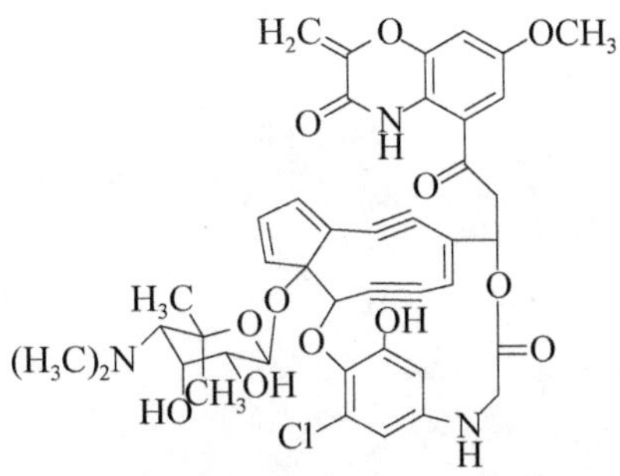

力达霉素发色基因
产生菌：*Streptomyces globisporus*

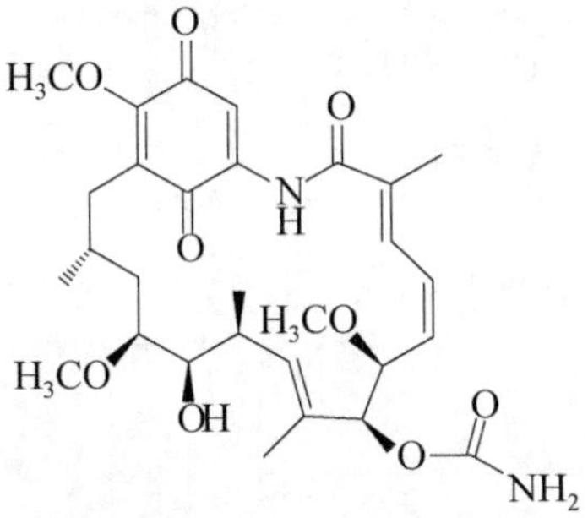

格尔德霉素
产生菌：*Streptomyces hygroscopicus*

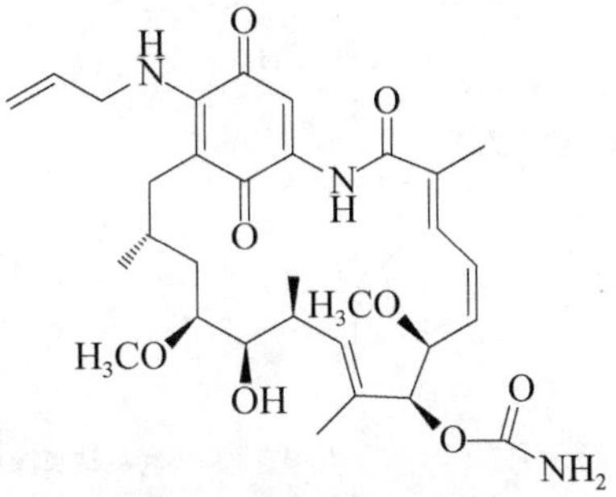

17-烯丙基格尔德霉素(半合成)

图 16-10　抗肿瘤抗生素的结构式与产生菌

G_1 期的界面，阻止细胞进入 G_1 期，抑制其增殖和分化。环孢菌素 A 是由 11 种氨基酸组成的中性亲脂性环肽，含有多个 *N*-甲基。

他卡莫斯（FK-506）是 1984 年从放线菌 *Streptomyces tsukubaensis* 的发酵产物中分离出来的含有 L 型六氢吡啶的全新大环内酯类抗生素。

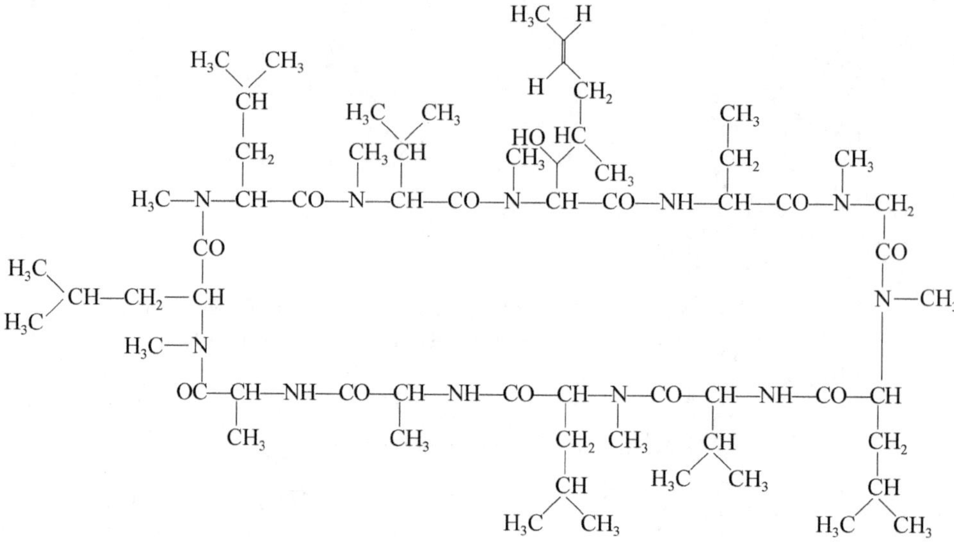

环孢菌素A
产生菌：*Cylindrocapon lucidum,Beauveria bassiana,Fusarium solani*

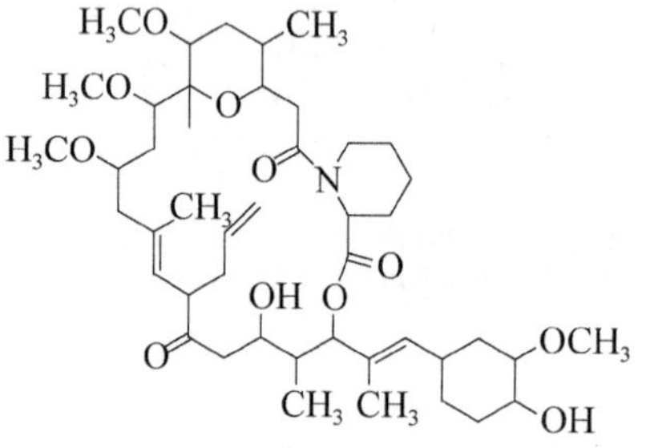

他卡莫斯
产生菌：*Streptomyces tsukubaensis*

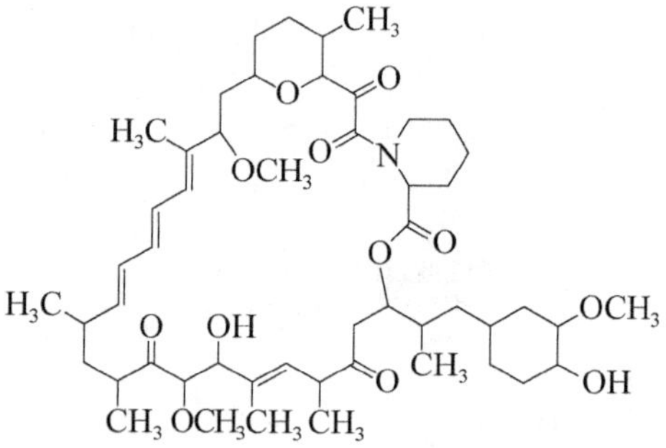

雷帕霉素
产生菌：*Streptomyces hygroscopicus*

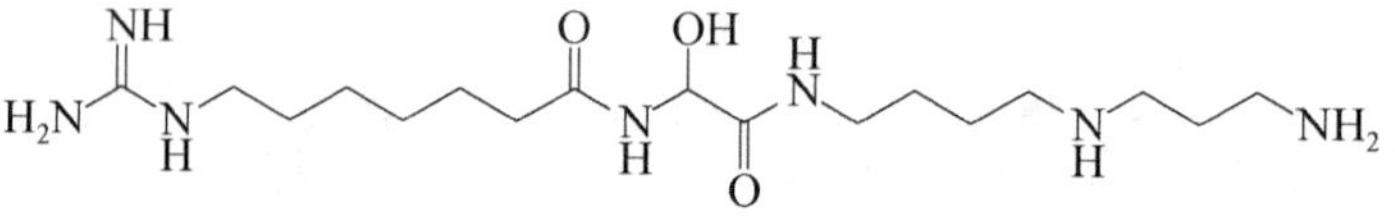

脱氧精胍菌素
产生菌：*Bacillus lacterosporus*

图 16-11　免疫抑制作用的抗生素及产生菌

第二节　其他生物活性物质

随着对疾病研究的不断深入，药理学工作者认识了解疾病发生发展的机制，并根据这些结果设计出了不同药理模型并建立了药物高通量筛选技术。因此，人们也从资源微生物中开发出非抗生素作用的活性物质，这些物质包括维生素、有机酸、酶抑制剂、活性多糖等。

一、维生素

维生素是我们所熟知的，是生物生长和代谢必需的微量有机物，来源有多种途径。食物中含有的维生素不能满足人类的需要，维生素缺乏能导致多种临床症状。因此，维生素作为药品也经常出现在临床处方和OTC药房中。生产维生素的方法有化学合成和微生物发酵法，后者在某些维生素品种（表16-4）的生产中占有重要的作用，例如，用棉阿舒囊霉菌（*Eremotherecium ashbyii*）发酵生产维生素B_2，用巨大芽孢杆菌、费氏丙酸杆菌、舒氏丙酸杆菌、橄榄色链霉菌以及某些种的节杆菌生产维生素B_{12}等。维生素C的生产目前已经完全从化学合成生产转为微生物发酵生产前体，然后再经化学转化成维生素C。我国首创的两步发酵法生产维生素C大大缩短了生产周期，提高了维生素C的产量。第一步发酵采用生黑葡萄糖杆菌（*Acetobacter suboxydans*）或弱氧化醋杆菌菌种，将D-山梨醇转化为L-山梨糖；第二步发酵采用氧化葡萄糖杆菌（*Gluconobacter oxydans*）和芽孢杆菌（*Bacillus megaterium*）进行混合菌种发酵，将L-山梨糖转化生成1-酮基7-古龙酸，再经化学转化成维生素C。目前，利用基因工程技术构建的维生素C工程菌株，只需要一种菌一步发酵即可完成维生素C前体1-酮基7-古龙酸的生产。因此，微生物发酵生产维生素是获得维生素药物的一个重要途径。

表16-4　维生素及产生菌

维生素	产生菌
维生素C	*Acetobacter suboxydans*，*Gluconobacter oxydans*，*Bacillus megaterium*
维生素B_2	*Eremotherecium ashbyii*，*Ashbya gossypii*
维生素B_{12}	*Bacillus megaterium*，*Propionibacterium freudenreichii*，*Streptomyces olivaceus*
β-胡萝卜素	*Blakeslea trispora*，*Zygorhynchus*，*Chrysonilia sitophila*，*Penicillium sclerotiorum*

二、核苷酸

核苷酸有鸟苷酸、黄苷酸、腺苷酸、腺苷三磷酸等多种，具有医药价值并应用于临床治疗疾病的有腺苷酸、腺苷三磷酸等。胞苷酸（5′-CMP）可以用于胞二磷酸胆碱、胞苷三磷酸（CTP）、阿糖胞苷等生化药物的制造；尿苷酸（5′-UMP）参与肝脏解毒物质葡萄糖醛酸苷的生化合成，具有重要的生理作用，它还可用于尿苷三磷酸（UTP）、聚腺尿、UDP-葡萄糖等药物的生产。

三、肌苷及肌苷酸

肌苷及肌苷酸的发酵生产菌株有枯草芽孢杆菌、短小芽孢杆菌、产氨短杆菌等腺嘌呤缺陷型的突变株，最高生产肌苷的能力可达52.4g/L。发酵生成鸟苷酸的微生物菌有谷氨酸棒杆菌、产氨短杆菌等的多种突变菌株。产生环腺苷酸的微生物菌株有液化短杆菌、大肠杆菌、棒状杆菌、溶蜡小球菌、玫瑰色石蜡节杆菌等。

四、氨基酸

氨基酸在食品和药品中的应用越来越广，常用作调味剂、甜味剂、营养强化剂以及饲料添加剂等。在临床上应用的氨基酸主要为输液，也有氨基酸片剂。氨基酸除少数用化学合成法生产外，主要由微生物发酵法和酶法转化法进行生产。目前除丝氨酸和色氨酸需要进口外，其他应用于输液的16种氨基酸原料都已经国产化。

氨基酸的生产菌种主要有谷氨酸棒杆菌（*Corynebacterium glutamicum*）、黄色短杆菌（*Brevibacterium flavum*）、乳糖发酵短杆菌（*Brevibacterium lactofermentum*）、短芽孢杆菌（*Bacillus pumilus*）、黏质赛氏杆菌（*Serratia marcescens*）等，这些菌往往是生物素缺陷型，也有些是氨基酸缺陷型。

五、微生物活性多糖

活性多糖是新药研发中的一个热点，其中研究相对较多的是来源于微生物的多糖。研究结果表明微生物多糖具有免疫调节、抗肿瘤、抗病毒等多种活性功能。例如，从酵母和真菌中纯化得到的β（13）葡聚糖能显著地增加动物体内中性粒细胞水平并增加骨髓细胞的增殖。从白念珠菌中分离得到的有一定免疫调节活性的甘露聚糖。从真菌蘑菇中分离得到的蛋白结合多糖PSK和PSP能够抑制体外肿瘤细胞系的生长并具有体内的抗肿瘤活性，对食道癌、胃癌、肺癌、卵巢癌和子宫颈癌等有一定的防治效果。链球菌产生透明质酸透明质酸（HA）通过与真核细胞CD44受体的结合来完成对免疫系统的调节作用。从担子菌门真菌中得到的香菇多糖、裂褶多糖、云芝多糖、茯苓多糖等抗肿瘤多糖，在国内外临床上已普遍应用，都具有上述免疫调节剂的特征结构。香菇多糖具有抗肿瘤作用，硫酸酯化后则具有显著的抗艾滋病作用。吴倩等应用重组sIL1 RⅠ为靶点建立了抑制剂筛选模型，从链霉菌的代谢产物中得到IL1的拮抗剂139A。动物模型的研究表明它们具有抗类风湿性关节炎的作用。近年来，从微生物中也发现了一些有明显降血糖作用的多糖。从*Cordyceps sinensis*中提取得到的多糖CSF10能增强葡萄糖激酶的活性，加速葡萄糖的代谢；可以降低GLUT2蛋白的水平从而抑制肝脏葡萄糖的输出，最终达到降低血糖的目的。

第三节 酶抑制剂

20世纪60年代初，Umezawa提出了酶抑制的概念，从而将抗生素的研究扩大到酶抑制剂的新领域。随着对功能酶研究的不断深入，药理学工作者建立了以酶及其合成基因为靶点的筛选模型。从天然产物和化学合成物中筛选药物分子是目前发现新药的一个重要切入点。微生物产生酶抑制剂是来源于微生物的初级代谢产物和次级代谢产物，研究最多的是放线菌，后者也是产生微生物药物最多的类群，其中最重要的是链霉菌属（*Streptomyces*）；细菌、真菌也是酶抑制剂的重要药源微生物。一些药品已经成为临床治疗上的一线药物（表16-5）。除了传统的药源菌筛选分离外，研究人员的注意力更集中到了各种新的微生物类群中，如海洋微生物、极端微生物。

表 16-5　上市销售的微生物来源酶抑制剂（吴剑波，2002）

名称	来源	靶酶	适应证
乌苯美司 ubenimex	*Streptomyces olivoreticuli*	胞外酶（ectoenzyme）	非淋巴性白血病
mutastein	*Aspergillus terrcus*	α-1,3-葡萄糖合成酶	抑制牙垢形成
洛伐他汀 lovastatin	*Aspergillus terrcus*	HMG-CoA 还原酶	高脂血症
普伐他汀 pravastatin	*Penicillum citrinum* 产物转化	HMG-CoA 还原酶	高脂血症
辛伐他汀 simvastatin	*Aspergillus terrcus* 产物转化	HMG-CoA 还原酶	高脂血症
阿卡波糖 acarbose	*Achnoplane*	α-葡萄糖苷酶	糖尿病
伏里波糖 voglibose	*Streptomyces hygroscopicus*	α-葡萄糖苷酶	糖尿病
去氧肋间型霉素 deoxycoformycin	*Streptomyces antibioticus*	腺苷脱氨酶	成人 T 细胞白血病

微生物生产的酶抑制剂（图 16-12）应用于临床的代表药物是他汀类降血脂药物。微生物次级代谢产物洛伐他汀和普伐他汀能抑制 HMG-CoA 还原酶，该酶是胆固醇合成过程中的限速步骤。药物化学家通过化学合成获得了第二代他汀类药物，如阿托伐他

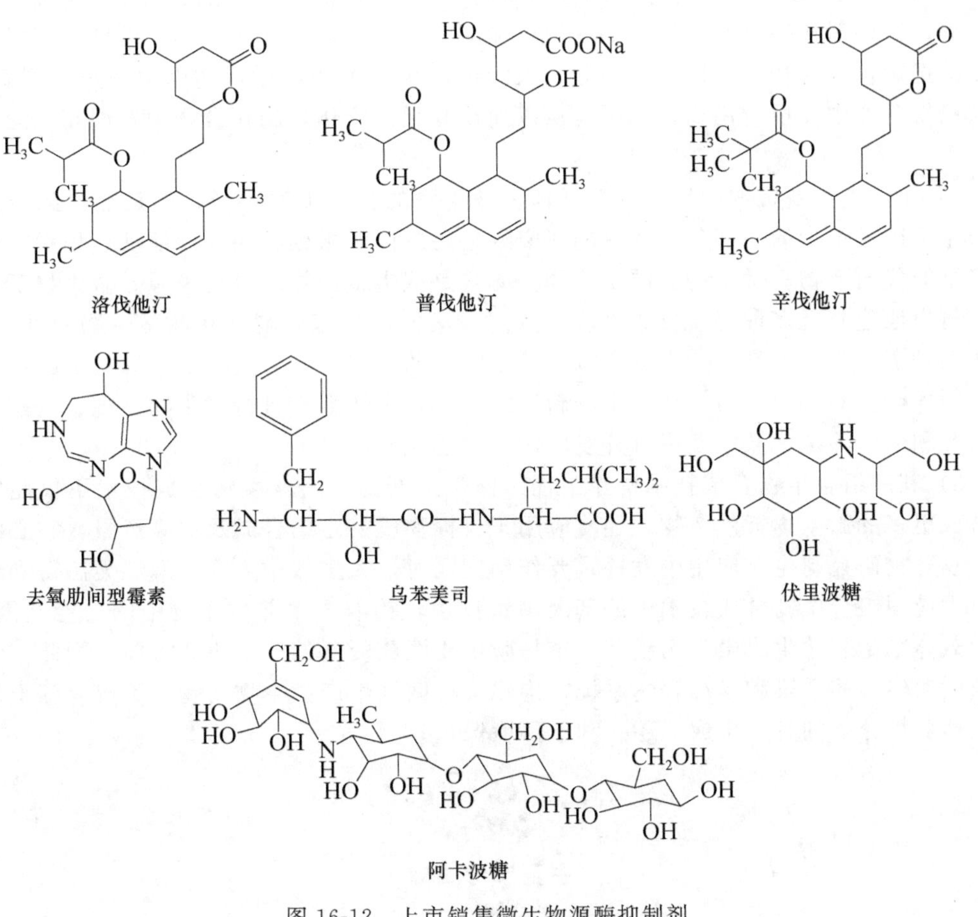

图 16-12　上市销售微生物源酶抑制剂

汀、氟伐他汀等。他汀类药物的作用机制新颖、独特，临床上降血脂治疗的效果非常显著。因此，这类药物的影响被认为同青霉素治疗感染疾病一样，对治疗高脂血症是一场革命。

糖尿病是目前多发病种之一，更严重的是该病现有逐渐向年轻化发展的趋势。有效的治疗药物除胰岛素外，还有双胍类药物，但化学合成的双胍类药物有很多副作用。从微生物中研究开发抗糖尿病的药物，一直是微生物药物研究开发的一个重点。近年来，α-糖苷酶抑制剂阿卡波糖等和胰脂酶抑制剂奥利司他的开发成功，极大地鼓舞了从微生物代谢产物中寻找新药的信心。

第四节　微生物药物发展趋势

微生物能够产生大量的天然产物，有些直接应用于临床，有些经过结构改造或修饰后应用于临床，甚至有些微生物菌体（药用真菌）就能够直接应用于临床，这些都成功地创造了巨大的社会效益和经济效益。从资源微生物中开发新药的研究仍将是未来的一个重点和热点。综合分析各种文献可知，微生物药物发展存在着非常广阔的发展前景。

1）从已有的微生物资源库中筛选出新药。随着基因组学、蛋白质组学等研究技术的发展，人们对疾病的发生机制的认识更加深入、全面，并在此基础上设计了更多新的药物筛选靶点与药物筛选模型。因此，人们可以从微生物代谢产物库中筛选找到新药，或从已知药物中发现新用途，也可能从以前认为无治疗作用的化合物中发现其新的应用价值。

2）从微生物新资源中研究开发新药。微生物的种类多种多样，但是能得到纯培养的微生物还是绝少的一部分。已有的研究结果足以证明微生物在生命活动过程中能够产生丰富的代谢产物。微生物资源是药物，尤其是抗生素药物的重要来源。微生物工作者正在努力地建立起多种有效分离手段和方法，从各种生态环境下获取微生物菌种资源，建立菌种资源库。丰富的微生物资源为微生物新药的研究与开发提供了源头上的物质保障。因此，我们必须努力地从微生物新资源入手，密切合作进行微生物生理、发酵、化学研究和药理筛选，从中发现有开发应用前景的代谢产物。

3）利用组合生物合成技术构建工程菌株生产新药。组合生物合成技术不仅能应用于合成更多的微生物天然产物，还能应用于目标物质的定向合成及提高产量，它必将在微生物药物研究与生产应用中发挥重要作用。同时，大多数微生物资源还无法得到纯培养，而应用组合生物合成技术中的基因操作技术，钓取未培养微生物中的功能基因组，利用载体细胞表达生成微生物新药，也是微生物医药资源的一个研究方向。因此，建立高效的遗传转移手段和异源表达系统，构建工程菌株生产微生物药物，不仅有利于复杂的天然药物分子的有效合成，还有利于环境保护。

（赵立兴　张　华）

主要参考文献

陈代杰，江曙，罗敏玉．2009．微生物药物学．北京：化学工业出版社

代富英，王闵霞，王天山等. 2006. 抗真菌药物研究进展. 天然产物研究与开发，18（2）：355～361

姜成林，徐丽华. 1997. 微生物资源学. 北京：科学出版社

姜成林，徐丽华. 2001. 微生物资源开发利用. 北京：中国轻工业出版社

林永成，周世宁. 2003. 海洋微生物及其代谢产物. 北京：化学工业出版社

刘爱民. 2008. 微生物资源与应用. 南京：东南大学出版社

刘伯宁，石磊，蒋沁. 2007. 环脂肽类抗生素研究进展. 中国抗生素杂志，32（9）：520～524

王博彦，金其荣. 2000. 发酵有机酸生产与应用手册. 北京：中国轻工业出版社

王以光. 2009. 抗生素生物技术. 北京：化学工业出版社

吴剑波，张致平. 2002. 微生物制药. 北京：化学工业出版社

Cragg G M，Grothaus P G，Newman D J. 2009. Impact of natural products on developing new anti-cancer agents. Chemical Reviews，109（7）：3012～3043

Demain A L，Sanchez S. 2009. Microbial drug discovery：80 years of progress. J Antibiotic，62：5～16

Ellestad G A. 2006. From natural products to bioorganic chemistry. What's next? J Med Chem，49（23）：6627～6634

Iwasaki S，Omura S. 2007. Search for protein farnesyltransferase inhibitor of microbial origin：our strategy and results as well as results obtained by other groups. J Antibiot，60（1）：1～12

Joumane S C，Picaro M，Freitas P H. 2004. Fermented milks，probiotic cultures and colon cancer. Nutrition and Cancer，49（1）：14～24

Lam K S. 2007. New aspects of natural products in drug discovery. Trends in Microbiology，15（6）：279～289

Maria-Teresa G L，Bewley C A. 2008. Natural products，small molecules，and genetics in tuberculosis drug development. J Med Chem，51（9）：2606～2612

Newman D J，Cragg G M. 2007. Natural products as sources of new drugs over the last 25 years. J Na Prod，70（3）：461～477

Newman D J. 2008. Natural products as leads to potential drugs：an old process or the new hope for drug discovery? J Med Chem，51（9）：2589～2599

Semelcerovic A，Knezevic-Jugovic Z，Petromjevic Z. 2008. Microbial polysaccharides and their derivatives as current and prospective pharmaceuticals. Curr Pharm Des，14（29）：3168～3195

Vecchiarelli A，Monari C. 2010. Microbial polysaccharide：new insights for treating autoimmune diseases. Front Biosci（Schol ed）. 2（1）：256～267

Vecchiarelli A. 2007. Fungal capsular polysaccharide and T-cell suppression：the hidden nature of poor immunogenicity. Crit Rev Immunol，27（6）：547～557

Zhang W J，Tang Y. 2008. Combinatorial biosynthesis of natural products. J Med Chem，51（9）：2629～2633

第十七章　问题与展望

19 世纪 50 年代，微生物学的奠基人——法国著名微生物学家巴斯德（Louis Pasteur，1822.12.27～1895.9.25）开始研究乙醇发酵，推动了啤酒工业的发展。这可以算作现代微生物资源开发利用的真正开始，至今已有一个半世纪。1928 年，弗莱明（Alexander Fleming，1881.8.6～1955.3.11）从一种青霉菌（*Penicillium notatum*）中发现了青霉素，于 1945 年获得诺贝尔奖；1945 年瓦克斯曼（Selman Abraham Waksman，1888.7.22～1973.8.16）研究土壤微生物，从链霉菌中发现了链霉素，并于 1952 年获得诺贝尔奖。青霉素和链霉素的发现、工业化生产以及临床上的广泛应用标志着人类有意识、大规模地开发利用微生物资源的兴起。20 世纪 50 年代以后，以抗生素开发为标志，微生物资源的开发利用在全世界广泛展开，60 年代和 70 年代是抗生素研究与开发的黄金时期。当今，微生物资源开发利用涉及农业、食品、医药、轻纺、化工、矿冶、环保等各个生产部门，取得了巨大经济效益和社会效益。单以抗生素药物为例，2009 年我国的青霉素类、β-内酰胺酶抑制剂类、头孢菌素类、氨基糖苷类、大环内酯类、四环素类、喹诺酮类、抗结核类、抗病毒类等抗生素原料药的产量高达 14.7 万 t，抗生素原料药品种达到 180 多个，生产企业有 120 余家，市场规模约 600 亿元，抗生素产量位居世界首位。其中青霉素盐的产量已达 56 000 余吨，占全世界总产量的 3/4，阿莫西林产量达到 14 000 余吨，占全世界总产量的 80%。我国早已成为抗生素原料出口大国。

下面就微生物资源学及微生物资源开发利用做一些展望。

第一节　开发利用已保存的微生物资源

世界培养物保藏联盟（WFCC）有 60 多个国家的近 500 个保藏中心，国际承认用于专利程序的微生物保存布达佩斯条约已有 72 个成员国。这些中心保存了大量微生物菌种。例如，中国普通微生物菌种保藏管理中心（CGMCC）目前保存的各类微生物约有 3200 多种，近 3 万株，用于专利程序的生物材料达 2000 余株，保存量排在国际前 10 位。我国很多科研院所甚至企业都保存了大量微生物菌种，但是被利用的仅仅是其中的很小一部分，绝大部分未被利用，处于“睡大觉”状态，全世界也都如此。在分离、鉴定、保存这些资源时，往往开发目的单一，也难于对其开发利用的潜力做出全面评价。综合利用现代科学技术，有可能从这些已知保存的微生物中发现新的功能，找到新的用途；有时甚至改变其发酵条件都可能获得新产物。随着技术的进步，开发利用花费了巨大人力物力，已保存的微生物资源应该受到高度的重视，应该尽可能地发掘其开发利用的潜力。2009 年中国启动了万种微生物基因组研究计划，将对一些具有重大价值的工业菌种、重要致病菌以及有重要开发价值的菌种进行全基因组测序。如何从这万本“天书”中发掘金矿（genome mining），找到有用的功能和代谢途径并加以利用，是关乎该计划成败的大事。

第二节　未培养微生物资源的发掘利用

一、革新分离方法，进一步发掘未培养微生物资源

这部分内容在第十章、第十二章及其他章节已有叙述，此不赘述。

二、发掘利用原始环境微生物资源

我们从西双版纳原始热带雨林中分离到的放线菌多达 25 个属，其中多形放线菌属、弗莱德门菌属、韩国生工菌属、伦茨氏菌属、游动孢囊菌属都是很少见的属。大香格里拉地区广布原始森林，从大香格里拉土壤中也分离到 17 个属，放线菌多样性也很丰富。需要指出的是，极端环境的放线菌数量并不多，但蕴涵的新物种却很多。因此，我们在提出开发利用原始环境微生物资源的概念的同时，提出了保护原始环境的建议。另外，根据我们的经验，海洋微生物、植物内生菌、动物肠道菌（粪便菌）也是待开发的资源。

三、未培养微生物基因资源的发掘利用

将未培养微生物变成可培养的微生物并加以利用，这可能是当前的一项战略任务。但是，我们也要看到，在相当长的时间内，仍然有很多微生物不能获得纯培养，因此未培养微生物基因资源的发掘利用就应该提到日程上。它不以微生物个体为对象，而是以获得某些功能，或某种产物，甚至新产物的功能基因为目的。对此，可以采用宏基因组技术、组合生物合成技术、蛋白质组技术以及这些技术的集成，从环境中直接获取大片段基因组，使其在遗传背景较清楚的模式菌株中高效表达，检测其表达产物，从而获得新的代谢产物或目标产物。在未培养基因资源的开发利用中，如何让千变万化的基因组（功能基因组）在一个或几个宿主中实现高效表达是一个大问题，需要进行深入研究。

第三节　微生物药物开发面临的问题

我国创新药物严重不足，这是医药产业面临的最大挑战，甚至是危机。如何应对这些挑战，走出微生物药物研究与开发的困境，需要多学科研究开发人员的密切合作和共同努力。

第四节　如何突破限制微生物药物研发的瓶颈

我们应该看到，除了“机制”问题以外，我国微生物药物开发所遇到的问题，跟其他新药开发遇到的问题有共性。为此，我们提出从菌种、化学和基因 3 个主要方面开展深入研究，以走出今天微生物药物（特别是放线菌药物）研究开发的困境。

一、化学是核心

在 20 世纪五六十年代，我国的抗生素化学家为仿制国外已有抗生素及建立我国的抗生素工业作出了不可磨灭的贡献。自那以后，在一个时期内抗生素化学的队伍日渐缩小，许多单位的新抗生素研究室相继下马，老一辈化学家相继退休，一些年轻同志又不愿意做抗生素化学，或处于茫然状态。结果我国发现的新抗生素极少，在国际抗生素杂志发表的论文很少，真正属于创新药物的成果更少。现代创新药物本身就是化合物，化学是药物开发最直接、最重要的理论基础和技术手段。化学力量的强弱直接关乎开发成本和开发周期。现在已经清楚的微生物代谢产物至少有 25 000 种以上，要淘汰这些已知化合物全靠化学家的知识和经验积累以及强大的数据库和检索系统。所以首先要加强微生物次生代谢产物化学队伍的建设，这是一项急迫的任务。我国应该有一支矢志做微生物代谢产物化学的年轻化学家队伍。其次要加强数据库的建设和共享。我国有不少实验室的技术装备并不差，磁共振仪、质谱仪、红外光谱仪、X 射线衍射仪等都有，而且很先进、很配套。但有的单位用这些大型仪器出成果的水平并不高，或者大材小用，或者利用率很低。最后要加强仪器、数据库、结构解析软件的配套和集成，提高快速、微量、在线分析能力，即建立先进的高通量化学平台。

二、新物种的发现

实践证明新菌种是获得新化合物的首要前提。我们主张从新物种中直接分离化合物，并以此作为微生物药物研究开发的重要途径之一。这可以减少极为浩繁、耗时费力的菌株筛选工作。以放线菌为例，目前已确定的放线菌新种，其 16S rRNA 基因序列至少有 2%的差异，DNA 同源性低于 70%。根据全基因组研究的结果，一个链霉菌大约有 8000 个编码蛋白质的基因，有 20～50 个基因簇与次生代谢产物合成有关，而一个新物种应该包含不少合成新化合物的基因。因此，至少可以说，从新物种中获得新化合物的可能性很大。目前要初步判定一个菌株是否是新种其实很简单，成本也只是 200 元左右，一般实验室都能做到。根据国内外的研究结果，自然界还存在至少 90%以上的微生物未被分离培养。问题是如何获得这些未知菌或新物种？①要把分离方法本身始终不移地作为研究重点，不断地建立新的分离方法，改进、更新已有的分离方法，力求在分离手段上有全新的突破。②分离未知放线菌难，淘汰早期已知放线菌更难。因此要把建立简便实用的早期淘汰程序作为重点，使已知菌、常见菌早期就能被排除；同时需要研究人员长期用心地积累经验。③从各种生态环境（原始森林、原始环境、极端环境）中取样，用特殊的方法分离其中的未知放线菌；我们用苛刻的条件分离了嗜盐和嗜碱放线菌。这里要特别强调海洋放线菌，目前从海洋分离到的放线菌有 18 个属，仅占放线菌总属数的 10%，可见未知的海洋放线菌数量极大；从海洋放线菌发现的新化合物更少。我国东面海洋广阔，但海洋放线菌研究很落后，非常值得大力加强，应该组织全国相关力量协同开发。

三、基因技术

基因组研究拓展了人们的知识领域，为微生物药物研究开发提供了新途径。目前，值得研究和采用的基因操作有以下几种：①基因重组。从各种环境分离大片断 DNA（它可能是一个或几个基因或一簇关联基因），将一个甚至几个大片段外源 DNA 整合到遗传背景较清楚的模式菌株中，使其表达并检查其产物。基因重组技术能增加微生物代谢产物的多样性，有助于发现新的活性代谢产物。②基因改组（gene shuffling）是一类体外定向生物合成技术。现在已经开发出 DNA 家族改组、部分基因片段改组、单链 DNA 家族改组、基因组改组（genome shuffling）等各种技术，提供了一类获得产物多样性的新途径，在动植物的品种、微生物菌种改良方面也很有用处。通过基因改组，可以大大改良有益特性和增加产物多样性。③组合生物合成。这是将一种甚至几种次生代谢产物合成基因簇组装到遗传背景较清楚的工程菌，这些基因之间发生重组、互换，从而增加非天然产物的多样性，甚至产生结构奇异的新化合物。④次生代谢产物合成基因组研究。应将其作为改造目的化合物分子结构，提高活性和产量，改良生产菌的工艺性状的有利手段。尤其是要加强一些有应用前景化合物基因组的研究。⑤分子设计。采用计算机模拟，设计高活性、低毒性的“理想”分子，按照人工设计的“合成途径”，将各种相关基因组装到工程菌中，使其表达，检测产物。⑥大承载量载体（vector）的构建。

新化合物是新药开发的物质基础。通过发现新物种，并采用基因组技术等手段增加新化合物的可能性和多样性；综合利用化学技术，提高发现新先导化合物的概率，缩短研发周期，降低研发成本，是微生物药物研究开发的基本途径，也是微生物资源学研究的一个重要目的。

（姜成林）

主要参考文献

Bérdy J. 2005. Bioactive microbial metabolites，a personal view. J Antibiot，58（1）：1～26

Bentley S D，Chater K F，Cerden-Tarraga A M. 2002. Complete genome sequence of the model actinomycete *Streptomyces coelicolor* A3（2）. Nature，417：141～147

Bull A T，Stach J E M. 2007. Marine actinobacteria：new opportunities for natural produce search and discovery. Trends Microbiol，15：491～499

Cragg G M，Grothaus P L G，Newman D J. 2009. Impact of natural products on developing new anti-cancer agents. Chem Rev，109：3012～3043

Demain A L，Sanchez S. 2009. Microbial drug discovery：80 years of progress. J Antibiotic，62：5～16

Ellestad G A. 2006. From natural products to bioorganic chemistry. What's next? J Med Chem，49（23）：6627～6634

Gutierrez-Lugo M-T，Bewley C A. 2008. Natural products，small molecules，and genetics in tuberculosis drug development. J Med Chem，51（9）：2606～2612

Head I M，Saunders J R，Pickup R W. 1988. Microbial evolution，diversity and ecology：a decade of ribosomal RNA analysis of uncultivated microorganisms. Microb Ecol，35：1～21

Jennifer B H, Jessica J H, Taylor H R et al. 2001. Counting the uncountable: statistical approaches to estimating microbial diversity. Appl Environ Microbiol, 67 (10): 4399～4406

Jiang Y, Cao Y R, Wiese J. 2009. A new approach of research and development on pharmaceuticals from actinomycetes. Journal of Life Science US, 3 (7): 52～56

Jiao R S. 2004. An important mission for microbiologists in the new century-cultivation of the unculturable microorganisms. Chinese J Biotechnology, 20: 641～645

Karsten Z, Gerardo T, Michael R. 2002. Cultivating the uncultured. Proc Nat Aca Sci, 99 (24): 15681～15686

Lam K S. 2007. New aspects of natural products in drug discovery. Trends Microbiol, 15 (6): 279～289

Lior P. 2007. Interpreting the unculturable majority. Nature Methods, 4: 479～480

Newman D J, Cragg G M. 2007. Natural products as sources of new drugs over the last 25 years. J Nat Prod, 70 (3): 461～477

Newman D J. 2008. Natural products as leads to potential drugs: an old process or the new hope for drug discovery? J Med Chem, 51 (9): 2589～2599

Olsen G J, Lane D J, Giovannoni S J et al. 1986. Microbial ecology and evolution: a ribosomal RNA approach. Ann Dev Microbiol, 40: 337～365

Omura S, Ikeda H, Ishikawa J. 2001. Deducing the ability of producing secondary metabolites. Proc Nat Aca Sci, 98: 12215～12220

Patrick D S, Handelsman J. 2005. Metagenomics for studying unculturable microorganisms: cutting the gordian knot. genome Biology, 6: 229～302

Rheims H, Sproer C, Rainey F A et al. 1996. Molecular biological evidence for the occurrence of uncultured members of the actinomycete line of descent in different environments and geographical locations. Microbiology, 142: 2863～2870

Shayne J J, Philip H, Parveen S et al. 2003. Laboratory cultivation of widespread and previously uncultured soil bacteria. Appl Environ Microbiol, 69 (12): 7210～7215

Zhang W J, Tang Y. 2008. Combinatorial biosynthesis of natural products. J Med Chem, 51 (9): 2629～2633